Mathematik für Bauingenieure

Von

Prof. Dr. rer. nat. Wolfhart Haacke
Universität-Gesamthochschule Paderborn

Prof. Dr.-Ing. Manfred Hirle
Fachhochschule Stuttgart

Prof. Dr.-Ing. Otto Maas
Universität Essen-Gesamthochschule

2., neubearbeitete Auflage
Mit 365 Bildern, 266 Beispielen, 302 Aufgaben
und einer Formelsammlung im Anhang

B. G. Teubner Stuttgart 1980

CIP-Kurztitelaufnahme der Deutschen Bibliothek

Haacke, Wolfhart:
Mathematik für Bauingenieure/von Wolfhart Haacke;
Manfred Hirle; Otto Maas. – 2., neubearb. Aufl. –
Stuttgart: Teubner, 1980.
ISBN 978-3-519-05211-1   ISBN 978-3-322-94737-6 (eBook)
DOI 10.1007/978-3-322-94737-6
NE: Hirle, Manfred:; Maas, Otto:

Satz: Druckerei Dr. A. Krebs, Hemsbach

Umschlaggestaltung: W. Koch, Sindelfingen

Vorwort

Die Bedeutung der Mathematik zur Lösung technischer Probleme ist unbestritten. Die Mathematik ist dabei nicht nur Voraussetzung zum Verständnis der technischen Zusammenhänge, sondern auch Ausgangspunkt für den heute unentbehrlichen Einsatz von Rechenanlagen zur Lösung bautechnischer und vermessungstechnischer Probleme. Von diesen Überlegungen haben sich die Autoren − ein Bauingenieur, eine Mathematiker und ein Vermessungsingenieur − leiten lassen, als sie bei der Umarbeitung der ersten Auflage die technische, insbesondere die informationstechnische Weiterentwicklung der letzten Jahre berücksichtigten.

Hauptzielsetzung der „Mathematik für Bauingenieure" ist nach wie vor, den Anwendungsbezug der Mathematik für die Technik in den Mittelpunkt der didaktischen Bemühungen zu stellen.

Daher wird der Leser durch Beispiele aus seinem Verständniskreis in die einzelnen Abschnitte eingeführt. Außerdem vertiefen viele Beispiele, ergänzt durch etwa 300 Aufgaben und Lösungen im Anhang die Darstellung. Es wurden z. T. mathematische Beispiele und Aufgaben zum Erlangen rechnerischer Fertigkeit behandelt, vielfach aber bau- oder vermessungstechnische Fragen, um unmittelbar den Zusammenhang mit den technischen Fächern zu zeigen. Dafür wurde auf viele Beweise verzichtet. Für den interessierten Leser sei besonders auf [1] im Literaturverzeichnis verwiesen. In einem einführenden Abschnitt wird in fünf Beispielen der Schulstoff angewandt. Zahlreiche daran anschließende Aufgaben ermöglichen es dem Leser, gegebenenfalls sein Wissen aufzufrischen.

Als wesentliche Neuerung ist am Ende des Buches eine ausführliche Formelsammlung angefügt, welche die mathematischen Grundlagen, den Stoff des Buches und darüber hinausgehende Bereiche abdeckt. Die Hinweise auf die Formelsammlung werden im Text z. B. durch F5, d. h. Seite 5 der Formelsammlung, gegeben. Die Zahlenrechnungen in diesem Lehrbuch sind mit einem Taschenrechner durchgeführt. Angegebene Zwischenergebnisse beruhen auf Rundungen, es wird aber − wie heute allgemein üblich − mit der vollen im Rechner stehenden Stellenzahl weitergerechnet.

Die Autoren freuen sich, daß sie den Anregungen vieler Leser folgend, diese zweite Auflage in einem handlichen Band vorlegen können. Sie danken vielen Kollegen, die durch konstruktive Kritik zur Verbesserung dieses Lehrbuchs beigetragen haben. Besonderer Dank gilt Herrn Dr. Th. Schläpfer, Burgdorf (Schweiz), der durch zahlreiche Verbesserungsvorschläge und durch kritisches Lesen wesentlicher Teile des Manuskripts diese Arbeit merklich unterstützt hat. Schließlich danken die Autoren dem B. G. Teubner-Verlag, der durch seine Erfahrungen und sein Verständnis für unsere Wünsche dieses Lehrbuch gefördert hat.

Paderborn, Stuttgart, Essen, Frühjahr 1980   Die Verfasser

Inhalt

1 Einführung

1.1 Einführende Beispiele 9
1.2 Aufgaben zu Abschnitt 1 19

2 Lineare Algebra

2.1 Determinanten 22
   2.1.1 Zwei- und dreireihige Determinanten 22
   2.1.2 n-reihige Determinanten 26
   2.1.3 Aufgaben zu Abschnitt 2.1 28
2.2 Vektoren 28
   2.2.1 Grundbegriffe. Definitionen. Geometrische Darstellung 28
   2.2.2 Komponenten. Koordinaten. Richtungswinkel 33
   2.2.3 Rechenregeln 34
   2.2.4 Aufgaben zu Abschnitt 2.2 41
2.3 Matrizen 43
   2.3.1 Grundbegriffe. Definitionen 43
   2.3.2 Rechenregeln 45
   2.3.3 Aufgaben zu Abschnitt 2.3 49
2.4 Lineare Gleichungssysteme 50
   2.4.1 Lösung mit Determinanten 51
   2.4.2 Gauß-Algorithmus 52
   2.4.3 Austauschverfahren 58
   2.4.4 Aufgaben zu Abschnitt 2.4 65

3 Funktionen

3.1 Darstellung von Funktionen 67
   3.1.1 Funktionstafel. Funktionsgleichung. Funktionskurve 68
   3.1.2 Umkehrfunktionen 73
   3.1.3 Koordinatentransformation 75
   3.1.4 Charakteristische Merkmale von Funktionen 78
   3.1.5 Aufgaben zu Abschnitt 3.1 80
3.2 Ganze rationale Funktionen 80
   3.2.1 Lineare Funktion 82
   3.2.2 Quadratische Funktion 87
   3.2.3 Aufgaben zu Abschnitt 3.2 91
3.3 Gebrochene rationale Funktionen 93
   3.3.1 Aufgaben zu Abschnitt 3.3 96

3.4 Algebraische Funktionen 97
   3.4.1 Algebraische Potenzfunktion $y = Cx^{m/n}$ 99
   3.4.2 Kegelschnitte 101
   3.4.3 Aufgaben zu Abschnitt 3.4 107
3.5 Trigonometrische Funktionen 109
   3.5.1 Schaubild. Periodizität 109
   3.5.2 Arcusfunktionen 114
   3.5.3 Aufgaben zu Abschnitt 3.5 116
3.6 Exponential- und Logarithmusfunktionen 117
   3.6.1 Exponentialfunktionen 117
   3.6.2 Logarithmische Funktionen 118
   3.6.3 Hyperbelfunktionen 119
   3.6.4 Areafunktionen 121
   3.6.5 Aufgaben zu Abschnitt 3.6 123

4 Grenzwerte

4.1 Unendliche Zahlenfolge 124
4.2 Grenzwerte von Folgen 126
4.3 Rechnen mit Grenzwerten 127
4.4 Grenzwerte von Funktionen 128
4.5 Unendliche Reihen 132
   4.5.1 Unendliche geometrische Reihe 132
   4.5.2 Zinseszins- und Rentenrechnung 133
4.6 Aufgaben zu Abschnitt 4 135

5 Differentialrechnung

5.1 Einführung in die Differentialrechnung 137
   5.1.1 Ableitung 137
   5.1.2 Grundregeln des Differenzierens 141
   5.1.3 Ableitung einiger Grundfunktionen 141
   5.1.4 Tangente und Normale 145
   5.1.5 Mittelwertsatz. Höhere Ableitungen 147
   5.1.6 Aufgaben zu Abschnitt 5.1 149
5.2 Rechenregeln der Differentialrechnung 150
   5.2.1 Produkt- und Quotientenregel 150
   5.2.2 Kettenregel 152
   5.2.3 Implizit gegebene Funktionen 154
   5.2.4 Differenzieren mit Hilfe der aufgelösten Funktion 156
   5.2.5 Aufgaben zu Abschnitt 5.2 159
5.3 Anwendungen der Differentialrechnung 160
   5.3.1 Newton-Verfahren 160
   5.3.2 Extremwerte. Wendepunkte 162
   5.3.3 Kurvendiskussion 167
   5.3.4 Krümmung. Krümmungsradius. Krümmungskreis 170
   5.3.5 Aufgaben zu Abschnitt 5.3 174

6 Integralrechnung

6.1 Bestimmtes Integral 176
   6.1.1 Flächenberechnung durch Grenzwertbildung. Annäherung der Fläche
      durch eine Rechtecksumme 176
   6.1.2 Integration der Potenzfunktion $y = x^m$ 180
   6.1.3 Mittelwertsatz 183
   6.1.4 Numerische Integration 184
   6.1.5 Aufgaben zu Abschnitt 6.1 187
6.2 Unbestimmtes Integral 189
   6.2.1 Integral mit veränderlicher Grenze 189
   6.2.2 Differentiation des unbestimmten Integrals 191
   6.2.3 Hauptsatz der Differential- und Integralrechnung 192
   6.2.4 Grundintegrale 193
   6.2.5 Aufgaben zu Abschnitt 6.2 194
6.3 Rechenmethoden der Integralrechnung 195
   6.3.1 Produktintegration 196
   6.3.2 Integrieren durch Substitution 197
   6.3.3 Aufgaben zu Abschnitt 6.3 202
6.4 Anwendungen der Integralrechnung 202
   6.4.1 Geometrische Größen 202
   6.4.2 Barometrische Höhenmessung 213
   6.4.3 Seilreibung 215
   6.4.4 Schnittkräfte: Belastung-Querkraft-Biegemoment 216
   6.4.5 Biegelinie 219
   6.4.6 Aufgaben zu Abschnitt 6.4 222

7 Taylor-Reihen

7.1 Approximation durch Ersatzfunktionen 226
7.2 Taylor-Formel 227
7.3 Spezielle Reihen 229
   7.3.1 Trigonometrische und hyperbolische Reihen 229
   7.3.2 Reihe für die Exponentialfunktion 231
   7.3.3 Binomische Reihen 232
   7.3.4 Logarithmische Reihen 234
   7.3.5 Reihe für die Arcustangensfunktion 235
7.4 Rechnen mit Reihen 236
7.5 Klotoide 237
7.6 Unbestimmte Ausdrücke 240
7.7 Aufgaben zu Abschnitt 7 242

8 Gewöhnliche Differentialgleichungen

8.1 Einführung 244
8.2 Analytische Lösungen 246
   8.2.1 Trennung der Veränderlichen 246
   8.2.2 Lineare Differentialgleichungen 247

8.3 Numerische Lösungen 251
   8.3.1 Annäherung von Ableitungen durch Differenzen 251
   8.3.2 Randwertaufgabe 252
   8.3.3 Eigenwertaufgabe 253
8.4 Aufgaben zu Abschnitt 8 254

9 Funktionen von mehreren Veränderlichen

9.1 Partielle Ableitungen 257
9.2 Totales Differential 261
9.3 Aufgaben zu Abschnitt 9 263

10 Fehler- und Ausgleichungsrechnung

10.1 Grundlagen aus der mathematischen Statistik 265
10.2 Fehlerfortpflanzungsgesetz 273
10.3 Ausgleichung direkter Beobachtungen 277
10.4 Aufgaben zu Abschnitt 10 281

11 Anwendungen der ebenen und sphärischen Trigonometrie

11.1 Ebene Trigonometrie 283
   11.1.1 Dreiecksberechnungen 283
   11.1.2 Koordinatenberechnungen 290
   11.1.3 Aufgaben zu Abschnitt 11.1 300
11.2 Sphärische Trigonometrie 303
   11.2.1 Räumliche Koordinatensysteme. Sphärischer Exzeß 303
   11.2.2 Rechtwinkliges sphärisches Dreieck 307
   11.2.3 Schiefwinkliges sphärisches Dreieck 311
   11.2.4 Aufgaben zu Abschnitt 11.2 319

Anhang

Ergebnisse zu den Aufgaben 320

Weiterführende Literatur 338

Sachverzeichnis 340

Formelsammlung . . . . F 1

1 Einführung

Das Studium im ersten Semester bereitet gerade im Fach Mathematik häufig Schwierigkeiten, da die vorausgesetzten Schulkenntnisse nicht immer zur Verfügung stehen; sei es, daß sie in Vergessenheit geraten sind, sei es, daß sie wegen der Unterschiedlichkeit der Schularten nicht gelehrt wurden. Diesem Sachverhalt versuchen die Autoren auf zweierlei Weise Rechnung zu tragen.

Einmal wird in diesem Abschnitt Einführung durch einige Beispiele versucht, unter Benutzung der vorauszusetzenden Schulkenntnisse die Brücke von der Schule zur Hochschule zu schlagen, weiter wird eine größere Anzahl von Wiederholungsaufgaben angeboten, deren Ergebnisse im Anhang zu finden sind.

Zum zweiten ist im Anhang eine Formelsammlung aufgenommen, in der einmal besonderes Gewicht auf den Stoff gelegt wird, der beim Studienbeginn als bekannt vorausgesetzt werden muß, zum anderen wird darin eine Zusammenstellung aller wichtigen in diesem Buche entwickelten Formeln und weitere über den Stoff hinausgehende aus Integralrechnung und Reihenlehre gegeben. So kann der Leser jederzeit nachschlagen, wenn er sich bei der Beantwortung einer Frage unsicher fühlt.

1.1 Einführende Beispiele

Beispiel 1.1 Gerade und Kreisbogen sind die Hauptelemente der Trassen von Verkehrswegen. Besonders wichtig für den Straßenbauer ist die Beschreibung der Übergänge zwischen Geraden und Kreisbogen. In Abschn. 7 wird dazu die Klotoide als Übergangsbogen behandelt. Wenn man vereinfachend unmittelbar Geradenstücke und Kreisbogen aneinanderfügt, wird die Abweichung $y(x)$ des Kreisbogens von der Geraden berechnet: An den Kreis vom Radius r wird in T die Tangente gelegt, s. Bild 1.1. Man bestimme den Abstand y des Punktes P von der Tangente in Abhängigkeit des Abstandes x des Punktes P_2 vom Radius $\overline{MT}$.

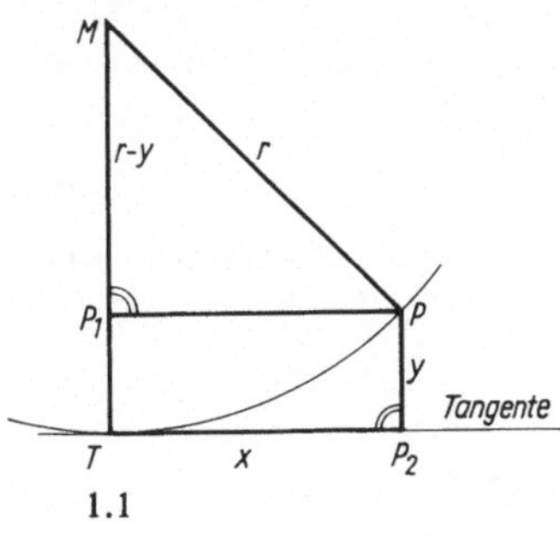

1.1

Nach Bild 1.1 ergibt sich, wenn man im Dreieck MPP_1 den Satz von Pythagoras

$$a^2 + b^2 = c^2$$

(a, b Katheten, c Hypotenuse im rechtwinkligen Dreieck) anwendet

$$r^2 = (r - y)^2 + x^2$$

oder nach y aufgelöst

$$y = r - \sqrt{r^2 - x^2} \tag{1.1}$$

Hierbei ist das negative Vorzeichen vor der Wurzel zu wählen, da es sich um einen Teil des **unteren** Halbkreises handelt.

Gl. (1.1) ist für die Taschenrechnerrechnung problemlos. Für die Ausrechnung mit dem Rechenschieber werden **Näherungsformeln** benutzt, deren Gültigkeitsbereich man aber unbedingt beachten muß, da die unmittelbare Anwendung der Gl. (1.1), wie am Ende des Beispiels gezeigt wird, nicht immer sinnvolle Ergebnisse liefert. Es sollen nun zwei solche Näherungsformeln hergeleitet werden. Gl. (1.1) kann in der Form

$$y = r \left[1 - \sqrt{1 - \left(\frac{x}{r}\right)^2} \right] \tag{1.2}$$

geschrieben werden. Hier wird $x \lll r$ (x ist viel kleiner als r) vorausgesetzt. Die sehr kleine Zahl x^2/r^2 werde ε genannt. Gesucht wird eine Annäherung von $\sqrt{1-\varepsilon}$ durch einen Term ohne Wurzel, d. h. eine Darstellung der Form

$$\sqrt{1-\varepsilon} \approx 1 + a\varepsilon \tag{1.3}$$

mit noch unbekannter Zahl a. Für $\varepsilon = 0$ ist dieser Vergleich exakt. Wegen der Kleinheit von ε darf die zweite Potenz von ε vernachlässigt werden. Wenn beide Seiten in Gl. (1.3) etwa gleich sind, wird auch für deren Quadrate die Abweichung gering bleiben

$$1 - \varepsilon \approx (1 + a\varepsilon)^2 = 1 + 2a\varepsilon + a^2\varepsilon^2 \approx 1 + 2a\varepsilon$$

Der Summand $a^2\varepsilon^2$ kann vernachlässigt werden, wenn sein Betrag der Bedingung $a^2\varepsilon^2 \lll 2\,|a\varepsilon|$ genügt. Beide Seiten entsprechen sich dann, wenn $a = -1/2$ gilt. Man erhält somit die Näherungsgleichung (F 3)

$$\sqrt{1-\varepsilon} \approx 1 - \frac{\varepsilon}{2} \tag{1.4}$$

Der begangene Fehler beträgt höchstens $\varepsilon^2/8$, wie in Abschn. 7.3.3 (besonders Beispiel 7.7) gezeigt wird.

Entsprechende Gleichungen für andere Wurzelausdrücke findet man in F 3 und 30. Setzt man Gl. (1.4) in (1.2) ein, so ergibt sich

$$y = r \left[1 - \sqrt{1 - \left(\frac{x}{r}\right)^2} \right] \approx r \left[1 - \left(1 - \frac{1}{2}\left(\frac{x}{r}\right)^2\right) \right]$$

und damit die **Näherungsformel 2. Ordnung**

$$y \approx \frac{x^2}{2r} \tag{1.5}$$

Der Ansatz Gl. (1.3) kann erweitert werden, indem man Summanden mit ε^2 berücksichtigt, nicht aber solche mit ε^3 und noch höheren Potenzen von ε

$$\sqrt{1-\varepsilon} \approx 1 + a\varepsilon + b\varepsilon^2 \tag{1.6}$$

mit Unbekannten a und b. Zum Quadrieren benutzt man die Erweiterung der binomischen Formel

$$(A + B + C)^2 = A^2 + B^2 + C^2 + 2AB + 2AC + 2BC$$

Hiermit erhält man aus Gl. (1.6)

$$1 - \varepsilon \approx (1 + a\varepsilon + b\varepsilon^2)^2 = 1 + a^2\varepsilon^2 + b^2\varepsilon^4 + 2a\varepsilon + 2b\varepsilon^2 + 2ab\varepsilon^3 \approx 1 + 2a\varepsilon + (a^2 + 2b)\varepsilon^2$$

wenn die Terme mit ε^3 und ε^4 fortgelassen werden. Der Vergleich beider Seiten erfordert

$$-1 = 2a \qquad\qquad 0 = a^2 + 2b$$

also $\qquad a = -\dfrac{1}{2}$ und $\quad b = -\dfrac{a^2}{2} = -\dfrac{1}{8}$

Damit ergibt sich aus Gl. (1.6)

$$\sqrt{1-\varepsilon} \approx 1 - \frac{\varepsilon}{2} - \frac{\varepsilon^2}{8} \tag{1.7}$$

Der begangene Fehler beträgt höchstens $\varepsilon^3/16$, wie in Abschn. 7.3.3 gezeigt wird. Solche genaueren Näherungen findet man in F30. Setzt man Gl. (1.7) in (1.2) ein, so ergibt sich

$$y = r\left[1 - \sqrt{1 - \left(\frac{x}{r}\right)^2}\right] \approx r\left[1 - \left(1 - \frac{1}{2}\left(\frac{x}{r}\right)^2 - \frac{1}{8}\left(\frac{x}{r}\right)^4\right)\right]$$

und damit die **Näherungsformel 4. Ordnung**

$$y \approx \frac{x^2}{2r} + \frac{x^4}{8r^3} \tag{1.8}$$

Mit $y_0 = \dfrac{x^2}{2r}$ nach Gl. (1.5) kann man Gl. (1.8) auch in der Form

$$y \approx y_0 + \frac{y_0^2}{2r}$$

schreiben.

Für kleine x, also nahe am Berührungspunkt der Tangente an den Kreis, kann die Gleichung $y = r - \sqrt{r^2 - x^2}$ eines Halbkreises durch die Gleichung $y = x^2/2r$ einer Parabel oder noch genauer durch die Gleichung $y = x^2/2r + x^4/8r^3$ eines Polynoms 4. Grades ersetzt werden. Die Kurven dieser Funktionen schmiegen sich im Berührungspunkt besonders gut dem Kreise an, man spricht daher von S c h m i e g k u r v e n 2. bzw. 4. O r d n u n g. Bei der Rechenschieberrechnung nähert man einen Kreisbogen gern durch einen Schmiegbogen 2. bzw. 4. Ordnung an.

In der Vermessungskunde [32] werden für die Gültigkeit der Näherungsformeln folgende Schranken angegeben:

Näherungsformel 2. Ordnung, also Gl. (1.5), anwendbar bis $x = r/10$,
Näherungsformel 4. Ordnung, also Gl. (1.8), anwendbar bis $x = r/5$.

Bei $r = 450,000$ m findet man in der nachstehenden Tafel für $x = 200,000$ m, $x = 90,000$ m und $x = 25,000$ m folgende Ergebnisse:

	Taschenrechner			Rechenschieber		
$x =$	200,000 m	90,000 m	25,000 m	200,000 m	90,000 m	25,000 m
$y \approx \dfrac{x^2}{2r}$	44,444 m	9,000 m	0,694 m	44,4 m	9,00 m	0,694 m
$y \approx \dfrac{x^2}{2r} + \dfrac{x^4}{8r^3}$	46,639 m	9,090 m	0,695 m	46,6 m	9,09 m	0,695 m
$y = r - \sqrt{r^2 - x^2}$	46,887 m	9,092 m	0,695 m	47 m	9 m	1 m

Für die Rechnung mit einem Taschenrechner zeigt die Tafel folgendes: Für $x = 200$ m ist die Anwendung beider Näherungsformeln unzulässig; für $x = 90$ m erhält man mit der quadratischen Formel eine unzulässige Abweichung, während der Fehler bei der Formel vierten Grades mit 2 mm innerhalb der Absteckgenauigkeit liegt; für $x = 25$ m reicht bereits die quadratische Formel aus.

Die Notwendigkeit, die Näherungsformeln anzuwenden, ergibt sich, wenn man versucht, mit dem Rechenschieber den Abstand y durch Gl. (1.1) zu bestimmen.

Mit $r = 450$ m und $x = 25$ m z. B. folgt $r^2 = 2{,}025 \cdot 10^5$ m^2, $x^2 = 6{,}25 \cdot 10^2$ m^2 sowie $r^2 - x^2 = 2{,}019 \cdot 10^5$ m^2. Daraus erhält man mit dem Rechenschieber $\sqrt{r^2 - x^2} = 4{,}49 \cdot 10^2$ m, mit dem Taschenrechner 449,305 m. Es ergibt sich also ein absoluter Fehler von $-0{,}305$ m und damit ein relativer Fehler von $-0{,}305$ m/449,305 m $= -0{,}07\%$. Es folgt mit dem Ergebnis des Rechenschiebers nach Gl. (1.1) $y = 450$ m $- 449$ m $= 1$ m, mit dem des Taschenrechners $y = 0{,}695$ m. Dies ist ein relativer Fehler von 44%. Daher ist hier Gl. (1.1) für ein Rechnen mit dem Rechenschieber nicht brauchbar; Gl. (1.5) hingegen liefert mit Rechenschieber und Taschenrechner das gleiche Ergebnis $y = 0{,}694$ m und Gl. (1.8) mit beiden Rechenhilfsmitteln das exakte Ergebnis $y = 0{,}695$ m.

Außer dem Satz des Pythagoras und den binomischen Formeln $(a + b)^2$ und $(a + b + c)^2$ wird die Funktionsgleichung des Halbkreises und der Parabel benötigt sowie der Begriff eines relativen Fehlers, der meist in Prozenten angegeben wird: Ist u ein genauer Wert und u_F ein fehlerhafter, so ist der

absolute Fehler $u_F - u$

und der

relative Fehler $\dfrac{u_F - u}{u} = 100 \dfrac{u_F - u}{u}$ %

Darüber hinaus soll dieses erste Beispiel bereits zeigen, daß die numerische Rechnung eine wichtige Stellung in der Mathematik für Bauingenieure hat. Der Taschenrechner ist hierbei notwendiges Hilfsmittel, seine sichere Beherrschung auf Grund guter Bedienungsanleitungen und reichlicher Übung erarbeitet, ist eine Voraussetzung zur erfolgreichen Anwendung der Mathematik. Daneben wird nur noch gelegentlich der Rechenschieber benutzt werden.

Beispiel 1.2 Bei der Berechnung von Aushubmengen für Bauplanung oder Abrechnung treten häufig Körper auf, die Pyramiden- oder Kegelstümpfe darstellen. In diesem Beispiel soll daher zunächst die Schulmathematik aufgefrischt werden, indem aus dem Strahlensatz das Volumen für Pyramide und Kegel bestimmt, daraus sodann Formeln für die Volumen von Pyramiden- und Kegelstümpfe hergeleitet werden. Hieraus wird sich in der Kepler-Faßregel eine häufig anwendbare, für die Bautechnik wichtige Volumenformel ergeben, die zugleich eine später nützliche Verbindung zur Integralrechnung herstellen wird. Um die Volumenberechnung zu entwickeln, wird außerdem die leicht nachprüfbare arithmetische Identität

$$(a - b)(a^2 + ab + b^2) = a^3 - b^3 \tag{1.9}$$

benötigt.

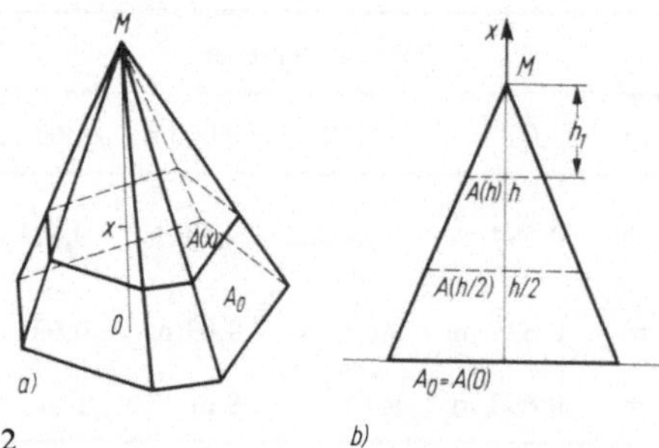

1.2

Gegeben sei ein Körper mit dem Volumen V_0, begrenzt durch eine ebene Grundfläche A_0, die durch eine geschlossene Kurve oder einen geschlossenen Polygonzug (Streckenzug) begrenzt ist, s. Bild 1.2. Jeder Punkt des Randes von A_0 werde mit dem Punkt M verbunden. Der Fußpunkt des Lotes von M auf A_0 liege innerhalb A_0. Man bestimme das Volumen V des Stumpfes, der entsteht, wenn die Spitze bei $x = h$ senkrecht zum Lot abgeschnitten wird.

Nach dem Strahlensatz verhalten sich die Quadrate der Abstände von der Spitze M wie die zugehörigen Querschnitte

$$\frac{A(x)}{A_0} = \frac{(h + h_1 - x)^2}{(h + h_1)^2}$$

Die Querschnittsfunktion $A(x)$ ist also ein quadratisches Polynom in x

$$A(x) = A_0 \frac{(h + h_1 - x)^2}{(h + h_1)^2} \tag{1.10}$$

Für das Volumen V_0 einer Pyramide gilt (F7)

$$V_0 = \frac{1}{3} A_0 (h + h_1)$$

Durch Differenzbildung zweier solcher Volumen erhält man

$$V = \frac{1}{3} A_0 \cdot (h + h_1) - \frac{1}{3} A(h) \cdot h_1 \tag{1.11}$$

Die Größe h_1 in Gl. (1.11) ist kein Maß innerhalb des untersuchten Körpers, sie soll daher mit Hilfe der Gl. (1.10) eliminiert werden. Für $x = h$ gilt

$$A(h) = A_0 \frac{h_1^2}{(h + h_1)^2}$$

Setzt man $u^2 = A(h)/A_0$, so erhält man

$$u = \frac{h_1}{h + h_1} \quad \text{oder} \quad h_1 = h \frac{u}{1 - u}$$

und damit aus Gl. (1.11)

$$V = \frac{h}{3} A_0 \left[1 + \frac{u}{1 - u} - \frac{A(h)}{A_0} \frac{u}{1 - u} \right]$$

$$= \frac{h}{3} A_0 \frac{1 - \dfrac{A(h)}{A_0} u}{1 - u} = \frac{h}{3} A_0 \frac{1 - \left(\dfrac{A(h)}{A_0} \right)^{3/2}}{1 - \left(\dfrac{A(h)}{A_0} \right)^{1/2}} \tag{1.12}$$

Mit Hilfe von Gl. (1.9) vereinfacht sich Gl. (1.12) mit $a = 1$ und $b = \sqrt{A(h)/A_0}$

$$V = \frac{h}{3} A_0 \left[1 + \sqrt{\frac{A(h)}{A_0}} + \frac{A(h)}{A_0} \right]$$

$$V = \frac{h}{3} [A_0 + \sqrt{A(h) \cdot A_0} + A(h)] \tag{1.13}$$

Diese Gleichung kann noch weiter vereinfacht werden, indem man $A\,(h/2)$ einführt. Aus Gl. (1.10) bzw. aus dem Strahlensatz folgt

$$A\left(\frac{h}{2}\right) = A_0 \frac{\left(\dfrac{h}{2} + h_1\right)^2}{(h + h_1)^2} = A_0 \frac{\left(\dfrac{h}{2} + h\,\dfrac{u}{1-u}\right)^2}{\left(h + h\,\dfrac{u}{1-u}\right)^2}$$

Kürzt man Zähler und Nenner durch $(h/(1 - u))^2$ und multipliziert beide Seiten mit 4, so ergibt sich

$$4A\left(\frac{h}{2}\right) = A_0(1 - u + 2u)^2 = A_0(1 + u)^2$$

$$= A_0\left(1 + 2\sqrt{\frac{A(h)}{A_0}} + \frac{A(h)}{A_0}\right) = A_0 + 2\sqrt{A(h)A_0} + A(h) \qquad (1.14)$$

Schreibt man Gl. (1.13) in der Form

$$V = \frac{h}{6}\,[A_0 + A_0 + 2\sqrt{A(h)\cdot A_0} + A(h) + A(h)]$$

so folgt mit Gl. (1.14)

$$V = \frac{h}{6}\left[A_0 + 4A\left(\frac{h}{2}\right) + A(h)\right] \qquad (1.15)$$

Verallgemeinert man die Fragestellung, indem man in Bild 1.2b nicht mehr voraussetzt, daß die Profillinien Geraden sind (s. Bild 1.3), so gilt im allgemeinen Gl. (1.15) nicht mehr. Der Astronom Kepler hat jedoch gezeigt, daß diese Gleichung auch dann noch exakt ist, falls die Querschnittsfunktionen $A(x)$ eine beliebige lineare oder quadratische Funktion (Polynom 1. oder 2. Grades) der Höhe x ist. Darüber hinaus liefert Gl. (1.15) in anderen Fällen eine meist gute Näherung für das Volumen. Gl. (1.15) wird Kepler-Faßregel genannt (F 29). Sie ist ein Spezialfall der in Abschn. 6.1.4 entwickelten Simpson-Regel.

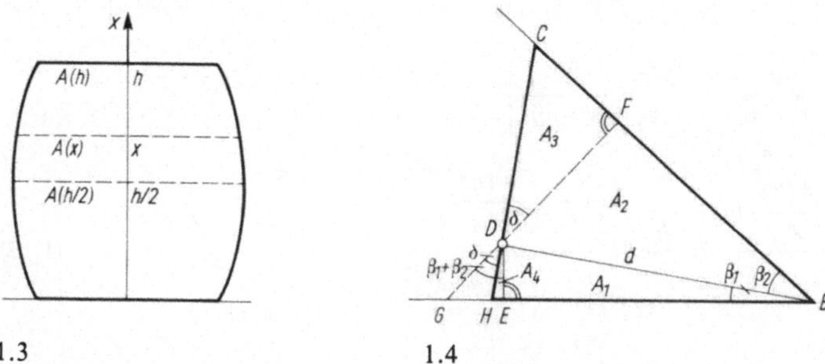

1.3   1.4

Beispiel 1.3 In der Vermessungstechnik stellt sich die Frage, wie ein Dreieck HCB mit einem vorgegebenen Flächeninhalt A so zugeteilt werden kann, daß die Strecke $\overline{HC}$ durch den Punkt D verläuft, s. Bild 1.4.

Gegeben ist also die Strecke $\overline{BD} = d$ sowie die beiden von B ausgehenden Strahlen unter den Winkeln β_1 und β_2. Es sei $A = 325\ \mathrm{m}^2$, $d = 24{,}80\ \mathrm{m}$ sowie $\beta_1 = 14{,}8\ \mathrm{gon}$ und $\beta_2 = 44{,}5\ \mathrm{gon}$.

In diesem Beispiel soll das Rechnen mit trigonometrischen Formeln aus der Schulmathematik angewandt und damit wiederholt, zugleich die unterschiedlichen in der Bautechnik benötigten Winkeleinheiten erklärt werden.

Während im Bauingenieurwesen, besonders bei statischen Berechnungen, Winkel in Grad (Altgrad)
angegeben werden, bevorzugt der Vermessungsingenieur die Winkelmessung in Gon (Neugrad). In
der Mathematik dagegen werden Winkel meist in Radiant gemessen. Für einen rechten Winkel (1L)
gilt

$$1\text{L} = 90° = 100 \text{ gon} = \frac{\pi}{2} \text{ rad}$$

Bei vielen handelsüblichen Taschenrechnern kann als Eingangs- bzw. Ausgangsargument für Winkel-
bzw. Arcusfunktionen Grad (Deg), Gon (Grd) oder Radiant (Rad) gewählt werden, diese Wahl bleibt
dann bis zum Abschalten des Taschenrechners gültig. Muß man jedoch direkt umrechnen, und ist a
eine Zahl, also kein Winkel, so gilt

$$a° = \frac{a}{0{,}9} \text{ gon} = \frac{a\pi}{180} \text{ rad}$$

$$a \text{ gon} = a \cdot 0{,}9° = \frac{a\pi}{200} \text{ rad}$$

$$a \text{ rad} = \frac{a \cdot 180°}{\pi} = \frac{a \cdot 200}{\pi} \text{ gon}$$

In diesem Beispiel wird in Gon gerechnet.

An Schulmathematik wird eine der Gleichungen aus der Gruppe der Additionstheoreme (F9) benötigt

$$\tan(\alpha - \beta) = \frac{\tan\alpha - \tan\beta}{1 + \tan\alpha \cdot \tan\beta} \tag{1.16}$$

sowie die Lösungsformel der quadratischen Gleichung (F16).

Zur Lösung ist es zweckmäßig, die gegebene Fläche A in 4 Teilflächen zu zerlegen und den Hilfswin-
kel δ einzuführen. Die Dreiecke GFB und GDE stimmen im $\sphericalangle\ DGB$ sowie einem rechten Winkel
überein. Sie sind also ähnlich, auch die dritten Winkel stimmen wegen der konstanten Winkelsumme
im Dreieck überein. Daher ist $\sphericalangle\ GDE = \beta_1 + \beta_2$. Der Flächeninhalt eines Dreiecks ist gleich dem
halben Produkt zweier Seiten multipliziert mit dem Sinus des eingeschlossenen Winkels (F5).

$$A_\triangle = \frac{1}{2}\, ab \cdot \sin\gamma$$

Damit erhält man

$$A = A_1 + A_2 + A_3 + A_4$$

$$= \frac{1}{2}\, d \cdot \overline{BE}\sin\beta_1 + \frac{1}{2}\, d \cdot \overline{BF}\sin\beta_2 + \frac{1}{2}\,\overline{CF} \cdot \overline{DF} + \frac{1}{2}\,\overline{EH} \cdot \overline{DE}$$

Wegen $\overline{BE} = d\cos\beta_1 \qquad \overline{BF} = d\cos\beta_2 \qquad \overline{DF} = d\sin\beta_2 \qquad \overline{DE} = d\sin\beta_1$

$$\overline{CF} = \overline{DF}\tan\delta = d\sin\beta_2\tan\delta$$

$$\overline{EH} = \overline{DE}\tan(\beta_1 + \beta_2 - \delta) = d\sin\beta_1\tan(\beta_1 + \beta_2 - \delta)$$

erhält man

$$A = \frac{d^2}{2}\{\sin\beta_1\cos\beta_1 + \sin\beta_2\cos\beta_2 + \sin^2\beta_2\tan\delta + \sin^2\beta_1\tan(\beta_1 + \beta_2 - \delta)\} \tag{1.17}$$

Setzt man

$$k = \frac{2A}{d^2} - \sin\beta_1 \cos\beta_1 - \sin\beta_2 \cos\beta_2$$

und mit Gl. (1.16)

$$\tan(\beta_1 + \beta_2 - \delta) = \frac{\tan(\beta_1 + \beta_2) - \tan\delta}{1 + \tan(\beta_1 + \beta_2) \cdot \tan\delta}$$

so folgt aus Gl. (1.17)

$$k = \sin^2\beta_2 \tan\delta + \sin^2\beta_1 \frac{\tan(\beta_1 + \beta_2) - \tan\delta}{1 + \tan(\beta_1 + \beta_2) \cdot \tan\delta}$$

oder nach Multiplikation mit dem Nenner und Ordnen nach Potenzen von $\tan\delta$

$$\sin^2\beta_2 \tan(\beta_1 + \beta_2) \tan^2\delta + [\sin^2\beta_2 - \sin^2\beta_1 - k\tan(\beta_1 + \beta_2)] \cdot \tan\delta$$
$$+ [\sin^2\beta_1 \tan(\beta_1 + \beta_2) - k] = 0$$

Einsetzen von β_1, β_2 und d ergibt $k = 0{,}34010$ und weiter

$$0{,}55689 \tan^2\delta - 0{,}096482 \tan\delta - 0{,}26870 = 0$$

Hieraus folgt mit der Auflösungsformel der quadratischen Gleichung (F16)

$$\tan\delta = 0{,}086626 \pm 0{,}700007$$

also entweder

$$\tan\delta = 0{,}786633 \quad \text{mit} \quad \delta = 42{,}43 \text{ gon}$$

oder $\quad \tan\delta = -0{,}613381 \quad \text{mit} \quad \delta = -35{,}03 \text{ gon}$

Hierbei hat nur die erste Lösung auf Grund von Bild 1.4 Sinn. Aus dieser folgt

$$\overline{BC} = \overline{BF} + \overline{CF} = d\,[\cos\beta_2 + \sin\beta_2 \tan\delta] = 31{,}54 \text{ m}$$
$$\overline{BH} = \overline{EH} + \overline{BE} = d\,[\cos\beta_1 + \sin\beta_1 \tan(\beta_1 + \beta_2 - \delta)] = 25{,}68 \text{ m}$$

Dieses Beispiel aus der Vermessungstechnik zeigt, wie eine komplexe Aufgabe durch Zerlegung in elementare Probleme aufgeteilt werden kann. Man beachte, daß trigonometrische Gleichungen oft mit Hilfe der Additionstheoreme stark vereinfacht werden und daß eine quadratische Gleichung ggf. nur eine für das Problem angemessene Lösung hat.

Beispiel 1.4 Bei der Parzellierung von Grundstücken wird eine Parallelität der Grenzen angestrebt, da dies sowohl für die Bebauung als auch für eine landwirtschaftliche Nutzung Vorteile bietet. In der Vermessungstechnik heißt diese Aufgabe Parallelzuteilung von Flächen.

Es handelt sich um eine Aufgabe aus der Vierecksberechnung der Schulmathematik, wobei jedoch nicht die Fläche A gesucht, sondern hier gegeben ist. Weiter wird wiederum die Benutzung eines Taschenrechners in einer zusammengesetzten Rechnung geübt.

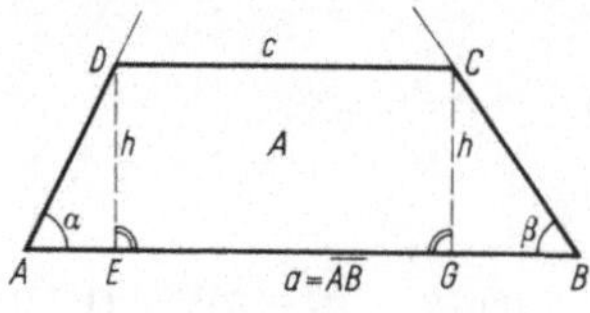

1.5

Gemäß Bild 1.5 ist eine Grundlinie $a = \overline{AB}$ mit den anliegenden Winkeln α und β gegeben. In welchem Abstand h muß eine Parallele zur Grundlinie gelegt werden, damit eine Trapezfläche von gegebener Größe A entsteht?

Es sei

1. $a = 113{,}2$ m; $\alpha = 37{,}2°$; $\beta = 11{,}7°$ sowie $A = 640$ m^2.

2. $a = 211{,}3$ m; $\alpha = 41{,}3$ gon; $\beta = 112{,}0$ gon sowie $A = 640$ m^2.

Wie groß darf bei vorgegebenen Winkeln $\alpha + \beta < 200$ gon die Flächengröße A gefordert werden, damit die Aufgabe noch sinnvoll bleibt?

Es ist $\overline{AE} = h\cot\alpha$ und $\overline{GB} = h\cot\beta$, damit gilt

$$a = \overline{AB} = \overline{AE} + \overline{DC} + \overline{GB} = h\cot\alpha + c + h\cot\beta$$

$$h(\cot\alpha + \cot\beta) = a - c$$

$$h = \frac{a - c}{\cot\alpha + \cot\beta} \tag{1.18}$$

Auf der rechten Seite der Gl. (1.18) tritt außer den gegebenen Größen a, α und β noch die Unbekannte c auf, die nun mit Hilfe des vorgegebenen Inhalts A eliminiert wird. Für ein Trapez gilt

$$A = \frac{a + c}{2} h \tag{1.19}$$

Mit Gl. (1.18) erhält man durch Einsetzen von h

$$A = \frac{a + c}{2} \frac{a - c}{\cot\alpha + \cot\beta} = \frac{a^2 - c^2}{2(\cot\alpha + \cot\beta)}$$

Diese Gleichung wird nun nach c aufgelöst

$$c = \sqrt{a^2 - 2A(\cot\alpha + \cot\beta)} \tag{1.20}$$

Hat man c aus Gl. (1.20) bestimmt, so ergibt sich aus Gl. (1.19)

$$h = \frac{2A}{a + c} \tag{1.21}$$

Mit $a = 113{,}2$ m, $\alpha = 37{,}2°$, $\beta = 11{,}7°$ und $A = 640$ m^2 folgt aus Gl. (1.20)

$$c = \sqrt{12814{,}2 - 2 \cdot 640(1{,}31745 + 4{,}82882)} \text{ m} = 70{,}335 \text{ m}$$

Ist dagegen $a = 211{,}3$ m, $\alpha = 41{,}3$ gon, $\beta = 112{,}0$ gon und $A = 640$ m^2, so ergibt die numerische Rechnung

$$c = \sqrt{44647{,}7 - 2 \cdot 640(1{,}31888 - 0{,}19076)} \text{ m} = 207{,}855 \text{ m}$$

Im ersten Fall wird $h = 6{,}97$ m und im zweiten Fall $h = 3{,}05$ m.

Wie groß darf der Flächeninhalt A höchstens vorgegeben werden? Gl. (1.20) erfordert das Bestimmen einer Quadratwurzel. Diese ist nur sinnvoll, wenn der Radikand

$$a^2 - 2A(\cot\alpha + \cot\beta) > 0 \tag{1.22}$$

ist. Geometrisch bedeutet dies, falls $\alpha + \beta < 200$ gon gilt, daß die Fläche A nicht größer sein kann als die Fläche $A_\triangle$ des durch a, α und β bestimmten Dreiecks. Für diese Winkel gilt $\cot\alpha + \cot\beta > 0$, so daß sich aus Gl. (1.22)

$$A < \frac{a^2}{2(\cot\alpha + \cot\beta)} = A_\triangle$$

ergibt. Bei geometrischen Aufgaben empfiehlt es sich immer, parallel zur numerischen Rechnung zu prüfen, ob Rechengang und Resultat mit der Anschauung übereinstimmen.

Aus der Schulmathematik wird hier also besonders das kritische Umstellen von Gleichungen und deren numerische Berechnung benötigt. Hierbei sind Kenntnisse über die trigonometrischen Funktionen notwendig.

Beispiel 1.5 Für die Absteckung von Kreisbögen sind je nach örtlichen Gegebenheiten und instrumenteller Ausstattung rechtwinklige Koordinaten $(x; y)$ oder polare Koordinaten $(\varphi; s)$ bezogen auf die Tangente im Berührpunkt erforderlich, s. Bild 1.6. Man spricht von **rechtwinkligen und polaren Absteckmaßen**.

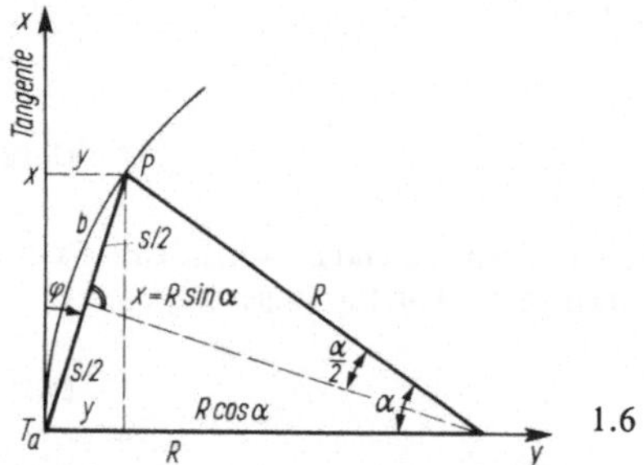

In diesem Beispiel soll das Rechnen von Winkeln im Bogenmaß und Grad, weiter der Zusammenhang zwischen Kreisbogen- und Sehnenlänge in einer für die Vermessungstechnik zweckmäßigen Form wiederholt und für die folgenden Anwendungen bereitgestellt werden.

Gegeben sei ein Kreisbogen vom Radius $R = 50$ m, der im Punkt $T_a\,(0; 0)$ tangential die x-Achse berührt, die in der Vermessungstechnik nach oben gerichtet ist. Für die Bogenlänge b, vom Punkt T_a aus gemessen, bestimme man die Sehnenlänge s, den Polarwinkel φ sowie die rechtwinkligen Koordinaten x und y für $b = 0$ m (5 m) 20 m, d. h. für b von 0 m bis 20 m in Schritten von 5 m.

Der Winkel α ist definiert als Verhältnis von zugehörigem Bogen geteilt durch den Radius

$$\alpha = \frac{b}{R} \tag{1.23}$$

Der Winkel φ ist gleich $\alpha/2$, da deren Schenkel paarweise aufeinander senkrecht stehen. Aus einer Hälfte des gleichschenkligen Dreiecks folgt

$$\sin\frac{\alpha}{2} = \frac{s/2}{R} = \frac{s}{2R} \tag{1.24}$$

Für die rechtwinkligen Koordinaten des Punktes P erhält man

$$y = R - R\cos\alpha = R(1 - \cos\alpha)$$
$$\tag{1.25}$$
und $$y = s\sin\frac{\alpha}{2}$$

Setzt man s aus Gl. (1.24) in Gl. (1.25) ein, so erhält man

$$y = 2R\sin\frac{\alpha}{2} \cdot \sin\frac{\alpha}{2} = 2R\sin^2\frac{\alpha}{2} \tag{1.26}$$

Schließlich ist

$$x = R\sin\alpha \tag{1.27}$$

Die Gesamtrechnung läuft in folgender Reihenfolge ab

1. $\alpha = \dfrac{b}{R}$ und $\varphi = \dfrac{\alpha}{2}$

2. $s = 2R\sin\dfrac{\alpha}{2}$

3. $x = R\sin\alpha$

4. $y = s\sin\dfrac{\alpha}{2}$ oder $y = 2R\sin^2\dfrac{\alpha}{2}$

Die Winkel sind in Grad und Gon anzugeben, daher hat nach dem ersten Schritt eine Umrechnung vom Bogenmaß in Grad und Gon

$$\alpha = \frac{180°}{\pi\,\text{rad}}\,\alpha = \frac{200\,\text{gon}}{\pi\,\text{rad}}\,\alpha \tag{1.28}$$

zu erfolgen. Es handelt sich jeweils um den gleichen Winkel α, er wird nur in unterschiedlichen Einheiten angegeben auf Grund der Einheitengleichungen

$$1° = 0{,}01745329\ \text{rad}; \quad 1\ \text{gon} = 0{,}01570796\ \text{rad}; \quad 1\ \text{rad} = 57{,}29578° = 63{,}66198\ \text{gon}$$

Die Ergebnisse findet man in der nachstehenden Tafel.

b	φ		s	x	y
m	in °	in gon	m	m	m
0	0	0	0	0	0
5	2,86	3,18	5,00	4,99	0,25
10	5,73	6,37	9,98	9,93	1,00
15	8,59	9,55	14,94	14,78	2,23
20	11,46	12,73	19,87	19,47	3,95

1.2 Aufgaben zu Abschnitt 1

1. Welche reellen Zahlen x bilden die Lösungsmenge der Ungleichung

$$\frac{1}{2x + 1} \geq 4$$

2. Man gebe die Menge aller reellen Zahlen x an, die die Ungleichung

$$\frac{1}{x + 4} \geq \frac{1}{3x + 2}$$

erfüllen.

3. Welche reellen Zahlen erfüllen die Ungleichung $|x - 2| \leq 3$?

4. Man zeige, daß für positive unterschiedliche Zahlen a und b das geometrische Mittel $\sqrt{ab}$ immer kleiner ist als das arithmetische Mittel $(a + b)/2$.

5. Man gebe alle natürlichen Zahlen n an, die der Ungleichung

$$\frac{1}{4n + 5} \leqslant \frac{1}{3n + 7}$$

genügen.

6. Aus der Definition des Binomialkoeffizienten F2 zeige man

a) $\quad \dbinom{n}{k} = \dbinom{n}{n - k}$

b) $\quad \dbinom{n}{k} \dfrac{n - k}{k + 1} = \dbinom{n}{k + 1}$

7. Durch eine Messung ist der Durchmesser einer Kugel $d = (25 \pm 0{,}01)$ mm bestimmt worden, wobei $\pm 0{,}01$ mm der Ablesefehler ist. Wie genau ist das Volumen der Kugel angebbar? Hinweis: Kugelvolumen F7; Näherungsformel für $(1 + \varepsilon)^3$ s. F3.

8. Die Unterkante eines Brückenträgers von 12 m Höhe hat sich um 10 cm seitlich verschoben. Die Oberkante des Brückenträgers kann sich nur in senkrechter Richtung verschieben. Um wieviel senkt sich die Oberkante infolge der Schiefstellung des Trägers?

9. Wie groß ist der Logarithmus von 0,8 zur Basis 2? Hinweis: F2.

10. Mit welchem Faktor muß man lb 7 multiplizieren, um lg $7 = \log_2 7$ zu erhalten?

11. Wie groß ist die Summe aller natürlichen Zahlen von 1 bis n? Hinweis: Dies ist eine arithmetische Reihe.

12. Der Zulaufkanal zu einer Kläranlage soll gemäß Bild 1.7 ausgebildet werden. Der Kanal hat ein Sohlengefälle von $I = 1:1667 = 0{,}6‰$, der Geschwindigkeitsbeiwert beträgt $k_S = 60$ m$^{1/3}$/s. Wie groß muß der Radius r gewählt werden, damit die Wassermenge $Q = 4{,}70$ m^3/s abgeführt werden kann? Hinweis: Es gilt nach Gauckler-Manning-Strickler

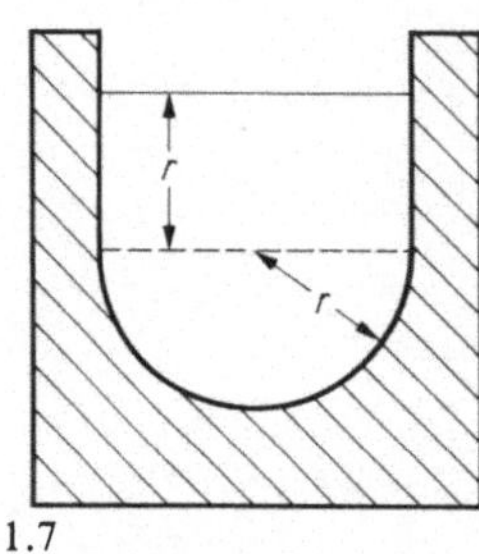

$$Q = k_S A \left(\frac{A}{U} \right)^{2/3} \cdot I^{1/2}$$

$$\text{mit} \quad A = \frac{\pi}{2} r^2 + 2r^2 \quad \text{und} \quad U = \pi r + 2r$$

1.7

Dabei ist A der benetzte Querschnitt, U der benetzte Umfang. Der Quotient A/U wird als hydraulischer Radius bezeichnet.

13. Man zeige, daß der Bruch $(a^n - b^n)/(a - b)$ mit natürlichen Zahlen n ohne Rest teilbar ist. Hinweis: Der Bruch kann als Summe einer geometrischen Reihe angesehen werden.

14. Die Böschungen einer Baugrube mit einer Grundfläche von 10 m $\times$ 14 m und einer Tiefe von 3 m bleiben unter einer Neigung von $1:1$ stehen. Man bestimme die Aushubmenge bei einer 20%-igen Auflockerung. Hinweis: Man verwende Gl. (1.15).

15. Die Dachfläche M und das Volumen V eines Turmdaches (Bild 1.8) mit der Höhe $h = 8$ m und einer regelmäßigen sechseckigen Grundrißfläche mit der Kantenlänge $a = 1{,}80$ m ist zu berechnen.

16. Man drücke $\cos^3 \alpha$ durch Cosinus mit mehrfachem Argument aus, F9.

17. In einem rechtwinkligen Dreieck (Bild 1.9) sind jeweils die fehlenden Stücke zu bestimmen.

a) $a = 17{,}3$ cm $\qquad b = 29{,}4$ cm

b) $a = 845$ mm $\qquad c = 987$ mm

c) $c = 211$ mm $\qquad \alpha = 62{,}40$ gon

d) $c = 18{,}9$ cm $\qquad \alpha = 4{,}80°$

e) $a = 53{,}6$ m $\qquad \alpha = 12{,}10°$

f) $b = 116$ mm $\qquad \alpha = 0{,}689$ gon

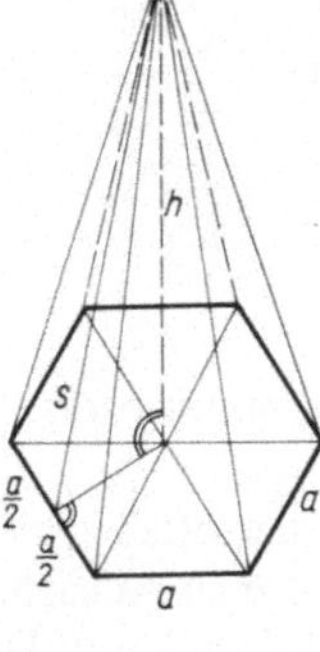

1.8

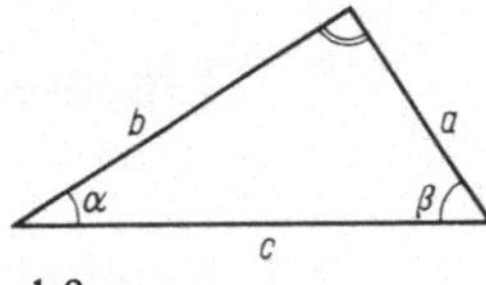

1.9

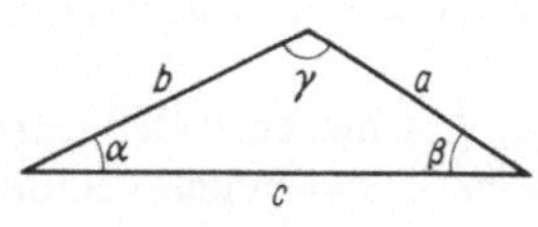

1.10

18. Man berechne die übrigen Seiten und Winkel in dem schiefwinkligen Dreieck (Bild 1.10).

a) $a = 61$ cm $\qquad b = 39$ cm $\qquad \alpha = 28{,}20$ gon

b) $b = 93$ mm $\qquad c = 54$ mm $\qquad \gamma = 20{,}40°$

c) $a = 0{,}708$ m $\qquad b = 1{,}415$ m $\qquad c = 0{,}919$ m

d) $a = 402$ mm $\qquad b = 196$ mm $\qquad \gamma = 74{,}30°$

e) $a = 19{,}3$ km $\qquad c = 29{,}7$ km $\qquad \beta = 168{,}90$ gon

f) $a = 9{,}01$ m $\qquad c = 3{,}35$ m $\qquad \gamma = 21{,}80°$

19. Ein Hochdruckkugeltank (Bild 1.11) von 20 m Durchmesser, dessen Südpol 2,5 m über dem Boden steht, wird durch tangentiale Stützen von 10,90 m Länge gehalten.

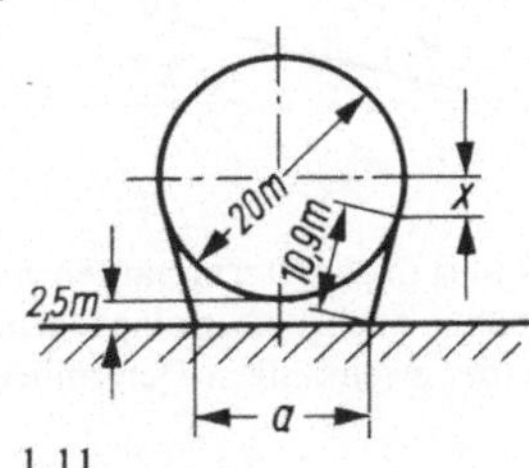

1.11

a) Wie groß ist der Fußabstand a zweier gegenüberliegender Stützen?

b) Wieviel Zentimeter unter dem Kugeläquator liegen die Pratzenbleche zur Stützenbefestigung?

20. Gegeben sind drei Punkte $P_1(2;3)$, $P_2(-2;4)$ und $P_3(0{,}5;-1)$.

a) Welche Länge d hat die Strecke $\overline{P_1 P_3}$?

b) Wie groß ist der Winkel β bei P_3 zwischen den Strecken $\overline{P_3 P_1}$ und $\overline{P_3 P_2}$?

c) Welchen Flächeninhalt A hat das Dreieck $P_1 P_2 P_3$?

d) Man bestimme den Teilungspunkt T, der die Strecke $\overline{P_1 P_2}$ im Verhältnis $1:4$ teilt.

2 Lineare Algebra

2.1 Determinanten

2.1.1 Zwei- und dreireihige Determinanten

In verschiedenen Bereichen der Mathematik, insbesondere bei den linearen Gleichungssystemen und in der Vektorrechnung treten Ausdrücke auf, deren Darstellung mit Hilfe von Determinanten übersichtlich erfolgen kann. Die Determinanten eignen sich besonders für formale Aussagen, zwei- und dreireihige Determinanten auch für numerische Berechnungen.

Beispiel 2.1 Die Fläche A des Dreiecks OP_1P_2 (Bild 2.1) ergibt sich als Differenz der Flächen des Dreiecks $OP_2'P_2$, des Trapezes $P_1P_1'P_2'P_2$ und des Dreiecks $OP_1'P_1$

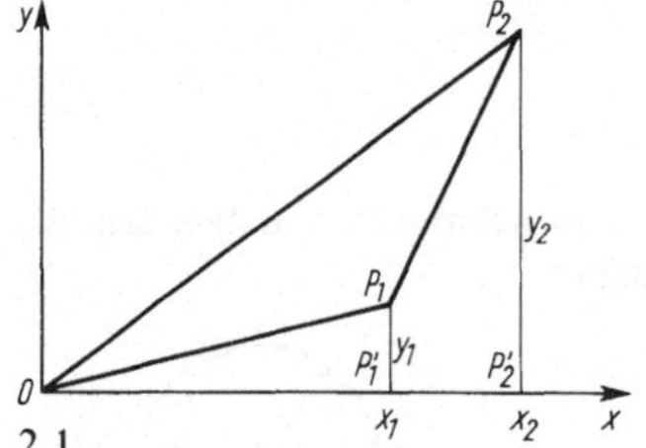

$$A = \frac{1}{2} x_2 y_2 - \frac{1}{2} (x_2 - x_1)(y_1 + y_2) - \frac{1}{2} x_1 y_1$$

$$= \frac{1}{2} (x_1 y_2 - y_1 x_2)$$

2.1

Führt man Determinanten ein, so lassen sich Ausdrücke, wie hier $x_1 y_2 - y_1 x_2$, einfach darstellen und damit auch besser einprägen. Unter Beachtung der nachfolgend gegebenen Definition für den Wert einer zweireihigen Determinante läßt sich die Fläche A des Dreiecks OP_1P_2 wie folgt angeben

$$A = \frac{1}{2}(x_1 y_2 - y_1 x_2) = \frac{1}{2} \begin{vmatrix} x_1 & y_1 \\ x_2 & y_2 \end{vmatrix} \tag{2.1}$$

Die **zweireihige Determinante**

$$D = \begin{vmatrix} a_{11} & a_{12} \\ a_{21} & a_{22} \end{vmatrix}$$

besteht aus den Elementen a_{ik} (a_{21} wird gesprochen a zwei eins). Der Index i gibt die Nummer der (waagrechten) Zeile, der Index k die der (senkrechten) Spalte an, in der das Element steht. Viele der folgenden Aussagen beziehen sich auf eine Zeile oder Spalte; wenn beides gemeint sein kann, spricht man von einer Reihe. Die obige Determinante ist zweireihig, denn sie hat zwei Zeilen und zwei Spalten. Die Elemente, bei denen $i = k$ ist, liegen auf der Hauptdiagonale. Die andere Diagonale heißt Nebendiagonale.

Definition. Der Wert einer zweireihigen Determinante D ist das Produkt der Elemente der Hauptdiagonale vermindert um das Produkt der Elemente der Nebendiagonale

$$D = \begin{vmatrix} a_{11} & a_{12} \\ a_{21} & a_{22} \end{vmatrix} = a_{11}a_{22} - a_{12}a_{21} \qquad (2.2)$$

Beispiel 2.2 Die folgende Determinante ist auszurechnen.

$$D = \begin{vmatrix} 7 & -5 \\ 2 & 3 \end{vmatrix} = 21 - (-10) = 31$$

Beispiel 2.3 Für die Trasse einer Straße sind zwei Geraden durch die Koordinaten der Punkte P_1, P_2 und P_3, P_4 festgelegt (Bild 2.2). Diese Geraden sollen durch einen Kreisbogen verbunden werden.

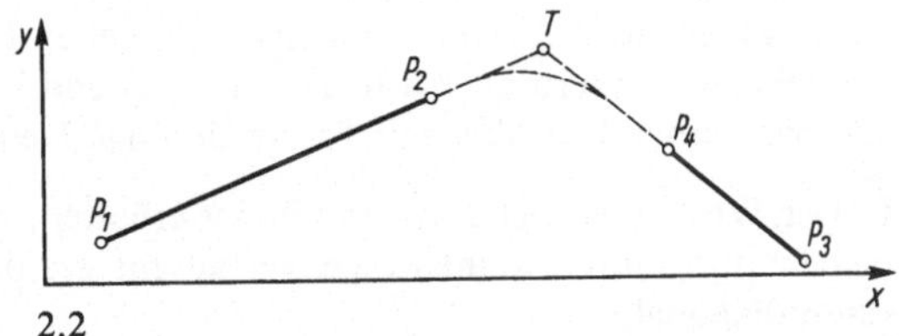

2.2

Für die Durchrechnung der Straßenachse ist zunächst der Tangentenschnittpunkt T zu bestimmen. Hier soll gezeigt werden, wie für die Berechnung der Koordinaten $(x_T; y_T)$ von T Determinanten sinnvoll verwendet werden können.

Mit Hilfe der Zweipunkteform der Geradengleichung (F 15) erhält man für die erste Gerade

$$\frac{y - y_1}{x - x_1} = \frac{y_2 - y_1}{x_2 - x_1}$$

oder $(y_2 - y_1)x - (x_2 - x_1)y = x_1(y_2 - y_1) - y_1(x_2 - x_1)$

Führt man $a_1 = y_2 - y_1$, $b_1 = -(x_2 - x_1)$ und $c_1 = x_1(y_2 - y_1) - y_1(x_2 - x_1)$ ein, so erhält man für die erste Gerade (Index 1) und entsprechend mit den Koordinaten der Punkte P_3 und P_4 für die zweite Gerade (Index 2) die Gleichungen

$$\begin{aligned} a_1 x + b_1 y &= c_1 \\ a_2 x + b_2 y &= c_2 \end{aligned} \qquad (2.3)$$

Die Koordinaten des Schnittpunkts T erfüllen beide Gleichungen und lassen sich aus Gl. (2.3) bestimmen. Nach dem Additionsverfahren erhält man

$$x_T = \frac{c_1 b_2 - b_1 c_2}{a_1 b_2 - b_1 a_2} \qquad y_T = \frac{a_1 c_2 - c_1 a_2}{a_1 b_2 - b_1 a_2} \qquad (2.4)$$

In Gl. (2.4) treten wieder Ausdrücke auf, die sich als Determinanten schreiben und die sich durch deren systematischen Aufbau auch leicht merken lassen. Die Lösung des Gleichungssystems (2.3) ergibt sich für $D \neq 0$ durch die **Cramersche Regel**

$$x = \frac{\begin{vmatrix} c_1 & b_1 \\ c_2 & b_2 \end{vmatrix}}{\begin{vmatrix} a_1 & b_1 \\ a_2 & b_2 \end{vmatrix}} = \frac{D_x}{D} \qquad y = \frac{\begin{vmatrix} a_1 & c_1 \\ a_2 & c_2 \end{vmatrix}}{\begin{vmatrix} a_1 & b_1 \\ a_2 & b_2 \end{vmatrix}} = \frac{D_y}{D} \qquad (2.5)$$

Im Nenner erscheint jeweils die aus den Koeffizienten der linken Seite des Gleichungssystems (2.3) gebildete Koeffizientendeterminante. Die Determinanten D_x und D_y entstehen, indem anstelle der Koeffizienten von x und y die Glieder der rechten Seite gesetzt werden. Die Cramersche Regel gilt auch für die Auflösung von linearen Gleichungssystemen mit drei und mehr Unbekannten; im Zähler und Nenner treten dann drei- bzw. mehrreihige Determinanten auf.

Die Lösungsmöglichkeiten von Gleichungssystemen werden in Abschn. 2.4.1 besprochen. Hier sei nur vermerkt, daß im Beispiel 2.3 die Nennerdeterminante $D = 0$ nur dann auftritt, wenn die beiden Geraden parallel sind; wären die beiden Geraden nicht nur parallel, sondern identisch – also P_1, P_2, P_3 und P_4 liegen auf einer Geraden –, so würde sich $D = D_x = D_y = 0$ ergeben.

Für das Rechnen mit Determinanten gelten folgende **Regeln**. Sie gelten nicht nur für zweireihige, sondern auch für die anschließend besprochenen mehrreihigen Determinanten. Sie werden hier aber nur für zweireihige Determinanten aufgeführt.

1. Der Wert einer Determinante bleibt erhalten, wenn alle Zeilen mit allen Spalten unter Beibehaltung ihrer Reihenfolge vertauscht werden. Man spricht von Spiegeln an der Hauptdiagonale.

$$\begin{vmatrix} a_{11} & a_{12} \\ a_{21} & a_{22} \end{vmatrix} = \begin{vmatrix} a_{11} & a_{21} \\ a_{12} & a_{22} \end{vmatrix} = a_{11}a_{22} - a_{12}a_{21}$$

2. Eine Determinante ändert ihr Vorzeichen, wenn zwei beliebige Reihen vertauscht werden. So ergibt die Vertauschung der 1. und 2. Spalte

$$\begin{vmatrix} a_{11} & a_{12} \\ a_{21} & a_{22} \end{vmatrix} = a_{11}a_{22} - a_{12}a_{21} = -(a_{12}a_{21} - a_{11}a_{22}) = -\begin{vmatrix} a_{12} & a_{11} \\ a_{22} & a_{21} \end{vmatrix}$$

3. Eine Determinante wird mit einem Faktor multipliziert, indem alle Elemente einer beliebigen Reihe mit diesem Faktor multipliziert werden, z. B.

$$k\begin{vmatrix} a_{11} & a_{12} \\ a_{21} & a_{22} \end{vmatrix} = \begin{vmatrix} ka_{11} & ka_{12} \\ a_{21} & a_{22} \end{vmatrix} = k(a_{11}a_{22} - a_{12}a_{21})$$

4. Der Wert einer Determinante bleibt erhalten, wenn zu einer Reihe ein Vielfaches einer anderen Reihe addiert wird. Dies wird hier für Zeilen gezeigt

$$\begin{vmatrix} a_{11} & a_{12} \\ a_{21} & a_{22} \end{vmatrix} = \begin{vmatrix} a_{11} + ka_{21} & a_{12} + ka_{22} \\ a_{21} & a_{22} \end{vmatrix}$$

$$= (a_{11} + ka_{21})a_{22} - (a_{12} + ka_{22})a_{21} = a_{11}a_{22} - a_{12}a_{21}$$

5. Der Wert einer Determinante ist Null, wenn zwei Reihen einander proportional sind, d. h. wenn sie sich nur durch einen Faktor unterscheiden. Man sagt auch: die beiden Reihen sind linear abhängig

$$\begin{vmatrix} a & b \\ ka & kb \end{vmatrix} = k\begin{vmatrix} a & b \\ a & b \end{vmatrix} = 0$$

Beispiel 2.4 $\quad \begin{vmatrix} 3 & -8 \\ -6 & 16 \end{vmatrix} = -2\begin{vmatrix} 3 & -8 \\ 3 & -8 \end{vmatrix} = 0$

Dreireihige Determinanten berechnet man am einfachsten nach der **Regel von Sarrus**

$$
D = \begin{vmatrix} a_{11} & a_{12} & a_{13} \\ a_{21} & a_{22} & a_{23} \\ a_{31} & a_{32} & a_{33} \end{vmatrix} \begin{matrix} a_{11} & a_{12} \\ a_{21} & a_{22} \\ a_{31} & a_{32} \end{matrix}
\tag{2.6}
$$

$$
= a_{11}a_{22}a_{33} + a_{12}a_{23}a_{31} + a_{13}a_{21}a_{32} - a_{31}a_{22}a_{13} - a_{32}a_{23}a_{11} - a_{33}a_{21}a_{12}
$$

Wie man aus dem obigen Schema entnimmt, werden die 1. und 2. Spalte noch einmal neben die Determinante geschrieben. Dann werden in Richtung der Pfeile sechs Produkte zu je drei Faktoren gebildet und addiert. Die drei Diagonalen von links unten nach rechts oben sind noch mit -1 zu multiplizieren. Mit dem Taschenrechner wird die Determinante in einem Arbeitsgang ohne Herausschreiben der Produkte gebildet.

Beispiel 2.5 Die folgende Determinante ist nach der Regel von Sarrus zu berechnen.

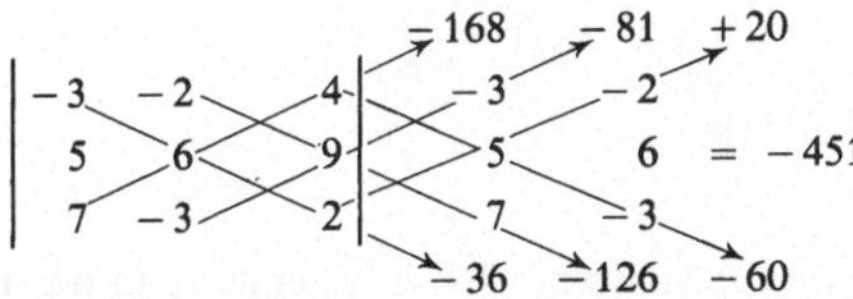

Die nachstehenden Beispiele zeigen die Verwendung von dreireihigen Determinanten bei der Darstellung von mathematischen Ausdrücken und bei der numerischen Berechnung.

Beispiel 2.6 Die Fläche A des Dreiecks $P_1P_2P_3$ in Bild 2.3 ergibt sich als Differenz der Flächen der Trapeze $P_1P_1'P_3'P_3$, $P_1P_1'P_2'P_2$ und $P_2P_2'P_3'P_3$

$$
A = \frac{1}{2}(x_3 - x_1)(y_1 + y_3) - \frac{1}{2}(x_2 - x_1)(y_1 + y_2)
$$

$$
- \frac{1}{2}(x_3 - x_2)(y_2 + y_3)
$$

Ausmultiplizieren und Umordnen ergibt

$$
A = \frac{1}{2}(x_2y_3 + x_1y_2 + y_1x_3 - x_2y_1 - x_3y_2 - y_3x_1)
$$

2.3

Diese Formel läßt sich mit Hilfe der dreireihigen Determinante wie folgt schreiben und damit auch leicht merken

$$
A = \frac{1}{2}\begin{vmatrix} 1 & x_1 & y_1 \\ 1 & x_2 & y_2 \\ 1 & x_3 & y_3 \end{vmatrix}
\tag{2.7}
$$

Ein Ausmultiplizieren der Determinante in Gl. (2.7) nach der Regel von Sarrus zeigt die Identität mit der vorstehend hergeleiteten Formel. Ändert man die Reihenfolge der Punkte, z. B. in der Reihenfolge $P_1P_3P_2$, so bedeutet dies eine Änderung des Umfahrungssinnes und in der Determinante eine Vertauschung von zwei Zeilen, der Zeile zwei und drei. Dadurch ändert die Determinante und die Fläche ihr Vorzeichen. Ein wichtiger Spezialfall ist: Wenn der Wert der Determinante Null ist, dann liegen die drei Punkte auf einer Geraden.

Beispiel 2.7 Man gebe mit Hilfe der Cramerschen Regel die Lösung des nachstehenden Gleichungssystems an

$$3x - 2y + 4z = 2$$
$$5x + 3y - 6z = 16$$
$$4x + 7y - 9z = 27$$

$$D = \begin{vmatrix} 3 & -2 & 4 \\ 5 & 3 & -6 \\ 4 & 7 & -9 \end{vmatrix} = 95 \qquad D_x = \begin{vmatrix} 2 & -2 & 4 \\ 16 & 3 & -6 \\ 27 & 7 & -9 \end{vmatrix} = 190$$

$$D_y = \begin{vmatrix} 3 & 2 & 4 \\ 5 & 16 & -6 \\ 4 & 27 & -9 \end{vmatrix} = 380 \qquad D_z = \begin{vmatrix} 3 & -2 & 2 \\ 5 & 3 & 16 \\ 4 & 7 & 27 \end{vmatrix} = 95$$

$$x = \frac{D_x}{D} = 2 \qquad y = \frac{D_y}{D} = 4 \qquad z = \frac{D_z}{D} = 1$$

2.1.2 n-reihige Determinanten

Eine n-reihige Determinante hat n Zeilen und n Spalten, also n^2 Elemente in der Form

$$D = \begin{vmatrix} a_{11} & a_{12} & a_{13} \cdots a_{1n} \\ a_{21} & a_{22} & a_{23} \cdots a_{2n} \\ a_{31} & a_{32} & a_{33} \cdots a_{3n} \\ \vdots & \vdots & \vdots & \vdots \\ a_{n1} & a_{n2} & a_{n3} \cdots a_{nn} \end{vmatrix} \tag{2.8}$$

Definition. Streicht man in einer n-reihigen Determinante die i-te Zeile und die k-te Spalte und schiebt die übrigen Elemente wieder zu einer Quadratform zusammen, so entsteht eine $(n-1)$-reihige Unterdeterminante. Multipliziert man diese mit dem Faktor $(-1)^{i+k}$, so entsteht die Adjunkte A_{ik} des Elementes a_{ik}.

Mit dem so definierten Begriff der Adjunkten lautet der Entwicklungssatz von Laplace

Der Wert einer n-reihigen Determinante ist gleich der Summe der Produkte aus den Elementen einer beliebigen Reihe und den zugehörigen Adjunkten

$$D = \sum_{\substack{i=1 \\ k=\text{const}}}^{n} a_{ik}A_{ik} = \sum_{\substack{k=1 \\ i=\text{const}}}^{n} a_{ik}A_{ik} \tag{2.9}$$

Beispiel 2.8 Man gebe die Adjunkten der nachstehenden dreireihigen Determinante an und entwickle dann diese Determinante nach der ersten Spalte

$$D = \begin{vmatrix} a_{11} & a_{12} & a_{13} \\ a_{21} & a_{22} & a_{23} \\ a_{31} & a_{32} & a_{33} \end{vmatrix}$$

$$A_{11} = + \begin{vmatrix} a_{22} & a_{23} \\ a_{32} & a_{33} \end{vmatrix} \qquad A_{12} = - \begin{vmatrix} a_{21} & a_{23} \\ a_{31} & a_{33} \end{vmatrix} \qquad A_{13} = + \begin{vmatrix} a_{21} & a_{22} \\ a_{31} & a_{32} \end{vmatrix}$$

$$A_{21} = - \begin{vmatrix} a_{12} & a_{13} \\ a_{32} & a_{33} \end{vmatrix} \qquad A_{22} = + \begin{vmatrix} a_{11} & a_{13} \\ a_{31} & a_{33} \end{vmatrix} \qquad A_{23} = - \begin{vmatrix} a_{11} & a_{12} \\ a_{31} & a_{32} \end{vmatrix}$$

$$A_{31} = + \begin{vmatrix} a_{12} & a_{13} \\ a_{22} & a_{23} \end{vmatrix} \qquad A_{32} = - \begin{vmatrix} a_{11} & a_{13} \\ a_{21} & a_{23} \end{vmatrix} \qquad A_{33} = + \begin{vmatrix} a_{11} & a_{12} \\ a_{21} & a_{22} \end{vmatrix}$$

$$D = a_{11}A_{11} + a_{21}A_{21} + a_{31}A_{31}$$
$$= a_{11}(a_{22}a_{33} - a_{23}a_{32}) + a_{21}(-1)(a_{12}a_{33} - a_{13}a_{32}) + a_{31}(a_{12}a_{23} - a_{13}a_{22})$$

Man beachte die schachbrettartige Verteilung der Vorzeichen bei der Bildung der Adjunkten.

Entstehen beim Entwickeln einer Determinante zunächst Determinanten mit mehr als drei Reihen, so müssen diese wiederum nach Adjunkten entwickelt werden. Eine n-reihige Determinante erhält dadurch $n!$ Summanden. Infolge des hohen Rechenaufwandes werden deshalb Gleichungssysteme mit vier und mehr Unbekannten nicht mehr nach der Cramerschen Regel aufgelöst. Gl. (2.9) ist auch nicht geeignet, um die Determinante mit Rechenanlagen auszurechnen. Bei der Ausrechnung einer Determinante mit dem Taschenrechner ist es manchmal möglich, durch mehrfaches Anwenden der Regel 4 alle Elemente einer Reihe bis auf eines zu Null zu machen. Wird dann nach dieser Reihe entwickelt, bleibt nur ein Produkt übrig.

Beispiel 2.9 Die nachstehend aufgeführte Determinante D ist zu berechnen.

Ein unmittelbares Entwickeln würde $5! = 120$ Summanden aus jeweils 5 Faktoren ergeben. Da die Elemente ganzzahlig sind, empfiehlt es sich, wie vorstehend beschrieben zu verfahren. Alle Elemente der 2. Spalte sind Vielfache des Elementes $a_{12} = 1$. Deshalb kann diese Spalte reduziert werden. Man schreibt zunächst die 1. Zeile an und berechnet dann die anderen Zeilen, indem Vielfache der 1. Zeile addiert oder subtrahiert werden, so daß die Elemente dieser Zeilen in der 2. Spalte zu Null werden. Die addierten Vielfachen der 1. Zeile sind hinter die zweite Determinante geschrieben.

$$D = \begin{vmatrix} 7 & 1 & -4 & 8 & -5 \\ -24 & -2 & 3 & 4 & 20 \\ -5 & -3 & 19 & -60 & -2 \\ -16 & -1 & -2 & 35 & 26 \\ 23 & 2 & -12 & -4 & -17 \end{vmatrix} = \begin{vmatrix} 7 & 1 & -4 & 8 & -5 \\ -10 & 0 & -5 & 20 & 10 \\ 16 & 0 & 7 & -36 & -17 \\ -9 & 0 & -6 & 43 & 21 \\ 9 & 0 & -4 & -20 & -7 \end{vmatrix} \begin{matrix} \\ +\ 2 \cdot \text{Zeile 1} \\ +\ 3 \cdot \text{Zeile 1} \\ +\ \ \ \ \text{Zeile 1} \\ -\ 2 \cdot \text{Zeile 1} \end{matrix}$$

Die Entwicklung nach der 2. Spalte liefert nur das Produkt $a_{12}A_{12}$. Mit $a_{12} = 1$ und $(-1)^{1+2} = -1$ folgt

$$D = (-1) \cdot \begin{vmatrix} -10 & -5 & 20 & 10 \\ 16 & 7 & -36 & -17 \\ -9 & -6 & 43 & 21 \\ 9 & -4 & -20 & -7 \end{vmatrix} = (-1) \begin{matrix} -2 \cdot \text{Sp. 2} & & +4 \cdot \text{Sp. 2} & +2 \cdot \text{Sp. 2} \\ \begin{vmatrix} 0 & -5 & 0 & 0 \\ 2 & 7 & -8 & -3 \\ 3 & -6 & 19 & 9 \\ 17 & -4 & -36 & -15 \end{vmatrix} \end{matrix}$$

Bei der vierreihigen Determinante kann die 1. Zeile reduziert werden, da alle Elemente dieser Zeile Vielfache von $a_{12} = -5$ sind. Die anschließende Entwicklung nach der 1. Zeile ergibt unter Beachtung der Vorzeichenregel das Zwischenergebnis mit der dreireihigen Determinante und mit deren Ausrechnung nach der Regel von Sarrus das Endergebnis

$$D = (-1) \cdot (+5) \cdot \begin{vmatrix} 2 & -8 & -3 \\ 3 & 19 & 9 \\ 17 & -36 & -15 \end{vmatrix} = (-5) \cdot (-213) = 1065$$

2.1.3 Aufgaben zu Abschnitt 2.1

1. Man berechne den Wert der Determinanten

a) $\begin{vmatrix} 5 & 6 \\ -3 & 4 \end{vmatrix}$
b) $\begin{vmatrix} \cos\beta & \sin\beta \\ -\sin\beta & \cos\beta \end{vmatrix}$

c) $\begin{vmatrix} -3 & +8 & -2 \\ -6 & +10 & +1 \\ +9 & -2 & +7 \end{vmatrix}$
d) $\begin{vmatrix} -7{,}55 & +6{,}67 & -15{,}83 \\ +8{,}82 & -3{,}52 & +4{,}27 \\ -12{,}05 & +1{,}95 & +6{,}83 \end{vmatrix}$

2. Man löse die Gleichungssysteme

a) $11x + 6y = 23$
   $7x + 9y = 25$

b) $-4x + 3y = 28$
   $-7x + 5y = 46{,}5$

c) $\quad 3x - 12y = 21$
   $-12x + 48y = 10$

d) $5x + 3y + 4z = 34$
   $3x - 6y + 16z = 30$
   $4x + 9y - 8z = 20$

e) $\quad 2{,}34x - 1{,}78y + 3{,}45z = 3{,}258$
   $-5{,}56x - 6{,}33y + 4{,}15z = 6{,}845$
   $-2{,}62x + 3{,}57y - 2{,}75z = 6{,}770$

3. Entsprechend Bild 2.2 sollen die Koordinaten des Schnittpunktes T zweier Straßenachsen berechnet werden aus den Koordinaten der Punkte $P_i(x_i; y_i)$: $P_1(132{,}34;\ 34{,}56)$ m, $P_2(267{,}89;\ 83{,}45)$ m, $P_3(420{,}40;\ 45{,}78)$ m, $P_4(330{,}11;\ 91{,}25)$ m.

4. Mit einer Determinante ist die Fläche des Dreiecks mit den Eckpunkten $P_1(-2;\ -3)$ cm, $P_2(6;\ -1)$ cm und $P_3(4;\ 4)$ cm zu berechnen.

5. Mit Hilfe einer Determinante prüfe man, ob die drei Punkte $P_1(-3;\ 4)$, $P_2(1;\ 9)$ und $P_3(9;\ 19)$ auf einer Geraden liegen.

6. Mit dem Entwicklungssatz ist der Wert der nachstehenden Determinanten zu berechnen. Hinweis: Bei der unter b) aufgeführten „dreieckigen" Determinante entwickle man jeweils nach der ersten Spalte.

a) $\begin{vmatrix} 6 & -3 & -2 & -7 \\ -9 & 13 & 6 & 8 \\ -5 & 20 & 8 & 5 \\ -13 & 11 & 6 & 11 \end{vmatrix}$

b) $\begin{vmatrix} a_{11} & a_{12} & a_{13} & a_{14} & \cdots & a_{1n} \\ 0 & a_{22} & a_{23} & a_{24} & \cdots & a_{2n} \\ 0 & 0 & a_{33} & a_{34} & \cdots & a_{3n} \\ 0 & 0 & 0 & a_{44} & \cdots & a_{4n} \\ \vdots & \vdots & \vdots & \vdots & & \vdots \\ 0 & 0 & 0 & 0 & \cdots & a_{nn} \end{vmatrix}$

2.2 Vektoren

2.2.1 Grundbegriffe. Definitionen. Geometrische Darstellung

In der Statik lassen sich Berechnungen an ebenen und räumlichen Fachwerken mit Hilfe der Vektorrechnung übersichtlich und einfach durchführen. Ein Beispiel hierfür ist die Berechnung der Stabkräfte eines Dreibocks (Bild 2.4) mit angreifender Schräglast. Aus der Mechanik ist bekannt, daß zwei an einem Punkt angreifende Kräfte (Bild 2.5) durch eine Resultierende ersetzt werden können, die sich als Diagonale im Kräfteparallelogramm ergibt; ebenso ist bekannt, daß drei in einer Ebene liegende und an einem Punkt angreifende Kräfte (Bild 2.6a) dann im Gleichgewicht sind, wenn sich das Krafteck (Bild 2.6b) schließt. Derartige Zusammenhänge lassen sich in vektorieller Darstellung besonders übersichtlich und einheitlich behandeln.

In Physik und Technik gibt es Größen, die durch Angabe einer Maßzahl und einer Einheit vollständig beschrieben sind, sie heißen Skalare; Beispiele: Zeit, Länge, Masse, Arbeit, Leistung. Größen, zu deren vollständiger Beschreibung außer Maßzahl und Maßeinheit die

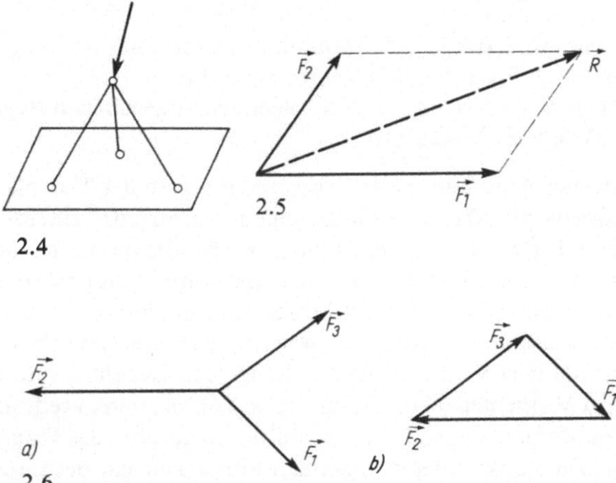

2.4

2.5

2.6

Angabe einer Richtung erforderlich ist, heißen Vektoren; Beispiele: Kraft, Moment einer Kraft, Weg, Geschwindigkeit, Beschleunigung. Die Gesetze der Vektorrechnung sind so definiert, daß sich mit ihrer Hilfe die beobachteten Eigenschaften der vektoriellen physikalischen Größen zweckmäßig beschreiben lassen.

Geometrisch wird ein Vektor durch einen Pfeil im Raum (Bild 2.7) dargestellt, dessen Länge unter Berücksichtigung eines Maßstabs den Betrag und dessen Richtung die Wirkungslinie des Vektors angibt. Der Pfeil kann eine physikalische vektorielle Größe oder die Verschiebung eines Körpers im Raum (Bild 2.8), eine Translation, oder die Lage eines Punktes im Raum, bezogen auf ein frei gewähltes Koordinatensystem, beschreiben. Im letzteren Fall sind vielfach die Begriffe Ortsvektor oder Radiusvektor gebräuchlich.

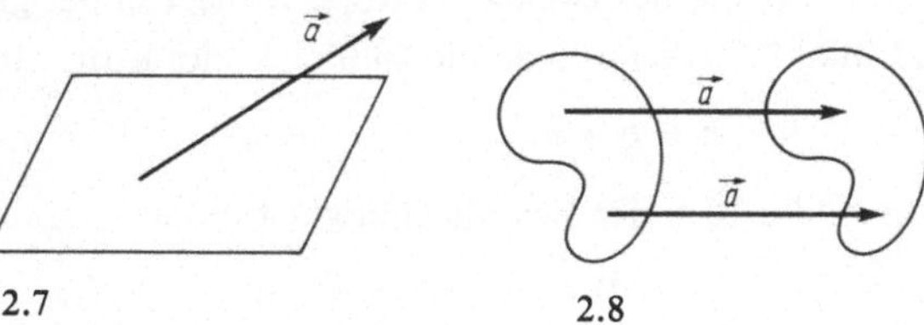

2.7

2.8

Nach DIN 1303, Schreibweise von Tensoren (Vektoren), kann ein Vektor durch einen lateinischen Buchstaben mit darübergesetztem Pfeil gekennzeichnet werden: $\vec{a}$, gesprochen: Vektor a. Dieses Symbol enthält Maßzahl, Einheit und Richtung. Betrachtet man nur Maßzahl und Einheit einer vektoriellen Größe, so schreibt man den lateinischen Buchstaben a oder $|\vec{a}|$ und nennt dies den Betrag des Vektors, z. B. $F = |\vec{F}| = 5$ kN. Der Betrag eines Vektors ist immer positiv oder Null.

Definition des Nullvektors $\vec{o}$

Der Nullvektor ist ein Vektor vom Betrag Null, $|\vec{o}| = 0$. Geometrisch ist der Nullvektor ein Punkt; er hat keine Richtung.

Definition der Gleichheit von Vektoren $\vec{a} = \vec{b}$
Zwei Vektoren sind gleich,

$$\vec{a} = \vec{b} \tag{2.10}$$

wenn sie in Betrag (Maßzahl und Einheit) und Richtung übereinstimmen. Hieraus folgt die wichtige Tatsache, daß Vektoren parallel zu sich selbst verschiebbar sind. Man spricht von freien Vektoren. Die im folgenden angegebenen Regeln der Vektorrechnung gelten für solche freie Vektoren.

Bei der Anwendung der Vektorrechnung in der Technik ist zu klären, ob die jeweilige vektorielle physikalische Größe einen freien oder einen linienflüchtigen oder einen gebundenen Vektor darstellt, denn für die beiden letzteren sind gewisse Einschränkungen zu beachten. Der Bauingenieur hat vorwiegend mit den vektoriellen Größen Kraft und Moment zu tun. Kraftvektoren sind linienflüchtige Vektoren; sie dürfen nur längs ihrer Wirkungslinie verschoben werden; eine Parallelverschiebung z. B. an einem Hebelarm würde eine Veränderung der Länge des Hebelarms und damit der Wirkung hervorrufen. Ein Momentenvektor ist ein freier Vektor; denn greift am Ende eines Freiträgers ein äußeres Moment an, so ist das Schnittmoment über die Trägerlänge konstant. In einem Rohr ist jedem Punkt einer strömenden Flüssigkeit ein bestimmter Geschwindigkeitsvektor zugeordnet; es sind also an Raumpunkte gebundene Vektoren, die insgesamt ein Vektorfeld darstellen.

Definition des negativen Vorzeichens $-\vec{a}$
Der Vektor $-\vec{a}$ hat den gleichen Betrag (Länge) wie $\vec{a}$, jedoch entgegengesetzte Richtung.

Definition der Addition von Vektoren $\vec{c} = \vec{a} + \vec{b}$ (2.11)
Werden nach Bild 2.9a zwei Translationen $\vec{a}$ und $\vec{b}$ nacheinander durchgeführt, so entspricht dies einer Translation $\vec{c}$.

Die geometrische Addition von zwei Vektoren erfolgt deshalb so, daß einer der beiden (freien und damit parallel verschiebbaren) Vektoren mit seinem Anfangspunkt an das Ende des anderen verschoben wird. Der Summenvektor reicht vom Anfangspunkt des ersten zum Endpunkt des zweiten Vektors. Er liegt in der gleichen Ebene wie die Summanden.

Aus Bild 2.9 erkennt man die Gültigkeit des kommutativen Gesetzes

$$\vec{a} + \vec{b} = \vec{b} + \vec{a} \tag{2.12}$$

Aus Bild 2.10 ergibt sich die Gültigkeit des assoziativen Gesetzes

$$\vec{a} + (\vec{b} + \vec{c}) = (\vec{a} + \vec{b}) + \vec{c} \tag{2.13}$$

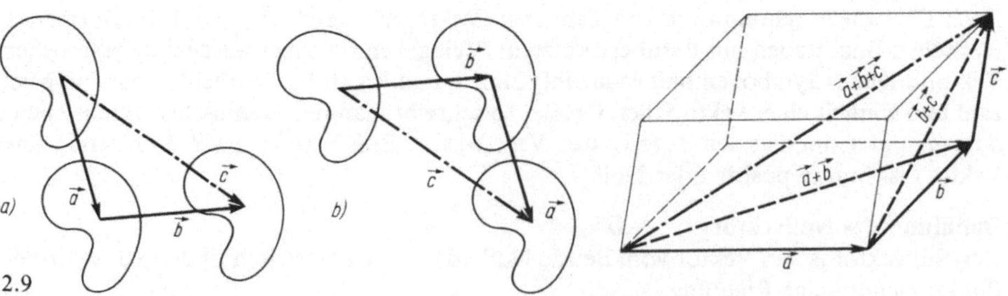

2.9

Definition der Subtraktion von Vektoren $\vec{c} = \vec{a} - \vec{b}$ (2.14)

Um die Differenz von Vektoren zu bilden, ist der Subtrahend-Vektor $\vec{b}$ zunächst in die entgegengesetzte Richtung zu drehen (Bild 2.11) und dann zu addieren. Wie man aus Bild 2.12 erkennt, können Summe und Differenz zweier Vektoren in einem Parallelogramm als Diagonalen dargestellt werden. Die Gesetze der Addition und Subtraktion gelten auch für linienflüchtige Vektoren; man hat jedoch zu beachten, daß die Wirkungslinie des resultierenden Vektors gesondert zu bestimmen ist (wenn z. B. Kräfte nicht alle an demselben Punkt angreifen).

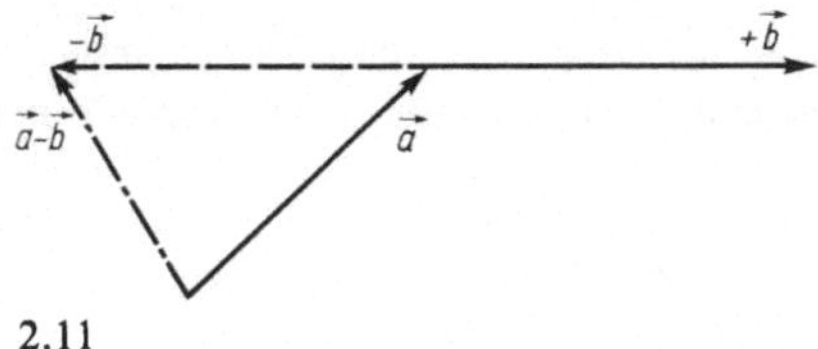

2.11

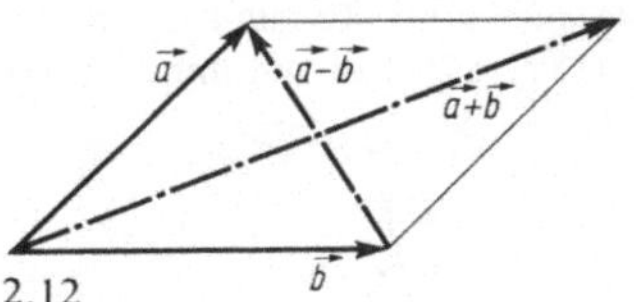

2.12

Sind mehr als zwei Vektoren (Kräfte) zu addieren oder subtrahieren, so sind die beschriebenen Operationen nacheinander durchzuführen. Es ist zweckmäßig, die grafischen Additionen und Subtraktionen von Vektoren in einem besonderen **Vektoreck (Krafteck)** durchzuführen und das Ergebnis in den Lageplan zu übertragen.

Beispiel 2.10 Die Kräfte $\vec{F}_1$ bis $\vec{F}_4$, die in einer Ebene liegen und einen gemeinsamen Angriffspunkt haben, sind zu einer Resultierenden $\vec{R}$ zusammenzufassen (Bild 2.13a). Die Kräfte sind durch ihren Betrag und den Richtungswinkel, den sie mit der Bezugsachse bilden, gegeben: $\vec{F}_1$ (5 kN; 30°), $\vec{F}_2$ (7 kN; 180°), $\vec{F}_3$ (6 kN; 120°), $\vec{F}_4$ (6 kN; 270°).

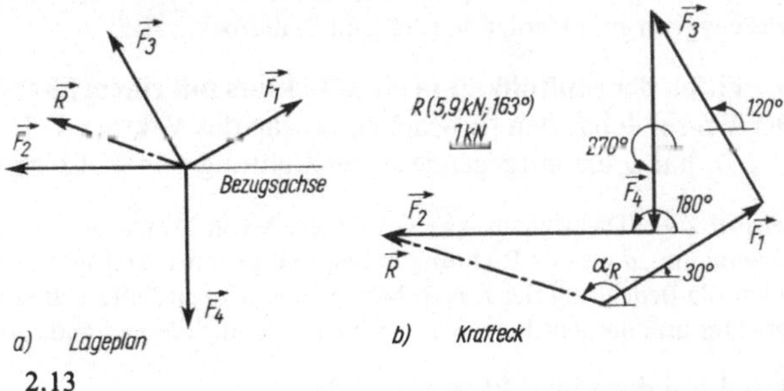

2.13

Die Addition wird im Krafteck unter Beachtung eines frei gewählten Maßstabs durchgeführt (Bild 2.13b) und das Ergebnis in den Lageplan (Bild 2.13a) übernommen. Die Resultierende geht im Krafteck vom Anfangspunkt der ersten Kraft zum Endpunkt der letzten Kraft. Die Reihenfolge, in der die Kräfte aneinander angetragen werden, ist willkürlich, da das assoziative Gesetz gilt. Der Zeichnung entnimmt man: $\vec{R}$ (5,9 kN; 163°).

Liegen die Vektoren wie im Beispiel 2.10 nicht alle in einer Ebene, so muß bei der geometrischen Addition und Subtraktion der Vektoren im Grund- und Aufriß gearbeitet werden, was natürlich aufwendiger ist. Deshalb wird in diesem Fall vorwiegend rechnerisch gearbeitet.

Erhält man mit

$$\vec{R} = \sum_{i=1}^{n} \vec{F}_i = \vec{o}$$

den Nullvektor, so fällt das Ende des letzten Vektors mit dem Anfang des ersten zusammen. Haben die Vektoren $\vec{F}_i$ die Bedeutung von Kräften, so sagt man in der Mechanik: Das Krafteck ist geschlossen, die Resultierende ist Null. Wenn sich außerdem die Wirkungslinien aller Kräfte in einem Punkt schneiden, so befinden sich die Kräfte im Gleichgewicht (sonst könnte nämlich ein Moment existieren).

Die Zerlegung eines Vektors in Vektoren mit vorgegebenen Richtungen stellt die Umkehrung der Addition dar. In der Ebene findet man die beiden Vektoren mit Hilfe der erwähnten Parallelogrammkonstruktion.

Beispiel 2.11 Es sind die Stabkräfte $\vec{F}_1$ und $\vec{F}_2$ des Zweibocks (Bild 2.14a) infolge der Last $\vec{F}$ (12 kN; 75°) zu bestimmen[1]). Die am herausgeschnittenen Knoten (Bild 2.14b) angreifenden Kräfte

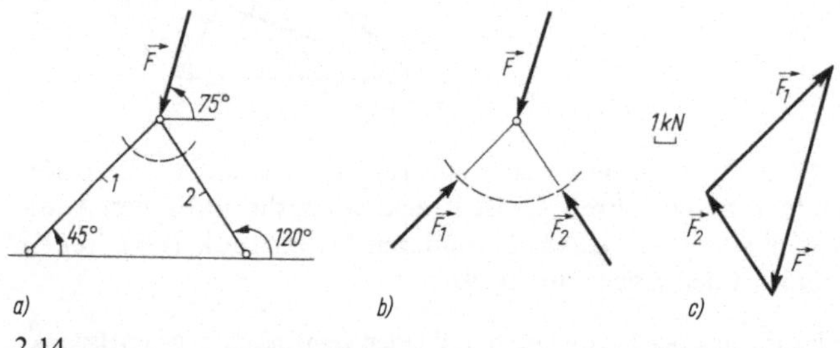

a)   b)   c)

2.14

müssen im Gleichgewicht sein, d. h. ein geschlossenes Krafteck (Bild 2.14c) bilden. Unter Berücksichtigung des angegebenen Kräftemaßstabs mißt man $F_1 = 8,8$ kN und $F_2 = 6,2$ kN. Die beiden Stabkräfte wirken zum Knoten hin, es sind Stabdruckkräfte.

Definition der Multplikation eines Vektors mit einem Skalar $\qquad \vec{b} = n\vec{a}$ (2.15)

Der Vektor $\vec{b}$ hat den $|n|$-fachen Betrag des Vektors $\vec{a}$. Ist $n > 0$, so hat $\vec{b}$ die gleiche, ist $n < 0$, hat $\vec{b}$ die entgegengesetzte Richtung von $\vec{a}$. Es ist $0 \cdot \vec{a} = \vec{o}$.

Beispiel 2.12 Das dynamische Grundgesetz von Newton $\vec{F} = m\vec{a}$ sagt aus, daß Kraft $\vec{F}$ und Beschleunigung $\vec{a}$ gleiche Richtung haben und proportional sind. Der hier stets positive skalare Faktor m hat die Bedeutung der trägen Masse. Beim freien Fall ist die Beschleunigung zum Erdmittelpunkt gerichtet und hat den Betrag $g = 9,81$ m/s². Für die wirkende Kraft, die Eigenlast $\vec{G}$, gilt $\vec{G} = m\vec{g}$.

Definition des Einsvektors $\qquad \vec{a}^{\,0}$

Ein Vektor mit dem Betrag Eins und der Richtung von $\vec{a}$ heißt Einsvektor $\vec{a}^{\,0}$; er wird auch Einheitsvektor genannt.

Mit Hilfe dieses Begriffes und der Definition der Multiplikation mit einem Skalar kann jeder vom Nullvektor verschiedene Vektor als Produkt seines Betrages mit seinem Einsvektor aufgefaßt werden

$$\vec{a} = a \cdot \vec{a}^{\,0}$$ (2.16)

Diese Möglichkeit der Zerlegung eines Vektors in Betrag und Richtung ist die Grundlage der auf die geometrischen Betrachtungen dieses Abschnitts aufbauenden rechnerischen Behandlung von Vektoren im folgenden Abschnitt.

---

[1]) Eine trigonometrische Berechnung von Kräften wird in Abschnitt „Anwendungen der ebenen und sphärischen Trigonometrie" behandelt.

2.2.2 Komponenten. Koordinaten. Richtungswinkel

Als Grundlage für eine numerische Rechnung mit Vektoren wird ein rechtwinkliges räumliches Koordinatensystem eingeführt (kartesisches Koordinatensystem). Die Anordnung der positiven x-, y- und z-Achse ist so gewählt, daß bei einer Drehung von der positiven x-Achse in die positive y-Achse im Sinne einer Rechtsschraube eine Verschiebung in die positive z-Richtung erfolgen würde. Ein derartiges System (Bild 2.15) nennt man ein **Rechtssystem**. Jeder freie Vektor darf so verschoben werden, daß sein Anfang in den Ursprung dieses Systems fällt. Ferner kann jeder Vektor als Summe dreier Vektoren aufgefaßt werden, die in Richtung der Koordinatenachsen zeigen

$$\vec{a} = \vec{a}_x + \vec{a}_y + \vec{a}_z \tag{2.17}$$

Die drei **Vektoren** $\vec{a}_x$, $\vec{a}_y$, $\vec{a}_z$ heißen die drei **Komponenten** des Vektors $\vec{a}$ in Richtung der Koordinatenachsen. Jede dieser Komponenten kann nach Gl. (2.16) als Produkt ihres Betrages mit einem Einsvektor in Richtung der betreffenden Koordinatenachse dargestellt werden. Diese Einsvektoren werden $\vec{i}, \vec{j}, \vec{k}$ und $-\vec{i}, -\vec{j}, -\vec{k}$ genannt. Damit erhält man

$$\vec{a} = a_x\vec{i} + a_y\vec{j} + a_z\vec{k} \tag{2.18}$$

Die Skalare a_x, a_y und a_z heißen die **Koordinaten** des Vektors $\vec{a}$; sie ermöglichen es, einen räumlichen Vektor beliebiger Richtung durch drei Skalare auszudrücken; sie können positiv, negativ oder gleich Null sein. Oft werden in Gl. (2.18) die Pluszeichen und die Einsvektoren weggelassen, und man schreibt einfach

$$\vec{a} = (a_x; a_y; a_z)$$

$$\text{z. B.} \quad \vec{a} = (-3; 5; -1)$$

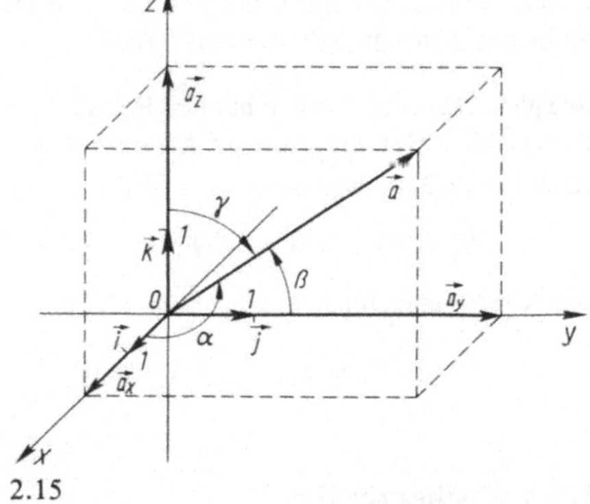

2.15

Aus den gegebenen Koordinaten von $\vec{a}$ erhält man nach dem Satz des **Pythagoras** für den Raum (Bild 2.15) den **Betrag des Vektors** $\vec{a}$

$$a = +\sqrt{a_x^2 + a_y^2 + a_z^2} \tag{2.19}$$

Oft ist eine zahlenmäßige Angabe der Richtung von $\vec{a}$ erwünscht. Hierzu werden die **Richtungswinkel** α, β, γ eingeführt. Es sind dies die drei Winkel von den positiven Koordinatenachsen zum Vektor. Wie man aus den rechtwinkligen Dreiecken mit der Hypotenuse a in Bild 2.15 entnimmt, ist

$$\cos\alpha = \frac{a_x}{a} \qquad \cos\beta = \frac{a_y}{a} \qquad \cos\gamma = \frac{a_z}{a} \tag{2.20}$$

$\cos\alpha$, $\cos\beta$ und $\cos\gamma$ sind die Koordinaten des Einsvektors $\vec{a}^0$ und werden die **Richtungscosinus** genannt. Der Einsvektor $\vec{a}^0$ läßt sich damit schreiben

$$\vec{a}^0 = \cos\alpha\,\vec{i} + \cos\beta\,\vec{j} + \cos\gamma\,\vec{k} = (\cos\alpha;\ \cos\beta;\ \cos\gamma) \tag{2.21}$$

Die drei Winkel sind nicht unabhängig voneinander. Durch Quadrieren und Addieren der drei Gl. (2.20) ergibt sich unter Beachtung von Gl. (2.19) der **Winkelpythagoras**

$$\cos^2\alpha + \cos^2\beta + \cos^2\gamma = 1 \tag{2.22}$$

Löst man Gl. (2.22) nach einem Winkel auf, so ist wegen des doppelten Vorzeichens der Quadratwurzel dieser Winkel nicht eindeutig bestimmt. Es werden deshalb stets alle drei Richtungswinkel angegeben. Dies hat auch den Vorteil, daß keine besonderen Vereinbarungen über den Drehsinn und das Vorzeichen der Winkel getroffen zu werden brauchen. Die Winkel werden als positive Winkel kleiner oder gleich 180° angegeben und sind von den positiven Koordinatenachsen aus mit einem solchen Drehsinn anzutragen, daß sich für den Vektor eine gemeinsame Richtung im Raum ergibt.

Bei den folgenden Rechenoperationen mit Vektoren werden stets die Koordinaten gebraucht. Falls der Vektor durch Betrag und Richtungswinkel gegeben ist, erhält man die **Koordinaten des Vektors** $\vec{a}$

$$a_x = a\cos\alpha \qquad a_y = a\cos\beta \qquad a_z = a\cos\gamma \tag{2.23}$$

Ist einer der Richtungswinkel eines Vektors gleich 90°, so wird die betreffende Koordinate gleich Null; derartige Vektoren nennt man **ebene Vektoren** und meint damit, daß sie in einer der Koordinatenebenen liegen.

Beispiel 2.13 Eine Kraft $\vec{F}$ hat den Betrag $F = 150$ kN und die Richtungswinkel $\alpha = 60°$, $\beta = 130°$, $\gamma = 54{,}52°$. Man berechne die Koordinaten.
Nach Gl. (2.23) erhält man

$$F_x = 75{,}00 \text{ kN} \qquad F_y = -96{,}42 \text{ kN} \qquad F_z = 87{,}06 \text{ kN}$$

Zur Kontrolle rechnet man nach Gl. (2.19)

$$F = \sqrt{F_x^2 + F_y^2 + F_z^2} = 150{,}00 \text{ kN}$$

2.2.3 Rechenregeln

Addition. Subtraktion

Da man jeden Vektor als Summenvektor seiner Komponenten auffassen kann, folgt aus der Definition von Addition und Subtraktion von Vektoren die Regel

Die Koordinaten des Summen-(Differenzen-)Vektors erhält man aus der Summe (Differenz) der Koordinaten der Summanden.

$$\vec{c} = \vec{a} + \vec{b} \qquad \begin{aligned} \vec{c}_x &= \vec{a}_x + \vec{b}_x \\ \vec{c}_y &= \vec{a}_y + \vec{b}_y \\ \vec{c}_z &= \vec{a}_z + \vec{b}_z \end{aligned} \qquad \begin{aligned} c_x &= a_x + b_x \\ c_y &= a_y + b_y \\ c_z &= a_z + b_z \end{aligned} \tag{2.24}$$

Beispiel 2.14 Zur Berechnung der Resultierenden $\vec{R}$ aus n Kräften $\vec{F}_i$ gilt die Vektorgleichung

$$\vec{R} = \sum_{i=1}^{n} \vec{F}_i$$

Diese lautet in skalarer Schreibweise

$$R_x = \sum_{i=1}^{n} F_x \qquad R_y = \sum_{i=1}^{n} F_y \qquad R_z = \sum_{i=1}^{n} F_z$$

Mit den Angaben und Zahlenwerten von Beispiel 2.10 ergibt sich

$$R_x = \sum_{i=1}^{4} F_i \cos \alpha_i = -5{,}67 \text{ kN} \qquad R_y = \sum_{i=1}^{4} F_i \cos \beta_i = \sum_{i=1}^{4} F_i \cos(90° - \alpha_i) = 1{,}70 \text{ kN}$$

$$R_z = \sum_{i=1}^{4} F_i \cos 90° = 0 \text{ kN} \qquad R = \sqrt{R_x^2 + R_y^2 + R_z^2} = 5{,}92 \text{ kN}$$

$$\cos \alpha_R = \frac{R_x}{R} = -0{,}95805 \qquad \alpha_R = 163{,}35°$$

Beispiel 2.15 Gegeben sind die Kräfte $\vec{F}_1$ und $\vec{F}_2$ mit Betrag und Richtungswinkel. Man berechne Betrag und Richtungswinkel der Resultierenden $\vec{R} = \vec{F}_1 + \vec{F}_2$

i	F_i in kN	α_i in °	β_i in °	γ_i in °	$F_{ix} =$ $F_i \cos \alpha_i$ in kN	$F_{iy} =$ $F_i \cos \beta_i$ in kN	$F_{iz} =$ $F_i \cos \gamma_i$ in kN
1	150,00	60,00	130,00	54,52	$+75{,}00$	$-96{,}42$	$+87{,}06$
2	200,00	160,00	90,00	70,00	$-187{,}94$	$0{,}00$	$+68{,}40$
					$-112{,}94$	$-96{,}42$	$+155{,}46$

Zunächst werden nach Gl. (2.23) die Koordinaten der beiden Kräfte berechnet und nach Gl. (2.24) addiert. Dann werden nach Gl. (2.19) der Betrag und über die Gl. (2.20) die Richtungswinkel von $\vec{R}$ bestimmt.

$$\vec{R} = (-112{,}94;\ -96{,}42;\ 155{,}46) \text{ kN} \qquad R = 214{,}99 \text{ kN}$$

$$\alpha_R = 121{,}69° \qquad \beta_R = 116{,}65° \qquad \gamma_R = 43{,}69°$$

Gleichgewicht der an einem Punkt angreifenden Kräfte. Kräfte, die an einem Punkt angreifen, sind dann im Gleichgewicht, wenn die Summe der Kraftvektoren den Nullvektor ergibt, z. B.

$$\vec{F}_1 + \vec{F}_2 + \vec{F}_3 + \vec{F}_4 + \vec{F}_5 = \vec{o} \tag{2.25}$$

Die Vektorgleichung (2.25) läßt sich mit den Koordinaten der Vektoren durch die drei skalaren Gleichungen schreiben

$$\begin{aligned} F_{1x} + F_{2x} + F_{3x} + F_{4x} + F_{5x} &= 0 \\ F_{1y} + F_{2y} + F_{3y} + F_{4y} + F_{5y} &= 0 \\ F_{1z} + F_{2z} + F_{3z} + F_{4z} + F_{5z} &= 0 \end{aligned} \tag{2.26}$$

Beispiel 2.16 Nach Bild 2.16 ist ein räumliches Fachwerk (Dreibock) mit den Knotenpunkten $A\,(3;\,0;\,0)$ m, $B\,(3;\,4;\,0)$ m, $C\,(0;\,2;\,0)$ m und $D\,(2;\,2;\,3)$ m gegeben. Im Knoten D greift eine Kraft mit $F = 50$ kN an, deren Wirkungslinie durch den Punkt $E\,(3;\,3;\,7)$ m geht. Man bestimme die drei Stabkräfte $\vec{F}_1$, $\vec{F}_2$ und $\vec{F}_3$.

Die am Knoten D angreifenden Kräfte sind im Gleichgewicht; entsprechend Gl. (2.25) gilt

$$\vec{F}_1 + \vec{F}_2 + \vec{F}_3 + \vec{F} = \vec{o}$$

Formt man die gleichwertigen skalaren Gleichungen (2.26) mit Gl. (2.23) um, so ergibt sich

$$F_1 \cos \alpha_1 + F_2 \cos \alpha_2 + F_3 \cos \alpha_3 + F \cos \alpha = 0$$
$$F_1 \cos \beta_1 + F_2 \cos \beta_2 + F_3 \cos \beta_3 + F \cos \beta = 0 \qquad (2.27)$$
$$F_1 \cos \gamma_1 + F_2 \cos \gamma_2 + F_3 \cos \gamma_3 + F \cos \gamma = 0$$

Die Wirkungslinien der Kräfte sind gegeben und damit auch die Richtungskosinus der Kraftvektoren. In der Statik haben Zugkräfte positives und Druckkräfte negatives Vorzeichen; entsprechend Bild 2.16 werden Stabkräfte $(\vec{F}_1, \vec{F}_2, \vec{F}_3)$ immer als „positive Kräfte (Zugkräfte) angenommen. $\vec{F}_1$ wirkt entlang der gerichteten Strecke $\overrightarrow{DA}$; $\vec{F}_1$ und $\overrightarrow{DA}$ haben dieselben Richtungskosinus, somit erhält man nach Gl. (2.20) z. B.

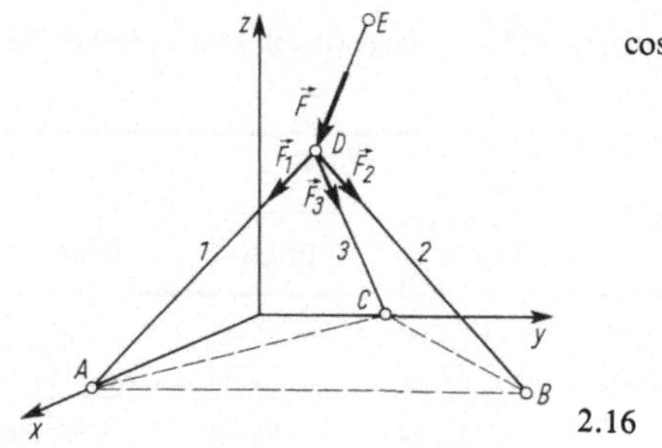

$$\cos \alpha_1 = \frac{x_A - x_D}{\sqrt{(x_A - x_D)^2 + (y_A - y_D)^2 + (z_A - z_D)^2}}$$
$$= \frac{1\ \text{m}}{\sqrt{1^2 + (-2)^2 + (-3)^2}\ \text{m}} = 0{,}26726$$

Damit ergibt sich das lineare Gleichungssystem

$$F_1 \cdot \quad 0{,}26726 + F_2 \cdot \quad 0{,}26726 + F_3 \cdot (-0{,}55470) - 11{,}785\ \text{kN} = 0$$
$$F_1 \cdot (-0{,}53452) + F_2 \cdot \quad 0{,}53452 + F_3 \cdot \quad 0 \quad\quad - 11{,}785\ \text{kN} = 0$$
$$F_1 \cdot (-0{,}80178) + F_2 \cdot (-0{,}80178) + F_3 \cdot (-0{,}83205) - 47{,}140\ \text{kN} = 0$$

Die Lösung dieses Gleichungssystems z. B. mit Hilfe der Cramerschen Regel liefert $F_1 = -23{,}27$ kN, $F_2 = -1{,}22$ kN und $F_3 = -33{,}05$ kN. Die negativen Vorzeichen zeigen an, daß die Stabkräfte $\vec{F}_1$, $\vec{F}_2$ und $\vec{F}_3$ entgegengesetzt zur angenommenen Richtung wirken; es handelt sich also hier bei allen drei Stabkräften um Stabdruckkräfte.

Im vorliegenden Fall handelt es sich um ein statisch bestimmtes räumliches Fachwerk. Zur Berechnung der drei Unbekannten F_1, F_2 und F_3 ergeben sich aus den drei Koordinatenrichtungen der Vektoren drei Bestimmungsgleichungen; die Lösung ist somit eindeutig. In diesem Fall sind die drei Vektoren $\vec{F}_1, \vec{F}_2$ und $\vec{F}_3$ linear unabhängig.

Würde bei diesem Dreibock der Punkt C auf die Verbindungslinie $\overline{AB}$ fallen, z. B. $C'(3;\,2;\,0)$, dann würden die gerichteten Strecken $\overrightarrow{DA} = (1;\,-2;\,-3)$ m, $\overrightarrow{DB} = (1;\,2;\,-3)$ m und $\overrightarrow{DC'} = (1;\,0;\,-3)$ m einer Ebene angehören. Sie wären dann linear abhängig, denn es gilt hier z. B. die Vektorgleichung $\overrightarrow{DA} + \overrightarrow{DB} = 2\overrightarrow{DC'}$. Das bedeutet aber, daß im Gleichungssystem (2.27) die Unbekannten F_1, F_2 und F_3 voneinander linear abhängig sind; bei der Auflösung des Gleichungssystems mit Determinanten ergibt die Koeffizientendeterminante $D = 0$ (vgl. Regel 5), bei der Auflösung nach der Additionsmethode ergibt sich ein Widerspruch. Das Gleichungssystem hat in diesem Falle keine Lösung;

die drei Stäbe können die Kraft $\vec{F}$ nicht aufnehmen, es handelt sich um ein verschiebliches System.

Würde man bei dem Dreibock einen vierten Stab hinzufügen, so hätte man ein Vierbein, ein statisch unbestimmtes System. Mit Hilfe der Vektorrechnung allein läßt sich ein statisch unbestimmtes System nicht untersuchen, denn die vier Stabkräfte $\vec{F}_1$, $\vec{F}_2$, $\vec{F}_3$ und $\vec{F}_4$ wären linear abhängig und es gäbe unendlich viele Lösungen für die vier Unbekannten F_1, F_2, F_3 und F_4, welche die drei skalaren Gleichungen erfüllen. Mit Hilfe von zusätzlichen Verformungsbedingungen, die in der Statik behandelt werden, kommt man jedoch zu eindeutigen Ergebnissen.

Multiplikation

In der Vektorrechnung gibt es zwei Produkte, da bei den vektoriellen physikalischen Größen zwei verschiedene multiplikative Verknüpfungen auftreten.

Definition des skalaren (oder inneren) Produktes $\vec{a} \cdot \vec{b} = ab\cos(\vec{a}, \vec{b})$

Das skalare Produkt

$$\vec{a} \cdot \vec{b} = ab\cos(\vec{a}, \vec{b}) \qquad \text{(gesprochen: } a \text{ Punkt } b\text{)} \qquad (2.28)$$

zweier Vektoren ist ein Skalar. Es ist gleich dem Produkt aus den Beträgen der beiden Vektoren und dem Cosinus des von beiden Vektoren eingeschlossenen Winkels.

Es gilt das kommutative Gesetz

$$\vec{a} \cdot \vec{b} = \vec{b} \cdot \vec{a} \qquad (2.29)$$

Werden die Faktoren vertauscht, so ändert zwar der Winkel zwischen den Vektoren, aber nicht der Cosinus sein Vorzeichen.

Weiter gilt das distributive Gesetz

$$\vec{a} \cdot (\vec{b} + \vec{c}) = \vec{a} \cdot \vec{b} + \vec{a} \cdot \vec{c} \qquad (2.30)$$

Das assoziative Gesetz ist gegenstandslos, da skalare Produkte mit mehr als zwei Vektoren (Faktoren) sinnlos sind.

Im Gegensatz zum Produkt von Skalaren wird das skalare Produkt zweier Vektoren nicht nur dann gleich Null, wenn mindestens einer der Faktoren der Nullvektor ist, sondern auch dann, wenn die beiden Vektoren senkrecht aufeinander stehen ($\cos 90° = 0$). Multipliziert man einen Vektor skalar mit sich selbst, so ist der eingeschlossene Winkel Null, und mit $\cos 0° = 1$ folgt die für manche theoretische Herleitung benötigte Gleichung

$$\vec{a}^2 = a^2 \qquad (2.31)$$

Im allgemeinen ist aber der von zwei Vektoren eingeschlossene Winkel nicht bekannt; deshalb wird eine Gleichung hergeleitet, nach der das skalare Produkt unmittelbar aus den Koordinaten der Vektoren berechnet werden kann. Hierzu werden zunächst die skalaren Produkte der Einsvektoren $\vec{i}, \vec{j}, \vec{k}$ gebildet. Da ihr Betrag gleich Eins ist und sie miteinander Winkel von 0° bzw. 90° bilden, erhält man

$$\begin{aligned}
\vec{i} \cdot \vec{i} = \vec{j} \cdot \vec{j} = \vec{k} \cdot \vec{k} &= 1 \cdot 1 \cdot \cos\ 0° = 1 \\
\vec{i} \cdot \vec{j} = \vec{j} \cdot \vec{k} = \vec{k} \cdot \vec{i} &= 1 \cdot 1 \cdot \cos 90° = 0
\end{aligned} \qquad (2.32)$$

Schreibt man nun die beiden Faktoren $\vec{a}$ und $\vec{b}$ nach Gl. (2.18) mit Koordinaten und multipliziert die Klammerausdrücke aus, so folgt unter Beachtung von Gl. (2.30) und (2.32)

$$\vec{a} \cdot \vec{b} = (a_x\vec{i} + a_y\vec{j} + a_z\vec{k}) \cdot (b_x\vec{i} + b_y\vec{j} + b_z\vec{k})$$

$$= a_xb_x\vec{i} \cdot \vec{i} + a_xb_y\vec{i} \cdot \vec{j} + a_xb_z\vec{i} \cdot \vec{k} + a_yb_x\vec{j} \cdot \vec{i} + a_yb_y\vec{j} \cdot \vec{j} + a_yb_z\vec{j} \cdot \vec{k}$$

$$+ a_zb_x\vec{k} \cdot \vec{i} + a_zb_y\vec{k} \cdot \vec{j} + a_zb_z\vec{k} \cdot \vec{k}$$

$$\vec{a} \cdot \vec{b} = a_xb_x + a_yb_y + a_zb_z \tag{2.33}$$

Mit dem skalaren Produkt kann der **Winkel zwischen zwei Vektoren** berechnet werden. Setzt man die rechten Seiten von Gl. (2.28) und (2.33) gleich, so folgt

$$ab\cos(\vec{a},\vec{b}) = a_xb_x + a_yb_y + a_zb_z$$

$$\cos(\vec{a},\vec{b}) = \frac{a_xb_x + a_yb_y + a_zb_z}{ab} = \frac{a_xb_x + a_yb_y + a_zb_z}{\sqrt{(a_x^2 + a_y^2 + a_z^2)(b_x^2 + b_y^2 + b_z^2)}} \tag{2.34}$$

Beispiel 2.17 Man bestimmte die **Arbeit** W der Kraft $\vec{F} = (-3;\ 2;\ -5)$ kN auf dem Weg $\vec{s} = (1;\ 3;\ -4)$ m und weiter den Winkel, den $\vec{F}$ und $\vec{s}$ einschließen (Bild 2.17).

Die mechanische Arbeit ist das Produkt aus Kraft und Weg in Richtung dieser Kraft $W = Fs_F = Fs\cos(\vec{F},\vec{s})$. Für diesen Ausdruck kann mit Gl. (2.28) und (2.33) geschrieben werden

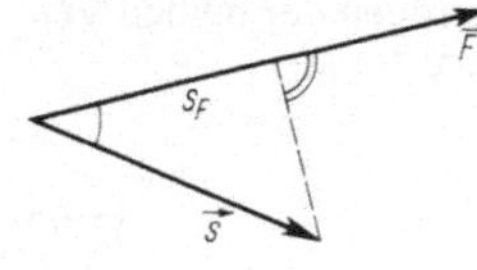

$$W = Fs\cos(\vec{F},\vec{s}) = \vec{F} \cdot \vec{s} = F_xs_x + F_ys_y + F_zs_z$$

Mit den gegebenen Werten erhält man

$$W = (-3\ \text{kN})(1\ \text{m}) + (2\ \text{kN})(3\ \text{m}) + (-5\ \text{kN})(-4\ \text{m})$$

$$= 23\ \text{kNm}$$

2.17

Die Berechnung des von $\vec{F}$ und $\vec{s}$ eingeschlossenen Winkels nach Gl. (2.34) ergibt

$$\cos(\vec{F},\vec{s}) = \frac{23\ \text{kNm}}{\sqrt{38 \cdot 26}\ \text{kNm}} = 0{,}73173 \qquad \sphericalangle(\vec{F},\vec{s}) = 42{,}97°$$

Es ist üblich, den Wert des Winkels zwischen 0° und 180° zu wählen. Ist die Komponente von $\vec{s}$ in Richtung von $\vec{F}$ mit der Kraft gleichgerichtet, dann wird das Skalarprodukt positiv und der Winkel liegt zwischen 0° und 90°, andernfalls zwischen 90° und 180°.

Definition des vektoriellen (oder äußeren) Produktes $\vec{c} = \vec{a} \times \vec{b}$

Das vektorielle Produkt

$$\vec{c} = \vec{a} \times \vec{b} \qquad \text{mit } c = ab\sin(\vec{a},\vec{b}) \quad \text{und} \quad \vec{c} \perp \vec{a}, \vec{b}\ {}^{1)} \tag{2.35}$$

(gesprochen a Kreuz b) zweier Vektoren ist ein Vektor. Sein Betrag ist gleich dem Produkt aus den Beträgen der beiden Faktoren und dem Sinus des eingeschlossenen Winkels. Seine Richtung ergibt sich aus der Festsetzung, daß $\vec{c}$ senkrecht auf der von $\vec{a}$ und $\vec{b}$ gebildeten

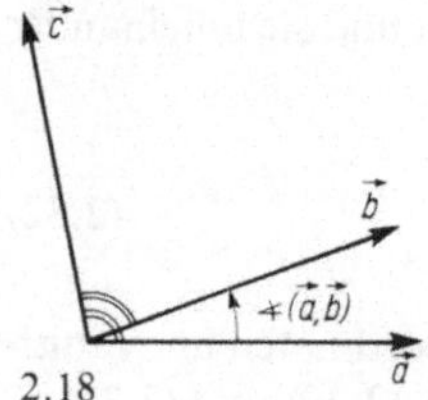

2.18

---

[1]) Betragsstriche sind nicht erforderlich, da der Winkel $(\vec{a},\vec{b}) \leqslant \pi$ zu wählen ist.

Ebene steht und die Vektoren $\vec{a}, \vec{b}, \vec{c}$ in dieser Reihenfolge ein Rechtssystem bilden (Bild 2.18).

Das **kommutative Gesetz** gilt nicht, sondern es ist

$$\vec{a} \times \vec{b} = -\vec{b} \times \vec{a} \tag{2.36}$$

Vertauscht man die Faktoren, so ändert sich der Orientierungssinn im Rechtssystem und damit das Vorzeichen des vektoriellen Produktes.

Das **distributive Gesetz** gilt

$$\vec{a} \times (\vec{b} + \vec{c}) = \vec{a} \times \vec{b} + \vec{a} \times \vec{c} \tag{2.37}$$

Das **assoziative Gesetz** gilt nicht; vektorielle Produkte mit mehr als zwei Faktoren werden in diesem Buch nicht behandelt (F 12).

Das vektorielle Produkt ergibt den Nullvektor, wenn mindestens einer der Faktoren ein Nullvektor ist oder wenn die beiden Vektoren parallel liegen.

Auch hier kann das Produkt ohne Kenntnis des eingeschlossenen Winkels unmittelbar aus den Koordinaten von $\vec{a}$ und $\vec{b}$ berechnet werden. Nach. Gl. (2.35) und (2.36) erhält man für die Vektorprodukte der Einsvektoren $\vec{i}, \vec{j}, \vec{k}$

$$\vec{i} \times \vec{i} = \vec{j} \times \vec{j} = \vec{k} \times \vec{k} = \vec{o}$$
$$\vec{i} \times \vec{j} = \vec{k} \qquad \vec{j} \times \vec{k} = \vec{i} \qquad \vec{k} \times \vec{i} = \vec{j} \tag{2.38}$$
$$\vec{j} \times \vec{i} = -\vec{k} \qquad \vec{k} \times \vec{j} = -\vec{i} \qquad \vec{i} \times \vec{k} = -\vec{j}$$

Schreibt man beide Faktoren mit Koordinaten, multipliziert die beiden Klammern unter Beachtung von Gl. (2.37) und (2.38) aus und ordnet nach Gliedern mit den Faktoren $\vec{i}, \vec{j}, \vec{k}$, so erhält man

$$\vec{c} = \vec{a} \times \vec{b} = (a_y b_z - a_z b_y)\vec{i} + (a_z b_x - a_x b_z)\vec{j} + (a_x b_y - a_y b_x)\vec{k} \tag{2.39}$$

Diese Gleichung läßt sich leichter merken und ausrechnen, wenn man sie als Determinante schreibt. Wie sich durch Entwickeln nach der ersten Zeile ergibt, erhält man für das **Vektorielle Produkt mit den Koordinaten der Faktoren**

$$\vec{c} = \vec{a} \times \vec{b} = \begin{vmatrix} \vec{i} & \vec{j} & \vec{k} \\ a_x & a_y & a_z \\ b_x & b_y & b_z \end{vmatrix} \tag{2.40}$$

Die **Fläche eines durch zwei Vektoren aufgespannten Parallelogramms** (Bild 2.19) läßt sich mit Hilfe des Vektorproduktes berechnen. Mit $A = ah$ und $h = b\sin(\vec{a}, \vec{b})$ folgt

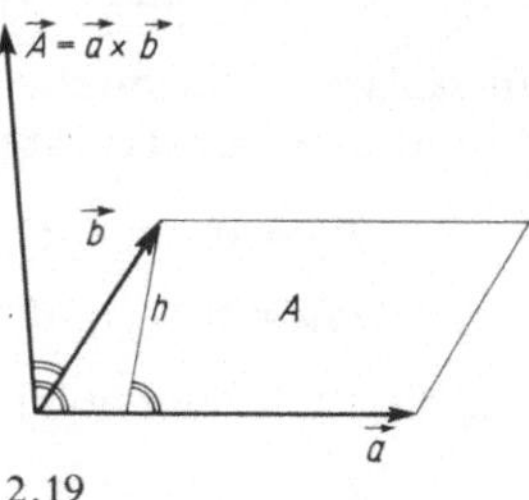

2.19

nach Gl. (2.35) $A = |\vec{a} \times \vec{b}|$. Größe und Orientierung der Fläche drückt der Flächenvektor $\vec{A} = \vec{a} \times \vec{b}$ aus. Er steht senkrecht auf der von $\vec{a}$ und $\vec{b}$ gebildeten Ebene und hat den Betrag $A = |\vec{a} \times \vec{b}|$; die Vektoren $\vec{a}, \vec{b}, \vec{A}$ bilden ein Rechtssystem.

In der Physik berechnet man das Drehmoment M, das eine Kraft $\vec{F}$ auf einen um einen Punkt O frei drehbaren Körper ausübt, mit $M = aF$, wobei a den senkrechten Abstand des Drehpunkts von der Wirkungslinie der Kraft darstellt. Nach Bild 2.20 ist $a = r\sin(\pi - \alpha)$ $= r\sin\alpha$. Damit folgt $M = rF\sin\alpha$.

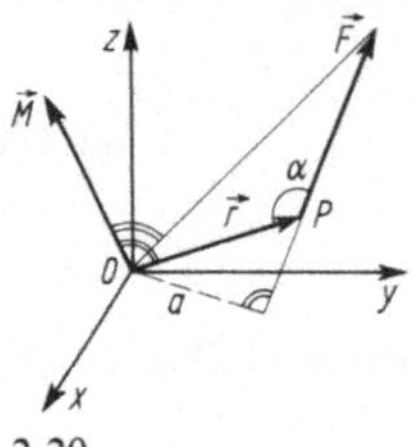

2.20

Um den Drehsinn des Moments zu erfassen, führt man den Momentenvektor

$$\vec{M} = \vec{r} \times \vec{F} \tag{2.41}$$

ein. Er zeigt in die Richtung der Drehachse, die in O auf der von $\vec{r}$ und $\vec{F}$ gebildeten Ebene senkrecht steht, wobei $\vec{r}, \vec{F}, \vec{M}$ ein rechtsdrehendes System darstellen; sein Betrag ist $M = |\vec{r}||\vec{F}|\sin(\vec{r}, \vec{F})$.

Beispiel 2.18 Im Punkt P, dessen Lage bezüglich des Drehpunkts durch den Ortsvektor $\vec{r} = (7; 3; 2)\,\mathrm{m}$ beschrieben ist, greift die Kraft $\vec{F} = (-2, 5; -1)\,\mathrm{kN}$ an. Man berechne das Moment $\vec{M}$. Mit Gl. (2.39) wird

$$\vec{M} = \vec{r} \times \vec{F} = (r_yF_z - r_zF_y)\vec{i} + (r_zF_x - r_xF_z)\vec{j} + (r_xF_y - r_yF_x)\vec{k}$$

Die Ausrechnung ergibt $\vec{M} = (-13; 3; 41)\,\mathrm{kNm}$ und $M = 43{,}12\,\mathrm{kNm}$.

Das Moment $\vec{M}$ ist, wie eingangs festgestellt, ein freier Vektor und damit beliebig parallel verschieblich. Die verschiedenen Momente eines Systems dürfen somit vektoriell addiert werden. Die an einem Körper angreifenden Kräfte und Momente können zusammengefaßt werden zu einer resultierenden Kraft und zu einem resultierenden Moment. In Richtung der Resultierenden $\vec{R}$ verschiebt sich der Körper, um die Richtung des resultierenden Moments $\vec{M}$ dreht sich der Körper. Sollen weder Verschiebung noch Drehung auftreten, dann muß gelten

$$\vec{R} = \vec{o} \quad \text{und} \quad \vec{M} = \vec{o} \tag{2.42}$$

In skalarer Schreibweise ergeben sich die 6 Gleichgewichtsbedingungen für ein räumliches Kraftsystem

$$\begin{array}{ccc} R_x = 0 & R_y = 0 & R_z = 0 \\ M_x = 0 & M_y = 0 & M_z = 0 \end{array} \tag{2.43}$$

und die 3 Gleichgewichtsbedingungen für ein ebenes Kraftsystem

$$\begin{array}{ccc} R_x = 0 & R_y = 0 & M_z = 0 \end{array} \tag{2.44}$$

Spatprodukt

In der Mechanik kommt das Produkt $(\vec{a} \times \vec{b}) \cdot \vec{c}$ vor. Der Klammerinhalt ist ein Vektor, der skalar mit dem Vektor $\vec{c}$ zu multiplizieren ist. Das Ergebnis ist also ein Skalar. Entwickelt man Gl. (2.40) nach der ersten Zeile, so ist

$$\vec{a} \times \vec{b} = \begin{vmatrix} a_y & a_z \\ b_y & b_z \end{vmatrix} \vec{i} + \begin{vmatrix} a_z & a_x \\ b_z & b_x \end{vmatrix} \vec{j} + \begin{vmatrix} a_x & a_y \\ b_x & b_y \end{vmatrix} \vec{k}$$

Das Skalarprodukt von $\vec{a} \times \vec{b}$ mit $\vec{c}$ ergibt nach Gl. (2.33)

$$(\vec{a} \times \vec{b}) \cdot \vec{c} = \begin{vmatrix} a_y & a_z \\ b_y & b_z \end{vmatrix} c_x + \begin{vmatrix} a_z & a_x \\ b_z & b_x \end{vmatrix} c_y + \begin{vmatrix} a_x & a_y \\ b_x & b_y \end{vmatrix} c_z$$

Die rechte Seite dieser Gleichung kann man als Ergebnis der Entwicklung der folgenden Determinante nach der dritten Zeile auffassen, die eine einprägsame Formel zur Berechnung des Spatproduktes darstellt

$$(\vec{a} \times \vec{b}) \cdot \vec{c} = \begin{vmatrix} a_x & a_y & a_z \\ b_x & b_y & b_z \\ c_x & c_y & c_z \end{vmatrix} \tag{2.45}$$

Das Volumen des durch die drei Vektoren $\vec{a}, \vec{b}$ und $\vec{c}$ gebildeten Spats (Bild 2.21) läßt sich mit Hilfe des Spatprodukts berechnen.

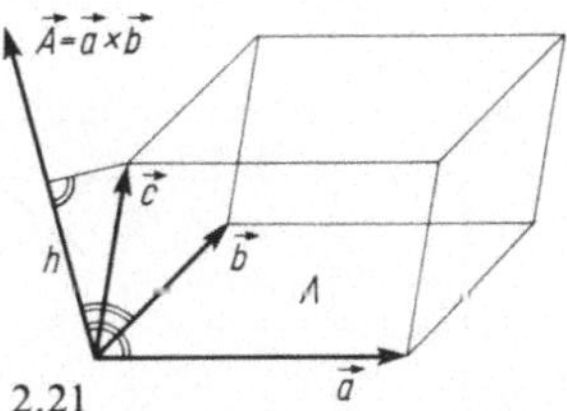

2.21

Die Grundfläche A des Spats kann durch den Vektor $\vec{A} = \vec{a} \times \vec{b}$ dargestellt werden. Die Höhe h des Spats ist $h = c\cos(\vec{A}, \vec{c})$; für das Skalarprodukt von Einsvektor $\vec{A}^0$ und $\vec{c}$ ergibt sich $\vec{A}^0 \cdot \vec{c} = 1 \cdot c\cos(\vec{A}, \vec{c})$, also gilt $h = \vec{A}^0 \cdot \vec{c}$.

Damit ist das Volumen V

$$V = Ah = A\vec{A}^0 \cdot \vec{c} = \vec{A} \cdot \vec{c} = (\vec{a} \times \vec{b}) \cdot \vec{c} \tag{2.46}$$

Hieraus folgt der wichtige Spezialfall:

Das Volumen des Spats und damit die Determinante Gl. (2.45) ist Null, wenn die drei Vektoren in einer Ebene liegen (komplanar sind).

2.2.4 Aufgaben zu Abschnitt 2.2

1. Die Resultierende $\vec{R}$ der Kräfte $\vec{F}_1$, $\vec{F}_2$, $\vec{F}_3$, die in einer Ebene liegen und einen gemeinsamen Angriffspunkt haben, ist a) grafisch und b) rechnerisch zu bestimmen. Die Kräfte sind durch Betrag und Richtungswinkel, bezogen auf die x-Achse, gegeben: $\vec{F}_1$ (10 MN; 60°), $\vec{F}_2$ (6 MN; 110°), $\vec{F}_3$ (7 MN; 305°).

2. Gegeben sind die Vektoren $\vec{a} = (2;\ 4;\ 6;)$, $\vec{b} = (-1;\ -2;\ -3)$, $\vec{c} = (5;\ -4;\ 6)$. Man berechne Betrag und Richtungswinkel des Summenvektors $\vec{d} = \vec{a} + \vec{b} + \vec{c}$.

3. Man ermittle die Koordinaten des Kraftvektors $\vec{F}$, der den Betrag $F = 150$ kN und die Richtungswinkel $\alpha = 60°$, $\beta = 130°$ und $\gamma < 90°$ hat.

4. Gegeben sind die beiden Kräfte $\vec{F}_1$ und $\vec{F}_2$ durch Betrag und Richtungswinkel: $\vec{F}_1$ (80 kN; $\alpha = 90°$; $\beta = 110°$; $\gamma = 20°$), $\vec{F}_2$ (120 kN; $\alpha = 30°$; $\beta = 90°$; $\gamma = 60°$). Man berechne Betrag und Richtungswinkel von $\vec{F}_3$, damit $\vec{F}_1 + \vec{F}_2 + \vec{F}_3 = \vec{o}$ ist, also Gleichgewicht herrscht.

5. Ein Vektor $\vec{a}$ liegt in der (x, z)-Ebene und bildet mit der positiven x-Achse einen Winkel von 45°. Ein Vektor $\vec{b}$ liegt in der (y, z)-Ebene und bildet mit der positiven y-Achse einen Winkel von 30°. Wie groß ist der Winkel zwischen beiden Vektoren?

6. Eine Kraft von 10 kN wirkt in der Richtung der Raumdiagonale eines Würfels, dessen Kanten die positiven Koordinatenachsen bilden. Man berechne die Arbeit längs eines Weges von 20 m in Richtung der Winkelhalbierenden zwischen der positiven x- und y-Achse.

7. Man bestimme den Winkel zwischen den im Koordinatenursprung angreifenden Kräften $\vec{F}_1 = (3;\ 4;\ 5)$ kN und $\vec{F}_2 = (-2;\ 0;\ 5)$ kN.

8. Man berechne vektoriell die Stabkräfte $\vec{F}_H$ im Horizontalstab und $\vec{F}_S$ im Schrägstab des Auslegers in Bild 2.22. Am Auslegerende wirkt eine Gewichtslast $\vec{G}$ mit $G = 80$ kN.

9. Der Vektor $\vec{c} = (5;\ 9;\ 12)$ ist in die Vektoren $\vec{a}$ und $\vec{b}$ zu zerlegen, die parallel zu den Vektoren $\vec{A} = (4;\ 6;\ 12)$ und $\vec{B} = (1;\ 2;\ 2)$ sind. Hinweis: Man prüfe zunächst, ob die drei Vektoren linear abhängig sind.

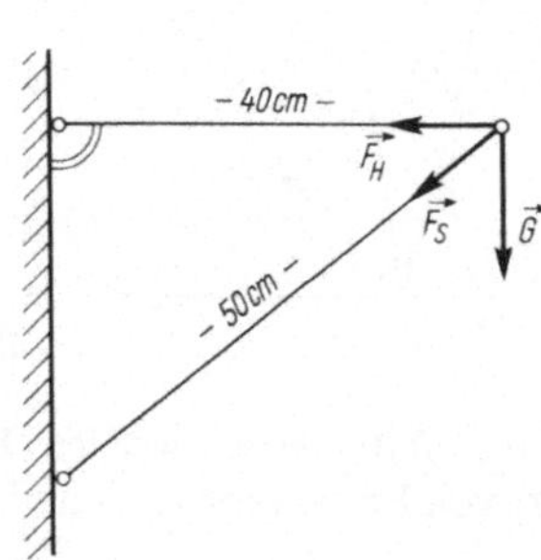

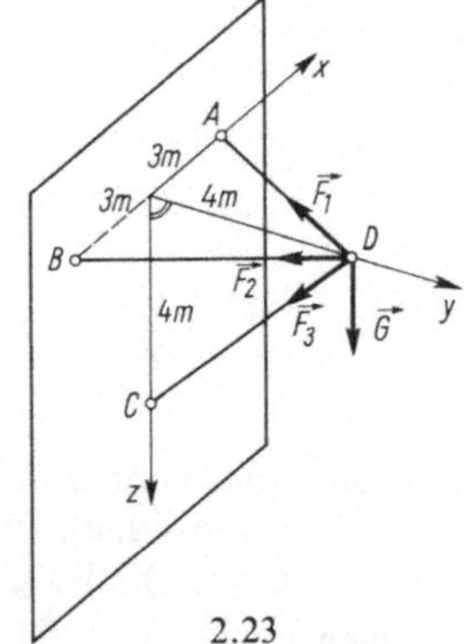

2.22   2.23

10. Eine Schräglast $\vec{F} = (-1;\ -2;\ -6)$ kN greift an einem Dreibock an, dessen Eckpunkte ein regelmäßiges Tetraeder bilden. Entsprechend Bild 2.16 liegen die Eckpunkte A, B und C in der (x, y)-Ebene, und zwar A auf der x-Achse, C auf der y-Achse; weiter ist $\overline{AB}$ parallel zur y-Achse. Man berechne die Stabkräfte $\vec{F}_1$, $\vec{F}_2$ und $\vec{F}_3$.

11. An dem in Bild 2.23 dargestellten Fachwerk greift eine Gewichtslast $\vec{G}$ vom Betrag $G = 60$ kN an. Man berechne die Stabkräfte $\vec{F}_1$, $\vec{F}_2$ und $\vec{F}_3$.

12. Man zeige durch Zahlenrechnung mit den folgenden drei Vektoren, daß das distributive Gesetz a) beim skalaren, b) beim vektoriellen Produkt gilt.

$$\vec{a} = 3\vec{i} - 4\vec{j} + \vec{k} \qquad \vec{b} = 2\vec{i} + 5\vec{j} - 3\vec{k} \qquad \vec{c} = -6\vec{i} + \vec{j} + 4\vec{k}$$

Hinweis: Die linken und rechten Seiten von Gl. (2.30) und (2.37) sind getrennt zu berechnen.

13. Man zeige durch Buchstabenrechnung mit Koordinaten, daß das vektorielle Produkt senkrecht auf den beiden Faktoren-Vektoren steht.

14. Man bestimme das resultierende Moment in bezug auf den Koordinatenursprung der Kräfte $\vec{F}_1, \vec{F}_2, \vec{F}_3$, deren Angriffspunkte durch die Ortsvektoren $\vec{r}_1, \vec{r}_2, \vec{r}_3$ gegeben sind

$$\vec{F}_1 = (4;\ -2;\ -3)\ \text{MN} \qquad \vec{F}_2 = (4;\ 2;\ 3)\ \text{MN} \qquad \vec{F}_3 = (3;\ 1;\ 0)\ \text{MN}$$

$$\vec{r}_1 = (2;\ 5;\ 4)\ \text{m} \qquad \vec{r}_2 = (2;\ 4;\ -2)\ \text{m} \qquad \vec{r}_3 = (0;\ 0;\ 0)\ \text{m}$$

15. Der Flächeninhalt A eines Dreiecks mit den Eckpunkten $P_1(7;\ 3;\ 4)$ cm, $P_2(1;\ 0;\ 6)$ cm und $P_3(4;\ 5;\ -2)$ cm ist zu bestimmen.

16. Liegen die Punkte $A(2;\ -1;\ -2)$ m, $B(1;\ 2;\ 1)$ m, $C(2;\ 3;\ 0)$ m und $D(5;\ 0;\ -6)$ m in einer Ebene? Hinweis: Ein Punkt ist als Ursprung des Koordinatensystems zu wählen. Von dort sind Vektoren zu den anderen Punkten zu legen. Der Inhalt des dadurch gebildeten Spats ist zu berechnen.

17. Man berechne mit Hilfe des Spatprodukts das Volumen eines regelmäßigen Tetraeders mit der Kantenlänge 6 m. Hinweis: Das Volumen des Tetraeders ist ein Sechstel des von drei Kantenvektoren aufgespannten Spats. Man betrachte den Dreibock in Bild 2.16 als Tetraeder.

2.3 Matrizen

2.3.1 Grundbegriffe. Definitionen

Zwischen zwei Größensystemen $x_1, x_2, \ldots, x_n$ und $y_1, y_2, \ldots, y_m$ bestehe folgender linearer Zusammenhang

$$\begin{aligned}
a_{11}x_1 + a_{12}x_2 + a_{13}x_3 + \cdots + a_{1n}x_n &= y_1 \\
a_{21}x_1 + a_{22}x_2 + a_{23}x_3 + \cdots + a_{2n}x_n &= y_2 \\
\vdots \qquad\qquad\qquad \vdots \qquad\quad \vdots \\
a_{m1}x_1 + a_{m2}x_2 + a_{m3}x_3 + \cdots + a_{mn}x_n &= y_m
\end{aligned} \tag{2.47}$$

Derartige lineare Beziehungen treten bei verschiedenen Berechnungen im Bau- und Vermessungswesen auf. Die Größen x_k, y_i und a_{ik} können z. B. die in nachstehender Tabelle angegebenen Bedeutungen haben.

Gebiet	x_k	a_{ik}	y_i
Statik des Fachwerks	Knotenpunktkräfte	Einflußzahlen der Stabkräfte	Stabkräfte
Ausgleichungsrechnung	Unbekannte	Fehlergleichungskoeffizienten	Beobachtungen
Kostenrechnung	Warenmengen	Kostenfaktoren	Kostenarten

Im allgemeinen ist eines der beiden Systeme x_k oder y_i gegeben, das andere gesucht. Zur übersichtlicheren und kürzeren Darstellung und zur Vereinfachung von Umformungen ist es zweckmäßig, anstelle des Gleichungssystems (2.47) die einfache Gleichung

$$A x = y \tag{2.48}$$

zu schreiben. Im Hinblick auf dieses Ziel sind die folgenden Definitionen zu verstehen.

Definition Eine rechteckige Anordnung von Koeffizienten a_{ik} aus m Zeilen und n Spalten heißt eine (m, n)-**Matrix** A. Man schreibt nach DIN 5486, Schreibweise von Matrizen

$$A = (a_{ik}) = \begin{bmatrix} a_{11} & a_{12} & a_{13} & \cdots & a_{1n} \\ a_{21} & a_{22} & a_{23} & \cdots & a_{2n} \\ \vdots & \vdots & \vdots & & \vdots \\ a_{m1} & a_{m2} & a_{m3} & \cdots & a_{mn} \end{bmatrix} \tag{2.49}$$

Wie bei Determinanten gibt der 1. Index (i) die Zeile und der 2. Index (k) die Spalte an. Im Gegensatz zu den Determinanten ist in einer Matrix häufig $m \neq n$; ferner enthält der Begriff der Matrix keine Rechenvorschrift für eine Verknüpfung ihrer Elemente a_{ik}.

Definition Vertauscht man in einer Matrix A alle Zeilen mit den entsprechenden Spalten, so erhält man die **transponierte Matrix** A'.

Beispiel 2.19

$$A = \begin{pmatrix} 2 & -4 & 3 \\ 6 & 7 & -5 \end{pmatrix} \qquad A' = \begin{bmatrix} 2 & 6 \\ -4 & 7 \\ 3 & -5 \end{bmatrix}$$

Ist in einer Matrix die Anzahl der Zeilen gleich der Anzahl der Spalten, so heißt sie quadratisch. Die Anzahl der Reihen heißt die Ordnung der quadratischen Matrix. Ist eine quadratische Matrix gleich ihrer transponierten, so ist sie symmetrisch. Eine quadratische Matrix, bei der nur die in der Hauptdiagonale stehenden Elemente a_{ii} von Null verschieden sind, heißt Diagonalmatrix. Sind in einer Diagonalmatrix alle a_{ii} gleich Eins, dann ist sie eine Einsmatrix oder Einheitsmatrix. Die Einsmatrix spielt in der Matrizenrechnung die gleiche Rolle wie die Zahl Eins in der Arithmetik. Nachstehend sind Beispiele von dreireihigen Matrizen angegeben; A ist eine symmetrische Matrix, D eine Diagonalmatrix und E die Einsmatrix

$$A = \begin{bmatrix} 2 & -1 & 5 \\ -1 & 6 & 4 \\ 5 & 4 & 3 \end{bmatrix} \qquad D = \begin{bmatrix} 5 & 0 & 0 \\ 0 & -3 & 0 \\ 0 & 0 & 2 \end{bmatrix} \qquad E = \begin{bmatrix} 1 & 0 & 0 \\ 0 & 1 & 0 \\ 0 & 0 & 1 \end{bmatrix}$$

Die Elemente von Matrizen mit nur einer Spalte haben oft die physikalische Bedeutung von Vektorkoordinaten. Eine einspaltige Matrix wird deshalb oft als Spaltenvektor bezeichnet und nach DIN 5486, Schreibweise von Matrizen, a geschrieben. Entsprechend heißen einzeilige Matrizen Zeilenvektoren. Da sie oft die transponierten des entsprechenden Spaltenvektors sind, werden sie mit a' bezeichnet. So kann man sich eine Matrix aus ihren n Spaltenvektoren a_k oder ihren m Zeilenvektoren a_i' zusammengesetzt denken.

Beispiel 2.20 Die Matrix A von Beispiel 2.19 hat die Spaltenvektoren

$$a_1 = \begin{pmatrix} 2 \\ 6 \end{pmatrix} \qquad a_2 = \begin{pmatrix} -4 \\ 7 \end{pmatrix} \qquad a_3 = \begin{pmatrix} 3 \\ -5 \end{pmatrix}$$

und die Zeilenvektoren $a_1' = (2; -4; 3)$; $a_2' = (6; 7; -5)$.
Damit wird

$$A = (a_1; a_2; a_3) \quad \text{oder} \quad A = \begin{pmatrix} a_1' \\ a_2' \end{pmatrix}$$

Definition Eine Matrix ist vom **Rang** r, wenn sie wenigstens eine von Null verschiedene Determinante mit r Reihen enthält und sämtliche in ihr enthaltenen Determinanten mit mehr als r Reihen gleich Null sind.

Quadratische Matrizen der Ordnung m nennt man regulär, wenn $m = r$ ist, andernfalls sind sie singulär. Eine quadratische Matrix ist also dann regulär, wenn die aus ihr gebildete Determinante von Null verschieden ist. Bei nichtquadratischen Matrizen ist r höchstens gleich der kleineren der Zahlen m oder n.

Beispiel 2.21 Man bestimme den Rang der Matrix A.

$$A = \begin{bmatrix} 3 & 6 & 2 \\ 2 & 4 & 3 \\ -1 & -2 & 5 \end{bmatrix}$$

Die Berechnung der dreireihigen Determinante ergibt Null, da die Spaltenvektoren a_1 und a_2 linear abhängig sind, $a_2 = 2a_1$. Es können jedoch mehrere zweireihige Determinanten gebildet werden, die von Null verschieden sind. Also ist $r = 2$.

2.3.2 Rechenregeln

Stimmen zwei Matrizen in Spalten- und Zeilenzahl überein, so sind sie vom gleichen Typ.

Definition der Gleichheit zweier Matrizen $\quad A = B$
Zwei Matrizen A und B sind gleich, wenn sie vom gleichen Typ sind und $a_{ik} = b_{ik}$ für alle i und k gilt.

Definition der Addition zweier Matrizen $\quad C = A + B$
A und B müssen vom gleichen Typ sein. Die Elemente c_{ik} der Summenmatrix sind $c_{ik} = a_{ik} + b_{ik}$ für alle i und k.
Es gilt das kommutative Gesetz $\quad A + B = B + A$

Definition der Multiplikation einer Matrix mit einem konstanten Faktor $\quad B = kA$
Die Elemente von B entstehen durch Multiplizieren jedes Elementes von A mit k[1]).

Definition der Multiplikation zweier Matrizen $\quad C = AB$
Die Anzahl der Spalten von A muß gleich der Anzahl der Zeilen von B sein. Das Element c_{ik} der Produktmatrix ist das skalare Produkt des Zeilenvektors a_i' von A mit dem Spaltenvektor b_k von B.

$$c_{ik} = \sum_{j=1}^{n} a_{ij} b_{jk} \tag{2.50}$$

Das kommutative Gesetz gilt nicht,
im allgemeinen ist $\qquad AB \neq BA$[2]) $\tag{2.51}$

Das distributive Gesetz gilt $\qquad A(B + C) = AB + AC$ $\tag{2.52}$

Das assoziative Gesetz gilt $\qquad (AB)C = A(BC)$ $\tag{2.53}$

---

[1]) Bei Determinanten wird dagegen nur eine Reihe mit k multipliziert.
[2]) Beim Produkt quadratischer Matrizen kann in gewissen Fällen $AB = BA$ sein.

Beispiel 2.22 Man berechne $C = AB$.

Für eine Zahlenrechnung ist die nachstehende Anordnung nach Falk zweckmäßig. Die zu berechnenden Elemente c_{ik} stehen jeweils am Kreuzungspunkt der zu multiplizierenden Zeile und Spalte. Die Produktsumme des skalaren Produktes kann mit einem Taschenrechner mit einem Speicher in einem Arbeitsgang berechnet werden. Die Matrixelemente eines Zahlenbeispiels sind unmittelbar in das Schema eingetragen.

$$
\begin{array}{cc}
 & \begin{array}{ccc} b_{11} & b_{12} & b_{13} \\ b_{21} & b_{22} & b_{23} \\ b_{31} & b_{32} & b_{33} \end{array} \\[6pt]
\begin{array}{ccc} a_{11} & a_{12} & a_{13} \\ a_{21} & a_{22} & a_{23} \end{array} &
\begin{array}{ccc} c_{11} & c_{12} & c_{13} \\ c_{21} & c_{22} & c_{23} \end{array}
\end{array}
$$

mit
$$
\begin{aligned}
c_{11} &= a_{11}b_{11} + a_{12}b_{21} + a_{13}b_{31} \\
c_{21} &= a_{21}b_{11} + a_{22}b_{21} + a_{23}b_{31} \\
c_{12} &= a_{11}b_{12} + a_{12}b_{22} + a_{13}b_{32} \\
c_{22} &= a_{21}b_{12} + a_{22}b_{22} + a_{23}b_{32} \\
c_{13} &= a_{11}b_{13} + a_{12}b_{23} + a_{13}b_{33} \\
c_{23} &= a_{21}b_{13} + a_{22}b_{23} + a_{23}b_{33}
\end{aligned}
$$

z. B.

$$
\begin{array}{cc}
 & \begin{array}{ccc} -2 & 3 & -4 \\ 0 & 1 & 6 \\ 5 & -2 & 3 \end{array} \\[6pt]
\begin{array}{ccc} 3 & 1 & 4 \\ 5 & 2 & 3 \end{array} &
\begin{array}{ccc} 14 & 2 & 6 \\ 5 & 11 & 1 \end{array}
\end{array}
$$

Als Rechenkontrolle empfiehlt sich das Mitführen einer zusätzlichen Zeile in A. Die Elemente dieser Zeile sind jeweils die Summen der darüberstehenden Spalten. Dieser Zeilenvektor wird ebenfalls mit B multipliziert und ergibt eine zusätzliche Zeile in C. Die Elemente dieser Zeile müssen andererseits gleich den Summen der darüberstehenden Spalten von C sein.

Beispiel 2.23 In der Ausgleichungsrechnung berechnet man die Normalgleichungsmatrix N aus der Fehlergleichungsmatrix A nach der Gleichung $N = A'A$.

Nachstehend ist eine Fehlergleichungsmatrix A, die Berechnung von $N = A'A$ nach Falk (mit Kontrolle) und die sich ergebende Normalgleichungsmatrix N wiedergegeben.

$$
A = \begin{bmatrix} 4 & 2 & 1 \\ 3 & -4 & -6 \\ -7 & 2 & 4 \\ 5 & 1 & -2 \end{bmatrix}
$$

$$
\begin{array}{cc}
 & \begin{array}{ccc} 4 & 2 & 1 \\ 3 & -4 & -6 \\ -7 & 2 & 4 \\ 5 & 1 & -2 \end{array} \\[6pt]
\begin{array}{cccc} 4 & 3 & -7 & 5 \\ 2 & -4 & 2 & 1 \\ 1 & -6 & 4 & -2 \end{array} &
\begin{array}{ccc} 99 & -13 & -52 \\ -13 & 25 & 32 \\ -52 & 32 & 57 \end{array} \\[6pt]
\begin{array}{cccc} 7 & -7 & -1 & 4 \end{array} &
\begin{array}{ccc} 34 & 44 & 37 \end{array}
\end{array}
$$

$$
N = \begin{bmatrix} 99 & -13 & -52 \\ -13 & 25 & 32 \\ -52 & 32 & 57 \end{bmatrix}
$$

Beispiel 2.24 Die Stabkräfte eines Fachwerks lassen sich für verschiedene Lastfälle einfach ermitteln, wenn die Matrix A der Einflußzahlen η_{ik} bekannt ist. Bewirkt die Last G_k am Knoten k im Stab i die Stabkraft S_i, so ist $\eta_{ik} = S_i/G_k$; die Einflußzahl $\eta_{23} = -0{,}5$ gibt an, daß eine Last $G_3 = 1$ kN im Stab 2 eine Druckkraft von 0,5 kN verursacht. Die Stabkräfte S_i infolge der Gesamtbelastung ergeben sich als Spaltenvektor s aus dem Produkt der Matrix A der Einflußzahlen η_{ik} mit dem Spaltenvektor g der Gewichtslasten zu $s = Ag$. Zur rechnerischen oder zeichnerischen Bestimmung der Einflußzahlen ist es üblich, nacheinander Einheitslasten $G_k = 1$ anzunehmen. Für das in Bild 2.24 dargestellte Fachwerk ergibt sich die nachstehende Matrix A.

Man untersuche die beiden Lastfälle

a) $G_1 = 10$ kN, $G_2 = 4$ kN, $G_3 = 6$ kN

b) $G_1 = 5$ kN, $G_2 = 5$ kN, $G_3 = 12$ kN.

$$A = \begin{bmatrix} 0{,}577 & 1{,}155 & 1{,}732 \\ -1{,}155 & -1{,}155 & -1{,}155 \\ 0 & -0{,}577 & -1{,}155 \\ 0 & 1{,}155 & 1{,}155 \\ 0 & 0 & -1{,}155 \\ 0 & 0 & 0{,}577 \end{bmatrix}$$

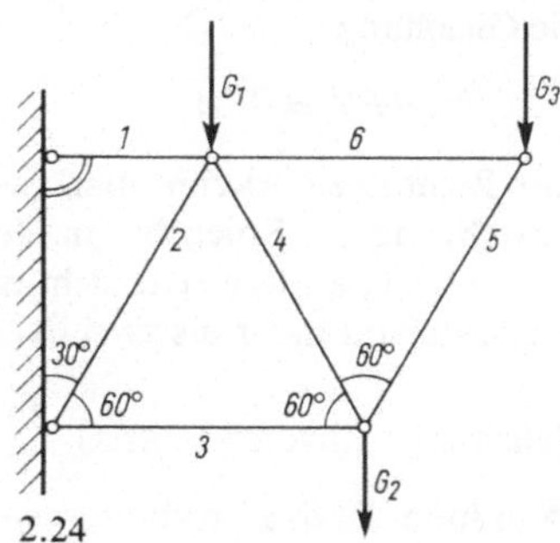

2.24

			10 kN 4 kN 6 kN	5 kN 5 kN 12 kN
0,577	1,155	1,732	20,78 kN	29,44 kN
−1,155	−1,155	−1,155	−23,10 kN	−25,41 kN
0	−0,577	1,155	−9,24 kN	−16,75 kN
0	1,155	1,155	11,55 kN	19,64 kN
0	0	−1,155	−6,93 kN	−13,86 kN
0	0	0,577	3,46 kN	6,92 kN
−0,578	0,578	−0,001	−3,47 kN	−0,01 kN
Summe (gerundete Werte):			−3,48 kN	−0,02 kN

Ergebnis: a) $S_1 = 20{,}78$ kN; $S_2 = -23{,}10$ kN; $S_3 = -9{,}24$ kN; $S_4 = 11{,}55$ kN; $S_5 = -6{,}93$ kN; $S_6 = 3{,}46$ kN.

b) $S_1 = 29{,}44$ kN; $S_2 = -25{,}41$ kN; $S_3 = -16{,}75$ kN; $S_4 = 19{,}64$ kN; $S_5 = -13{,}86$ kN: $S_6 = 6{,}92$ kN.

Ein wichtiger Spezialfall der Multiplikation von Matrizen sind lineare Transformationen Gl. (2.47) und (2.48), in denen die Größen x_k und y_i zu Spaltenvektoren zusammengefaßt sind. Das skalare Produkt der Vektorrechnung Gl. (2.33) lautet in Matrizenschreibweise $a'b = b'a$.

Einen wichtigen Zusammenhang zwischen Multiplizieren und Transponieren bildet

2.25

2.26

die Gleichung

$$(AB)' = B'A' \tag{2.54}$$

Ihre Richtigkeit erkennt man aus Bild 2.25. Das linke Bild zeigt $C = AB$. Das rechte Bild entsteht durch Spiegeln an der Diagonale von C und liefert dadurch unmittelbar $C' = (AB)'$; andererseits sieht man, daß $C' = B'A'$ ist. Ein Rechenschema für Matrizenprodukte von mehr als zwei Faktoren zeigt Bild 2.26.

Kehrmatrix (inverse Matrix)

Definition Ist das Produkt zweier Matrizen gleich der Einsmatrix E, so nennt man die eine Matrix die **Kehrmatrix** der anderen und schreibt

$$AA^{-1} = A^{-1}A = E$$

In diesem Spezialfall gilt das kommutative Gesetz. Im Schema 2.27 sind zwei inverse Matrizen und ihr Produkt, die Einsmatrix, dargestellt.

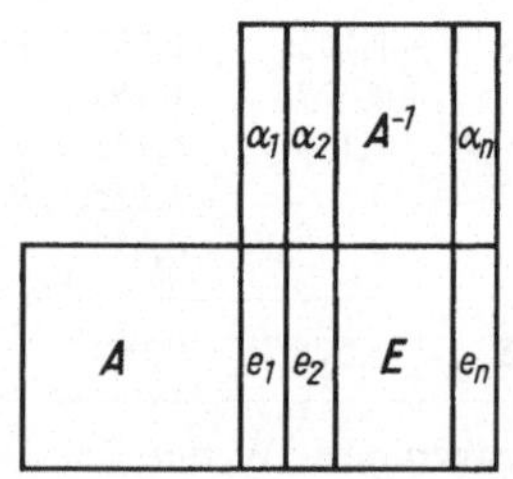

2.27   2.28

Damit die Kehrmatrix A^{-1} berechnet werden kann, muß A eine reguläre Matrix sein. Das Berechnen der Kehrmatrix tritt bei folgender Aufgabe auf: Ist ein Größensystem y_i in linearer Abhängigkeit von einem System x_i gegeben, so schreibt man mit Gl. (2.48) $Ax = y$. Sind umgekehrt die x_i in Abhängigkeit von den y_i gesucht, so gilt

$$x = A^{-1}y \tag{2.55}$$

Setzt man nämlich diese Gleichung in Gl. (2.48) ein, so folgt $y = Ax = AA^{-1}y = Ey = y$. Zur Berechnung der Elemente α_{ik} der Kehrmatrix A^{-1} gibt es verschiedene Methoden, die alle auf den im folgenden Abschnitt beschriebenen Verfahren zur Lösung linearer Gleichungssysteme basieren. Mit dem Verfahren von Stiefel (Abschn. 2.4.3) werden die Elemente α_{ik} unmittelbar durch schrittweisen Austausch der x_i und y_i erhalten. Bei den übrigen Verfahren zerlegt man nach Bild 2.28 die Kehrmatrix und die Einsmatrix in ihre Spaltenvektoren. Dann gilt $A\,\alpha_k = e_k$. Dies ist ein Gleichungssystem mit den Elementen a_{ik} von A als Koeffizienten, den Elementen der k-ten Spalte von A^{-1}, also $\alpha_{1k}, \alpha_{2k}, \ldots, \alpha_{nk}$ als Unbekannte und den Elementen der k-ten Spalte von E als rechte Seiten. Von diesen ist das Element in der k-ten Zeile Eins, alle anderen sind Null. Besteht die Matrix A aus n Spalten, dann hat man zur Berechnung der Kehrmatrix n derartige Systeme zu lösen.

Beispiel 2.25 Man berechne die Kehrmatrix A^{-1} der zweireihigen Matrix $A = \begin{pmatrix} 3 & 4 \\ 2 & 3 \end{pmatrix}$.

$$\begin{pmatrix} 3 & 4 \\ 2 & 3 \end{pmatrix} \begin{pmatrix} \alpha_{11} & \alpha_{12} \\ \alpha_{21} & \alpha_{22} \end{pmatrix} = \begin{pmatrix} 1 & 0 \\ 0 & 1 \end{pmatrix}$$

Die beiden Gleichungen der Spaltenvektoren lauten

$$\begin{pmatrix} 3 & 4 \\ 2 & 3 \end{pmatrix}\begin{pmatrix} \alpha_{11} \\ \alpha_{21} \end{pmatrix} = \begin{pmatrix} 1 \\ 0 \end{pmatrix} \qquad \begin{pmatrix} 3 & 4 \\ 2 & 3 \end{pmatrix}\begin{pmatrix} \alpha_{12} \\ \alpha_{22} \end{pmatrix} = \begin{pmatrix} 0 \\ 1 \end{pmatrix}$$

Werden die beiden linken Seiten dieser Gleichungen ausmultipliziert, so erhält man die Gleichungssysteme

$$3\alpha_{11} + 4\alpha_{21} = 1 \qquad 3\alpha_{12} + 4\alpha_{22} = 0$$
$$2\alpha_{11} + 3\alpha_{21} = 0 \qquad 2\alpha_{12} + 3\alpha_{22} = 1$$

mit den Lösungen $\alpha_{11} = 3$, $\alpha_{21} = -2$, $\alpha_{12} = -4$, $\alpha_{22} = 3$

$$A^{-1} = \begin{pmatrix} 3 & -4 \\ -2 & 3 \end{pmatrix}$$

Der Leser bilde zur Kontrolle das Produkt AA^{-1}.

Das Bilden der Kehrmatrix und das Transponieren sind in ihrer Reihenfolge vertauschbar

$$(A')^{-1} = (A^{-1})' \tag{2.56}$$

Beweis: Die Kehrmatrix einer transponierten Matrix A' lautet $(A')^{-1}$. Die Einheitsmatrix bleibt beim Transponieren erhalten $E = E'$. Transponiert man nun das Produkt $(AA^{-1})' = E' = E$, so erhält man nach Gl. (2.54) $(A^{-1})'A' = E$. Das bedeutet, daß auch $(A^{-1})'$ die Kehrmatrix der Matrix A' ist.

2.3.3 Aufgaben zu Abschnitt 2.3

1. Man bilde die Produkte AD und DA mit

$$A = \begin{bmatrix} a_{11} & a_{12} & a_{13} \\ a_{21} & a_{22} & a_{23} \\ a_{31} & a_{32} & a_{33} \end{bmatrix} \quad \text{und} \quad D = \begin{bmatrix} d_1 & 0 & 0 \\ 0 & d_2 & 0 \\ 0 & 0 & d_3 \end{bmatrix}$$

2. Man bilde $A + 2AA + 3AAA$ mit

$$A = \begin{pmatrix} 2 & 3 \\ 3 & 4 \end{pmatrix}$$

3. Mit den folgenden Matrizen ist durch Zahlenrechnung die Gültigkeit des jeweils genannten Gesetzes zu prüfen. Dies geschieht, indem jeweils beide Seiten der zitierten Gleichung getrennt berechnet werden

a) distributives Gesetz Gl. (2.52)

$$A = \begin{pmatrix} a_{11} & a_{12} & a_{13} \\ a_{21} & a_{22} & a_{23} \end{pmatrix} \qquad b = \begin{bmatrix} b_{11} \\ b_{21} \\ b_{31} \end{bmatrix} \qquad c = \begin{bmatrix} c_{11} \\ c_{21} \\ c_{31} \end{bmatrix}$$

b) Reihenfolge von Transponieren und Multiplizieren Gl. (2.54)

$$A = \begin{bmatrix} 2 & -3 \\ 0 & 1 \\ 4 & -2 \end{bmatrix} \qquad B = \begin{pmatrix} 1 & 5 & -2 \\ 3 & 2 & 0 \end{pmatrix}$$

c) Reihenfolge von Transponieren und Bilden der Kehrmatrix Gl. (2.56)

$$A = \begin{bmatrix} 3 & 1 & -2 \\ 2 & 4 & 3 \\ 1 & -3 & 0 \end{bmatrix}$$

Hinweis: Zum Bilden der Kehrmatrix vgl. Beispiel 2.25.

4. Von den folgenden Matrizen bilde man AB und BA. Für welche Winkel sind die Produkte gleich?

$$A = \begin{pmatrix} \cos\alpha & \sin\alpha \\ -\sin\alpha & \cos\alpha \end{pmatrix} \qquad B = \begin{pmatrix} \cos\alpha & \sin\alpha \\ \sin\alpha & -\cos\alpha \end{pmatrix}$$

5. Man bilde das Produkt ABC mit

$$A = \begin{bmatrix} 2 & 0 & 4 & -3 & 1 \\ 4 & 2 & 5 & -1 & 2 \\ 1 & 0 & -3 & -2 & 3 \end{bmatrix} \qquad B = \begin{bmatrix} 2 & 1 & -2 \\ 4 & 0 & 3 \\ -1 & -2 & -1 \\ -3 & 0 & 1 \\ -5 & -3 & 4 \end{bmatrix} \qquad C = \begin{bmatrix} 3 & 2 & -2 & 1 \\ 0 & 4 & 3 & 1 \\ -3 & 2 & -3 & 4 \end{bmatrix}$$

6. Man betrachte die Matrix B von Aufgabe 5 als Fehlergleichungsmatrix und berechne aus ihr die Normalgleichungsmatrix N mit $N = B'B$.

7. Für das in Bild 2.29 dargestellte Fachwerk ermittle man die Matrix A der Einflußzahlen. Weiter berechne man die Stabkräfte S_i mit $s = Ag$, für die Lastfälle

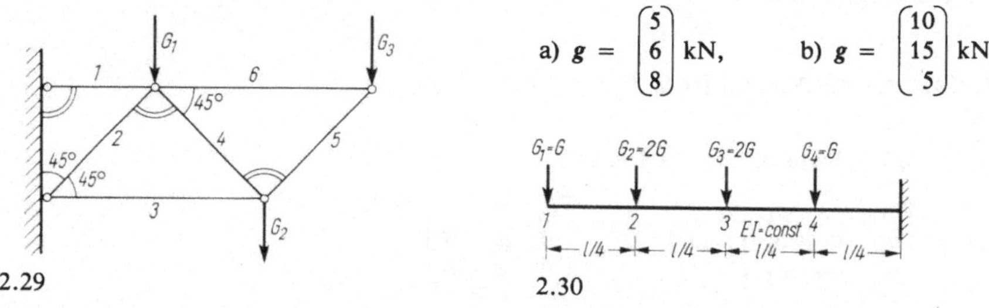

a) $g = \begin{bmatrix} 5 \\ 6 \\ 8 \end{bmatrix}$ kN,   b) $g = \begin{bmatrix} 10 \\ 15 \\ 5 \end{bmatrix}$ kN.

2.29   2.30

8. Die Einflußzahlen η_{1i} für die Enddurchbiegung des nach Bild 2.30 gegebenen Freiträgers sind bekannt. Man ermittle mit der Matrizengleichung $f = a'g$ die Enddurchbiegung f; a ist der Vektor der Einflußzahlen η_{1i} für die Enddurchbiegung und g der Belastungsvektor. Die Biegesteifigkeit EI (E = Elastizitätsmodul, I = axiales Flächenmoment) ist über die Stablänge konstant. Es ist

$$\eta_{11} = \frac{l^3}{3EI} \qquad \eta_{12} = \frac{27l^3}{128EI} \qquad \eta_{13} = \frac{5l^3}{48EI} \qquad \eta_{14} = \frac{11l^3}{384EI}$$

2.4 Lineare Gleichungssysteme

Das Lösen linearer Gleichungssysteme spielt im Bau- und Vermessungswesen bei der Berechnung statischer Systeme, in der geodätischen Ausgleichungsrechnung und bei der Optimierungsrechnung eine wichtige Rolle. Die Theorie der Lösungsverfahren linearer Gleichungssysteme ist seit einigen Jahrhunderten bekannt. Eine umfangreiche Anwendung in der Praxis fanden diese Verfahren besonders, seit es mit Hilfe von Rechenanlagen möglich ist, den recht erheblichen Rechenaufwand beim Lösen umfangreicher Systeme in erstaunlich kurzen Zeiten zu bewältigen. Im folgenden werden Verfahren beschrieben, die sich sowohl bei Taschenrechnern als auch bei Rechenanlagen verwenden lassen.

Definition Gleichungssysteme, in denen die Unbekannten x_k nur in der ersten Potenz vorkommen, heißen **lineare Gleichungssysteme**. Sie haben die Form

$$
\begin{array}{ll}
(1) & a_{11}x_1 + a_{12}x_2 + a_{13}x_3 + \cdots + a_{1n}x_n = b_1 \\
(2) & a_{21}x_1 + a_{22}x_2 + a_{23}x_3 + \cdots + a_{2n}x_n = b_2 \\
 & \quad\vdots \qquad\qquad\qquad\qquad\quad \vdots \quad\ \ \vdots \\
(n) & a_{n1}x_1 + a_{n2}x_2 + a_{n3}x_3 + \cdots + a_{nn}x_n = b_n
\end{array}
\tag{2.57}
$$

in Matrizenschreibweise

$$
Ax = b \tag{2.58}
$$

Die Koeffizienten a_{ik} (i = Zeilenindex, k = Spaltenindex) sowie die rechten Seiten b_i sind gegebene Größen. Zur Berechnung der n Unbekannten x_k benötigt man genau n unabhängige Gleichungen. Das System lösen heißt, n Größen $x_1, x_2, \ldots, x_n$ zu finden, die alle n Gleichungen erfüllen.

Sind alle $b_i = 0$, dann nennt man das Gleichungssystem homogen, andernfalls inhomogen.

2.4.1 Lösung mit Determinanten

Nach der Cramerschen Regel (Abschn. 2.1.1) erhält man die Unbekannten x_k des Gleichungssystems (2.57), falls $D \neq 0$ ist, mit

$$
x_k = \frac{D_k}{D} \qquad k = 1, 2, \ldots, n \tag{2.59}
$$

D ist die aus den Koeffizienten a_{ik} des Gleichungssystems (2.57) gebildete Koeffizientendeterminante, also gilt $\det A = D$. Die Determinanten D_k entstehen, indem man in der Spalte k der Koeffizientendeterminante die Elemente a_{ik} durch die rechten Seiten b_i ersetzt.

Gleichungssysteme bis zu 3 Unbekannten lassen sich vorteilhaft nach der Cramerschen Regel lösen; ab 4 Unbekannten ist die Berechnung der Determinanten jedoch zu aufwendig. Gl. (2.59) hat deshalb vor allem theoretische Bedeutung bei der Untersuchung der Frage, unter welchen Voraussetzungen überhaupt Lösungen existieren und ob diese eindeutig sind. Es können folgende Fälle unterschieden werden:

1. Es ist $D \neq 0$ und mindestens ein $D_k \neq 0$. Dann ist mindestens eine Unbekannte von Null verschieden. Es kann bewiesen werden, daß die mit Gl. (2.59) berechneten x_k die einzige Lösung des Systems ist.

2. Es ist $D = 0$ und mindestens ein $D_k \neq 0$. Die x_k, bei denen $D_k \neq 0$ ist, sind nicht erklärt, da Division durch Null ausgeschlossen ist. Das System hat keine Lösung. Man sagt, die Gleichungen enthalten einen Widerspruch.

3. Es ist $D \neq 0$, und es sind alle $D_k = 0$. Dies ist der Fall, wenn alle $b_i = 0$ sind. Dieses homogene System hat genau eine, die triviale Lösung: alle $x_k = 0$.

4. Es ist $D = 0$, weiter sind alle $D_k = 0$. Dann besteht lineare Abhängigkeit zwischen den Gleichungen; es gibt unendlich viele Lösungen.

Entwickelt man in Gl. (2.59) die Zählerdeterminante nach der Spalte mit den rechten Seiten b_i, so erhält man für den Lösungsvektor x

$$\begin{pmatrix} x_1 \\ x_2 \\ \vdots \\ x_n \end{pmatrix} = \frac{1}{D} \begin{pmatrix} A_{11} & A_{21} & \cdots & A_{n1} \\ A_{12} & A_{22} & \cdots & A_{n2} \\ \vdots & \vdots & & \vdots \\ A_{1n} & A_{2n} & \cdots & A_{nn} \end{pmatrix} \begin{pmatrix} b_1 \\ b_2 \\ \vdots \\ b_n \end{pmatrix} \tag{2.60}$$

Aus Gl. (2.58) $b = Ax$ folgt $x = A^{-1}b$. Mit Gl. (2.60) ergibt sich damit eine geschlossene Darstellung für die Kehrmatrix A^{-1}

$$A^{-1} = \frac{1}{D} \begin{pmatrix} A_{11} & A_{21} & \cdots & A_{n1} \\ A_{12} & A_{22} & \cdots & A_{n2} \\ \vdots & \vdots & & \vdots \\ A_{1n} & A_{2n} & \cdots & A_{nn} \end{pmatrix} \tag{2.61}$$

Man beachte, daß die Indizes der Adjunkten A_{ik} der Koeffizientendeterminante den an der Hauptdiagonale gespiegelten Indizes der Koeffizientenmatrix entsprechen. Eine Inversion nach Gl. (2.61) ist nur für 2- und 3-reihige Matrizen zu empfehlen; für 4- und mehrreihige Matrizen sind die anschließend behandelten Verfahren rechentechnisch günstiger. Man erkennt jedoch aus Gl. (2.61), daß eine Inversion nur möglich ist, wenn $D \neq 0$ ist.

2.4.2 Gauß-Algorithmus

Eliminationsverfahren

Elimination der Unbekannten Das Prinzip des Gauß-Verfahrens ist die Reduktion des Systems mit n Unbekannten auf ein System mit $(n-1)$ Unbekannten durch Elimination. Eliminieren heißt entfernen, das heißt, eine Unbekannte aus einer Gleichung durch die übrigen Unbekannten ausdrücken und in alle übrigen Gleichungen einsetzen. Man multipliziert Gl. (1) des Gleichungssystems (2.57) mit $-a_{21}/a_{11}$ und addiert diese neue Gleichung zu Gl. (2). Dann hebt sich das erste Glied heraus, und es bleibt die Gleichung

$$\left(a_{22} - \frac{a_{21}}{a_{11}} a_{12} \right) x_2 + \left(a_{23} - \frac{a_{21}}{a_{11}} a_{13} \right) x_3 + \cdots + \left(a_{2n} - \frac{a_{21}}{a_{11}} a_{1n} \right) x_n$$

$$= b_2 - \frac{a_{21}}{a_{11}} b_1$$

mit den $(n-1)$ Unbekannten $x_2, x_3, \ldots, x_n$ übrig. Multipliziert man Gl. (1) des Gleichungssystems (2.57) nacheinander mit $-a_{i1}/a_{11}$ ($i = 2, 3, \ldots, n$) und addiert diese jeweils zu der i-ten Gleichung, so bleibt ein System von $(n-1)$ Gleichungen mit $(n-1)$ Unbekannten übrig. Dieses neue System wird nach dem gleichen Verfahren auf ein System von $(n-2)$ Gleichungen mit den $(n-2)$ Unbekannten x_3 bis x_n reduziert. So fährt man fort, bis nur noch eine Gleichung für die Unbekannte x_n übrigbleibt, aus der x_n berechnet wird. Schreibt man aus jedem System dieser Rechnung eine Gleichung, z. B. jeweils die erste, heraus, so entsteht ein gestaffeltes Gleichungssystem

$$
\begin{aligned}
u_{11}x_1 + u_{12}x_2 + \cdots + u_{1n}x_n &= c_1 \\
u_{22}x_2 + \cdots + u_{2n}x_n &= c_2 \\
\cdots\cdots\cdots\cdots\cdots\cdots \\
u_{nn}x_n &= c_n
\end{aligned}
\tag{2.62}
$$

aus dem die Unbekannten schrittweise von unten nach oben berechnet werden können. Die Elimination der Unbekannten wird in Tafelform durchgeführt, deren zweckmäßige Anordnung aus Beispiel 2.26 zu ersehen ist.

Praktische Durchführung Eine schematische Anordnung der Rechnung ist übersichtlich und gestattet wirksame Rechenkontrollen. Deshalb werden die Gleichungen so angeordnet, daß wie in Gl. (2.62) gleiche Unbekannte untereinander stehen. Dann brauchen nur noch die Koeffizienten (einschließlich der Vorzeichen) aufgeschrieben zu werden. Tritt in einer der Zeilen von Gl. (2.57) eine Unbekannte nicht auf, so ist im Schema der Koeffizienten an der betreffenden Stelle eine Null einzutragen.

Bei der Berechnung statisch unbestimmter Systeme (bei Durchlaufträgern, Fachwerken mit überzähligen Stäben oder Schubverbänden im Leichtbau) läßt sich durch geschickte Wahl der statisch unbestimmten Größen (der Unbekannten des Systems) fast immer erreichen, daß ein Koeffizient einer Zeile erheblich größer als die übrigen Koeffizienten dieser Zeile ist. Dann numeriert man die Gleichungen möglichst so, daß der größte Koeffizient einer Zeile in der von links oben nach rechts unten verlaufenden Diagonale (Hauptdiagonale) des Koeffizientenschemas steht, d. h., der größte Koeffizient jeder Zeile steht an der Stelle $i = k$. Man erreicht damit, daß die Multiplikatoren $m_{ik} = -a_{ik}/a_{kk}$ möglichst klein werden. Dadurch haben Rundungsfehler nur geringen Einfluß. Insbesondere darf kein Koeffizient der Hauptdiagonale Null sein. In diesem Fall müssen zwei Gleichungen vertauscht werden.

Rundungsfehler. Zur Verringerung des Einflusses der Rundungsfehler führt man in der Rechnung zwei (oder bei größeren Systemen mehrere) sog. Schutzstellen mit, man fügt also den gegebenen Koeffizienten zwei (oder mehrere) Nullen hinzu und berücksichtigt in der Rechnung zwei (oder mehrere) Dezimalstellen mehr als in der Aufgabenstellung angegeben. Nach der Rechenprobe werden die Endergebnisse dann wieder auf die Genauigkeit der Ausgangswerte reduziert, damit nicht eine zu große Genauigkeit vorgetäuscht wird.

Die Zwischenergebnisse der Rechnung werden in der Tafel gerundet notiert. Bei der Vielzahl der Zahlenwerte können die genauen Zwischenergebnisse im Taschenrechner nicht alle gespeichert werden; deshalb wird hier, abweichend vom sonst angewandten Rechenprinzip, mit den gerundeten Werten weitergerechnet.

Rechenkontrollen. Zur laufenden Kontrolle der Rechnung summiert man alle Zahlen einer Zeile, schreibt diese Summe im Koeffizientenschema in eine mit Σ bezeichnete Spalte rechts neben die Koeffizientenspalten (Beispiel 2.26) und führt damit die gleichen Rechenoperationen wie mit den übrigen Zahlen der Zeile durch. Die Summe der multiplizierten (oder addierten) Koeffizienten einer Zeile ist gleich der multiplizierten (oder addierten) Zahl in der Summenspalte. So erhält man in Beispiel 2.26 die Zahl 1,1596 in der Summenspalte in Gl. (2') sowohl durch Addieren der Koeffizienten der Gl. (2') als auch aus der Summe der Zahlen 4,2500 und $-3,0904$ in den beiden Zeilen von Gl. (2). Das Ergebnis der Kontrollrechnung wird in eine neben die Summenspalte zu setzende Kontrollspalte eingetragen. Der Vergleich der letzten Dezimalstellen ergibt einen Anhalt für die Rechengenauigkeit.

Es empfiehlt sich, die Summenprobe nach jedem Rechenschritt durchzuführen, damit bei eventuellen Fehlern nur jeweils eine Zeile neu gerechnet werden muß. Die Kontrollrechnung erfordert erheblich weniger Zeit als eine neue Berechnung des ganzen Systems bei Fehlern, die sich ohne Kontrollrechnung erst bei der abschließenden Rechenprobe herausstellen, bei der man die Unbekannten x_1 bis x_n in alle Ausgangsgleichungen einsetzt und prüft, ob sich (bis auf Rundungsfehler) die Koeffizienten b_i ergeben. Die Probe kann abgekürzt werden, indem man die senkrecht untereinander stehenden Koeffizienten einer Unbekannten addiert und mit den Summen die Probe durchführt; denn wenn die einzelnen Gleichungen erfüllt sind, ist auch die Summe aller Gleichungen erfüllt. Die Spaltensummen $s_k = \sum\limits_{i=1}^{n} a_{ik}$ werden deshalb in das Rechenschema übernommen und am besten im Tabellenkopf untergebracht.

Beispiel 2.26 Das Gleichungssystem (Hauptdiagonale hervorgehoben)

$$\begin{aligned}
\mathbf{3{,}28}x_1 + 1{,}32x_2 - 0{,}89x_3 + 1{,}64x_4 &= 5{,}10 \\
0{,}97x_1 + \mathbf{2{,}56}x_2 + 1{,}54x_3 + 1{,}26x_4 &= -2{,}08 \\
-1{,}44x_1 + 1{,}75x_2 + \mathbf{5{,}25}x_3 - 1{,}98x_4 &= 1{,}77 \\
0{,}90x_1 + 1{,}06x_2 - 0{,}82x_3 + \mathbf{1{,}85}x_4 &= 2{,}54
\end{aligned}$$

(2.63)

ist nach dem Eliminationsverfahren von Gauß zu lösen.

Die Elimination wird in einer Tafel durchgeführt. Die Rechnung erfolgt mit vier Dezimalstellen, also zwei Schutzstellen mit einem Taschenrechner. Die entsprechenden Nullen sind in den Ausgangsgleichungen hinzugefügt. Die Indizes i und k beim Multiplikationsfaktor m_{ik} geben an, daß mit dem Faktor aus der i-ten Gleichung die k-te Unbekannte eliminiert wird.

Gl.	x_1 3,71	x_2 6,69	x_3 5,08	x_4 2,77	b 7,33	$\sum$	Kontrolle	Multiplikator m_{ik}
(1)	3,2800	1,3200	−0,8900	1,6400	5,1000	10,4500		
(2)	0,9700	2,5600	1,5400	1,2600	−2,0800	4,2500		$m_{21} = -0{,}29573$
$m_{21}\cdot(1)$	−0,9700	−0,3904	0,2632	−0,4850	−1,5082	−3,0904	−3,0904	
(3)	−1,4400	1,7500	5,2500	−1,9800	1,7700	5,3500		$m_{31} = 0{,}43902$
$m_{31}\cdot(1)$	1,4400	0,5795	−0,3907	0,7200	2,2390	4,5878	4,5878	
(4)	0,9000	1,0600	−0,8200	1,8500	2,5400	5,5300		$m_{41} = -0{,}27439$
$m_{41}\cdot(1)$	−0,9000	−0,3622	0,2442	−0,4500	−1,3994	−2,8674	−2,8674	
(2′)		2,1696	1,8032	0,7750	−3,5882	1,1596	1,1596	
(3′)		2,3295	4,8593	−1,2600	4,0090	9,9378	9,9378	$m_{32} = -1{,}07370$
$m_{32}\cdot(2′)$		−2,3295	−1,9361	−0,8321	3,8527	−1,2451	−1,2450	
(4′)		0,6978	−0,5758	1,4000	1,1406	2,6626	2,6626	$m_{42} = -0{,}32163$
$m_{42}\cdot(2′)$		−0,6978	−0,5800	−0,2493	1,1541	−0,3730	−0,3730	
(3″)			2,9232	−2,0921	7,8617	8,6927	8,6928	
(4″)			−1,1558	1,1507	2,2947	2,2896	2,2896	$m_{43} = 0{,}39539$
$m_{43}\cdot(3″)$			1,1588	−0,8272	3,1084	3,4370	3,4370	
(4‴)				0,3235	5,4031	5,7266	5,7266	

Aus Gl. $(4''')$, $(3'')$, $(2')$ und (1) (Staffelsystem) werden jetzt nacheinander die Unbekannten x_4, x_3, x_2 und x_1 berechnet

$$x_4 = 5{,}4031/0{,}3235 = 16{,}7020$$

$$x_3 = (7{,}8617 + 2{,}0921 \cdot 16{,}7020)/2{,}9232 = 14{,}6428$$

$$x_2 = (-3{,}5882 - 0{,}7750 \cdot 16{,}7020 - 1{,}8032 \cdot 14{,}6428)/2{,}1696 = -19{,}7899$$

$$x_1 = (5{,}1000 - 1{,}64 \cdot 16{,}7020 + 0{,}89 \cdot 14{,}6428 + 1{,}32 \cdot 19{,}7899)/3{,}28 = 5{,}1413$$

Rechenprobe mit den Spaltensummen $s_1 = 3{,}71$, $s_2 = 6{,}69$, $s_3 = 5{,}08$ und $s_4 = 2{,}77$ der Ausgangsgleichungen (2.63)

$$3{,}71 \cdot 5{,}1413 + 6{,}69 \cdot (-19{,}7899) + 5{,}08 \cdot 14{,}6428 + 2{,}77 \cdot 16{,}7020 = 7{,}3298$$

Die Summe der b-Spalte ergibt $7{,}3300$. Die Ergebnisse werden auf die Stellenzahl der Koeffizienten gerundet. Die L ö s u n g lautet also

$$x_1 = 5{,}14 \qquad x_2 = -19{,}79 \qquad x_3 = 14{,}64 \qquad x_4 = 16{,}70$$

Verketteter Gauß-Algorithmus

Das vorbeschriebene Eliminationsverfahren hat bei der manuellen Berechnung den Nachteil, daß viele Zwischenergebnisse aufgeschrieben werden müssen. Von den einfach reduzierten Gleichungen $(2')$, $(3')$ und $(4')$ des Beispiels 2.26 wird für die Berechnung der Unbekannten aus dem gestaffelten Gleichungssystem nur die Gleichung $(2')$ benötigt. Beim verketteten Gauß-Algorithmus werden nur die Gleichungen des gestaffelten Systems (2.62) notiert: die 1. Ausgangsgleichung, die 1-fach reduzierte 2. Gleichung, die 2-fach reduzierte 3. Gleichung usw. bis zur $(n-1)$-fach reduzierten n-ten Gleichung, und die Multiplikationsfaktoren m_{ik}. Durch eine geeignete Rechenanweisung gelingt es, die mehrfach reduzierten Gleichungen und die Multiplikationsfaktoren ohne Zwischenaufschrieb zu ermitteln. Bevor die Rechenanweisung angegeben wird, soll beispielhaft an dem Koeffizienten $u_{44} = a_{44}'''$ (a_{44} dreifach reduziert) die rückläufige Berechnung erläutert werden. An der Auflösung des Gleichungssystems (2.63) von Beispiel 2.26 verfolgt man

$$a_{44}''' = a_{44}'' + m_{43}a_{34}'' = a_{44}' + m_{42}a_{24}' + m_{43}a_{34}'' = a_{44} + m_{41}a_{14} + m_{42}a_{24}' + m_{43}a_{34}''$$

Bei der Berechnung von Gl. $(4''')$ sind die Gleichungen $(3'')$, $(2')$ und (1) des gestaffelten Systems bereits notiert; die Koeffizienten $u_{14} = a_{14}$, $u_{24} = a_{24}'$ und $u_{34} = a_{34}''$ stehen alle untereinander in der 4. Spalte des Staffelsystems, in Tafel 2.31 über der Treppenlinie.

Tafel 2.31

a_{11}	a_{12}	a_{13}	a_{14}		b_1
a_{21}	a_{22}	a_{23}	a_{24}		b_2
a_{31}	a_{32}	a_{33}	a_{34}		b_3
a_{41}	a_{42}	a_{43}	a_{44}		b_4
$u_{11} = a_{11}$	$u_{12} = a_{12}$	$u_{13} = a_{13}$	$u_{14} = a_{14}$		$c_1 = b_1$
m_{21}	$u_{22} = a_{22}'$	$u_{23} = a_{23}'$	$u_{24} = a_{24}'$		$c_2 = b_2'$
m_{31}	m_{32}	$u_{33} = a_{33}''$	$u_{34} = a_{34}''$		$c_3 = b_3''$
m_{41}	m_{42}	m_{43}	$u_{44} = a_{44}'''$		$c_4 = b_4'''$

Die Multiplikatoren m_{ik} werden ebenfalls rückläufig berechnet. Für m_{43} z. B. verfolgt man wieder an der Auflösung des Gleichungssystems (2.63) von Beispiel 2.26

$$m_{43} = -\frac{a_{43}''}{a_{33}''} = -\frac{a_{43}' + m_{42}a_{23}'}{a_{33}''} = -\frac{a_{43} + m_{41}a_{13} + m_{42}a_{23}'}{a_{33}''}$$

Es ergibt sich die auch für die Programmierung geeignete Rechenanweisung

$$u_{1k} = a_{1k}, \quad k = 1, 2, \ldots, n; \qquad c_1 = b_1$$

für $i = 2, 3, \ldots, n$

$$m_{ik} = -\frac{a_{ik} + \sum_{j=1}^{k-1} m_{ij}u_{jk}}{u_{kk}} \qquad k = 1, 2, \ldots, i-1$$

$$u_{ik} = a_{ik} + \sum_{j=1}^{i-1} m_{ij}u_{jk} \qquad k = i, i+1, \ldots, n \tag{2.64}$$

$$c_i = b_i + \sum_{j=1}^{i-1} m_{ij}c_j$$

für $i = n, n-1, \ldots, 1$

$$x_i = \frac{c_i - \sum_{j=i+1}^{n} u_{ij}x_j}{u_{ii}}$$

Die erste Zeile des Ausgangssystems wird unverändert ins Staffelsystem übernommen. Die Berechnung der m_{ik} und der weiteren u_{ik} kann spaltenweise oder zeilenweise erfolgen. Wegen der bei der manuellen Berechnung zu empfehlenden Rechenkontrolle wird hier die zeilenweise Berechnung angewandt; zunächst wird m_{21} berechnet, damit alle u_{2k} und c_2, dann m_{31} und m_{32}, mit ihnen alle u_{3k} und c_3 usw. Für die Berechnung der m_{ik}, u_{ik} und c_i läßt sich folgende Kurzform leichter merken:

$$m_{ik} = -\frac{a_{ik} + i\text{-te Zeile der } m_{ij} \text{ mal } k\text{-te Spalte der } u_{jk}}{u_{kk}}$$

$$u_{ik} = a_{ik} + i\text{-te Zeile der } m_{ij} \text{ mal } k\text{-te Spalte der } u_{jk}$$

$$c_i = b_i + i\text{-te Zeile der } m_{ij} \text{ mal } k\text{-te Spalte der } c_j$$

Die Berechnung der Skalarprodukte (Zeile mal Spalte) endet bei den m_{ik} neben und bei den u_{ik} und c_i über dem zu berechnenden Element; dementsprechend entfällt bei allen m_{ii} die Produktbildung. Die Berechnung der Unbekannten x_i aus dem gestaffelten Gleichungssystem erfolgt wie beim Eliminationsverfahren von unten nach oben; hier entfällt bei x_n die Produktbildung, es ist $x_n = c_n/u_{nn}$.

Beispiel 2.27 Das Gleichungssystem (2.63) soll durch den verketteten Gauß-Algorithmus aufgelöst werden (bestimmte Auflösung). Außerdem soll die Kehrmatrix der Koeffizientenmatrix berechnet werden (unbestimmte Auflösung).

Die Berechnung ist in dem nachstehenden Schema besonders platzsparend durchgeführt.

Bestimmte Auflösung				b	Unbestimmte Auflösung (Inversion)				Summe/ Kontrolle
x_1	x_2	x_3	x_4		e_{i1}	e_{i2}	e_{i3}	e_{i4}	
	Spaltensummen					Spaltensummen			
3,7100	6,6900	5,0800	2,7700	7,3300	1,0000	1,0000	1,0000	1,0000	
3,2800	1,3200	$-0,8900$	1,6400	5,1000	1,0000	0	0	0	11,4500
0,9700	2,5600	1,5400	1,2600	$-2,0800$	0	1,0000	0	0	5,2500
$-1,4400$	1,7500	5,2500	$-1,9800$	1,7700	0	0	1,0000	0	6,3500
0,9000	1,0600	$-0,8200$	1,8500	2,5400	0	0	0	1,0000	6,5300
3,2800	1,3200	$-0,8900$	1,6400	5,1000	1,0000	0	0	0	11,4500
$-0,29573$	2,1696	1,8032	0,7750	$-3,5882$	$-0,2957$	1,0000	0	0	1,8639/9
0,43902	$-1,07370$	2,9232	$-2,0921$	7,8617	0,7565	$-1,0737$	1,0000	0	9,3755/6
$-0,27439$	$-0,32163$	0,39537	0,3236	5,4030	0,1198	$-0,7461$	0,3954	1,0000	6,4955/7
gerundete Werte: $x_1 =$ 5,14				5,1409	0,5451	$-0,5863$	0,3017	0,2390	
$x_2 = -19,78$				$-19,7847$	$-0,7038$	2,9612	$-1,4476$	$-2,9420$	inverse
$x_3 =$ 14,64				14,6389	0,5237	$-2,0174$	1,2166	2,2116	Matrix
$x_4 =$ 16,70				16,6965	0,3702	$-2,3056$	1,2219	3,0902	A^{-1}

Zur bestimmten Auflösung (Spalten 1 bis 5): Das Ausgangssystem wird angeschrieben und die Spaltensummen werden berechnet. Das gestaffelte Gleichungssystem und die Multiplikatoren werden nach Übernahme der ersten Gleichung Zeile für Zeile nach Gl. (2.64) berechnet. Anschließend werden die Unbekannten aus den gestaffelten Gleichungen berechnet, zunächst x_4, dann x_3, x_2 und x_1 und von unten nach oben in die Spalte unter der rechten Seite geschrieben[1]).

Zur unbestimmten Auflösung oder Inversion (Spalten 6 bis 9): Wie im Abschnitt Matrizenrechnung ausgeführt, gilt für die Spaltenvektoren von Kehrmatrix und Einheitsmatrix die Matrizengleichung $A\,\alpha_k = e_k$. Man bestimmt die n Spaltenvektoren α_k der Kehrmatrix A^{-1} dadurch, daß man die Spaltenvektoren e_k als zusätzliche rechte Seiten einführt und genauso behandelt, wie die rechte Seite b. Man beachte die Analogie $A x = b$ und $A\,\alpha_k = e_k$. An die Ausgangsgleichungen wird deshalb, wenn eine Inversion verlangt ist, die der Anzahl der Unbekannten entsprechende Einheitsmatrix angefügt und in die Berechnung der rechten Seiten einbezogen. Anschließend erhält man ganz entsprechend zu der Berechnung der x_k die α_{ik} spaltenweise durch rückläufige Auflösung des gestaffelten Gleichungssystems mit der k-ten Spalte der reduzierten Einheitsmatrix und schreibt die α_{ik} von unten nach oben. Für die erste Spalte der Kehrmatrix erhält man z. B. $\alpha_{41} = 0,1198/0,3236 = 0,3702$; $\alpha_{31} = (0,7565 + 2,0921 \cdot 0,3702)/2,9232 = 0,5237$; $\alpha_{21} = (-0,2957 - 1,8032 \cdot 0,5237 - 0,7750 \cdot 0,3702)/2,1696 = -0,7038$ usw.

Zur Kontrolle der Berechnung werden die Koeffizienten des Ausgangssystems und aller rechten Seiten zeilenweise summiert. Diese Summen werden ebenfalls als rechte Seite behandelt. Nach jeder Reduktionsstufe wird die Zeilensumme der u_{ik}, also ab der Treppenlinie gebildet. Im Beispiel ist lediglich die letzte Dezimalstelle der Zeilensumme hinter dem reduzierten Wert angeschrieben. Die Kontrolle der Endergebnisse erfolgt wie im Beispiel 2.26 durch Einsetzen der x_k bzw. der α_{ik} in alle Ausgangsgleichungen oder in die Summe der Ausgangsgleichungen. Die Summenprobe liefert hier s_b = 7,3280, $s_{e1} = 0,9997$, $s_{e2} = 1,0004$, $s_{e3} = 0,9999$ und $s_{e4} = 0,9995$ (z. B. $s_{e3} = 3,7100 \cdot 0,3017 +$ $6,6900 \cdot (-1,4476) + 5,0800 \cdot 1,2166 + 2,7700 \cdot 1,2219 = 0,9999$).

Liegt die unbestimmte Auflösung eines Gleichungssystems vor, so kann für beliebige rechte Seiten b der zugehörige Lösungsvektor x nach der Matrizengleichung $x = A^{-1} b$ berechnet werden. Die unbestimmte Auflösung eines Gleichungssystems ist z. B. in der Ausgleichungsrechnung zur Angabe der Genauigkeit der ausgeglichenen Unbekannten erfor-

---

[1]) Dem Leser wird empfohlen, das Gleichungssystem neu anzuschreiben und die Auflösung selbst durchzuführen.

derlich. Bei der Untersuchung eines statisch unbestimmten Tragwerks mit dem Kraftgrößenverfahren kann z. B. allein auf Grund des Systemaufbaus die Koeffizientenmatrix angegeben und invertiert werden; damit können dann verschiedene Lastfälle mit dem Lastvektor b untersucht werden. In der Baustatik wird dabei oft mit der mit dem Faktor (-1) multiplizierten Kehrmatrix, der sog. β-Matrix gearbeitet.

Erfordert die Problemstellung keine Inversion, so können Lösungsvektoren für weitere rechte Seiten gleichzeitig oder nachträglich mit Hilfe der vorliegenden Koeffizienten u_{ik} und Multiplikatoren m_{ik} berechnet werden.

Das Produkt der Diagonalglieder u_{ii} des gestaffelten Gleichungssystems (2.62) ergibt die Koeffizientendeterminante D. Wird eines dieser Diagonalglieder Null, so ist auch $D = 0$. Das Gleichungssystem ist dann singulär.

2.4.3 Austauschverfahren

Bei dem von Stiefel [21] herausgestellten und algorithmisierten Austauschverfahren wird das Gleichungssystem direkt nach den Unbekannten „aufgelöst". Dies bedeutet, daß aus der Koeffizientenmatrix unmittelbar die inverse Matrix (Kehrmatrix) gebildet wird. Dieses Verfahren hat beim Einsatz von Rechenanlagen zur Lösung linearer Gleichungssysteme große Bedeutung gefunden; es eignet sich aber auch sehr wohl zur Lösung linearer Gleichungssysteme mit Hilfe von Taschenrechnern. Grundlage dieser Methode ist das Prinzip des „Austausches" zweier unbekannter Größen, das auch in vielen anderen Bereichen, z. B. in der Optimierungsrechnung, Anwendung findet.

Das Prinzip des Austausches

Dieses Prinzip wird an folgendem Beispiel entwickelt. Gegeben sind drei lineare Funktionen y_1, y_2 und y_3 der vier unabhängigen Veränderlichen $x_1, \ldots, x_4$

$$
\begin{aligned}
y_1 &= a_{11}x_1 + a_{12}x_2 + a_{13}x_3 + a_{14}x_4 \\
y_2 &= a_{21}x_1 + a_{22}x_2 + a_{23}x_3 + a_{24}x_4 \\
y_3 &= a_{31}x_1 + a_{32}x_2 + a_{33}x_3 + a_{34}x_4
\end{aligned}
\tag{2.65}
$$

Jetzt wird z. B. die dritte Gleichung nach der Veränderlichen x_2 aufgelöst

$$
x_2 = -\frac{a_{31}}{a_{32}}x_1 + \frac{1}{a_{32}}y_3 - \frac{a_{33}}{a_{32}}x_3 - \frac{a_{34}}{a_{32}}x_4
$$

und in die beiden anderen Gleichungen eingesetzt

$$
y_1 = \left(a_{11} - a_{12}\frac{a_{31}}{a_{32}}\right)x_1 + \frac{a_{12}}{a_{32}}y_3 + \left(a_{13} - a_{12}\frac{a_{33}}{a_{32}}\right)x_3 + \left(a_{14} - a_{12}\frac{a_{34}}{a_{32}}\right)x_4
$$

$$
y_2 = \left(a_{21} - a_{22}\frac{a_{31}}{a_{32}}\right)x_1 + \frac{a_{22}}{a_{32}}y_3 + \left(a_{23} - a_{22}\frac{a_{33}}{a_{32}}\right)x_3 + \left(a_{24} - a_{22}\frac{a_{34}}{a_{32}}\right)x_4
$$

Das Ausgangssystem und das neue System kann man übersichtlich in folgender Anordnung schreiben, wobei jede Zeile einer Gleichung entspricht. Der rechte untere Teil dieses

Schemas ist die Koeffizientenmatrix des Gleichungssystems. Das Ausgangssystem hat dann folgende Gestalt

	x_1	x_2	x_3	x_4
y_1	a_{11}	a_{12}	a_{13}	a_{14}
y_2	a_{21}	a_{22}	a_{23}	a_{24}
y_3	a_{31}	a_{32}	a_{33}	a_{34}

Das neue System wird nach erfolgtem Austausch von x_2 gegen y_3 durch folgende Form beschrieben

$$
\begin{array}{c|cccc}
 & x_1 & y_3 & x_3 & x_4 \\
\hline
y_1 & a_{11} - a_{12}\dfrac{a_{31}}{a_{32}} & \dfrac{a_{12}}{a_{32}} & a_{13} - a_{12}\dfrac{a_{33}}{a_{32}} & a_{14} - a_{12}\dfrac{a_{34}}{a_{32}} \\
y_2 & a_{21} - a_{22}\dfrac{a_{31}}{a_{32}} & \dfrac{a_{22}}{a_{32}} & a_{23} - a_{22}\dfrac{a_{33}}{a_{32}} & a_{24} - a_{22}\dfrac{a_{34}}{a_{32}} \\
x_2 & -\dfrac{a_{31}}{a_{32}} & \dfrac{1}{a_{32}} & -\dfrac{a_{33}}{a_{32}} & -\dfrac{a_{34}}{a_{32}}
\end{array}
\tag{2.66}
$$

Die Spalte der Koeffizientenmatrix, in der die eine auszutauschende Veränderliche steht (hier die zweite Spalte mit der Veränderlichen x_2), heißt Pivotspalte. Die Zeile der Matrix, in der die andere auszutauschende Veränderliche steht (hier die dritte Zeile mit der Veränderlichen y_3), heißt die Pivotzeile. Das in der Pivotzeile und Pivotspalte stehende Matrixelement heißt der Pivot.[1])

Vorbereitung des Austausches: Pivotzeile, Pivotspalte und besonders der Pivot werden, wie aus Schema (2.67) ersichtlich, durch Unterstreichung hervorgehoben.

$$
\begin{array}{c|cccc}
 & x_1 & x_2 & x_3 & x_4 \\
\hline
y_1 & a_{11} & \underline{a_{12}} & a_{13} & a_{14} \\
y_2 & a_{21} & \underline{a_{22}} & a_{23} & a_{24} \\
y_3 & \underline{a_{31}} & \underline{\underline{a_{32}}} & \underline{a_{33}} & \underline{a_{34}} \\
\hline
 & -\dfrac{a_{31}}{a_{32}} & & -\dfrac{a_{33}}{a_{32}} & -\dfrac{a_{34}}{a_{32}}
\end{array}
\tag{2.67}
$$

Durchführung des Austausches: Die Elemente der neuen Matrix werden wie folgt berechnet.

1. Dem alten Schema wird eine Kellerzeile angefügt, in die (außer in der Pivotspalte) die durch den Pivot dividierten und im Vorzeichen geänderten Elemente der Pivotzeile eingetragen werden.

2. Der Pivot wird in seinen Kehrwert transformiert.

3. Die übrigen Elemente der Pivotspalte werden durch den Pivot dividiert.

---

[1]) pivot (franz.) = Drehpunkt.

4. Die übrigen Elemente der Pivotzeile werden aus der Kellerzeile übernommen.

5. Zu den übrigen Elementen wird das Produkt aus dem gleichzeiligen Element der Pivotspalte und dem gleichspaltigen Element der Kellerzeile addiert.

Diese Austauschregeln ergeben sich aus dem Vergleich der Anordnungen (2.67) und (2.66). Sie sind unabhängig von der Anzahl der Gleichungen und der Unbekannten. Alle hierauf aufbauenden Methoden bestehen aus der mehrfachen Anwendung dieser Austauschregeln.

Lösung eines Gleichungssystems

In diesem Abschnitt werden die Austauschregeln an einem Beispiel erläutert. Zugleich wird gezeigt, wie man mit diesen Austauschregeln ein Gleichungssystems lösen kann. In dem folgenden Abschnitt wird die Methode zur Lösung eines Gleichungssystems noch verbessert.

Hierzu wird ein Gleichungssystem mit einfachen Koeffizienten gewählt, um den Austauschvorgang mit Kopfrechnen üben zu können.

$$3x_1 + 5x_2 + x_3 = 4$$
$$2x_1 + 4x_2 + 5x_3 = -9 \tag{2.68}$$
$$x_1 + 2x_2 + 2x_3 = -3$$

in Matrizenschreibweise $\qquad Ax = b$ $\hfill(2.69)$

Anstelle des Gleichungssystems (2.68) werden drei Funktionen eingeführt

$$y_1 = 3x_1 + 5x_2 + x_3 - 4$$
$$y_2 = 2x_1 + 4x_2 + 5x_3 + 9 \tag{2.70}$$
$$y_3 = x_1 + 2x_2 + 2x_3 + 3$$

in Matrizenschreibweise $\qquad y = Ax - b$ $\hfill(2.71)$

Setzt man in das Funktionssystem (2.70) für die unabhängigen Veränderlichen x_1, x_2 und x_3 die Lösungen des Gleichungssystems ein, so werden alle drei abhängigen Veränderlichen y_1, y_2 und y_3 gleich Null, weil dann das System von Bestimmungsgleichungen (2.68) erfüllt ist.

Man schreibt anstelle des Funktionssystems (2.70) das Rechenschema (2.72) und wählt z. B. x_2 und y_3 für den Austausch. Pivotzeile und Pivotspalte werden besonders hervorgehoben; zur Erhöhung der Übersichtlichkeit empfiehlt sich ein farbiges Unterstreichen. Dann wird die Kellerzeile berechnet und der Austausch vollzogen (Übergang von Schema (2.72) nach (2.73)).

	x_1	x_2	x_3	1	
y_1	3	5	1	-4	
y_2	2	4	5	9	(2.72)
y_3	1	2	2	3	
	$-0{,}5$		-1	$-1{,}5$	

Nach der Austauschregel 2 geht der Pivot 2 in seinen Kehrwert 0,5 über. Nach der Austauschregel 3 werden die übrigen Elemente der Pivotspalte durch den Pivot 2 dividiert. Nach der Austauschregel 4 werden die übrigen Elemente der Pivotzeile aus der Kellerzeile übernommen. Nun wird die Austauschregel 5 angewandt: Zum Element $a_{11} = 3$ wird das Produkt $(-0,5)$ mal 5 addiert, man erhält also 0,5. Hierbei ist $(-0,5)$ das gleichspaltige Element der Kellerzeile und 5 das gleichzeilige Element der Pivotspalte. Diese 5. Regel ist noch für fünf weitere Elemente anzuwenden.

	x_1	y_3	x_3	1
y_1	0,5	2,5	-4	$-11,5$
y_2	0	2	1	3
x_2	$-0,5$	0,5	-1	$-1,5$
		-5	8	23

$$(2.73)$$

In einem zweiten Austausch werden nun x_1 und y_1 vertauscht. Der Pivot hat den Wert 0,5. Die Durchführung des Austausches liefert Schema (2.74).

	y_1	y_3	x_3	1
x_1	2	-5	8	23
y_2	0	2	1	3
x_2	-1	3	-5	-13
	0	-2		-3

$$(2.74)$$

Nun ist nur noch die Veränderliche y_2 in der linken Spalte und x_3 in der oberen Zeile. Daher kommt nur noch ein Pivot in Frage, wenn man nach dem Gesamtaustausch alle Veränderlichen x_i in der linken Spalte und alle Veränderlichen y_i in der oberen Zeile haben will. Auf Grund der Austauschregeln ist es nicht zulässig, daß ein Pivot Null ist, da eine Division durch Null nicht möglich ist. Ein letzter Austausch mit dem Pivot $a_{23} = 1$ ergibt Schema (2.75).

	y_1	y_3	y_2	1
x_1	2	-21	8	-1
x_3	0	-2	1	-3
x_2	-1	13	-5	2

$$(2.75)$$

Ordnet man Schema (2.75) nach aufsteigenden Indizes, so erhält man ausführlich geschrieben

$$x_1 = 2y_1 + 8y_2 - 21y_3 - 1$$
$$x_2 = -y_1 - 5y_2 + 13y_3 + 2$$
$$x_3 = y_2 - 2y_3 - 3$$

und in Matrizenschreibweise

$$\begin{pmatrix} x_1 \\ x_2 \\ x_3 \end{pmatrix} = \begin{pmatrix} 2 & 8 & -21 \\ -1 & -5 & 13 \\ 0 & 1 & -2 \end{pmatrix} \begin{pmatrix} y_1 \\ y_2 \\ y_3 \end{pmatrix} + \begin{pmatrix} -1 \\ 2 \\ -3 \end{pmatrix} \qquad x = By + c \qquad (2.76)$$

Da für die Lösung des Gleichungssystems nach den genannten Voraussetzungen y ein Nullvektor ist, folgt $x = c$. Die Lösung des Gleichungssystems lautet also $x_1 = -1$, $x_2 = 2$, $x_3 = -3$.

Durch Linksmultiplikation der Ausgangsgleichung (2.71) $y = Ax - b$ mit A^{-1} ergibt sich $A^{-1}y = A^{-1}Ax - A^{-1}b = x - A^{-1}b$ und damit $x = A^{-1}y + A^{-1}b$. Der Vergleich mit Gl. (2.76) ergibt: $B = A^{-1}$ und $c = A^{-1}b$. Die Matrix B ist die Kehrmatrix A^{-1}. Der Vektor c ist der Lösungsvektor x; er kann durch Einbeziehung von b in das Austauschverfahren oder über die Kehrmatrix mit $x = c = A^{-1}b$ berechnet werden.

Berücksichtigung einer laufenden Rechenkontrolle. Bei der Vielzahl der Rechenoperationen ist bei manueller Berechnung eine Rechenkontrolle unentbehrlich. Hierzu wird dem Gleichungssystem ein weiterer Spaltenvektor u angefügt, dessen Koordinaten u_i sich so bestimmen, daß in jeder Zeile die Zeilensumme Eins ergibt. Es läßt sich zeigen, daß auch nach dem Austausch die Zeilensumme immer Eins ergeben muß.

Beispiel 2.28 Man löse das Gleichungssystem (2.63) nach dem Austauschverfahren mit laufender Kontrolle.

Hier wird mit $i = 1, 2, 3, 4$ systematisch x_i mit y_i vertauscht; die Pivots stehen somit alle in der Hauptdiagonale. Bei diesem systematischen Austauschvorgang wird erreicht, daß im letzten Schema unmittelbar die Kehrmatrix steht. Man beachte, daß das Gleichungssystem (2.63) so geordnet ist, daß möglichst große Koeffizienten in der Hauptdiagonale stehen. Dadurch ist nahezu ausgeschlossen, daß ein Pivot durch den Austausch Null wird; außerdem erreicht man mit großen Koeffizienten als Pivots, daß der Einfluß der Rundungsfehler klein gehalten wird.

	x_1	x_2	x_3	x_4	1	u	Σ
y_1	3,2800	1,3200	$-0,8900$	1,6400	$-5,1000$	0,7500	1,0000
y_2	0,9700	2,5600	1,5400	1,2600	2,0800	$-7,4100$	1,0000
y_3	$-1,4400$	1,7500	5,2500	$-1,9800$	$-1,7700$	$-0,8100$	1,0000
y_4	0,9000	1,0600	$-0,8200$	1,8500	$-2,5400$	0,5500	1,0000
		$-0,40244$	0,27134	$-0,50000$	1,55488	$-0,22866$	

	y_1	x_2	x_3	x_4	1	u	Σ
x_1	0,3049	$-0,4024$	0,2713	$-0,5000$	1,5549	$-0,2287$	1,0000
y_2	0,2957	2,1696	1,8032	0,7750	3,5882	$-7,6318$	0,9999
y_3	$-0,4390$	2,3295	4,8593	$-1,2600$	$-4,0090$	$-0,4807$	1,0001
y_4	0,2744	0,6978	$-0,5758$	1,4000	$-1,1406$	0,3442	1,0000
	$-0,13629$		$-0,83112$	$-0,35721$	$-1,65385$	3,51761	

	y_1	y_2	x_3	x_4	1	u	Σ
x_1	0,3597	$-0,1855$	0,6057	$-0,3563$	2,2204	$-1,6442$	0,9998
x_2	$-0,1363$	0,4609	$-0,8311$	$-0,3572$	$-1,6539$	3,5176	1,0000
y_3	$-0,7565$	1,0737	2,9232	$-2,0921$	$-7,8616$	7,7136	1,0003
y_4	0,1793	0,3216	$-1,1558$	1,1507	$-2,2947$	2,7988	0,9999
	0,25879	$-0,36730$		0,71569	2,68938	$-2,63875$	

	y_1	y_2	y_3	x_4	1	u	Σ
x_1	0,5164	$-0,4080$	0,2072	0,0772	3,8494	$-3,2425$	0,9997
x_2	$-0,3514$	0,7662	$-0,2843$	$-0,9520$	$-3,8890$	5,7107	1,0002
x_3	0,2588 .	$-0,3673$	0,3421	0,7157	2,6894	$-2,6388$	0,9999
y_4	$-0,1198$	0,7461	$-0,3954$	0,3235	$-5,4031$	5,8487	1,0000
	0,37032	$-2,30634$	1,22226		16,70201	$-18,07944$	

	y_1	y_2	y_3	y_4	1	u	Σ
x_1	0,5450	$-0,5860$	0,3016	0,2386	5,1388	$-4,6382$	0,9998
x_2	$-0,7039$	2,9618	$-1,4479$	$-2,9428$	$-19,7893$	22,9223	1,0002
x_3	0,5238	$-2,0179$	1,2169	2,2124	14,6430	$-15,5783$	0,9999
x_4	0,3703	$-2,3063$	1,2223	3,0912	16,7020	$-18,0794$	1,0001

Verkürztes Austauschverfahren

Wenn die Kehrmatrix A^{-1} nicht benötigt wird, dann vereinfacht sich die Lösung aus der Tatsache, daß nach dem Austausch die Veränderlichen y_i gleich Null gesetzt werden.

Beim verkürzten Austauschverfahren entfällt die Berechnung der Elemente der Pivotzeile und Pivotspalte; es werden im alten Schema die Kellerzeile gebildet, der die auszutauschende Unbekannte x_k vorangeschrieben wird, und anschließend nach Regel 5 die Elemente des um eine Zeile und eine Spalte verkleinerten neuen Schemas berechnet. Die Kellerzeilen liefern ein gestaffeltes Gleichungssystem, das wie beim Gauß-Algorithmus rückwärts aufgelöst wird. Der Unterschied besteht praktisch nur darin, daß in jeder Kellerzeile für das auszutauschende x_k eine explizite Gleichung erscheint. Die erste Kellerzeile im nachfolgenden Beispiel 2.29 beinhaltet die Gleichung: $x_3 = 0,50317 x_1 + 0,54223 x_2 - 0,10417$.

Bei manueller Berechnung wird zur Kontrolle ein Spaltenvektor u eingeführt, dessen Komponenten u_i sich so bestimmen, daß in jeder Zeile die Summe der Koeffizienten Null ergibt. Es läßt sich zeigen, daß nach dem Austausch die Zeilensumme immer Null sein muß; die Summe der Kellerzeile hingegen muß Eins ergeben.

Beispiel 2.29 Man löse nach dem verkürzten Austauschverfahren das Gleichungssystem

$$0,64445 x_1 - 0,56660 x_2 - 0,39800 x_3 + 0,69676 = 0$$
$$0,38733 x_1 + 0,41740 x_2 - 0,76978 x_3 - 0,08019 = 0$$
$$0,16482 x_1 + 0,17762 x_2 + 0,12476 x_3 + 0,17820 = 0$$

Die Reihenfolge des Austausches bestimmt sich hier nach dem jeweils größten Koeffizienten, da so Rundungsfehler möglichst klein gehalten werden. Da das Gleichungssystem nur drei Unbekannte hat, wird auf die Mitnahme von Schutzstellen verzichtet.

	x_1	x_2	x_3	1	u	Σ
y_1	0,64445	$-0,56660$	$-0,39800$	0,69676	$-0,37661$	0,00000
y_2	0,38733	0,41740	$-0,76978$	$-0,08019$	0,04524	0,00000
y_3	0,16482	0,17762	0,12476	0,17820	$-0,64540$	0,00000
x_3 = $-0,46941$	0,50317	0,54223		$-0,10417$	0,05877	1,00000

	x_1	x_2	1	u	Σ
y_1	0,44419	$-0,78241$	0,73822	$-0,40000$	0,00000
y_3	0,22760	0,24527	0,16520	$-0,63807$	0,00000
x_2 = 0,32971	0,56772		0,94352	$-0,51124$	1,00000

	x_1	1	u	Σ
y_3	0,36684	0,39662	$-0,76346$	0,00000
x_1 = $-1,08118$		$-1,08118$	2,08118	1,00000

Im letzten Schema wird zur Erhöhung der Übersichtlichkeit ebenfalls eine Kellerzeile eingeführt; sie lautet $x_1 = -1,08118$. Die Endergebnisse sind jeweils unter den x_k der Kellerzeile notiert. Die Zeilensummen ergeben in allen Fällen eine völlige Übereinstimmung. Zur Schlußkontrolle werden die drei Ausgangsgleichungen addiert und die Unbekannten eingesetzt. Es ergibt sich

$$1,19660x_1 + 0,02842x_2 - 1,04302x_3 + 0,79477 = 0,00000$$

Vergleich der Verfahren

Für die bestimmte Auflösung eines Gleichungssystems stehen dem Leser jetzt das Eliminationsverfahren, der verkettete Gauß-Algorithmus und das verkürzte Austauschverfahren zur Verfügung. Bei allen drei Verfahren ist die gleiche Anzahl von Rechenoperationen (Additionen, Divisionen und Multiplikationen) erforderlich, und zwar ohne Einbeziehung der Kontrollrechnung $\frac{2}{3} n^3 + \frac{3}{2} n^2 - \frac{7}{6} n$ [1]. Für die Rechnung mit dem Taschenrechner bietet sich vor allem der verkettete Gauß-Algorithmus an; er ist übersichtlich, platzsparend und erfordert wenig Schreibarbeit. Hinsichtlich der Rechengenauigkeit ist das Austauschverfahren nach Stiefel überlegen, da hier jeweils der Pivot vom größten Betrag gewählt werden kann, so daß die Rundungsfehler klein gehalten werden.

Zur Untersuchung mehrerer Lastfälle bei statisch unbestimmten Tragwerken, bei der Ermittlung von Einflußlinien solcher Tragwerke und in der geodätischen Ausgleichsrechnung ist vielfach die unbestimmte Auflösung von Gleichungssystemen erforderlich. Hier ist das Austauschverfahren hinsichtlich der Anzahl der Rechenoperationen etwas günstiger als der Gauß-Algorithmus. Die Inversion nach dem Austauschverfahren erfordert auf Rechenanlagen auch weniger Speicherplatz als beim verketteten Gauß-Algorithmus, was bei kleineren Anlagen oder größeren Gleichungssystemen ein entscheidender Vorteil sein kann. Dabei sei noch bemerkt, daß bei der Programmierung des Austauschverfahrens die Regel 3 für die Pivotspalte als letzte angewandt werden muß.

Hinweis. Bei der Berechnung statisch unbestimmter Tragwerke treten häufig lineare Gleichungssysteme auf, bei denen die Diagonalglieder betragmäßig überwiegen und oft auch viele Koeffizienten außerhalb der Diagonalen Null sind. Derartige Gleichungssysteme können meist auch mit Iterationsverfahren gelöst werden; eine Konvergenz ist dann gegeben, wenn in jeder Zeile der Betrag des Diagonalgliedes größer als die Summe der Beträge der anderen Matrixelemente ist. Eine Behandlung der Iterationsverfahren findet sich z. B. in [12], [34].

2.4.4 Aufgaben zu Abschnitt 2.4

1. Man löse die nachstehenden Gleichungssysteme nach der Cramerschen Regel und bestimme die Kehrmatrix A^{-1} der Koeffizientenmatrix A.

a) $3{,}26x_1 + 2{,}14x_2 = 4{,}02$
   $1{,}80x_1 - 6{,}83x_2 = 8{,}99$

b) $-2x_1 + 3x_2 + 4x_3 = -9$
    $x_1 - 4x_2 - 5x_3 = 12$
   $-5x_1 + 2x_2 + 3x_3 = -4$

2. Man löse das folgende Gleichungssystem nach dem Eliminationsverfahren von Gauß

$$3{,}82x_1 + 2{,}55x_2 - 1{,}43x_3 + 1{,}08x_4 = 4{,}65$$
$$2{,}71x_1 + 4{,}95x_2 + 2{,}60x_3 - 0{,}65x_4 = 2{,}77$$
$$-1{,}08x_1 + 2{,}44x_2 + 5{,}15x_3 + 1{,}76x_4 = 1{,}08$$
$$1{,}36x_1 - 0{,}84x_2 + 2{,}36x_3 + 3{,}90x_4 = 3{,}87$$

3. Bei Untersuchungen eines Durchlaufträgers tritt das Gleichungssystem

$$1{,}508M_1 + 0{,}257M_2 \qquad\qquad = 1{,}272$$
$$0{,}257M_1 + 0{,}954M_2 + 0{,}316M_3 = 1{,}125$$
$$0{,}316M_2 + 1{,}259M_3 = 0{,}931$$

auf. Man berechne nach dem verketteten Gauß-Algorithmus die unbekannten Stützmomente M_1, M_2 und M_3, die hier Zahlenwerte, das heißt auf ein bekanntes Moment bezogen sind. Weiter bestimme man die Kehrmatrix A^{-1}.

4. Man löse das nachstehende symmetrische Gleichungssystem und invertiere die Koeffizientenmatrix nach dem verketteten Gauß-Algorithmus (Rechnung auf 5 Dezimalstellen, anschließend Rundung auf 4)

$$2{,}9551x_1 - 0{,}5961x_2 - 0{,}0529x_3 - 0{,}2231x_4 = \quad 0{,}624$$
$$-0{,}5961x_1 + 2{,}0288x_2 - 0{,}2231x_3 - 0{,}9409x_4 = \quad 0{,}960$$
$$-0{,}0529x_1 - 0{,}2231x_2 + 2{,}5418x_3 - 0{,}5822x_4 = -1{,}380$$
$$-0{,}2231x_1 - 0{,}9409x_2 - 0{,}5822x_3 + 2{,}4614x_4 = -0{,}548$$

5. Man löse das nachstehende Gleichungssystem nach Stiefel mit Berechnung von A^{-1}.

$$5{,}25x_1 + 0{,}91x_2 + 1{,}13x_3 = 3{,}72$$
$$1{,}50x_1 + 6{,}88x_2 + 2{,}45x_3 = 4{,}38$$
$$0{,}54x_1 + 1{,}76x_2 + 3{,}90x_3 = 2{,}68$$

6. Man löse die folgenden Gleichungssysteme nach dem verkürzten Austauschverfahren.

a)
$$\begin{aligned}
6{,}25x_1 + 2{,}08x_2 - 1{,}44x_3 &= 2{,}59 \\
1{,}78x_1 + 4{,}16x_2 + 0{,}44x_3 &= 5{,}22 \\
-1{,}36x_1 + 0{,}95x_2 + 3{,}75x_3 &= 4{,}61
\end{aligned}$$

b)
$$\begin{aligned}
91{,}71x_1 + 19{,}34x_2 - 71{,}31x_3 + 7{,}42 &= 0 \\
13{,}67x_1 - 12{,}19x_2 + 0{,}03x_3 + 1{,}64 &= 0 \\
29{,}71x_1 - 9{,}96x_2 + 23{,}91x_3 + 0{,}98 &= 0
\end{aligned}$$

7. Aus der linearen Form

$$\begin{aligned}
y_1 &= a_{11}x_1 + a_{12}x_2 \\
y_2 &= a_{21}x_1 + a_{22}x_2
\end{aligned}$$

ermittle man durch zweimaligen Austausch die inverse Form.

3 Funktionen

3.1 Darstellung von Funktionen

Man kann in der Natur Gesetzmäßigkeiten und Zuordnungen zwischen verschiedenen Größen beobachten. So hängt die Luftdichte von der Höhe über dem Meeresspiegel, die Beschleunigung einer Masse von der auf sie wirkenden Kraft und die Durchbiegung eines Balkens von der Größe der Belastung ab.

Man spricht bei derartigen Zuordnungen von Funktionen und versucht, die Zusammenhänge zum Zwecke der Vorausberechnung physikalischer Phänomene zu beschreiben. Da sich in vielen physikalischen und technischen Problemen gleiche Zuordnungen finden lassen, ist es zweckmäßig, von speziellen Problemen unabhängige allgemeine Zusammenhänge zu untersuchen. Zu diesem Zwecke bedient man sich der Sprache der Mathematik und benennt die physikalischen Größen mit Symbolen $x, y, z, \ldots$ In diesem Abschnitt werden Zuordnungen zwischen zwei Größen untersucht, in Abschn. 9 solche von mehr als zwei Größen. Man untersucht z. B. allgemein den Zusammenhang $y = cx^2$ und hat damit die speziellen Probleme der Kreisflächenermittlung aus dem Durchmesser $A = (\pi/4)d^2$ und das Gesetz des freien Falls $s = (g/2)t^2$ eingeschlossen.

Definition Ist einer Menge von Größen x_i eine Menge von Größen y_i eindeutig zugeordnet, so nennt man y **eine Funktion von** x. Die Menge der x_i ist der **Definitionsbereich** oder auch die **Grundmenge,** die Menge der y_i der **Wertebereich** oder auch die **Bildmenge.**

Man spricht oft von einer **Abbildung** des Definitionsbereichs in den Wertebereich.

Es ist üblich (aber nicht notwendig), die unabhängig wählbare Größe mit x und die ihr zugeordnete, abhängige Größe mit y zu bezeichnen. Häufig nennt man die unabhängige Größe das Argument und die abhängige Größe den Funktionswert. Da x und y bei allgemeiner Bezeichnung vieler Werte fähig, also veränderlich sind, nennt man x die unabhängige Veränderliche (Variable) und y die abhängige Veränderliche (Variable).

Da nach der Definition eine Funktion immer eine eindeutige Zuordnung ist, muß z. B. bei der Beschreibung einer Parabel mit waagerechter Achse (Bild 3.1) jeder Parabelast durch gesonderte Zuordnungsvorschrift wie $y = +K\sqrt{x}$ für den oberen und $y = -K\sqrt{x}$ für den unteren Ast gekennzeichnet werden. Unter $\sqrt{x}$ ist dann nur der Betrag zu verstehen.

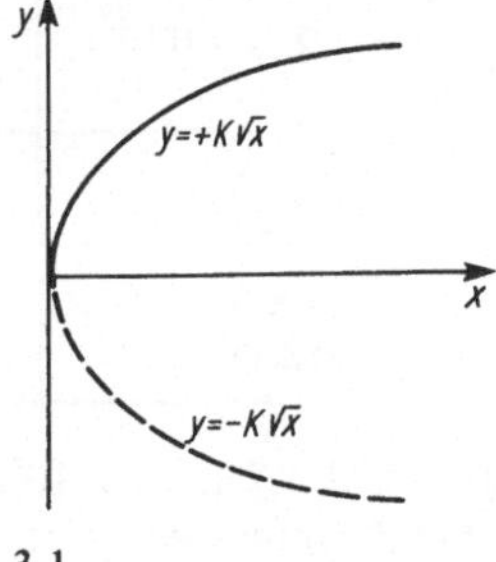

3.1

Die Funktion $y = \sqrt{x}$ hat einen beschränkten Definitionsbereich $x \geqslant 0$, denn für negative x ist die Quadratwurzel nicht erklärt. Ebenso ist die Funktion $y = \sqrt{3 - x}$ im Bereich $x > 3$ nicht erklärt, weil dann der Radikand negativ wird. Für $x = 5$ würde sich z. B. der nicht reelle Wert $y = \sqrt{-2}$ ergeben.

Für die Funktion $y = \sin x$ ist der Wertebereich beschränkt, weil der Sinus einer Zahl keine größeren Zahlen als $+1$ und keine kleineren als -1 ergeben kann (s. Abschn. 3.5.1).

3.1.1 Funktionstafel. Funktionsgleichung. Funktionskurve

Grundsätzlich kann die Zuordnungsvorschrift zwischen Größen beliebig angegeben werden. Sie kann z. B. durch Worte erfolgen. Für den Ingenieur aber sind drei gleichwertige Formen der Zuordnung wichtig

Funktionstafel: Zuordnung durch Angabe von Wertepaaren
Funktionsgleichung: Zuordnung durch Rechenvorschrift
Funktionskurve (Graph):   Zuordnung durch Schaubild (Diagramm)

Funktionstafel

Die einfachste Art der Zuordnung ist die Zuordnung durch Angabe von Wertepaaren in einer Funktionstafel. Diese Tafeln können aus Meßergebnissen oder aus Berechnungen gewonnen werden.

Die Tafel enthält im Kopf immer das Formelzeichen und die Einheit der Größe, in den Spalten oder Zeilen die gemessenen oder berechneten Zahlenwerte. Häufig haben die Funktionswerte und Argumente verschiedene Größenordnungen. Dann schreibt man außer den Formelzeichen und Einheiten auch noch gemeinsame Zehnerpotenzen mit in den Tafelkopf.

Bei normalem Baustahl z. B. ist die Spannung σ (σ = Kraft/Fläche) bis zu einer bestimmten Spannung proportional der Dehnung ε (ε = Verlängerung/Länge). Mit dem Proportionalfaktor E (E = Elastizitätsmodul) kann das Hookesche Gesetz $\sigma = E\varepsilon$ formuliert werden. Im Spannbetonbau werden hochfeste Stähle verwendet, bei denen das Hookesche Gesetz den Zusammenhang zwischen σ und ε nicht genau genug beschreibt. Eine Funktionstafel in einer der beiden nachstehenden Formen (Tafel 3.2 und 3.3) kann diesen Zusammenhang für einen bestimmten Spannstahl angeben.

Tafel 3.2

$\sigma/(\text{N/mm}^2)$	$10^3\,\varepsilon$
0	0
600	2,86
1000	4,76
1400	7,50

Tafel 3.3

σ in kN/mm^2	ε in ‰
0	0
0,6	2,86
1,0	4,76
1,4	7,50

In Tafel 3.2 ist der 10^3-fache Wert der Dehnung ε angegeben. Man entnimmt für $\sigma = 1000$ N/mm^2 den Wert $10^3\,\varepsilon = 4{,}76$, also $\varepsilon = 4{,}76 \cdot 10^{-3} = 4{,}76$‰. Die in der Tafel 3.3

angegebenen Werte von σ sind mit der Einheit $kN/mm^2 = 10^3 N/mm^2$ zu multiplizieren; die Werte von ε sind in Promille angegeben. Für $\sigma = 1,4\ kN/mm^2 = 1400\ N/mm^2$ entnimmt man Tafel 3.3: $\varepsilon = 7,50\%_0 = 7,50 \cdot 10^{-3}$.

Die Darstellung der Funktionen in Tafeln hat den Nachteil, daß nur eine begrenzte Anzahl von Wertepaaren angegeben werden kann, d. h. daß nicht für jeden Wert der Größe σ eine zugeordnete Größe ε gegeben ist. So enthält z. B. die Tafel 3.2 keine Angabe der Dehnung für die Spannung $\sigma = 800\ N/mm^2$.

Funktionstafeln z. B. der logarithmischen oder trigonometrischen Funktionen hatten vor der Zeit des Taschenrechners große Bedeutung für numerische Rechnungen. Heute benötigt man zum einen noch Tafeln von Funktionen, deren Gesetzmäßigkeiten man nur empirisch ermitteln kann, wie z. B. Tafel 3.2 einen kleinen Ausschnitt gibt, und zum anderen Tafeln komplizierterer Funktionen, die auf Taschenrechnern nicht zu finden sind, wie z. B. Klotoidentafeln, s. Abschn. 7.5.

Funktionsgleichung

In einer Funktionsgleichung wird die Zuordnung der Größen durch eine mathematische. Formel als Rechenvorschrift gegeben, mit deren Hilfe man zu jedem Wert der einen Größe x die zugeordnete Größe y berechnen kann.

Beispiel 3.1

$$y = 2x + 3 \qquad\qquad s = v_0 t + s_0$$

$$y = \lg x \qquad\qquad h = h_1 \lg \frac{p_0}{p}$$

$$y = + \sqrt{r^2 - x^2} \qquad v = \sqrt{g\, \frac{R^2}{R + h}}$$

sind Funktionsgleichungen. Die Beispiele der linken Spalte geben Gleichungen in allgemeiner mathematischer Form wieder, während in der rechten Spalte spezielle physikalische Sachverhalte beschrieben werden. Ein spezieller physikalischer Vorgang kann dann etwa durch

$$s = 3,7\ \frac{m}{s} \cdot t + 4\,m \qquad h = 18000\,m \lg \frac{1005\ mbar}{p} \qquad v = \sqrt{9,81\ \frac{m}{s^2}\, \frac{(6370\ km)^2}{6370\ km + h}}$$

dargestellt werden.

Bei der Herleitung mancher Funktionsgleichungen ist es zweckmäßig, beide Variable auf eine Seite zu schreiben. So gilt für einen Kreis mit dem Radius r und dem Mittelpunkt im Koordinaten-Nullpunkt die Relation

$$x^2 + y^2 - r^2 = 0 \tag{3.1}$$

die sich durch Symmetrie in den Größen x und y auszeichnet. In dieser Relation ist die Funktionsgleichung für den oberen Halbkreis $y = + \sqrt{r^2 - x^2}$ und die Funktionsgleichung für den unteren Halbkreis $y = - \sqrt{r^2 - x^2}$ enthalten.

Will man einen funktionalen Zusammenhang zwischen zwei Größen allgemein durch eine Funktionsgleichung ausdrücken, ohne die Gleichung speziell anzugeben, so schreibt man

Definition

Explizite Form	$y = f(x)$	(3.2)
implizite Form	$F(x, y) = 0$	(3.3)
Parameterform	$\begin{aligned} x &= u(\lambda) \\ y &= v(\lambda) \end{aligned}$ mit λ als Parameter	(3.4)

Die implizite Form läßt sich nicht immer in eine oder mehrere explizite Funktionsgleichungen überführen, wie man z. B. an der Funktionsgleichung $xy + \sin(xy) - 1 = 0$ sieht.

Wählt man den Winkel φ als Parameter entsprechend Gl. (3.4), so wird der Kreis Gl. (3.1) durch

$$x = r\cos\varphi \qquad y = r\sin\varphi$$

beschrieben. Ein Vollkreis wird durch den Definitionsbereich $0 \leqslant \varphi < 2\pi$ erfaßt.

Beispiel 3.2 Durch die Parameterdarstellung

$$x = v_0 t \qquad y = y_0 - \frac{1}{2} g t^2$$

wird mit der Zeit t als Parameter ein horizontaler Wurf beschrieben. Hierbei ist v_0 die Anfangsgeschwindigkeit in x-Richtung und $(0; y_0)$ die Anfangslage. Man forme diese Darstellung in eine explizite Funktionsgleichung um.

Aus $t = x/v_0$ erhält man mit

$$y = y_0 - \frac{g}{2} \left(\frac{x}{v_0} \right)^2 = y_0 - \frac{g}{2v_0^2} x^2$$

die Gleichung einer Wurfparabel.

Funktionskurve

Der Zusammenhang zwischen den Variablen wird anschaulicher, wenn man den zusammengehörigen Wertepaaren Punkte in einem Koordinatensystem zuordnet: Auf einer waagerechten Achse, der Abszissenachse, werden die Werte der Größe x als Strecken dargestellt und auf einer dazu senkrechten Achse, der Ordinatenachse, die Werte der Größe y. Diese Punkte werden durch die Funktionskurve[1]) verbunden. Zwischen der Funktionskurve und der entsprechenden Funktionsgleichung besteht folgender Zusammenhang:

Die Koordinaten (Abszisse und Ordinate) jedes Punktes der Kurve erfüllen die Funktionsgleichung. Jedes Wertepaar $(x; y)$, das die Funktionsgleichung erfüllt, ergibt einen Kurvenpunkt.

In der Praxis werden die Funktionskurven oft unmittelbar durch schreibende Meßinstrumente aufgezeichnet.

Die Zahlenwerte der Größen x und y haben in der Technik häufig verschiedene Größenordnungen. Durch zweckmäßige Wahl der Zahlenbereiche und Einheiten für die Koordinaten kann man aber erreichen, daß die Funktionskurve günstig verläuft, also gut lesbar

---

[1]) Die Funktionskurve wird auch Graph genannt.

wird. Die Kurve in Bild 3.4 sollte z. B. möglichst unter einem Winkel von rund 45° durch das Schaubild laufen. Dazu müssen die beiden Wertebereiche von x und y durch etwa gleich lange Strecken dargestellt werden. Die allgemeine Zuordnung von physikalischen Größen x und y zu entsprechenden geometrischen Strecken ξ und η im Schaubild geschieht durch die Einheitslänge.

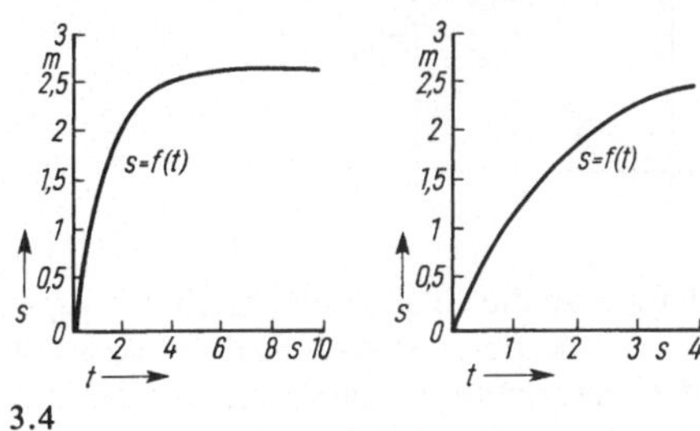

3.4

Definition Eine geometrische Strecke als Bild einer physikalischen Größe ist diese physikalische Größe mal der **Einheitslänge**

$$\xi = x \cdot l_x \qquad \eta = y \cdot l_y \tag{3.5}$$

Die Einheitslänge l entspricht also der geometrischen Strecke, durch die eine Einheit der physikalischen Größe dargestellt wird. Die Einheitslängen sind einheitenbehaftete Größen, und alle Rechnungen mit ihnen ergeben einheitenrichtige Größengleichungen.

Aus den $(x;y)$-Werten einer Funktionstafel erhält man also durch Multiplizieren mit der Einheitslänge die entsprechenden geometrischen Strecken des Schaubildes. An die Achsen werden zweckmäßig glatte Werte von y und x geschrieben. Das Schaubild soll Formelzeichen und Einheiten der beteiligten Größen enthalten.

Beispiel 3.3 Auf der Abszissenachse sollen Zeiten t zwischen 0 s und 4 s, auf der Ordinatenachse Wege s zwischen 0 m und 2,5 m aufgetragen werden. Die gewünschte Schaubildlänge beträgt fünf Zentimeter. Dann schreibt man

$$\xi = t \cdot l_t \qquad\qquad \eta = s \cdot l_s$$
$$5 \text{ cm} = 4 \text{ s} \cdot l_t \qquad\qquad 5 \text{ cm} = 2,5 \text{ m} \cdot l_s$$
$$l_t = 1,25 \, \frac{\text{cm}}{\text{s}} \qquad\qquad l_s = 2 \, \frac{\text{cm}}{\text{m}}$$

In Konstruktionszeichnungen wird der Maßstab angegeben. Die Angabe „Maßstab 1 : 2,5" bedeutet, daß 2,5 cm der wirklichen Länge l eines Werkstücks durch 1 cm in der Zeichnung dargestellt werden. Hier ist die physikalische Größe l selbst eine Länge, und die oben definierte Einheitslänge $l_x = 1 \text{ cm}/(2,5 \text{ cm}) = 0,4$ ist einheitenfrei. Der Maßstab ist also gleich der Einheitslänge, während der gelegentlich benutzte Maßstabsfaktor den Kehrwert des Maßstabs bedeutet.

Polarkoordinaten

In Abschn. 1 wurde gezeigt, daß sich die Lage eines Punktes durch seinen Abstand r von einem Bezugspunkt und durch den Richtungswinkel φ gegenüber einer Bezugsachse zweckmäßig beschreiben läßt. Daher wählt man die

Definition Verbindet man einen Punkt mit dem Koordinatenursprung, so ergeben die Länge r dieser Verbindungslinie und der Winkel φ zwischen der positiven x-Achse und der Verbindungslinie die **Polarkoordinaten** des Punktes (Bild 3.5).

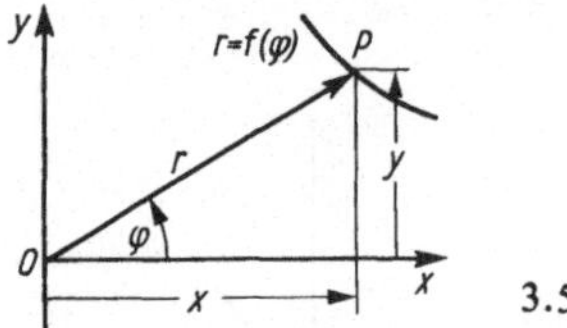

Faßt man die Größe $\vec{r}$ als gerichtete Strecke auf, so nennt man sie nach Abschn. 2.2.1 einen Ortsvektor oder auch Radiusvektor. Den Richtungswinkel φ dieses Vektors zählt man in der Drehrichtung gegen den Uhrzeiger positiv. Unter der Polarkoordinate r versteht man den Betrag dieses Vektors. Wie in Abschn. 2.2.1 hat der Betrag r stets einen positiven Zahlenwert. Bei den geometrischen Betrachtungen dieses Abschnitts wird vorausgesetzt, daß die Einheitslängen l_x und l_y auf beiden Koordinatenachsen gleich sind. Bei rechtwinkligen Koordinaten bilden die Kurven $x =$ const und $y =$ const zwei Scharen von sich senkrecht schneidenden Geraden, das rechtwinklige Koordinatennetz. Bei Polarkoordinaten sind die Kurven $r =$ const konzentrische Kreise um den Ursprung und die Kurven $\varphi =$ const ein durch den Ursprung gehendes Geradenbüschel; auch diese beiden Kurvenscharen stehen senkrecht aufeinander. Sie bilden das Polarkoordinatennetz. Entsprechend bedrucktes Papier ist im Handel erhältlich.

Funktionsgleichungen können auch in Polarkoordinaten angegeben werden. Man schreibt symbolisch

$$r = f(\varphi)$$

und meint damit eine Rechenvorschrift, nach der zu jedem Winkel φ der Radius r des entsprechenden Ortsvektors zu Punkten auf der Funktionskurve zu berechnen ist. Ergeben sich in einer Funktionsgleichung für bestimmte Winkel $\bar{\varphi}$ rechnerisch negative Werte für die entsprechenden $\bar{r}$, so sind die betreffenden Punkte unter

$$\varphi = \bar{\varphi} + 180° \quad \text{mit} \quad r = |\bar{r}|$$

abzutragen. Aus Bild 3.5 sieht man, daß zwischen rechtwinkligen und Polarkoordinaten die folgenden Beziehungen bestehen

$$x = r\cos\varphi \qquad\qquad y = r\sin\varphi \tag{3.6}$$

$$\varphi = \arctan\frac{y}{x} \qquad\qquad r = +\sqrt{x^2 + y^2} \tag{3.7}$$

Beispiel 3.4 Man transformiere die in rechtwinkligen Koordinaten gegebene Gleichung einer Hyperbel $x^2 - y^2 = a^2$ in Polarkoordinaten.

Setzt man die rechten Seiten von Gl. (3.6) in die zu transformierende Gleichung ein, so erhält man

$$r^2\cos^2\varphi - r^2\sin^2\varphi = a^2 \qquad r = \frac{a}{\sqrt{\cos^2\varphi - \sin^2\varphi}} = \frac{a}{\sqrt{\cos 2\varphi}}$$

Beispiel 3.5 Man transformiere die in Polarkoordinaten gegebene Gleichung $r = 2\sin\varphi$ in rechtwinklige Koordinaten.

Nach Gl. (3.7) ist $\tan \varphi = y/x$. Die rechte Seite der umzuformenden Gleichung wird deshalb so umgewandelt, daß statt des Sinus der Tangens des Winkels φ auftritt (F9)

$$2 \sin \varphi = 2 \frac{\tan \varphi}{\sqrt{1 + \tan^2 \varphi}} = 2 \frac{y/x}{\sqrt{1 + (y/x)^2}} = \frac{2y}{\sqrt{x^2 + y^2}}$$

Damit erhält man nach Umformung von r mit Hilfe von Gl. (3.7)

$$\sqrt{x^2 + y^2} = 2y/\sqrt{x^2 + y^2} \quad \text{oder} \quad x^2 + y^2 - 2y = 0$$

Durch Bilden der quadratischen Ergänzung ergibt sich

$$x^2 + (y - 1)^2 = 1$$

Die gegebene Kurve ist ein Kreis mit dem Radius $R = 1$ und dem Mittelpunkt $M(0; + 1)$ in rechtwinkligen Koordinaten (s. Abschn. 3.4.2).

3.1.2 Umkehrfunktionen

In der Gleichung für den Querschnitt eines Rohres

$$A = \frac{\pi}{4} d^2 \tag{3.8}$$

wird die Fläche A als abhängige Variable und der Durchmesser d als unabhängige Variable aufgefaßt. Mit den mathematischen Symbolen y und x schreibt man dann

$$y = \frac{\pi}{4} x^2 = C_1 x^2 \tag{3.9}$$

Bei Festigkeitsberechnungen ist nun häufig die erforderliche Querschnittsfläche vorgegeben, aus der dann der Durchmesser berechnet werden soll. Dazu löst man Gl. (3.8) nach d auf

$$d = \sqrt{\frac{4}{\pi} A} = \frac{2}{\sqrt{\pi}} \cdot \sqrt{A} \tag{3.10}$$

In der allgemeinen Schreibweise ergibt sich nun mit $A = x$ als unabhängiger Veränderlicher und $d = y$ als abhängiger Veränderlicher die Gleichung

$$y = \frac{2}{\sqrt{\pi}} \cdot \sqrt{x} = C_2 \sqrt{x} \tag{3.11}$$

Allgemein gelangt man zu folgenden

Definitionen Gegeben ist eine **Funktion**

$$y = f(x) \tag{3.12}$$

Gelingt es, Gl. (3.12) explizit nach x so aufzulösen, daß man wiederum eine Funktion erhält, so wird diese Funktion

$$x = g(y) \tag{3.13}$$

aufgelöste Funktion genannt.

Werden nun die Bezeichnungen der beiden Variablen vertauscht, so ergibt sich die **Umkehrfunktion (inverse Funktion)**[1])

$$y = g(x) \qquad\qquad (3.14)$$

Geht man z. B. von der Funktion $y = \ln x + 2$ aus, so lautet diese Funktion nach x aufgelöst $x = e^{y-2}$ und die zugehörige Umkehrfunktion $y = e^{x-2}$.

Die gegebene Funktion $y = f(x)$ und die aufgelöste Funktion $x = g(y)$ haben das gleiche Bild im (x, y)-System, denn man kann sowohl zuerst auf der Abszissenachse den x-Wert aufsuchen und dann den y-Wert zwischen x-Achse und Kurve ablesen (Bild 3.6, ausgezogene Linie) als auch zuerst den y-Wert auf der Ordinatenachse aufsuchen und dann den zugehörigen x-Wert zwischen der y-Achse und der Kurve ablesen (Bild 3.6, gestrichelte Linie)[2]).

Die Gleichungen

$$s = 0{,}5\,a t^2 \quad \text{und} \quad t = \sqrt{\frac{2s}{a}}$$

$$y = 0{,}5\,a x^2 \quad \text{und} \quad x = \sqrt{\frac{2y}{a}}$$

3.6

beschreiben als gegebene Funktion und als aufgelöste Funktion beide den Zusammenhang zwischen Weg und Zeit bei gleichmäßig beschleunigter Bewegung. Bild 3.7a zeigt die Kurve. Würde man aber jetzt die Variablen vertauschen, so ergäbe sich die Gleichung

$$y = \sqrt{\frac{2x}{a}}$$

in der nicht mehr x als Zeit und y als Weg gedeutet werden können. Man erhält eine andere Kurve (Bild 3.7b).

Das Bilden der Umkehrfunktion hat also mehr **formalen** Charakter bei der allgemeinen

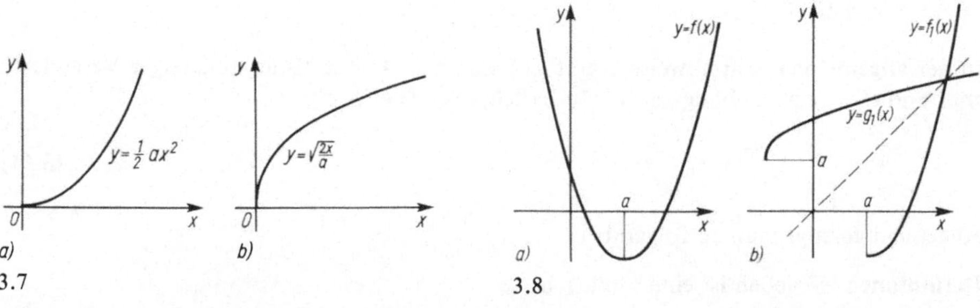

3.7   3.8

Beschreibung mathematischer Zusammenhänge, während das Bilden der aufgelösten Funktion eine andere physikalische Größe als unabhängige Veränderliche betont.

Für die in Bild 3.8a gezeigte Funktion $y = f(x)$ existiert keine nach x aufgelöste Form, da zu einem y zwei Werte für x zugeordnet sind. Wählt man den Definitionsbereich nur für $x \geq a$, s. Bild 3.8b, so existiert die aufgelöste Funktion $x = g_1(y)$ und die Umkehrfunktion $y = g_1(x)$ (Bild 3.8b). Allgemein gilt:

Ist $y = f(x)$ eine streng monoton wachsende (bzw. streng monoton fallende) Funktion, folgt also aus $x_1 > x_2$ (bzw. $x_1 < x_2$) für alle x_1 und x_2

$$f(x_1) > f(x_2)$$

(bzw. $f(x_1) < f(x_2)$), so existiert eine Umkehrfunktion.

Beispiel 3.6	Funktion	Wertebereich	nach x aufgelöste Funktion	Umkehrfunktion
	$y = x + 3$		$x = y - 3$	$y = x - 3$
	$y = 2x$		$x = y/2$	$y = x/2$
	$y = x^2$	$x \geq 0$	$x = \sqrt{y}$	$y = \sqrt{x}$
	$y = \sqrt[3]{x}$		$x = y^3$	$y = x^3$
	$y = 0{,}5x^2 - 3$	$x \geq 0$	$x = \sqrt{2(y + 3)}$	$y = \sqrt{2(x + 3)}$
	$y = \ln x$	$x > 0$	$x = e^y$	$y = e^x$
	$y = \lg x$	$x > 0$	$x = 10^y$	$y = 10^x$

3.1.3 Koordinatentransformation

Bei vielen Problemen ist ein Koordinatensystem nicht unmittelbar gegeben, sondern muß erst festgelegt werden. Die Wahl eines geeigneten Koordinatensystems kann die Lösung sehr erleichtern. So hat die Mitte des Balkens in Bild 3.9 einen positiven Zahlenwert $x = l/2$, wenn der Koordinatenursprung in das linke Auflager gelegt wird, dagegen ist die Abszisse Null, wenn der Koordinaten-Nullpunkt in die Balkenmitte gelegt wird.

3.9

In der Astronomie hat man im Mittelalter die Bewegung der Planeten auf die Erde bezogen und hatte große Mühe, diese Bewegungen zu beschreiben und vorauszuberechnen. Erst als Kepler den Koordinaten-Nullpunkt in die Sonne legte, ließen sich die Planetenbahnen durch Ellipsen beschreiben. Man beachte, daß das nach heutiger Auffassung „falsche" Koordinatensystem mit der Erde im Mittelpunkt trotzdem richtige Vorausberechnungen ermöglicht. Durch geschickte Wahl eines geeigneten Systems wird die Beschreibung, d. h. die gesuchte Funktionsgleichung, aber besonders einfach.

Ein allgemeines Verfahren zum Auffinden eines optimalen Koordinatensystems für ein gegebenes Problem gibt es nicht. In diesem Abschnitt wird gezeigt, wie sich Funktionsgleichungen ändern, wenn man das Koordinatensystem ändert. Dabei wird vorausgesetzt, daß die betrachteten Koordinatensysteme starr miteinander verbunden sind. In der Kinematik werden darüber hinaus oft Systeme benutzt, die sich gegenseitig bewegen.

Parallelverschiebung

Ein Punkt P hat im (x, y)-System die Koordinaten $(x; y)$ und in einem dazu um $x = a$ und $y = b$ parallel verschobenen $(\bar{x}, \bar{y})$-System die Koordinaten $(\bar{x}; \bar{y})$. Zwischen den Koordinaten des Punktes P in beiden Systemen besteht nach Bild 3.10 der Zusammenhang

$$\bar{x} = x - a \qquad \bar{y} = y - b \tag{3.15}$$

wenn $(a; b)$ die Koordinaten des $(\bar{x}, \bar{y})$-Nullpunktes im (x, y)-System sind.

Lautet eine Funktionsgleichung in (x, y)-Koordinaten $y = f(x)$, so erhält man nach der Ersetzung $y = \bar{y} + b$ und $x = \bar{x} + a$ aus Gl. (3.15) die Funktionsgleichung im $(\bar{x}, \bar{y})$-System

$$\bar{y} + b = f(\bar{x} + a) \quad \text{oder} \quad \bar{y} = f(\bar{x} + a) - b \tag{3.16}$$

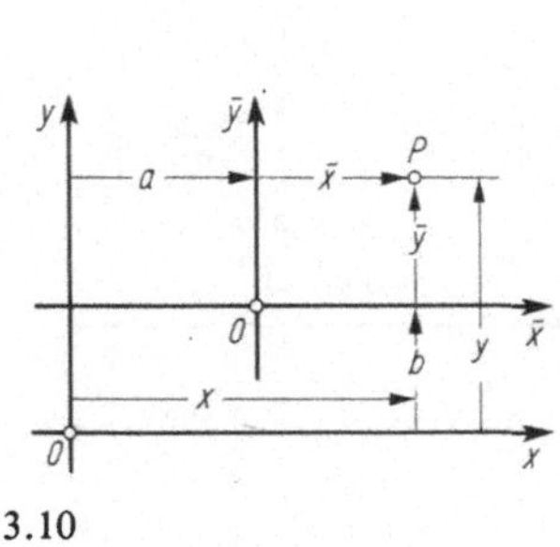

3.10

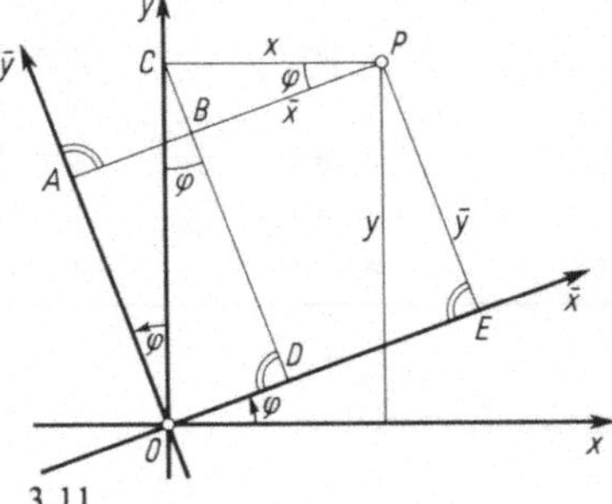

3.11

Drehung des Koordinatensystems

Die Koordinaten eines Punktes sind in einem (x, y)-System gegeben. Sie sollen in einem $(\bar{x}, \bar{y})$-System angegeben werden, das gegen das (x, y)-System um den Winkel φ gedreht ist. Nach Bild 3.11 ist

$$\bar{x} = \overline{AP} = \overline{AB} + \overline{BP} \qquad \bar{y} = \overline{PE} = \overline{BD} = \overline{CD} - \overline{CB}$$

Aus dem Dreieck CBP liest man $\overline{BP} = \overline{CP}\cos\varphi = x\cos\varphi$ und $\overline{CB} = \overline{CP}\sin\varphi = x\sin\varphi$ ab. Aus Dreieck OCD ergibt sich $\overline{AB} = \overline{OD} = \overline{OC}\sin\varphi = y\sin\varphi$ und $\overline{CD} = \overline{OC}\cos\varphi = y\cos\varphi$. Damit wird

$$\bar{x} = y\sin\varphi + x\cos\varphi \qquad \bar{y} = y\cos\varphi - x\sin\varphi \tag{3.17}$$

Die Rücktransformation ergibt sich durch Auflösen von Gl. (3.17) nach x und y. Man multipliziert zunächst die erste Gleichung mit $\cos\varphi$ und die zweite mit $\sin\varphi$ und subtrahiert die zweite von der ersten unter Beachtung der Beziehung $\sin^2\varphi + \cos^2\varphi = 1$. Zur Auflösung nach y multipliziert man die erste Gl. (3.17) mit $\sin\varphi$, die zweite mit $\cos\varphi$ und addiert beide Gleichungen. Man erhält

$$x = \bar{x}\cos\varphi - \bar{y}\sin\varphi \qquad y = \bar{x}\sin\varphi + \bar{y}\cos\varphi \tag{3.18}$$

Auch diese Beziehungen kann man in ähnlicher Weise aus Bild 3.11 ablesen.

Gl. (3.17) und (3.18) gelten auch für Drehwinkel über 90°.

Die Funktionsgleichung $y = f(x)$ heißt nach der Transformation

$$\bar{x}\sin\varphi + \bar{y}\cos\varphi = f[(\bar{x}\cos\varphi - \bar{y}\sin\varphi)] \tag{3.19}$$

Das ist die implizite Form der Funktionsgleichung. Ihre Auflösung nach der abhängigen Variablen $\bar{y}$, also in die explizite Form, ist — im Gegensatz zur Parallelverschiebung — nicht immer möglich.

Beispiel 3.7 Wie lautet die Gleichung der Geraden

$$y = 2x + 1 \tag{3.20}$$

in einem gegen das (x, y)-System um $\varphi = 20°$ gedrehten $(\bar{x}, \bar{y})$-Koordinatensystem (Bild 3.12)? Man benutzt Gl. (3.18)

$$y = \bar{x}\sin 20° + \bar{y}\cos 20° = 0,342\bar{x} + 0,940\bar{y}$$
$$x = \bar{x}\cos 20° - \bar{y}\sin 20° = 0,940\bar{x} - 0,342\bar{y}$$

Diese Ausdrücke setzt man in Gl. (3.20) ein und erhält

$$0,342\bar{x} + 0,940\bar{y} = 2(0,940\bar{x} - 0,342\bar{y}) + 1$$

Diese Gleichung wird nun nach $\bar{y}$ aufgelöst

$$0,940\bar{y} + 0,684\bar{x} = 1,880\bar{x} - 0,342\bar{y} + 1$$
$$1,624\bar{y} = 1,538\bar{x} + 1$$
$$\bar{y} = 0,947\bar{x} + 0,616$$

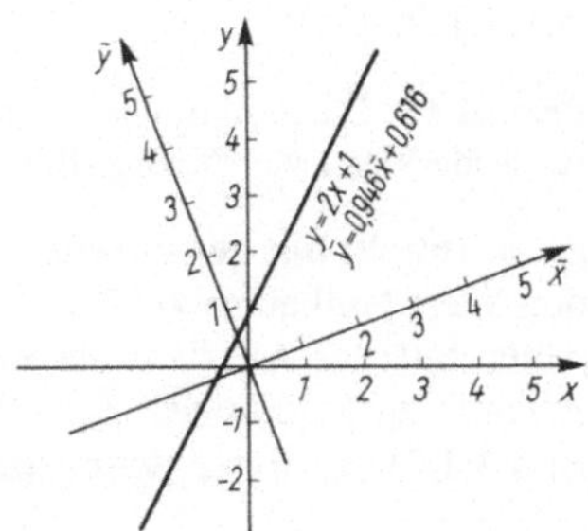

3.12

Beispiel 3.8 Um welchen Winkel φ ist das (x, y)-System zu drehen, damit in der transformierten Form der Funktionsgleichung $y^2 - xy + 1 = 0$ das gemischte Produkt $\bar{x}\bar{y}$ nicht auftritt (Bild 3.13)? Man ersetzt x und y nach Gl. (3.18) durch $\bar{x}$ und $\bar{y}$

$$(\bar{x}\sin\varphi + \bar{y}\cos\varphi)^2 - (\bar{x}\cos\varphi - \bar{y}\sin\varphi)(\bar{x}\sin\varphi + \bar{y}\cos\varphi) + 1 = 0$$

multipliziert aus und ordnet nach Potenzen von $\bar{x}$

$$\bar{x}^2(\sin^2\varphi - \sin\varphi\cos\varphi) + \bar{x}\bar{y}(2\sin\varphi\cos\varphi - \cos^2\varphi + \sin^2\varphi) + \bar{y}^2(\cos^2\varphi + \sin\varphi\cos\varphi) + 1 = 0$$

Damit das gemischte Produkt verschwindet, muß der Faktor von $\bar{x}\bar{y}$ gleich Null sein. Daraus ergibt sich eine Bestimmungsgleichung für den Winkel φ, die mit Hilfe der Additionstheoreme (F9) gelöst wird

$$2\sin\varphi\cos\varphi - \cos^2\varphi + \sin^2\varphi = 0$$
$$\sin 2\varphi - \cos 2\varphi = 0$$
$$\sin 2\varphi = \cos 2\varphi$$
$$\tan 2\varphi = 1$$
$$2\varphi = 45°$$
$$\varphi = 22,5°$$

Die Funktionsgleichung lautet im neuen System mit $\sin\varphi = 0,383$ und $\cos\varphi = 0,924$

$$-0,207\bar{x}^2 + 1,207\bar{y}^2 + 1 = 0$$

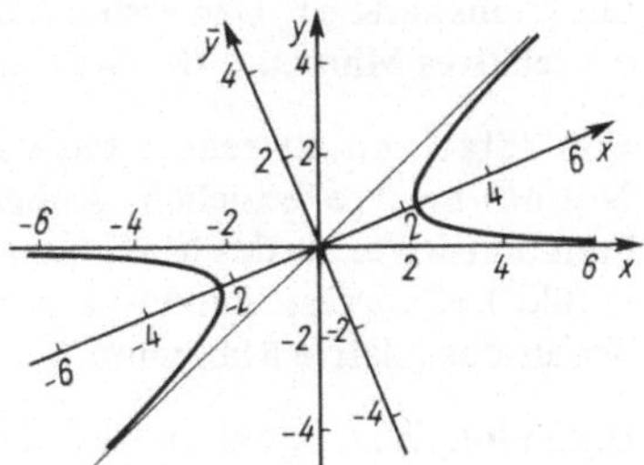

3.13

3.1.4 Charakteristische Merkmale von Funktionen

Häufig interessiert bei Anwendungen in der Technik nicht der gesamte Funktionsbereich, sondern nur ein spezieller Ausschnitt, der charakteristische Merkmale enthält. Auch wenn die gesamte Funktionskurve gesucht ist, verschafft man sich durch Betrachtung bestimmter Merkmale rasch einen Überblick (Abschn. 5.3.3).

Definition Die Funktion $y = f(x)$ hat an der Stelle $x = x_0$ eine **Nullstelle,** wenn für $x = x_0$ die abhängige Variable y den Wert Null annimmt. Die Funktionskurve schneidet oder berührt dann bei $x = x_0$ die x-Achse. Man schreibt dann auch

$$f(x_0) = 0$$

Aus der Funktionsgleichung $y = f(x)$ ergibt sich für x_0 die Bestimmungsgleichung $f(x_0) = 0$.

Beispiel 3.9 Die Funktion $y = 0,5x^2 - 3$ hat Nullstellen bei $x = +2,45$ und bei $x = -2,45$, weil für beide Werte $y = 0$ wird (Bild 3.14).

Schnittpunkt mit der y-Achse Er wird erhalten, wenn man in der Funktionsgleichung für x den Wert Null einsetzt. Dieser Schnittpunkt bedeutet in vielen technischen Problemen, in denen auf der Abszisse die Zeit aufgetragen ist, den Anfangswert des physikalischen Ablaufs zu Beginn der Zeitzählung (Temperatur, Drehzahl bei Beginn der Messung). In Bild 3.14 liegt dieser Schnittpunkt bei $y = -3$.

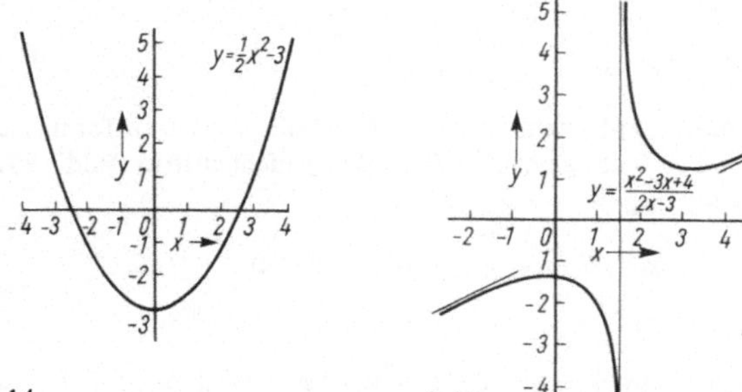

3.14   3.15

Definition Eine Funktion hat an der Stelle $x = x_1$ einen **Extremwert,** wenn der Funktionswert y an der Stelle $x = x_1$ entweder größer oder kleiner als sämtliche eng benachbarten Funktionswerte ist. Den ersten Fall nennt man **relatives Maximum** (Größtwert), den zweiten **relatives Minimum** (Kleinstwert), s. Abschn. 5.3.2.

Von relativen Extremwerten wird gesprochen, weil sich die Extremwerte nur auf die Nachbarwerte beziehen. Außerhalb der engsten Nachbarschaft können also größere Funktionswerte als das Maximum oder kleinere als das Minimum auftreten. So ist bei der in Bild 3.15 dargestellten Funktion $y = (x^2 - 3x + 4)/(2x - 3)$ das relative Minimum größer als das relative Maximum.

Definition Eine Funktion heißt im Punkte $x = x_1$ **stetig,** wenn sich bei jeder Annäherung an die Stelle $x = x_1$ der **gleiche Funktionswert** ergibt (s. Abschn. 4.4); im anderen Falle heißt sie **unstetig** im Punkte $x = x_1$.

Unstetigkeitsstellen sind also insbesondere Sprungstellen und Unendlichkeitsstellen. Unendlichkeitsstellen werden auch P o l e der Funktion genannt.

Unendlichkeitsstellen liegen vor, wenn bei Annäherung an die Stelle $x = x_1$ der Funktionswert y über alle Grenzen wächst. Man schreibt

$$\text{für} \quad x \to x_1 \quad \text{geht} \quad y \to +\infty \quad \text{oder} \quad y \to -\infty$$

Das Zeichen ∞ für Unendlich ist keine Zahl, es steht lediglich als Symbol für die Tatsache, daß eine Größe b e l i e b i g g r o ß e Werte annimmt, also kein Grenzwert vorhanden ist.

Eine Funktion hat eine S p r u n g s t e l l e bei $x = x_1$, wenn man bei Annäherung an diese Stelle von verschiedenen Seiten zwei verschiedene Grenzwerte erhält.

Beispiel 3.10 Bei dem in Bild 3.16 dargestellten Einfeldträger ist die Querkraft nur im Bereich der Trägerlänge definiert; sie ist links von der Lastangriffsstelle Fb/l und rechts davon $-Fa/l$. Man schreibt für diesen Sachverhalt

$$Q = \begin{cases} Fb/l & \text{für} \quad 0 \leqslant x < a \\ -Fa/l & \text{für} \quad a < x \leqslant l \end{cases}$$

Die Querkraft ändert sich also an der Stelle $x = a$ sprunghaft; die Querkraftlinie hat an dieser Stelle einen Sprung.

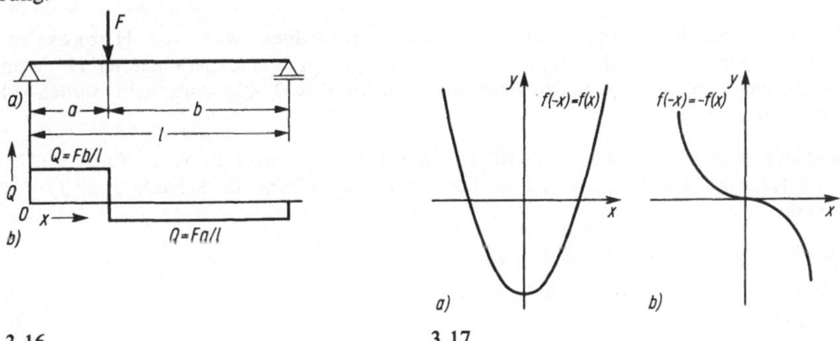

3.16   3.17

Es gibt Vorgänge, bei denen sich Größen momentan — t h e o r e t i s c h in der Zeit Null — ändern, z. B. die bei einem Stoß auftretende Stoßkraft. P r a k t i s c h dauert jedoch ein solcher Vorgang eine, wenn auch sehr kleine, so doch endliche Zeit, so daß die Stoßkraft auch nur einen endlich großen Wert annimmt.

Gerade und ungerade Funktionen

Definition Jede Funktion mit symmetrisch zur y-Achse gelegener Funktionskurve, also der Eigenschaft

$$f(-x) = f(+x)$$

heißt **gerade Funktion** (Bild 3.17a)[1].

---

[1] Eine gerade Funktion darf nicht mit einer linearen Funktion (s. Abschn. 3.2.1) verwechselt werden. Das Bild einer geraden Funktion ist i. allg. keine Gerade.

Jede Funktion mit punktsymmetrisch zum Nullpunkt gelegener Funktionskurve, also der Eigenschaft

$$f(-x) = -f(+x)$$

heißt **ungerade Funktion**, s. Bild 3.17b.

Beispiel 3.11 Gerade Funktionen sind z. B.

$$y = x^2 - 5, \qquad y = x^6 - 3x^2 + 7, \qquad y = \frac{x^3}{x - x^5}, \qquad y = \frac{\sin x}{x}.$$

Ungerade Funktionen sind z. B.

$$y = x^3 - x, \qquad y = \frac{x^3}{1 + x^4}, \qquad y = x \cos x, \qquad y = \tan x.$$

3.1.5 Aufgaben zu Abschnitt 3.1

1. Man zeichne die Kurve der Funktion $y = \sin x$ mit dem Winkel x im Bogenmaß als Abszisse von $x = 0$ bis $x = \pi/2$. Die Bildbreite soll 18 cm, die Höhe 10 cm betragen. Wie groß sind dann die Einheitslängen l_x und l_y?

2. Wie groß sind die Einheitslängen l_ε und l_σ zu wählen, wenn das Hookesche Gesetz $\sigma = \varepsilon E$ (σ Spannung, ε Dehnung, E Elastizitätsmodul) durch eine Gerade unter 45° in einem Bild von 8 cm mal 8 cm Größe für den Bereich $\varepsilon = 0$ bis $\varepsilon = 0,0016$ dargestellt werden soll? Es ist $E = 2,1 \cdot 10^5$ N/mm^2.

3. Man stelle eine Funktionstafel für $y = \ln x$ auf, indem man die Werte für $x = 0,2$; 0,4; 0,6; 0,8; 1,0; 1,2 sowie 1,5; 2,0; 2,5 und 3,0 berechnet, und zeichne das Schaubild mit $l_x = 5$ cm und $l_y = 3$ cm.

4. Man bilde die Umkehrfunktion zu

a) $y = 3x^4$ $\qquad$ $x \geqslant 0$ $\qquad$ b) $y = 4x^2 + 1$ $\quad x \geqslant 0$ $\qquad$ c) $y = \sqrt[3]{2x + 1}$

d) $y = \sqrt{4 - x^2}$ $\quad x \geqslant 2$ $\qquad$ e) $y = 2^x$ $\qquad\qquad\qquad$ f) $y = 2 - (1/x)$ $\quad x \neq 0$

5. a) Wie lautet die Gleichung der Ellipse $3x^2 + 2y^2 = 4$ in einem zum (x, y)-System parallel verschobenen $(\bar{x}, \bar{y})$-System mit dem Koordinatennullpunkt $(6; -5)$? Man gebe die Gleichung in expliziter und impliziter Form an.

b) Wie lautet die Gleichung in impliziter Form in einem gegen das (x, y)-System um $\varphi = 30°$ gedrehten $(\bar{x}, \bar{y})$-System?

6. Gegeben ist ein Kreis mit dem Mittelpunkt $(R; 0)$, der durch den Ursprung geht. Man beschreibe diesen Kreis durch a) kartesische Koordinaten, b) Polarkoordinaten, c) Parameterdarstellung (Parameter φ).

3.2 Ganze rationale Funktionen

Die Funktion $y = 0,5x^2 - 3$ wird eine ganze rationale Funktion 2. Grades oder kürzer ein Polynom 2. Grades genannt, entsprechend ist $y = 6x^5 - 3x^4 - 4x + 1$ ein Polynom 5. Grades. Polynome sind besonders einfach zu behandelnde Funktionen, der horizontale

Wurf in Beispiel 3.2 oder die Momentenfunktion und die Biegelinie in Beispiel 3.21 werden durch Polynome beschrieben.

Man versucht häufig, komplizierte Funktionen näherungsweise durch Polynome zu ersetzen, da man diese sehr leicht berechnen, differenzieren und integrieren kann (Abschn. 5.1.3, 6.1.2 und 7).

Definition Eine **ganze rationale Funktion (Polynom)** besteht aus einer Summe von Produkten aus Potenzen der unabhängigen Variablen x mit ganzen positiven Exponenten i und konstanten Faktoren a_i, den **Koeffizienten** der Funktionsgleichung. Der höchste Exponent n gibt den **Grad** der Funktion an.

$$y = a_0 + a_1 x + a_2 x^2 + a_3 x^3 + \cdots + a_n x^n = \sum_{i=0}^{n} a_i x^i \tag{3.21}$$

Schema von Horner Zur Berechnung von Funktionswerten schreibt man Gl. (3.21) in umgekehrter Reihenfolge, d. h. beginnend mit $a_n x^n$ und erhält durch schrittweises Ausklammern von x das für die numerische Durchführung sehr geeignete Schema von Horner.

Für $n = 3$ ergibt sich

$$y = a_3 x^3 + a_2 x^2 + a_1 x + a_0 = ((a_3 x + a_2)x + a_1)x + a_0 \tag{3.22}$$

Mit dem Taschenrechner erhält man den Funktionswert $y_0 = f(x_0)$ durch abwechselnde Multiplikation (mit dem konstanten Faktor x_0) und Addition (von a_i). Ist ein Koeffizient Null, so unterbleibt dieser Additionsschritt.

Beispiel 3.12 Man bestimme $f(-0{,}2)$ des Polynoms $f(x) = 2x^4 - 7x^2 + 3x - 1$.

Mit $x = x_0 = -0{,}2$ folgt aus Gl. (3.22): $f(-0{,}2) = (((2x_0 + 0)x_0 - 7)x_0 + 3)x_0 - 1 = -1{,}8768$.

Häufig benötigt man Nullstellen von Polynomen. Hierbei kann auch das Horner-Schema mit dem Verfahren von Newton gekoppelt werden [12]. Gelegentlich geht man aber auch so vor, daß man nach Horner zwei Funktionswerte unterschiedlichen Vorzeichens bestimmt und dann mittels linearer Interpolation eine verbesserte Abszisse bestimmt. Das Verfahren wird auch Regula falsi genannt, s. hierzu die Beispiele 3.15, 3.16 und 3.17; [12].

Linearfaktoren Sucht man mehrere oder alle Nullstellen eines Polynoms, so vereinfacht man die numerische Rechnung, indem man den Grad des Polynoms schrittweise verringert. Das nachstehend geschilderte Verfahren heißt Verfahren des Abspaltens von Linearfaktoren.

Dividiert man das Polynom n-ten Grades $y = P_n(x)$ durch den Linearfaktor $x - x_0$, so erhält man ein Polynom $(n - 1)$-ten Grades $P_{n-1}(x)$, und es bleibt ein Rest, der gleich $P_n(x_0)$ ist

$$P_n(x) = (x - x_0)P_{n-1}(x) + P_n(x_0) \tag{3.23}$$

Ist x_0 eine Nullstelle, also $P_n(x_0) = 0$, so folgt

$$P_n(x) = (x - x_0)P_{n-1}(x) \tag{3.24}$$

Damit erhält man den

Satz. Ist $x = x_0$ eine Nullstelle eines Polynoms, so ist dieses Polynom durch den Linearfaktor $x - x_0$ ohne Rest teilbar.

Die Division nach Gl. (3.23) kann nach Horner in einem Schema nachvollzogen werden, wobei die Koeffizienten a_i zu $P_n(x)$ und die Koeffizienten b_i zu $P_{n-1}(x)$ gehören.

$$\begin{array}{ccccc}
a_n & a_{n-1} & \cdots & a_1 & a_0 \\
 & b_{n-1}x_0 & \cdots & b_1 x_0 & b_0 x_0 \\
\hline
b_{n-1} & b_{n-2} & \cdots & b_0 & P_n(x_0)
\end{array} \qquad (3.25)$$

Dabei gilt

$$b_{n-1} = a_n, \quad b_{n-2} = a_{n-1} + b_{n-1}x_0,$$

$$b_{n-3} = a_{n-2} + b_{n-2}x_0, \ldots, b_0 = a_1 + b_1 x_0, \quad \text{ferner} \quad P_n(x_0) = a_0 + b_0 x_0.$$

Das Schema bestätigt man unmittelbar durch Dividieren gemäß Gl. (3.23). Weitere Anwendungen des Horner-Schemas findet man in [12].

Beispiel 3.13 Man zerlege das Polynom 4. Grades

$$y = x^4 - 9x^2 - 4x + 12$$

in Linearfaktoren.

Durch Probieren erkennt man, daß $x_1 = 1$ eine Nullstelle ist. Damit folgt aus dem Schema (3.25)

$$\begin{array}{ccccc}
1 & 0 & -9 & -4 & 12 \\
x_1 = 1 & 1 & 1 & -8 & -12 \\
\hline
1 & 1 & -8 & -12 & 0
\end{array}$$

Nun ist das Polynom $y = x^3 + x^2 - 8x - 12$ zu untersuchen. Es ist $x_2 = -2$ eine Nullstelle

$$\begin{array}{cccc}
1 & 1 & -8 & -12 \\
x_2 = -2 & -2 & 2 & 12 \\
\hline
1 & -1 & -6 & 0
\end{array}$$

Die restlichen Nullstellen erhält man aus der quadratischen Gleichung $x^2 - x - 6 = 0$ zu $x_3 = -2$ und $x_4 = 3$, also ist

$$x^4 - 9x^2 - 4x + 12 = (x - 1)(x + 2)^2(x - 3)$$

3.2.1 Lineare Funktion

Die gleichmäßig beschleunigte Bewegung (s. Beispiel 3.19) $v = v_0 + at$ oder die Wärmeausdehnung eines Stabes (s. Beispiel 3.20) $l = l_0(1 + \alpha \vartheta)$ wird durch ein Polynom ersten Grades beschrieben. Seine allgemeine Form ist

$$y = a_0 + a_1 x \qquad (3.26)$$

Sie heißt lineare Funktion, weil ihre Funktionskurve eine gerade Linie ist. Häufig wird auch die Schreibweise $y = mx + n$ verwandt. Diese besonders in der analytischen Geometrie benutzte Darstellung geht davon aus, daß x, y, m und n Zahlen sind. Dies läßt sich auch bei technischen Problemen durch Normierung (s. Beispiel 3.21) erreichen, doch bedeuten x und y in Gl. (3.26) im allgemeinen physikalische Größen, also sind die Koeffizienten a_0 und a_1 normalerweise nicht einheitenfrei.

Geometrische Bedeutung der Koeffizienten (Bild 3.18). In Gl. (3.26) gibt die Größe a_0 die Ordinate des Schnittpunktes der Geraden mit der y-Achse an. Die Größe a_1 wird Steigung der linearen Funktion $y = a_0 + a_1 x$ genannt.

Aus den Koordinaten der beiden Geradenpunkte $P_1(x_1; y_1)$ und $P_2(x_2; y_2)$ läßt sich die Steigung a_1 berechnen. Die Koordinaten erfüllen nämlich die Geradengleichung; es gelten die Beziehungen $y_1 = a_0 + a_1 x_1$ und $y_2 = a_0 + a_1 x_2$, woraus sich die Steigung

$$a_1 = \frac{y_2 - y_1}{x_2 - x_1} \tag{3.27}$$

ermitteln läßt.

Der in Bild 3.18 sichtbare und meßbare Winkel α zwischen der positiven x-Achse und der Geraden ist abhängig von der Wahl der Einheitslängen für x und y. Nur wenn x und y Strecken darstellen und mit gleichen Einheitslängen abgetragen sind, gilt $a_1 = \tan \alpha$. Ersetzt man mit Gl. (3.5) die Größen x und y durch den Quotienten Geometrische Strecke/Einheitslänge, so erhält man

$$a_1 = \frac{\dfrac{\eta_2}{l_y} - \dfrac{\eta_1}{l_y}}{\dfrac{\xi_2}{l_x} - \dfrac{\xi_1}{l_x}} = \frac{l_x}{l_y} \cdot \frac{\eta_2 - \eta_1}{\xi_2 - \xi_1}$$

In dieser Gleichung ist $(\eta_2 - \eta_1)/(\xi_2 - \xi_1)$ der einheitenfreie Quotient zweier senkrecht aufeinander stehender geometrischer Strecken in x- und y-Richtung und daher der Tangens des Winkels α. Demnach gilt

$$a_1 = \frac{l_x}{l_y} \cdot \tan \alpha \quad \text{bzw.} \quad \tan \alpha = \frac{l_y}{l_x} \cdot a_1 \tag{3.28}$$

Man erkennt aus Gl. (3.28), daß die Steigung der Geraden dem Tangens des Winkels zwischen der positiven x-Achse und der Geraden proportional ist.

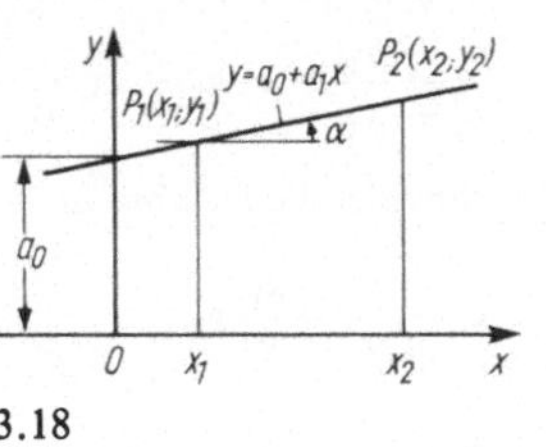

3.18

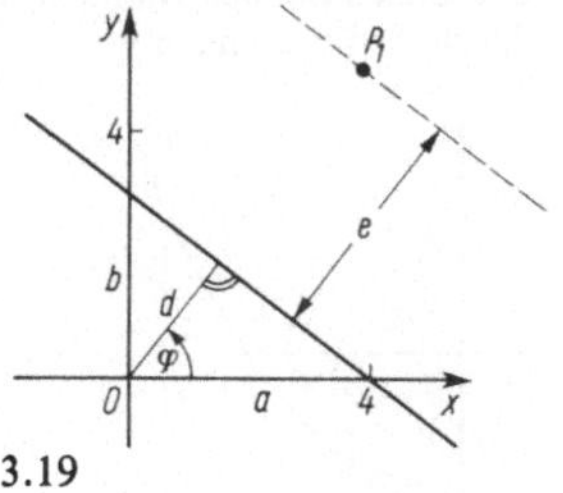

3.19

Für die Bestimmung einer Geradengleichung gibt es unterschiedliche Ansätze, je nachdem ob zwei Punkte oder ein Punkt und die Steigung oder die Abschnitte auf den Achsen gegeben sind. Diese sind in F15 zusammengestellt. In Beispiel 3.14 und 3.18 wird hierauf eingegangen. Weitere Übungsmöglichkeiten bieten die Aufgaben 1 bis 6 in Abschn. 3.2.3.

Beispiel 3.14   Man bestimme den Abstand e des Punktes $P_1(4; 5)$ von der Geraden $3x + 4y - 12 = 0$, Bild 3.19. Hierzu leite man aus der Achsenabschnittsform der Geradengleichung die zur Abstandsbestimmung erforderliche Hessesche Normalform her.

Aus F15 erhält man die Achsenabschnittsform

$$\frac{x}{a} + \frac{y}{b} = 1 \tag{3.29}$$

Mit Bild 3.19 folgt $a = d/\cos\varphi$ und $b = d/\sin\varphi$, so daß sich aus Gl. (3.29)

$$x\cos\varphi + y\sin\varphi - d = 0 \tag{3.30}$$

ergibt, die **Hessesche Normalform** der Geradengleichung. Die Koeffizienten von x und y sind dabei so gewählt, daß ihre Quadratsumme Eins ist. Teilt man die allgemeine Geradengleichung

$$\alpha x + \beta y + \gamma = 0$$

durch $\pm\sqrt{\alpha^2 + \beta^2}$, so erhält man die Hesse-Form, wobei das Vorzeichen so zu wählen ist, daß der konstante Summand entsprechend Gl. (3.30) negativ wird.

Die im Beispiel gegebene Gerade ist demnach durch $+\sqrt{3^2 + 4^2} = 5$ zu teilen. Also lautet ihre Hesse-Form

$$\frac{3}{5}x + \frac{4}{5}y - \frac{12}{5} = 0$$

Diese Gerade hat den Abstand $12/5 = 2,4$ vom Nullpunkt.

Die Hesse-Form der in Bild 3.19 gestrichelten Geraden lautet dann

$$x\cos\varphi + y\sin\varphi - (d + e) = 0$$

$P_1(x_1; y_1)$ liegt auf dieser Geraden und erfüllt damit diese Geradengleichung; für den Abstand e des Punktes P_1 von der gegebenen Geraden gilt somit

$$e = x_1\cos\varphi + y_1\sin\varphi - d \tag{3.31}$$

oder $\quad e = 4 \cdot \dfrac{3}{5} + 5 \cdot \dfrac{4}{5} - \dfrac{12}{5} = 4$

Beispiel 3.15   Von einer stetigen Funktion $y = f(x)$ sind zwei Wertepaare $(x_1; y_1)$ und $(x_2; y_2)$ gegeben, wobei y_1 und y_2 verschiedenes Vorzeichen haben (Bild 3.20). Gesucht ist eine Näherung für die zwischen x_1 und x_2 gelegene Nullstelle durch lineare Interpolation.

Die Gleichung der Geraden durch die gegebenen Punkte erhält man aus der Zweipunkteform (F 15) durch Auflösen nach y

$$y = \frac{y_2 - y_1}{x_2 - x_1}x + y_1 - x_1\frac{y_2 - y_1}{x_2 - x_1}$$

Diese Gerade schneidet die x-Achse in

$$x_3 = x_1 - \frac{x_2 - x_1}{y_2 - y_1}y_1 \tag{3.32}$$

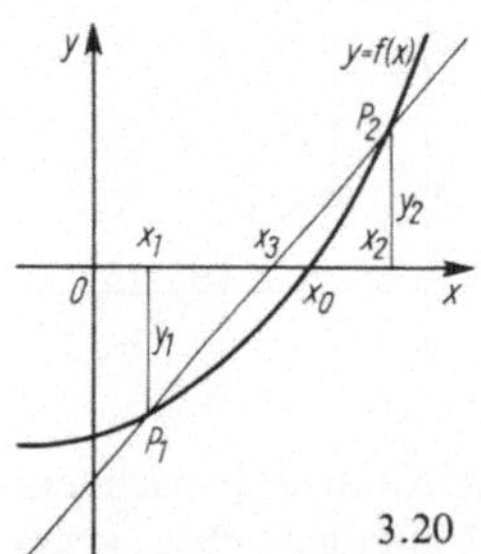

3.20

Die Näherungsgleichung (3.32) für die Nullstelle x_0 der Funktion $y = f(x)$ wird **Regula falsi** genannt. Nun berechnet man den im allgemeinen von Null verschiedenen Funktionswert y_3 der gegebenen Funktion und benutzt den Punkt $(x_3; y_3)$ zusammen mit den Werten des Punktes $(x_1; y_1)$ oder $(x_2; y_2)$, dessen Ordinate ein anderes Vorzeichen als y_3 hat, zur weiteren Näherungsrechnung. Das Verfahren kann fortgesetzt werden, bis sich die berechneten Werte x_i innerhalb der geforderten

Dezimalen-Anzahl nicht mehr unterscheiden. Nach [12] kann dabei jedoch unter Umständen einer der beiden Punkte weit von der Nullstelle entfernt bleiben und damit das Verfahren versagen, was in den folgenden beiden Beispielen deutlich wird. In [12] wird gezeigt, wie das Verfahren dann verbessert werden kann.

Beispiel 3.16 Man bestimme näherungsweise eine Nullstelle des Polynoms $y = x^3 - 6x^2 + 10x - 4$ zwischen 0 und 1 mit der Regula falsi.

Es ist $y(0) = -4$ und $y(1) = 1$. Dann gilt mit Gl. (3.32)

$$x_3 = 0 - \frac{1 - 0}{1 + 4}(-4) = 0,8$$

Die nächsten 2 Schritte ergeben sich aus folgender Tafel

x	y
0	-4
1	1
0,8	0,672
0,6849	0,3559
0,6290	0,1649

Die Annäherung an den exakten Wert der Nullstelle $2 - \sqrt{2} = 0,5858$ erfolgt langsam; effektiver ist das Newton-Verfahren (s. Abschn. 5.3.1 und [12]). Würde man statt $x = 0$ einen besseren Startwert mit negativer Ordinate wählen, so wäre die Konvergenz besser.

Beispiel 3.17 Man bestimme die Nullstelle der Funktion $y = \cos x - x$ näherungsweise mit der Regula falsi.

Entsprechend Beispiel 3.16 erhält man

x	y
0	1
$\pi/2$	$-\pi/2$
0,6110	0,2081
0,7233	$2,638 \cdot 10^{-2}$
0,7373	$3,043 \cdot 10^{-3}$
0,7389	$3,470 \cdot 10^{-4}$
0,73906	$4,21 \cdot 10^{-5}$

Die Nullstelle liegt zwischen 0,73908 und 0,73909, s. Bemerkung zu Beispiel 3.15 und 3.16.

Beispiel 3.18 Man bestimmte den Schnittpunkt und den Schnittwinkel der beiden Geraden $y = 1,2\,x + 4,2$ und $y = 3,5\,x - 1,5$.

Mit $a_1 = 1,2$, $a_0 = 4,2$, $a_1' = 3,5$ und $a_0' = -1,5$ erhält man aus F 15

$$x_0 = \frac{a_0' - a_0}{a_1 - a_1'} = \frac{-1,5 - 4,2}{1,2 - 3,5} = 2,478$$

$$y_0 = \frac{a_0' a_1 - a_0 a_1'}{a_1 - a_1'} = \frac{-1,5 \cdot 1,2 - 4,2 \cdot 3,5}{1,2 - 3,5} = 7,174$$

$$\tan \delta = \tan(\alpha - \alpha') = \frac{a_1 - a_1'}{1 + a_1 a_1'} = \frac{1,2 - 3,5}{1 + 1,2 \cdot 3,5} = -0,4423 \qquad \delta = 156,14°$$

Beispiel 3.19 Bei gleichmäßig beschleunigter Bewegung (Bild 3.21) ist die Geschwindigkeit v eine lineare Funktion der Zeit t. Diese Bewegung wird, wie aus der Mechanik bekannt, durch die Gleichung

$$v = v_0 + at \tag{3.33}$$

beschrieben. Die Größe v_0 gibt die Geschwindigkeit bei Beginn der Zeitmessung (Anfangswert, Auslösen der Stoppuhr) an. Der Koeffizient a der Veränderlichen t ist die Beschleunigung. Ist diese Vorzahl negativ, so ist die Geschwindigkeit zu einem späteren Zeitpunkt t_1 kleiner als die Anfangsgeschwindigkeit v_0 zur Zeit $t_0 = 0$; die Bewegung ist gleichmäßig verzögert, die Funktionskurve ist eine abfallende Gerade. Ist die Beschleunigung gleich Null, so bleibt die Geschwindigkeit zu jeder Zeit gleich der Anfangsgeschwindigkeit v_0, die Gerade ist eine Parallele zur Zeitachse. Diese drei Möglichkeiten findet man in Bild 3.21.

In Bild 3.21 betragen die Einheitslängen $l_t = 1$ cm/(20 s) und $l_v = 1$ cm/(10 m/s). Die Steigung der Geraden ist eine Beschleunigung $\Delta v/\Delta t = (5$ m/s$)/20$ s $= 0{,}25$ m/s^2, es ist

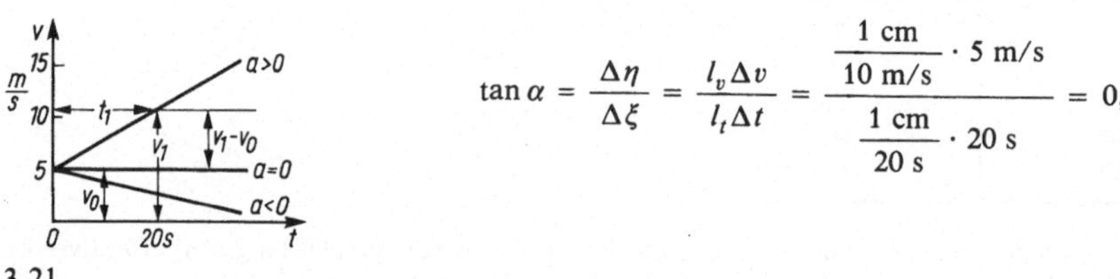

$$\tan \alpha = \frac{\Delta \eta}{\Delta \xi} = \frac{l_v \Delta v}{l_t \Delta t} = \frac{\dfrac{1\ \text{cm}}{10\ \text{m/s}} \cdot 5\ \text{m/s}}{\dfrac{1\ \text{cm}}{20\ \text{s}} \cdot 20\ \text{s}} = 0{,}5$$

und somit der im Bild zu messende Winkel $\alpha = 26{,}57°$. Andererseits kann die Beschleunigung auch aus den geometrischen Abmessungen entnommen werden. Bei einem Winkel $\beta = -15{,}00°$ ist

$$a = \frac{\Delta v}{\Delta t} = \frac{l_t}{l_v} \tan \beta = \frac{10\ \text{m/s}}{20\ \text{s}} \cdot (-0{,}2679) = -0{,}1340\ \frac{\text{m}}{\text{s}^2}$$

Beispiel 3.20 Die Wärmeausdehnung eines Stabes wird nach den Gesetzen der Wärmelehre durch die Gleichung

$$l = l_0(1 + \alpha\vartheta) = l_0 + l_0\alpha\vartheta$$

beschrieben. Hierin ist l die Stablänge bei der Temperatur ϑ, l_0 die Stablänge bei der Temperatur $0\,°$C und α der lineare Ausdehnungskoeffizient.

Bei den Temperaturen $\vartheta_1 = 38\,°$C und $\vartheta_2 = 95\,°$C wurden die Längen $l_1 = 6{,}4007$ m und $l_2 = 6{,}4052$ m gemessen. Die Länge l_0 und der Ausdehnungskoeffizient α sind zu bestimmen.

Die Funktionskurve ist eine Gerade. Nach der Zweipunkteform der Geradengleichung (F 15) $(y - y_1)/(x - x_1) = (y_2 - y_1)/(x_2 - x_1)$ wird

$$\frac{l - l_1}{\vartheta - \vartheta_1} = \frac{l_2 - l_1}{\vartheta_2 - \vartheta_1}$$

Mit den gegebenen Zahlenwerten wird daraus

$$\frac{l - 6{,}4007\ \text{m}}{\vartheta - 38\,°\text{C}} = \frac{0{,}0045\ \text{m}}{57\ \text{K}}$$

Löst man diese Gleichung nach l auf, so ergibt sich $l = 6{,}3977$ m $+ (7{,}895 \cdot 10^{-5}$ m/K$)\,\vartheta$. Die Länge l_0 beträgt also 6,3977 m. Ferner ist $l_0\alpha = 7{,}895 \cdot 10^{-5}$ m/K, also

$$\alpha = (7{,}895 \cdot 10^{-5}\ \text{m/K})/6{,}3977\ \text{m} = 1{,}234 \cdot 10^{-5}/\text{K}$$

3.2.2 Quadratische Funktion

Viele technische Vorgänge lassen sich nicht mehr durch lineare Funktionen beschreiben. Häufig läßt sich aber der Zusammenhang zwischen den Größen durch eine quadratische Funktion, also eine ganze rationale Funktion zweiten Grades, ausdrücken.

So besteht z. B. in einem Bereich mittlerer Strömungsgeschwindigkeiten ein quadratischer Zusammenhang zwischen der in einer Strömung auf einen Körper ausgeübten, als Widerstand bezeichneten Kraft F_W und der Strömungsgeschwindigkeit v

$$F_W = c_W A \cdot \frac{1}{2} \varrho v^2$$

c_W ist hierin der Widerstandsbeiwert, A die Querschnittsfläche des angeströmten Körpers senkrecht zur Anströmrichtung und ϱ die Dichte des strömenden Mediums.

Auch zwischen dem beim Aufwärtswurf ohne Luftwiderstand zurückgelegten Weg s und der dazu benötigten Zeit t sowie der Fallbeschleunigung g besteht die in t quadratische Funktionsgleichung (v_0 ist die Abwurfgeschwindigkeit)

$$s = v_0 t - \frac{1}{2} g t^2$$

Beide Funktionskurven, in Bild 3.22 dargestellt, werden Parabeln genannt.

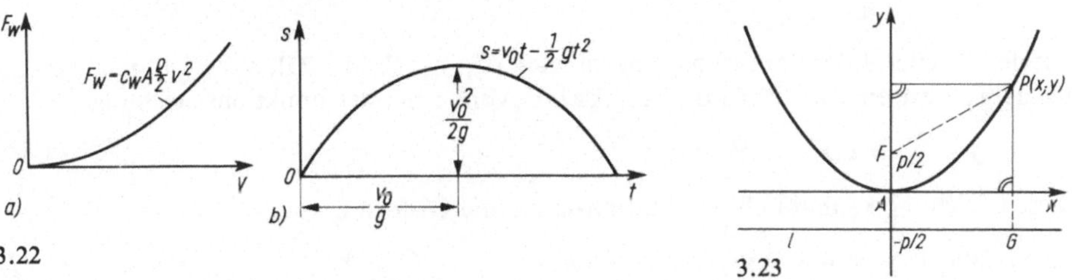

Definition Die **Parabel** ist die geometrische Ortslinie für alle Punkte, die von einer Geraden l (Leitlinie) und einem festen Punkt F (Brennpunkt) den gleichen, aber von Punkt zu Punkt sich ändernden Abstand haben (Bild 3.23).

Der Abstand p des Punktes F von der Leitlinie l wird als Parameter bezeichnet. Folgende Bezeichnungen sind üblich: A Scheitel der Parabel; Gerade durch A und F Parabelachse; $p/2$ Halbparameter.

Parabelgleichung Aus Bild 3.23 liest man ab

$$\overline{FP} = \sqrt{x^2 + \left(y - \frac{p}{2}\right)^2} = \overline{PG} = y + \frac{p}{2}$$

Durch Quadrieren erhält man

$$x^2 + y^2 - py + \frac{p^2}{4} = y^2 + py + \frac{p^2}{4}$$

$$\text{oder} \quad y = \frac{1}{2p} x^2 \tag{3.34}$$

Häufig bezeichnet man

$$y = cx^2 \tag{3.35}$$

als Normalparabel. Sie hat ihren Scheitel im Koordinatennullpunkt und ist zur y-Achse symmetrisch (Bild 3.24). Mit wachsendem Faktor c nimmt die Steilheit der Parabel zu. Negative Größen c bedeuten, daß die Parabel nach unten geöffnet ist, denn jedem Wert x ist dann das $(-c)$-fache seines Quadrates zugeordnet.

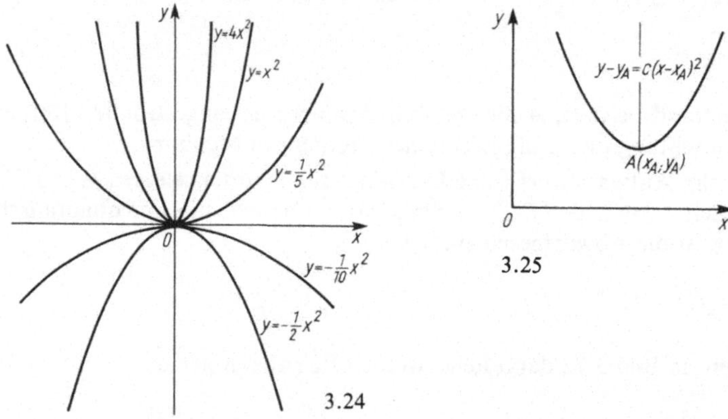

Hat der Scheitel A der Parabel die Koordinaten $(x_A; y_A)$ (Bild 3.25), so spricht man von einer **allgemeinen Parabel** mit **vertikaler Achse** mit der Funktionsgleichung

$$y - y_A = c(x - x_A)^2 \tag{3.36}$$

Diese Gleichung kann durch Ausmultiplizieren und Ordnen in

$$y = a_2 x^2 + a_1 x + a_0 \tag{3.37}$$

umgeformt werden.

Durch Bilden der quadratischen Ergänzung in Gl. (3.37) ergibt sich

$$y - \left(a_0 - \frac{a_1^2}{4a_2}\right) = a_2 \left(x + \frac{a_1}{2a_2}\right)^2 \tag{3.38}$$

Aus dem Vergleich mit Gl. (3.36) folgt

$$x_A = -\frac{a_1}{2a_2} \qquad y_A = a_0 - \frac{a_1^2}{4a_2} \qquad c = a_2$$

Die Nullstellen der Parabel in allgemeiner Lage Gl. (3.37) erhält man durch Lösung der quadratischen Gleichung

$$x_{1,2} = \frac{-a_1 \pm \sqrt{a_1^2 - 4a_0 a_2}}{2a_2} \tag{3.39}$$

Ist $a_1^2 = 4a_0 a_2$, so liegt der Parabelscheitel auf der x-Achse, ist $a_1^2 > 4a_0 a_2$, so schneidet die Parabel zweimal die x-Achse.

Beispiel 3.21 Ein Einfeldträger mit einseitiger Einspannung und der konstanten Streckenlast q auf gesamter Länge l erfährt ein Biegemoment

$$M(x) = -\frac{1}{8}\,ql^2 + \frac{5}{8}\,qlx - \frac{1}{2}\,qx^2$$

Man forme die Momentenfunktion in die Form (3.38) um und bestimme Lage und Größe des maximalen Biegemoments (Bild 3.26).

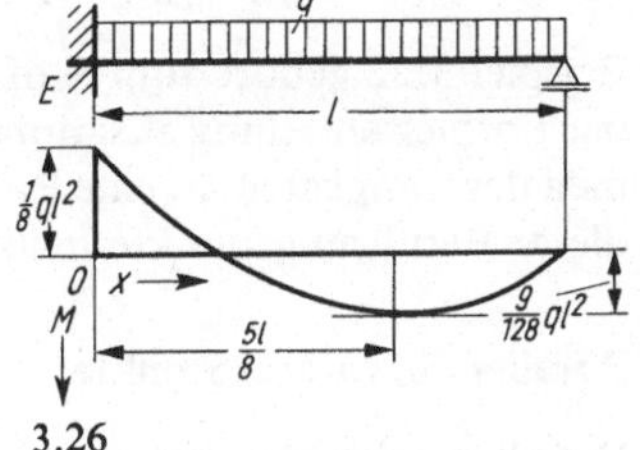

3.26

Mit der Bezugslänge l und dem Bezugsmoment $ql^2/8$ erhält man die normierte Momentenfunktion

$$M(x) = -\frac{1}{8}\,ql^2 + \frac{5}{8}\,qlx - \frac{1}{2}\,qx^2 = \frac{ql^2}{8}\left[-1 + 5\,\frac{x}{l} - 4\,\frac{x^2}{l^2}\right]$$

$$\frac{M(x)}{ql^2/8} = y = -1 + 5\xi - 4\xi^2 \qquad \text{mit } \xi = x/l$$

Die Variablen y und ξ sind einheitenfrei. Durch Hinzufügen der quadratischen Ergänzung ergibt sich

$$y + 1 = -4\left(\xi^2 - \frac{5}{4}\,\xi\right) = -4\left(\xi - \frac{5}{8}\right)^2 + \frac{25}{16} \qquad y - \frac{9}{16} = -4\left(\xi - \frac{5}{8}\right)^2$$

Der Scheitel der Momentenparabel hat die Koordinaten $\xi_S = 5/8$ und $y_S = 9/16$; das Maximalmoment (relatives Maximum) hat die Größe

$$\max M = y_S \cdot \frac{ql^2}{8} = \frac{9}{128}\,ql^2 \approx \frac{ql^2}{14{,}22}$$

und liegt an der Stelle $x = 5l/8$. Das absolut größte Biegemoment (absolutes Minimum) liegt an der Stelle $x = 0$ und beträgt $M_E = -ql^2/8$ (Einspannmoment). Eine andere und allgemeinere Methode zur Bestimmung relativer Extremwerte wird in Abschn. 5.3.2 entwickelt.

Beispiel 3.22 Gegeben ist eine Parabel durch $y = x^2/2p$ sowie eine Gerade durch $y = mx + n$. Man bestimme die Schnittpunktkoordinaten.

Durch Gleichsetzen der Ordinaten erhält man die quadratische Gleichung

$$\frac{x^2}{2p} = mx + n$$

aus der mit Gl. (3.39) folgt

$$x_{1,2} = pm \pm \sqrt{p^2m^2 + 2pn} \quad \text{sowie} \quad y_{1,2} = pm^2 + n \pm m\sqrt{p^2m^2 + 2pn}$$

Ist $p(pm^2 + 2n) > 0$, so ergeben sich zwei Schnittpunkte, ist $pm^2 + 2n = 0$, so ist die Gerade Tangente an die Parabel. Ist $p(pm^2 + 2n) < 0$, so ergeben sich keine Schnitt- oder Berührungspunkte. Der Berührungspunkt einer Tangente ist somit

$$P_T\left(pm; \frac{p}{2}\,m^2\right)$$

Die Tangente $y = mx + n$ mit dem Berührungspunkt $P_T(x_T; y_T)$ erhält man wegen $m = x_T/p$ und $n = -y_T$ zu

$$p(y + y_T) = xx_T \tag{3.40}$$

Entsprechend erhält man für die Tangente an die Parabel in allgemeiner Lage

$$p[(y - y_A) + (y_T - y_A)] = (x - x_A)(x_T - x_A)$$

Beispiel 3.22 gehört zum Stoff der Analytischen Geometrie, deren wichtigste Formeln in der Formelsammlung zusammengestellt sind. Entsprechende Fragen sind z. B. das Bestimmen der Tangenten an eine Parabel von einem gegebenen Punkt (Pol) aus; die Verbindung dieser Berührungspunkte heißt Polare zum gegebenen Pol (F 17, 18).

Parabel durch drei Punkte

Die allgemeine Parabel $y = a_0 + a_1 x + a_2 x^2$ enthält drei Koeffizienten a_0, a_1 und a_2, die durch drei Angaben festgelegt werden, ist also durch drei auf ihr liegende Punkte eindeutig bestimmt. Die Koordinaten dieser drei Punkte erfüllen also die Parabelgleichung. Setzt man die x-Koordinate jedes dieser drei Punkte nacheinander in die Parabelgleichung ein, so erscheint auf ihrer linken Seite jeweils der zugehörige y-Wert. Damit erhält man drei Bestimmungsgleichungen für die drei Unbekannten a_0, a_1 und a_2.

Beispiel 3.23 Wie lautet die Gleichung der zur y-Achse symmetrischen Parabel mit dem Scheitel im Koordinaten-Nullpunkt, die außerdem durch den Punkt $(b; h)$ geht (Bild 3.27)?

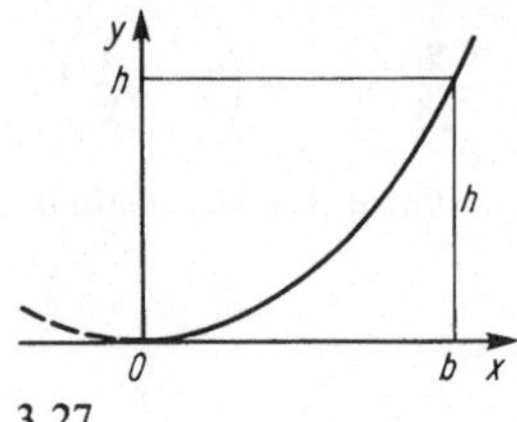

3.27

Der Ansatz für diese Normalparabel lautet

$$y = cx^2$$

Der Koeffizient c wird aus der Bedingung $y(b) = h$ bestimmt

$$h = cb^2 \qquad c = \frac{h}{b^2}$$

Die Parabelgleichung lautet

$$y = \frac{h}{b^2} x^2$$

Beispiel 3.24 Als Bogenform des Untergurtes einer B r ü c k e (Bild 3.28), die über einen Fluß führt, ist eine Parabel vorgeschrieben. Die gegenseitige Lage der Fußpunkte, die Durchfahrtshöhe in Flußmitte und die Lage der Fahrbahnhöhe über dem linken Auflager sind gegeben. Die Längen der senkrechten Stäbe sind gesucht.

Bei dieser Aufgabe steht die Wahl des Koordinatensystems frei. Würde man den Nullpunkt in Fluß-höhe u n t e r das linke Auflager legen, so ergäben sich nur positive Koordinaten. Legt man ihn jedoch in ein Auflager, so wird die Berechnung der Koeffizienten in der Parabelgleichung einfacher. Hier wird deshalb der zweite Weg gewählt und der Koordinaten-Nullpunkt in das linke Auflager gelegt. Mit den Maßen aus Bild 3.28 erhält man die Bestimmungsgleichungen

$$x = 0 \qquad\qquad y = 0 \qquad\qquad 0 = a_0$$

$$x = 50\ \text{m} \qquad\quad y = 5{,}4\ \text{m} \qquad\quad 5{,}4\ \text{m} = a_0 + 50\ \text{m} \cdot a_1 + (50\ \text{m})^2 \cdot a_2$$

$$x = 120\ \text{m} \qquad y = -6{,}3\ \text{m} \qquad -6{,}3\ \text{m} = a_0 + 120\ \text{m} \cdot a_1 + (120\ \text{m})^2 \cdot a_2$$

mit den Lösungen

$$a_0 = 0$$

$$a_1 = 0,22264$$

$$a_2 = -2,2929 \cdot 10^{-3}/\mathrm{m}$$

Die Parabelgleichung lautet also

$$y = 0,22264x - 2,2929 \cdot 10^{-3}\,\frac{1}{\mathrm{m}}\,x^2$$

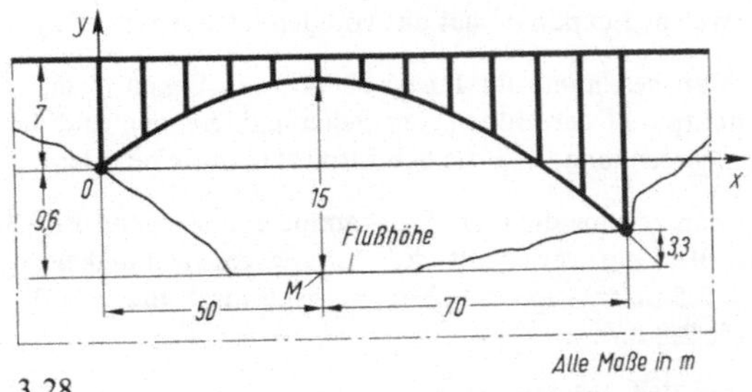

3.28

Setzt man die x-Koordinaten der verschiedenen Stäbe (Abstände vom linken Auflager) in die Parabelgleichung ein, so erhält man als Funktionswerte y die Höhen der entsprechenden Parabelpunkte über dem linken Auflager. Zieht man diese Werte von 7,00 m (Höhe der Fahrbahn über diesem Auflager) ab, so ergeben sich die gesuchten Stablängen, die numerisch in der folgenden Tafel angegeben werden.

$\dfrac{x}{\mathrm{m}}$	$\dfrac{y}{\mathrm{m}}$	$\dfrac{h}{\mathrm{m}} = 7,00 - \dfrac{y}{\mathrm{m}}$
10	1,997	5,003
20	3,536	3,464
30	4,615	2,385
40	5,237	1,763
50	5,400	1,600
60	5,104	1,896
70	4,350	2,650
80	3,136	3,864
90	1,466	5,534
100	0,665	7,665
110	-3,254	10,254
120	-6,301	13,301

Die Lage des Scheitels findet man durch quadratische Ergänzung

$$y = -2,2929 \cdot 10^{-3}\,\frac{1}{\mathrm{m}}\,(x^2 - 97,100\ \mathrm{m}\,x + 48,550^2\ \mathrm{m}^2) + 5,405\ \mathrm{m}$$

nach Gl. (3.36) zu $x_\mathrm{A} = 48,550$ m, $y_\mathrm{A} = 5,405$ m.

3.2.3 Aufgaben zu Abschnitt 3.2

1. Man ermittle die Gleichung der Geraden durch den Punkt $P(4; 7)$, die die Gerade $y + 3x - 6 = 0$ senkrecht schneidet.

2. Das Dreieck mit den Eckpunkten $A(-4; -1)$, $B(3; 5)$ und $C(-1; 7)$ ist gegeben. Man ermittle die Gleichung der Geraden durch A, die die gegenüberliegende Seite halbiert.

3. Man bestimmte den Abstand des Punktes $P(2; 4)$ von der Geraden $y = -2x - 4$.

4. Man wandle die Geradengleichung $x + 3y - 4 = 0$ in die Normalform, die Achsenabschnittsform und die Hessesche Normalform um.

5. Welche Eckpunkte hat das von den Geraden $x = 2$, $y = 2x$ und $y = -2x + 3$ gebildete Dreieck?

6. Man bestimmte im Dreieck mit den Ecken (3 m; 2 m), (1 m; -4 m) und (-5 m; 3 m) den Schnittpunkt der Höhen, der Seitenhalbierenden und der Mittelsenkrechten. Man zeige durch eine Zahlenrechnung, daß die Schnittpunkte auf einer Geraden liegen.

7. Man zeichne die (v, t)-Diagramme entsprechend Bild 3.21 für die gleichmäßig beschleunigten Bewegungen mit der Anfangsgeschwindigkeit $v_0 = 40$ m/s und den Beschleunigungen $a = 2{,}5$ m/s^2, 1 m/s^2, 0,2 m/s^2, $-0{,}8$ m/s^2 und $a = 0$; desgleichen für $v_0 = 0$ und $a = 1{,}22$ m/s^2 sowie 2,8 m/s^2.

8. Ein Elektrizitätswerk bietet zwei Tarife an:

Tarif I   Grundgebühr 12, – DM,   Stromkosten 0,08 DM/kWh
Tarif II   Grundgebühr 2, – DM,   Stromkosten 0,25 DM/kWh

Man zeichne ein Schaubild, in dem die Gesamtkosten K für beide Tarife als Ordinate auf ungefähr 8 cm und der Energieverbrauch W von 0 bis 100 kWh als Abszisse auf 10 cm aufgetragen sind. Wie groß sind die Einheitslängen? Bei welchem Verbrauch ergeben sich die gleichen Kosten?

9. Man ermittle die charakteristischen Merkmales der folgenden Parabelfunktionen

a) $3x^2 + 4x + 2y - 4 = 0$ b) $-3x^2 + 4x + 2y - 4 = 0$

10. Wie lautet die Gleichung der Parabel, deren Achse parallel zur y-Achse ist und die durch die Punkte $P_1(2; 1)$, $P_2(-2; 5)$ und $P_3(-4; 10)$ geht?

11. Man ermittle die Schnittpunkte der Parabel $(x - 2)^2 = -8(y - 3)$ mit den Koordinatenachsen.

12. Man bestimme die Schnittpunkte der Geraden $y = 2x - 5$ mit der Parabel $(y + 5)^2 = 9x$.

13. Welchen Wert muß das Absolutglied in der Gleichung $y = x + n$ haben, wenn die Gerade Tangente der Parabel $y^2 = 9x$ ist?

14. Die Nullstellen und Scheitel der folgenden quadratischen Funktionen sind zu berechnen und ihre Schaubilder zu zeichnen. Dazu stelle man Wertetafeln für den Bereich von $x = -5$ m bis $x = 5$ m auf.

a) $y = 3x^2 - 4\,\text{m} \cdot x + 1\,\text{m}^2$;   b) $y = -0{,}8x^2 + 1{,}4\,\text{m} \cdot x + 2{,}5\,\text{m}^2$

c) $Q = 4{,}21\,\dfrac{\text{N}}{\text{m}^2} \cdot x^2 - 5{,}06\,\dfrac{\text{N}}{\text{m}} \cdot x + 2{,}41\,\text{N}$ d) $M = 2{,}50\,\dfrac{\text{N}}{\text{m}} \cdot x^2 + 2{,}45\,\text{N} \cdot x + 0{,}60\,\text{Nm}$

15. Wie lautet die Gleichung einer Parabel mit der y-Achse als Symmetrieachse, deren Scheitel im Koordinaten-Nullpunkt liegt und die durch den Punkt mit den Koordinaten (4 m; -3 m) geht?

16. Der Scheitelpunkt der Wurfparabel $y = x \tan \alpha - [g/(2v_0^2 \cos^2 \alpha)]x^2$ ist zu berechnen. Dabei ist α der Abwurfwinkel gegen die Waagerechte, v_0 die Anfangsgeschwindigkeit und g die Fallbeschleunigung. Wie groß ist die Wurfweite x_W?

17. Eine Brücke hat die Form zweier Parabelbogen (Bild 3.29). Wie lauten die Gleichungen der Pa-

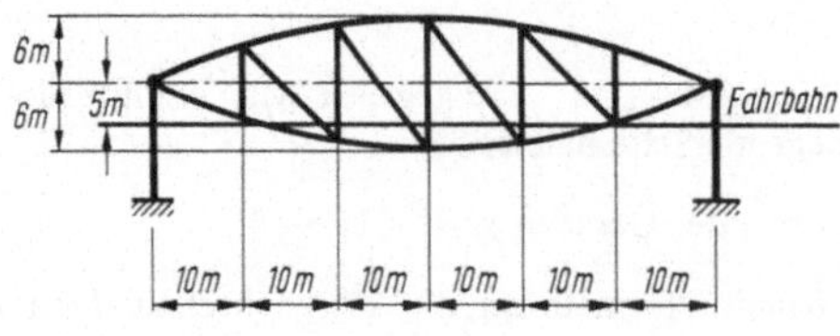

3.29

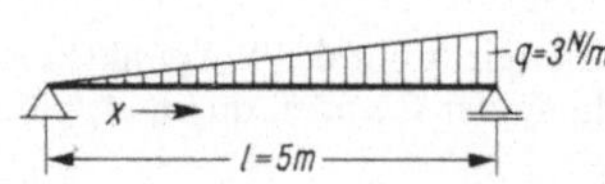

3.30

rabeln bezüglich eines in ihrem linken Schnittpunkt liegenden Koordinatensystems? Wie lang sind die Stäbe des Fachwerks? In welchen Punkten schneidet die Fahrbahn den unteren Parabelbogen?

18. Der Verlauf der Querkraft in dem nach Bild 3.30 gegebenen Träger ist durch die Funktion

$$Q(x) = q/2 \cdot (l/3 - x^2/l) = 1{,}5 \text{ N/m} \cdot (5 \text{ m}/3 - x^2/5 \text{ m})$$

gegeben. An welcher Stelle, d. h. bei welchem x-Wert, liegt die Querkraftnullstelle?

19. Man zerlege die nachstehenden Polynome in Linearfaktoren. Hinweis: Alle Nullstellen sind ganzzahlig.

a) $y = x^3 + 7x^2 - 36$;   b) $y = x^4 - 3x^3 + x^2 + 3x - 2$

3.3 Gebrochene rationale Funktionen

Definition Die **gebrochene rationale Funktion** ist der Quotient zweier ganzer rationaler Funktionen von der Form

$$y = \frac{a_0 + a_1 x + a_2 x^2 + \cdots + a_{n-1} x^{n-1} + a_n x^n}{b_0 + b_1 x + b_2 x^2 + \cdots + b_{m-1} x^{m-1} + b_m x^m} \tag{3.41}$$

Die Funktion heißt echt gebrochen, wenn der Grad n des Zählers kleiner als der Grad m des Nenners ist, andernfalls heißt sie unecht gebrochen.

Beispiel 3.25 Die Funktion

$$y = \frac{4x^2 + 3x - 1}{x^3 + x - 1}$$

ist echt, die Funktionen

$$y = \frac{x^2 - 3x + 4}{2x - 3} \quad \text{(s. Bild 3.15)} \quad \text{und} \quad y = \frac{3x^2 + 4x + 9}{x^2 + 5}$$

sind unecht gebrochen.

Jede unecht gebrochene rationale Funktion kann durch Dividieren in eine ganze rationale Funktion und eine echt gebrochene rationale Funktion zerlegt werden.

Beispiel 3.26 Man zerlege die unecht gebrochenen Funktionen aus Beispiel 3.25

$$y = \frac{x^2 - 3x + 4}{2x - 3} = \frac{x\left(x - \dfrac{3}{2}\right) - \dfrac{3}{2}\left(x - \dfrac{3}{2}\right) + \dfrac{7}{4}}{2\left(x - \dfrac{3}{2}\right)}$$

$$= \frac{x}{2} - \frac{3}{4} + \frac{\dfrac{7}{4}}{2x - 3}$$

und $$y = \frac{3x^2 + 4x + 9}{x^2 + 5} = \frac{3(x^2 + 5) + 4x - 6}{x^2 + 5} = 3 + \frac{4x - 6}{x^2 + 5}$$

Funktion $y = C/x^n$

Sie ist die einfachste gebrochene rationale Funktion. Für $n = 1$ sind die Variablen zueinander umgekehrt proportional. Die Funktionskurve heißt gleichseitige Hyperbel (Bild 3.31a)

$$y = \frac{C}{x} \tag{3.42}$$

Sie hat zwei Äste und verläuft für positive Werte von C nur im ersten und dritten (Bild 3.31a), für negative Werte von C nur im zweiten und vierten Quadranten. Die Funktion ist ungerade.

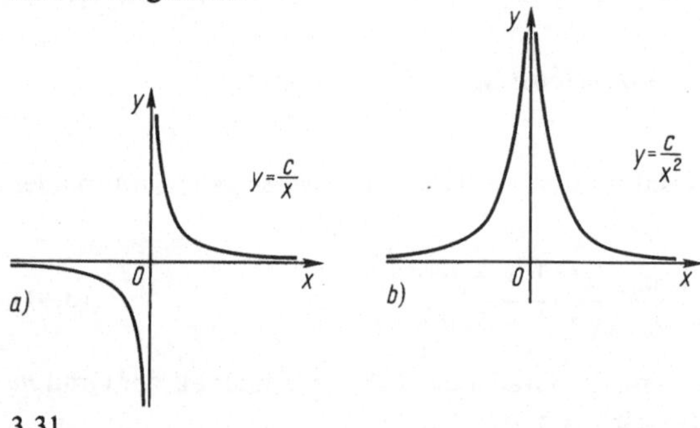

3.31

Die Funktion $y = C/x^2$ ist eine gerade Funktion (Bild 3.31b), deren Kurvenäste für positive C nur im ersten und zweiten, für negative C nur im dritten und vierten Quadranten liegen.

Die ungeraden Funktionen $y = C/x^{2m+1}$ haben ähnliche Funktionskurven wie die Hyperbel, die geraden Funktionen $y = C/x^{2m}$ solche, die der Funktion $y = C/x^2$ ähnlich sind. Die Funktion $y = C/x^n$ wird gelegentlich Hyperbel n-ten Grades genannt. Alle diese Funktionen haben eine Unendlichkeitsstelle bei $x = 0$ und nähern sich für große Werte von x der Abszissenachse, ohne sie jedoch zu erreichen. Die Funktion $y = 1/x^3$ hat für $x = 0{,}01$ den Wert $y = 10^6$, während dieser schon für $x = 10$ auf $y = 10^{-3}$ und für $x = 100$ auf $y = 10^{-6}$ abgesunken ist.

Beispiel 3.27   Die bei einer gleichförmigen Kreisbewegung auftretende Zentripetalkraft ist $F_Z = mv^2/r$. Hierin ist m die Masse und v die Geschwindigkeit des Körpers.

F_Z ist also umgekehrt proportional der Entfernung r des Körpers vom Drehzentrum. Der Definitionsbereich ist $0 < r < \infty$.

Nullstellen. Unendlichkeitsstellen

Die Nullstellen der Polynome im Zähler von Gl. (3.41) sind auch die Nullstellen der gebrochenen rationalen Funktion, wenn nicht gleichzeitig der Nenner Null ist. Bei Annäherung an die Nullstellen des Nenners wird dieser sehr klein, der gesamte Funktionswert also sehr groß. An den Nullstellen des Nenners wächst die Funktion über alle Grenzen, d. h. die Nullstellen des Nenners sind Unendlichkeitsstellen der gebrochenen Funktion. Bei gemeinsamer Nullstelle $x = x_0$ von Zähler und Nenner kann nach Gl. (3.24) in Zähler und Nenner der Faktor $x - x_0$ ausgeklammert und gekürzt werden.

Beispiel 3.28 Die echt gebrochene Funktion (Bild 3.32)

$$y = \frac{x^3 + 7x^2 - 36}{x^4 - 3x^3 + x^2 + 3x - 2}$$

wird in Zähler und Nenner in Linearfaktoren zerlegt, indem man die Nullstellen aufsucht und die entsprechenden Faktoren ausklammert (s. Aufgabe 19 auf S. 93)

$$y = \frac{(x - 2)(x + 3)(x + 6)}{(x - 2)(x + 1)(x - 1)^2}$$

Der Faktor $x - 2$ ist zu kürzen. Die Funktion hat Nullstellen bei $x = -3$ und $x = -6$ sowie Unendlichkeitsstellen bei $x = 1$ und $x = -1$.

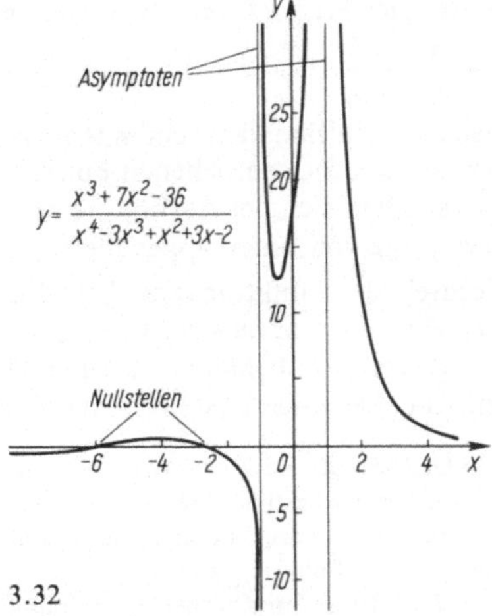

3.32

Asymptoten

Bei vielen zeitabhängigen, technischen Problemstellungen ist nach Durchlaufen eines dynamischen Vorganges der Inbetriebnahme von Geräten, Maschinen oder Anlagen (Hochlaufen eines Antriebes, Einschalten eines Stromes) das Verhalten bei Dauerbetrieb, der sogenannte stationäre Zustand, interessant. Der zugehörige Funktionswert wird erst nach genügend langer Zeit erreicht, wenn der dynamische Vorgang beendet ist, wie die Erwärmungskurve in Bild 3.33 zeigt. Es ist deshalb nützlich, das Verhalten von Funktionen bei großem Argument zu untersuchen.

3.33

Definition Die Funktionskurve desjenigen Polynoms, der sich die Kurve der gebrochenen rationalen Funktion bei großen Beträgen des Arguments beliebig nähert, heißt **Asymptote** der gebrochenen rationalen Funktion. Auch senkrechte Geraden, denen die Funktionskurve an den Unendlichkeitsstellen beliebig nahe kommt, werden Asymptoten genannt.

Bei echt gebrochenen Funktionen ist der höchste Exponent m des Nenners größer als der höchste Exponent n des Zählers. Da das Glied mit dem höchsten Exponenten bei großem x-Wert allein maßgebend ist, wird das Verhalten der gebrochenen Funktion durch den Ausdruck x^{n-m} bestimmt, dessen Grenzwert für $x \to \infty$ und $m > n$ gleich Null ist.

Die x-Achse ist Asymptote der Kurve jeder echt gebrochenen rationalen Funktion.

Unecht gebrochene Funktionen werden in echt gebrochene und ganze rationale Funktionen zerlegt. Der Einfluß der echt gebrochenen Funktion wird bei wachsendem Argument immer kleiner, und **die Kurve der ganzen rationalen Funktion ist die Asymptote der Kurve der unecht gebrochenen Funktion.** Die Asymptote braucht also nicht immer eine Gerade zu sein.

In Beispiel 3.25 ist bei der ersten Funktion die x-Achse, bei der zweiten die Gerade $y = \dfrac{x}{2} - \dfrac{3}{4}$ (Bild 3.15) und bei der dritten die Gerade $y = 3$ Asymptote. Ist das Vorzeichen des verbleibenden echten Bruches für große Werte von x positiv, so ist der Funktionswert der unecht gebrochenen Funktion größer als der Funktionswert der Asymptote. Die Kurve nähert sich der Asymptote von oben. Bei negativem Vorzeichen des Restes wird die Asymptote von unten angenähert. Eine entsprechende Überlegung gilt für $x \to -\infty$.

Wechselt der Funktionswert bei Überschreiten der Unendlichkeitsstelle sein Vorzeichen wie bei $x = -1$ in Beispiel 3.28, so geht ein Ast der Funktionskurve gegen $+\infty$ und der andere gegen $-\infty$, behält er dagegen wie bei $x = +1$ des gleichen Beispiels sein Vorzeichen bei, so nähern sich beide Äste der Kurve dem gleichen Ende der vertikalen Asymptote.

Beispiel 3.29 Die Knickspannung eines Druckstabes (an den Stabenden gelenkig angeschlossen) wird in der Festigkeitslehre durch die Gleichung $\sigma_{Ki} = E\pi^2/\lambda^2$ (E Elastizitätsmodul, λ Schlankheitsgrad gleich Länge durch Trägheitsradius) angegeben [33, Teil II]. σ_{Ki} ist die ideale Knickspannung; die Funktionskurve ist die sog. Euler-Hyperbel (Bild 3.34). Für Stahl ($E = 2{,}1 \cdot 10^5$ N/mm^2) erhält man unabhängig von der Stahlgüte den in der nachstehenden Tabelle angegebenen Zusammenhang. Die obige Gleichung gilt nur bis zur Proportionalitätsgrenze σ_P, also bei Stahl 52 bis zur Spannung $\sigma_P = 288$ N/mm^2; dieser Spannung entspricht $\lambda_P = 84{,}8$. Bei kleineren Schlankheitsgraden muß nach DIN 4114, Stabilitätsfälle, mit der Engesserschen Knickspannung σ_K gerechnet werden, die ebenfalls in der Tabelle und auch im Bild 3.34 angegeben ist. Ist A die Querschnittsfläche eines Druckstabes, so ist die Knicklast des Stabes $F_K = \sigma_K A$; diese darf mit Sicherheit nicht erreicht werden.

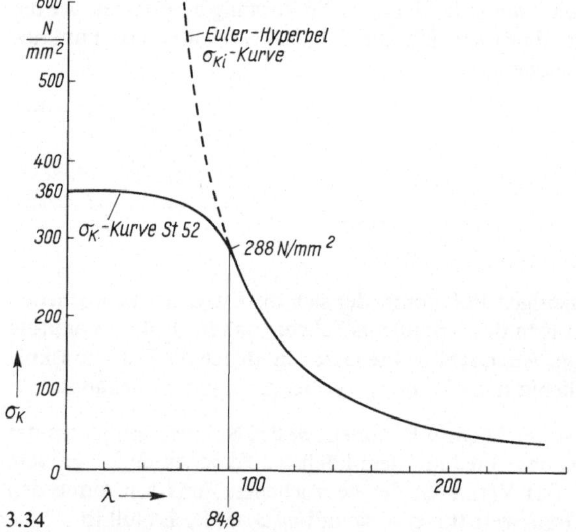

3.34

λ	σ_{Ki}	σ_K
–	in	in
	N/mm^2	N/mm^2
20	5182	359
40	1295	355
60	576	344
80	324	309
84,8	288	288
100	207	–
120	144	–
140	106	–
160	81	–
180	64	–
200	52	–
220	43	–
240	36	–

3.3.1 Aufgaben zu Abschnitt 3.3

1. Man bestimme Nullstellen, Unendlichkeitsstellen und Asymptoten der Funktion

$$y = \frac{x^3 + 3x^2 - x - 3}{x^2 + 0{,}5x - 3}$$

2. Zwischen Dampfdruck p und Volumen V besteht die Beziehung $pV = c$. Man stelle den Druck als Funktion des Volumens dar und zeichne das Schaubild für $c = 1$ Ncm, $c = 10$ Ncm und $c = 50$ Ncm in einem Diagramm für den Bereich bis $V = 500$ cm³.

3. Die Druckverteilung der Atmosphäre bis zu $h = 11$ km Höhe kann durch die Funktion

$$\frac{p}{p_0} = \left(\frac{31 \text{ km} - h}{31 \text{ km} + h}\right)^2$$

beschrieben werden (p_0 Bodendruck). Man zeichne ein Schaubild. In welcher Höhe beträgt der Druck die Hälfte des Bodendrucks?

4. Die ideale Knickspannung bestimmt sich aus der Gleichung $\sigma_{Ki} = E\pi^2/\lambda^2$ (E Elastizitätsmodul, λ Schlankheitsgrad = Länge/Trägheitsradius). Die Gleichung gilt nur bis zu demjenigen Schlankheitsgrad, bei dem die Spannung σ_{Ki} die Proportionalitätsgrenze erreicht. Für kleinere Werte λ wird die Kurve häufig (nicht der DIN 4114 entsprechend) durch eine Gerade ersetzt (Tetmajer-Gerade), die bei $\sigma_{Ki} = \sigma_P$ mit einem Knick an die Euler-Hyperbel anschließt und die σ_K-Achse bei einer Stelle σ_0, die größer als die Fließgrenze σ_F ist, erreicht. Wie groß ist für Stahl 37 ($\sigma_P = 192$ N/mm²; $\sigma_0 = 310$ N/mm²; $E = 2{,}1 \cdot 10^5$ N/mm²) der kleinste Wert λ_P, für den die Euler-Hyperbel gilt? Wie lautet die Gleichung der Tetmajer-Geraden?

3.4 Algebraische Funktionen

Definition Kommt in einer Funktion nicht nur die unabhängige Variable x, sondern auch die abhängige Variable y in Form von Potenzen mit ganzen positiven Exponenten vor, so erhält man eine **algebraische** Funktion. In der impliziten Form lautet diese

$$P_0(x) + P_1(x)y + P_2(x)y^2 + \cdots + P_n(x)y^n = 0 \tag{3.43}$$

Die $P_i(x)$ sind Polynome in x.

In einfachen Fällen können algebraische Funktionen explizit nach y aufgelöst werden. Tritt bei dieser Auflösung die Operation des Wurzelziehens auf, so werden die Funktionen auch Wurzelfunktionen genannt.

Die ganzen rationalen Funktionen sind ein Sonderfall der Gl. (3.43): $P_0(x)$ beliebig, $P_1(x) = 1$ und alle übrigen $P_i(x) = 0$. Auch die gebrochenen rationalen Funktionen sind in Gl. (3.43) enthalten: $P_0(x)$ und $P_1(x)$ sind beliebige Polynome, alle übrigen $P_i(x)$ sind Null.

Beispiel 3.30 Algebraische Funktionen in impliziter und expliziter Darstellung

a) $2x^2 + 1 - y = 0$; $y = 2x^2 + 1$. b) $x^2 + 1 + (x - 3)y = 0$; $y = \dfrac{x^2 + 1}{3 - x}$

c) $x - y^2 = 0$; $y = \sqrt{x}$. d) $1 - x + (x^2 + 2)y^3 = 0$; $y = \sqrt[3]{\dfrac{x - 1}{x^2 + 2}}$

e) $x^2 - r^2 + y^2 = 0$ $y = \sqrt{r^2 - x^2}$

f) $(3x - 4)^2 + 2(4 - 3x)y + (1 - 4x)y^2 = 0$ $y = \dfrac{3x - 4}{2\sqrt{x} + 1}$

Beispiel 3.31 Bei der Brinell-Härteprüfung von Werkstoffen wird eine gehärtete Stahlkugel mit einem bestimmten Durchmesser D unter der gewählten Prüfkraft F in die Probe eingedrückt (Bild 3.35). Nach einer festgelegten Einwirkdauer wird entlastet und der Durchmesser d des entstandenen Eindrucks (Kugelkappe, Kalotte) gemessen. Die Brinellhärte HB ist der Quotient aus Prüfkraft und Oberfläche des bleibenden Eindrucks. Die Oberfläche der Kalotte (F7) ist $A = \pi D h$. Die Eindrucktiefe h kann aus der dem Bild 3.35 entnommenen Beziehung $(D/2 - h)^2 + (d/2)^2 = (D/2)^2$ bestimmt werden

$$h = \frac{D}{2} - \sqrt{\left(\frac{D}{2}\right)^2 - \left(\frac{d}{2}\right)^2} = \frac{1}{2}(D - \sqrt{D^2 - d^2})$$

Es wurde beachtet, daß nur der negative Wurzelwert in Betracht kommt, weil die Messung nur sinnvoll ist, solange $h < D/2$ bleibt. Für die Brinellhärte erhält man dann

$$\text{HB} = \frac{F}{A} = \frac{2F}{\pi D(D - \sqrt{D^2 - d^2})} = \frac{2F}{\pi d^2}\left(1 + \sqrt{1 - \left(\frac{d}{D}\right)^2}\right)$$

Die Brinellhärte HB ist also eine Funktion von d/D.

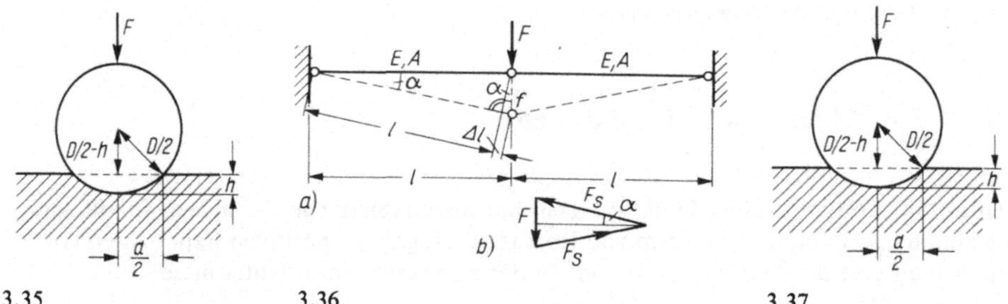

3.35   3.36   3.37

Beispiel 3.32 Bei statischen Systemen ist normalerweise die Durchbiegung f proportional zur Belastung, d. h. es besteht eine lineare Funktion zwischen Durchbiegung und Belastung. Bei dem in Bild 3.36a dargestellten System aus zwei Stäben der Länge l und der Querschnittsfläche A besteht hingegen die Beziehung

$$f = l\sqrt[3]{\frac{F}{EA}}$$

Hierin ist E der Elastizitätsmodul des Baustoffes und F die Last im Knoten. Zur Herleitung dieser Gleichung muß ausnahmsweise das verformte Tragwerk betrachtet werden, da sonst kein Gleichgewicht herrschen kann, wobei angenommen wird, daß die Durchbiegung f klein ist. Da Gleichgewicht zwischen den am Knoten angreifenden Kräften herrscht, kann das in Bild 3.36b dargestellte Krafteck gezeichnet werden, dem man die Beziehung $F_S = F/(2\sin\alpha)$ entnehmen kann. Die Stabverlängerung Δl bestimmt sich nach dem Hookeschen Gesetz zu $\Delta l = F_S l/(EA)$.

Aus dem Bild können noch die zwei geometrischen Beziehungen

$$\sin\alpha = \frac{f}{l + \Delta l} \approx \frac{f}{l}$$

und $$f^2 = (l + \Delta l)^2 - l^2 = l^2 + 2l\,\Delta l + (\Delta l)^2 - l^2 \approx 2l\,\Delta l$$

abgelesen werden, wobei in der ersten Gleichung Δl als klein gegen l und in der zweiten $(\Delta l)^2$ als klein gegen $2l\,\Delta l$ vernachlässigt wird.

Aus diesen vier Gleichungen kann die Funktion für die Durchbiegung f in Abhängigkeit von der Belastung F hergeleitet werden.

Mit $l = 300$ cm, $E = 2,1 \cdot 10^5 \text{N/mm}^2$ und $A = 3 \text{ cm}^2$ kann geschrieben werden

$$f = 300 \text{ cm} \sqrt[3]{\frac{\text{cm}^2}{2,1 \cdot 10^7 \text{ N} \cdot 3 \text{ cm}^2}} \cdot \sqrt[3]{F} = 0,754 \sqrt[3]{F} \text{ N}^{-1/3} \text{ cm}$$

Für $F = 200$ N ergibt sich dann z. B. die Durchbiegung $f = 0,754 \cdot \sqrt[3]{200}$ cm $= 4,41$ cm.

Beispiel 3.33 Der Trägheitsradius i_x eines quadratischen Querschnittes mit der Seite a und einer Bohrung vom Durchmesser d in der Mitte (Bild 3.37) wird für die Achse $x - x$ durch die Gleichung

$$i_x = \frac{1}{12} \sqrt{\frac{48a^4 - 9\pi d^4}{4a^2 - \pi d^2}} = \frac{a}{12} \sqrt{\frac{48 - 9\pi(d/a)^4}{4 - \pi(d/a)^2}}$$

gegeben.

Der Trägheitsradius ist definiert durch die Gleichung $i_x = \sqrt{I_x/A}$, wobei I_x das auf die x-Achse bezogene Flächenmoment zweiten Grades und A die Größen der Querschnittsfläche ist. Für den quadratischen Querschnitt ist $I_x = a^4/12$ und $A = a^2$; für den Kreisquerschnitt ist $I_x = \pi d^4/64$ und $A = \pi d^2/4$. Unter Beachtung, daß auf dieselbe Achse bezogene Flächenmomente zweiten Grades addiert werden können, ergibt sich die obige Funktionsgleichung.

3.4.1 Algebraische Potenzfunktion $y = Cx^{m/n}$

Da $y = x^{m/n}$ die n-te Wurzel der m-ten Potenz von x ist, erhält man bei geradem Wurzelexponenten n nur für positive Argumente x reelle y-Werte, weil aus negativen Zahlen keine geradzahligen Wurzeln gezogen werden können. Funktionen mit ungeradem Wurzelexponenten unterliegen dieser Einschränkung nicht. So kann $y = \sqrt{x}$ nur für positive Werte von x und $y = \sqrt{a^2 - x^2}$ nur für Argumente zwischen $x = -a$ und $x = +a$ berechnet werden, während die Funktion $y = \sqrt[3]{x^5}$ Werte für jedes Argument x hat.

Die Kurven der Funktionen $y = x^{m/n}$ sind in Bild 3.38 für verschiedene Exponenten m/n aufgetragen. Für den Sonderfall $m = 1$ ergibt sich die Funktion $y = \sqrt[n]{x}$ (Bild 3.39), die Umkehrfunktion der ganzen rationalen Funktion $y = x^n$. Ihre Funktionskurve entsteht durch Spiegelung der Kurve der ganzen rationalen Funktion an der Geraden $y = x$.

Bei geradem Wurzelexponenten n ist für $C > 0$ immer $y > 0$.

In der Technik brauchen im allgemeinen die Funktionswerte nur für positive Argumente berechnet zu werden. Einige spezielle Funktionskurven sind für positive Argumente x in Bild 3.40 zusammengestellt.

Im Potenzpapier werden die Funktionskurven der Potenzfunktionen zu Geraden

$$\lg y = \lg C + \frac{m}{n} \cdot \lg x$$

Führt man die Bezeichnungen $\bar{y} = \lg y$, $a_0 = \lg C$, $a_1 = m/n$ und $\bar{x} = \lg x$ ein, so erhält man die Geradengleichung

$$\bar{y} = a_0 + a_1 \bar{x}$$

Die **liegende Parabel** ergibt sich aus der algebraischen Potenzfunktion $y = Cx^{m/n}$ für $m = 1$ und $n = 2$. Ihre Gleichung lautet

$$y = C\sqrt{x}$$

Sie ist das Spiegelbild der Normalparabel.

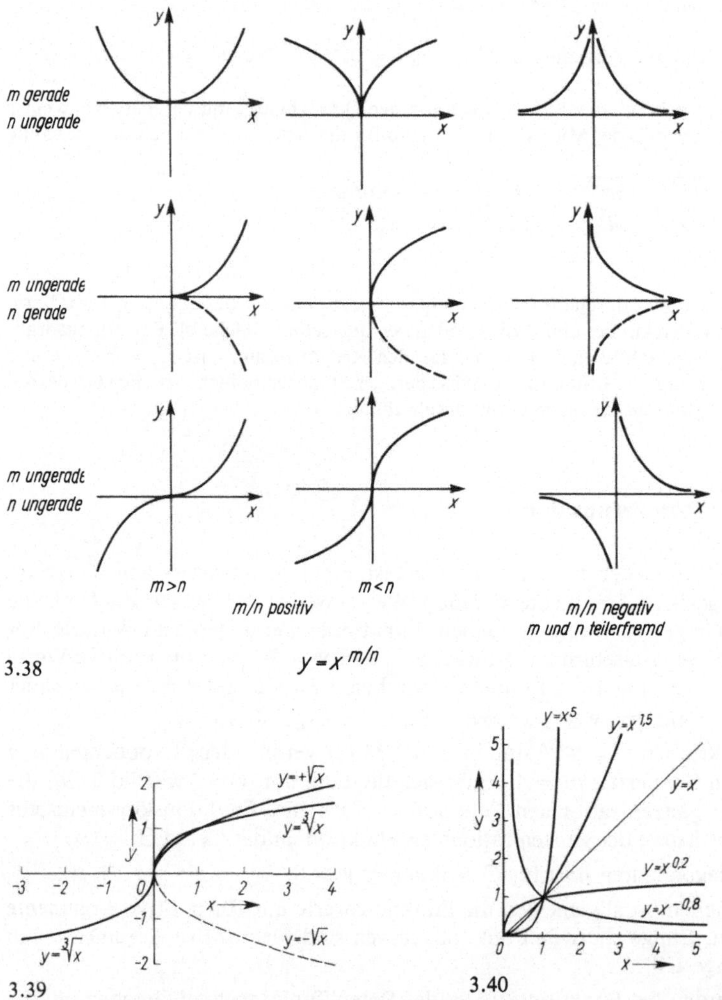

Beispiel 3.34 Beim freien Fall nimmt die Geschwindigkeit v mit dem zurückgelegten Weg, der Fallhöhe h, zu. Mit der Fallbeschleunigung g ist $v = \sqrt{2gh}$.

Beispiel 3.35 Die Wassergeschwindigkeit v in einem Gerinne ist eine Funktion des Gefälles I (Neigung der Sohle). Der Zusammenhang zwischen v und I kann in Form der Gleichung von Gauckler-Manning-Strickler

$$v = k_S \sqrt[3]{R^2} \cdot \sqrt{I}$$

geschrieben werden. Hierin ist k_S der Geschwindigkeitsbeiwert, der insbesondere von der Rauhigkeit der Gerinnewandung abhängt, und R der hydraulische Radius, der gleich dem Quotienten aus der durchströmten Querschnittsfläche A und dem benetzten Umfang U ist.

3.4.2 Kegelschnitte

Die allgemeinste quadratische algebraische Funktion hat die Form

$$a_{11}x^2 + 2a_{12}xy + a_{22}y^2 + 2a_{13}x + 2a_{23}y + a_{33} = 0 \tag{3.44}$$

Durch Drehen des Koordinatensystems (s. Beispiel 3.8) kann man immer erreichen, daß der Koeffizient a_{12} des gemischten Produktes verschwindet. Ebenso kann man durch Parallelverschiebung erreichen, daß im neuen System beide linearen Glieder verschwinden oder (bei der Parabel) ein Linearglied verschwindet. Die Ergebnisse dieser Transformationen findet man in F 16, 17.

Die Kurven quadratischer algebraischer Funktionen sind Schnittkurven eines Doppelkreiskegels mit einer Ebene, sie heißen Kegelschnitte (Bild 3.41).

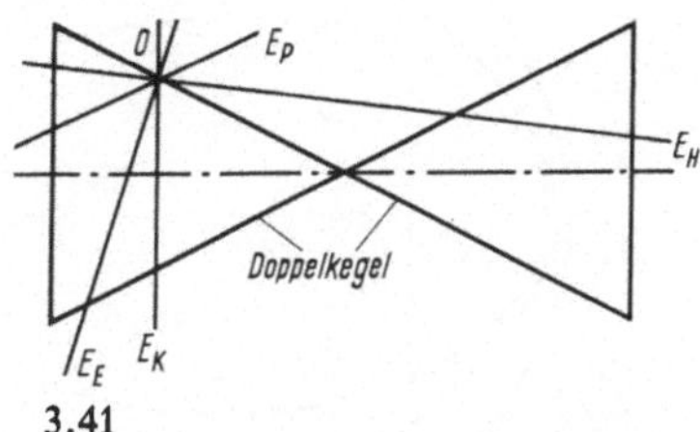

3.41

Ein Schnitt E_K senkrecht zur Kegelachse ergibt als Schnittfigur einen Kreis, der beim Schnitt durch die Kegelspitze zu einem Punkt wird. Ein schräger Schnitt E_E, der beide Kegelmantellinien schneidet, hat eine Ellipse als Schnittfigur. Dreht man die Schnittebene um die Achse O weiter, bis sie parallel zur Kegelmantellinie verläuft (E_P), so gibt es nur noch einen Scheitel. Die geschlossene Ellipse geht in die offene Parabel über. Weitere Drehung der Schnittebene bis zum Schnitt mit dem zweiten Kegel (E_H) führt auf die Hyperbel, die wieder zwei Scheitel hat. Falls dieser Schnitt durch die Kegelspitze verläuft, erhält man als Spezialfall der Hyperbel ein Geradenpaar.

In der ebenen Geometrie kann man die Kegelschnitte einheitlich zusammenfassen durch die

Definition Der geometrische Ort aller Punkte, für die das Verhältnis der Abstände von einem festen Punkt F, dem Brennpunkt, und einer festen Geraden l, der Leitlinie, einen konstanten Wert ε hat, ist

für $\quad 0 < \varepsilon < 1 \quad$ eine Ellipse

für $\quad\quad\ \varepsilon = 1 \quad$ eine Parabel

für $\quad\quad\ \varepsilon > 1 \quad$ eine Hyperbel

ε heißt numerische Exzentrität.

In Bild 3.42 wird das Koordinatensystem so gewählt, daß der Brennpunkt F auf der negativen x-Achse liegt und die Leitlinie l eine Parallele zur y-Achse links des Brennpunktes wird. Aus der Definition folgt $\varepsilon = \overline{PF}/\overline{PQ}$. Mit $c, d > 0$ gilt

$$\overline{PQ} = d + x + c \quad \text{und} \quad \overline{PF} = \sqrt{(x + c)^2 + y^2}.$$

Aus $\overline{PF}^2 = \varepsilon^2\,\overline{PQ}^2$ folgt nach Ausmultiplizieren und entsprechendem Zusammenfassen

$$x^2(1 - \varepsilon^2) + 2[c(1 - \varepsilon^2) - d\varepsilon^2]x + y^2 = (d + c)^2\varepsilon^2 - c^2 \tag{3.45}$$

Nun wird durch eine Parallelverschiebung in x-Richtung bewirkt, daß die Koordinatenachsen für Ellipse und Hyperbel Symmetrieachsen werden. Wegen $\varepsilon \neq 1$ kann man $c = d\varepsilon^2/(1 - \varepsilon^2)$ wählen, so daß der Faktor von x verschwindet

$$x^2(1 - \varepsilon^2) + y^2 = \frac{d^2\varepsilon^2}{1 - \varepsilon^2}$$

Der Kreis ergibt sich, wenn $\varepsilon \to 0$, aber zugleich $d \cdot \varepsilon \to p = \text{const}$ strebt.

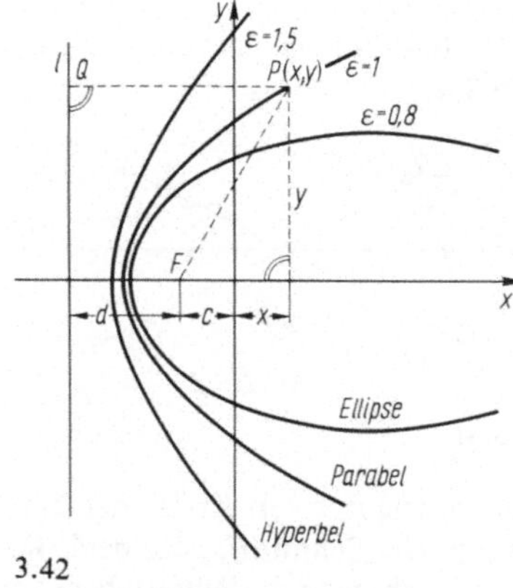

3.42   3.43

Für $\varepsilon = 1$ folgt aus Gl. (3.45) mit $c = -d/2$ die Parabelgleichung

$$y^2 = 2dx$$

Ohne Beweis wird darauf hingewiesen, daß man aus Gl. (3.45) durch unterschiedliche Koordinatenverschiebung für Hyperbel und Ellipse die gemeinsam geltende Scheitelgleichung der Kegelschnitte

$$y^2 = 2px + (\varepsilon^2 - 1)x^2 \tag{3.46}$$

erhält (Bild 3.43). Dabei heißt $p = \varepsilon d$ Halbparameter.
Weiter gilt für die

Hyperbel ($\varepsilon > 1$)	Ellipse ($0 < \varepsilon < 1$)
$a = \dfrac{p}{\varepsilon^2 - 1}$	$a = \dfrac{p}{1 - \varepsilon^2}$
$y^2 = 2px + \dfrac{p}{a}x^2$	$y^2 = 2px - \dfrac{p}{a}x^2$

Neben der Halbachse a erhält man die andere Halbachse b aus

$$b^2 = a^2(\varepsilon^2 - 1) \qquad\qquad b^2 = a^2(1 - \varepsilon^2)$$

Außer der numerischen Exzentrizität ε wird noch die lineare Exzentrizität $e = a\varepsilon$ eingeführt. Damit gilt

$$e = \sqrt{a^2 + b^2} \qquad\qquad e = \sqrt{a^2 - b^2}$$

e ist für Hyperbel und Ellipse der Abstand des Brennpunktes vom Zentrum des jeweiligen Kegelschnitts. Bei der Parabel hat der Brennpunkt den Abstand $p/2$ vom Scheitel.

Aus der allgemeinen Gleichung (3.44) der Kegelschnitte kann man mit Hilfe des Ablaufplans F16 den Typ des vorliegenden Kegelschnitts bestimmen, dann durch eine Drehung des Koordinatensystems entsprechend Beispiel 3.8 den gemischt quadratischen Summanden eliminieren. Durch eine darauffolgende quadratische Ergänzung erhält man die in F17 und 18 angegebenen Gleichungen für die einzelnen Kegelschnitte. In Beispiel 3.22 ist gezeigt, wie man die Tangenten einer Parabel bestimmt. Analog lassen sich die Tangentengleichungen für die anderen Kegelschnitte herleiten. Legt man von einem Punkt (Pol) außerhalb des Kegelschnitts die beiden Tangenten an einen Kegelschnitt, so heißt die Verbindungsgerade der Tangentenberührungspunkte Polare, sie kann unmittelbar angegeben werden.

Liegt der Pol P_0 auf dem Kegelschnitt, so fällt die Polare mit der durch P_0 verlaufenden Tangente zusammen. Liegt der Pol P_0 innerhalb des Kegelschnitts, können also keine Tangenten von P_0 an den Kegelschnitt gelegt werden, so haben Kegelschnitt und Polare keine Schnittpunkte, die Polare liegt außerhalb des Kegelschnitts. Hat man einen Kegelschnitt in die vorgenannte Normalform transformiert, so haben für diese Formeln die Gleichungen für Tangenten und Polaren eine einfache Gestalt (F16 bis 18).

Im folgenden soll an einigen Beispielen die Anwendung der Kegelschnittsformeln gezeigt werden.

Beispiel 3.36 Gegeben sind die Kegelschnitte a) $4x^2 - 6xy + 5y^2 + 2x - 4 = 0$ und b) $2x^2 - 2xy - y^2 + 10x - y + 11 = 0$.

Mit Hilfe des Ablaufplans F16 bestimme man den Typ des jeweiligen Kegelschnitts.

a) Es ist $a_{11} = 4 > 0$, $D = -49 < 0$ und $D_{33} = 11 > 0$. Wegen $D_{33} > 0$ und $\operatorname{sgn} D = -\operatorname{sgn} a_{11}$ sowie $a_{11} \neq a_{22}$ handelt es sich um eine Ellipse.

b) Wegen $D = 0$ handelt es sich um einen ausgearteten Kegelschnitt, wegen $D_{33} = -3 < 0$ um zwei reelle sich schneidende Geraden

$$y = -(\pm\sqrt{3} + 1)x - (\pm 2\sqrt{3} + 1)$$

Beispiel 3.37 Man ermittle die Gleichung des Kreises durch die drei Punkte $P_1(6; 2)$, $P_2(4; 6)$ und $P_3(-3; 5)$.

Durch Einsetzen der Koordinaten in die Kreisgleichung in allgemeiner Lage (F17)

$$(x - x_M)^2 + (y - y_M)^2 = r^2 \tag{3.47}$$

erhält man drei Gleichungen für die drei Unbekannten x_M, y_M und r

$$36 - 12x_M + x_M^2 + 4 - 4y_M + y_M^2 = r^2$$
$$16 - 8x_M + x_M^2 + 36 - 12y_M + y_M^2 = r^2$$
$$9 + 6x_M + x_M^2 + 25 - 10y_M + y_M^2 = r^2$$

Die beiden ersten Gleichungen und die beiden letzten Gleichungen werden voneinander subtrahiert; man erhält aus

$$-4x_M + 8y_M = 12$$
$$-14x_M - 2y_M = -18$$

die Mittelpunktskoordinaten $x_M = 1$ und $y_M = 2$.

Aus der ersten Gleichung folgt dann $25 = r^2$, also $r = 5$.

Beispiel 3.38 Greifen an den Begrenzungsflächen A_1 und A_2 des in Bild 3.44a dargestellten dreieckigen Blechstückes die bekannten Spannungen σ_1 und σ_2 an, so müssen aus Gründen des Gleichgewichts an der unter dem Winkel φ geneigten Begrenzungsfläche ebenfalls Spannungen wirken, deren Ermittlung aufgezeigt werden soll.

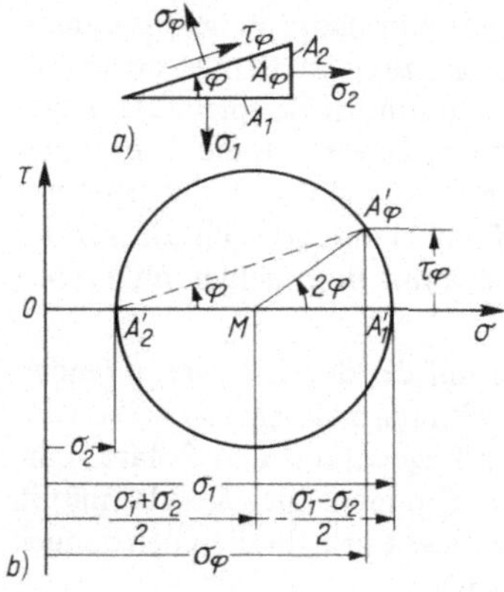

Mit $A_1 = A_\varphi \cos\varphi$ und $A_2 = A_\varphi \sin\varphi$ wird die Gleichgewichtsbedingung in horizontaler Richtung

$$\sigma_2 \cdot A_\varphi \sin\varphi + \tau_\varphi A_\varphi \cdot \cos\varphi - \sigma_\varphi A_\varphi \cdot \sin\varphi = 0$$

und entsprechend in vertikaler Richtung

$$-\sigma_1 \cdot A_\varphi \cos\varphi + \tau_\varphi A_\varphi \cdot \sin\varphi + \sigma_\varphi A_\varphi \cdot \cos\varphi = 0$$

3.44

In diesen Gleichungen ist τ_φ die Schubspannung in der geneigten Begrenzungsfläche. Aus diesen beiden Gleichungen können die unbekannten Spannungen τ_φ und σ_φ ermittelt werden. Wird die erste Gleichung mit $\cos\varphi/A_\varphi$ und die zweite mit $\sin\varphi/A_\varphi$ multipliziert und werden anschließend die beiden Gleichungen addiert, so erhält man unter Benutzung der Beziehungen $\sin^2\varphi + \cos^2\varphi = 1$ und $\sin\varphi\cos\varphi = \sin 2\varphi/2$

$$\tau_\varphi = \frac{\sigma_1 - \sigma_2}{2} \sin 2\varphi \qquad (3.48)$$

Wird dagegen die erste Gleichung mit $\sin\varphi/A_\varphi$ und die zweite mit $\cos\varphi/A_\varphi$ multipliziert und die erste von der zweiten abgezogen, so erhält man unter Benutzung der Beziehungen $\sin^2\varphi = (1 - \cos 2\varphi)/2$ und $\cos^2\varphi = (\cos 2\varphi + 1)/2$

$$\sigma_\varphi = \frac{\sigma_1 + \sigma_2}{2} + \frac{\sigma_1 - \sigma_2}{2} \cos 2\varphi \qquad (3.49)$$

Bei Benutzung von Gl. (3.48) und (3.49) ist darauf zu achten, daß die Spannungen, wie in Bild 3.44a eingezeichnet, wirken!

Gl. (3.48) und (3.49) werden umgestellt, quadriert und unter Beachtung der Beziehung $\sin^2 2\varphi + \cos^2 2\varphi = 1$ addiert

$$\left(\sigma_\varphi - \frac{\sigma_1 + \sigma_2}{2}\right)^2 = \left(\frac{\sigma_1 - \sigma_2}{2} \cos 2\varphi\right)^2 \qquad \tau_\varphi^2 = \left(\frac{\sigma_1 - \sigma_2}{2} \sin 2\varphi\right)^2$$

Man erhält die Gleichung eines Kreises (F17), des Mohrschen Spannungskreises

$$\left(\sigma_\varphi - \frac{\sigma_1 + \sigma_2}{2}\right)^2 + \tau_\varphi^2 = \left(\frac{\sigma_1 - \sigma_2}{2}\right)^2$$

Im (σ, τ)-Koordinatensystem (mit gleichen Einheitslängen l_σ und l_τ) hat der Mittelpunkt des Kreises die Koordinaten $(l_\sigma(\sigma_1 + \sigma_2)/2; 0)$ und der Radius die Größe $l_\sigma(\sigma_1 - \sigma_2)/2$. Bild 3.44b kann man die Gl. (3.48) und (3.49) auch unmittelbar entnehmen.

Es wird darauf hingewiesen, daß für die Konstruktion des Mohrschen Spannungskreises gilt: Zugspannungen sind positiv, Druckspannungen negativ; Schubspannungen, am Element im Uhrzeigersinn drehend, sind positiv. Jeder Elementbegrenzungsfläche ist ein Kreispunkt zugeordnet. Die Drehung einer Schnittfläche um den Winkel φ entspricht einer gleichsinnigen Drehung des zugehörigen Radiusstrahles um den Winkel 2φ.

Beispiel 3.39 Wie lautet die Gleichung der Tangente durch den Punkt $P_1(4; y_1 > 0)$ an den Kreis $x^2 + y^2 = 25$?

Die y-Koordinate des Berührungspunktes wird aus der expliziten Kreisgleichung $y = \sqrt{25 - x^2}$ zu $y_1 = \sqrt{25 - 16} = +3$ erhalten. Mit der Tangentengleichung F 17

$$xx_T + yy_T = r^2 \tag{3.50}$$

wird die Tangentengleichung $x \cdot 4 + y \cdot 3 = 25$, die auf die Normalform $y = -(4/3)x + 25/3$ gebracht werden kann.

Beispiel 3.40 Gesucht sind die Gleichungen der Tangenten von Punkt $P_0(7; 1)$ an den Mittelpunktskreis mit dem Radius $r = 5$.

Die Kreisgleichung lautet $x^2 + y^2 = 25$, die Polarengleichung $7 \cdot x + 1 \cdot y = 25$. Aus diesen beiden Gleichungen werden die beiden Bestimmungsgleichungen $x_i^2 + y_i^2 = 25$ und $7x_i + y_i = 25$ erhalten, aus denen sich die Abszissen der Schnittpunkte $x_1 = 4$ und $x_2 = 3$ ermitteln lassen. Aus der Polarengleichung erhält man die zugehörigen Ordinaten $y_1 = -3$ und $y_2 = 4$. Die Schnittpunkte $P_1(4; -3)$ und $P_2(3; 4)$ der Polaren mit dem Kreis sind die Berührungspunkte. Mit Gl. (3.50) werden die Tangentengleichungen $y = 4x/3 - 25/3$ und $y = -3x/4 + 25/4$ erhalten.

Schmiegkreis im Ellipsenscheitel Zur Konstruktion der Ellipse sind die Kreise wichtig, die sich der Ellipse in den Scheitelpunkten am besten anpassen, die sog. Schmiegkreise. Die Radien dieser Schmiegkreise werden wie folgt hergeleitet: In Bild 3.45a sind die Ellipse in Scheitellage $(x - a)^2/a^2 + y^2/b^2 = 1$ und der Kreis in Scheitellage $(x - r)^2 + y^2 = r^2$ dargestellt. Die Schnittpunkte dieser beiden Figuren erhält man aus den Bestimmungsgleichungen

$$\frac{(x_i - a)^2}{a^2} + \frac{y_i^2}{b^2} = 1 \qquad (x_i - r)^2 + y_i^2 = r^2$$

Beide Gleichungen werden nach y_i^2 aufgelöst

$$y_i^2 = b^2 - \frac{b^2}{a^2}(x_i - a)^2$$

$$= -\frac{b^2}{a^2}x_i^2 + 2\frac{b^2}{a}x_i$$

$$y_i^2 = r^2 - (x_i - r)^2 = 2rx_i - x_i^2$$

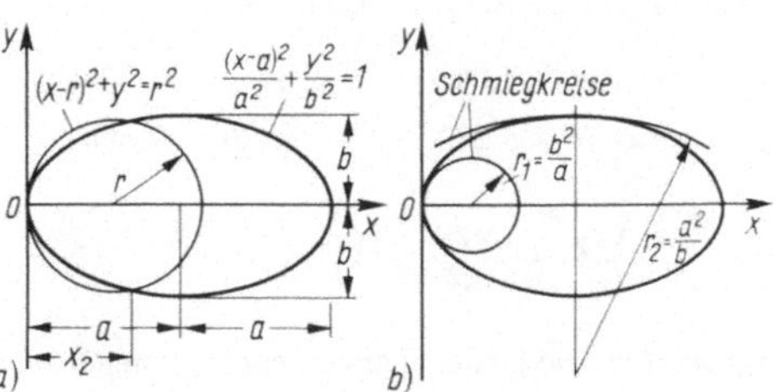

3.45

Durch Gleichsetzen erhält man die Bestimmungsgleichung für die Abszissen der Schnittpunkte

$$-\frac{b^2}{a^2}x_i^2 + 2\frac{b^2}{a}x_i = 2rx_i - x_i^2 \qquad x_1 = 0 \qquad x_2 = 2a\,\frac{ar - b^2}{a^2 - b^2}$$

Der Scheitelkreis wird zum Schmiegkreis (Bild 3.45b), wenn die Schnittpunkte im Ellipsenscheitel zusammenfallen, d. h. wenn $x_2 = x_1 = 0$ wird. Die Schnittpunktabszisse x_2 wird Null, wenn $ar - b^2 = 0$ ist. Der Radius des kleinen Schmiegkreises ist daher

$$r_1 = \frac{b^2}{a} \tag{3.51}$$

Ebenso ergibt sich der Radius des großen Schmiegkreises

$$r_2 = \frac{a^2}{b} \tag{3.52}$$

Der Schmiegkreis ist mit dem Krümmungskreis (s. Abschnitt 5.3.4) identisch.

Beispiel 3.41 Gegeben ist die Hyperbel

$$4x^2 - 9y^2 - 36 = 0$$

und der Punkt $P_0(2; 3)$. Gesucht ist die Mittelpunktsform, die Tangenten von P_0 an die Hyperbel und ihre Berührungspunkte sowie die zugehörige Polare. Wie lauten die Gleichungen der Scheitelkreise?

Aus der gegebenen Gleichung ergibt sich die Normalform (F 17)

$$\frac{x^2}{9} - \frac{y^2}{4} = 1$$

Als Polarengleichung findet man

$$\frac{xx_0}{a^2} - \frac{yy_0}{b^2} = 1 \quad \text{und damit} \quad \frac{2x}{9} - \frac{3y}{4} = 1$$

$$\text{oder} \quad y = \frac{8}{27}x - \frac{4}{3}$$

Die Schnittpunkte der Polaren mit der Hyperbel sind die Tangentenberührungspunkte. Einsetzen in die Hyperbelgleichung ergibt

$$\frac{x^2}{9} - \frac{1}{4}\left(\frac{8}{27}x - \frac{4}{3}\right)^2 = 1 \qquad x^2 + \frac{144}{65}x - \frac{81}{5} = 0$$

Damit lauten die Berührungspunkte

$$\begin{aligned} x_1 &= 3{,}067 & y_1 &= -0{,}4246 \\ x_2 &= -5{,}282 & y_2 &= -2{,}898 \end{aligned}$$

Aus

$$\frac{xx_T}{a^2} - \frac{yy_T}{b^2} = 1$$

ergeben sich die beiden Tangentengleichungen

$$y = -3{,}210x + 9{,}420 \qquad y = 0{,}810x + 1{,}380$$

Die gegebene Hyperbel ist symmetrisch zur y-Achse, die Mittelpunkte der Scheitelkreise liegen auf der x-Achse. Wie oben (s. Gl. (3.51)) bestimmt man die Radien der Scheitelkreise zu $r = b^2/a$, s. auch F 17. Die Mittelpunkte der Kreise liegen dann bei $x_M = \pm (a + r)$. Daher lauten die Scheitelkreise

$$\left(x \mp a \mp \frac{b^2}{a}\right)^2 + y^2 = \left(\frac{b^2}{a}\right)^2$$

also hier

$$\left(x \mp \frac{13}{3}\right)^2 + y^2 = \left(\frac{4}{3}\right)^2$$

3.4.3 Aufgaben zu Abschnitt 3.4

1. Bei turbulenter (verwirbelter) Strömung in glatten Rohren wird die Geschwindigkeit in Abhängigkeit vom Abstand x von der Rohrmitte durch die normierte Funktionsgleichung

$$\frac{v}{\bar{v}} = 1{,}19 \left[1 - \left(\frac{x}{r}\right)^{5/4}\right]^{1/7}$$

beschrieben. In dieser Formel bedeutet r den Rohrradius und $\bar{v}$ die mittlere Durchflußgeschwindigkeit. Man bestimme $v/\bar{v}$ für $x/r = 0{,}7$.

2. Man ermittle die Gleichung des Kreises durch die Punkte

a) $P_1(3{,}2;\ 1{,}4)$, $P_2(6{,}5;\ 4)$, $P_3(4;\ 9)$
b) $P_1(-3{,}5;\ -6)$, $P_2(3{,}5;\ -2)$, $P_3(7;\ 0)$

3. Man ermittle die Gleichung des Kreises mit dem Mittelpunkt $M(-10;\ 4)$ und dem Kreispunkt $P(-7;\ 0)$.

4. Man ermittle die Schnittpunkte des Kreises $(x - 5)^2 + y^2 - 6y - 16 = 0$ mit den Koordinatenachsen.

5. Wie groß muß n sein, damit die Gerade $y = x/2 + n$ den Kreis $x^2 + y^2 = 25$ berührt?

6. Wie heißen die Gleichungen der Kreise, die die Koordinatenachsen berühren und durch den Punkt $P(4;\ 5)$ gehen?

7. Man bestimme die Schnittpunkte der Geraden $x + y = 5$ mit dem Kreis $x^2 + y^2 = 25$.

8. Man bestimme die Schnittpunkte des Kegelschnitts $x^2 - 6x + y^2 - 4y - 87 = 0$ mit der Geraden $2x - 4y - 18 = 0$.

9. Man bestimme die Schnittpunkte der Kreise

$$x^2 + y^2 - 25 = 0 \quad \text{und} \quad (x - 3)^2 + (y + 1)^2 = 9.$$

10. Man forme die Funktion $4x^2 - 80x + 16y^2 + 224y + 400 = 0$ in die Normalform der Ellipsengleichung um.

11. Wie lautet die Gleichung der Ellipse mit dem Mittelpunkt $M(0;\ 0)$ und den beiden Ellipsenpunkten $P_1(6;\ 4)$ und $P_2(-8;\ -2)$?

12. Man ermittle die Schnittpunkte der Geraden $y = 2x + 5$ mit der Ellipse $x^2/16 + y^2/25 = 1$.

13. Man bestimme die Gleichung der Tangente im Ellipsenpunkt $P_1(3;\ y_1 < 0)$ an die Ellipse $x^2/49 + y^2/25 = 1$.

14. Wie heißen die Gleichungen der Tangenten in den Scheitelpunkten der Ellipse, die durch $(x - 5)^2/49 + (y + 3)^2/36 = 1$ gegeben ist?

15. Man ermittle die Gleichungen der Tangenten an die Ellipse $x^2/25 + y^2/9 = 1$ vom Punkt $P_0(-7; 0)$ aus.

16. Man bestimme die Schnittpunkte der Ellipse $x^2/49 + y^2/36 = 1$ mit dem Kreis $x^2 + y^2 = 49$.

17. Man bestimme die Gleichung der Ellipse in Mittelpunktslage, die im Punkt $P_0(5; 5)$ von der Geraden $y = 3x - 10$ rechtwinklig geschnitten wird.

18. Man forme die Funktion $4y^2 - 80y - 16x^2 + 224x + 400 = 0$ in die Normalform der Hyperbelgleichung um.

19. Wie lautet die Gleichung der Hyperbel mit den Brennpunkten $F_1(4; 4)$ und $F_2(16; 4)$ sowie der numerischen Exzentrizität $\varepsilon = 2$?

20. Man ermittle die Schnittpunkte der Geraden $y = 19$ mit der Hyperbel

$$\frac{(x - 2)^2}{25} - \frac{(y - 3)^2}{16} = 1$$

21. Wie heißen die Gleichungen der Tangenten in den Scheitelpunkten der Hyperbel

$$\frac{(x - 3)^2}{36} - \frac{(y + 3)^2}{25} = 1$$

22. Wie lauten die Gleichungen der Asymptoten der Hyperbel

$$\frac{(x - 5)^2}{25} - \frac{(y - 3)^2}{16} = 1$$

23. Unter welchem Winkel schneiden sich die Asymptoten der Hyperbeln

a) $x^2/16 - y^2/9 = 1$ b) $x^2/16 - y^2/16 = 1$ c) $x^2/16 - y^2/25 = 1$

24. Man ermittle die Schnittpunkte zwischen Parabel und Kreis

a) Parabel: $y^2 = x$ Kreis: $x^2 + y^2 = 4$

b) Parabel: $y^2 = x$ Kreis: $(x + 5)^2 + y^2 = 16$

25. Wie lauten die Gleichungen der Tangenten an die Kegelschnitte im Punkt P

a) $x^2 + 6x + 2y^2 - 39 = 0$ $P(1; y > 0)$

b) $4x^2 - 16x - y^2 + 2y - 5 = 0$ $P(5; y > 0)$

c) $3x + y^2 + 2y - 6 = 0$ $P(2; y < 0)$

26. Wie lautet die Gleichung der nach oben geöffneten Parabel, die durch $P_1(6; 10)$ geht und in $P_2(2; y_2)$ die Gerade $y = x + 2$ zur Tangente hat? Hinweis: $m_T = (x_T - x_A)/p$.

27. Man bestimme die Gleichung des Kreises K_2 mit dem Radius $r_2 = 10$, dessen Mittelpunkt auf der x-Achse liegt und der den Kreis K_1 $(x - 1)^2 + (y - 5)^2 = 25$ rechtwinklig schneidet.

28. Man bestimme x aus

a) $\sqrt{x + 2ab} + \sqrt{x - 2ab} = 2\sqrt{x - b^2}$

b) $-\sqrt{x - 1} + \dfrac{5}{\sqrt{x + 3}} = \sqrt{x + 3}$ c) $\dfrac{a\sqrt{ax} + b}{a\sqrt{ax} - b} = \dfrac{\sqrt{ax} - b}{\sqrt{ax} + b}$

3.5 Trigonometrische Funktionen

3.5.1 Schaubild. Periodizität

Trigonometrische Funktionen haben im Bauingenieurwesen wie auch in der Vermessungstechnik große Bedeutung. Daher hat sich ein großer Teil des einführenden Abschnitts 1 mit den Grundlagen der trigonometrischen Funktionen befaßt. Dies soll im folgenden vertieft werden.

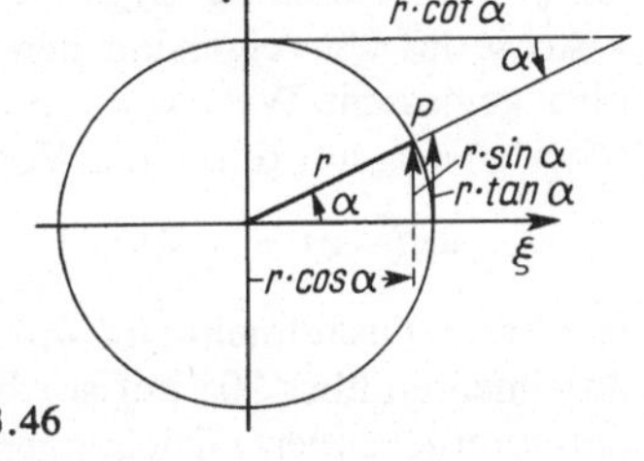

3.46

Ein Punkt P auf dem Kreisumfang (Bild 3.46) ist durch die Angabe des Winkels α zwischen dem Zeiger und der ξ-Achse festgelegt; α wird von der positiven ξ-Achse gegen den Uhrzeigersinn gemessen. In Bild 3.46 sind für $0 < \alpha < 90°$ die vier Größen $\sin\alpha$, $\cos\alpha$, $\tan\alpha$ und $\cot\alpha$ als Verhältnis zweier Strecken bestimmt. Setzt man jetzt den Winkel als unabhängige Veränderliche x und rotiert der Zeiger gegen den Uhrzeigersinn, so erhält man die **trigonometrischen Funktionen** (Winkelfunktionen).

Sinusfunktion

Bild 3.47 zeigt die Kurve der Sinusfunktion. Die Funktion hat Nullstellen bei $x = 0$, $\pm\pi$, $\pm 2\pi$, ..., und ihre Funktionswerte sind auf den Bereich zwischen -1 und $+1$ beschränkt, weil die Ordinate in Bild 3.46 nur Werte zwischen $-r$ und $+r$ annehmen kann.

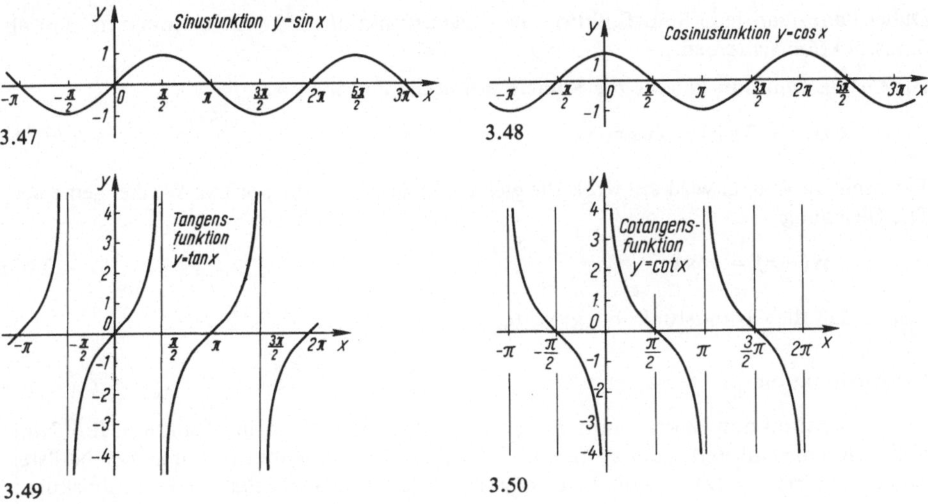

3.47

3.48

3.49

3.50

Nach jedem Umlauf des Zeigers (Vergrößerung des Winkels um 2π) erreicht der betrachtete Umfangspunkt auf dem Kreis die gleiche Stelle; die Funktion $y = \sin x$ nimmt die gleichen Werte wie bei dem um 2π verminderten Argument an.

Die Sinusfunktion ist periodisch mit der Periode 2π.

Mit ganzzahligen n gilt

$$\sin(x + 2\pi n) = \sin x \tag{3.53}$$

Gl. (3.53) ist auch für negative n gültig, wenn als negativer Winkel der von der positiven x-Achse im Uhrzeigersinn gemessene Winkel definiert wird. Der von der x-Achse nach oben gemessene Wert $y = \sin x$ und der nach unten gemessene Wert $y = \sin(-x)$ unterscheiden sich nur durch das Vorzeichen. Die Funktion $y = \sin x$ ist also ungerade, es gilt

$$\sin(-x) = -\sin x \tag{3.54}$$

In diesem Zusammenhang wird auf Umrechnung von trigonometrischen Funktionen mit Argumenten über 90° auf solche unter 90° sowie auf die Additionstheoreme und die sich daraus ergebenden Gleichungen hingewiesen, F 8, 9.

Cosinusfunktion

Die Cosinusfunktion (Bild 3.48) hat bei $x = \pm \pi/2$, $x = \pm 3\pi/2$, ... Nullstellen.

Ihre Funktionskurve geht aus der Sinusfunktion durch Verschieben der Kurve um $\pi/2$ nach links oder des Koordinatensystems nach rechts hervor. Man sagt auch, sie eilt der Sinuskurve um $\pi/2$ voraus. Deutet man nämlich die Variable x als (bezogene) Zeit t/t_0, so erreicht die Cosinusfunktion ihr Maximum zu einem früheren Zeitpunkt ($t = 0$) als die Sinusfunktion ($t/t_0 = \pi/2$). Deshalb gilt

$$\sin\left(x + \frac{\pi}{2}\right) = \cos x \qquad \cos\left(x - \frac{\pi}{2}\right) = \sin x \tag{3.55}$$

Daher kann man jede Sinusfunktion als Cosinusfunktion und jede Cosinusfunktion als Sinusfunktion schreiben.

Die Cosinusfunktion hat wie die Sinusfunktion die Periode 2π.

$$\cos(x + 2\pi n) = \cos x \tag{3.56}$$

Für negative Winkel wird am Kreis die gleiche Abszisse wie für positive Winkel gemessen. Die Gleichung

$$\cos(-x) = \cos x \tag{3.57}$$

besagt, daß die Cosinusfunktion gerade ist.

Tangensfunktion

Die Tangensfunktion ist der Quotient von Sinusfunktion und Cosinusfunktion. Ihre Nullstellen sind die Nullstellen des Zählers ($x = n\pi$). Die Tangensfunktion hat an den Nullstellen des Nenners $x = (2n + 1)\pi/2$ Unstetigkeitsstellen. Bild 3.49 zeigt ihre Funktionskurve.

Die Tangensfunktion ist ungerade, denn es ist

$$\tan(-x) = \frac{\sin(-x)}{\cos(-x)} = \frac{-\sin x}{\cos x} = -\tan x \tag{3.58}$$

Als Quotient zweier periodischer Funktionen mit gleicher Periode ist auch die Tangensfunktion periodisch.

Die Tangensfunktion hat die Periode π.

$$\tan(x + n\pi) = \tan x \tag{3.59}$$

Diese ist halb so groß wie die Perioden des Sinus und des Cosinus.

Cotangensfunktion

Die Cotangensfunktion ist der Quotient von Cosinusfunktion und Sinusfunktion. Ihre Nullstellen sind die Nullstellen des Zählers ($x = (2n + 1)\pi/2$). Die Cotangensfunktion hat an den Nullstellen des Nenners ($x = n\pi$) Unstetigkeitsstellen. Bild 3.50 zeigt ihre Funktionskurve. Die Cotangensfunktion ist ungerade, denn es ist

$$\cot(-x) = \frac{\cos(-x)}{\sin(-x)} = \frac{\cos x}{-\sin x} = -\cot x \tag{3.60}$$

Als Quotient zweier periodischer Funktionen mit gleicher Periode ist auch die Cotangensfunktion periodisch.

Die Cotangensfunktion hat wie die Tangensfunktion die Periode π.

$$\cot(x + n\pi) = \cot x \tag{3.61}$$

Beispiel 3.42 Die Funktion

$$y = A\cos(\omega t + \varphi) \tag{3.62}$$

ist die Normalform der harmonischen Schwingung, dabei ist A die Amplitude, t die Zeit, ω die Kreisfrequenz und φ der Nullphasenwinkel. Man diskutiere diese Funktion (Bild 3.51).

Aus

$$\cos(\omega t + \varphi) = \cos(\omega t + \varphi + 2\pi)$$
$$= \cos\left[\omega\left(t + \frac{2\pi}{\omega}\right) + \varphi\right]$$

3.51

folgt, daß die harmonische Schwingung die Periode (Schwingungszeit) $T = 2\pi/\omega$ hat, ihr Kehrwert $f = 1/T = \omega/2\pi$ heißt Frequenz. Ist $t = -\varphi/\omega$, so folgt $y = A$. Eine Nullstelle erhält man für

$$\omega t + \varphi = \frac{\pi}{2} \quad \text{oder} \quad t_0 = -\frac{\varphi}{\omega} + \frac{\pi}{2\omega} = -\frac{\varphi}{\omega} + \frac{T}{4}$$

Weitere Nullstellen ergeben sich für $t_0 + n \cdot T/2$ mit ganzzahligem n. Maxima A (bzw. Minima $-A$) treten jeweils nach einer Periode T wieder auf.

Beispiel 3.43 Man bringe $y = -A\sin(\omega t + \varphi)$ in die Normalform der harmonischen Schwingung Gl. (3.62).

Nach Gl. (3.55) ist

$$y = -A\sin(\omega t + \varphi) = -A\cos\left(\omega t + \varphi - \frac{\pi}{2}\right)$$

Nach F8 gilt $-\cos\alpha = \cos(\alpha + \pi)$; also wird

$$y = A\cos\left[\omega t + \left(\varphi + \frac{\pi}{2}\right)\right]$$

Beispiel 3.44 Man bestimme alle Nullstellen der Funktion $y = \sin 2x - \cos x$.

Die zu lösende Bestimmungsgleichung

$$\sin 2x - \cos x = 0 \tag{3.63}$$

ist eine **goniometrische Gleichung** (Bestimmungsgleichung, in der trigonometrische Funktionen auftreten). Nach F9 ist $\sin 2x = 2\sin x\cos x$, also folgt aus Gl. (3.63)

$$\cos x(2\sin x - 1) = 0$$

Ein Produkt ist Null, wenn mindestens ein Faktor Null ist. Daher erhält man als

1. Lösungsteilmenge: $\cos x_1 = 0 \qquad x_1 = \dfrac{\pi}{2} + n\pi$

2. Lösungsteilmenge: $2\sin x - 1 = 0$

$$\sin x = 0{,}5 \qquad x_2 = \frac{\pi}{6} + 2n\pi \qquad x_3 = \frac{5\pi}{6} + 2n\pi$$

Hierbei ist n eine beliebige ganze Zahl.

Beispiel 3.45 Man bestimme diejenigen Werte $0 \leqslant x < 2\pi$, für die die Gleichung

$$3\sin x + 5\cos x - 4 = 0$$

erfüllt ist.

Mit $\cos x = \sqrt{1 - \sin^2 x}$ und Auflösen nach der Wurzel erhält man

$$\sqrt{1 - \sin^2 x} = 0{,}8 - 0{,}6\sin x$$
$$1 - \sin^2 x = 0{,}64 - 0{,}96\sin x + 0{,}36\sin^2 x$$
$$1{,}36\sin^2 x - 0{,}96\sin x - 0{,}36 = 0$$
$$\sin^2 x - 0{,}7059\sin x - 0{,}2647 = 0$$
$$\sin x = 0{,}3529 \pm 0{,}6239$$

Als Lösungen sind nach der Rechnung möglich:

I. $\sin x = 0{,}9769 \qquad x_1 = 77{,}65° = 1{,}355\ \text{rad}$

$\qquad\qquad\qquad\qquad\quad x_2 = 102{,}35° = 1{,}786\ \text{rad}$

II. $\sin x = -0{,}2710 \qquad x_3 = 195{,}72° = 3{,}416\ \text{rad}$

$\qquad\qquad\qquad\qquad\quad x_4 = 344{,}28° = 6{,}009\ \text{rad}$

Diese vier Werte müssen durch Einsetzen in die gegebene Gleichung noch überprüft werden, weil möglicherweise durch das Quadrieren zusätzliche Lösungen hereingekommen sind. Die Ausgangsgleichung ist nämlich nicht quadratisch. Die Nachprüfung ergibt, daß nur

$$x_1 = 1{,}355 \text{ rad} \quad \text{und} \quad x_4 = 6{,}009 \text{ rad}$$

Lösungen dieser Ausgangsgleichung sind.

Beispiel 3.46 Über zwei feste Rollen ist ein Seil gelegt, an dessen Enden die Gewichte F_2 und F_3 wirken (Bild 3.52a). Ein weiteres durch das Gewicht F_1 belastetes Seilstück ist an das Seil angeknotet. Man ermittle die Winkel α und β, bei denen das System in Ruhe ist.

Da ein Seil eine Kraft unvermindert überträgt (wenn keine Reibung an den Rollen wirkt), müssen die Kräfte F_1, F_2 und F_3, wie in Bild 3.52b dargestellt, am Seilknoten wirken. Im Ruhezustand sind diese drei Kräfte im Gleichgewicht. Aus den Gleichgewichtsbedingungen

$$\sum F_\mathrm{H} = 0 = F_3 \cos\beta - F_2 \cos\alpha$$
$$\sum F_\mathrm{V} = 0 = F_3 \sin\beta + F_2 \sin\alpha - F_1$$

müssen sich α und β bestimmen lassen. Nach Umstellung, Quadrieren und Addieren ergibt sich

$$(F_3 \cos\beta)^2 = (F_2 \cos\alpha)^2$$
$$\underline{(F_3 \sin\beta)^2 = (F_1 - F_2 \sin\alpha)^2}$$
$$F_3^2 = F_2^2 + F_1^2 - 2F_1 F_2 \sin\alpha$$
$$\sin\alpha = \frac{F_1^2 + F_2^2 - F_3^2}{2F_1 F_2}$$

Entsprechend erhält man

$$\sin\beta = \frac{F_1^2 + F_3^2 - F_2^2}{2F_1 F_3}$$

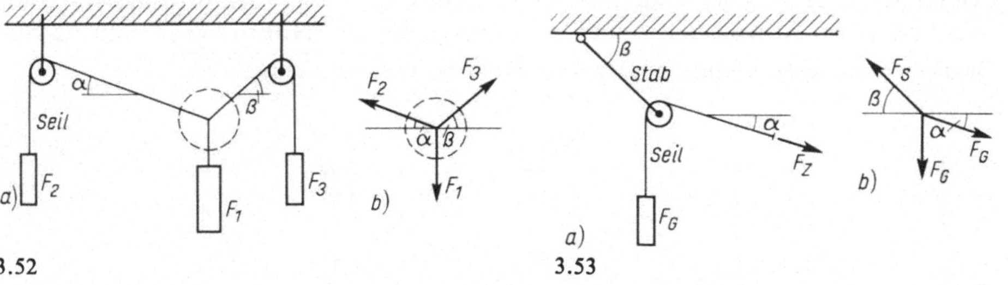

Beispiel 3.47 Ein Gewicht F_G hängt an einem über eine Rolle gelegten Seil (Bild 3.53). Die Rolle ist mit einem Stab gelenkig an der Decke befestigt. Welche Kraft F_Z muß am anderen Seilende wirken, damit Gleichgewicht herrscht? Wie groß ist die Stabkraft F_S und unter welchem Winkel stellt sich der Stab schief, wenn die Kraft F_Z unter dem Winkel α wirkt?

Da ein Seil eine Kraft unvermindert überträgt, ist $F_\mathrm{Z} = F_\mathrm{G}$. An der Rolle greifen, wie in Bild 3.53b dargestellt, drei Kräfte an, die im Gleichgewicht sein müssen. Die Gleichgewichtsbedingungen lauten

$$\sum F_\mathrm{H} = 0 = F_\mathrm{G} \cos\alpha - F_\mathrm{S} \cos\beta$$
$$\sum F_\mathrm{V} = 0 = F_\mathrm{S} \sin\beta - F_\mathrm{G} \sin\alpha - F_\mathrm{G}$$

Durch Umstellung, Quadrieren, Addieren und Auflösen wird

$$(F_S \cos \beta)^2 = (F_G \cos \alpha)^2$$
$$(F_S \sin \beta)^2 = (F_G + F_G \sin \alpha)^2$$

$$F_S^2(\cos^2\beta + \sin^2\beta) = F_G^2(\cos^2\alpha + \sin^2\alpha) + F_G^2 + 2F_G^2\sin\alpha$$
$$F_S^2 = F_G^2 \cdot 2 \cdot (1 + \sin\alpha)$$
$$F_S = F_G \cdot \sqrt{2} \cdot \sqrt{1 + \sin\alpha}$$

Durch Einsetzen in die erste Gleichung erhält man

$$\cos\beta = \frac{F_G \cos\alpha}{F_S} = \frac{\cos\alpha}{\sqrt{2} \cdot \sqrt{1 + \sin\alpha}}$$

3.5.2 Arcusfunktionen

Definition Die **Arcusfunktionen** sind die Umkehrfunktionen der trigonometrischen Funktionen.

Sie treten auf, wenn eine Winkelfunktion (Sinus, Cosinus, Tangens oder Cotangens) gegeben ist und der zugehörige Winkel (arcus) gesucht wird.

In Abschn. 3.5.1 wurde gezeigt, daß die Winkelfunktionen periodisch sind, daß also zu verschiedenen Winkeln x mit dem Periodenabstand 2π gleiche Funktionswerte y der Winkelfunktionen gehören.

Bei der Umkehrung ist der Wert y der Winkelfunktion (z. B. $y = \sin x = 0{,}5$) gegeben und der zugehörige Winkel x (meist im Bogenmaß) gesucht. Nach Bild 3.47 und Gl. (3.53) gibt es unendlich viele Winkel x, deren Sinus z. B. gleich 0,5 ist. Aus diesen muß bei Forderung der Eindeutigkeit der Umkehrung ein Winkel festgelegt werden. Deshalb beschränkt man sich bei der Spiegelung der Sinuskurve an der Geraden $y = x$ auf den zwischen $-\pi/2$ und $+\pi/2$ gelegenen Winkelbereich einer Halbperiode, die sog. Hauptwerte (Bild 3.54a).

Die nach x aufgelöste Funktion der Sinusfunktion $y = \sin x$ lautet

$$x = \arcsin y$$

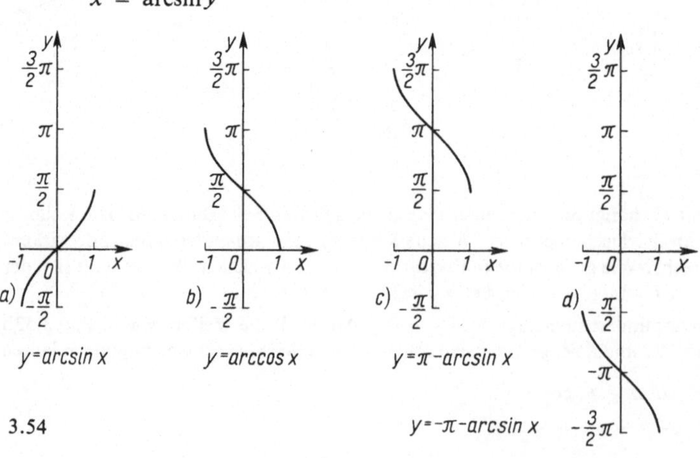

3.54

x ist der Winkel im Bogenmaß, dessen Sinus gleich y ist. Vertauscht man noch die Variablen, damit nach der in Abschn. 3.1.2 getroffenen Vereinbarung die abhängige Variable mit y bezeichnet wird, so erhält man in

$$y = \arcsin x \qquad\qquad (3.64)$$

die Umkehrfunktion der Sinusfunktion. Hier ist y der Winkel (im Bogenmaß), dessen Sinus gleich x ist.

Weil der Betrag des Sinus nicht größer als Eins werden kann, ist der Definitionsbereich der Arcussinusfunktion auf $-1 \leqslant x \leqslant +1$ beschränkt, die Bildmenge auf $-\pi/2 \leqslant y \leqslant +\pi/2$.

Die „Fortsetzung" der Arcussinusfunktion nach oben ist durch $y = \pi - \arcsin x$ (Bild 3.54c) weiter durch $y = 2\pi + \arcsin x$ gegeben, eine „Fortsetzung" nach unten durch $y = -\pi - \arcsin x$ (Bild 3.54d).

Beispiel 3.48 Es ist

$$\arcsin 1 \qquad = \quad 90° \qquad = \quad \pi/2 \quad \text{rad}$$
$$\arcsin 0{,}8660 \qquad = \quad 60° \qquad = \quad \pi/3 \quad \text{rad}$$
$$\arcsin 0{,}1692 \qquad = \quad 9{,}741° = \quad 0{,}1700 \quad \text{rad}$$
$$\arcsin(-0{,}3808) = -22{,}383° = -0{,}3907 \quad \text{rad}$$
$$\arcsin(-0{,}5) \qquad = -30° \qquad = -\pi/6 \quad \text{rad}$$
$$\arcsin(-1) \qquad = -90° \qquad = -\pi/2 \quad \text{rad}$$

Die Funktion

$$y = \arccos x$$

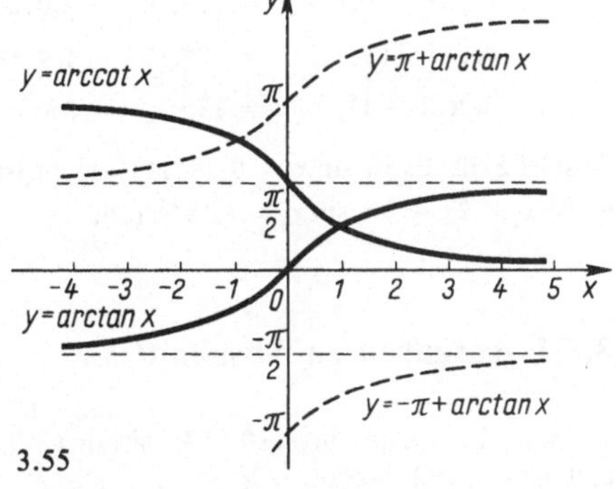

3.55

ist die Umkehrfunktion zu $y = \cos x$ und gibt denjenigen Winkel an, dessen Cosinus gleich x ist. Ihre Kurve ist in Bild 3.54b dargestellt. Der Definitionsbereich ist $-1 \leqslant x \leqslant 1$, der Wertebereich $0 \leqslant y \leqslant \pi$.

Die Funktion $y = 2\pi - \arccos x$ z. B. hat einen Wertebereich $\pi \leqslant y \leqslant 2\pi$, die Funktion $y = -\arccos x$ einen solchen von $-\pi \leqslant y \leqslant 0$.

Die Umkehrfunktion zu $y = \tan x$ heißt

$$y = \arctan x$$

Sie gibt den Winkel an, dessen Tangens gleich x ist. Ihre Kurve ist in Bild 3.55 dargestellt. Der Wertebereich liegt zwischen $y = -\pi/2$ und $y = +\pi/2$. Im gleichen Bild ist

$$y = \text{arccot}\, x$$

dargestellt; der Wertebereich ist $0 < y < \pi$.

Der Taschenrechner liefert die in Bild 3.54a, b dargestellten und die in Bild 3.55 hervorgehobenen Funktionswerte. Falls andere Wertebereiche benötigt werden, sind mit Arcusfunktionen zusammengesetzte Funktionen zu verwenden, s. Bild. 3.54c, d, gestrichelte Kurve in Bild 3.55 und Beispiel 3.50.

Die Funktion $y = \text{arccot}\, x$ existiert nicht auf dem Taschenrechner; man muß zunächst den Kehrwert $1/x$ und dann die Arcustangens-Taste drücken; falls das Ergebnis negativ ist, muß anschließend noch π addiert werden.

Beispiel 3.49 Es ist

$$
\begin{array}{lll}
\arccos 1 & = \quad 0° & = 0 \qquad \text{rad} \\
\arccos(\sqrt{2}/2) & = \quad 45° & = \pi/4 \quad \text{rad} \\
\arccos 0 & = \quad 90° & = \pi/2 \quad \text{rad} \\
\arccos(-0{,}5) & = 120° & = 2\pi/3 \quad \text{rad} \\
\arccos(-1) & = 180° & = \pi \qquad \text{rad} \\
\arctan 1 & = \quad 45° & = \pi/4 \quad \text{rad} \\
\arctan 2{,}116 & = \quad 64{,}71° & = 1{,}1293 \ \text{rad} \\
\arctan 10 & = \quad 84{,}29° & = 1{,}4711 \ \text{rad} \\
\text{arccot}\, 0 & = \quad 90° & = \pi/2 \quad \text{rad} \\
\text{arccot}(-0{,}4727) & = 115{,}30° & = 2{,}0124 \ \text{rad} \\
\text{arccot}\, 0{,}0998 & = \quad 84{,}30° & = 1{,}4713 \ \text{rad} \\
\text{arccot}(-1) & = 135° & = 3\pi/4 \quad \text{rad}
\end{array}
$$

Beispiel 3.50 Es ist $\sin x = 0{,}7841$. Gesucht ist ein Argument x mit $3\pi/2 \leqslant x \leqslant 5\pi/2$. Es ist $x = 2\pi + \arcsin x = 7{,}1844$ rad.

3.5.3 Aufgaben zu Abschnitt 3.5

1. Man bestimme $\arcsin 0{,}557$, $\arcsin(-0{,}229)$, $\arccos 0{,}987$, $\arccos(-0{,}083)$, $\arctan 10{,}0$, $\arctan(-1{,}356)$, $\text{arccot}(-2)$.

2. Die Funktion $y = 0{,}8\cos(3x - 1{,}22)$ ist als Sinusfunktion,
die Funktion $y = 2{,}4\sin(0{,}2x + 3{,}41)$ als Cosinusfunktion zu schreiben.

3. Man bestimme x aus der Gleichung $0{,}8\sin x - 0{,}7\cos(x + 1) = 0$. Hinweis: Nach Anwendung des Additionstheorems für $\cos(x + 1)$ erhält man eine Gleichung für $\tan x$.

4. Man bestimme unter Anwendung der Additionstheoreme x mit $0 \leqslant x < 360°$ aus
a) $\sin x + 2\tan 2x = 0$
b) $\sin^2 x - 3\cos 2x - \cos x + 3 = 0$
c) $\cos x - \sin x = \sin x \cos x$
Hinweis: Man quadriere beide Seiten der Gleichung.
d) $\dfrac{1}{4\tan^2 x} = 3\cos 2x$

5. Man vereinfache unter Beachtung der Additionstheoreme
a) $y = \sin \arctan x.$ b) $y = \arctan x_1 + \arctan x_2$

6. Man löse die Gleichung $\arcsin x = \dfrac{1}{2}\arctan z$ nach z auf und vereinfache sie.

7. Über zwei feste Rollen ist ein Seil gelegt, an dem das Gewicht $F_2 = 3$ kN und das unbekannte Gewicht F_3 angehängt sind. Ein weiteres durch das Gewicht $F_1 = 4$ kN belastetes Seil ist angeknotet. Wie groß sind F_3 und der Winkel β, wenn sich im Ruhezustand das linke Seil unter dem Winkel $\alpha = 50°$ einstellt (s. Bild 3.52)?

3.6 Exponential- und Logarithmusfunktionen

3.6.1 Exponentialfunktionen

Beispiel 3.51 Zur Aufnahme einer Kraft F ist bei einer zulässigen Druckspannung zul σ_D eine Querschnittsfläche $A_0 = F/\text{zul } \sigma_D$ erforderlich (Bild 3.56). Die in der Entfernung x von der Pfeileroberkante erforderliche Querschnittsfläche A ist größer als A_0, da ja in diesem Querschnitt die Kraft F und das Pfeilereigengewicht G oberhalb des Querschnitts übertragen werden muß. Es gilt mit der Wichte γ und der Euler-Konstanten e = 2,71828 die Funktionsgleichung

$$A = A_0 \cdot e^{\frac{\gamma x}{\text{zul } \sigma_D}} = \frac{F}{\text{zul } \sigma_D} \cdot e^{\frac{\gamma x}{\text{zul } \sigma_D}}$$

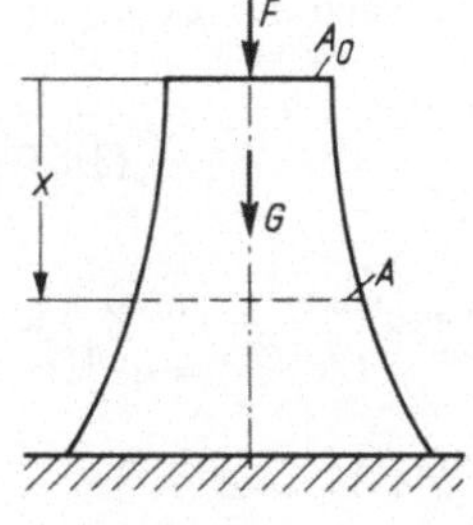
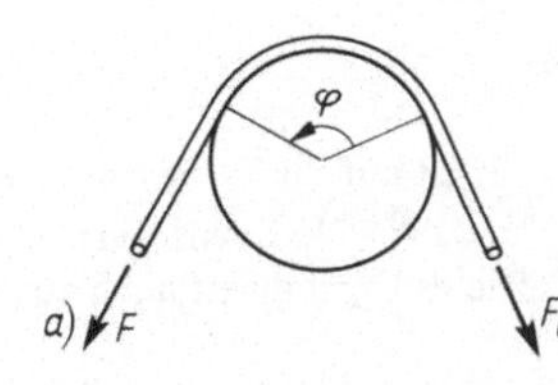
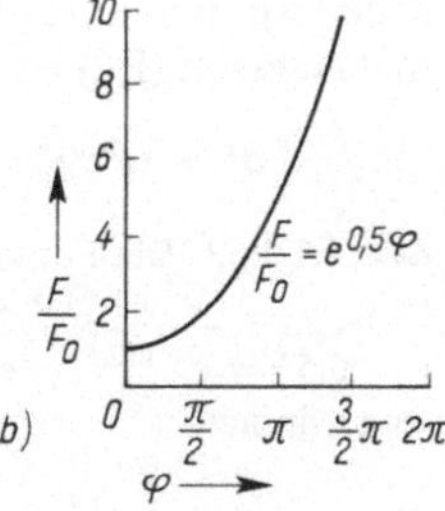

3.56   3.57

Beispiel 3.52 Wird ein Seil um eine Welle (Bild 3.57) gelegt und greift an einem Seilende die Kraft F_0 an, so muß am anderen Ende mit der Kraft $F = F_0\, e^{\mu\varphi}$ gezogen werden, damit das Seil sich bewegt; in dieser Gleichung ist φ der Umlenkwinkel im Bogenmaß und μ der Reibungskoeffizient zwischen Seil und Welle.

In Tafel 3.58 ist für $\mu = 0{,}5$ der Zusammenhang zwischen dem Umlenkwinkel φ und $e^{\mu\varphi}$ angegeben. Das erkennbare schnelle Anwachsen des Verhältnisses $F/F_0 = e^{\mu\varphi}$ (Bild 3.57b) wird z. B. praktisch genutzt, um Schiffe am Kai mit um Dalben geschlungenen Seilen zu befestigen.

Tafel 3.58

φ	0	$\dfrac{\pi}{2}$	π	$\dfrac{3}{2}\pi$	2π	4π
$F/F_0 = e^{0,5\varphi}$	1	2,19	4,81	10,55	23,14	535,49

Die Exponentialfunktion mit der Gleichung

$$y = a^x \qquad a > 0$$

ordnet jeder reellen Zahl x einen Funktionswert y zu.

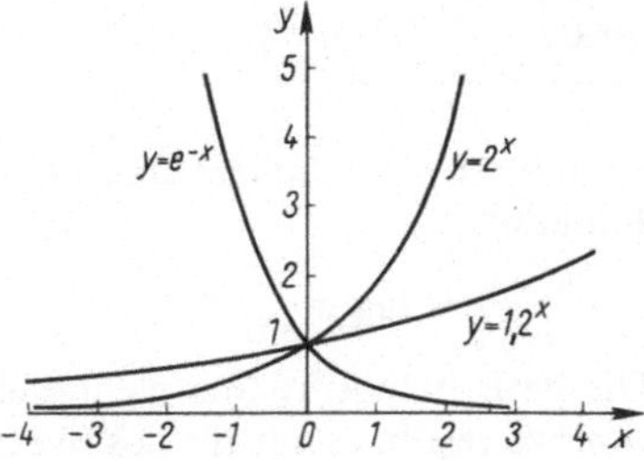

3.59

Das Schaubild der Exponentialfunktion $y = a^x$ (Bild 3.59) zeigt für $a > 1$ eine mit wachsendem x immer steiler ansteigende Kurve, die nur oberhalb der x-Achse verläuft, weil jede Potenz einer positiven Zahl positiv ist. Weil $a^0 = 1$ für jedes a ist, schneidet die Funktionskurve die y-Achse im Punkte $y = 1$ und geht für große negative Exponenten x asymptotisch gegen die negative x-Achse. Für $0 < a < 1$ fällt die Kurve mit zunehmendem x ständig ab, hat also die positive x-Achse zur Asymptote. Die Funktionen $(1/a)^x = a^{-x}$ und a^x haben Kurven, die zur y-Achse spiegelbildlich liegen. Diese Eigenschaften sind von der speziellen Wahl der Basis unabhängig.

Spezielle Basis e. Die Exponentialfunktion mit der Basis e (Abschn. 4.4) ist für viele technische Anwendungen wichtig. Man nennt sie kurz die e-Funktion und schreibt

$$y = e^x = \exp x$$

Jede Exponentialfunktion kann auf die Basis e umgerechnet werden. Nach den Logarithmengesetzen (F 2) ist $a = e^{\ln a}$ und

$$a^x = (e^{\ln a})^x = e^{x \cdot \ln a} \tag{3.65}$$

Beispiel 3.53 Die Funktion $y = 2^x$ ist auf die Basis e umzurechnen.

Es ist $y = 2^x = (e^{\ln 2})^x = e^{x \cdot \ln 2} = e^{0,693x}$. Ebenso erhält man $y = 10^x = e^{x \cdot \ln 10} = e^{2,303x}$ und $y = 0,5^x = e^{x \cdot \ln 0,5} = e^{-0,693x}$. Dieses Ergebnis ist auch aus $y = 0,5^x = 1/2^x = 1/e^{0,693x} = e^{-0,693x}$ zu gewinnen.

3.6.2 Logarithmische Funktionen

Beispiel 3.54 Der Luftdruck p nimmt mit zunehmender Höhe h ab. Wird die unterschiedliche stoffliche Zusammensetzung der Luft und die mit der Höhe abnehmende Lufttemperatur nicht berücksichtigt, so gelten die Beziehungen

$$p = 1013 \text{ mbar} \cdot 10^{-\frac{h}{18396 \text{ m}}} = 1013 \text{ mbar} \cdot e^{-\frac{h}{7989 \text{ m}}}$$

und

$$h = 18396 \text{ m} \cdot \lg \frac{1013 \text{ mbar}}{p} = 7989 \text{ m} \cdot \ln \frac{1013 \text{ mbar}}{p}$$

In Tafel 3.60 ist der Zusammenhang $h = f(p)$ gezeigt.

Tafel 3.60

$\dfrac{h}{\text{m}}$	$\dfrac{p}{\text{mbar}}$
0	1013
200	988
400	964
600	940
800	916
1000	894
1500	840
2000	789

Definition Die Umkehrfunktion der Exponentialfunktion $y = a^x$ ist die **logarithmische Funktion**

$$y = \log_a x \tag{3.66}$$

Die Basis ist positiv und nicht gleich Eins, im allgemeinen größer als Eins. Reelle Funktionswerte gibt es nur für positive x, weil in der nach x aufgelösten Form der Gl. (3.66), also in $x = a^y$, für keine reelle Zahl y der Wert x negativ oder Null werden kann. Da ferner für jede Basis a die Gleichung $a^0 = 1$, also $\log_a 1 = 0$ gilt, haben alle logarithmischen Funktionen die gemeinsame Nullstelle $x = 1$. Hier schneiden sich ihre Funktionskurven auf der x-Achse (Bild 3.61). Die y-Achse ist Asymptote für alle logarithmischen Funktionskurven.

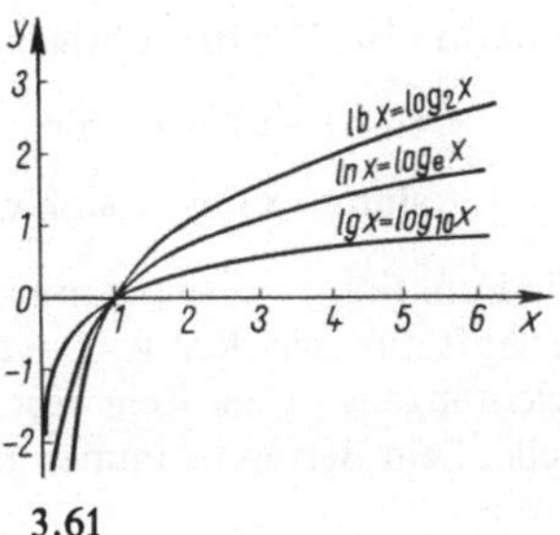

3.61

Die Berechnung der Funktionswerte erfolgt mit Hilfe einer Reihe (Abschn. 7.3.4). Sie werden in Logarithmentafeln zusammengestellt. Es genügt, die Logarithmen für eine Basis b zu kennen, da eine Umrechnung möglich ist. Man löst die Funktionsgleichung $y = \log_a x$ nach x auf und logarithmiert sie zu der bekannten Basis b

$$y = \log_a x \qquad x = a^y \qquad \log_b x = y \log_b a = \log_a x \cdot \log_b a$$

$$y = \log_a x = \frac{\log_b x}{\log_b a} \tag{3.67}$$

Die logarithmischen Funktionen mit verschiedenen Basen sind zueinander proportional.

Da die Reihen (Abschn. 7.3.4) den natürlichen Logarithmus liefern, entstehen die Tafeln für den Briggsschen Logarithmus (Zehnerlogarithmus) aus Gl. (3.67) mit $b = $ e und $a = 10$

$$\lg x = \frac{\ln x}{\ln 10}$$

3.6.3 Hyperbelfunktionen

Bei vielen technischen Problemen treten Kombinationen der Exponentialfunktionen e^x und e^{-x} auf, für die man besondere Namen eingeführt hat.

Definitionen Man nennt

$$
\left.
\begin{array}{lll}
\textbf{Hyperbelsinus} & \sinh x &= \dfrac{e^x - e^{-x}}{2} \\[2ex]
\textbf{Hyperbelcosinus} & \cosh x &= \dfrac{e^x + e^{-x}}{2} \\[2ex]
\textbf{Hyperbeltangens} & \tanh x &= \dfrac{\sinh x}{\cosh x} = \dfrac{e^x - e^{-x}}{e^x + e^{-x}} \\[2ex]
\textbf{Hyperbelcotangens} & \coth x &= \dfrac{1}{\tanh x} = \dfrac{e^x + e^{-x}}{e^x - e^{-x}}
\end{array}
\right\} \tag{3.68}
$$

Der Verlauf der Hyperbelfunktionen ist in Bild 3.62 dargestellt. Der Hyperbelcosinus nimmt nur Werte an, die größer als Eins sind, und kann für kleine x durch die Parabel $y = 1 + 0{,}5x^2$ angenähert werden (Abschn. 7.3.1). Ersetzt man in der Definitionsgleichung (3.68) das Argument x durch $-x$, so erkennt man, daß $y = \cosh x$ eine gerade

Funktion ist. Die drei übrigen Funktionen sind ungerade. Es gelten also die Beziehungen

$$\cosh(-x) = \cosh x \qquad \tanh(-x) = -\tanh x$$

$$\sinh(-x) = -\sinh x \qquad \coth(-x) = -\coth x \tag{3.69}$$

Die Funktion $y = \sinh x$ nimmt alle endlichen Werte an. Die Kurve der Tangensfunktion verläuft nur zwischen $y = -1$ und $y = +1$. Sie hat bei $x = 0$ eine Nullstelle. Der Hyperbelcotangens ist der Kehrwert des Hyperbeltangens, hat also bei $x = 0$ eine Unstetigkeitsstelle. Sein Betrag ist immer größer als Eins.

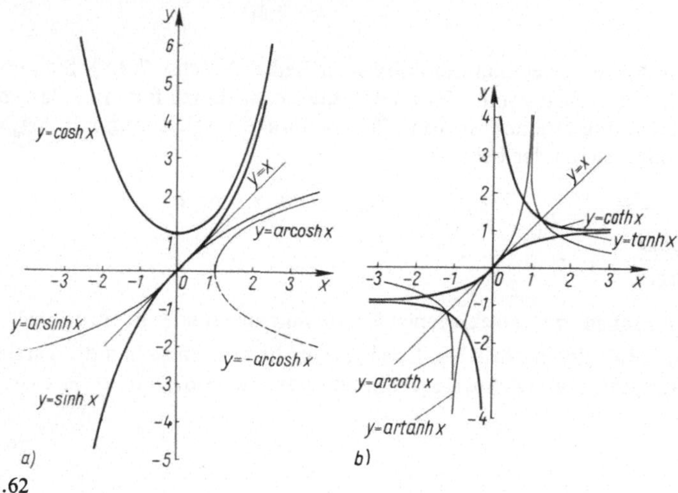

3.62

Asymptotisches Verhalten. Mit wachsendem x wird der Summand e^{-x} in Gl. (3.68) sehr klein gegen e^x. Der Hyperbelsinus und der Hyperbelcosinus nähern sich daher asymptotisch der Funktion $y = 0{,}5\,e^x$

$$\sinh x \approx \cosh x \approx 0{,}5\,e^x \quad \text{für große } x \tag{3.70}$$

Die Kurven der Funktionen $y = \tanh x$ und $y = \coth x$ haben aus dem gleichen Grunde die Geraden $y = \pm 1$ zu Asymptoten.

Bezeichnung. Die Namen der Hyperbelfunktionen sind in Analogie zu denen der Kreisfunktionen gewählt worden, weil die Hyperbelfunktionen ähnliche geometrische Deutungen an der gleichseitigen Hyperbel $x^2 - y^2 = r^2$ erfahren wie die Kreisfunktionen am Kreis $x^2 + y^2 = r^2$.

Beziehungen zwischen den Hyperbelfunktionen Durch Addieren bzw. Subtrahieren der Funktionen $\cosh x$ und $\sinh x$ ergibt sich

$$\cosh x + \sinh x = e^x$$

$$\cosh x - \sinh x = e^{-x}$$

Multipliziert man diese beiden Gleichungen miteinander, so findet man die der Gleichung $\sin^2 x + \cos^2 x = 1$ analoge Beziehung

$$\cosh^2 x - \sinh^2 x = 1 \tag{3.71}$$

Entsprechend den Additionstheoremen gelten vergleichbare Beziehungen bei den Hyperbelfunktionen. Sie sind in F 18 zusammengestellt.

Beispiel 3.55 Nach den Gesetzen der Mechanik wird die Form eines zwischen zwei gleich hohen Masten aufgehängten Seiles durch die Gleichung der Kettenlinie

$$y = a \cosh \frac{x}{a}$$

beschrieben, wobei a das Verhältnis der Horizontalkomponente von Seilkraft und Gewichtskraft je Längeneinheit ist (Bild 3.63). Die Länge a bedeutet gleichzeitig die Höhe des tiefsten Seilpunktes über dem Koordinatenanfangspunkt, weil für $x = 0$ der Funktionswert $y = a$ wird. Für $a = 80$ m beträgt die Masthöhe über dem Nullpunkt bei zwei 150 m entfernten Masten

$$
\begin{aligned}
y\,(75\ \mathrm{m}) &= 80\ \mathrm{m} \cdot \cosh\,[75\ \mathrm{m}/(80\ \mathrm{m})] \\
&= 80\ \mathrm{m} \cdot \cosh 0{,}9375 \\
&= 80\ \mathrm{m} \cdot 0{,}5\,(e^{0{,}9375} + e^{-0{,}9375}) \\
&= 80\ \mathrm{m} \cdot 0{,}5\,(2{,}55 + 0{,}39) = 118\ \mathrm{m}
\end{aligned}
$$

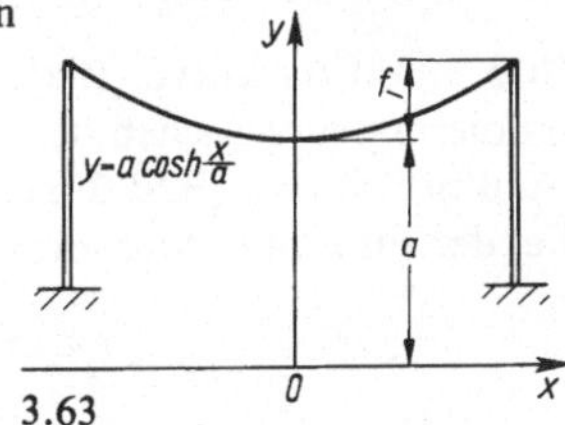

3.63

Verschiedene Taschenrechner haben auch Hyperbelfunktionen, so daß die Exponentialfunktion gar nicht erst benötigt wird. Weiter kann man auch direkt $\cosh 0{,}9375 = 1{,}47$ aus einer Tafel entnehmen. Der Durchhang f beträgt $(118 - 80)$ m $= 38$ m. Bei Annahme der Ersatzparabel $y = a\,(1 + 0{,}5x^2/a^2)$ erhält man dagegen $y = 80$ m $\cdot (1 + 0{,}5 \cdot 0{,}9375^2) = 115$ m, also einen Durchhang von 35 m.

3.6.4 Areafunktionen

Definition Die Umkehrfunktionen der Hyperbelfunktionen sind die **Areafunktionen**.

Areasinus. Man löst $y = \sinh x$ nach x auf, schreibt $x = \operatorname{arsinh} y$ und erhält durch Vertauschen der Variablen die gesuchte Umkehrfunktion

$$y = \operatorname{arsinh} x \tag{3.72}$$

Ihre Funktionskurve ist das Spiegelbild der Kurve von $y = \sinh x$ an der Geraden $y = x$ (Bild 3.62a).

Die Areafunktion läßt sich als Logarithmus schreiben, weil die Hyperbelfunktion aus der Exponentialfunktion entwickelt ist. Man löst Gl. (3.72) nach x auf und findet im Zusammenhang mit Gl. (3.68)

$$x = \sinh y = \frac{e^y - e^{-y}}{2}$$

Multipliziert man diese Gleichung mit $2e^y$, so erhält man die in e^y quadratische Gleichung

$$e^{2y} - 1 = 2x e^y \qquad (e^y)^2 - 2x e^y - 1 = 0$$

mit der Lösung

$$e^y = x + \sqrt{x^2 + 1}$$

Hier gilt nur die positive Wurzel, weil bei negativer Wurzel die Potenz e^y negativ werden müßte, was nicht möglich ist. Man logarithmiert und findet

$$y = \ln(x + \sqrt{x^2 + 1}) = \mathbf{arsinh}\,x \tag{3.73}$$

Für große Argumente x kann die Eins unter der Wurzel gegen x^2 vernachlässigt werden, und Gl. (3.73) vereinfacht sich zu

$$y = \text{arsinh}\,x \approx \ln(2x) \quad \text{für große}\,x \tag{3.74}$$

Areacosinus. Die Umkehrfunktion der Funktion $y = \cosh x$ ist

$$y = \text{arcosh}\,x \tag{3.75}$$

Ihre Funktionskurve (Bild 3.62a) ist das Spiegelbild des Hyperbelcosinus an der Winkelhalbierenden zwischen den positiven Koordinatenachsen. Durch Gl. (3.75) wird die obere Funktionskurve (Bild 3.62a) beschrieben. Die logarithmische Darstellung ergibt sich wie bei der Funktion Areasinus aus

$$x = \cosh y = \frac{e^y + e^{-y}}{2}$$

durch Auflösen nach e^y und Logarithmieren

$$y = \ln(x + \sqrt{x^2 - 1}) = \mathbf{arcosh}\,x \tag{3.76}$$

Die Funktion

$$y = \ln(x - \sqrt{x^2 - 1}) = \ln\frac{1}{x + \sqrt{x^2 - 1}}$$
$$= -\ln(x + \sqrt{x^2 - 1}) = -\text{arcosh}\,x$$

wird durch die gestrichelte Kurve in Bild 3.62a beschrieben.

Für große positive x kann man die Funktion näherungsweise durch einen einfacheren Ausdruck ersetzen

$$y = \text{arcosh}\,x \approx +\ln(2x) \quad \text{für große}\,x \tag{3.77}$$

Areatangens und **Areacotangens** sind die Umkehrfunktionen von $y = \tanh x$ und $y = \coth x$. Die Gleichungen

$$y = \text{artanh}\,x \quad \text{und} \quad x = \tanh y$$
$$y = \text{arcoth}\,x \quad \text{und} \quad x = \coth y$$

sind gleichbedeutend; Bild 3.62b zeigt die Funktionskurven. Auch der Areatangens läßt sich wie die Funktionen Areasinus und Areacosinus auf eine logarithmische Funktion zurückführen. Durch gleiche Überlegungen wie beim Areasinus findet man

$$y = \text{artanh}\,x = \frac{1}{2}\ln\frac{1 + x}{1 - x} \quad \text{für} \quad |x| < 1$$
$$y = \text{arcoth}\,x = \frac{1}{2}\ln\frac{x + 1}{x - 1} \quad \text{für} \quad |x| > 1 \tag{3.78}$$

Beispiel 3.56 Beim freien Fall mit Berücksichtigung des quadratisch anwachsenden Luftwiderstandes ergibt sich für die Geschwindigkeit die Gleichung $v = v_E \tanh(g\,t/v_E)$; (g Fallbeschleunigung, t Fallzeit). Nach längerer Fallzeit sind Luftwiderstand und Schwerkraft im Gleichgewicht, weil der Widerstand mit dem Quadrat der Geschwindigkeit zunimmt. Dann nimmt $\tanh(g\,t/v_E)$ asymptotisch den Wert Eins an, und die Geschwindigkeit nähert sich einer stationären Endgeschwindigkeit v_E, die von aerodynamischen Gesetzen abhängt. Nach welcher Zeit sind 99% dieser Endgeschwindigkeit erreicht, wenn $v_E = 230$ m/s beträgt?

Man setzt $\tanh(g\,t/v_E) = 0,99$ oder $t = (v_E/g)$ artanh $0,99$ und erhält die Fallzeit

$$t = 23,4\,\text{s} \cdot \text{artanh}\,0,99 = 23,4\,\text{s} \cdot 0,5 \ln[(1 + 0,99)/(1 - 0,99)] = 11,7\,\text{s} \cdot \ln 199 = 11,7\,\text{s} \cdot 5,29 = 62\,\text{s}$$

3.6.5 Aufgaben zu Abschnitt 3.6

1. Wie lautet die Gleichung der Exponentialfunktion der Basis e, deren Kurve durch die Punkte $(2; 1)$ und $(-2; 0,6)$ geht?

2. Welcher Proportionalitätsfaktor besteht zwischen den Logarithmen der Basen 2 und e?

3. Wieviel Prozent der Endgeschwindigkeit v_E hat der in Beispiel 3.56 beschriebene fallende Körper nach 10 s, 20 s, 50 s und 100 s erreicht?

4. Wie groß ist die in Beispiel 3.55 angegebene Konstante a bei einem Seil, wenn bei einem Mastabstand von 100 m der Seildurchhang 12 m beträgt?

5. Man löse die in Beispiel 3.51 gegebene Funktion $A = f(x)$ nach x auf.

6. Man bestimme x aus
a) $0,415^{3x-1,26} = 2,66^{0,5x + 1,41}$
b) $e^{-x^2} = 0,00491$ c) $3^x : \sqrt[x]{3} = 3$

7. Welches ist die kleinste natürliche Zahl n, für die $\left(\dfrac{4}{7}\right)^n < 10^{-5}$ ist?

4 Grenzwerte

Anhand des folgenden Beispiels soll die Bedeutung der Grenzwertermittlung gezeigt werden.

Beispiel 4.1 Der Schwerpunkt (Abschn. 6.4.1) einer Halbkreisfläche nach Bild 4.1a ist durch $y_S = 4r/(3\pi)$ gegeben; damit und mit Gl. (6.56) läßt sich der Schwerpunkt einer nach Bild 4.1b gegebenen Halbkreisringfläche − Differenz zweier Halbkreisflächen − ermitteln.

$$y_S = \frac{\sum\limits_{i=1}^{n} y_i \Delta A_i}{\sum\limits_{i=1}^{n} \Delta A_i} = \frac{\dfrac{4r}{3\pi} \cdot \dfrac{\pi r^2}{2} - \dfrac{4(r-s)}{3\pi} \cdot \dfrac{\pi(r-s)^2}{2}}{\dfrac{\pi r^2}{2} - \dfrac{\pi(r-s)^2}{2}} = \frac{4}{3\pi} \cdot \frac{r^3 - (r-s)^3}{r^2 - (r-s)^2} \quad (4.1)$$

Strebt s gegen Null ($s \to 0$), so wird aus dem Halbkreisring ein Halbkreisbogen, dessen Schwerpunkt bestimmt werden soll.

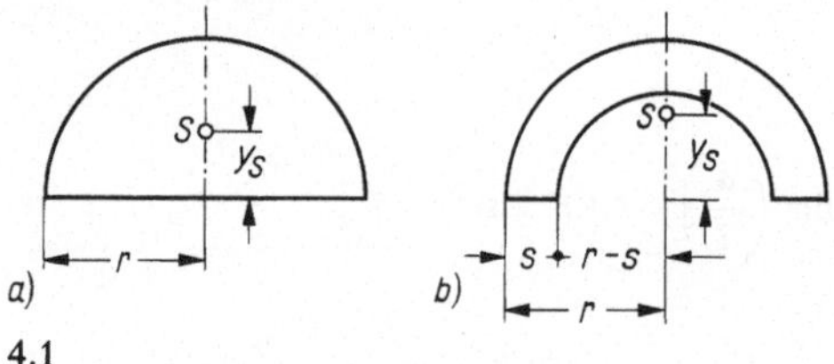

4.1

Wird in Gl. (4.1) $s = 0$ gesetzt, so erhält man formal den unbestimmten Ausdruck $y_S = 0/0$; wird jedoch Gl. (4.1) unter Benutzung des binomischen Satzes (F2) umgeformt, so erhält man

$$y_S = \frac{4}{3\pi} \cdot \frac{r^3 - (r^3 - 3r^2s + 3rs^2 - s^3)}{r^2 - (r^2 - 2rs + s^2)} = \frac{4}{3\pi} \cdot \frac{(3r^2 - 3rs + s^2)}{(2r - s)}$$

Für $s = 0$ ergibt sich

$$y_S = \frac{4}{3\pi} \cdot \frac{3r^2}{2r} = \frac{2r}{\pi}$$

4.1 Unendliche Zahlenfolge

Definition Eine Menge endlich vieler aufeinander folgender reeller Zahlen $a_1, a_2, \ldots a_n$ heißt **endliche Zahlenfolge**; eine Menge unendlich vieler aufeinander folgender reeller Zahlen $a_1, a_2, a_3, \ldots$ heißt **unendliche Zahlenfolge**. Eine Folge wird durch (a_i) bezeichnet.

Bei der endlichen Zahlenfolge 2, 4, 5, 6, 2, 3 erkennt man kein Bildungsgesetz, es kann sich z. B. um eine **stochastische Folge** der Augen handeln, die nacheinander mit dem Würfel ermittelt wurden.

Definition Die Zuordnungsvorschrift, mit der man das i-te Folgenglied a_i eindeutig ermitteln kann, heißt **Bildungsgesetz** der Folge.

Im folgenden wird bei unendlichen Zahlenfolgen mit einem Bildungsgesetz kurz von Zahlenfolgen gesprochen.

Beispiel 4.2 a) Die Zahlenfolge 1, 2, 3, 4, 5, ... hat das Bildungsgesetz $a_i = i$.

b) Die Zahlenfolge 1, $-1/2$, 1/3, $-1/4$, 1/5, $-1/6$, ... hat das Bildungsgesetz $a_i = (-1)^{i+1}(1/i)$.

c) Die Zahlenfolge 1/2, 2/3, 3/4, 4/5, 5/6, ... hat das Bildungsgesetz $a_i = \dfrac{i}{i+1}$.

d) Die Zahlenfolge 2, 4, 8, 16, 32, ... hat das Bildungsgesetz $a_i = 2^i$.

e) Die Zahlenfolge $\sqrt{10}$, $\sqrt[3]{10}$, $\sqrt[4]{10}$, $\sqrt[5]{10}$, ... genügt dem Bildungsgesetz $a_i = {}^{i+1}\!\sqrt{10}$.

f) Die Zahlenfolge 1/2, 2/3, 1/4, 4/5, 1/6, 6/7, ... genügt

$$\text{für gerades } i \text{ dem Bildungsgesetz } a_i = \frac{i}{i+1}, \qquad (i = 2, 4, 6, \ldots),$$

$$\text{für ungerades } i \text{ dem Bildungsgesetz } a_i = \frac{1}{i+1}, \qquad (i = 1, 3, 5, \ldots).$$

Definition Eine Zahlenfolge (a_i) heißt **beschränkt**, wenn alle Folgenglieder a_i zwischen zwei festen Zahlen A und B, d. h. innerhalb eines Intervalls liegen

$$A \leqslant a_i \leqslant B \quad \text{für jedes } i \tag{4.2}$$

Die Schranken A und B müssen nicht die engsten Schranken sein, wie im Bild 4.2 dargestellt; für die im Beispiel 4.2 aufgeführten Folgen können z. B. die folgenden möglichen Schranken angegeben werden:

a) unbeschränkte Folge   d) unbeschränkte Folge

b) $A = -1/2$ $B = 1$ e) $A = 1$ $B = \sqrt{10}$

c) $A = 1/2$ $B = 1$ f) $A = 0$ $B = 1$

4.2

Definition Eine Zahlenfolge (a_i) heißt **monoton steigend**, wenn jedes Folgenglied größer oder mindestens gleich dem vorangegangenen ist

$$a_{i+1} \geqslant a_i \quad \text{für jedes } i \tag{4.3}$$

Die Folgen a), c) und d) des Beispiels 4.2 sind monoton steigend; für Folge c) z. B. erhält man den Nachweis dafür mit Gl. (4.3)

$$\frac{i+1}{i+2} \geqslant \frac{i}{i+1}$$

Aus $i \geqslant 0$ und $i^2 + 2i + 1 \geqslant i^2 + 2i$ folgt die vorstehende Ungleichung.

Definition Eine Zahlenfolge (a_i) heißt **monoton fallend**, wenn jedes Folgenglied kleiner oder höchstens gleich dem vorangegangenen ist.

$$a_{i+1} \leqslant a_i \quad \text{für jedes } i \tag{4.4}$$

Die Folge e) des Beispiels 4.2 ist monoton fallend; dies erfordert nach Gl. (4.4)

$$\sqrt[i+2]{10} \leqslant \sqrt[i+1]{10}$$

Aus $1 < 10^{i+1} < 10^{i+2}$ folgt durch Ziehen der $(i+1)(i+2)$-ten Wurzel die Behauptung der fallenden Monotonie.

Definition Zahlenfolgen (a_i) mit wechselnden Vorzeichen benachbarter Glieder heißen **alternierende Folgen.**

Die Folge b) des Beispiels 4.2 ist eine alternierende Folge.

4.2 Grenzwerte von Folgen

Bei der Zahlenfolge

$$a_1 = 1, \quad a_2 = \frac{1}{2}, \quad a_3 = \frac{1}{3}, \quad a_4 = \frac{1}{4}, \quad \ldots, \quad a_i = \frac{1}{i}$$

wird kein Glied Null. Je größer i jedoch wird, desto näher kommt die Zahl dem Wert Null: Man sagt, die Zahlenfolge strebt gegen Null; der Zahlenwert Null ist der Grenzwert.

Definition Eine Zahlenfolge (a_i) ist **konvergent** mit dem Grenzwert a, wenn ab einem hinreichend großen Index i die Glieder sich beliebig wenig von a unterscheiden. Man schreibt

$$\lim_{i \to \infty} a_i = a \tag{4.5}$$

(gesprochen: Limes i gegen Unendlich aller a_i ist gleich a; oder: für i gegen Unendlich strebt die Folge der a_i gegen den Grenzwert a).
Jede andere Zahlenfolge ist d i v e r g e n t.

Das hier benutzte Zeichen ∞ (Unendlich) ist keine Zahl, es steht als Symbol für die Tatsache, daß eine Größe beliebig große Werte annimmt, also kein Grenzwert vorhanden ist.

Beispiel 4.3 Man untersuche die Konvergenz der Folge b) des Beispiels 4.2.
Für hinreichend großes i_0 unterscheidet sich das Element a_{i_0} und alle folgenden Glieder a_i mit $i > i_0$ beliebig wenig von Null; ist z. B. $i_0 > 100\,000$, so ist der Betrag des Gliedes $|a_i| = 1/i < 0{,}00001$. Es ist also

$$\lim_{i \to \infty} \frac{1}{i} = 0 \tag{4.6}$$

und damit auch

$$\lim_{i \to \infty} \frac{(-1)^{i+1}}{i} = 0 \tag{4.7}$$

Definition Eine Zahlenfolge mit dem Grenzwert Null wird **Nullfolge** genannt.

Die Bestimmung des Grenzwertes einer Zahlenfolge wird in den meisten Fällen auf den Beweis zurückgeführt, daß Nullfolgen auftreten.

Beispiel 4.4 Man prüfe die Beschränktheit, Monotonie und Konvergenz der Folge

$$a_i = \frac{2i - 1 + (-1)^i(i - 2)}{i}$$

Man kann schreiben $a_i = 2 - 1/i + (-1)^i - 2(-1)^i/i$. Nach Gl. (4.6) streben der zweite und vierte Summand gegen Null (Nullfolgen). Daher unterscheidet sich a_i für hinreichend große i beliebig wenig von $b_i = 2 + (-1)^i$; die Folge (b_i) lautet jedoch 1, 3, 1, 3, 1, 3, ... Man stellt fest: Die Folge (a_i) ist beschränkt, nicht monoton und nicht konvergent, d. h. sie ist divergent.

Beispiel 4.5 Man ermittle den Grenzwert der Folge $a_i = \sqrt[i+1]{10}$.
Jede Wurzel aus einer Zahl größer als Eins ist ebenfalls größer als Eins. Man schreibt zweckmäßig

$$a_i = \sqrt[i+1]{10} = 1 + b_i$$

und untersucht, ob (b_i) eine Nullfolge ist. Mit dem binomischen Satz und der Bernoullischen Ungleichung (F2, 3) kann geschrieben werden

$$10 = (1 + b_i)^{i+1} > 1 + (i + 1)b_i$$
$$9 > (i + 1)b_i$$

Diese Ungleichung gilt für jedes noch so große i; dies ist nur möglich, wenn (b_i) eine Nullfolge ist. Daher ist

$$\lim_{i \to \infty} \sqrt[i+1]{10} = 1 \tag{4.8}$$

Allgemeiner erhält man für jedes $a > 0$

$$\lim_{i \to \infty} \sqrt[i]{a} = 1 \tag{4.9}$$

4.3 Rechnen mit Grenzwerten

Im Rahmen dieses Buches wird auf einen Beweis der folgenden Rechenregeln verzichtet. Sind die Folgen (a_i) und (b_i) konvergent mit den Grenzwerten a und b, so gilt:

Der **Grenzwert einer Summe (Differenz)** ist gleich der Summe (Differenz) der Grenzwerte der Summanden

$$\lim_{i \to \infty}(a_i \pm b_i) = \lim_{i \to \infty} a_i \pm \lim_{i \to \infty} b_i = a \pm b \tag{4.10}$$

Der **Grenzwert der Folge** $(c \cdot a_i)$, in der c eine feste Zahl ist, ist gleich dem mit c multiplizierten Grenzwert der Folge (a_i)

$$\lim_{i \to \infty}(c \cdot a_i) = c \cdot \lim_{i \to \infty} a_i = c \cdot a \tag{4.11}$$

Der **Grenzwert eines Produktes** ist gleich dem Produkt der Grenzwerte der Faktoren

$$\lim_{i \to \infty}(a_i \cdot b_i) = \lim_{i \to \infty} a_i \cdot \lim_{i \to \infty} b_i = a \cdot b \tag{4.12}$$

Der **Grenzwert eines Quotienten** ist gleich dem Quotienten der Grenzwerte von Zähler und Nenner, sofern die Glieder der Nennerfolge und deren Grenzwert nicht gleich Null sind

$$\lim_{i\to\infty}\left(\frac{a_i}{b_i}\right) = \frac{\lim\limits_{i\to\infty} a_i}{\lim\limits_{i\to\infty} b_i} = \frac{a}{b} \qquad (4.13)$$

Die Anwendung dieser Rechenregeln wird an einigen Beispielen gezeigt.

Beispiel 4.6　Man untersuche die drei folgenden Zahlenfolgen (a_i)

a)　　$a_i = \dfrac{3i^3 + 2\sqrt{i} - 7i}{2i^2 - 4i + \pi}$

Zähler und Nenner der Folgenglieder wachsen unbeschränkt. Daher werden Zähler und Nenner durch i^2 dividiert und Gl. (4.10) bis (4.13) angewandt

$$\lim_{i\to\infty} a_i = \lim_{i\to\infty} \frac{3i + 2/i^{3/2} - 7/i}{2 - 4/i + \pi/i^2} = \frac{3\cdot\lim\limits_{i\to\infty} i + 0 - 0}{2 - 0 + 0} \to \infty$$

Die Folge ist unbeschränkt; sie ist divergent.

b)　　$a_i = \dfrac{2i - \sqrt{i^3}}{5\sqrt{i} - i + 2\sqrt{i^3}}$

Auch hier wachsen Zähler und Nenner unbeschränkt, sie werden durch $\sqrt{i^3}$ dividiert, und man erhält

$$\lim_{i\to\infty} a_i = \lim_{i\to\infty} \frac{2/\sqrt{i} - 1}{5/i - 1/\sqrt{i} + 2} = \frac{0 - 1}{0 - 0 + 2} = -\frac{1}{2}$$

c)　　$a_i = \dfrac{3i^2 - 7\sqrt{i}}{4i + 2i^3}$

Durch Umformung erhält man

$$\lim_{i\to\infty} a_i = \lim_{i\to\infty} \frac{3 - 7/\sqrt{i^3}}{4/i + 2i} = \frac{3 - 0}{0 + 2\cdot\lim\limits_{i\to\infty} i} = 0$$

An den Ergebnissen des vorstehenden Beispiels erkennt man: Der Grenzwert eines Quotienten zweier Potenzsummen für $i \to \infty$ ist abhängig von den größten Exponenten. Steht der größere Exponent im Zähler, so ist die Folge unbeschränkt. Haben Zähler und Nenner gleich große Exponenten, so ist der Grenzwert von Null verschieden. Steht der größere Exponent im Nenner, so handelt es sich um eine Nullfolge.

4.4 Grenzwerte von Funktionen

Will man z. B. die Funktion $y = (e^x - 1)/x$ darstellen, so ergibt sich für $x = 0$ formal der Funktionswert $y = 0/0$. Wie auch bei Zahlenfolgen nennt man einen solchen Ausdruck einen **unbestimmten Ausdruck**. Es ist möglich, daß für $x \to 0$ die Folge der Funktionswerte einem Grenzwert zustrebt; dieser Grenzwert kann jedoch auch von der Wahl der

Nullfolge der x-Werte abhängen; außerdem besteht die Möglichkeit, daß der an dieser Stelle zu definierende Funktionswert von diesem Grenzwert abweicht.

Existiert für die Folge (x_i) der Grenzwert

$$\lim_{i \to \infty} x_i = a$$

dann ist die Folge $(a - x_i)$ eine Nullfolge.

Weiter ist durch eine Funktion $y = f(x)$ jedem Element der Folge (x_i) ein Element $y_i = f(x_i)$ der Folge (y_i) zugeordnet.

Definition Eine Funktion $y = f(x)$ sei an der Stelle $x = a$ definiert. Sie ist dort **stetig**, wenn für **jede** Nullfolge $(a - x_i)$ die Folge (y_i) dem gleichen Grenzwert zustrebt und dieser Grenzwert gleich dem Funktionswert an der Stelle $x = a$ ist

$$\lim_{x \to a} f(x) = f(a) \tag{4.14}$$

Definition Ein Intervall heißt **abgeschlossen**, wenn beide Endpunkte zum Intervall gehören, geschrieben $[x_u, x_o]$. Gehören die beiden Endpunkte nicht zum Intervall, dann heißt das Intervall **offen**, geschrieben (x_u, x_o).

Aus der Definition der Stetigkeit einer Funktion folgt der

Satz. Ist die Funktion $y = f(x)$ in einem Intervall, das die beiden Punkte $x = a$ und $x = b$ enthält, definiert und überall in diesem Intervall stetig, und haben die Funktionswerte $f(a)$ und $f(b)$ verschiedene Vorzeichen, dann liegt zwischen a und b mindestens eine Nullstelle der Funktion $y = f(x)$.

Beispiel 4.7 Man bestimme folgende Grenzwerte

a) $$\lim_{x \to 0} \frac{3x^2 - 7\sqrt{x}}{4x - 2x^3} = \lim_{x \to 0} \frac{3\sqrt{x^3} - 7}{4\sqrt{x} - 2\sqrt{x^5}} \to \infty$$

Der Quotient wächst unbeschränkt. Es existiert für $x \to 0$ kein Grenzwert.

b) $$\lim_{x \to 0} \frac{7x + 3\sqrt{x}}{2x^2 - \sqrt{x} + x} = \lim_{x \to 0} \frac{7\sqrt{x} + 3}{2\sqrt{x^3} - 1 + \sqrt{x}} = \frac{7 \cdot 0 + 3}{2 \cdot 0 - 1 + 0} = -3$$

Der Grenzwert ist -3.

c) $$\lim_{x \to 0} \frac{\pi\sqrt{x} + 2x}{2\sqrt{x} - \sqrt[3]{x}} = \lim_{x \to 0} \frac{\pi\sqrt[6]{x} + 2\sqrt[3]{x^2}}{2\sqrt[6]{x} - 1} = \frac{\pi \cdot 0 + 2 \cdot 0}{2 \cdot 0 - 1} = 0$$

Der Grenzwert ist 0, es handelt sich also um eine Nullfolge.

Die Untersuchung der drei Funktionen des vorigen Beispiels wurde durchgeführt durch entsprechende Umformungen. Die Ergebnisse zeigen: Der Grenzwert für $x \to 0$ eines Quotienten, dessen Zähler und Nenner Potenzsummen sind, ist abhängig von dem kleinsten Exponenten. Steht der kleinste Exponent im Zähler, so wächst der Quotient unbeschränkt. Steht der kleinste Exponent im Zähler und im Nenner, so erhält man einen von Null verschiedenen Grenzwert. Steht der kleinste Exponent im Nenner, so ist der Grenzwert gleich Null.

Beispiel 4.8 Man untersuche, ob die Funktion $y = (x^2 - 1)/(x - 1)$ im Punkte $x = 1$ stetig ist, wenn $f(1) = 2$ definiert ist.

Für $x = 1$ erhält man formal $y = 0/0$, einen unbestimmten Ausdruck. Für alle Werte $x \neq 1$ gilt

$$y = \frac{(x + 1)(x - 1)}{x - 1} = x + 1$$

Für jede Nullfolge $(1 - x_i)$ strebt y_i gegen 2, d. h. wenn x_i gegen 1 strebt, strebt y_i gegen 2. Da nun $f(1) = 2$ definiert ist, ist die gegebene Funktion im Punkte $x = 1$ stetig.

Bei der im Beispiel 4.8 untersuchten Funktion wurde die Stetigkeit der Funktion durch eine entsprechende Funktionsdefinition im Unbestimmtheitspunkt erreicht. Wenn jedoch der linksseitige Grenzwert (Annäherung von links) nicht gleich dem rechtsseitigen Grenzwert (Annäherung von rechts) ist, so ist auch durch eine solche Funktionsdefinition eine Stetigkeit nicht zu erreichen.

Im folgenden sollen einige besonders wichtige Grenzwerte ermittelt werden:

In der Differentialrechnung ist der unbestimmte Ausdruck

$$\lim_{\alpha \to 0} \frac{\sin \alpha}{\alpha}$$

(α im Bogenmaß) von Bedeutung. Nach Bild 4.3 ergibt sich aus dem Vergleich der Flächen der rechtwinkligen Dreiecke OCB und OAD und des Kreissektors OAB mit dem Inhalt $A = r^2\alpha/2$ (F6) für $0 < \alpha < \pi/2$ die folgende Ungleichung:

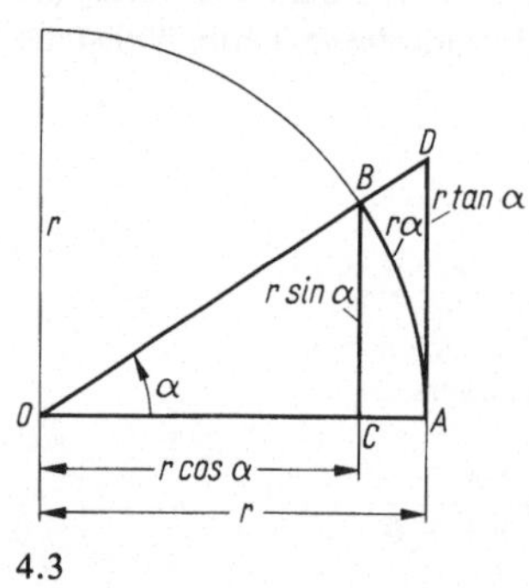

4.3

$$\frac{1}{2} \cdot r\cos\alpha \cdot r\sin\alpha < \frac{r^2\alpha}{2} < \frac{1}{2} \cdot r \cdot r\tan\alpha$$

Es wird durch $\dfrac{1}{2}\, r^2 \sin\alpha$ dividiert; man erhält

$$\cos\alpha < \frac{\alpha}{\sin\alpha} < \frac{1}{\cos\alpha}$$

Für jede Nullfolge (α) strebt $\cos\alpha$ und auch $1/\cos\alpha$ gegen Eins. Daher muß wegen der Stetigkeit der Funktionen $\sin\alpha$ und $\cos\alpha$ auch $\alpha/\sin\alpha$ sowie der Kehrwert $\sin\alpha/\alpha$ gegen Eins streben. Es gilt somit

$$\lim_{\alpha \to 0} \frac{\sin\alpha}{\alpha} = 1 \tag{4.15}$$

Von großer Bedeutung ist auch der Grenzwert des Ausdrucks

$$\lim_{x \to a} \frac{a^n - x^n}{a - x}$$

Dieser Grenzwert soll hier für positive ganzzahlige Exponenten n und beliebige reelle Zahlen a ermittelt werden. Es wird umgeformt

$$\frac{a^n - x^n}{a - x} = \frac{x^n[(a/x)^n - 1]}{x[(a/x) - 1]} = x^{n-1} \cdot \frac{(a/x)^n - 1}{(a/x) - 1}$$

Der zweite Faktor der rechten Seite kann als Summe einer geometrischen Reihe (F3) angesehen werden. Daher gilt

$$\frac{a^n - x^n}{a - x} = x^{n-1} \cdot \left[1 + \left(\frac{a}{x}\right) + \left(\frac{a}{x}\right)^2 + \cdots + \left(\frac{a}{x}\right)^{n-1}\right]$$

Für jede Folge $x \to a$ strebt $(a/x) \to 1$. In der eckigen Klammer erhält man somit n Summanden Eins. Daher gilt

$$\lim_{x \to a} \frac{a^n - x^n}{a - x} = na^{n-1} \tag{4.16}$$

Dieser Grenzwert gilt nicht nur für positive ganze Exponenten, wie hier bewiesen, sondern auch für jeden reellen Exponenten.

Bei der Untersuchung vieler technischer Probleme treten Funktionen der Form $y = a\,e^{cx}$ auf mit der Eulerschen Zahl e, die als Grenzwert

$$e = \lim_{n \to \infty} \left(1 + \frac{1}{n}\right)^n \tag{4.17}$$

definiert werden kann. Die Folge $(1 + 1/n)^n$ ist beschränkt und monoton steigend; auf einen Beweis wird hier verzichtet. Ausgehend von der Ungleichung

$$\left(1 + \frac{1}{n + 1}\right)^n < \left(1 + \frac{1}{n}\right)^n < \left(1 + \frac{1}{n}\right)^{n+1}$$

kann nachfolgende Zahlentafel ermittelt werden:

n	$\left(1 + \dfrac{1}{n+1}\right)^n < e < \left(1 + \dfrac{1}{n}\right)^{n+1}$		
1	1,50000	< e <	4,00000
10	2,38718	< e <	2,85312
100	2,67843	< e <	2,73186
1000	2,71421	< e <	2,71964
10000	2,71787	< e <	2,71842

Die Zahlenfolgen streben von entgegengesetzten Seiten einem Grenzwert zu (Methode des Einschließens). Die irrationale Zahl $e = 2{,}718281828\ldots$ ist wie π eine transzendente Zahl.

4.5 Unendliche Reihen

Aus einer unendlichen Folge entsteht nach Verknüpfen der Glieder durch Addition eine unendliche Reihe. Eine unendliche Reihe ist nur dann sinnvoll, wenn ihre Summe endlich ist.

Definition Die Summe ersten n Glieder einer unendlichen Reihe heißt n-te **Teilsumme**

$$s_1 = a_1, \qquad s_2 = a_1 + a_2, \qquad s_3 = a_1 + a_2 + a_3, \dots, \qquad s_n = \sum_{i=1}^{n} a_i$$

Definition Eine **unendliche Reihe** heißt **konvergent,** wenn die Folge ihrer (endlichen) Teilsummen konvergent ist. Der Grenzwert der Teilsummen heißt **Summe** der unendlichen Reihe

$$\lim_{n \to \infty} s_n = \lim_{n \to \infty} \sum_{i=1}^{n} a_i = \sum_{i=1}^{\infty} a_i = s$$

Existiert kein Grenzwert der Folge der Teilsummen, so heißt die unendliche Reihe **divergent.**

4.5.1 Unendliche geometrische Reihe

Definition Eine Reihe (oder eine Folge) heißt **geometrisch,** wenn der Quotient q je zweier aufeinander folgender Glieder der Reihe (oder der Folge) konstant ist

$$\frac{a_{m+1}}{a_m} = q$$

Die Summe der endlichen geometrischen Reihe

$$s_n = a + aq + aq^2 + \cdots + aq^{n-1} = a(1 + q + q^2 + \cdots + q^{n-1})$$

erhält man, indem man beide Seiten mit q multipliziert

$$qs_n = a(q + q^2 + q^3 + \cdots + q^{n-1} + q^n)$$

und die zweite von der ersten Gleichung abzieht. Man erhält

$$s_n - qs_n = a - aq^n$$

und somit

$$s_n = \sum_{i=0}^{n-1} aq^i = a\frac{1 - q^n}{1 - q} \tag{4.18}$$

Die n-te Teilsumme der unendlichen geometrischen Reihe

$$s = a + aq + aq^2 + \cdots = \sum_{i=0}^{\infty} aq^i$$

ist dann

$$s_n = a \sum_{i=0}^{n-1} q^i = a\frac{1 - q^n}{1 - q} = \frac{a}{1 - q} - \frac{aq^n}{1 - q}$$

Die Folge (q^n) konvergiert für $n \to \infty$, wenn der Betrag des Quotienten q kleiner als Eins ist; es gilt

$$\lim_{n \to \infty} q^n = 0 \qquad \text{für } |q| < 1$$

Die unendliche geometrische Reihe konvergiert für $|q| < 1$ somit gegen den Grenzwert

$$s = a \sum_{i=0}^{\infty} q^i = \frac{a}{1-q} \tag{4.19}$$

Beispiel 4.9 Die unendliche geometrische Reihe mit dem Anfangsglied a und dem Quotienten $q = 1/2$

$$s = a \left(1 + \frac{1}{2} + \frac{1}{4} + \frac{1}{8} + \cdots \right)$$

$$= a \sum_{i=0}^{\infty} \left(\frac{1}{2} \right)^i = \frac{a}{1 - 1/2} = 2a$$

4.4

mit endlicher Summe ist in Bild 4.4 anschaulich dargestellt. Addiert man zur Strecke a deren Hälfte, so stellt die Summe $a + a/2 = 1{,}5a$ die zweite Teilsumme der geometrischen Reihe dar. Die dritte Teilsumme beträgt $s_3 = a + (a/2) + (a/4) = 1{,}75a$, die vierte $s_4 = 1{,}875a$. Da das jeweils addierte Teilstück immer nur die Hälfte des bis $2a$ gemessenen Restes beträgt, kann die Teilsumme s_n den Wert $2a$ nicht überschreiten. Die Strecke $2a$ ist der Grenzwert der Folge der Teilsummen, denn von einem bestimmten n an unterscheiden sich diese nur noch beliebig wenig von dem Wert $s = 2a$.

Die hier behandelte unendliche geometrische Reihe ist eine wichtige Zahlenreihe. Daneben gibt es auch Funktionsreihen. Eine solche Funktionsreihe kann als sogenannte Ersatzfunktion eine andere Funktion approximieren entweder in der Nähe eines Punktes (z. B. Taylor-Reihen, Abschn. 7) oder in einem ganzen Intervall (z. B. Fourier-Reihen, s. [1]). Eine wichtige Anwendung der geometrischen Reihe wird im folgenden Abschnitt gezeigt.

4.5.2 Zinseszins- und Rentenrechnung

Zinsen Für ein ausgeliehenes Kapital K_0 wird bei einem Zinssatz p in n Jahren ein Betrag von $K_0 \cdot p \cdot n$ als Zinsen gezahlt. Das Kapital wächst also in n Jahren auf das Endkapital

$$K_n = K_0 + K_0 p n = K_0 (1 + np)$$

Zinseszinsen Werden die Zinsen am Ende jedes Jahres zum Kapital geschlagen und im nächsten Jahr zusammen mit dem Kapital verzinst, so spricht man von Zinseszinsen.

Kapital am Anfang des 1. Jahres:		$= K_0$
Kapital am Ende des 1. Jahres:	$K_1 = K_0 + K_0 p$	$= K_0(1 + p)$
Kapital am Ende des 2. Jahres:	$K_2 = K_1(1 + p)$	$= K_0(1 + p)^2$
$\vdots$	$\vdots$	
Kapital am Ende des n. Jahres:	$K_n = K_{n-1}(1 + p) = K_0(1 + p)^n$	

Das Kapital K_0 wächst also in n Jahren auf das Endkapital

$$K_n = K_0 q^n \qquad (4.20)$$

wobei $q = 1 + p$ der Aufzinsungsfaktor (Zinsfaktor) genannt wird.

Beispiel 4.10 Als Kaufpreis eines Hauses ist vereinbart worden: 50 000, – DM sofort, 25 000, – DM nach 3 Jahren und 25 000, – DM nach 5 Jahren zu zahlen. Wie groß ist der jetzige Wert des Kaufpreises (Barwert) K_0 bei einem Zinssatz von 5 %?
Mit Gl. (4.20) wird

$$K_0 = 50\,000 \text{ DM} + \frac{25\,000 \text{ DM}}{1{,}05^3} + \frac{25\,000 \text{ DM}}{1{,}05^5} = 91\,184, - \text{ DM}$$

Regelmäßig wiederkehrende Zahlungen Beim Ansparen eines Kapitals oder beim Tilgen einer Schuld durch regelmäßig wiederkehrende Zahlungen spricht man von Raten. Einen in gleichmäßigen Zeitabständen auszuzahlenden Betrag nennt man Rente, wobei unterschieden wird in Zeitrente (für eine begrenzte Zeit zu zahlen), Leibrente (bis zum Tod des Rentenempfängers zu zahlen) und ewige Rente (dauernd zu zahlen).

Handelt es sich um gleichbleibende Zahlungen R am Ende eines jeden Jahres bei einem Zinsfaktor q, dann ist der

Kontostand am Ende des 1. Jahres: R

Kontostand am Ende des 2. Jahres: $Rq + R$

Kontostand am Ende des 3. Jahres: $Rq^2 + Rq + R$

$$\vdots$$

Kontostand am Ende des n. Jahres: $Rq^{n-1} + Rq^{n-2} + \cdots + R$

Mit Gl. (4.18) erhält man bei nachschüssiger Zahlung den Endkontostand zu

$$K_n = R\,\frac{q^n - 1}{q - 1} \qquad \text{(nachschüssige Zahlungsweise)} \qquad (4.21)$$

Werden die Zahlungen R dagegen vorschüssig (zu Beginn jedes Jahres) bezahlt, so wird jede Zahlung ein Jahr länger verzinst; für R ist dann in Gl. (4.21) Rq zu setzen, und man erhält

$$K_n = Rq\,\frac{q^n - 1}{q - 1} \qquad \text{(vorschüssige Zahlungsweise)} \qquad (4.22)$$

Ist zu Beginn des 1. Jahres schon ein Anfangskapital K_0 vorhanden und werden auf das Konto jährliche Zahlungen geleistet, so ist mit Gl. (4.20) und Gl. (4.21) bzw. (4.22) das Endkapital K_n zu berechnen.

$$K_n = K_0 q^n + R\,\frac{q^n - 1}{q - 1} \qquad \text{(nachschüssige Zahlungsweise)} \qquad (4.23)$$

$$K_n = K_0 q^n + Rq\,\frac{q^n - 1}{q - 1} \qquad \text{(vorschüssige Zahlungsweise)} \qquad (4.24)$$

Beispiel 4.11 Es soll eine Maschinenanlage im Wert von 380 000, – DM in 12 Jahren in der Form abgeschrieben werden, daß durch die 12 Abschreibungsraten bei einem Zinssatz von 6 % nach 12 Jahren die Kosten für die Wiederbeschaffung gedeckt werden. Wie groß ist die jährliche Abschreibungssumme R?

Mit $K_n = 380\,000, -$ DM und $q = 1,06$ ergibt sich aus Gl. (4.21)

$$R = K_n \frac{q - 1}{q^n - 1} = 380\,000 \text{ DM} \cdot \frac{0,06}{1,06^{12} - 1} = 22\,525, - \text{ DM}$$

4.6 Aufgaben zu Abschnitt 4

1. Man berechne die Grenzwerte der unendlichen Folgen

a) $a_i = \dfrac{i}{i + 1}$

b) $a_i = \dfrac{i + 3}{3i + 5}$

c) $a_i = 0,8^i$

d) $a_i = i^{0,8}$

e) $a_i = \dfrac{(3 - i)(i + 2)}{3i^2 - 27}$

f) $a_i = \dfrac{1}{i} \dfrac{(2i + 1)^3 - 8i^3}{(2i + 3)^2 - 4i^2}$

g) $a_i = \dfrac{\sqrt{4i(i - 2)} - \sqrt{2i(i - 1)}}{\sqrt{3i(i + 3)} - \sqrt{i(i + 5)}}$

h) $a_i = \sqrt{3i^2 - 7i + 1} - \sqrt{3i^2 - 8i - 3}$

i) $a_i = \dfrac{4i^{3/4} + 6i^{5/4} - 6i - 6i^{5/4}}{7i - 4i^{1/3} + \sqrt{i}}$

j) $a_i = \sqrt{i + \sqrt{i}} - \sqrt{i - \sqrt{i}}$

2. Man bestimme folgende Grenzwerte

a) $\lim\limits_{m \to 0} \dfrac{5m - 3}{2 - m}$

b) $\lim\limits_{m \to 0} \dfrac{(1 + m^2)^2 - (1 - m^2)^2}{(1 + m + m^2)(1 - m + m^2) - 1}$

c) $\lim\limits_{k \to -2} \dfrac{\sqrt{k + 2}\,(k^3 + 3k^2 - 4)}{(k + 2)^{3/2}(k^2 - k - 6)}$

d) $\lim\limits_{k \to a} \dfrac{(k - a)^2}{k^2 - a^2}$

3. Man bestimme die Grenzwerte der Folgen

a) $a_n = \left(\dfrac{n}{n + 1}\right)^n$

b) $a_n = \left(1 - \dfrac{1}{n}\right)^n$

c) $a_n = \left(1 - \dfrac{1}{n^2}\right)^n$

Hinweis: Man benutze Gl. (4.17)

4. Man berechne die Grenzwerte

a) $\lim\limits_{x \to \infty} \dfrac{2x - 1}{\sqrt{x^2 - 3}}$

b) $\lim\limits_{\alpha \to 0} \dfrac{\tan \alpha}{\alpha}$ Hinweis: Gl. (4.15)

c) $\lim\limits_{\alpha \to 0} \dfrac{1 - \cos \alpha}{\alpha^2}$ Hinweis: Gl. (4.15) und Additionstheoreme (F9)

d) $\lim\limits_{\beta \to 0} \dfrac{\cos(\alpha + \beta) - \cos \alpha}{\beta}$ Hinweis: Additionstheoreme (F9)

5. Man ermittle den Grenzwert $\lim\limits_{z \to 0} \dfrac{\sqrt[7]{x + z} - \sqrt[7]{x}}{z}$

Hinweis: Man verwende die binomische Näherungsformel.

6. Man bestimme die Summe $s = 1 + 2 + 4 + \cdots + 2^m$.

7. Man bestimme die Summe der geometrischen Reihe

$$s = a^{n-1} + a^{n-2}b + a^{n-3}b^2 + \cdots + ab^{n-2} + b^{n-1}$$

8. Wieviel Glieder der unendlichen geometrischen Reihe $s = 1 + 0{,}2 + 0{,}2^2 + 0{,}2^3 + \ldots$ müssen berücksichtigt werden, damit der Fehler kleiner als $0{,}1\%$ ist?

9. Wie groß ist die Summe der unendlichen geometrischen Reihe $s = 0{,}875 + 0{,}875^2 + \cdots$?

10. Man berechne die Summe der unendlichen geometrischen Reihe $s = 1 + 0{,}6 + 0{,}6^2 + 0{,}6^3 + \cdots$ und konstruiere die Summe durch Teilsummen in Anlehnung an Bild 4.4.

11. In wieviel Jahren verdoppelt sich ein Kapital bei $p = 7\%$?

12. Im Zuge eines Bauordnungsverfahrens ist ein Grundstück mit aufstehendem Gebäude mit 85 000, – DM bewertet worden und zu entschädigen. An den Eigentümer sollen 50 000, – DM sofort bezahlt werden, die Restsumme wird mit $5{,}5\%$ verzinst und in 10 gleichbleibenden Jahresraten (nachschüssig) für die Ausbildung des Sohnes ausgezahlt. Wie groß ist die Jahresrate R?

13. Zu Beginn des 1. Jahres ist der Kontostand 4000, – DM. Es werden am Ende des 5. und 8. Jahres jeweils 2000, – DM eingezahlt. Wie hoch ist der Kontostand am Ende des 10. Jahres ($p = 4{,}5\%$)?

14. Seit dem 1. 1. 1970 liegt ein Betrag von 5300, – DM bei einem Zinssatz von $3{,}5\%$ auf einem Sparkonto. Wieviel Zinsen werden für das Jahr 1987 gezahlt?

15. Am 1. 1. 1970 betrug der Kontostand 60 000, – DM. Wie oft kann eine nachschüssige jährliche Rente von 4000, – DM gezahlt werden ($p = 4\%$)?

5 Differentialrechnung

Die Differentialrechnung wurde im 17. Jahrhundert von Newton und Leibniz entwickelt. Für Newton war die Bewegungslehre Ausgangspunkt seiner Untersuchungen.

Geschwindigkeit Bei einer gleichförmigen Bewegung werden, wie in Bild 5.1a dargestellt, in gleichen Zeitabschnitten Δt gleiche Weglängen Δs zurückgelegt. Der konstante Quotient $\Delta s/\Delta t = (s - s_1)/(t - t_1)$ wird als Geschwindigkeit bezeichnet.

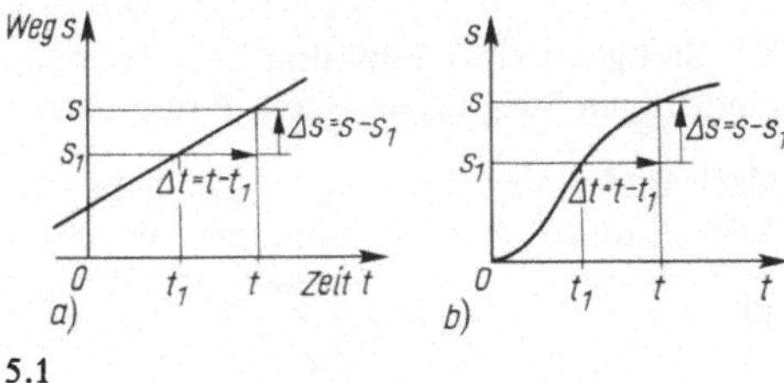

5.1

Bei einer ungleichförmigen Bewegung nach Bild 5.1b gibt der Quotient $\Delta s/\Delta t = (s - s_1)/(t - t_1)$ die mittlere Geschwindigkeit im Zeitabschnitt $(t - t_1)$ an. Die augenblickliche Geschwindigkeit zur Zeit t_1 erhält man, wenn der Zeitabschnitt $(t - t_1)$ gegen Null strebt

$$v(t_1) = \lim_{\Delta t \to 0} \frac{\Delta s}{\Delta t} = \lim_{t \to t_1} \frac{s - s_1}{t - t_1} = \dot{s}(t_1)$$

Den Quotienten $\Delta s/\Delta t$ nennt man Differenzenquotient, den Grenzwert des Quotienten dagegen Differentialquotient oder Ableitung des Weges nach der Zeit.

Nach Newton bezeichnet man Ableitungen nach der Zeit durch einen über der abhängigen Veränderlichen gesetzten Punkt ($\dot{s}(t)$ gesprochen: s Punkt zur Zeit t). Ableitungen nach anderen Veränderlichen werden durch hochgestellte Striche gekennzeichnet (z. B. $y'(x)$).

5.1 Einführung in die Differentialrechnung

5.1.1 Ableitung

Steigung der Kurve einer Funktion

Unter der Steigung der Kurve einer Funktion in einem Punkt versteht man die Steigung der Tangente $m = \tan\alpha$ an der Kurve in diesem Punkt (Bild 5.2).

Nur zur geometrischen Veranschaulichung der folgenden analytischen Definition der Ableitung wird zunächst vorausgesetzt, daß auf beiden Koordinatenachsen Strecken mit gleichen Einheitslängen $l_x = l_y$ aufgetragen sind.

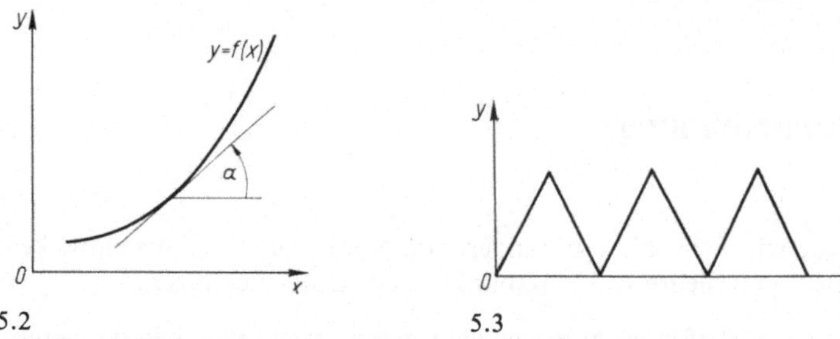

5.2   5.3

Wie die im Bild 5.3 dargestellte stetige Funktion zeigt, hat nicht jede Funktion in jedem Punkt eine eindeutige Steigung; es gilt somit

Die Stetigkeit einer Funktion ist notwendig, aber nicht hinreichend für die Existenz einer eindeutigen Steigung in einem Punkt einer Funktion.

Nach Bild 5.4 ist die Steigung der Sekante durch die beiden benachbarten Kurvenpunkte $P(x; y)$ und $P_1(x_1; y_1)$ durch den Differenzenquotienten

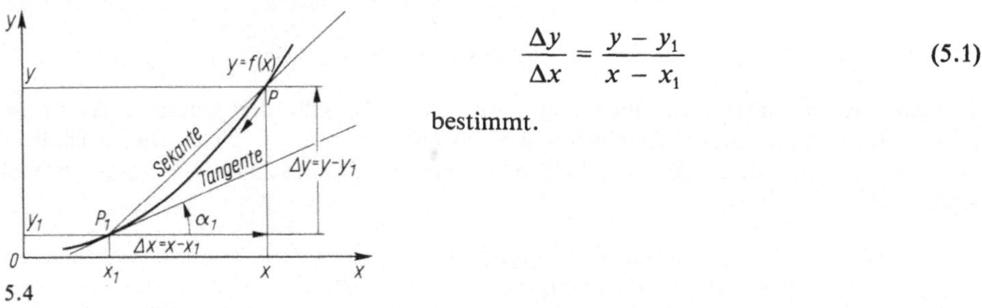

$$\frac{\Delta y}{\Delta x} = \frac{y - y_1}{x - x_1} \tag{5.1}$$

bestimmt.

5.4

Ableitung. Differentialquotient

Verschiebt man den Punkt P auf der Kurve der Funktion $y = f(x)$ gegen den Punkt P_1, so nähert sich die Sekante immer mehr der Tangente an die Kurve im Punkt P_1; aus der Sekantensteigung wird die Tangentensteigung. Dabei wird der Differenzenquotient Gl. (5.1) ein unbestimmter Ausdruck der Form 0/0, d. h., die Ermittlung der Tangentensteigung führt auf die Berechnung unbestimmter Ausdrücke.

Definition   Falls alle Folgen der Differenzenquotienten der betrachteten Funktion $y = f(x)$ im Punkte $(x_1; y_1)$ einen Grenzwert besitzen, die Lage der Tangente also eindeutig ist, sagt man, die Funktion ist in diesem Punkt differenzierbar, und nennt den Grenzwert die **erste Ableitung** oder den **Differentialquotienten** der Funktion an der Stelle x_1

$$\lim_{x \to x_1} \frac{y - y_1}{x - x_1} = \lim_{\Delta x \to 0} \frac{\Delta y}{\Delta x} = y'(x_1) = f'(x_1) = y_1' \tag{5.2}$$

Beispiel 5.1 Man bilde die erste Ableitung der Funktion $y = 3/x^2$ an der Stelle x_1.
Es ist der Differenzenquotient $(y - y_1)/(x - x_1)$ mit $y_1 = 3/x_1^2$ zu bilden

$$\frac{y - y_1}{x - x_1} = \frac{\dfrac{3}{x^2} - \dfrac{3}{x_1^2}}{x - x_1} = 3\,\frac{\dfrac{x_1^2 - x^2}{x^2 x_1^2}}{x - x_1} = \frac{3}{x^2 x_1^2} \cdot \frac{x_1^2 - x^2}{x - x_1}$$

$$= \frac{3}{x^2 x_1^2} \cdot \frac{(x_1 + x)(x_1 - x)}{x - x_1} = -\frac{3(x_1 + x)}{x^2 x_1^2}$$

Damit erhält man für die erste Ableitung an der Stelle x_1

$$y_1' = \lim_{x \to x_1} \frac{y - y_1}{x - x_1} = -3 \lim_{x \to x_1} \frac{x_1 + x}{x^2 x_1^2} = -3\,\frac{2x_1}{x_1^4} = -\frac{6}{x_1^3}$$

Für $x_1 = 1$ wird $y_1' = y'(1) = -6$.

Beispiel 5.2 Für die im vorstehenden Beispiel betrachtete Funktion $y = 3/x^2$ führe man den Grenzübergang vom Differenzenquotienten zur Ableitung bei $x_1 = 1$ in einer Wertetafel numerisch durch, wenn x von 1,2 beginnend gegen $x_1 = 1$ strebt.

x	$3/x^2$	$3/x^2 - 3/x_1^2$	$x - x_1$	$\dfrac{\dfrac{3}{x^2} - \dfrac{3}{x_1^2}}{x - x_1}$
1,2	2,083333	$-0,916667$	0,2	$-4,58333$
1,1	2,479339	$-0,520661$	0,1	$-5,20661$
1,01	2,940888	$-0,059112$	0,01	$-5,91119$
1,001	2,994009	$-0,005991$	0,001	$-5,99101$
1,0001	2,999400	$-0,000600$	0,0001	$-5,99910$
$\vdots$	$\vdots$	$\vdots$	$\vdots$	$\vdots$
1	3	0	0	-6

Im Bild 5.5 ist im Punkt P_1 der Funktion $y = f(x)$ die Tangente mit der Funktion $y = g(x)$ gezeichnet. Zur Abszissendifferenz $\mathrm{d}x$ der Tangentenfunktion $y = g(x)$ gehört die Ordinatendifferenz $\mathrm{d}y$. Zur Unterscheidung zu den Differenzen Δx und Δy der Funktion

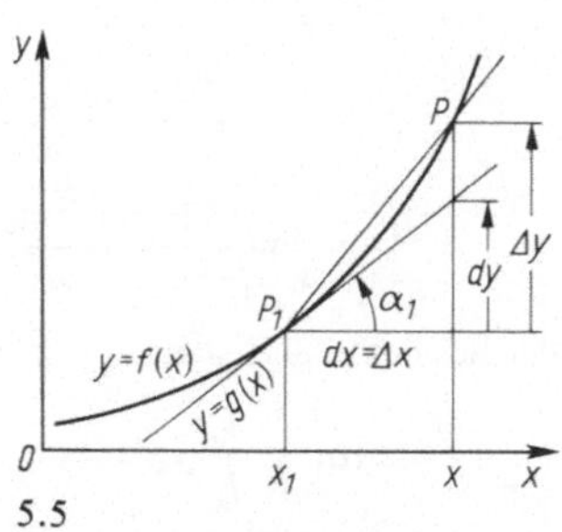

$y = f(x)$ nennt man $\mathrm{d}x$ und $\mathrm{d}y$ Differentiale. Im Abschn. 5.1.5 wird die Bedeutung der Differenzen Δx und Δy und der Differentiale $\mathrm{d}x$ und $\mathrm{d}y$ näher erläutert. Dem Bild entnimmt man weiter, daß die Ableitung auch als Quotient der Differentiale geschrieben werden kann

$$y' = \frac{dy}{dx} \tag{5.3}$$

Daher nennt man die Ableitung auch Differentialquotient.

Zusammenhang zwischen Ableitung der Funktion und Steigung der Kurve der Funktion

Es soll nun die in diesem Abschnitt bisher vorausgesetzte Gleichheit der Einheitslängen ($l_x = l_y$) entfallen; unterschiedliche Einheitslängen treten immer dann auf, wenn die Veränderlichen x und y Größen ungleicher Art (ungleiche Dimensionen) darstellen oder wenn die Veränderlichen x und y zwar Größen gleicher Art sind, aber in unterschiedlicher Größenordnung auftreten. In Bild 5.6a und b sind diese beiden Möglichkeiten dargestellt. In beiden Fällen gilt mit Gl. (3.5)

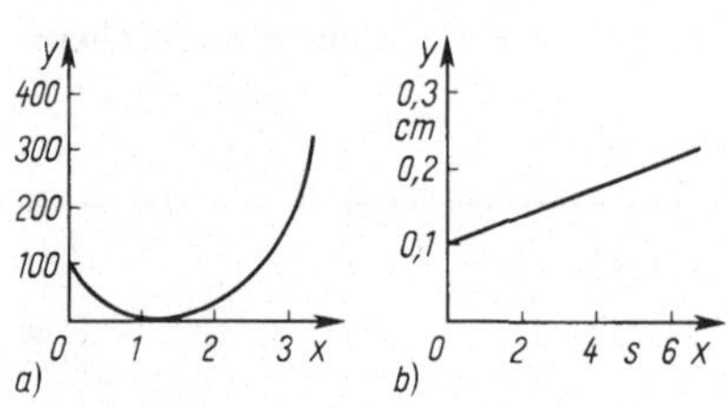

$$y = \frac{\eta}{l_y}$$

$$x = \frac{\xi}{l_x}$$

Damit wird der Zusammenhang zwischen Ableitung y_1' und Steigung $\tan\alpha_1$

5.6

$$y_1' = \lim_{\xi\to\xi_1} \frac{l_x(\eta - \eta_1)}{l_y(\xi - \xi_1)} = \frac{l_x}{l_y} \lim_{\xi\to\xi_1} \frac{\eta - \eta_1}{\xi - \xi_1} = \frac{l_x}{l_y} \tan\alpha_1 \tag{5.4}$$

Der Tangens (Steigung der Kurve) ist stets der Quotient zweier Strecken, die Ableitung jedoch ist im allgemeinen eine Größe.

Beispiel 5.3 Welchen Steigungswinkel α_1 hat die Kurve der Funktion $y = 2x^2\,\text{cm}^{-1} - 4\,\text{cm}$ im Punkt $P_1(1\,\text{cm};\ -2\,\text{cm})$?

Die Veränderlichen x und y sind Größen gleicher Art, nämlich Längen. Die erste Ableitung im Punkt P_1 wird mit Gl. (5.2)

$$y_1' = \lim_{x\to x_1} \frac{y - y_1}{x - x_1} = \lim_{x\to x_1} \frac{(2x^2\,\text{cm}^{-1} - 4\,\text{cm}) - (2x_1^2\,\text{cm}^{-1} - 4\,\text{cm})}{x - x_1}$$

$$= \lim_{x\to x_1} \frac{(2x^2\,\text{cm}^{-1} - 4\,\text{cm}) + 2\,\text{cm}}{x - 1\,\text{cm}} = \lim_{x\to x_1} \frac{2(x^2\,\text{cm}^{-1} - 1\,\text{cm})}{x - 1\,\text{cm}}$$

$$= \lim_{x\to x_1} \frac{2(x\,\text{cm}^{-1} + 1)(x - 1\,\text{cm})}{x - 1\,\text{cm}} = 2(1\,\text{cm}\,\text{cm}^{-1} + 1) = 4$$

Bei gleichen Einheitslängen $l_x = l_y$ wird mit Gl. (5.4)

$$\tan\alpha_1 = \frac{l_y}{l_x} y_1' = 4 \qquad \alpha_1 = 75{,}96° = 84{,}40\ \text{gon}$$

Bei den Einheitslängen $l_x = 2\,\text{cm/cm}$ und $l_y = 1\,\text{cm/cm}$ wird

$$\tan\alpha_1 = \frac{1}{2} \cdot 4 = 2 \qquad \alpha_1 = 63{,}43° = 70{,}48\ \text{gon}$$

5.1.2 Grundregeln des Differenzierens

Unter Differenzieren versteht man entsprechend Gl. (5.2) das Bestimmen der Ableitung $y'(x)$ einer Funktion $y = f(x)$. Bei den Beispielen 5.1 bis 5.3 wurde jeweils der Differenzenquotient gebildet und sodann die erforderliche Grenzwertermittlung nach den Regeln des Rechnens mit Grenzwerten durchgeführt. Es ist zweckmäßig, für die einzelnen Funktionstypen diese Grenzwerte ein für allemal zu ermitteln. In diesem Abschnitt werden zunächst die Regeln für das Rechnen mit Grenzwerten auf das Differenzieren übertragen, im folgenden Abschnitt werden sodann Differentiationsformeln für einige wichtige Funktionen bestimmt.

Differenzieren der Konstanten Das Schaubild der Funktion $y = c$ ist eine horizontale Gerade, daher ist $\tan\alpha$ gleich Null. Somit ist die erste Ableitung der Konstanten

$$c' = 0 \tag{5.5}$$

Konstanter Faktor Es ist $y = cf(x)$. Im Differenzenquotienten kann der konstante Faktor c herausgezogen werden

$$\frac{cf(x) - cf(x_1)}{x - x_1} = c\,\frac{f(x) - f(x_1)}{x - x_1}$$

Da bei einer Grenzwertbestimmung (Abschn. 4.3) ein konstanter Faktor vorgezogen werden kann, ist die erste Ableitung bei konstantem Faktor

$$[cf(x)]' = cf'(x) \tag{5.6}$$

Differenzieren von Summe und Differenz Es ist $y = f_1(x) \pm f_2(x)$. Der Differenzenquotient lautet

$$\frac{[f_1(x) \pm f_2(x)] - [f_1(x_1) \pm f_2(x_1)]}{x - x_1} = \frac{f_1(x) - f_1(x_1)}{x - x_1} \pm \frac{f_2(x) - f_2(x_1)}{x - x_1}$$

Nach Abschn. 4.3 ist der Grenzwert dieser Summe gleich der Summe der Grenzwerte der einzelnen Summanden. Daraus folgt die Regel für die erste Ableitung einer Summe oder Differenz

$$[f_1(x) \pm f_2(x)]' = f_1'(x) \pm f_2'(x) \tag{5.7}$$

5.1.3 Ableitung einiger Grundfunktionen

Potenzfunktion $y = x^n$ In Beispiel 5.1 wurde die Funktion $y = 3x^{-2}$ und in Beispiel 5.3 die Funktion $y = 2x^2\,\text{cm}^{-1} - 4\,\text{cm}$ differenziert. Nun soll eine allgemeine Regel hergeleitet werden, wie man eine Potenzfunktion mit einem reellen Exponenten n differenziert. Der Differenzenquotient der Potenzfunktion $y = x^n$ lautet

$$\frac{x^n - x_1^n}{x - x_1}$$

Der Grenzwert dieses Quotienten ist nach Gl. (4.16)

$$\lim_{x \to x_1} \frac{x^n - x_1^n}{x - x_1} = n x_1^{n-1} \tag{5.8}$$

Für $n = 0$ gilt $y = 1$, und nach Gl. (5.5) ist $y' = 0$.

So erhält man für alle reellen Exponenten als **erste Ableitung der Potenzfunktion**

$$(x^n)' = n x^{n-1} \tag{5.9}$$

Beispiel 5.4 Man differenziere die Potenzsumme

$$y = 3x^4 - 7\sqrt{x^5} + \frac{6}{x^2} - \frac{1}{\sqrt{x}}$$

Es ist zweckmäßig, diese Funktion zunächst in der Form

$$y = 3x^4 - 7x^{5/2} + 6x^{-2} - x^{-1/2}$$

zu schreiben. Nach Gl. (5.9) erhält man unter Beachtung der Summenregel Gl. (5.7) und der Faktor-regel Gl. (5.6)

$$y' = 3 \cdot 4x^3 - 7 \cdot \frac{5}{2} x^{3/2} + 6 \cdot (-2)x^{-3} - \left(-\frac{1}{2}\right)x^{-3/2}$$

$$= 12x^3 - 17{,}5\sqrt{x^3} - \frac{12}{x^3} + \frac{1}{2\sqrt{x^3}}$$

Beispiel 5.5 Beim **schiefen Wurf** bewegt sich der Körper auf einer **Wurfparabel** (Bild 5.7)

$$y = -\frac{g}{2v_{x0}^2} x^2 + \frac{v_{y0}}{v_{x0}} x$$

Der Geschwindigkeitsvektor $\vec{v}_0 = v_{x0}\vec{i} + v_{y0}\vec{j}$ bestimmt die Anfangsgeschwindigkeit (Abschn. 2.2.2). Wie groß ist die Scheitelhöhe h?

Im Scheitelpunkt ist die Tangente an die Wurfparabel horizontal, für $x = x_h$ ist daher die Ableitung y' gleich Null

$$y_h' = -\frac{g}{v_{x0}^2} x_h + \frac{v_{y0}}{v_{x0}} = 0 \quad \text{ergibt} \quad x_h = \frac{v_{x0}v_{y0}}{g}$$

woraus die Wurfhöhe $h = y(x_h) = \dfrac{v_{y0}^2}{2g}$ folgt.

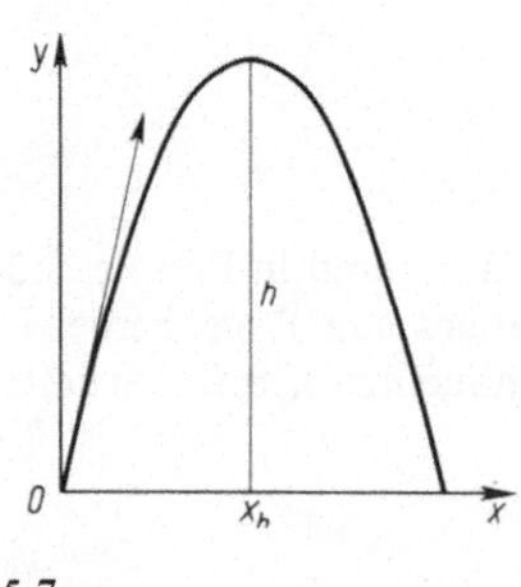

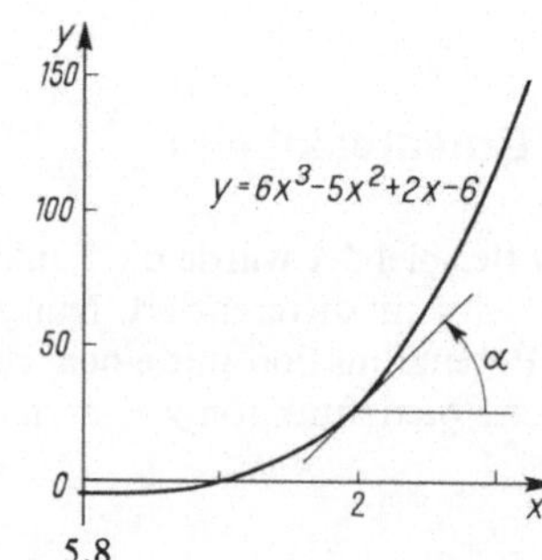

5.7   5.8

Beispiel 5.6 Welchen Steigungswinkel hat die Kurve der Funktion $y = 6x^3 - 5x^2 + 2x - 6$ in den Punkten mit den Abszissen $x_1 = 0$, $x_2 = 1$, $x_3 = 2$ und $x_4 = 3$?

Es ist $y' = 18x^2 - 10x + 2$.

x	y	y'	β	$\tan \alpha$	α
0	-6	2	63,4°	0,04	2,3°
1	-3	10	84,3°	0,20	11,3°
2	26	54	88,9°	1,08	47,2°
3	117	134	89,6°	2,68	69,5°

In der Tabelle ist der Steigungswinkel β für den Fall gleicher Einheitslängen angegeben.

Die Spalten y, y' und β der Wertetafel zeigen jedoch, daß für x und y verschiedene Einheitslängen gewählt werden müssen, wenn das Bild lesbar sein soll. Mit $l_x = 1$ cm und $l_y = 0,02$ cm ist die Funktion im Bild 5.8 dargestellt. Aus Gl. (5.4) folgt dann $y' = (l_x/l_y) \tan \alpha = 50 \tan \alpha$. Der Winkel α ist der in Bild 5.8 sichtbare Winkel.

Sinusfunktion $y = \sin x$ Der Differenzenquotient ist

$$\frac{\sin x - \sin x_1}{x - x_1}$$

Um aus der Differenz der Winkelfunktionen im Zähler eine Funktion des Differenzwinkels zur Anwendung von Gl. (4.15) zu erhalten, benutzt man eine Gleichung der Additionstheoreme (F9). Es ergibt sich bei $x \to x_1$

$$\lim_{x \to x_1} \frac{2 \sin \dfrac{x - x_1}{2} \cos \dfrac{x + x_1}{2}}{x - x_1} = \lim_{x \to x_1} \frac{\sin \dfrac{x - x_1}{2}}{\dfrac{x - x_1}{2}} \cdot \lim_{x \to x_1} \cos \frac{x + x_1}{2}$$

da der Grenzwert eines Produktes gleich dem Produkt der Grenzwerte der Faktoren ist (Abschn. 4.3). Der Grenzwert des zweiten Faktors ist $\cos x_1$. Im ersten Faktor setzt man $(x - x_1)/2 = \varphi$. Nach Gl. (4.15) strebt der Quotient $(\sin \varphi)/\varphi$ gegen Eins, wenn φ gegen Null strebt. Daraus folgt die **erste Ableitung des Sinus**

$$(\sin x)' = \cos x \tag{5.10}$$

Cosinusfunktion $y = \cos x$ Mit einer Gleichung der Additionstheoreme (F9) wird der Differenzenquotient umgeformt

$$\lim_{x \to x_1} \frac{\cos x - \cos x_1}{x - x_1} = \lim_{x \to x_1} \frac{-2 \sin \dfrac{x - x_1}{2} \sin \dfrac{x + x_1}{2}}{x - x_1}$$

$$= -\lim_{x \to x_1} \frac{\sin \dfrac{x - x_1}{2}}{\dfrac{x - x_1}{2}} \cdot \lim_{x \to x_1} \sin \frac{x + x_1}{2} = -\sin x_1$$

Damit wird die **erste Ableitung des Cosinus**

$$(\cos x)' = -\sin x \tag{5.11}$$

Beispiel 5.7 Unter welchem Winkel schneiden sich bei gleichen Einheitslängen die Kurven der Funktionen $y = f(x) = \sin x$ und $y = g(x) = \cos x$?

Die Kurven schneiden sich im Punkt mit der Abszisse $x = \pi/4$. Es ist $\tan \alpha_1 = f'(\pi/4) = \cos(\pi/4) = 0{,}707$ und $\tan \alpha_2 = g'(\pi/4) = -\sin(\pi/4) = -0{,}707$. Es ist mit $\delta = \alpha_1 - \alpha_2$

$$\tan \delta = \frac{\tan \alpha_1 - \tan \alpha_2}{1 + \tan \alpha_1 \tan \alpha_2} = \frac{0{,}707 + 0{,}707}{1 - 0{,}5} = 2{,}83$$

Hieraus folgt $\delta = 70{,}53° = 78{,}37$ gon.

Logarithmische Funktion $y = \ln x$ Setzt man $x = x_1 + \Delta x$, so lautet der Differenzenquotient von $y = \ln x$

$$\frac{\ln x - \ln x_1}{x - x_1} = \frac{\ln(x_1 + \Delta x) - \ln x_1}{\Delta x}$$

Nach den Logarithmenregeln (F2) ist

$$\ln(x_1 + \Delta x) - \ln x_1 = \ln \frac{x_1 + \Delta x}{x_1} = \ln \left(1 + \frac{\Delta x}{x_1}\right)$$

Wenn $x \to x_1$ strebt, geht $\Delta x \to 0$. Also ist Δx eine Nullfolge. Dann ist aber auch $x_n = \Delta x/x_1$ eine Nullfolge. Damit wird mit den Logarithmenregeln

$$\frac{\ln x - \ln x_1}{\Delta x} = \frac{1}{\Delta x} \ln \left(1 + \frac{\Delta x}{x_1}\right) = \frac{1}{x_1 x_n} \ln(1 + x_n)$$

$$= \frac{1}{x_1} \ln(1 + x_n)^{1/x_n}$$

Mit Hilfe des Grenzwertes Gl. (4.17), der auch für beliebige Nullfolgen (x_n) gilt, erhält man

$$\lim_{x \to x_1} \frac{\ln x - \ln x_1}{x - x_1} = \frac{1}{x_1} \lim_{x_n \to 0} \ln(1 + x_n)^{1/x_n} = \frac{1}{x_1} \ln e = \frac{1}{x_1}$$

Die erste Ableitung des natürlichen Logarithmus ist

$$(\ln x)' = \frac{1}{x} \tag{5.12}$$

Mit der Umrechnung der Logarithmenbasis (F 2)

$$\log_a x = \frac{\ln x}{\ln a} = \frac{1}{\ln a} \ln x$$

lautet die erste Ableitung der allgemeinen logarithmischen Funktion, weil $1/(\ln a)$ ein konstanter Faktor ist

$$(\log_a x)' = \left(\frac{\ln x}{\ln a}\right)' = \frac{1}{x \ln a} \tag{5.13}$$

Es ist weiter

$$\log_a(cx) = \log_a c + \log_a x$$

Damit lautet die erste Ableitung der Funktion $y = \log_a(cx)$, da $\log_a c$ eine additive Konstante ist

$$[\log_a(cx)]' = (\log_a x)' = \frac{1}{x\ln a} \qquad (5.14)$$

5.1.4 Tangente und Normale

Gesucht ist die Gleichung der Tangente $y = g(x)$ an die Kurve der Funktion $y = f(x)$ im Punkt mit der Abszisse $x = x_1$ (Bild 5.9). Die Tangente ist eine Gerade, die in einem vorgegebenen Punkt $(x_1; f(x_1))$ die Kurve der Funktion $y = f(x)$ berührt, d. h., in diesem Punkt haben Kurve und Tangente die gleiche Ableitung $y_1' = f'(x_1)$.

Sind von einer Geraden ein Punkt und die Ableitung bekannt, so lautet diese Geradengleichung nach der Punkt-Richtungs-Form (F 15)

$$\frac{y - f(x_1)}{x - x_1} = f'(x_1) \qquad (5.15)$$

Hieraus erhält man die Gleichung der Tangente an die Kurve der Funktion $y = f(x)$ im Punkt mit der Abszisse $x = x_1$

$$y = g(x) = f'(x_1)(x - x_1) + f(x_1) \qquad (5.16)$$

Beispiel 5.8 Welcher Gleichung genügt die Tangente an die Kurve der Funktion $y = \mathrm{lb}(5x)$ im Punkt mit der Abszisse $x_1 = 3$?

Es ist $y(3) = \mathrm{lb}\,15 = 3{,}907$; nach Gl. (5.14) wird

$$f'(x) = \frac{1}{x\ln 2} \quad \text{und} \quad f'(3) = \frac{1}{3\ln 2} = 0{,}481$$

Dann lautet die Gleichung der Tangente

$$y = 0{,}481\,(x - 3) + 3{,}907 = 0{,}481\,x + 2{,}464$$

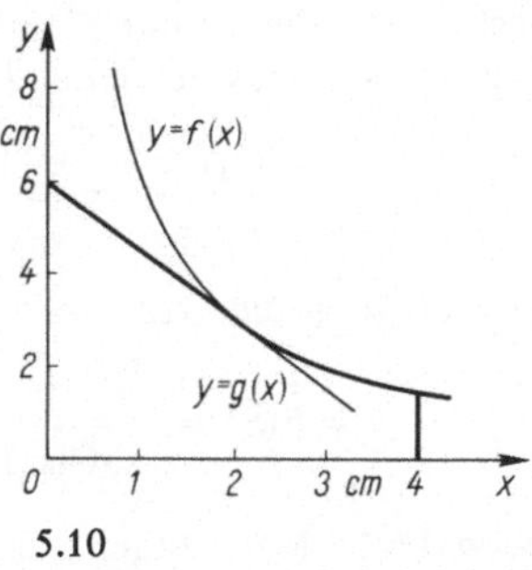

Beispiel 5.9 Das Profil eines Werkstücks (Bild 5.10) kann im Bereich $2\,\text{cm} \leqslant x \leqslant 4\,\text{cm}$ durch die Gleichung $y = f(x) = (6/x)\,\text{cm}^2$ dargestellt werden. Im Bereich $0 \leqslant x \leqslant 2\,\text{cm}$ wird das Profil durch die Tangente $y = g(x)$ an die Kurve der Funktion $y = (6/x)\,\text{cm}^2$ im Punkte $x_1 = 2\,\text{cm}$ beschrieben. Wo schneidet die Tangente die Ordinatenachse?

Es ist $f(2\,\text{cm}) = 3\,\text{cm}$, $f'(x) = -(6/x^2)\,\text{cm}^2$ und $f'(2\,\text{cm}) = -1{,}5$. Dann erhält man mit Gl. (5.16)

$$y = g(x) = -1{,}5(x - 2\,\text{cm}) + 3\,\text{cm} = -1{,}5x + 6\,\text{cm}$$

Für $x = 0$ ergibt sich der Schnittpunkt mit der y-Achse $y_0 = g(0) = 6\,\text{cm}$.

Beispiel 5.10 Gegeben sind die Gerade $y = 3x - 1$ und die Parabel $y = f(x) = x^2 - 2x - 1$. Die Gerade schneidet die Parabel in zwei Punkten. In diesen Punkten sind die Tangenten an die Parabel zu legen (Bild 5.11). Wo schneiden sich diese Tangenten?

Die Schnittpunkte berechnen sich zu $P_1(0; -1)$ und $P_2(5; 14)$. Die Ableitungen in diesen Schnittpunkten sind $f'(0) = -2$ und $f'(5) = 8$.

Aus Gl. (5.16) erhält man die beiden Tangentengleichungen

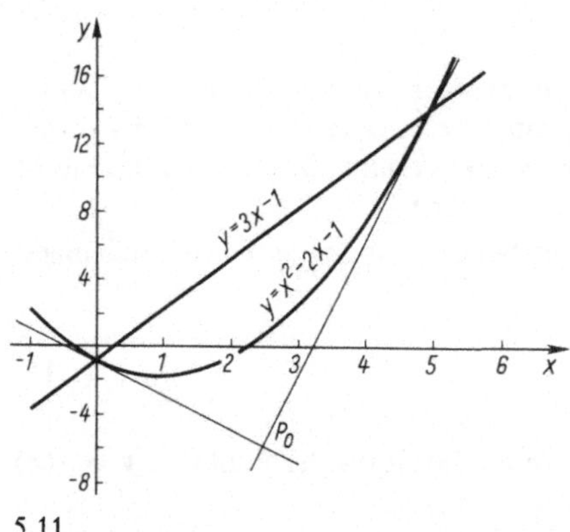

$$y = -2(x - 0) - 1 \quad \text{oder} \quad y = -2x - 1$$

$$\text{und} \quad y = 8(x - 5) + 14 \quad \text{oder} \quad y = 8x - 26$$

Hieraus folgt nach F15 für den Schnittpunkt P_0 der Tangenten $x_0 = 2{,}5$ und dann $y_0 = -6$.

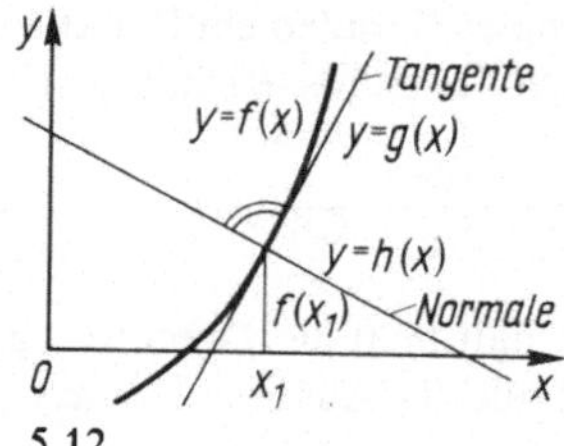

5.11
  5.12

Im folgenden Teil dieses Abschnitts werden gleiche Einheitslängen vorausgesetzt.

Definition Die **Normale** einer Kurve in einem Kurvenpunkt $(x_1, f(x_1))$ ist die in diesem Punkt auf der Tangente errichtete Senkrechte (Bild 5.12).

Nach dem Orthogonalitätsprinzip (F15) gilt für die Steigungen zweier aufeinander senkrecht stehender Geraden $a_1 = -1/a_1'$. Beide Geraden, die Tangente und die Normale, gehen durch den gleichen Punkt $(x_1; f(x_1))$ und stehen in diesem Punkte aufeinander senkrecht. Aus der Punkt-Richtungs-Form der Tangente Gl. (5.15) ergibt sich dann die Punkt-Richtungs-Form der Normale

$$\frac{y - f(x_1)}{x - x_1} = -\frac{1}{f'(x_1)}$$

Hieraus folgt die Gleichung der Normale

$$y = h(x) = -\frac{1}{f'(x_1)}(x - x_1) + f(x_1) \tag{5.17}$$

Beispiel 5.11 Man bestimme diejenigen Punkte auf der Kurve der Funktion $y = 1/x^2$, in denen die Tangente zugleich Normale für dieselbe Kurve in einem anderen Punkte ist (Bild 5.13).

Es sei $(x_1; y_1)$ der Berührungspunkt der Tangente und $(x_2; y_2)$ der Schnittpunkt der Normale mit der Kurve. Die Ableitung der Funktion $y = 1/x^2$ ist $y' = -2/x^3$. Dann ist nach Gl. (5.16) und (5.17) die Gleichung der

Tangente $\quad y = -\dfrac{2}{x_1^3}(x - x_1) + \dfrac{1}{x_1^2} = -\dfrac{2}{x_1^3}x + \dfrac{3}{x_1^2}$

Normale $\quad y = \dfrac{x_2^3}{2}(x - x_2) + \dfrac{1}{x_2^2} = \dfrac{x_2^3}{2}x - \dfrac{x_2^4}{2} + \dfrac{1}{x_2^2}$

Die Tangente hat die Steigung $-2/x_1^3$, die Normale die Steigung $x_1^3/2$. Die Tangente schneidet die y-Achse in $3/x_1^2$, die Normale in $(1/x_2^2 - x_2^4/2)$. Nach der Aufgabenstellung sollen diese beiden Geraden identisch sein, also zusammenfallen. Daher müssen ihre Steigungen und ihre Abschnitte auf der y-Achse gleich sein. Hieraus erhält man zwei Bestimmungsgleichungen für die beiden Unbekannten x_1 und x_2

$$-\frac{2}{x_1^3} = \frac{x_2^3}{2} \quad \text{und} \quad \frac{3}{x_1^2} = \frac{1}{x_2^2} - \frac{x_2^4}{2}$$

Aus der ersten Gleichung folgt $x_1 x_2 = -\sqrt[3]{4}$ oder $x_1^2 = \dfrac{2\sqrt[3]{2}}{x_2^2}$. Die zweite Gleichung wird mit $2x_2^2 x_1^2$ multipliziert

$$6x_2^2 = 2x_1^2 - x_1^2 x_2^6$$

und dann der aus der ersten Gleichung erhaltene Wert für x_1^2 eingesetzt

$$6x_2^2 = 4\frac{\sqrt[3]{2}}{x_2^2} - 2\sqrt[3]{2}x_2^4 \quad \text{somit} \quad x_2^6 + \frac{3}{\sqrt[3]{2}}x_2^4 - 2 = 0$$

Durch die Substitution $z = x_2^2$ erhält man eine Gleichung dritten Grades

$$z^3 + 2{,}38z^2 - 2 = 0$$

die eine positive Wurzel $z = 0{,}794$ hat; diese kann z. B. mit dem Verfahren von Newton (Abschn. 5.3.1) ermittelt werden. Hieraus folgt

$$x_2 = \pm 0{,}891 \qquad y_2 = 1{,}260$$

und $\qquad x_1 = -\dfrac{\sqrt[3]{4}}{x_2} = \mp 1{,}782 \qquad y_1 = 0{,}315$

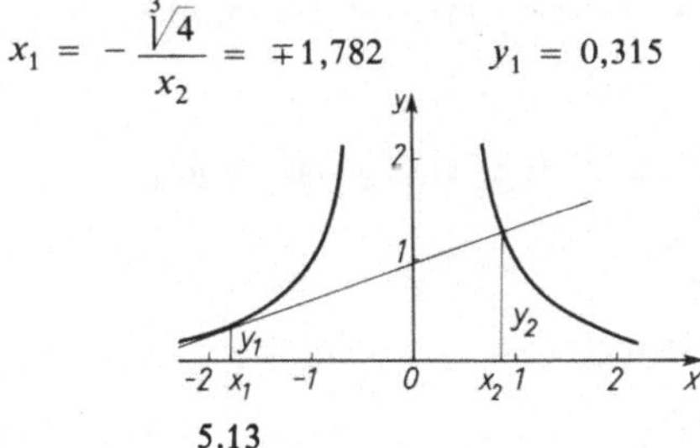

5.13

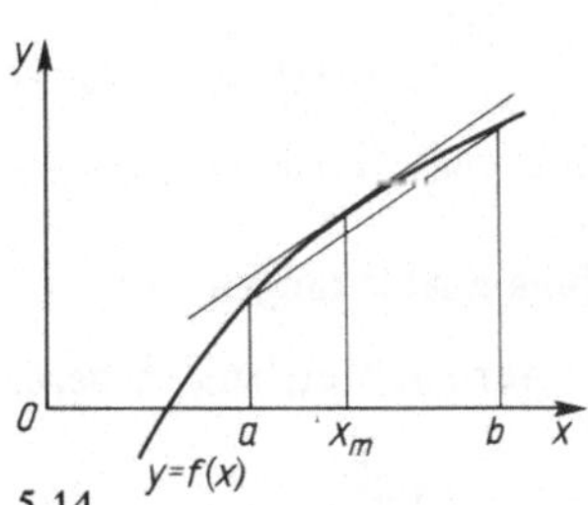

5.14

5.1.5 Mittelwertsatz. Höhere Ableitungen

Mittelwertsatz der Differentialrechnung. Wenn die Funktion $y = f(x)$ in dem abgeschlossenen Intervall $a \leqslant x \leqslant b$ stetig und im Inneren des Intervalls überall differenzierbar ist, dann gibt es im Inneren des Intervalls mindestens einen Punkt x_m mit

$$f'(x_m) = \frac{f(b) - f(a)}{b - a} \tag{5.18}$$

Gl. (5.18) besagt, wie Bild 5.14 zeigt, daß es einen inneren Punkt x_m im Intervall $a \leqslant x \leqslant b$ so gibt, daß die Tangente an die Kurve bei der Abszisse x_m parallel zur Sehne über das ganze Intervall ist. Dieser Satz soll hier nicht bewiesen werden.

Eine Anwendung findet dieser Satz z. B. bei der Frage nach der Auswirkung einer fehlerhaft gemessenen Größe auf eine damit ermittelte Größe (Abschn. 10.2).

Hier wird Bild 5.5 noch einmal betrachtet: Das Differential

$$\mathrm{d}y = f'(x)\,\mathrm{d}x = y'\mathrm{d}x \tag{5.19}$$

wird durch die vertikale Kathete im Tangentendreieck dargestellt und ist eine Funktion von x und $\mathrm{d}x$, denn beide Größen können frei gewählt werden. Man schreibt auch $\mathrm{d}y = h(x, \mathrm{d}x)$, um die Abhängigkeit von zwei unabhängigen Veränderlichen auszudrücken. Obwohl im Bild 5.5 das Differential $\mathrm{d}x$ und die Differenz Δx gleich groß sind, gilt

$$\Delta y = \mathrm{d}y + F(x, \Delta x)$$

oder auch

$$y = y_1 + f'(x_1) \cdot (x - x_1) + F(x, \Delta x)$$

Man erkennt, daß das Differential $\mathrm{d}y$ den linearen Anteil des Zuwachses der Funktion $y = f(x)$ darstellt. Ist $\Delta x = \mathrm{d}x$ klein, so ist auch das Korrekturglied $F(x, \Delta x)$, die Fehlerfunktion, klein; man begeht einen kleinen Fehler, wenn man Δy durch $\mathrm{d}y$ ersetzt. Häufig reicht also die einfach zu berechnende Funktion $y = y_1 + f'(x_1) \cdot (x - x_1)$ aus, um das Verhalten der Funktion $y = f(x)$ in einer Umgebung von $x - x_1$ angenähert zu beschreiben.

Beispiel 5.12 Es sei $y = 2x^2 - 6x + 2$. Weiter sei $x_1 = 1$ und $\mathrm{d}x = \Delta x = 0{,}1$. Man bestimme $\mathrm{d}y$ und Δy.

Es ist $y' = \mathrm{d}y/\mathrm{d}x = 4x - 6$, also $\mathrm{d}y = (4x - 6)\,\mathrm{d}x$. Mit $x_1 = 1$ und $\mathrm{d}x = 0{,}1$ erhält man $\mathrm{d}y = -2 \cdot 0{,}1 = -0{,}2$. Weiter ist $y(1) = -2$ und $y(x_1 + \Delta x) = y(1{,}1) = -2{,}18$. Also ist

$$\Delta y = y(1{,}1) - y(1) = -2{,}18 + 2 = -0{,}18$$

Die Größen $\mathrm{d}y$ und Δy unterscheiden sich nur um $0{,}02$, da $\mathrm{d}x$ klein gewählt wurde.

Höhere Ableitungen

Höhere Ableitungen bezeichnet man wie folgt

$$\frac{\mathrm{d}^2y}{\mathrm{d}x^2} = \frac{\mathrm{d}\,\dfrac{\mathrm{d}y}{\mathrm{d}x}}{\mathrm{d}x} = y'' \qquad \frac{\mathrm{d}^3y}{\mathrm{d}x^3} = \frac{\mathrm{d}\,\dfrac{\mathrm{d}^2y}{\mathrm{d}x^2}}{\mathrm{d}x} = y''' \qquad \frac{\mathrm{d}^4x}{\mathrm{d}x^4} = \frac{\mathrm{d}\,\dfrac{\mathrm{d}^3y}{\mathrm{d}x^3}}{\mathrm{d}x} = y^{(4)} \text{ usw.}$$

Ableitungen der Funktion $y = f(x)$ bis zur dritten Ordnung werden also durch Striche bei der abhängigen Veränderlichen (bzw. durch Punkte beim Differenzieren nach der Zeit t, z. B. $\dot{y}$) abgekürzt. Höhere als dritte Ableitungen werden meist durch hochgestellte Ordnungszahlen in runden Klammern bezeichnet.

Höhere Ableitungen treten in der Technik häufig auf, z. B.:

$$m\ddot{s}(t) = F(t)$$

(Newton-Bewegungsgleichung) Masse mal zweite Ableitung des Weges nach der Zeit gleich wirkende Kraft.

$$q(x) = -Q'(x) = -M''(x)$$

Die Belastung ist gleich der negativen ersten Ableitung der Querkraft und gleich der negativen zweiten Ableitung des Biegemoments.

$$w''(x) = -\frac{1}{EI} \cdot M(x)$$ Die zweite Ableitung der Durchbiegung ist proportional dem Biegemoment.

$$w'''(x) = -\frac{1}{EI} \cdot Q(x)$$ Die dritte Ableitung der Durchbiegung ist proportional der Querkraft.

$$w^{(4)}(x) = \frac{1}{EI} \cdot q(x)$$ Die vierte Ableitung der Durchbiegung ist proportional der Belastung.

Höhere Ableitungen kommen weiter in den Taylor-Formeln (Abschn. 7) vor.

Beispiel 5.13 Man bilde die zweite Ableitung der Funktion $y = 3x^2 - 4x + 1$.
Zunächst ist die erste Ableitung $y' = 6x - 4$ zu bilden. Dann ist $y'' = (y')' = 6$.

Beispiel 5.14 Man bilde die zweite Ableitung der Funktion $y = 2\lg(3x)$.
Nach Gl. (5.14) ist $y' = 2/(x \cdot \ln 10)$. Dann ist

$$y'' = \frac{2}{\ln 10}\left(\frac{1}{x}\right)' = \frac{2}{\ln 10}\cdot\frac{-1}{x^2} = -\frac{2}{x^2 \cdot \ln 10}$$

5.1.6 Aufgaben zu Abschnitt 5.1

1. Man differenziere

a) $y = 4x^5 - 7\sqrt[3]{x} + \dfrac{4}{\sqrt[3]{x}} - \sqrt[5]{x}$ b) $y = 5\log_7(3x^2)$ c) $y = 3\sin x - 5\cos x$

und bestimme für c) die Ableitung an der Stelle $x_1 = \pi/4$.

2. Wo hat die Kurve der Funktion $y = 3x^2 - 6x + 2$ einen Steigungswinkel $\alpha_1 = 125°$, wo ist die Steigung Null, welche Steigung hat die Kurve für $x_3 = -0{,}5$?

3. Im Punkte $x_1 = 2$ ist an die Kurve der Funktion $y = x^3$ die Tangente zu legen. Wo schneidet diese Tangente noch einmal die Kurve? Hinweis: Zwei Lösungen der Bestimmungsgleichung dritten Grades sind bekannt.

4. Unter welchem Winkel schneiden sich bei gleichen Einheitslängen die Kurven der Funktionen

$$y = f_1(x) = x^2 - 4 \quad \text{und} \quad y = f_2(x) = x^2/2 + 4$$

5. Man bilde die zweite Ableitung der Funktionen

a) $y = 3\sin x$ b) $y = 2\sqrt[3]{x}$ c) $y = \dfrac{4}{\sqrt[5]{x}}$

6. Ein Kraftfahrzeug fährt mit hoher Geschwindigkeit auf der Autobahn. Nach welcher Zeit und nach welchem Wege kommt es zum Stillstand, wenn es nur mit der Handbremse gebremst wird? Während des Bremsens lautet das Weg-Zeit-Gesetz $s = (40\text{ m/s})t - (1{,}5\text{ m/s}^2)t^2$. Wie groß sind Anfangsgeschwindigkeit des Wagens und Bremsbeschleunigung der Handbremse? Wie lautet das Geschwindigkeit-Zeit-Gesetz?

7. Für einen einseitig eingespannten Träger lautet bei gleichmäßiger Belastung des Trägers die

Gleichung für die neutrale Faser (Biegelinie)

$$w = \frac{q l^4}{24 E I} \left[\left(\frac{x}{l}\right)^4 - 4 \left(\frac{x}{l}\right)^3 + 6 \left(\frac{x}{l}\right)^2 \right]$$

Dabei ist q die Belastung je Längeneinheit, E der Elastizitätsmodul und I das axiale Flächenmoment des Querschnitts. Wie groß sind Durchbiegung f und Steigung $\tan \alpha$ am Ende ($x = l$) des Trägers?

8. Die Gleichung $v = \sqrt{2gs}$ gibt die Abhängigkeit der Ausflußgeschwindigkeit v einer Flüssigkeit aus einem Gefäß von der Wasserhöhe s und beim freien Fall die Abhängigkeit der Auftreffgeschwindigkeit v von der Fallhöhe s an. Man zeige (Bild 5.15): Die Tangente im Punkte $(s_0; v_0)$ an die Kurve schneidet die v-Achse in der Höhe $v_1 = v_0/2$.

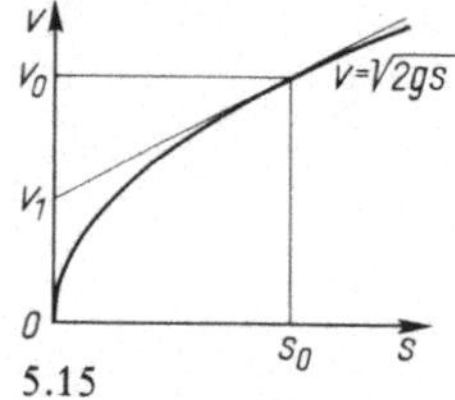

5.15

9. Man verallgemeinere die Tangentenkonstruktion der Aufgabe 8 auf die Potenzfunktion $y = c x^n$.

10. Zur Wasserstandsmessung in einem kugelförmigen Behälter wird die Höhe h des Wasserstandes gemessen. Der Behälterdurchmesser ist $d = 2{,}75$ m. Wie genau kann man die Wassermenge messen, wenn $h = (0{,}720 \pm 0{,}005)$ m bekannt ist? Es ist $V = (\pi/6) h^2 (3d - 2h)$, s. auch F 8.

5.2 Rechenregeln der Differentialrechnung

5.2.1 Produkt- und Quotientenregel

Produktregel Die Ableitung der Funktion $y = f_1(x) \cdot f_2(x)$ ist

$$(f_1 f_2)' = f_1' f_2 + f_1 f_2' \tag{5.20}$$

Zum Beweis bildet man den Differenzenquotienten

$$\frac{y - y_1}{x - x_1} = \frac{f_1(x) f_2(x) - f_1(x_1) f_2(x_1)}{x - x_1}$$

Durch Zwischenschalten von zwei Summanden kann der Differenzenquotient in eine solche Form gebracht werden, daß die Differenzenquotienten von $f_1(x)$ und $f_2(x)$ entstehen, deren Grenzwerte bekannt sind

$$\frac{y - y_1}{x - x_1} = \frac{f_1(x) f_2(x) - f_1(x_1) f_2(x) + f_1(x_1) f_2(x) - f_1(x_1) f_2(x_1)}{x - x_1}$$

$$= \frac{f_1(x) - f_1(x_1)}{x - x_1} f_2(x) + f_1(x_1) \frac{f_2(x) - f_2(x_1)}{x - x_1}$$

Nach den Rechenregeln mit Grenzwerten (Abschn. 4.3) ist

$$(f_1 f_2)' = \lim_{x \to x_1} \frac{y - y_1}{x - x_1} = \lim_{x \to x_1} \left[\frac{f_1(x) - f_1(x_1)}{x - x_1} \cdot f_2(x) + f_1(x_1) \frac{f_2(x) - f_2(x_1)}{x - x_1} \right]$$

$$= \lim_{x \to x_1} \frac{f_1(x) - f_1(x_1)}{x - x_1} \cdot \lim_{x \to x_1} f_2(x) + f_1(x_1) \lim_{x \to x_1} \frac{f_2(x) - f_2(x_1)}{x - x_1}$$

Durch Bilden des Grenzwertes $x \to x_1$ erhält man die Produktregel Gl. (5.20).

Beispiel 5.15 Man differenziere $y = x^2 \sin x$.

Es ist $f_1 = x^2$ und $f_2 = \sin x$, woraus $f_1' = 2x$ und $f_2' = \cos x$ folgt. Daher ist

$$y' = 2x \sin x + x^2 \cos x$$

Nach kurzer Übung ist es nicht mehr notwendig, die Funktionen f_1, f_1' sowie f_2, f_2' gesondert aufzuschreiben.

Beispiel 5.16 Man differenziere die Funktion $y = 3\sqrt{x}\,\lg\sqrt{x}$.

Zunächst wird y auf Grund der Logarithmenregeln umgeformt

$$y = \frac{3}{2\ln 10}\, x^{1/2} \ln x$$

Dann ergibt die Produktregel

$$y' = \frac{3}{2\ln 10} \left[\frac{1}{2} x^{-1/2} \ln x + x^{1/2}\, \frac{1}{x} \right] = \frac{3(2 + \ln x)}{4\sqrt{x}\,\ln 10}$$

Verallgemeinerung auf drei Faktoren   Besteht y aus einem Produkt von drei Faktoren, $y = f_1 f_2 f_3$, so setzt man zunächst $z = f_1 f_2$. Damit wird $y' = (z f_3)' = z' f_3 + z f_3'$ und $z' = f_1' f_2 + f_1 f_2'$. Setzt man z und z' in die erste Gleichung ein, so erhält man die **dreifache Produktregel**

$$(f_1 f_2 f_3)' = f_1' f_2 f_3 + f_1 f_2' f_3 + f_1 f_2 f_3' = f_1 f_2 f_3 \left(\frac{f_1'}{f_1} + \frac{f_2'}{f_2} + \frac{f_3'}{f_3} \right) \tag{5.21}$$

Diese Regel kann man auch auf mehr als drei Faktoren erweitern.

Beispiel 5.17 Man differenziere die Funktion

$$y = \frac{5}{\sqrt{x}} \cos x \cdot \sin x$$

Es ist $f_1 = 1/\sqrt{x}$ und $f_1' = -1/(2\sqrt{x^3})$, $f_2 = \cos x$ und $f_2' = -\sin x$ sowie $f_3 = \sin x$ und $f_3' = \cos x$. Damit wird

$$y' = 5\, \frac{\cos x \cdot \sin x}{\sqrt{x}} \left(\frac{-1/(2\sqrt{x^3})}{1/\sqrt{x}} + \frac{-\sin x}{\cos x} + \frac{\cos x}{\sin x} \right)$$

$$= y \left(-\frac{1}{2x} - \tan x + \cot x \right)$$

Quotientenregel Die Ableitung der Funktion $y = f_1(x)/f_2(x)$ ist

$$\left(\frac{f_1}{f_2}\right)' = \frac{f_1'f_2 - f_1f_2'}{f_2^2} \tag{5.22}$$

Der Beweis dieser Regel kann wie der Beweis der Produktregel durch Hinzufügen zweier Summanden zum Differenzenquotienten geführt werden.

Beispiel 5.18 Man differenziere $y = (x - 1)/(x^2 + 1)$.

Nach Gl. (5.22) erhält man mit $f_1 = x - 1$ und $f_2 = x^2 + 1$

$$y' = \frac{1 \cdot (x^2 + 1) - (x - 1) \cdot 2x}{(x^2 + 1)^2} = \frac{x^2 + 1 - 2x^2 + 2x}{(x^2 + 1)^2} = \frac{-x^2 + 2x + 1}{(x^2 + 1)^2}$$

Beispiel 5.19 In welchen Punkten hat die Kurve der Funktion $y = (1 - x^2)/(1 + x^3)$ horizontale Tangenten?

Es ist zweckmäßig, vor dem Differenzieren zu prüfen, ob Zähler und Nenner dieser Funktion gemeinsame Nullstellen haben. Denn ist dies der Fall, so wird der Bruch gekürzt und dadurch wird das Differenzieren wesentlich einfacher. Haben Zähler und Nenner einer gebrochenen rationalen Funktion eine gemeinsame Nullstelle, so hat die erste Ableitung an dieser Stelle eine gemeinsame doppelte Nullstelle in Zähler und in Nenner. Zähler und Nenner sind dann um zwei Grade größer.

Der Zähler und der Nenner der gegebenen Funktion werden beide für $x = -1$ Null. Daher wird der Bruch durch $x + 1$ ohne Rest gekürzt. Es wird

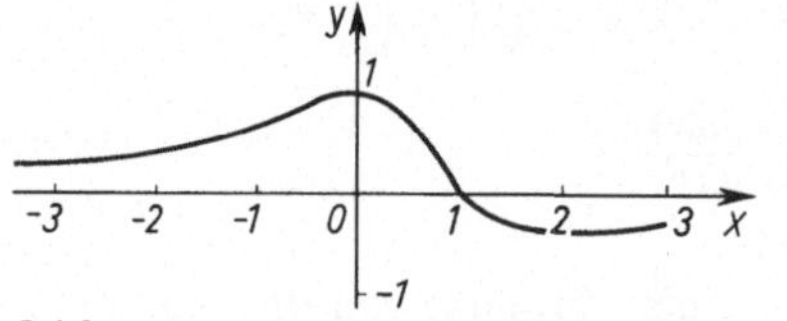

5.16

$$y = \frac{1 - x^2}{1 + x^3} = \frac{1 - x}{x^2 - x + 1}$$

$$y' = \frac{-(x^2 - x + 1) - (1 - x)(2x - 1)}{(x^2 - x + 1)^2}$$

$$= \frac{x^2 - 2x}{(x^2 - x + 1)^2}$$

Der Zähler wird für $x = 0$ und $x = 2$ Null. Der Nenner verschwindet nicht für diese Werte. Daher hat die Kurve der Funktion bei diesen Abszissen horizontale Tangenten (Bild 5.16).

Differentiation des Tangens und Cotangens Da $\tan x = (\sin x)/(\cos x)$ ist, setzt man $f_1 = \sin x$ und $f_2 = \cos x$. Damit wird die erste Ableitung des Tangens

$$\frac{d\tan x}{dx} = \frac{\cos x \cdot \cos x - \sin x(-\sin x)}{\cos^2 x} = \frac{1}{\cos^2 x} = 1 + \tan^2 x \tag{5.23}$$

Entsprechend erhält man

$$\frac{d\cot x}{dx} = \frac{\sin x(-\sin x) - \cos x \cdot \cos x}{\sin^2 x} = -\frac{1}{\sin^2 x} = -(1 + \cot^2 x) \tag{5.24}$$

5.2.2 Kettenregel

Bei vielen Differentiationsaufgaben gelangt man zu einer Lösung, wenn man die zu differenzierende Funktion $y = f(x)$ als Funktion einer Funktion auffaßt

$$y = f(x) = g(u) \quad \text{mit} \quad u = h(x)$$

Dann wird der Differentialquotient mit $u_1 = h(x_1)$

$$y' = \frac{dy}{dx} = \lim_{x \to x_1} \frac{f(x) - f(x_1)}{x - x_1} = \lim_{x \to x_1} \frac{g(u) - g(u_1)}{x - x_1} = \lim_{x \to x_1} \left[\frac{g(u) - g(u_1)}{u - u_1} \cdot \frac{u - u_1}{x - x_1} \right]$$

Mit $x \to x_1$, geht auch $u \to u_1$; daher kann man den Grenzwert auch als Produkt zweier Grenzwerte schreiben

$$y' = \frac{dy}{dx} = \lim_{u \to u_1} \frac{g(u) - g(u_1)}{u - u_1} \cdot \lim_{x \to x_1} \frac{h(x) - h(x_1)}{x - x_1}$$

Durch Bilden des Grenzwerts erhält man die Kettenregel

$$y' = \frac{dy}{dx} = \frac{dg(u)}{du} \cdot \frac{dh(x)}{dx} = \frac{dy}{du} \cdot \frac{du}{dx} \tag{5.25}$$

Beispiel 5.20 Man differenziere $y = \sqrt{x^2 - 1}$.
Mit $u = x^2 - 1$ wird $y = \sqrt{u}$, also $dy/du = 1/(2\sqrt{u})$ und $du/dx = 2x$. Damit erhält man

$$\frac{dy}{dx} = \frac{dy}{du} \frac{du}{dx} = \frac{1}{2\sqrt{u}} 2x = \frac{x}{\sqrt{x^2 - 1}}$$

Beispiel 5.21 Man differenziere $y = \sin(\omega t + \varphi)$ nach t.
Mit $u = \omega t + \varphi$ wird $y = \sin u$, $du/dt = \omega$ und $dy/du = \cos u$. Hieraus folgt

$$\frac{dy}{dt} = \frac{dy}{du} \cdot \frac{du}{dt} = (\cos u)\omega = \omega \cos(\omega t + \varphi)$$

Nach kurzer Übung ist es nicht mehr notwendig, explizit die Größe u hinzuschreiben. Der noch Ungeübte achte besonders darauf, daß das letzte Glied du/dx nicht vergessen wird. Beim Benutzen der Kettenregel treten oft Fehler auf, wenn man die Differentiation durch einen Strich, z. B. y', kennzeichnet, da bei der Kettenregel nach verschiedenen Veränderlichen differenziert wird. Die Kennzeichnung der Differentiation durch einen Strich ist nur dann zulässig, wenn eindeutig zu erkennen ist, nach welcher Veränderlichen differenziert wird.

Beispiel 5.22 Man differenziere die Funktion

$$y = \frac{(x^2 - 1)^{3/2}}{(x + 2)^{5/6}}$$

Es ist
$$f_1 = (x^2 - 1)^{3/2} \qquad f_1' = (3/2)(x^2 - 1)^{1/2} \cdot 2x$$
$$f_2 = (x + 2)^{5/6} \qquad f_2' = (5/6)(x + 2)^{-1/6}$$

sowie
$$y' = (f_1' f_2 - f_1 f_2')/f_2^2$$

Setzt man diese Ausdrücke ein, so erhält man

$$y' = \frac{\dfrac{3}{2}(x^2 - 1)^{1/2} \cdot 2x \cdot (x + 2)^{5/6} - (x^2 - 1)^{3/2} \cdot \dfrac{5}{6}(x + 2)^{-1/6}}{(x + 2)^{10/6}}$$

Zähler und Nenner werden mit $6(x + 2)^{1/6}$ multipliziert

$$y' = \frac{18x(x^2 - 1)^{1/2}(x + 2) - 5(x^2 - 1)^{3/2}}{6(x + 2)^{11/6}}$$

Nun wird $\sqrt{x^2 - 1}$ im Zähler ausgeklammert

$$y' = \sqrt{x^2 - 1}\,\frac{18x(x + 2) - 5(x^2 - 1)}{6(x + 2)^{11/6}} = \sqrt{x^2 - 1}\,\frac{13x^2 + 36x + 5}{6(x + 2)^{11/6}}$$

Verallgemeinerung auf mehrere Faktoren. Bei manchen Aufgaben genügt es nicht, nur eine Hilfsfunktion $u = h(x)$ zwischenzuschalten. Hierfür ein Beispiel.

Beispiel 5.23 Man differenziere $y = \sqrt{a\sin^2(\omega t + \varphi) - 1}$.

Die Funktion $y = \sqrt{u}$ ist unmittelbar differenzierbar. Dabei ist $u = a\sin^2(\omega t + \varphi) - 1$ gesetzt. Die Funktion $u = av^2 - 1$ ist wiederum direkt differenzierbar. Daher wird $v = \sin(\omega t + \varphi)$ gesetzt. Schließlich ist noch die Substitution $z = \omega t + \varphi$ erforderlich. Es gilt also

$$\frac{dy}{dt} = \frac{dy}{du}\,\frac{du}{dv}\,\frac{dv}{dz}\,\frac{dz}{dt} \tag{5.26}$$

$$\frac{dy}{dt} = \frac{1}{2\sqrt{u}} \cdot 2av(\cos z)\,\omega = \frac{a\omega\sin(\omega t + \varphi)\cos(\omega t + \varphi)}{\sqrt{a\sin^2(\omega t + \varphi) - 1}} = \frac{a\omega\sin[2(\omega t + \varphi)]}{2\sqrt{a\sin^2(\omega t + \varphi) - 1}}$$

Beispiel 5.24 Man differenziere die Funktion $y = \sqrt{\sqrt{x^2 + 1} - \sqrt{x^2 - 1}}$.

Auf die äußere Wurzel ist die Kettenregel anzuwenden, der Radikand ist eine Summe, auf deren Summanden wiederum die Kettenregel anzuwenden ist. Es ist

$$y' = \frac{\dfrac{2x}{2\sqrt{x^2 + 1}} - \dfrac{2x}{2\sqrt{x^2 - 1}}}{2\sqrt{\sqrt{x^2 + 1} - \sqrt{x^2 - 1}}} = -\frac{x}{2}\,\frac{-\sqrt{x^2 - 1} + \sqrt{x^2 + 1}}{\sqrt{x^2 + 1}\,\sqrt{x^2 - 1}\,\sqrt{\sqrt{x^2 + 1} - \sqrt{x^2 - 1}}}$$

$$= -\frac{x}{2}\,\frac{\sqrt{\sqrt{x^2 + 1} - \sqrt{x^2 - 1}}}{\sqrt{x^2 + 1}\,\sqrt{x^2 - 1}} = -\frac{x}{2}\,\sqrt{\frac{\sqrt{x^2 + 1} - \sqrt{x^2 - 1}}{x^4 - 1}}$$

Beispiel 5.25 Man differenziere die Funktion $y = \ln\dfrac{1 + x}{1 - x}$.

Ist das Argument des Logarithmus ein Produkt oder ein Quotient, so ist es zweckmäßig, vor dem Differenzieren den Logarithmus in eine Summe bzw. Differenz zu zerlegen. Man kann es hierdurch vermeiden, nach der Kettenregel noch die Produkt- oder Quotientenregel anwenden zu müssen. So erhält man

$$y = \ln(1 + x) - \ln(1 - x) \qquad y' = \frac{1}{1 + x} - \frac{-1}{1 - x} = \frac{2}{1 - x^2}$$

5.2.3 Implizit gegebene Funktionen

Um die Ableitung implizit gegebener Funktionen zu erhalten, differenziert man jeden Ausdruck nach x. Tritt ein Ausdruck $h(y)$ auf, so gilt nach der Kettenregel

$$\frac{dh(y)}{dx} = \frac{dh(y)}{dy}\,\frac{dy}{dx} \tag{5.27}$$

Abschließend wird die erhaltene Gleichung nach $\mathrm{d}y/\mathrm{d}x = y'$ aufgelöst. Im Gegensatz zu den bisher behandelten Fällen ist die erste Ableitung jetzt eine Funktion von x und y. Für die Ellipsengleichung $(x^2/a^2) + (y^2/b^2) = 1$ gilt z. B., wenn nur die obere Ellipsenhälfte betrachtet wird

$$\frac{2x}{a^2} + \frac{2y}{b^2}\frac{\mathrm{d}y}{\mathrm{d}x} = 0 \quad \text{oder} \quad \frac{\mathrm{d}y}{\mathrm{d}x} = -\frac{xb^2}{ya^2} = -\frac{xb}{a^2\sqrt{1 - \dfrac{x^2}{a^2}}}$$

Für die Funktionsgleichung $xy - \sin y = 0$ gilt wegen Gl. (5.20) und (5.27)

$$y + x\frac{\mathrm{d}y}{\mathrm{d}x} - (\cos y)\frac{\mathrm{d}y}{\mathrm{d}x} = 0 \quad \text{oder} \quad \frac{\mathrm{d}y}{\mathrm{d}x} = \frac{y}{-x + \cos y}$$

In Abschn. 9.2 wird noch eine andere Methode des impliziten Differenzierens entwickelt. Häufig tritt die Aufgabe auf, den Logarithmus einer Funktion zu differenzieren. Es ist dann $y = \ln f(x)$. Setzt man $u = f(x)$ und damit $\mathrm{d}u/\mathrm{d}x = f'(x)$, so wird

$$\frac{\mathrm{d}\ln f(x)}{\mathrm{d}x} = \frac{f'(x)}{f(x)} \tag{5.28}$$

Beispiel 5.26 Man differenziere $y = \ln(x^2 + 2\sin 3x)$.
Man erhält

$$y' = \frac{2x + 6\cos 3x}{x^2 + 2\sin 3x}$$

Logarithmische Differentiation Bei manchen Funktionen und bei der Berechnung relativer Fehler empfiehlt sich die Methode der logarithmischen Differentiation, die eine Kombination von Gl. (5.27) und (5.28) darstellt. Die Funktionsgleichung $y = f(x)$ wird zunächst logarithmiert und dann implizit abgeleitet

$$\ln y = \ln f(x) \qquad \frac{y'}{y} = \frac{f'(x)}{f(x)}$$

Somit wird

$$y' = y\frac{f'(x)}{f(x)} \tag{5.29}$$

Setzt man in Gl. (5.29) näherungsweise $y' = \mathrm{d}y/\mathrm{d}x \approx \Delta y/\Delta x$, so erhält man

$$\frac{\Delta y}{y} \approx \frac{f'(x)}{f(x)} \cdot \Delta x \tag{5.30}$$

Gl. (5.30) ist eine Darstellung des relativen Fehlers einer Größe y.

Beispiel 5.27 Man bilde die erste Ableitung der Funktion $y = x^x$ durch logarithmische Differentiation.

Es ist $\quad \ln y = \ln x^x = x\ln x \qquad \dfrac{y'}{y} = 1 \cdot \ln x + x \cdot \dfrac{1}{x} = \ln x + 1$

Somit wird

$$y' = y(1 + \ln x) = x^x(1 + \ln x)$$

Beispiel 5.28 Man bestimme den relativen Fehler bei der Berechnung der Höhe h aus der Fallzeit t beim freien Fall; das Fallgesetz lautet $s = gt^2/2$.

Mit Gl. (5.30) wird

$$\frac{\Delta s}{s} \approx \frac{gt}{gt^2/2} \cdot \Delta t = 2\,\frac{\Delta t}{t}$$

Der relative Fehler bei der Höhe ist doppelt so groß wie der relative Fehler bei der Zeitmessung.

5.2.4 Differenzieren mit Hilfe der aufgelösten Funktion

Die Ableitung einer Funktion $y = f(x)$ kann mit

$$\frac{\mathrm{d}f(x)}{\mathrm{d}x} = \frac{1}{\dfrac{\mathrm{d}g(y)}{\mathrm{d}y}} \tag{5.31}$$

gebildet werden; hierin ist $x = g(y)$ die nach x aufgelöste Funktion. Zum Beweis von Gl. (5.31) wird zur gegebenen Funktion $y = f(x)$ die aufgelöste Funktion

$$x = g(y) = g(f(x))$$

gebildet und mit Hilfe der Kettenregel nach x abgeleitet

$$1 = \frac{\mathrm{d}g(y)}{\mathrm{d}y} \cdot \frac{\mathrm{d}f(x)}{\mathrm{d}x}$$

Hieraus folgt Gl. (5.31) unmittelbar.

Exponentialfunktion Zu $y = \mathrm{e}^x$ gehört die aufgelöste Funktion $x = \ln y$. Aus Gl. (5.31) folgt dann mit Gl. (5.12)

$$\frac{\mathrm{d}\,\mathrm{e}^x}{\mathrm{d}x} = \frac{1}{\dfrac{\mathrm{d}\ln y}{\mathrm{d}y}} = \frac{1}{\dfrac{1}{y}} = y = \mathrm{e}^x \tag{5.32}$$

Für die allgemeine Exponentialfunktion $y = a^x = \mathrm{e}^{x \cdot \ln a}$ folgt mit Hilfe der Kettenregel Gl. (5.25)

$$\frac{\mathrm{d}\,a^x}{\mathrm{d}x} = \frac{\mathrm{d}\mathrm{e}^{x \cdot \ln a}}{\mathrm{d}x} = \mathrm{e}^{x \cdot \ln a} \cdot \ln a = a^x \cdot \ln a \tag{5.33}$$

Beispiel 5.29 Man differenziere die Funktion $y = \ln(a\,\mathrm{e}^{cx} + b)$.

Unter Anwendung von Gl. (5.28) und (5.32) erhält man

$$y' = \frac{ac\,\mathrm{e}^{cx}}{a\,\mathrm{e}^{cx} + b} = \frac{c}{1 + \dfrac{b}{a}\,\mathrm{e}^{-cx}}$$

Beispiel 5.30 Die Kurven der Funktionen $y = f(x) = 2 \cdot 0{,}567^x$ und $y = g(x) = 0{,}3 \cdot 3{,}75^x$ schneiden sich für positive x (Bild 5.17). Wo liegt der Schnittpunkt $P_0(x_0;\,y_0)$, wie groß ist der Schnittwinkel bei gleichen Einheitslängen?

Durch Gleichsetzen der Ordinaten wird $2 \cdot 0{,}567^{x_0} = 0{,}3 \cdot 3{,}75^{x_0}$
oder $\ln 2 + x_0 \ln 0{,}567 = \ln 0{,}3 + x_0 \ln 3{,}75$,
also $x_0 = \ln(2/0{,}3)/\ln(3{,}75/0{,}567) = 1{,}0042$, $y_0 = 1{,}131$.

Die Ableitungen lauten $f' = 2 \cdot 0{,}567^x \ln 0{,}567$
und $g' = 0{,}3 \cdot 3{,}75^x \ln 3{,}75$.

Dann ist $\tan \alpha_1 = f'(x_0) = -0{,}642$ und $\tan \alpha_2 = g'(x_0) = 1{,}495$.

Mit $\alpha_1 = -32{,}70°$ und $\alpha_2 = 56{,}22°$ wird der Schnittwinkel
$\delta = 88{,}92° = 98{,}80$ gon.

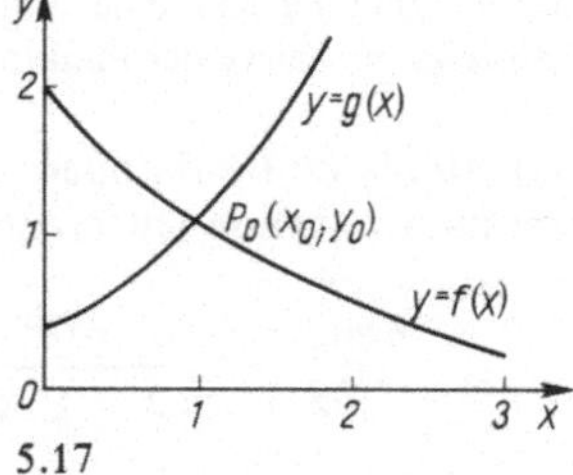

5.17

Arcusfunktionen Aus $y = \arcsin x$ folgt $x = \sin y$. Dann gilt mit Gl. (5.31)

$$\frac{d \arcsin x}{dx} = \frac{1}{\dfrac{d \sin y}{dy}} = \frac{1}{\cos y} = \frac{1}{\sqrt{1 - \sin^2 y}} = \frac{1}{\sqrt{1 - x^2}} \qquad (5.34)$$

Da aus $y = \arctan x$ die Gleichung $x = \tan y$ folgt, gilt mit Gl. (5.31)

$$\frac{d \arctan x}{dx} = \frac{1}{\dfrac{d \tan y}{dy}} = \frac{1}{1 + \tan^2 y} = \frac{1}{1 + x^2} \qquad (5.35)$$

Die Ableitungen der übrigen Arcusfunktionen findet man in der Formelsammlung (F 21).

Beispiel 5.31 Man differenziere die Funktion

$$y = \arcsin \frac{x - a}{a}$$

Mit Hilfe von Gl. (5.34) und der Kettenregel erhält man

$$y' = \frac{1}{\sqrt{1 - \left(\dfrac{x - a}{a}\right)^2}} \frac{1}{a} = \frac{1}{\sqrt{2ax - x^2}}$$

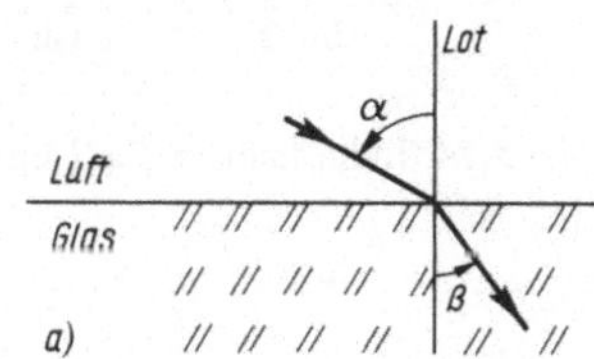

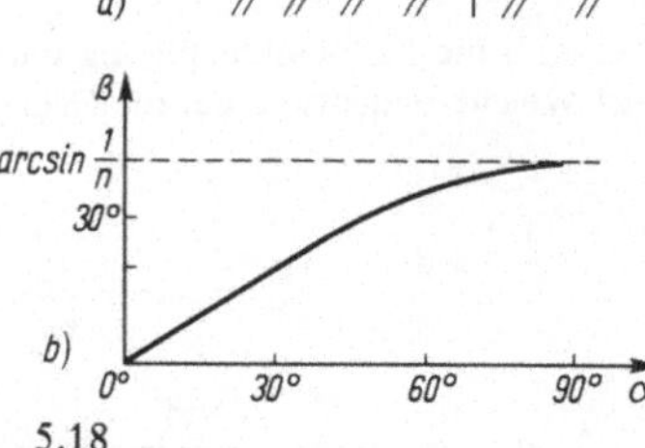

5.18

Beispiel 5.32 Nach dem Snellius-Brechungsgesetz (Bild 5.18) gilt für die Brechzahl $n = \sin\alpha/\sin\beta$ mit $n > 1$. Gesucht ist das Schaubild der Funktion $\beta = f(\alpha) = \arcsin[(1/n)\sin\alpha]$.
Es ist $f(0) = 0$ und $f(\pi/2) = \arcsin(1/n) < \pi/2$. Um den Kurvenverlauf zwischen diesen beiden Abszissen besser zu überblicken, bildet man die Ableitungen von β.

$$\frac{d\beta}{d\alpha} = \frac{1}{n}\frac{\cos\alpha}{\sqrt{1 - \dfrac{1}{n^2}\sin^2\alpha}} = \frac{\cos\alpha}{\sqrt{n^2 - \sin^2\alpha}} \qquad \frac{d^2\beta}{d\alpha^2} = \frac{-(n^2 - 1)\sin\alpha}{(n^2 - \sin^2\alpha)^{3/2}}$$

Es ist $\left.\dfrac{d\beta}{d\alpha}\right|_0 = \dfrac{1}{n}$ und $\left.\dfrac{d\beta}{d\alpha}\right|_{\pi/2} = 0$

Die Steigung der Kurve der Funktion nimmt monoton ab, da die zweite Ableitung negativ ist. Bild 5.18 zeigt die Kurve der Funktion für $n = 1{,}5$ (Glas).

Hyperbolische Funktionen Aus den Definitionen der Hyperbelfunktionen Gl. (3.68) erhält man folgende Differentiationsformeln

$$\frac{\mathrm{d}\sinh x}{\mathrm{d}x} = \frac{1}{2}\frac{\mathrm{d}(\mathrm{e}^x - \mathrm{e}^{-x})}{\mathrm{d}x} = \frac{1}{2}(\mathrm{e}^x + \mathrm{e}^{-x}) = \cosh x \tag{5.36}$$

$$\frac{\mathrm{d}\cosh x}{\mathrm{d}x} = \frac{1}{2}\frac{\mathrm{d}(\mathrm{e}^x + \mathrm{e}^{-x})}{\mathrm{d}x} = \frac{1}{2}(\mathrm{e}^x - \mathrm{e}^{-x}) = \sinh x \tag{5.37}$$

Nach der Quotientenregel Gl. (5.22) ergibt sich

$$\frac{\mathrm{d}\tanh x}{\mathrm{d}x} = \frac{\cosh^2 x - \sinh^2 x}{\cosh^2 x} = \frac{1}{\cosh^2 x} = 1 - \tanh^2 x \tag{5.38}$$

$$\frac{\mathrm{d}\coth x}{\mathrm{d}x} = \frac{\sinh^2 x - \cosh^2 x}{\sinh^2 x} = \frac{-1}{\sinh^2 x} = 1 - \coth^2 x \tag{5.39}$$

Beispiel 5.33 Man differenziere die Funktion $y = \ln\tanh 2x$.
Es ist $y = \ln\sinh 2x - \ln\cosh 2x$. Damit wird

$$y' = \frac{2\cosh 2x}{\sinh 2x} - \frac{2\sinh 2x}{\cosh 2x} = 2\frac{\cosh^2 2x - \sinh^2 2x}{\sinh 2x \cdot \cosh 2x} = \frac{4}{\sinh 4x}$$

Beispiel 5.34 Beim freien Fall unter Berücksichtigung des Luftwiderstandes gilt

$$s = \frac{v_\mathrm{E}^2}{g}\ln\cosh\frac{gt}{v_\mathrm{E}} \tag{5.40}$$

Dabei ist g die Fallbeschleunigung und t die Zeit. Wie groß sind Geschwindigkeit und Beschleunigung? Welche Bedeutung hat die Größe v_E?

$$v = \frac{\mathrm{d}s}{\mathrm{d}t} = \frac{v_\mathrm{E}^2}{g}\left(\frac{1}{\cosh\dfrac{gt}{v_\mathrm{E}}}\sinh\frac{gt}{v_\mathrm{E}}\right)\frac{g}{v_\mathrm{E}} = v_\mathrm{E}\tanh\frac{gt}{v_\mathrm{E}} \tag{5.41}$$

$$a = \frac{\mathrm{d}v}{\mathrm{d}t} = v_\mathrm{E}\cdot\frac{1}{\cosh^2\dfrac{gt}{v_\mathrm{E}}}\cdot\frac{g}{v_\mathrm{E}} = \frac{g}{\cosh^2\dfrac{gt}{v_\mathrm{E}}} \tag{5.42}$$

Die Geschwindigkeit v strebt mit wachsender Zeit t asymptotisch gegen v_E, die sog. stationäre Geschwindigkeit. Die Anfangsbeschleunigung $a(0)$ ist g, die Beschleunigung nimmt ab und strebt gegen Null, je mehr sich der Luftwiderstand der Gewichtskraft des fallenden Körpers nähert.

Areafunktionen Für die ersten Ableitungen ergibt sich

$$\frac{\mathrm{d}\operatorname{arsinh}x}{\mathrm{d}x} = \frac{1}{\dfrac{\mathrm{d}\sinh y}{\mathrm{d}y}} = \frac{1}{\cosh y} = \frac{1}{\sqrt{\sinh^2 y + 1}} = \frac{1}{\sqrt{x^2 + 1}} \tag{5.43}$$

$$\frac{d\,\text{arcosh}\,x}{dx} = \frac{1}{\dfrac{d\,\cosh y}{dy}} = \frac{1}{\sinh y} = \frac{1}{\sqrt{\cosh^2 y - 1}} = \frac{1}{\sqrt{x^2 - 1}} \qquad (5.44)$$

$$\frac{d\,\text{artanh}\,x}{dx} = \frac{1}{\dfrac{d\,\tanh y}{dy}} = \frac{1}{1 - \tanh^2 y} = \frac{1}{1 - x^2} \qquad (5.45)$$

$$\frac{d\,\text{arcoth}\,x}{dx} = \frac{1}{\dfrac{d\,\coth y}{dy}} = \frac{1}{1 - \coth^2 y} = \frac{1}{1 - x^2} \qquad (5.46)$$

Bei den beiden letzten Gleichungen ist zu beachten, daß die Funktion $y = \text{artanh}\,x$ nur für $|x| < 1$ und $y = \text{arcoth}\,x$ nur für $|x| > 1$ definiert ist.

5.2.5 Aufgaben zu Abschnitt 5.2

1. Man differenziere folgende Funktionen

a) $y = \dfrac{1 + \cos x}{1 - \cos x}$
b) $y = \ln \ln x$
c) $y = \ln \tan \dfrac{x}{2}$

d) $y = \ln(x + \sqrt{x^2 + 1})$
e) $y = \dfrac{2}{\sqrt{a}} \ln(\sqrt{ax + b} + \sqrt{a(x + d)})$

f) $y = \dfrac{(2x - 1)^{3/2}}{(6x - 1)^{5/2}}$
g) $y = \ln(2x + a + 2\sqrt{x^2 + ax})$

h) $y = \sqrt{1 - x^2} + x \arcsin x$
i) $y = \ln(x^2 \cdot \sqrt{1 + e^{2x}} \cdot e^{3x})$

j) $y = \dfrac{1}{3}(x^2 - 2x - 24)\sqrt{8x - x^2} - 32 \arcsin\left(1 - \dfrac{x}{4}\right)$

k) $y = \dfrac{x}{2}[\sin(\ln x) - \cos(\ln x)]$
l) $y = \arctan\left[\sqrt{\dfrac{a - b}{a + b}}\,\tan\dfrac{x}{2}\right]$

m) $y = x(ax + b)^{3/2}$
n) $y = \ln(x^2 + x + 2)$

2. Wo hat die Kurve der Funktion $y = (1 - x)/(x^2 - x + 1)$ horizontale Tangenten?

3. Unter welchem Winkel schneidet die Kurve der Funktion $y = (2x^2 - 1)/(x^2 + 1)$ die Koordinatenachsen ($l_x = l_y$)?

4. Unter welchem Winkel schneiden sich die Kurven der Funktionen $y = f_1(x) = 3\sin x$ und $y = f_2(x) = \cot x$ bei $l_x = l_y$?

5. Unter welchem Winkel schneiden sich die Kurven der Funktionen $y = f_1(x) = x^x$ und $y = f_2(x) = 3^{1 - \sqrt{x}}$ im Punkt mit der Abszisse $x_0 = 1$ bei gleichen Einheitslängen? Hinweis: Man benutze Gl. (5.28).

6. Bei einer harmonischen Bewegung ist $s = A\sin(\omega t + \varphi)$. Wie groß sind die Geschwindigkeit v und die Beschleunigung a?

7. Die Gleichung der **Biegelinie eines Einfeldträgers** (Bild 5.19) mit der Länge l, dem Elastizitätsmodul des Materials E, dem Flächenmoment 2. Grades I des Trägerquerschnitts, der durch das Moment M am rechten Auflager belastet wird, hat die Funktion $w = -(M/(6EI)) \cdot (x^3/l - lx)$. Wo hat die Biegelinie $w(x)$ eine horizontale Tangente?

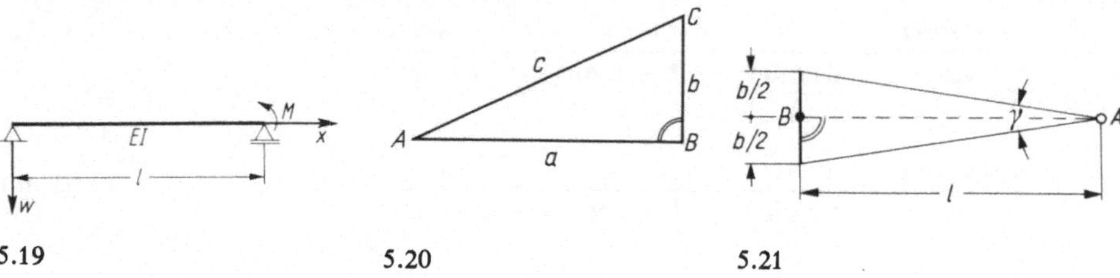

5.19   5.20   5.21

8. Ein Winkel φ wurde fehlerhaft gemessen. Wie groß ist der **relative Fehler** für den Winkel φ und für den damit ermittelten Cosinus-Funktionswert für a) $\varphi_1 = 5° \pm 1°$ und b) $\varphi_2 = 85° \pm 1°$?

9. Die Absteckung des Punktes C erfolgt durch die Strecken a und b und den rechten Winkel bei B (Bild 5.20). Zur Kontrolle wird die Hypotenuse gemessen und mit dem aus den Katheten a und b berechneten Wert verglichen. Wie wirkt sich ein Fehler $\Delta b = 0,10$ cm auf c aus?

a) $a = 10$ m; $b = 2$ m;   b) $a = 10$ m; $b = 8$ m

10. Die Bahnlänge $l = \overline{AB}$ eines Schwimmbades soll 50 m betragen (Bild 5.21). In A wird mit einem Theodolit der parallaktische Winkel γ nach der in B aufgestellten Invar-Basislatte ($b = 2,00000$ m) gemessen. Mit welcher Genauigkeit ergibt sich die Bahnlänge, wenn der Winkel γ auf $\pm 0,3$ mgon gemessen wird?

11. Entsprechend Bild 11.8 gilt

$$\alpha = \arctan \frac{a \sin \gamma}{b - a \cos \gamma}$$

Man bilde die erste Ableitung nach γ. Wie ändert sich α, wenn bei $a = b$ und $\gamma = 180$ gon sich γ um 5 mgon ändert?

5.3 Anwendungen der Differentialrechnung

Zur Lösung vieler technischer Probleme lassen sich die Rechenmethoden der Differentialrechnung häufig mit großem Vorteil anwenden.

5.3.1 Newton-Verfahren

Das **Newton-Verfahren** ist wie die **Regula falsi** (Abschn. 3.2.1) ein Lösungsverfahren (Algorithmus) zur Bestimmung der **Nullstellen einer Funktion** $y = f(x)$. Bei der Regula falsi ist der Schnittpunkt der Sekante durch zwei vorgegebene Punkte der Kurve einer stetigen Funktion mit der x-Achse ein Näherungswert für die Nullstelle.

Bei dem Newton-Verfahren ist dagegen ein Punkt $(x_1; y_1)$ der Kurve der Funktion $y = f(x)$ und die Steigung y_1' der Kurve in diesem Punkt gegeben; der Schnittpunkt der in dem

Punkt $(x_1; y_1)$ an die Kurve gelegten Tangente mit der x-Achse ist eine Näherung für die Nullstelle (Bild 5.22)[1].

Aus diesem Bild liest man die Beziehung

$$\frac{y_1}{x_1 - x_2} = y_1'$$

ab. Unter der Voraussetzung $y_1' \neq 0$ erhält man

$$x_2 = x_1 - \frac{y_1}{y_1'}$$

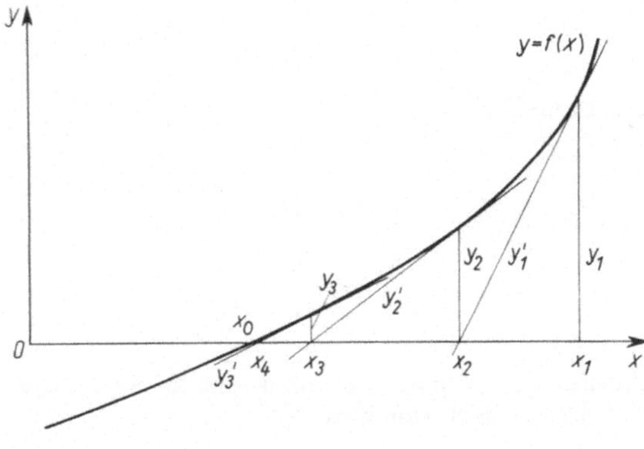

5.22

5.23

Ist nun $y_2 = 0$, so ist x_2 die gesuchte Nullstelle. Ist dagegen $y_2 \neq 0$, so berechnet man aus der Ableitung y' den Wert y_2' und findet eine neue Näherung

$$x_3 = x_2 - \frac{y_2}{y_2'}$$

So ergibt sich eine Folge von Näherungswerten, die unter gewissen Voraussetzungen gegen die Lösung x_0 konvergiert. Die allgemeine Gleichung für die Näherungsfolge lautet

$$x_{i+1} = x_i - \frac{y_i}{y_i'} \tag{5.47}$$

Konvergenz Falls x_2 eine Verbesserung des Näherungswertes x_1 darstellt, wie man oft an einem Schaubild erkennt, konvergiert das Verfahren bei wiederholter (iterativer) Anwendung rasch. Ist $f(x_1)$ im Vergleich mit $f'(x_1)$ nicht klein, so liegt der Punkt $(x_1; y_1)$ in der Nähe eines Extremwertes, und x_2 kann weiter von der Nullstelle entfernt sein als x_1 (Bild 5.23). Dann ist als erster Wert für die Iteration ein anderer günstigerer Kurvenpunkt zu suchen.

Das Verfahren konvergiert sicher dann, wenn y sehr klein ist, man also schon sehr dicht an die Nullstelle herangekommen ist, oder wenn y'' sehr klein, die Kurve also nur schwach gekrümmt ist, oder wenn y' nicht zu klein ist, der gesuchte Wert also nicht in der Nähe eines Extremwertes liegt. Diese Überlegung liefert:

Eine hinreichende Bedingung für die Konvergenz des Verfahrens ist, daß für alle x aus einem Intervall, in dem x_1, x_2 und x_0 liegt, gilt

$$\left| \frac{y y''}{y'^2} \right| < 1 \tag{5.48}$$

Auf den Beweis von Gl. (5.48) wird verzichtet.

---

[1] Eine ausführliche Darstellung dieser Methode findet man in [12].

Die Konvergenz des Newton-Verfahrens ist besser als die der linearen Interpolation (Regula falsi), wenn der Anfangswert x_1 genügend nahe an der Nullstelle liegt.

Beispiel 5.35 Bei der Untersuchung der Wärmestrahlung tritt die Gleichung

$$e^{-x} = 1 - \frac{x}{5}$$

auf. Gesucht ist die positive Nullstelle auf drei Dezimalen genau.

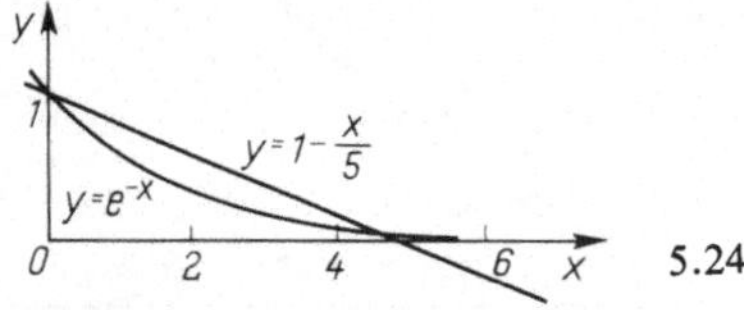

5.24

Nach Bild 5.24 ergeben sich die zwei Nullstellen $x = 0$ (interessiert nicht) und $x_1 \approx 5$. Es ist $y = e^{-x} - 1 + x/5$. Dann gilt $y' = -e^{-x} + 1/5$. Nach Newton wird

$$x_2 = 5 - \frac{e^{-5}}{0{,}2 - e^{-5}} = 5 - 0{,}0349 = 4{,}9651$$

und $\quad x_3 = 4{,}9651 - \frac{e^{-4{,}9651} - 0{,}0070}{0{,}2 - e^{-4{,}9651}} = 4{,}9651 - 0{,}0000 = 4{,}965$

Bereits die zweite Näherung x_2 ist auf drei Dezimalen genau.

Beispiel 5.36 Die Konvergenz des Newton-Verfahrens ist bei der Lösung der Gleichung $x = \tan x$ zu untersuchen.

Es wird $y = \tan x - x$ und $y' = 1 + \tan^2 x - 1 = \tan^2 x; \quad y'' = 2\tan x(1 + \tan^2 x)$

$$\frac{yy''}{y'^2} = \frac{2(\tan x - x)(1 + \tan^2 x)}{\tan^3 x}$$

Mit $x_1 = 4{,}0$ wird $\left|\dfrac{y_1 y_1''}{y_1'^2}\right| \approx 8{,}57 > 1$. Als Anfangswert ist $x_1 = 4{,}0$ nicht brauchbar. Mit $x_1 = 4{,}6$

wird $\left|\dfrac{y_1 y_1''}{y_1'^2}\right| = 0{,}974 < 1$.

Mit dem brauchbaren Anfangswert x_1 ergibt sich nach Newton die Lösungsfolge:

i	1	2	3	4	5	6
x_i	4,600	4,546	4,506	4,494	4,493	4,493

5.3.2 Extremwerte. Wendepunkte

Die Ableitungen einer Funktion geben Aufschluß über das geometrische Verhalten der Funktionskurve (Bild 5.25).

Ist $y_1 = f(x_1)$ positiv, so liegt der Kurvenpunkt $(x_1; y_1)$ oberhalb der x-Achse. Ist die erste Ableitung $y_1' = f'(x_1)$ positiv, so ist die Steigung der Kurve im Punkt $(x_1; y_1)$ positiv; für wachsende x [1]) nehmen daher die Ordinaten zu. Es gilt also

$$y' > 0 \qquad y \text{ wächst}$$

$$y' < 0 \qquad y \text{ nimmt ab}$$

Ist die zweite Ableitung $y_1'' = f''(x_1)$ positiv, so nimmt die Steigung in der Umgebung des Punktes $(x_1; y_1)$ zu; die Kurve hat daher Linkskrümmung. Ist die zweite Ableitung $y_2'' = f''(x_2)$ negativ, so hat die Kurve in der Umgebung des Punktes $(x_2; y_2)$ Rechtskrümmung. Es gilt also

$$y'' > 0 \qquad y' \text{ wächst} \qquad\qquad \text{die Kurve } y \text{ hat Linkskrümmung}$$

$$y'' < 0 \qquad y' \text{ nimmt ab} \qquad\qquad \text{die Kurve } y \text{ hat Rechtskrümmung}$$

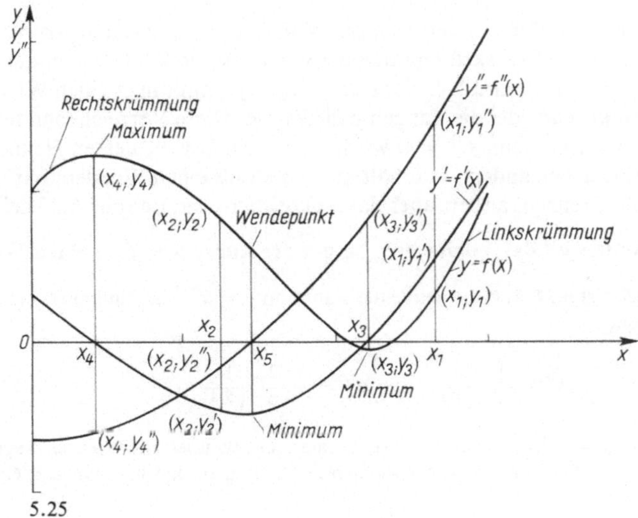

5.25

Extremwerte Ist $y_3' = y_4' = 0$, so hat die Kurve in den Punkten $(x_3; y_3)$ und $(x_4; y_4)$ horizontale Tangenten. Im Punkt $(x_3; y_3)$ hat die Kurve Linkskrümmung; das bedeutet, daß alle benachbarten Kurvenpunkte größere Ordinaten haben. Ein solcher Punkt heißt relatives Minimum, kurz Minimum genannt. Entsprechend hat die Kurve im Punkt $(x_4; y_4)$ ein relatives Maximum, kurz Maximum genannt. Es gilt daher

$$y' = 0 \quad \begin{array}{ll} \text{und} \quad y'' > 0 & \textbf{Minimum} \\ \text{und} \quad y'' < 0 & \textbf{Maximum} \end{array}$$

Sucht man bei einem technischen Problem ein relatives Minimum (Maximum), so werden zunächst die Kurvenpunkte bestimmt, für die $y' = 0$ ist. Sodann kann man am Vorzeichen der zweiten Ableitung der in Frage kommenden Punkte ablesen, ob ein Minimum oder ein Maximum vorliegt. Gelegentlich kann man auf das Berechnen der zweiten Ableitung verzichten, wenn das technische Problem seinem Inhalt nach eine eindeutige Entscheidung zuläßt, ob ein Minimum oder ein Maximum vorliegt.

---

[1]) In diesem Abschnitt gelten alle Aussagen im Sinne wachsender Werte der unabhängigen Veränderlichen x.

Randextremwerte Durch Nullsetzen der ersten Ableitung erhält man alle relativen Extremwerte der Funktion. Bei technischen Problemen hat die Funktion häufig nur in einem endlichen Intervall Bedeutung; die besonders interessierenden **absoluten Extremwerte** können dann auch an den Intervallgrenzen auftreten, obwohl dort $y' \neq 0$ ist. Bei dem im Bild 5.26 dargestellten Träger z. B. ist die Biegelinie $w = f(x)$ nur im Bereich des Trägers $0 \leqslant x \leqslant l$ von Bedeutung, und die Größtdurchbiegung ist bei $x = l$.

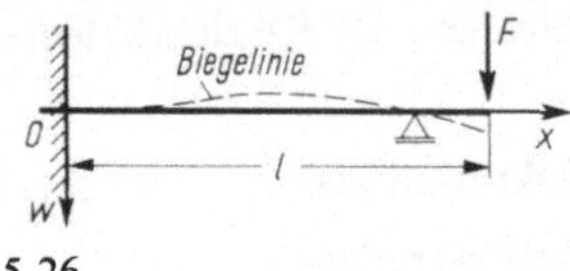

5.26

Wendepunkte Ändert sich das Vorzeichen der zweiten Ableitung, so geht die Kurve von Rechts- in Linkskrümmung oder von Links- in Rechtskrümmung über. Einen solchen Kurvenpunkt, in Bild 5.25 der Punkt $(x_s; y_s)$, nennt man einen Wendepunkt. In einem Wendepunkt schneidet die Tangente die Kurve. Diese Vorzeichenänderung von y'' tritt normalerweise auf, wenn $y'' = 0$ wird. Ist y'' ein Bruch, dessen Nenner Null wird und dabei das Vorzeichen ändert, so erhält man ebenfalls einen Wendepunkt. Zwar wächst dann y'' über alle Grenzen, ändert aber das Vorzeichen, wie Beispiel 5.37 zeigt.

Ändert y'' das Vorzeichen, so hat die Kurve $y = f(x)$ einen Wendepunkt.

Beispiel 5.37 Hat die Kurve der Funktion $y = x^{1/3}$ im Nullpunkt einen Wendepunkt?
Es wird

$$y' = \frac{1}{3}\,\frac{1}{x^{2/3}} \qquad y'' = -\frac{2}{9}\,\frac{1}{x^{5/3}}$$

Für $x = 0$ ist y'' nicht erklärt, da diese Größe über alle Grenzen wächst. Trotzdem ändert sich für $x = 0$ das Vorzeichen der zweiten Ableitung, so daß man einen Wendepunkt erhält, wie Bild 5.27 zeigt.

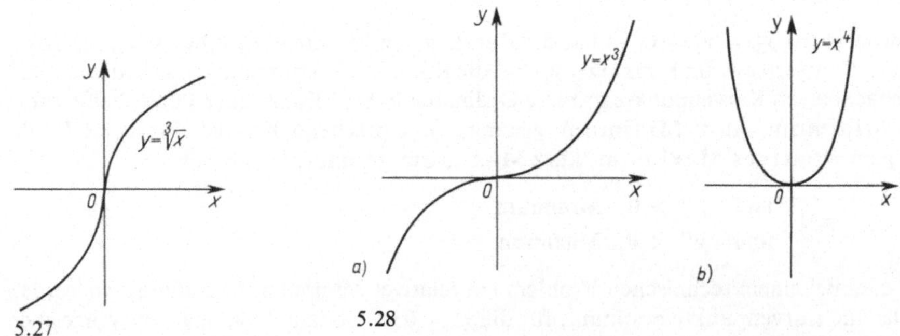

5.27   5.28

$y' = y'' = 0$ Ist für eine Abszisse x zugleich y' und y'' gleich Null, so kann man unmittelbar keine Aussagen über das Verhalten der Kurve in der Umgebung dieser Stelle machen. Der fragliche Kurvenpunkt hat eine horizontale Tangente. Ändert y'' an dieser Stelle das Vorzeichen (Bild 5.28a), so spricht man von einem **Sattelpunkt** (horizontale **Wendetangente**). Ändert y'' an dieser Stelle nicht das Vorzeichen (Bild 5.28b), so bleibt das Krümmungsverhalten der Kurve unverändert. Es ergibt sich ein Extremwert.

Beispiel 5.38 Hat $y = x^4 + x$ im Koordinaten-Ursprung einen **Wendepunkt**?

Es ist $y' = 4x^3 + 1$ und $y'' = 12x^2 \geqslant 0$ für alle Werte von x. Für $x = 0$ wird $y'' = 0$, ändert aber nicht das Vorzeichen. Da y' im Nullpunkt nicht Null wird, hat die Kurve auch keine horizontale Tangente. Bild 5.29 zeigt die Funktionskurve.

Werden bei technischen Problemstellungen die Extremwerte gesucht – **Extremwertaufgaben** –, so besteht für den Ungeübten die Hauptschwierigkeit darin, die der Problemstellung genügende Funktionsgleichung aufzustellen.

Beispiel 5.39 Das **Biegemoment** des in Bild 5.30 dargestellten Trägers genügt der Funktionsgleichung

$$M(x) = -\frac{ql^2}{60}\left(2 - 9\,\frac{x}{l} + 10\,\frac{x^3}{l^3}\right)$$

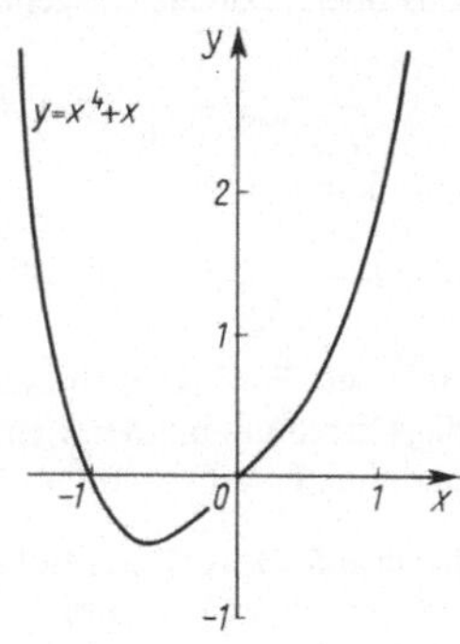

5.29

Man ermittle die maßgebenden Biegemomente.

Die Einspannmomente werden für $x = 0$ und $x = l$ erhalten

$$M_A = M(x = 0) = -\frac{ql^2}{30}$$

$$M_B = M(x = l) = -\frac{ql^2}{60}(2 - 9 + 10) = -\frac{ql^2}{20}$$

Es wird untersucht, ob im Bereich $0 \leqslant x \leqslant l$ das Biegemoment extremal wird.

$$M'(x) = -\frac{ql^2}{60}\left(-9\,\frac{1}{l} + 30\,\frac{x^2}{l^3}\right)$$

Aus $M' = 0$ erhält man

$$-\frac{9}{l} + \frac{30}{l^3}\,x_0^2 = 0 \qquad x_0 = \pm l\,\sqrt{\frac{3}{10}} = \pm 0{,}548\,l$$

Nur die positive Lösung ist sinnvoll; man erhält $\max M = M(x_0 = 0{,}548\,l) = ql^2/46{,}6$. Der Randextremwert M_B ist also maßgebend für die Bemessung des Trägers.

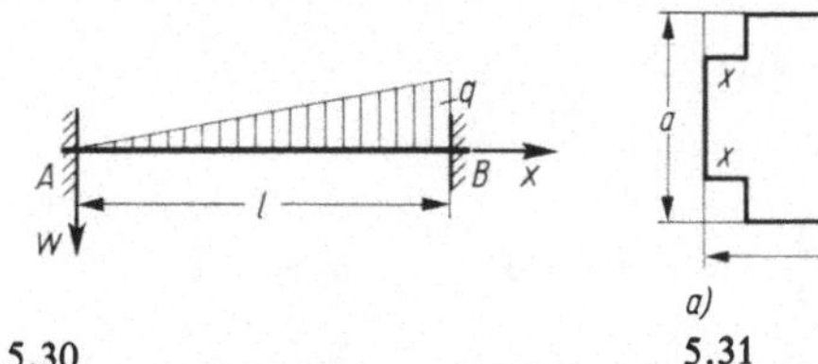

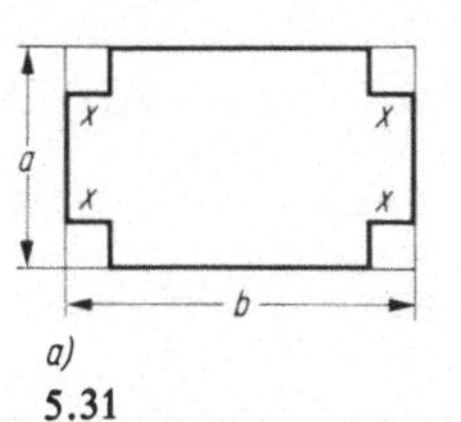

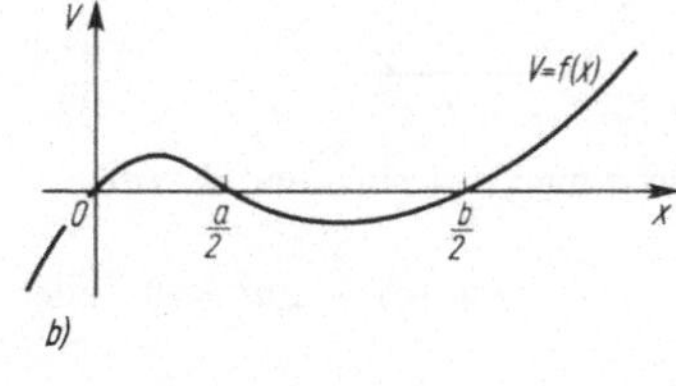

5.30   5.31

Beispiel 5.40 Aus einem rechteckigen Blech mit den Seitenlängen a und b ist nach Herausschneiden der Ecken ein **Kasten** mit **möglichst großem Volumen** zu knicken (Bild 5.31a).

Es ist

$$V(x) = (b - 2x)(a - 2x)x = abx - 2(a + b)x^2 + 4x^3$$

$$\frac{dV}{dx} = ab - 4(a + b)x + 12x^2 \qquad \frac{d^2V}{dx^2} = -4(a + b) + 24x$$

Aus $V' = 0$ erhält man

$$x_0^2 - \frac{a + b}{3} x_0 + \frac{ab}{12} = 0 \qquad x_0 = \frac{a + b}{6} \pm \frac{1}{6} \sqrt{(a - b)^2 + ab}$$

Es ist schwer zu erkennen, welcher Wert von x_0 das gesuchte Maximum liefert. Setzt man beide Werte in V'' ein, so ergibt sich

$$V''(x_0) = \pm 4 \sqrt{(a - b)^2 + ab}$$

Das obere Vorzeichen gehört also zu einem Minimum, das untere zu einem Maximum. Es ist also

$$x_{\max} = \frac{1}{6} \left(a + b - \sqrt{(a - b)^2 + ab} \right)$$

und damit

$$\max V = \frac{1}{54} \left(a + b - \sqrt{(a - b)^2 + ab} \right) \left(2b - a + \sqrt{(a - b)^2 + ab} \right) \left(2a - b + \sqrt{(a - b)^2 + ab} \right)$$

In diesem Falle ist es einfacher, die Funktion $V = f(x)$ zu zeichnen (Bild 5.31b), um zu erkennen, daß das Extremum mit der kleineren Abszisse das Maximum liefert. Im Spezialfall $a = b$ wird $x_{\max} = a/6$ und $\max V = (2/27) a^3$.

Beispiel 5.41 Aus drei Bohlen der Breite a ist eine Rinne mit möglichst großem Fassungsvermögen zu bilden (Bild 5.32).

Der Querschnitt A der Rinne ist $A = ah + ha \sin \alpha$. Die Funktion $A(h, \alpha)$ soll hier zu einem Extremum gebracht werden. Es scheint sich um eine Funktion von zwei unabhängigen Veränderlichen zu handeln; Funktionen dieser Form werden in Abschn. 9 besprochen. In diesem Beispiel jedoch sind die beiden Veränderlichen h und α nicht voneinander unabhängig. Es gilt zwischen ihnen die Gleichung $h = a \cos \alpha$. Also ist A eine Funktion von einer unabhängigen Veränderlichen. Extremwertaufgaben dieser Art treten häufig auf. Entweder ist die Höhe h durch den Winkel α auszudrücken, dann ist $A = f(\alpha)$, oder es ist $\sin \alpha$ durch die Höhe h auszudrücken, dann ist $A = g(h)$. Beide Wege führen zum Ziel. Es soll hier der Weg über den Winkel α benutzt werden. Mit $h = a \cos \alpha$ wird

$$A = a^2 \cos \alpha + a^2 \sin \alpha \cos \alpha$$

eine Funktion der Veränderlichen α. Wenn die erste Ableitung dieser Funktion Null wird, und zugleich die zweite Ableitung für diesen Wert von α negativ ist, so liegt ein Maximum vor. Es ist

$$\frac{dA}{d\alpha} = a^2(-\sin \alpha + \cos^2 \alpha - \sin^2 \alpha) = a^2(-\sin \alpha + 1 - 2\sin^2 \alpha)$$

$$\frac{d^2 A}{d\alpha^2} = a^2(-\cos \alpha - 4\sin \alpha \cos \alpha)$$

5.32

Setzt man $u = \sin \alpha$ und $dA/d\alpha = 0$, so wird

$$-u + 1 - 2u^2 = 0 \quad \text{oder} \quad u = -\frac{1}{4} \pm \frac{3}{4} \quad \text{also} \quad u_1 = 0{,}5 \qquad u_2 = -1$$

Da $u = \sin \alpha$ gesetzt wurde, erhält man aus $u_1 = 0{,}5$ die beiden Lösungen $\alpha_1 = 30°$ und $\alpha_2 = 150°$; $u_2 = -1$ ergibt $\alpha_3 = 270°$. Meist geht man so vor, daß man aus der technischen Fragestellung heraus alle bis auf eine Lösung ausschließt. Man kann auch bilden

$$A''(\alpha_1) = -1{,}5 \sqrt{3} a^2 \qquad A''(\alpha_2) = +1{,}5 \sqrt{3} a^2 \qquad A''(\alpha_3) = 0$$

Bei beiden Überlegungen erhält man

$$\alpha_{\max} = 30° \qquad h_{\max} = a \cos \alpha_{\max} = \frac{a}{2} \sqrt{3} \quad \text{und} \quad \max A = \frac{3}{4} \sqrt{3} a^2$$

Beispiel 5.42 Ein Körper soll sich in kürzester Zeit vom Punkt $(0; a)$ zum Punkte $(c; -b)$ bewegen (Bild 5.33), wobei für $y > 0$ seine Geschwindigkeit v_1, für $y < 0$ seine Geschwindigkeit v_2 ist (Bewegung in verschiedenen Medien). Die Gesamtzeit für diese Bewegung ist

$$t = \frac{\sqrt{a^2 + x^2}}{v_1} + \frac{\sqrt{b^2 + (c - x)^2}}{v_2}$$

Für diese Funktion $t(x)$ ist das Minimum gesucht.

$$\frac{\mathrm{d}t}{\mathrm{d}x} = \frac{1}{v_1}\frac{2x}{2\sqrt{a^2 + x^2}} + \frac{1}{v_2}\frac{-2(c - x)}{2\sqrt{b^2 + (c - x)^2}}$$

$$= \frac{\sin\alpha}{v_1} - \frac{\sin\beta}{v_2}$$

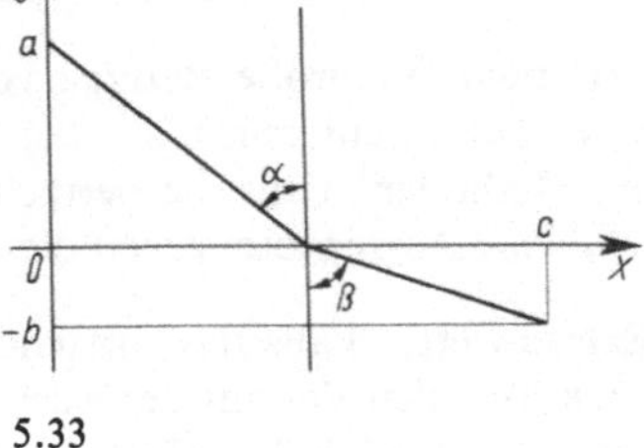

5.33

Für $\mathrm{d}t/\mathrm{d}x = 0$ ergibt sich das Brechungsgesetz der Optik $v_1/v_2 = \sin\alpha/\sin\beta$. Das Brechungsgesetz ergibt tatsächlich das Minimum, denn die zweite Ableitung ist immer positiv

$$\frac{\mathrm{d}^2 t}{\mathrm{d}x^2} = \frac{a^2}{v_1(a^2 + x^2)^{3/2}} + \frac{b^2}{v_2[b^2 + (c - x)^2]^{3/2}} > 0$$

5.3.3 Kurvendiskussion

Der Sinn einer Kurvendiskussion ist es, mit möglichst wenig Arbeitsaufwand den **wesentlichen Verlauf** der Kurve einer Funktion zu erkennen. Mit dem Taschenrechner ist eine Wertetabelle zwar einfach zu erstellen und somit der Kurvenverlauf punktweise festzulegen; doch dabei können insbesondere Unstetigkeitsstellen übersehen und die Lage von Extremwerten wie auch Nullstellen falsch eingeschätzt werden. Es kommt darauf an, die charakteristischen Eigenschaften der Kurve zu erkennen. Ein bewährtes Mittel, mit wenig Rechenaufwand auszukommen, ist der Grundsatz, jedes Resultat sogleich in das Schaubild einzutragen. Oft kann man bereits aus den vorliegenden Ergebnissen die nächste Frage beantworten. Es ist zweckmäßig, die Fragen in folgender Reihenfolge zu behandeln.

Definitionsbereich Für welchen Definitionsbereich der unabhängigen Veränderlichen liegt ein technisches Interesse vor? Wo ist die Funktion erklärt?

Ist die unabhängige Veränderliche eine Länge, eine Frequenz oder die Zeit, so interessieren keine negativen Werte. Tritt die unabhängige Veränderliche z. B. unter einer Quadratwurzel auf, so sind nur solche Werte der unabhängigen Veränderlichen möglich, bei denen der Radikand nicht negativ wird.

Symmetrie Bei geraden oder ungeraden Funktionen (Abschn. 3.1.4) genügt es, die Funktion für positive Werte der unabhängigen Veränderlichen zu diskutieren.

Nullstellen Es sind die Schnittpunkte der Funktion mit der x-Achse zu bestimmen. Erkennt man die Nullstellen nicht unmittelbar, so benutzt man bei Polynomen das Horner-Schema (Abschn. 3.2) und gegebenenfalls das Newton-Verfahren (Abschn. 5.3.1). Ist die Funktion ein Bruch, so ergibt sich nur dann eine Nullstelle, wenn der Zähler Null wird und der Nenner nicht an der gleichen Abszisse Null wird.

Werden Zähler und Nenner für den gleichen Wert $x = x_0$ Null, so haben rationale Funktionen einen gemeinsamen Faktor $x - x_0$, durch den der Bruch gekürzt wird.

Unstetigkeitsstellen Für endliche Werte von x wird die Ordinate beliebig groß, wenn der Nenner eines Bruches Null und der Zähler nicht Null ist. Man erhält vertikale Asymptoten. Werden Zähler und Nenner für den gleichen Wert x Null, so ist, wie im vorstehenden Abschnitt gesagt, vorzugehen.

Verhalten für große Beträge von x Es ist das Verhalten der Funktion $y = f(x)$ für $x \to \pm \infty$ zu untersuchen. Man bestimmt Grenzwerte nach den in Abschn. 4.4 entwickelten Methoden. Falls die betrachtete Folge von Funktionswerten divergent ist, bestimmt man eine Asymptote, gegen die die Kurve strebt (Abschn. 3.3).

Extremwerte Falls die vorstehenden Untersuchungen noch keinen ausreichenden Überblick über den Verlauf der Kurve der Funktion gegeben haben, bildet man die erste Ableitung. An den Nullstellen der ersten Ableitung (horizontale Tangenten) können Extremwerte liegen. Ob man jeweils ein Maximum oder ein Minimum erhält, kann meist aus den bereits vorliegenden Ergebnissen entschieden werden. Hat die erste Ableitung eine Unendlichkeitsstelle, so ist die Tangente vertikal.

Wendepunkte Für die Lage der Wendepunkte interessiert man sich zum genaueren Zeichnen der Kurve. Dazu ist die zweite Ableitung der Funktion zu bilden und zu untersuchen, wo sie das Vorzeichen ändert. Das kann bei Nullstellen oder Unstetigkeitsstellen der zweiten Ableitung geschehen (Abschn. 5.3.2).

Beispiel 5.43 Man diskutiere die algebraische Funktion

$$y = \frac{+\sqrt{x^2 + x - 6}}{4 - x} \tag{5.49}$$

Diese Funktion ist nicht für alle Werte der unabhängigen Veränderlichen erklärt, da eine Quadratwurzel auftritt. Bild 5.34a zeigt die parabolische Radikanden-Funktion $z = x^2 + x - 6$. Im Bereich $-3 < x < 2$ ist z negativ, daher ist y in diesem Bereich nicht erklärt. Die Funktion hat keine erkennbare Symmetrie. An den Nullstellen des Zählers $x = 2$ und $x = -3$ wird der Nenner nicht Null. Für $x = 4$ ergibt sich eine vertikale Asymptote. Das Verhalten für große x erkennt man besonders deutlich, wenn man in Gl. (5.49) Zähler und Nenner durch x teilt

$$y = \frac{+\sqrt{1 + \dfrac{1}{x} - \dfrac{6}{x^2}}}{\dfrac{4}{x} - 1}$$

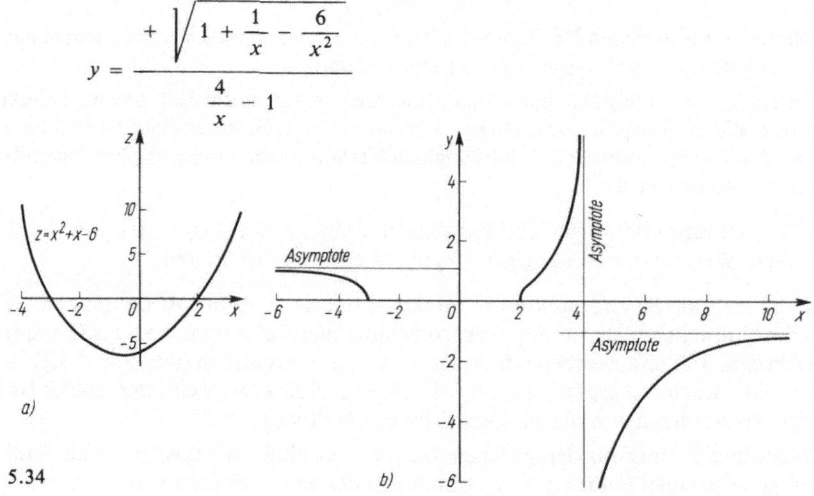

5.34

Für $x \to +\infty$ wird $y = -1$ eine horizontale Asymptote. Um den Grenzwert für $x \to -\infty$ zu untersuchen, setzt man $x = -u$, so daß $u \to +\infty$ zu betrachten ist. Gl. (5.49) ergibt

$$y = \frac{+\sqrt{u^2 - u - 6}}{4 + u} \quad \text{also} \quad \lim_{u \to +\infty} y = +1$$

Bei algebraischen Funktionen ist es allgemein empfehlenswert, durch die Substitution $x = -u$ die Grenzwertbetrachtung auf postitive Werte der unabhängigen Veränderlichen zu beschränken. Die erste Ableitung von Gl. (5.49) lautet

$$y' = \frac{9x - 8}{+2(4 - x)^2 \sqrt{x^2 + x - 6}}$$

Der Zähler von y' wird nur für $x = 8/9$ Null, also außerhalb des Definitionsbereichs der Funktion; daher hat die Funktion keinen Extremwert. Für $x = 4$, für $x = 2$ und $x = -3$ wird der Nenner Null. Für diese drei Abszissen erhält man vertikale Tangenten. Bild 5.34b zeigt die Funktionskurve.

Beispiel 5.44 Man diskutiere die in der Statistik (Abschn. 10.1) benötigte Funktion der Gauß-Verteilung in normierter Schreibweise

$$\varphi(u) = \frac{1}{\sqrt{2\pi}}\, e^{-u^2/2}$$

Man erhält die Ableitungen

$$\varphi'(u) = -\frac{u}{\sqrt{2\pi}}\, e^{-u^2/2} \qquad \varphi''(u) = -\frac{1}{\sqrt{2\pi}}\, (1 - u^2)e^{-u^2/2}$$

Die erste Ableitung wird für $u = 0$, die zweite Ableitung für $u = \pm 1$ Null. Bei diesen Werten ändert die zweite Ableitung ihr Vorzeichen. Für $u = 0$ hat die Kurve ein Maximum, da $\varphi''(0) < 0$ ist. Mit $\varphi(0) = 0{,}399$, $\varphi(\pm 1) = 0{,}242$ und $\varphi'(\pm 1) = \mp 0{,}242$ erhält man Bild 5.35.

Beispiel 5.45 Welche geometrische Bedeutung hat die erste Ableitung $r' = \mathrm{d}r/\mathrm{d}\varphi$, der in Polarkoordinaten gegebenen Funktion $r = f(\varphi)$? Wie kann man die waagerechten und senkrechten Tangenten ermitteln?

In Bild 5.36 sind P_1 und P zwei Punkte der Kurve der Funktion $r = f(\varphi)$, die bei $\Delta\varphi \to 0$ in einen Punkt übergehen. $\bar{\psi}$ ist der Winkel zwischen dem Ortsvektor nach P und der Sekante $\overline{P_1 P}$. Bei $P \to P_1$ geht $\bar{\psi}$ in den Winkel ψ zwischen dem Ortsvektor nach P_1 und der Tangente in P_1 über: $\psi = \lim\limits_{\Delta\varphi \to 0} \bar{\psi}$. Aus Bild 5.36 entnimmt man

$$\tan \bar{\psi} \approx \frac{\overline{BP_1}}{\overline{BP}} = \frac{r\Delta\varphi}{\Delta r} = \frac{r}{\Delta r/\Delta\varphi}$$

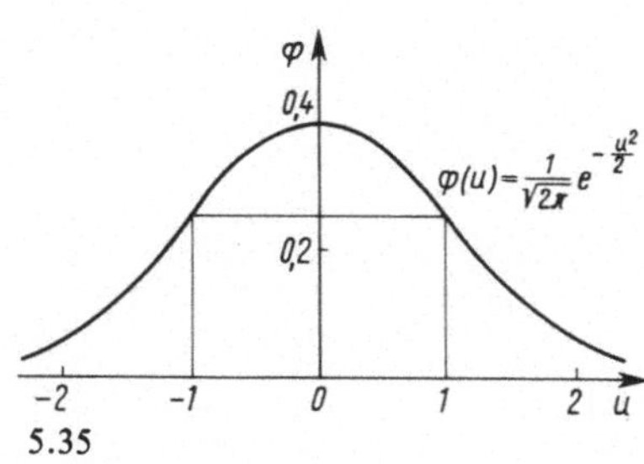

5.35

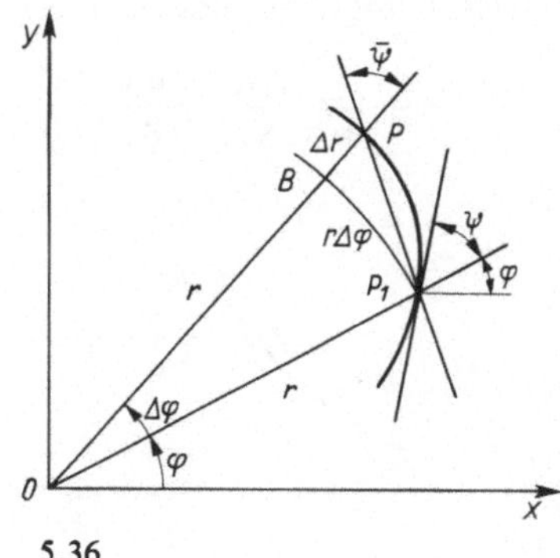

5.36

Damit ergibt sich für den **Winkel zwischen Ortsvektor und Tangente**

$$\tan \psi = \frac{r(\varphi)}{r'(\varphi)} \tag{5.50}$$

Man erkennt, daß die erste Ableitung $r'(\varphi)$ eine andere geometrische Bedeutung hat als die formal nach den gleichen Regeln gebildete Ableitung $y'(x)$ der Funktion $y = f(x)$. Der Steigungswinkel α der Tangente gegen die x-Achse ist $\alpha = \varphi + \psi$, die Steigung ist bei gleichen Einheitslängen $l_x = l_y$ gleich der Ableitung y'

$$\tan \alpha = y' = \tan(\varphi + \psi) = \frac{\tan \varphi + \tan \psi}{1 - \tan \varphi \tan \psi}$$

Mit Gl. (5.50) und der Beziehung $\tan \varphi = \sin \varphi / \cos \varphi$ erhält man die **Steigung der Tangente**

$$y' = \frac{r'\tan \varphi + r}{r' - r\tan \varphi} = \frac{r'\sin \varphi + r\cos \varphi}{r'\cos \varphi - r\sin \varphi} \tag{5.51}$$

Diese Gleichung liefert mit der Unbekannten φ die Bestimmungsgleichungen für die Lage der senkrechten und waagerechten Kurventangenten, die bei Kurvendiskussionen ermittelt werden. Bei waagerechten Tangenten ist $y' = 0$, man setzt also den Zähler von Gl. (5.51) gleich Null, bei senkrechten Tangenten setzt man den Nenner von Gl. (5.51) gleich Null. Werden für bestimmte Werte von φ sowohl Zähler als auch Nenner gleich Null, so erhält man einen unbestimmten Ausdruck, der nach Abschn. 4.3 zu untersuchen ist.

Beispiel 5.46 Welche charakteristische Merkmale hat die **logarithmische Spirale** $r = ce^{n\varphi}$?
Die erste Ableitung ist $r' = nce^{n\varphi} = nr$. Der Winkel zwischen Ortsvektor und Tangente ist nach Gl. (5.50) $\tan \psi = 1/n = \text{const.}$

Waagerechte Tangenten $nr\sin \varphi + r\cos \varphi = 0$, $\tan \varphi = -1/n$

Senkrechte Tangenten $nr\cos \varphi - r\sin \varphi = 0$, $\tan \varphi = n$

5.3.4 Krümmung. Krümmungsradius. Krümmungskreis

Wird nach Bild 5.37 eine Kurve im Sinne wachsender x-Werte von P_1 nach P durchlaufen, so ist sie um so stärker gekrümmt, je größer die Winkeldifferenz $\Delta \alpha = \alpha - \alpha_1$ bei konstanter Bogenlänge Δs ist.

Definition Die **Krümmung** $\varkappa$ einer Kurve in einem Punkt ist der Zuwachs des Steigungswinkels, bezogen auf das entsprechende Bogenstück

$$\varkappa = \lim_{\Delta s \to 0} \frac{\Delta \alpha}{\Delta s} = \frac{d\alpha}{ds} \tag{5.52}$$

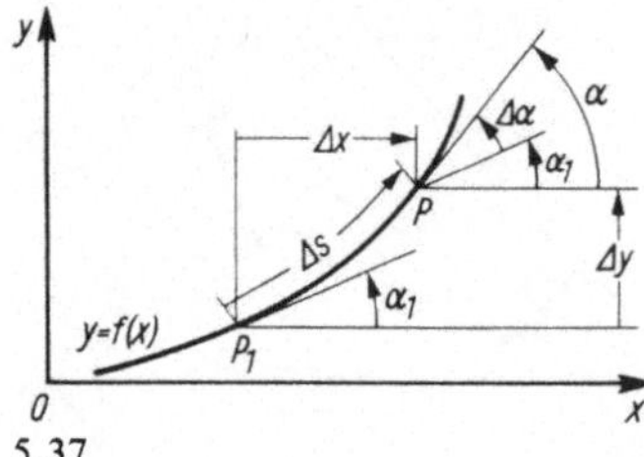

5.37

Es wird nun eine Gleichung hergeleitet, mit der die Krümmung der Kurve einer Funktion $y = f(x)$ in einem Punkt berechnet werden kann. Nach der Kettenregel Gl. (5.25) ist

$$\frac{d\alpha}{ds} = \frac{d\alpha}{dx}\frac{dx}{ds} = \frac{d\alpha}{dy'}\frac{dy'}{dx}\frac{dx}{ds} = y''\frac{d\alpha}{dy'}\frac{dx}{ds} \tag{5.53}$$

Bei gleichen Einheitslängen gilt $y' = \tan\alpha$ bzw. $\alpha = \arctan y'$; mit Gl. (5.35) wird hieraus

$$\frac{d\alpha}{dy'} = \frac{1}{1 + y'^2} \tag{5.54}$$

Nach Bild 5.37 ist die Bogenlänge $\Delta s \approx \sqrt{\Delta x^2 + \Delta y^2} = \sqrt{1 + (\Delta y/\Delta x)^2}\,\Delta x$; geht man vom Differenzen- zum Differentialquotienten über, so wird

$$\frac{ds}{dx} = \sqrt{1 + y'^2} \tag{5.55}$$

Für die Krümmung Gl. (5.52) erhält man mit Gl. (5.53) bis Gl. (5.55) somit

$$\varkappa = y'' \cdot \frac{1}{1 + y'^2} \cdot \frac{1}{\sqrt{1 + y'^2}} = \frac{y''}{(1 + y'^2)^{3/2}} \tag{5.56}$$

Der Nenner der Gl. (5.56) ist laut Vereinbarung stets positiv, so daß die Krümmung $\varkappa$ das gleiche Vorzeichen wie die zweite Ableitung hat; es gilt

$\varkappa > 0$ **Linkskrümmung**

$\varkappa = 0$ **Möglichkeit eines Wendepunktes**

$\varkappa < 0$ **Rechtskrümmung**

Beispiel 5.47 Wie groß ist die Krümmung eines Halbkreises mit der Gleichung $y = +\sqrt{r^2 - x^2}$?

Es gilt $\quad y' = \dfrac{-x}{\sqrt{r^2 - x^2}}\quad$ und $\quad y'' = -\dfrac{\sqrt{r^2 - x^2} - x\dfrac{-x}{\sqrt{r^2 - x^2}}}{r^2 - x^2} = -\dfrac{r^2}{(r^2 - x^2)^{3/2}}$

Damit wird

$$\varkappa = \frac{-\dfrac{r^2}{(r^2 - x^2)^{3/2}}}{\left[1 + \dfrac{x^2}{r^2 - x^2}\right]^{3/2}} = -\frac{1}{r}$$

Die Krümmung ist dem Betrage nach gleich dem Kehrwert des Kreisradius. Die Funktion $y = +\sqrt{r^2 - x^2}$ beschreibt den oberen Halbkreis; die Krümmung $\varkappa$ ist negativ (Rechtskrümmung). Setzt man $y = -\sqrt{r^2 - x^2}$ (unterer Halbkreis), so wird $\varkappa = +1/r$ positiv (Linkskrümmung).

Krümmungsradius. Krümmungskreis Der Kreis hat eine konstante Krümmung. Die Krümmung einer Geraden $y = mx + n$ ist wegen $y'' = 0$ Null. Durch jeden Punkt P einer beliebigen Kurve kann ein Kreis so gezeichnet werden, daß sich die Kurve und der Kreis in P berühren und die Krümmung der beiden Kurven in P übereinstimmen. Dieser Kreis heißt Krümmungskreis und der Kreisradius Krümmungsradius ϱ. Man definiert

Der Kehrwert der Krümmung $\varkappa$ heißt Krümmungsradius ϱ

$$\varrho = \frac{1}{\varkappa} = \frac{(1 + y'^2)^{3/2}}{y''} \qquad \begin{array}{l} \varrho > 0 \quad \textbf{Linkskrümmung} \\ \varrho < 0 \quad \textbf{Rechtskrümmung} \end{array} \tag{5.57}$$

Außer beim Kreis und der Geraden ist die Krümmung von Punkt zu Punkt einer Kurve verschieden; sie nimmt insbesondere größte und kleinste Werte an. Die Punkte einer Kurve, in denen die Krümmung einen Extremwert hat, heißen Scheitel der Kurve. Zumeist kann man die Scheitel einer Kurve unmittelbar erkennen. Sollen die Kurvenscheitel berechnet werden, so ist aus der gegebenen Funktion $y = f(x)$ mit Gl. (5.56) die Krümmungsfunktion zu ermitteln und diese auf Extremwerte zu untersuchen.

Definition Errichtet man im Punkte P einer Kurve die Normale und trägt auf ihr von P nach der inneren (konkaven) Seite der Kurve den Betrag des Krümmungsradius ϱ ab, so erhält man den **Krümmungsmittelpunkt** M. Der Kreis um M mit ϱ ist der **Krümmungskreis** des Punktes P.

Es soll der Mittelpunkt des Krümmungskreises im Punkt $P(x; y)$ der Funktion $y = f(x)$ ermittelt werden. Man liest aus Bild 5.38 ab

$$x_M = x - \varrho \cdot \sin\alpha \qquad y_M = y + \varrho \cdot \cos\alpha$$

Mit Gl. (5.57) und den trigonometrischen Identitäten (F9)

$$\sin\alpha = \frac{\tan\alpha}{\sqrt{1 + \tan^2\alpha}} = \frac{y'}{\sqrt{1 + y'^2}} \qquad \cos\alpha = \frac{1}{\sqrt{1 + \tan^2\alpha}} = \frac{1}{\sqrt{1 + y'^2}}$$

erhält man

$$\begin{aligned} x_M &= x - \frac{(1 + y'^2)^{3/2}}{y''} \cdot \frac{y'}{(1 + y'^2)^{1/2}} = x - y'\frac{1 + y'^2}{y''} \\ y_M &= y + \frac{(1 + y'^2)^{3/2}}{y''} \cdot \frac{1}{(1 + y'^2)^{1/2}} = y + \frac{1 + y'^2}{y''} \end{aligned} \tag{5.58}$$

Der Krümmungskreis ist identisch mit dem Schmiegkreis, was hier jedoch nicht bewiesen werden soll. Der Schmiegkreis ist in folgender Weise definiert: Der Kreis durch drei Punkte einer Kurve, die beliebig dicht beieinander liegen, heißt der Schmiegkreis des mittleren Punktes P.

Differentialgleichung der Biegelinie Die Gleichung der Biegelinie $w = w(x)$ beschreibt die verformte Stabachse eines ursprünglich geraden Trägers (Bild 5.39). Die Ver-

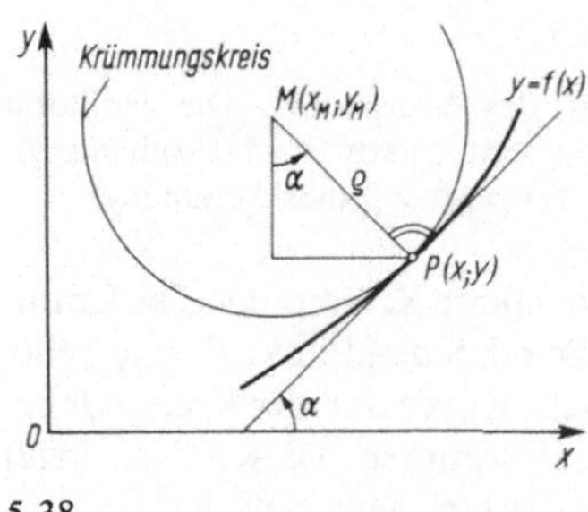

5.38

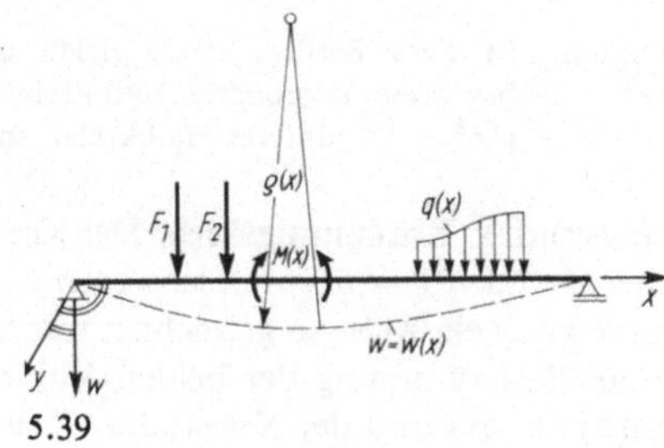

5.39

formung wird durch die Schnittkräfte hervorgerufen; der Einfluß der Querkraft ist normalerweise klein gegenüber dem Einfluß des Biegemoments. Die Krümmung der Biegelinie $1/\varrho(x)$ ist proportional zum Schnittbiegemoment $M(x)$ und umgekehrt proportional zur Biegesteifigkeit $EI(x)$ (E = Elastizitätsmodul, $I(x)$ = auf die y-Achse bezogenes Flächenmoment 2. Grades des Trägerquerschnitts). Mit Gl. (5.57) gilt

$$\frac{1}{\varrho(x)} = \frac{w''}{(1 + w'^2)^{3/2}} = -\frac{M(x)}{EI(x)} \qquad (5.59)$$

Das Minuszeichen ist zu setzen, da das in Bild 5.39 eingezeichnete positive Biegemoment $M(x)$ eine negative Biegelinienkrümmung im (x, w)-Koordinatensystem hervorruft. Durch Gl. (5.59) ist der Zusammenhang zwischen Biegemoment M und der Durchbiegung w, jedoch in Form der Ableitungen w' und w'', gegeben; eine solche Gleichung nennt man Differentialgleichung (Abschn. 8). Die Durchbiegung w ist immer klein gegenüber der Trägerspannweite und so auch der Steigungswinkel der Biegelinie; dementsprechend ist $|w'| \ll 1$, und im Nenner des mittleren Ausdrucks von Gl. (5.59) kann $1 + w'^2 \approx 1$ und somit $1/\varrho(x) \approx w''$ gesetzt werden. Man erhält aus Gl. (5.59) die linearisierte Differentialgleichung der Biegelinie (elastische Linie)

$$w''(x) = -\frac{M(x)}{EI(x)} \qquad (5.60)$$

Beispiel 5.48 Für den Freiträger (Bild 5.40) der Länge l und der konstanten Biegesteifigkeit EI, belastet durch das Moment M, sind die Krümmung und die Biegelinie zu ermitteln.

Das Biegemoment ist über die Trägerlänge konstant. Aus Gl. (5.60) folgt, daß dann die Krümmung über die Trägerlänge ebenfalls konstant ist. Es wird

$$\frac{1}{\varrho} = \frac{M}{EI} \qquad \varrho = \frac{EI}{M}$$

Der Träger ist eingespannt; die Biegelinie hat am Auflager eine horizontale Tangente. Die Biegelinie ist daher ein Kreis mit dem Radius ϱ und dem Mittelpunkt $M(0; \varrho)$.

$$x^2 + (w - \varrho)^2 = \varrho^2$$

Aus dieser Gleichung wird die Durchbiegung $w(x)$ ermittelt

$$w = \varrho - \sqrt{\varrho^2 - x^2} = \varrho - \varrho\sqrt{1 - \frac{x^2}{\varrho^2}}$$

Für $x/\varrho \ll 1$ kann nach der Näherungsformel (F3) $(1 + \varepsilon)^{1/m} \approx 1 + \varepsilon/m$ geschrieben werden

$$w = \varrho - \varrho\left(1 - \frac{1}{2} \cdot \frac{x^2}{\varrho^2}\right)$$

$$= \frac{x^2}{2\varrho} = \frac{1}{\varrho} \cdot \frac{x^2}{2} = \frac{M}{2EI}x^2$$

Die Durchbiegung am Trägerende wird

$$w(l) = f = \frac{Ml^2}{2EI}$$

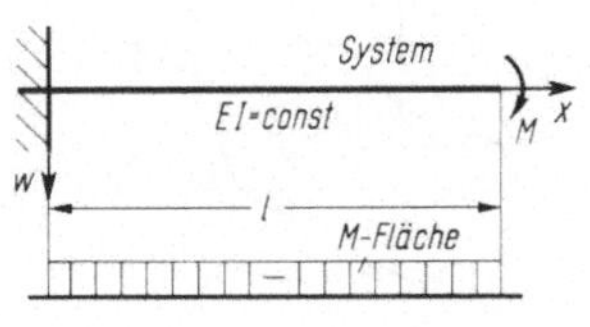

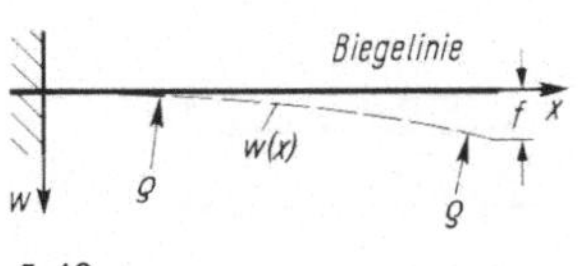

5.40

5.3.5 Aufgaben zu Abschnitt 5.3

1. Man ermittle nach dem Newton-Verfahren auf fünf Dezimalen genau die Wurzeln der Bestimmungsgleichung $2\sin x + 2x^2 - 1 = 0$.

2. Gesucht ist auf fünf Dezimalen genau die kleinste positive Wurzel der Bestimmungsgleichung $e^{-2x} = \sin(x/2)$.

3. Man bestimme auf vier Dezimalen genau die Nullstellen des Polynoms $y = x^4 + 2{,}2x^3 - 6{,}7x^2 - 1{,}6x + 0{,}7$.

4. Wie tief taucht eine Holzkugel mit der Dichte $\varrho = 0{,}7\ \text{g/cm}^3$ und dem Durchmesser $d = 30\ \text{cm}$ in Wasser ein? Man berechne die Eintauchtiefe h_0 nach dem Verfahren von Newton auf vier Stellen genau. Die Gleichung für den Kugelabschnitt lautet $V = \pi h^2(1{,}5d - h)/3$, s. auch F 8.

5. Aus zwei Stämmen mit kreisförmigem Querschnitt sind je ein **Balken mit rechteckigem Querschnitt** auszuscheiden. Der eine Balken soll ein maximales Widerstandsmoment $W = bh^2/6$, der andere Balken ein maximales axiales Flächenmoment $I = bh^3/12$ erhalten. Wie groß sind jeweils die Breite b und die Höhe h zu wählen?

6. Sind die axialen Flächenmomente I_x und I_y und das gemischte Flächenmoment I_{xy} der in Bild 5.41 dargestellten Fläche bekannt, so ermittelt sich das Flächenmoment I_ξ aus der Gleichung

$$I_\xi = \frac{I_x + I_y}{2} + \frac{I_x - I_y}{2}\cos 2\varphi - I_{xy}\sin 2\varphi$$

wobei φ der Winkel zwischen der x- und der ξ-Achse ist. Für welchen Winkel φ wird das Flächenmoment I_ξ extremal?

7. In eine Kreisfläche mit dem Durchmesser d ist eine Rechteckfläche b/h mit maximaler Größe zu zeichnen.

8. Entlang einer Mauer ist mit einem Zaun der Länge l eine möglichst große Fläche zu begrenzen (Bild 5.42).

9. In einem Tunnel mit ellipsenförmigem Querschnitt (Halbachsen: a, b) soll ein rechteckiges Lichtraumprofil $15\ \text{m} \times 4{,}80\ \text{m}$ vorhanden sein. Wie groß müssen die Ellipsenachsen gewählt werden, damit der ungenutzte Querschnitt minimal wird?

10. Wo muß bei dem in Bild 5.43 dargestellten Träger die Kraft F wirken, damit
a) das Stützmoment $M_B = -Fab(l + a)/(2l^2)$
b) das Feldmoment $M_C = Fab^2(3a + 2b)/(2l^3)$
extremal wird?

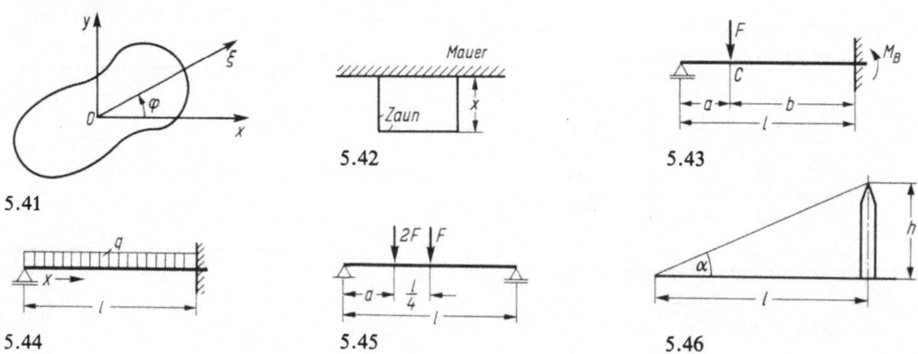

5.41

5.42

5.43

5.44

5.45

5.46

11. Das Biegemoment und die Durchbiegung genügen bei dem in Bild 5.44 dargestellten Träger den Funktionsgleichungen

$$M(x) = \frac{ql^2}{8}\left(3\,\frac{x}{l} - 4\,\frac{x^2}{l^2}\right) \qquad w(x) = \frac{ql^4}{48EI}\left(\frac{x}{l} - 3\,\frac{x^3}{l^3} + 2\,\frac{x^4}{l^4}\right)$$

Man ermittle die Extremwerte des Biegemoments und der Durchbiegung.

12. Wo muß bei dem durch eine Lastgruppe belasteten Einfeldträger in Bild 5.45 die linke Kraft angreifen, damit das Feldmoment maximal wird? Hinweis: Das Größtmoment tritt unter der linken Kraft auf.

13. Man diskutiere folgende Funktionen

a) $y = x^4 - 8x^2 + 16$

b) $y = \dfrac{x^2 - 3x + 4}{2x - 3}$

c) $y = \dfrac{x^3 + 2x^2 - 5x - 6}{x^3 + 6x^2 - 32}$

d) $y = \dfrac{2x\sqrt{x^2 - 4x + 3}}{x^2 + x - 20}$

e) $y = \dfrac{\sqrt[3]{x^3 + 2x^2 - x - 2}}{\sqrt{x + 2}}$

14. Bestimme den Krümmungsradius im Scheitel der Parabel $y^2 = 2px$.

15. Bestimme den Krümmungsradius im Punkt $P_1(5\ \text{m}; y_1)$ der kubischen Funktion $y = 0{,}01\,\dfrac{1}{\text{m}^2}x^3$.

16. Bestimme den Krümmungskreis der Kurve $y = \cos x$ in den Punkten $P_1(0; 1)$, $P_2(\pi/2; 0)$ und $P_3(\pi; -1)$.

17. Man bestimme den Krümmungsradius $\varrho = \varrho(x)$ der oberen Hälfte der Ellipse $x^2/a^2 + y^2/b^2 = 1$ und insbesondere die Krümmungsradien in den Ellipsenscheiteln (Scheitelkrümmungsradien).

18. Ein Träger IPE 360-Profil wird als Einfeldträger eingebaut und bei einer Spannweite von 6,0 m durch eine mittige Einzellast von 80 kN belastet. Wie groß ist der Krümmungsradius der Biegelinie in Trägermitte (Trägereigengewicht vernachlässigen)?

19. Die Turmhöhe h kann nach Bild 5.46 aus der exakt zu messenden Strecke l und dem mit einer Meßungenauigkeit behafteten Winkel α berechnet werden. Je größer l gewählt wird, desto kleiner wird α. Bei welchem Winkel α wirkt sich ein Fehler im gemessenen Winkel möglichst wenig auf h aus? Hinweis: Die Strecke l ist eine konstante Größe.

6 Integralrechnung

Viele technische Probleme führen auf das geometrische Problem, den Flächeninhalt unter einer Funktionskurve zu bestimmen; häufig läßt sich diese Aufgabe mit Hilfe der Integralrechnung elegant lösen.

Zur Verdeutlichung werde nach Bild 6.1a ein Einfeldträger betrachtet; an der Stelle 1 wirkt die Kraft F_1, die von Null langsam anwachsend wirkt (statische Belastung). Die Durchbiegung δ_1 der Kraftangriffsstelle ist proportional zu F_1. Mit der Federkonstanten c gilt $F = c\delta$ (Bild 6.1b). Die von der Kraft geleistete Arbeit ist nicht $F_1\delta_1$ (Kraft mal Weg), sondern $W = F_1\delta_1/2$; der Faktor $1/2$ ist durch die anwachsende Lastaufbringung verursacht. Die Arbeit W wird nach Bild 6.1b somit durch den Flächeninhalt $A = F_1\delta_1/2$ unter der Kurve der Funktion $F = c\delta$ dargestellt.

6.1 Bestimmtes Integral

6.1.1 Flächenberechnung durch Grenzwertbildung. Annäherung der Fläche durch eine Rechtecksumme

Zunächst werden die beiden Veränderlichen x und y als Längen mit den Einheitslängen $l_x = l_y$ vorausgesetzt.

Man kann sich bei der Berechnung auf solche Flächen beschränken, die durch die x-Achse, die Ordinaten in den Abszissen a und b und die durch $y = f(x)$ gegebene Kurve begrenzt sind (einfach schraffierte Fläche in Bild 6.2). Den Inhalt der doppelt schraffierten Fläche in Bild 6.2 erhält man durch Subtraktion der durch $y = g(x)$ und $y = f(x)$ begrenzten Flächen.

Der Inhalt A unter der Kurve der stetigen Funktion $y = f(x)$ wird durch eine Summe von

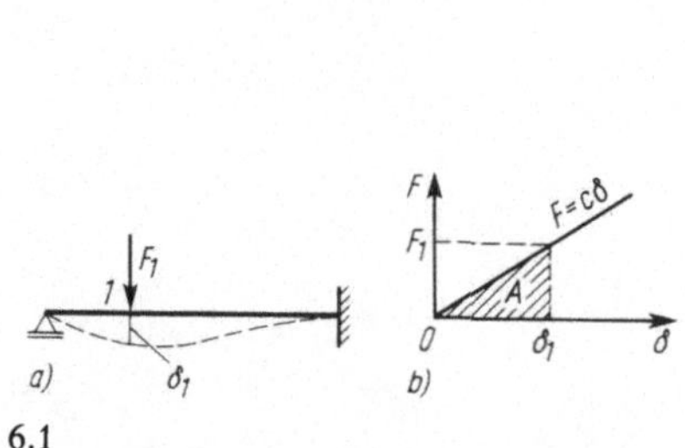

6.1

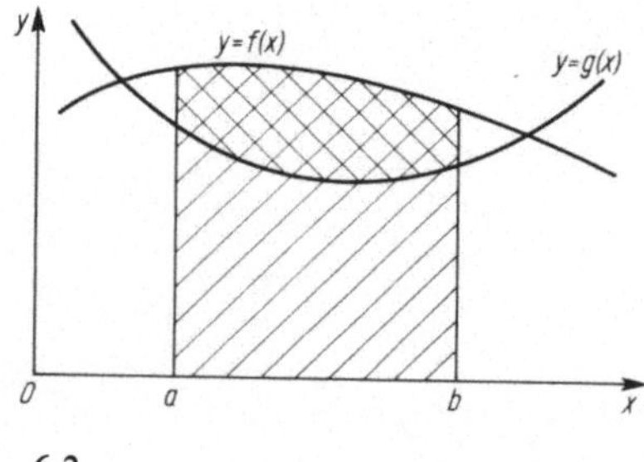

6.2

Rechtecken angenähert (Bild 6.3). Dazu teilt man das Intervall von a bis b in n − nicht notwendig gleiche − Teile und errichtet in jedem Teilpunkt die Ordinate. Es ergibt sich eine Summe größter Rechtecke $\max A$ und eine Summe kleinster Rechtecke $\min A$, wobei $\min A < A < \max A$ ist.

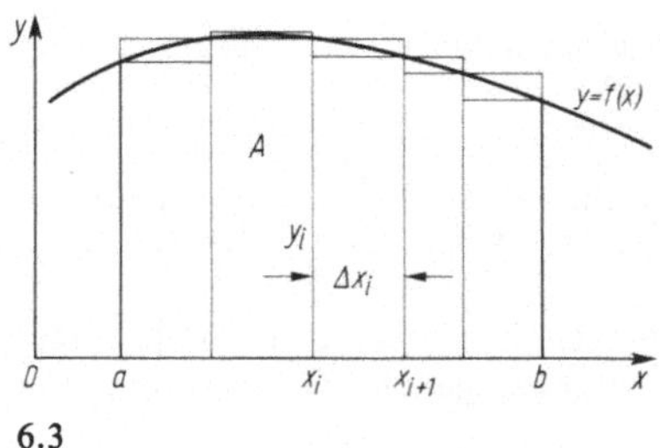

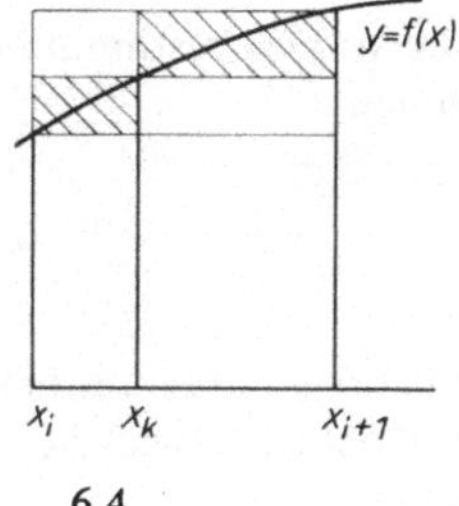

6.3   6.4

In Bild 6.4 sind zwei benachbarte Abszissen x_i und x_{i+1} sowie die dadurch gebildeten größten und kleinsten Rechtecke gezeigt. Wird die Einteilung verfeinert, z. B. eine Zwischenabszisse x_k hinzugenommen, so bilden nur noch die schraffierten Rechtecke die Abweichung zwischen der größten und der kleinsten Rechtecksumme. Verfeinert man also die Einteilung des Intervalls von a bis b, vergrößert man also n, so wird $\max A$ kleiner und $\min A$ größer. Die Verfeinerung der Unterteilung des Intervalls (Feinheitsgrad) soll stets so vorgenommen werden, daß für $n \to \infty$ die Längen aller Teilintervalle gegen Null streben. Bei den meisten in der Technik auftretenden Funktionen streben bei beliebiger Verfeinerung der Unterteilung beide Rechtecksummen $\max A$ und $\min A$ gegen den gesuchten Flächeninhalt A. Wenn $\max A$ und $\min A$ gegen A streben, strebt auch jede andere dazwischenliegende Rechtecksumme A_n gegen A. Dann heißen diese Funktionen im gegebenen Bereich integrierbar.

Bestimmtes Integral Die Grundlinie im i-ten Rechteck sein $\Delta x_i = x_{i+1} - x_i$; weiter sei $y_i = f(\bar{x})$ eine beliebige Ordinate im Intervall $x_i \leqslant \bar{x} \leqslant x_{i+1}$. Dann wird die Rechtecksumme

$$A_n = \sum_{i=1}^{n} y_i \Delta x_i \quad \text{und ihr Grenzwert} \quad A = \lim_{\substack{n \to \infty \\ \Delta x_i \to 0}} \sum_{i=1}^{n} y_i \Delta x_i$$

denn wenn n gegen Unendlich strebt, geht Δx_i gegen Null.

Definition Den Grenzwert einer Summe mit beliebig vielen kleinen Summanden nennt man **bestimmtes Integral**

$$\lim_{\substack{n \to \infty \\ \Delta x_i \to 0}} \sum_{i=1}^{n} y_i \Delta x_i = \int_a^b y\,dx = \int_a^b f(x)\,dx \tag{6.1}$$

(gesprochen: Integral von a bis b, $y\,dx$). In diesem Ausdruck heißen y der Integrand, das Intervall von a bis b der Integrationsweg, a sowie b die Integrationsgrenzen und x die Integrationsveränderliche.

Umrechnen von Flächen in bestimmte Integrale In diesem Abschnitt war bisher vorausgesetzt, daß die Veränderlichen x und y Längen sind und mit gleichen Einheitslängen aufgetragen werden. Der Grenzwert Gl. (6.1), das bestimmte Integral, ist jedoch für beliebige

Größen x und y definiert. Im Schaubild werden diese Größen durch die Strecken ξ und η dargestellt. Der Zusammenhang zwischen den Größen x und y und den sie darstellenden Längen ξ und η wird nach Gl. (3.5) durch

$$\xi = l_x x \qquad \eta = l_y y$$

gegeben. Das bestimmte Integral hängt daher mit der dargestellten Fläche A wie folgt zusammen

$$\int_{x_1}^{x_2} y\,\mathrm{d}x = \lim_{n\to\infty} \sum_{i=1}^{n} y_i \Delta x_i = \lim_{n\to\infty} \sum_{i=1}^{n} \frac{\eta_i}{l_y} \cdot \frac{\Delta \xi_i}{l_x} = \frac{1}{l_y l_x} \int_{\xi_1}^{\xi_2} \eta\,\mathrm{d}\xi = \frac{A}{l_x l_y} \tag{6.2}$$

Rechenregeln für bestimmte Integrale Die folgenden Überlegungen werden am Beispiel von Flächen entwickelt. Alle Gleichungen gelten aber entsprechend Gl. (6.2) für beliebige Größen.

Vorzeichen des bestimmten Integrals. Die im bestimmten Integral auftretenden Größen sind vorzeichenbehaftet. Ist z. B. in

$$\int_{a}^{b} y\,\mathrm{d}x$$

$b > a$, so sind alle $\Delta x_i > 0$. In diesem Fall spricht man von einem positiven Integrationsweg. Verläuft die Kurve $y = f(x)$ unterhalb der x-Achse, so ist $y < 0$; somit hat jeder Summand $y_i \Delta x_i$ ein negatives Vorzeichen und die Fläche A ebenfalls. Bei der in Bild 6.5 gegebenen Integrationsaufgabe ist Δx_i immer positiv, y_i jedoch im ersten Teil des Integrations-

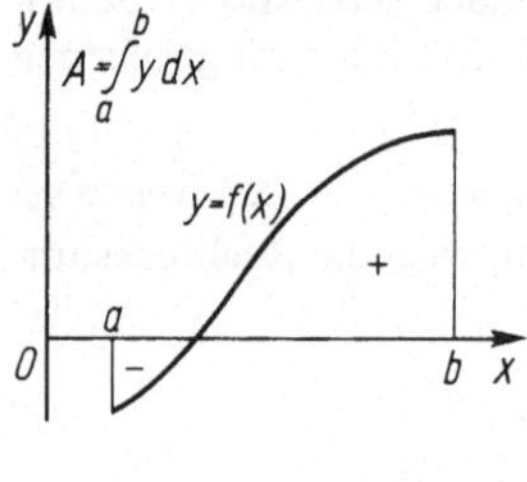

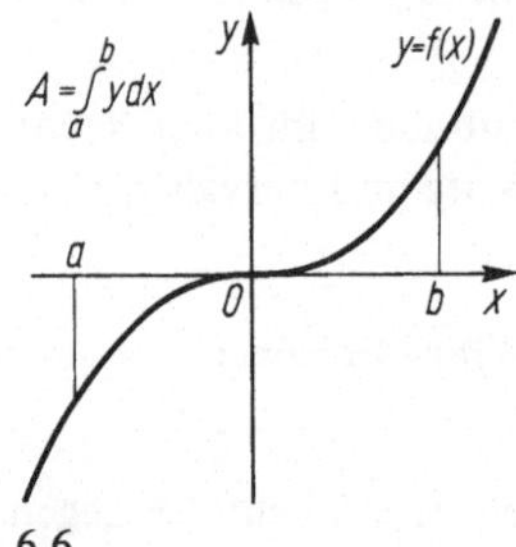

6.5   6.6

intervalls negativ, im zweiten Teil positiv; das bestimmte Integral entspricht einer Fläche, wobei der unterhalb der x-Achse liegende Teil von dem oberhalb der x-Achse liegenden Teil subtrahiert wird. Das in Bild 6.6 gezeigte bestimmte Integral hat den Wert Null, wenn $|a| = |b|$ und die Kurve der Funktion $y = f(x)$ punktsymmetrisch ist, da die oberhalb und unterhalb der x-Achse liegenden Flächenstücke sich genau aufheben.

Umkehrung des Integrationsweges. Beim Integral von a bis b ist die Abszissendifferenz $\Delta x_i = x_{i+1} - x_i$ positiv, beim Integral von b bis a jedoch negativ. In jedem Summanden in Gl. (6.1) tritt ein Minuszeichen auf, das vor die Summe gezogen werden kann

$$\int_{a}^{b} y\,\mathrm{d}x = -\int_{b}^{a} y\,\mathrm{d}x \tag{6.3}$$

Konstanter Faktor. Jede Ordinate wird mit einem Faktor k multipliziert, daher kann dieser Faktor aus der Summe ausgeklammert werden

$$\int_a^b k\,y\,\mathrm{d}x = k\int_a^b y\,\mathrm{d}x \tag{6.4}$$

Zerlegen des Integrationsweges. Aus Bild 6.7a erkennt man

$$\int_a^b y\,\mathrm{d}x = \int_a^c y\,\mathrm{d}x + \int_c^b y\,\mathrm{d}x \tag{6.5}$$

Gl. (6.5) gilt nicht nur, wenn $a < c < b$ ist, sondern in Verbindung mit Gl. (6.3) für jede beliebige Anordnung von a, b und c, wie Bild 6.7b zeigt.

Integration einer Summe. Der Integrand ist $y = f_1(x) + f_2(x)$. Dann besteht in Gl. (6.1) jeder Summand aus einer Summe $[f_1(x_i) + f_2(x_i)]\,\Delta x_i$. Man kann zunächst alle Summanden mit $f_1(x_i)$ zusammenfassen, sodann die Summanden mit $f_2(x_i)$ und daraufhin für jede dieser beiden Teilsummen den Grenzwert getrennt bilden

$$\int_a^b [f_1(x) + f_2(x)]\,\mathrm{d}x = \int_a^b f_1(x)\,\mathrm{d}x + \int_a^b f_2(x)\,\mathrm{d}x \tag{6.6}$$

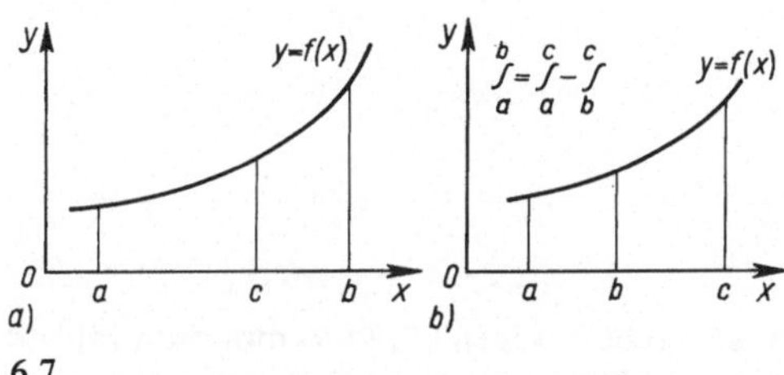

6.7

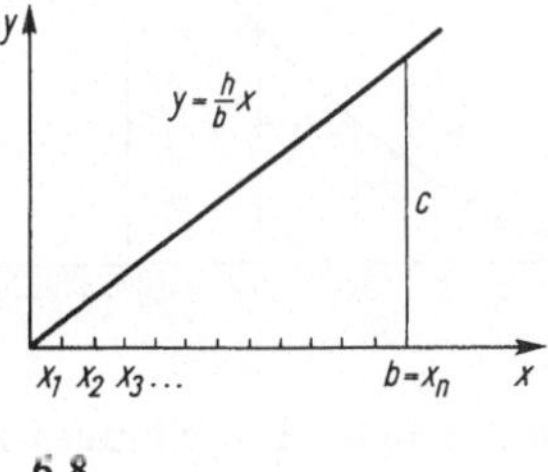

6.8

Beispiel 6.1 Man berechne das bestimmte Integral

$$I = \int_0^b \frac{h}{b}\,x\,\mathrm{d}x$$

Das Integrationsintervall werde in n gleiche Teile Δx_i geteilt (Bild 6.8). Dann ist

$$\Delta x_i = \frac{b}{n}, \qquad x_i = \frac{i}{n}\,b \quad \text{und} \quad y_i = f(x_i) = \frac{h}{b}\,\frac{i}{n}\,b = \frac{i}{n}\,h$$

Nach Gl. (6.1) ist

$$I = \lim_{n\to\infty} \sum_{i=1}^n y_i\,\Delta x_i = \lim_{n\to\infty} \sum_{i=1}^n \frac{i}{n}\,h\,\frac{b}{n} = hb\,\lim_{n\to\infty}\frac{1}{n^2}\sum_{i=1}^n i$$

Die Summe $\sum_{i=1}^n i = \dfrac{n(n+1)}{2}$ ist als arithmetische Reihe (F 3) bestimmt. Damit wird

$$I = hb\,\lim_{n\to\infty}\frac{1}{n^2}\,\frac{n(n+1)}{2} = \frac{hb}{2}\,\lim_{n\to\infty}\left(1 + \frac{1}{n}\right) = \frac{hb}{2}$$

der Flächeninhalt eines rechtwinkligen Dreiecks.

6.1.2 Integration der Potenzfunktion $y = x^m$

Im Beispiel 6.1 wurde das Integral über die besonders einfache Funktion $y = h/b \cdot x$ mit Hilfe einer gleichmäßigen Intervallteilung bestimmt. Allgemeiner soll jetzt hier mit Hilfe einer ungleichmäßigen Intervallteilung die Integration der Potenzfunktion $y = x^m$ (Bild 6.9) mit beliebigen rationalen Exponenten m mit Ausnahme von $m = -1$ durchgeführt werden. Für die Integrationsgrenzen wird zunächst $0 < a < b$ vorausgesetzt

$$I = \int\limits_a^b x^m \, \mathrm{d}x$$

Rechtecksumme Teilt man das Intervall von a bis b in n Teilintervalle derart ein, daß die Abszissenpunkte in $a, ak, ak^2, \ldots ak^{n-1}, ak^n = b$ liegen (Bild 6.9), so ist $k = \sqrt[n]{b/a}$. Die Länge der Teilintervalle ergibt sich aus der Differenz der Abszissenwerte zu $a(k - 1)$, $ak(k - 1), ak^2(k - 1), \ldots, ak^{n-1}(k - 1)$.

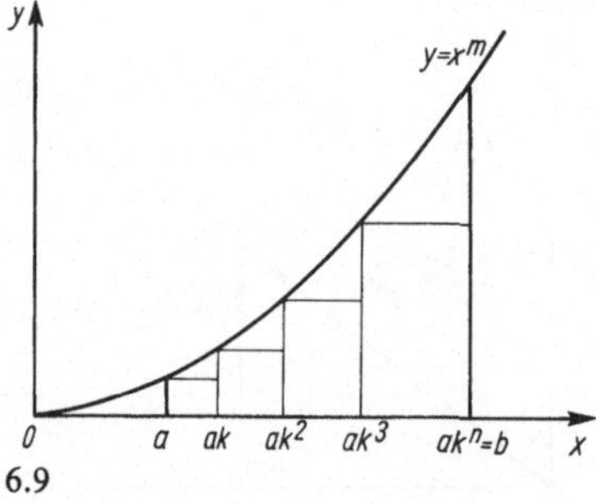

6.9

Verfeinert man die Einteilung, wächst also n, so strebt k wegen Gl. (4.9) monoton fallend gegen Eins. Wählt man wie in Bild 6.9 als Rechteckhöhen jeweils die Ordinaten der linken Endpunkte der Teilintervalle, so wird die Rechtecksumme

$$A_n = a^m \cdot a(k - 1) + (ak)^m ak(k - 1) + (ak^2)^m ak^2(k - 1) + \cdots + (ak^{n-1})^m ak^{n-1}(k - 1)$$

$$= a^{m+1}(k - 1)[1 + k^{m+1} + (k^2)^{m+1} + \cdots + (k^{n-1})^{m+1}]$$

$$= a^{m+1}(k - 1)[1 + k^{m+1} + (k^{m+1})^2 + \cdots + (k^{m+1})^{n-1}]$$

Grenzwertbildung zum Integral Die Summe in der eckigen Klammer ist eine geometrische Reihe von n Gliedern mit dem ersten Glied Eins und dem Quotienten k^{m+1}.
Daher ist mit Gl. (4.18)

$$A_n = a^{m+1}(k - 1) \frac{(k^{m+1})^n - 1}{k^{m+1} - 1}$$

Wegen $(k^{m+1})^n = (k^n)^{m+1} = (b/a)^{m+1}$ wird

$$A_n = a^{m+1} \cdot \frac{\left[\left(\dfrac{b}{a}\right)^{m+1} - 1\right](k - 1)}{k^{m+1} - 1} = \frac{b^{m+1} - a^{m+1}}{\dfrac{k^{m+1} - 1}{k - 1}}$$

Nach Gl. (4.16) erhält man für alle reellen Exponenten $m \neq -1$ den Grenzwert

$$\lim_{k \to 1} \frac{k^{m+1} - 1}{k - 1} = m + 1$$

Daher ist nach den Regeln für Grenzwerte

$$\int_a^b x^m\,dx = \lim_{n \to \infty} A_n = \lim_{k \to 1} \frac{b^{m+1} - a^{m+1}}{\dfrac{k^{m+1} - 1}{k - 1}} = \frac{b^{m+1} - a^{m+1}}{\lim\limits_{k \to 1} \dfrac{k^{m+1} - 1}{k - 1}} = \frac{b^{m+1} - a^{m+1}}{m + 1}$$

Es kann verallgemeinert werden: Das **bestimmte Integral der Potenzfunktion** für alle reellen Exponenten $m \neq -1$, für die x^m im Integrationsintervall stetig und reell ist, und beliebige reelle Integrationsgrenzen a und b lautet

$$I = \int_a^b x^m\,dx = \frac{b^{m+1} - a^{m+1}}{m + 1} \tag{6.7}$$

Beispiel 6.2 Man bestimme $I = \int_{-2}^{1} \sqrt[3]{x^5}\,dx$.

Es ist $a = -2$, $b = 1$ und $m = 5/3$, also $m + 1 = 8/3$. Damit erhält man mit Gl. (6.7)

$$I = \frac{1^{8/3} - (-2)^{8/3}}{\dfrac{8}{3}} = \frac{3}{8}\,(1 - \sqrt[3]{256}) = -2{,}01$$

Beispiel 6.3 Man bestimme $I = \int_{1,4}^{4,2} (x^{0,72} - 3x^{1,13} + x^{2,12})\,dx$.

Mit den Rechenregeln Gl. (6.4) und (6.6) erhält man

$$I = \int_{1,4}^{4,2} x^{0,72}\,dx - 3 \int_{1,4}^{4,2} x^{1,13}\,dx + \int_{1,4}^{4,2} x^{2,12}\,dx$$

$$= \frac{4{,}2^{1,72} - 1{,}4^{1,72}}{1{,}72} - 3\,\frac{4{,}2^{2,13} - 1{,}4^{2,13}}{2{,}13} + \frac{4{,}2^{3,12} - 1{,}4^{3,12}}{3{,}12}$$

$$= \frac{11{,}80 - 1{,}78}{1{,}72} - \frac{21{,}26 - 2{,}05}{0{,}71} + \frac{88{,}01 - 2{,}86}{3{,}12} = 6{,}06$$

Beispiel 6.4 Welcher Inhalt liegt zwischen den Kurven der Funktionen $y = f_1(x) = x + 1$ cm und $y = f_2(x) = (2/\text{cm})(x - 2\ \text{cm})^2$?

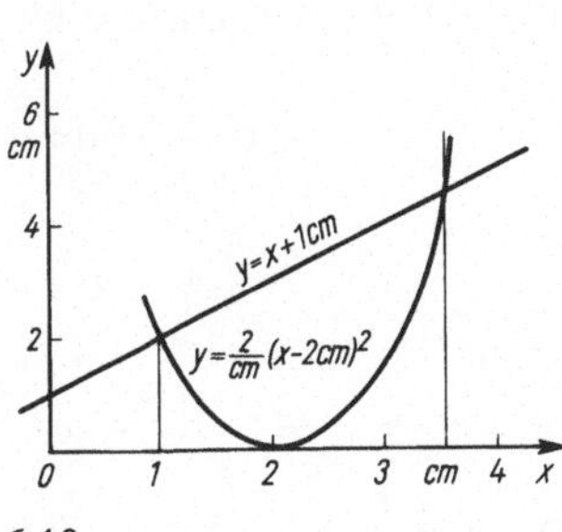

6.10

Zunächst ist es zweckmäßig, die Funktionskurven zu zeichnen (Bild 6.10). Zur Ermittlung der Integrationsgrenzen sind die Schnittpunkte zwischen $f_1(x)$ und $f_2(x)$ zu bestimmen. Setzt man x aus f_1 in f_2 ein, so wird

$$y = \frac{2}{cm}(y - 3\ cm)^2 = \frac{2}{cm}\,y^2 - 12y + 18\ cm$$

$$\frac{2}{cm}\,y^2 - 13y + 18\ cm = 0$$

$$y^2 - 6{,}5\ cm \cdot y + 9\ cm^2 = 0$$

$$y_{1,2} = (3{,}25 \pm \sqrt{1{,}5625})\ cm = (3{,}25 \pm 1{,}25)\ cm$$

$$y_1 = 4{,}5\ cm \qquad y_2 = 2\ cm$$

$$x_1 = 3{,}5\ cm \qquad x_2 = 1\ cm$$

Das gesuchte bestimmte Integral kann in einem Arbeitsgang ermittelt werden, indem man für jeden Wert von x von der Ordinate unter der Geraden die Ordinate unter der Parabel subtrahiert. Insbesondere ist es nicht erforderlich, zwei bei $x = 2$ cm unterbrochene Integrale zu bestimmen.

$$A = \int\limits_{1\ cm}^{3,5\ cm} (x + 1\ cm)\,dx - \frac{2}{cm} \int\limits_{1\ cm}^{3,5\ cm} (x^2 - 4\ cm \cdot x + 4\ cm^2)\,dx$$

$$= \int\limits_{1\ cm}^{3,5\ cm} \left[x + 1\ cm - \frac{2}{cm}\,x^2 + 8x - 8\ cm \right] dx$$

$$= \int\limits_{1\ cm}^{3,5\ cm} \left[-\frac{2}{cm}\,x^2 + 9x - 7\ cm \right] dx$$

$$= -\frac{2}{cm}\,\frac{(3{,}5\ cm)^3 - (1\ cm)^3}{3} + 9\,\frac{(3{,}5\ cm)^2 - (1\ cm)^2}{2} - 7\ cm\,(3{,}5\ cm - 1\ cm)$$

$$= \left[-\frac{2}{3} \cdot 41{,}875 + \frac{9}{2} \cdot 11{,}25 - 7 \cdot 2{,}5 \right] cm^2 = 5{,}21\ cm^2$$

Beispiel 6.5 In welchem Verhältnis teilt die Kurve $y = cx^2$ die Fläche unter der Kurve $y = c(x - a)^2$ im Intervall $0 \leqslant x \leqslant a$?

Die zu teilende Gesamtfläche (Bild 6.11) ist $A = A_1 + A_2$; gesucht ist das Verhältnis $A_1 : A_2$. Es ist zweckmäßig, A und A_2 mit der Integralrechnung zu bestimmen und daraus A_1 zu errechnen. Bei der Berechnung von A_2 kann man berücksichtigen, daß diese Fläche bezüglich der Achse $x = a/2$ symmetrisch ist. Die Fläche unter der Kurve $y = c(x - a)^2$ und die Fläche unter der Kurve $y = cx^2$ sind im Intervall $0 \leqslant x \leqslant a$ gleich, da die eine Kurve das Spiegelbild der anderen bezüglich der Vertikalen $x = a/2$ ist. Damit ergibt sich

$$A = c \int\limits_0^a (x - a)^2\,dx = c \int\limits_0^a x^2\,dx = c\,\frac{a^3}{3}$$

$$A_2 = 2c \int\limits_{a/2}^a (x - a)^2\,dx = 2c \int\limits_0^{a/2} x^2\,dx = 2c\,\frac{1}{3}\,\frac{a^3}{8} = c\,\frac{a^3}{12}$$

$$A_1 = A - A_2 = ca^3 \left(\frac{1}{3} - \frac{1}{12} \right) = c\,\frac{a^3}{4}$$

Damit ist $A_1/A_2 = 3/1$.

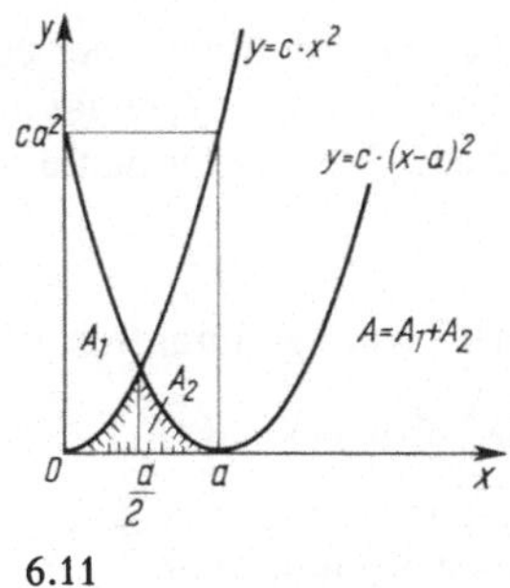
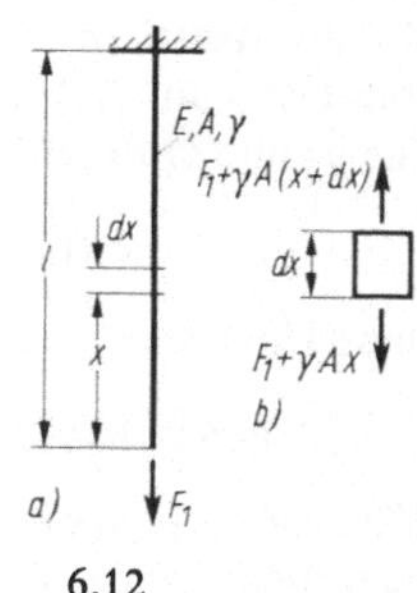

6.11   6.12

Beispiel 6.6 Um welche Länge Δl verlängert sich ein herabhängendes Seil (Bild 6.12a) von der Länge l, an dessen Ende eine Kraft F_1 wirkt? Der Seilquerschnitt ist A, die Wichte des Seilmaterials γ und der Elastizitätsmodul des Seilmaterials E.

Die vom Seil zu übertragende Kraft ist über die Seillänge veränderlich, da das Seil nicht gewichtslos ist. Es wird nach Bild 6.12b ein Seilstückchen der Länge dx betrachtet, an dessen unterer Begrenzungsfläche die Kraft F_1, vergrößert um die Gewichtskraft des Seils der Länge x, wirkt, nämlich $F_1 + \gamma A x$. Wird die Veränderlichkeit der Schnittkraft über dx vernachlässigt, dann ist die Verlängerung $\Delta(dx)$ nach dem Hookeschen Gesetz $\varepsilon = \Delta(dx)/dx = F/(EA)$

$$\Delta(dx) = \frac{F_1 + \gamma A x}{EA}\, dx$$

Durch Integration auf beiden Seiten der Gleichung erhält man die gesuchte Verlängerung

$$\Delta l = \int_0^l \frac{F_1 + \gamma A x}{EA}\, dx = \frac{F_1 l + \gamma A l^2/2}{EA} = \frac{l}{EA}\left(F_1 + \frac{\gamma A l}{2}\right)$$

6.1.3 Mittelwertsatz

Mittlere Ordinate Zu einem Flächeninhalt unter der Kurve einer stetigen Funktion $y = f(x)$ zwischen den Abszissen a und b gibt es immer ein flächengleiches Rechteck (Bild 6.13). Die zugehörige Ordinate $f(x_{\mathrm{m}})$ des Rechtecks heißt m i t t l e r e O r d i n a t e

$$\int_a^b f(x)\,dx = f(x_{\mathrm{m}}) \cdot (b - a) \tag{6.8}$$

Obgleich ohne Lösung des Integrals die Abszisse x_{m} und damit die mittlere Ordinate $f(x_{\mathrm{m}})$ nicht bekannt sind, nützt diese Gleichung in vielen Fällen zur Integralschätzung. Es wird darauf hingewiesen, daß im allgemeinen x_{m} n i c h t in der Mitte des Intervalls $[a, b]$ liegt.

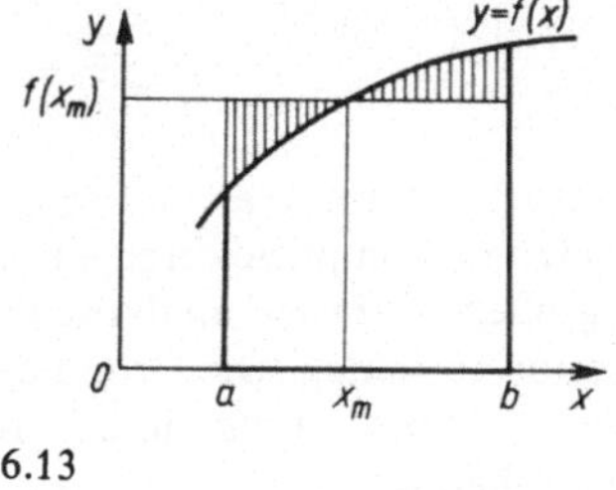
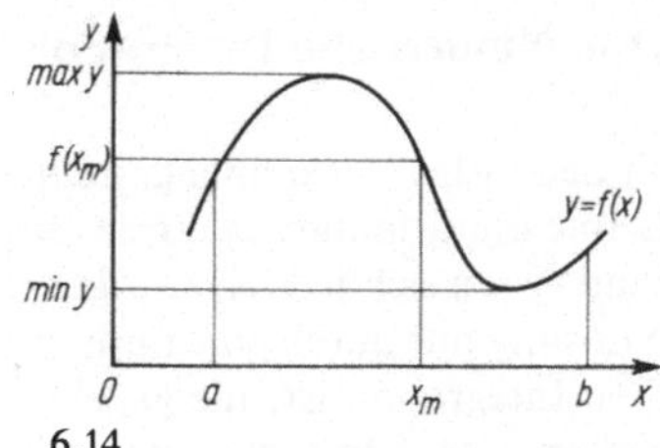

6.13   6.14

Mittelwertsatz In manchen Fällen benötigt man aber eine schärfere Schätzung des Integrals (Abschn. 7.2). Die stetige Funktion $y = f(x)$ hat im abgeschlossenen Intervall $[a, b]$ eine größte Ordinate $\max y$ und eine kleinste Ordinate $\min y$ (Bild 6.14). Es gilt

$$\min y \leqslant f(x) \leqslant \max y \tag{6.9}$$

Diese Ungleichung wird mit einer positiven Funktion $p(x)$ multipliziert

$$\min y \cdot p(x) \leqslant f(x) \cdot p(x) \leqslant \max y \cdot p(x) \tag{6.10}$$

Wäre nämlich $p(x)$ für einige Bereiche von x negativ, so würde die Ungleichung (6.10) nicht mehr gelten. Aus dieser Ungleichung folgt

$$\min y \int_a^b p(x)\,\mathrm{d}x \leqslant \int_a^b f(x)p(x)\,\mathrm{d}x \leqslant \max y \int_a^b p(x)\,\mathrm{d}x \tag{6.11}$$

Daher gibt es eine Zwischenordinate $f(x_\mathrm{m})$, für die der Mittelwertsatz der Integralrechnung

$$\int_a^b f(x)p(x)\,\mathrm{d}x = f(x_\mathrm{m}) \int_a^b p(x)\,\mathrm{d}x \tag{6.12}$$

gilt. Für $p(x) \equiv 1$ erhält man Gl. (6.8).

Ist $p(x) < 0$ im gesamten Intervall $a \leqslant x \leqslant b$, so gilt ebenfalls Gl. (6.12); denn in den Gl. (6.10) und (6.11) ändern sich wegen der Multiplikation mit einer negativen Größe alle Vorzeichen und Ordnungsrelationen, es bleibt jedoch die Aussage richtig, daß das in der Mitte der Ungleichung stehende Integral zwischen den beiden Begrenzungen liegt.

Beispiel 6.7 Man bestimme die mittlere Ordinate für die Funktion $y = 4\left[\dfrac{x}{\pi} - \left(\dfrac{x}{\pi}\right)^2\right]$ im Intervall zwischen den Nullstellen (Bild 6.15).

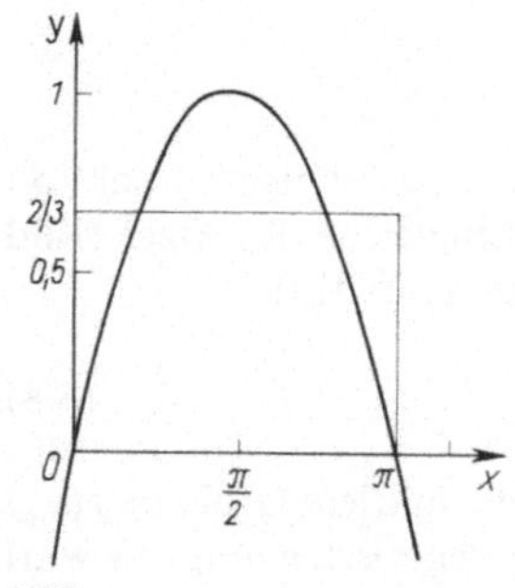

6.15

Die gegebene Funktion ist eine Parabel mit den Nullstellen $x_1 = 0$ und $x_2 = \pi$. Nach Gl. (6.8) ist

$$\begin{aligned}
f(x_\mathrm{m}) &= \frac{1}{b - a} \int_a^b y\,\mathrm{d}x = \frac{1}{\pi} \int_0^\pi 4\left[\frac{x}{\pi} - \left(\frac{x}{\pi}\right)^2\right]\mathrm{d}x \\[2mm]
&= \frac{4}{\pi^2}\left[\int_0^\pi x\,\mathrm{d}x - \frac{1}{\pi}\int_0^\pi x^2\,\mathrm{d}x\right] \\[2mm]
&= \frac{4}{\pi^2}\left[\frac{\pi^2}{2} - \frac{1}{\pi}\frac{\pi^3}{3}\right] = \frac{2}{3}
\end{aligned}$$

6.1.4 Numerische Integration

Mit den bisher zusammengestellten Mitteln lassen sich Integrale mit einer Potenzfunktion als Integrand immer exakt ermitteln. Integrale mit komplizierteren Funktionen als Integrand lassen sich jedoch häufig nur mit sehr großem Aufwand analytisch lösen; z. T. ist eine Lösung nur durch eine numerische Integration zu finden. Die Grundidee dieser numerischen Integration ist, die gegebene Funktion stückweise durch einfachere Funktionen zu ersetzen, deren Integrale man leicht bestimmen kann.

Trapez-Regel Ist nach Bild 6.16 das Integral der Funktion $y = f(x)$

$$I = \int_a^b y\, dx \tag{6.13}$$

gesucht, so wird das Intervall $[a, b]$ in n gleichbreite Abschnitte von der Länge $h = (b - a)/n$ geteilt und in jedem dieser Teilintervalle die Kurve durch ihre Sehne angenähert. Das Integral im k-ten Teilintervall ist dann

$$\int_{x_k}^{x_k+h} f(x)\, dx \approx \frac{h}{2}(y_k + y_{k+1})$$

Nimmt k die Werte 0 bis n an, so erhält man durch Addition der Teilintegrale die Trapez-Regel

$$\int_a^b f(x)\, dx \approx h\left(\frac{1}{2}y_0 + y_1 + y_2 + y_3 + \cdots + y_{n-1} + \frac{1}{2}y_n\right) \tag{6.14}$$

Das Ergebnis nach Gl. (6.14) ist oft nicht sehr genau; daher wird normalerweise die Simpson-Regel angewendet, zumal kaum ein größerer Aufwand entsteht.

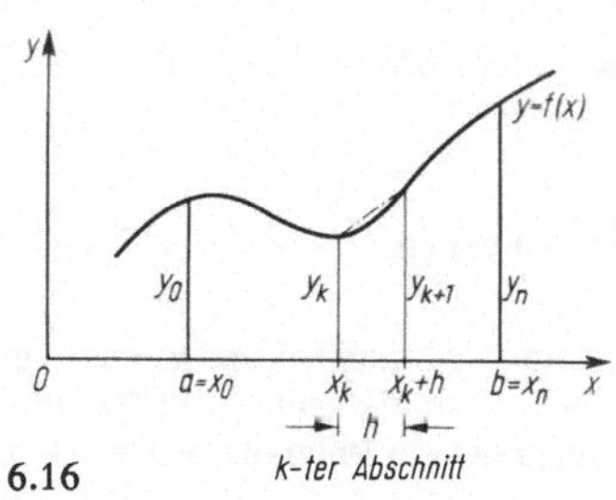

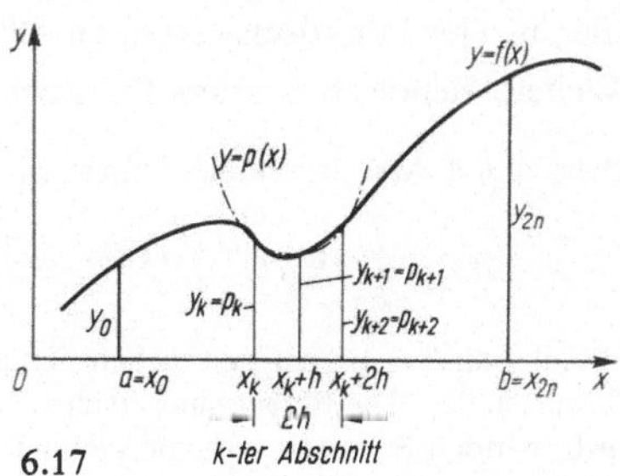

Simpson-Regel Wird die zu integrierende Funktion $y = f(x)$ zwischen den Stützstellen nicht mehr geradlinig angenähert, sondern, wie im Bild 6.17 dargestellt, durch eine Parabel $y = p(x) = a_2 x^2 + a_1 x + a_0$, so ist das Integral im k-ten Teilintervall mit der Breite $2h = (b - a)/n$ (s. Beispiel 1.2)

$$I_k = \int_{x_k}^{x_k+2h} f(x)\, dx \approx \int_{x_k}^{x_k+2h} p(x)\, dx = \frac{h}{3}(y_k + 4y_{k+1} + y_{k+2}) \tag{6.15}$$

Beim Addieren mehrerer Teilintegrale I_k sind die Ordinaten an den Rändern zweier Teilabschnitte zu berücksichtigen. Als Summe aller I_k erhält man die Simpson-Regel

$$I = \int_a^b f(x)\, dx \approx \frac{h}{3}[y_0 + 4y_1 + 2y_2 + 4y_3 + \cdots + 2y_{2n-2} + 4y_{2n-1} + y_{2n}] \tag{6.16}$$

Die vorstehende Gleichung zeigt, daß stets eine ungerade Anzahl von Ordinaten gegeben sein muß, damit die Simpson-Regel angewandt werden kann.

Die Anwendung der Simpson-Regel ist äußerst einfach und höchst genau, wie die folgenden Beispiele zeigen. Es ist jedoch darauf zu achten, daß nicht ohne weiteres über Knick- und Sprungstellen hinwegintegriert werden kann. An solchen Stellen muß das Ende bzw.

der Anfang eines Teilintervalls liegen. Da bei der Herleitung der Simpson-Regel die Funktion $y = f(x)$ durch ein **Polynom zweiten Grades** angenähert wird, muß die Simpson-Regel ein exaktes Ergebnis bei der Integration über rationale Funktionen bis zum zweiten Grade liefern. Eine genaue Untersuchung zeigt, daß die Simpson-Regel sogar noch eine exakte Integration über ein Polynom dritten Grades gestattet (Beispiel 6.8).

Newton-Regel Ein Nachteil der Simpson-Regel ist die Bedingung, daß eine ungerade Anzahl von Funktionswerten gegeben sein muß. Integriert man auf Grund einer gegebenen Tafel, so läßt sich diese Voraussetzung nicht immer erfüllen. In solchen Fällen nimmt man die Newton-Regel hinzu. Nähert man in

$$I = \int\limits_{a}^{a+3h} y\,\mathrm{d}x$$

die Funktion $y = f(x)$ durch ein **Polynom dritten Grades** an, das an den Abszissen a, $a + h$, $a + 2h$ und $a + 3h$ mit $y = f(x)$ übereinstimmt, so erhält man in gleicher Weise wie bei der Herleitung der Simpson-Regel die **Newton-Drei-Achtel-Regel**

$$I = \int\limits_{a}^{a+3h} f(x)\,\mathrm{d}x \approx \frac{3}{8}h(y_0 + 3y_1 + 3y_2 + y_3) \tag{6.17}$$

die mit vier Funktionswerten ein Näherungsintegral liefert.

Weitergehende, besonders für Rechenanlagen geeignete Methoden findet man in [12].

Beispiel 6.8 Man bestimme numerisch das Integral

$$I = \int\limits_{1\,\mathrm{cm}}^{5\,\mathrm{cm}} y\,\mathrm{d}x = \int\limits_{1\,\mathrm{cm}}^{5\,\mathrm{cm}} (x^3 - 2x^2\,\mathrm{cm} + 3x\,\mathrm{cm}^2 + 4\,\mathrm{cm}^3)\,\mathrm{d}x$$

Wählt man $h = 1,0\,\mathrm{cm}$, so ergeben sich mit $n = 2$ insgesamt 5 Stützstellen. Bei $h = 2,0\,\mathrm{cm}$ sind es nur 3 Stützstellen. Die Berechnung nach Gl. (6.16) erfolgt in der nachstehenden Tabelle, wobei die bei y_i auftretenden Faktoren mit c bezeichnet sind. Da der Integrand ein Polynom dritten Grades ist, muß die Schrittweite ohne Einfluß auf das Ergebnis sein.

$\dfrac{x}{\mathrm{cm}}$	$\dfrac{y}{\mathrm{cm}^3}$	$h = 1\,\mathrm{cm}$		$h = 2\,\mathrm{cm}$	
		c	$\dfrac{c \cdot y}{\mathrm{cm}^3}$	c	$\dfrac{c \cdot y}{\mathrm{cm}^3}$
1,0	6	1	6	1	6
2,0	10	4	40		
3,0	22	2	44	4	88
4,0	48	4	192		
5,0	94	1	94	1	94
			376		188

$$I_{h=1\,\mathrm{cm}} = \frac{1\,\mathrm{cm}}{3} \cdot 376\,\mathrm{cm}^3 = 125,3\,\mathrm{cm}^4 \qquad I_{h=2\,\mathrm{cm}} = \frac{2\,\mathrm{cm}}{3} \cdot 188\,\mathrm{cm}^3 = 125,3\,\mathrm{cm}^4$$

Das Integral ist mit Gl. (6.6) und (6.7) geschlossen lösbar; man erhält

$$I = \frac{5^4 - 1^4}{4}\,\mathrm{cm}^4 - \frac{2(5^3 - 1^3)}{3}\,\mathrm{cm}^4 + \frac{3(5^2 - 1^2)}{2}\,\mathrm{cm}^4 + 4(5 - 1)\,\mathrm{cm}^4 = 125,3\,\mathrm{cm}^4$$

Beispiel 6.9 In der Statistik (Abschn. 10.1) benötigt man das Integral

$$I = \int_0^a e^{-\frac{x^2}{2}}\,dx$$

Dieses Integral kann nicht geschlossen gelöst werden. Man löse es angenähert für $a = 2$.

In der folgenden Tafel ist die Rechnung für $h = 0,2$ (11 Stützstellen: Simpson-Regel) und für $h = 0,4$ (6 Stützstellen: Kombination der Simpson-Regel und der 3/8-Regel) durchgeführt.

x	$x^2/2$	$e^{-x^2/2}$	c	$c \cdot e^{-x^2/2}$	c	$c \cdot e^{-x^2/2}$	
0,0	0,000	1,0000	1	1,0000	1	1,0000	
0,2	0,020	0,9802	4	3,9208			
0,4	0,080	0,9231	2	1,8462	4	3,6924	5,4185
0,6	0,180	0,8353	4	3,3412			(Simpson-
0,8	0,320	0,7261	2	1,4522	1	0,7261	Regel)
1,0	0,500	0,6065	4	2,4260			
1,2	0,720	0,4868	2	0,9736	3	1,4604	
1,4	0,980	0,3753	4	1,5012			3,1558
1,6	1,280	0,2780	2	0,5560	3	0,8340	(Newton-
1,8	1,620	0,1979	4	0,7916			Regel)
2,0	2,000	0,1353	1	0,1353	1	0,1353	
				17,9441			

Mit Gl. (6.16) wird

$$I_{h=0,2} = \frac{0,2}{3} \cdot 17,9441 = 1,19627$$

Mit Gl. (6.15) und Gl. (6.17) wird

$$I_{h=0,4} = \frac{0,4}{3} \cdot 5,4185 + \frac{3}{8} \cdot 0,4 \cdot 3,1558 = 0,72247 + 0,47337 = 1,19584$$

Zum Vergleich der genaue Wert auf fünf Dezimalen: $I = 1,19629$. Abschließend sei noch darauf hingewiesen, daß $I_{h=0,4} = 1,19637$ wird, wenn man den Newton-Anteil an den Anfang nimmt.

6.1.5 Aufgaben zu Abschnitt 6.1

1. Man berechne das bestimmte Integral

$$I = \int_{-3\,cm}^{4\,cm} (3x^2 + 4x\,cm - 5\,cm^2)\,dx$$

2. Welche Fläche befindet sich zwischen der x-Achse und der Kurve der Funktion $y = x^3/(12\,cm^2) - x^2/cm + 3x$?

3. Man bestimme die ganze rationale Funktion dritten Grades, von der bekannt ist

$$y(2) = y(3) = 0;\ y'(2) = 1 \quad \text{und} \quad \int_2^3 y\,dx = 1$$

Hinweis: Ein Polynom dritten Grades hat vier Koeffizienten, die durch vier Bedingungen bestimmt sind. Man erhält also vier lineare Gleichungen für die vier gesuchten Koeffizienten.

4. Durch die Kurve der Funktion $y = -ax^2 + 3$ cm und die Koordinatenachsen ist im ersten Quadranten ein Flächenstück gegeben, welches durch die Kurve der Funktion $y = x^2/$cm geteilt wird. Das Flächenstück an der y-Achse sei A_1, das abgetrennte Stück an der x-Achse sei A_2. Wie muß die Größe a gewählt werden, damit $A_1 : A_2 = 1 : m$ mit gegebenem m gilt?

5. Die bei der Verformung von biegesteifen Stäben gespeicherte Formänderungsarbeit ergibt sich aus der Gleichung

$$W_i = \frac{1}{2} \int_0^l \frac{M^2(x)}{EI(x)}\, dx$$

Dabei ist l die Stablänge, E der Elastizitätsmodul, $I(x)$ das u. U. über die Stablänge veränderliche Flächenmoment 2. Grades. Man ermittle die Formänderungsarbeit für den im Bild 6.18 dargestellten Freiträger.

6. Man zeige: Integriert man nach der Simpson-Regel Gl. (6.16) ein Polynom dritten Grades $y = a_0 + a_1 x + a_2 x^2 + a_3 x^3$, so ist das Resultat exakt. Hinweis: Man integriere direkt und mit Gl. (6.16) von Null bis $2h$ und vergleiche die Resultate.

7. Man bestimme mit der Simpson-Regel mit Hilfe eines Taschenrechners

$$\int_{\pi/4}^{\pi/2} \frac{\cos x}{x}\, dx$$

mit der Schrittweite $h = \pi/40$ auf sieben Stellen hinter dem Komma.

8. Ist in Gl. (6.13) der Integrand $y = A(x)$ eine Querschnittsfunktion, so ist das Integral I ein Volumen. Wie lautet die sog. Kepler-Faßregel, die man aus einem derartigen Integral durch die Simpson-Regel erhält, wenn man $n = 1$ setzt?

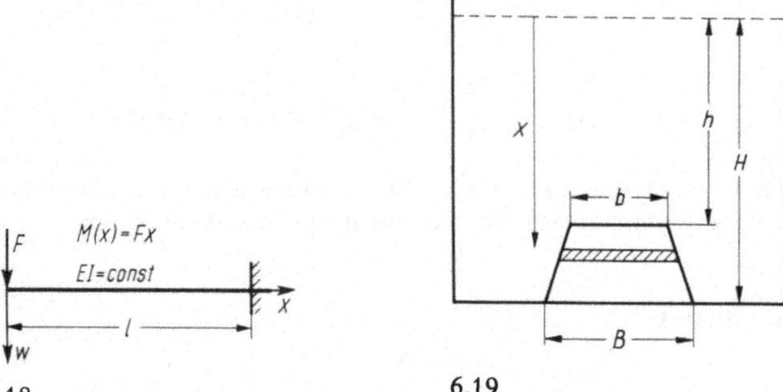

6.18   6.19

9. Man ermittle mit der Simpson-Regel die Integrale

$$x = \int_0^1 \cos \frac{l^2}{2}\, dl \qquad y = \int_0^1 \sin \frac{l^2}{2}\, d\,l$$

Dies sind Fresnelsche Integrale, die bei der Berechnung von Klotoiden (s. Abschn. 7.5) auftreten.

10. Aus einem Gefäß, in dem der Wasserspiegel stets auf gleicher Höhe gehalten wird, fließt Wasser aus einer Öffnung, die die Form eines Trapezes hat (Bild 6.19). Welche Wassermenge fließt je Sekunde aus der Öffnung? Es ist $H = 8$ m, $h = 7$ m, $B = 10$ cm und $b = 5$ cm. Hinweis: Es ist $\Delta \dot{V} = v \cdot \Delta A$ mit $v(x) = \sqrt{2gx}$ (Ausflußgeschwindigkeit in der Höhe x).

6.2 Unbestimmtes Integral

6.2.1 Integral mit veränderlicher Grenze

Bisher wurden Integrale betrachtet, deren beide Grenzen konstant sind. Solche Integrale werden bestimmte Integrale genannt. Ist die obere Grenze des Integrals veränderlich, so ist das Integral eine Funktion seiner oberen Grenze (Bild 6.20a).

$$I_1(x) = \int_a^x f(u)\,\mathrm{d}u \qquad (6.18)$$

Es ist zweckmäßig, die Integrationsveränderliche anders zu benennen, denn diese Größe variiert zwischen der unteren Grenze a und der veränderlichen oberen Grenze x, hat also eine andere Bedeutung als x. Die Funktion $I_1(x)$ heißt eine Stammfunktion von $f(x)$. Da die untere Grenze a frei wählbar ist, gibt es beliebig viele Stammfunktionen zum Integranden $f(u)$. Die Definition einer Stammfunktion findet man in Abschn. 6.2.2.

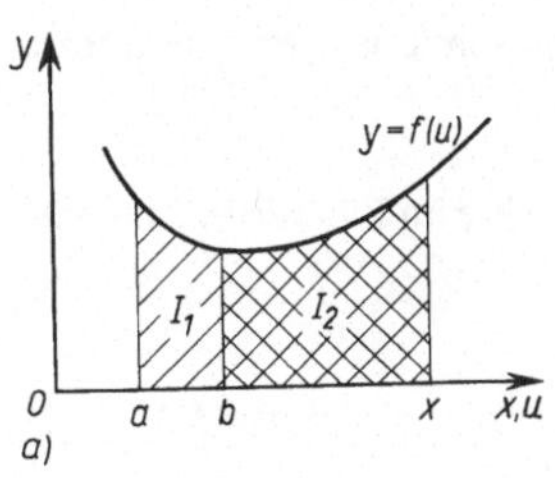

So sind nach Bild 6.20b

$$I_1(x) = \int_a^x f(u)\,\mathrm{d}u \quad \text{und} \quad I_2(x) = \int_b^x f(u)\,\mathrm{d}u \qquad (6.19)$$

zwei Stammfunktionen von $f(x)$. Nach dem Summensatz der Integration, Gl. (6.6), gilt

$$\int_a^x f(u)\,\mathrm{d}u = \int_b^x f(u)\,\mathrm{d}u + \int_a^b f(u)\,\mathrm{d}u$$

Mit Gl. (6.19) wird, wenn man das konstante bestimmte Integral $\int_a^b f(u)\,\mathrm{d}u = \bar{C}_1$ setzt

$$I_1(x) = I_2(x) + C_1 \qquad (6.20)$$

Die Stammfunktionen $I_1(x)$ und $I_2(x)$ unterscheiden sich nur durch eine additive Konstante, ein bestimmtes Integral. Diese additive Konstante wird Integrationskonstante genannt. Die Funktionskurven dieser Stammfunktionen $I_1(x)$ und $I_2(x)$ von $f(x)$ sind gegeneinander parallel verschobene Kurven (Bild 6.20b).

Jede Stammfunktion von $f(x)$ erhält man aus einer bekannten Stammfunktion von $f(x)$ durch Hinzufügen einer Integrationskonstante.

Definition Die Menge aller Stammfunktionen eines Integranden heißt das **unbestimmte Integral.**

Schreibweise eines unbestimmten Integrals Wegen der gegenseitigen Abhängigkeit der unteren Grenze und der Integrationskonstanten ist es zweckmäßig, das unbestimmte Integral in einer Form zu schreiben, bei der diese Konstanten nicht explizit auftreten. Man schreibt daher häufig

$$I(x) = \int\limits_{k}^{x} f(u)\,\mathrm{d}u + C \equiv \int f(x)\,\mathrm{d}x \qquad (6.21)$$

Die Veränderliche im Integranden kennzeichnet bei dieser Schreibweise die veränderliche obere Grenze. Es wird darauf hingewiesen, daß unter $\int f(x)\,\mathrm{d}x$ die Menge aller Stammfunktionen zu verstehen ist.

Über die in Gl. (6.21) auftretenden und voneinander abhängigen Konstanten, untere Grenze k und additive Konstante C, kann noch verfügt werden. Zumeist wird k gleich Null gesetzt und C so bestimmt, daß die Kurve der Funktion $I(x)$ durch einen vorgegebenen Punkt verläuft.

Beispiel 6.10 Das Integral über die Funktion $f(x) = 1 + 2x$ soll die x-Achse im Punkt $(a; 0)$ schneiden.

Mit Gl. (6.21) wird

$$I(x) = \int (1 + 2x)\,\mathrm{d}x = x + x^2 + C$$

Es gilt $I(a) = 0 = a + a^2 + C$. Daraus ergibt sich $C = -a - a^2$ und somit das gesuchte Integral

$$I(x) = x + x^2 - a - a^2$$

Beispiel 6.11 Das Integral über die Funktion $f(x) = 1 + 2x$ soll die y-Achse im Punkte $(0; b)$ schneiden.

Mit Gl. (6.21) wird

$$I(x) = \int (1 + 2x)\,\mathrm{d}x = x + x^2 + C$$

Es gilt $I(0) = b = 0 + 0 + C$. Damit ergibt sich $C = b$ und somit das gesuchte Integral

$$I(x) = x + x^2 + b$$

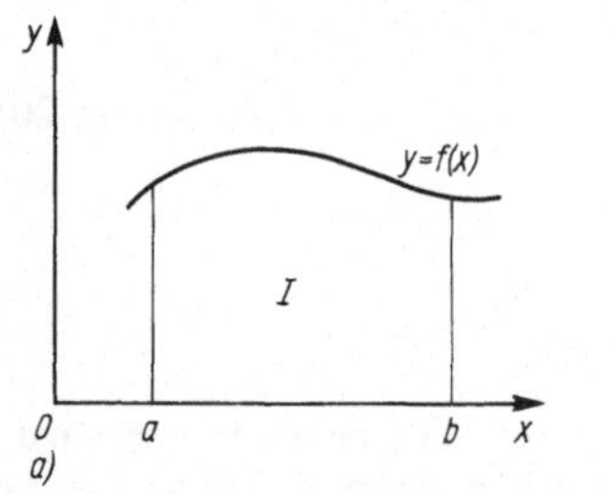

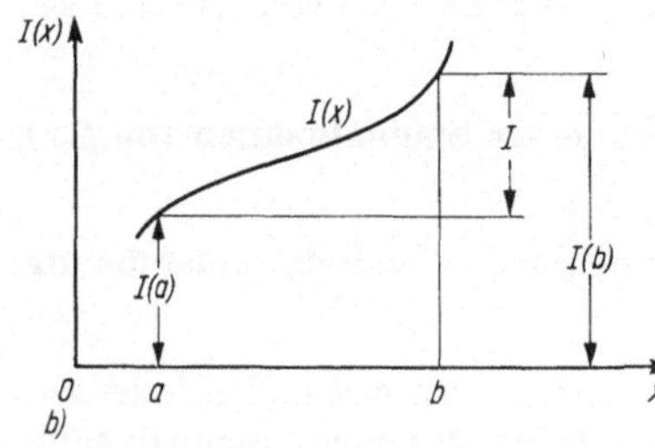

6.21

Bestimmtes Integral als Differenz zweier Werte einer Stammfunktion Gesucht ist

$$I = \int\limits_{a}^{b} f(x)\,\mathrm{d}x$$

Irgendeine Stammfunktion von $f(x)$ sei $I(x)$. Nach Bild 6.21 ist $I = I(b) - I(a)$. Hierbei ist es gleichgültig, welche Stammfunktion gewählt wird, weil sich bei der Differenzbildung der Einfluß der unteren Grenze und ggf. einer Integrationskonstanten aufheben. Die Differenz $I(b) - I(a)$ wird durch folgende Schreibweise gekennzeichnet

$$I = \int\limits_{a}^{b} f(x)\,\mathrm{d}x = I(b) - I(a) = I(x)\Big|_{a}^{b} \qquad (6.22)$$

In dieser Weise werden künftig alle bestimmten Integrale gelöst.

Beispiel 6.12 Man integriere $y = 3x^2 + 6x - 1$ im Intervall von Zwei bis Fünf.

Für Potenzfunktionen ist es zweckmäßig, diejenige Stammfunktion zu wählen, deren untere Grenze Null ist. Dann gilt

$$I(x) = \int_0^x (3u^2 + 6u - 1)\,du = x^3 + 3x^2 - x$$

und

$$\int_2^5 (3x^2 + 6x - 1)\,dx = (x^3 + 3x^2 - x)\Big|_2^5 = (125 + 75 - 5) - (8 + 12 - 2) = 177$$

6.2.2 Differentiation des unbestimmten Integrals

Der Inhalt des in Bild 6.22a schraffierten Streifens

$$I(x + \Delta x) - I(x) = \int_x^{x+\Delta x} f(u)\,du$$

ist in Bild 6.22b hervorgehoben. Durch Einführen der mittleren Ordinate $f(x_\mathrm{m})$ aus Gl. (6.8) wird $I(x + \Delta x) - I(x) = f(x_\mathrm{m})\,\Delta x$, wobei x_m zwischen x und $x + \Delta x$ liegt.

Hieraus folgt

$$\frac{I(x + \Delta x) - I(x)}{\Delta x} = f(x_\mathrm{m})$$

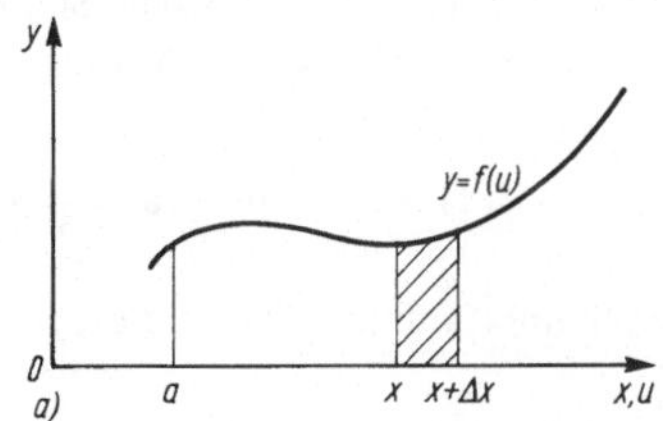

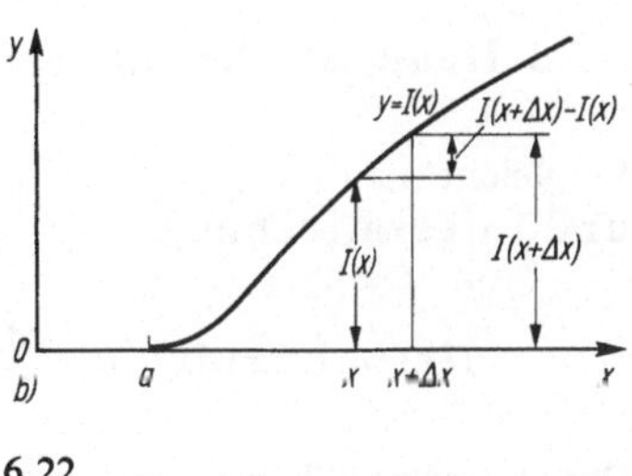

6.22

Die linke Seite ist ein Differenzenquotient, dessen geometrische Deutung Bild 6.22b gibt. Der Grenzwert, der Differentialquotient, läßt sich bestimmen, da für $\Delta x \to 0$ die Abszisse x_m gegen x strebt. Daher ist

$$\frac{dI(x)}{dx} = f(x) \tag{6.23}$$

Die erste Ableitung einer Stammfunktion $I(x)$ ist der Integrand $f(x)$.

Definition Eine Funktion $F(x)$, deren erste Ableitung $f(x)$ ist, heißt **Stammfunktion** von $f(x)$.

Beispiel 6.13 Durch Bilden der ersten Ableitung vergleiche man die beiden Funktionen

$$F_1(x) = x^2 + 2x - 3$$

und

$$F_2(x) = x^2 + 2x + 5{,}31$$

Es gilt $F_1'(x) = F_2'(x) = 2x + 2$. Also sind $F_1(x)$ und $F_2(x)$ Stammfunktionen von $f(x) = 2x + 2$.

Beispiel 6.14 Man vergleiche die beiden Funktionen

$$F_1(x) = \sin^2 x \quad \text{und} \quad F_2(x) = -\frac{1}{2}\cos 2x$$

Es gilt $F_1'(x) = F_2'(x) = \sin 2x$. Also sind $F_1(x)$ und $F_2(x)$ Stammfunktionen von $f(x) = \sin 2x$. Diese Stammfunktionen können sich daher nur durch eine additive Konstante unterscheiden. Aus den Additionstheoremen (F 9) folgt mit $\cos 2\alpha = 1 - 2\sin^2 \alpha$

$$F_1(x) - F_2(x) = \sin^2 x + \frac{1}{2}\cos 2x = \frac{1}{2}$$

Beispiel 6.15 Gegeben ist die Stammfunktion $F(x) = x^2 + 1$. Man bestimme daraus die erzeugende Funktion $f(x)$ und sodann eine Stammfunktion $I(x)$.

Es ist $F'(x) = f(x) = 2x$. Dann ist eine Stammfunktion

$$I(x) = \int\limits_a^x 2u\,\mathrm{d}u = 2\cdot\frac{u^2}{2}\bigg|_a^x = x^2 - a^2$$

Die Stammfunktion $F(x)$ und die Stammfunktion $I(x)$ unterscheiden sich um die additive Konstante $a^2 + 1$.

6.2.3 Hauptsatz der Differential- und Integralrechnung

Vergleicht man Gl. (6.21) mit (6.23), so ergibt sich der Hauptsatz der Differential- und Integralrechnung

$$I(x) = \int f(x)\,\mathrm{d}x \quad \Leftrightarrow \quad \frac{\mathrm{d}I(x)}{\mathrm{d}x} = f(x) \tag{6.24}$$

Der Doppelpfeil bringt zum Ausdruck, daß aus einer dieser Gleichungen jeweils die andere folgt. Ist eine Funktion $f(x)$ gegeben und wird damit eine Stammfunktion $I(x)$ gebildet und diese dann wieder differenziert, so erhält man die Ausgangsfunktion $f(x)$. Wird die Stammfunktion $I(x)$ differenziert und dann wieder unbestimmt integriert, so erhält man die Ausgangsfunktion $I(x)$ oder eine andere Stammfunktion, die sich von $I(x)$ nur durch eine additive Konstante unterscheidet. Es gilt:

Differenzieren und Integrieren sind inverse Rechenoperationen.

Dies hat folgende praktische Konsequenzen:

1. Aus jeder Gleichung der Differentialrechnung folgt eine entsprechende Gleichung der Integralrechnung (Abschn. 6.2.4).

2. Die Ordinate von $I(x)$ ist proportional der Fläche unter der Kurve der Funktion $f(x)$, gemessen von einer bestimmten Abszisse a. Die Ordinate von $f(x)$ ist in jedem Punkt der Kurve proportional der Steigung von $I(x)$ im gleichen Punkt.

3. Bestimmte Integrale werden durch Funktionsdifferenzen von Stammfunktionen berechnet.

4. Kurven von Stammfunktionen können dadurch konstruiert werden, daß eine Stammfunktion in ihrer speziellen Bedeutung als Flächenfunktion konstruiert wird. Man spricht dann von graphischer Integration.

Beispiel 6.16 Nach Gl. (5.9) ist $(x^n)' = nx^{n-1}$. Vergleicht man diese Differentiationsformel mit dem Hauptsatz Gl. (6.24), so ist $I(x) = x^n$ und $f(x) = nx^{n-1}$. Der Hauptsatz liefert aus dieser Differentiationsformel folgende Integrationsformel

$$\int nx^{n-1}\,dx = x^n \quad \text{oder} \quad \int x^{n-1}\,dx = \frac{x^n}{n} \tag{6.25}$$

Setzt man $m + 1 = n$, so ergibt sich

$$\int x^m\,dx = \frac{x^{m+1}}{m + 1} \qquad m \neq -1 \tag{6.26}$$

6.2.4 Grundintegrale

Mit dem Hauptsatz der Differential- und Integralrechnung Gl. (6.24) können aus den entsprechenden Ableitungen (Abschn. 5.1.3 und 5.2.4) die folgenden Grundintegrale ermittelt werden.

$$\int \cos x\,dx = \sin x \tag{6.27}$$

$$\int \sin x\,dx = -\cos x \tag{6.28}$$

$$\int \frac{dx}{x} = \ln x \quad \text{für} \quad x > 0 \tag{6.29}$$

$$\int e^x\,dx = e^x \tag{6.30}$$

$$\int a^x\,dx = \frac{a^x}{\ln a} \tag{6.31}$$

$$\int \frac{dx}{\sqrt{1 - x^2}} = \arcsin x \quad \text{für} \quad |x| < 1 \tag{6.32}$$

$$\int \frac{dx}{1 + x^2} = \arctan x \tag{6.33}$$

$$\int \cosh x\,dx = \sinh x \tag{6.34}$$

$$\int \sinh x\,dx = \cosh x \tag{6.35}$$

$$\int \frac{dx}{\sqrt{x^2 + 1}} = \operatorname{arsinh} x = \ln(x + \sqrt{x^2 + 1}) \tag{6.36}$$

$$\int \frac{dx}{\sqrt{x^2 - 1}} = \operatorname{arcosh} x = \ln(x + \sqrt{x^2 - 1}) \quad \text{für} \quad |x| > 1 \tag{6.37}$$

$$\int \frac{dx}{1 - x^2} = \frac{1}{2}\ln\left|\frac{1 + x}{1 - x}\right| = \begin{matrix} \operatorname{artanh} x & \text{für} & |x| < 1 \\ \operatorname{arcoth} x & \text{für} & |x| > 1 \end{matrix} \tag{6.38}$$

Beispiel 6.17 Wie groß ist die Fläche, die zwischen den Kurven der Funktionen $y = 0$, $y = 0{,}5$ und $y = \sin x$ liegt?

Bei solchen Aufgaben ist es zweckmäßig, sich zunächst die Fragestellung an einem Bild klarzumachen (Bild 6.23). Man erkennt, daß die gesuchte Fläche symmetrisch zu $x = \pi/2$ liegt. Die halbe Fläche besteht aus einem Rechteck und dem Integral über die Sinusfunktion von Null bis x_1. Aus $\sin x_1 = 0,5$ folgt $x_1 = \pi/6$. Damit erhält man

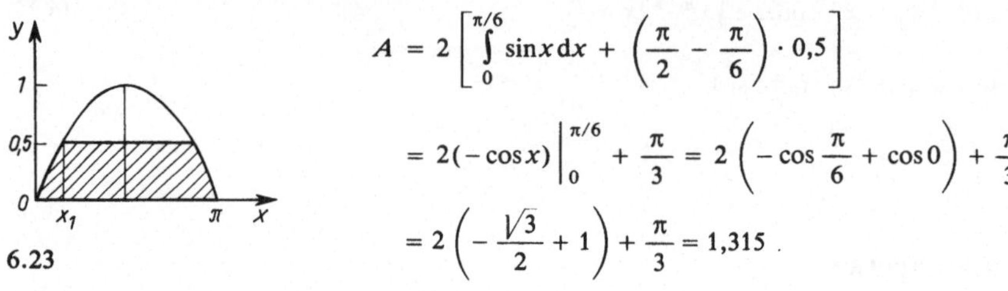

$$A = 2\left[\int_0^{\pi/6} \sin x\, dx + \left(\frac{\pi}{2} - \frac{\pi}{6}\right)\cdot 0,5\right]$$

$$= 2(-\cos x)\Big|_0^{\pi/6} + \frac{\pi}{3} = 2\left(-\cos\frac{\pi}{6} + \cos 0\right) + \frac{\pi}{3}$$

$$= 2\left(-\frac{\sqrt{3}}{2} + 1\right) + \frac{\pi}{3} = 1{,}315\ .$$

6.23

Beispiel 6.18 Man berechne die mittlere Ordinate der Funktion $y = \sin x$ im Intervall $0 \leqslant x \leqslant \pi$. Nach Gl. (6.8) ist

$$f(x_\mathrm{m}) = \frac{1}{b-a}\int_a^b f(x)\, dx = \frac{1}{\pi}\int_0^\pi \sin x\, dx = -\frac{1}{\pi}\cos x\Big|_0^\pi$$

$$= -\frac{1}{\pi}(\cos\pi - \cos 0) = \frac{2}{\pi} = 0,637$$

Beispiel 6.19 Man ermittle

$$I = \int_0^{\pi/4} \frac{3}{\cos^2 x}\, dx$$

Nach Gl. (5.23) ist $(\tan x)' = 1/\cos^2 x$. Damit wird

$$I = 3\tan x\Big|_0^{\pi/4} = 3\left[\tan(\pi/4) - \tan 0\right] = 3$$

Beispiel 6.20 Man bestimme

$$I = \int_1^2 \left(e^x - \frac{1}{x}\right) dx$$

Mit Gl. (6.30) und (6.29) wird

$$I = (e^x - \ln x)\Big|_1^2 = e^2 - \ln 2 - (e^1 - \ln 1) = 3,9776$$

6.2.5 Aufgaben zu Abschnitt 6.2

1. Es ist $y' = 18x^3 - 12x^2 + 3x - 6$. Gesucht ist die Stammfunktion y, für die $y(-1) = -17$ gilt.

2. Es ist

$$I(x) = \int_{-\pi}^x (1 + \cos u)\, du$$

Man zeichne die Kurven der Funktionen $f(u)$ und $I(x)$ und berechne $I(\pi)$.

3. Man bestimme

a) $I = \displaystyle\int_{2}^{5} \frac{dx}{1 - x^2}$ b) $I = \displaystyle\int_{-0,61}^{0,21} \frac{dx}{1 + x^2}$

c) $I = \displaystyle\int_{-2}^{1} \frac{dx}{\sqrt{x^2 + 1}}$

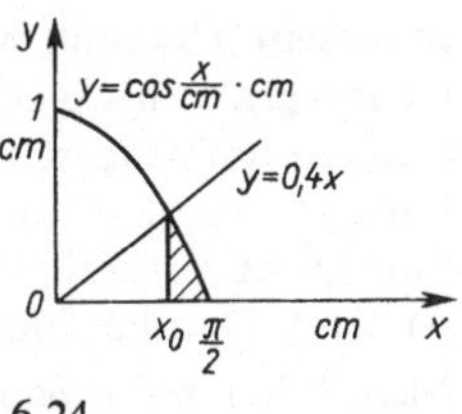

6.24

4. Wie groß ist die in Bild 6.24 schraffierte Fläche?

5. Man leite aus der Differentiationsformel Gl.(5.23) zwei Integrationsformeln her.

6. Man leite aus der Differentiationsformel in Beispiel 5.21 eine Integrationsformel her.

7. Man bestimme den Flächeninhalt unter einem Sinusbogen $y = \left(\sin \dfrac{x}{cm} \right)$ cm.

8. Man vergleiche durch Bilden der ersten Ableitung die beiden Funktionen

$$F_1(x) = \frac{1}{2} \cosh 2x + e^x + 2 \quad \text{und} \quad F_2(x) = \sinh^2 x + e^x + 4$$

9. Man ermittle die mittlere Ordinate der Funktion $y = \cos x$ im Intervall $0 \leqslant x \leqslant \pi/2$.

6.3 Rechenmethoden der Integralrechnung

Nach dem Hauptsatz der Differential- und Integralrechnung Gl. (6.24) gilt $I(x) = \int f(x)\,dx$. Zu jeder stetigen Funktion $f(x)$ gibt es eine Funktion $I(x)$ als Stammfunktion. Es ist aber nicht gesagt, daß diese Funktion aus den bisher betrachteten elementaren Funktionen besteht.

Definition Ist eine Stammfunktion durch endlich viele Schritte aus elementaren Funktionen darstellbar, so heißt das Integral **geschlossen lösbar.**

Ist eine Integral nicht geschlossen lösbar, so kann es nur durch Näherungsmethoden bestimmt werden:

durch die numerische Integration   der Integrand muß als Tafel vorliegen (Abschn. 6.1.4), [12];

durch die graphische Integration   der Integrand muß als Kurve vorliegen; die Integralkurve wird zeichnerisch ermittelt;

durch Reihenentwicklungen   der Integrand wird in eine Reihe entwickelt; die Reihe wird integriert (Abschn. 7.4).

In diesem Zusammenhang wird auch auf die unmittelbare Messung des Flächeninhalts mit mechanisch arbeitenden Geräten, z. B. dem Polarplanimeter, hingewiesen. Die Flächenbegrenzung wird mit einem Stift umfahren und die Flächengröße an einem Zählwerk abgelesen [32].

In diesem Abschnitt werden einige Methoden zur Ermittlung bestimmter und unbestimmter Integrale entwickelt, mit denen man geschlossen lösbare Integrale auf die in Abschn. 6.2.4 zusammengestellten Grundintegrale zurückführen kann. Es erfordert häufig Erfahrung, um zu erkennen, welche Methode bei einem gegebenen Integral zum Ziele führt. Eine große Anzahl geschlossen lösbarer Integrale findet man in der Formelsammlung im Anhang. Darüber hinaus gibt es umfangreiche Tafelwerke [38].

Nicht selten zieht man auch bei geschlossen lösbaren Integralen eine der genannten Näherungsmethoden den direkten Integrationsmethoden vor, da der Lösungsweg und auch die geschlossene Lösung gelegentlich so umfangreich sind, daß allein schon das spätere Ermitteln von Funktionswerten (Wertetafel) mehr Arbeit erfordert als eine unmittelbar angewandte numerische Integration.

6.3.1 Produktintegration

Nach Gl. (5.20) lautet die Produktregel der Differentialrechnung

$$(f_1 f_2)' = f_1' f_2 + f_1 f_2' \tag{6.39}$$

Integriert man Gl. (6.39) in der Umordnung

$$f_1 f_2' = (f_1 f_2)' - f_1' f_2$$

in den Grenzen von a bis b, so erhält man die Gleichung der Produktintegration (partielle Integration)

$$\int_a^b f_1 f_2' \, dx = f_1 f_2 \Big|_a^b - \int_a^b f_1' f_2 \, dx \tag{6.40}$$

Wenn der Integrand $f_1' f_2$ eine einfachere Form hat als der Integrand $f_1 f_2'$, wendet man diese Methode an. Allerdings muß zur Funktion $f_2'(x)$ eine Stammfunktion $f_2(x) = \int f_2'(x)\,dx$ bekannt sein.

Ist eine Stammfunktion zu berechnen, so lautet Gl. (6.40)

$$\int f_1 f_2' \, dx = f_1 f_2 - \int f_1' f_2 \, dx \tag{6.41}$$

Beispiel 6.21 Man ermittle das Integral $I(x) = \int x \sin x \, dx$.
Hier wird $f_1 = x$ und $f_2' = \sin x$ gesetzt, da die Funktion f_1 durch Differenzieren einfacher und $\int f_2' dx$ nicht schwieriger wird. Es empfiehlt sich, folgendes Schema zu verwenden.

$$f_1 = x \qquad f_2' = \sin x$$
$$f_1' = 1 \qquad f_2 = -\cos x$$

Damit wird

$$I(x) = f_1 f_2 - \int f_1' f_2 \, dx = -x \cos x + \int 1 \cdot \cos x \, dx = -x \cos x + \sin x$$

Beispiel 6.22 Man ermittle das Integral $I(x) = \int x \, e^x \, dx$. Man setzt

$$f_1 = x \qquad f_2' = e^x$$
$$f_1' = 1 \qquad f_2 = e^x$$
$$I(x) = x e^x - \int e^x \, dx = x e^x - e^x = e^x (x - 1)$$

Beispiel 6.23 Man berechne das Integral $I(x) = \int x^2 e^x \, dx$.

Nach zweifacher Produktintegration verschwindet die Potenz von x.

erster Schritt $\qquad\qquad$ zweiter Schritt

$$f_1 = x^2 \qquad f_2' = e^x \qquad f_1 = x \qquad f_2' = e^x$$

$$f_1' = 2x \qquad f_2 = e^x \qquad f_1' = 1 \qquad f_2 = e^x$$

$$I(x) = x^2 e^x - 2 \int x e^x \, dx = x^2 e^x - 2(x e^x - \int e^x \, dx) = e^x(x^2 - 2x + 2)$$

Beispiel 6.24 Man ermittle das Integral $I(x) = \int x \ln x \, dx$.

$$f_1 = \ln x \qquad f_2' = x$$

$$f_1' = \frac{1}{x} \qquad f_2 = \frac{x^2}{2}$$

$$I(x) = \frac{x^2}{2} \ln x - \int \frac{x}{2} \, dx = \frac{x^2}{2} \ln x - \frac{x^2}{4} = \frac{x^2}{2} \left(\ln x - \frac{1}{2} \right)$$

6.3.2 Integrieren durch Substitution

Diesem Verfahren entspricht das Differenzieren einer Funktion $y = f(x)$ mit Hilfe der Kettenregel Gl. (5.25)

$$\frac{dy}{dx} = \frac{dy}{du} \frac{du}{dx} \qquad y = f(x) = g(u) \quad \text{mit} \quad u = h(x)$$

Ist $x = k(u)$ die aufgelöste Funktion von $u = h(x)$, so ist nach Gl. (5.19) der Zuwachs

$$dx = \frac{dk(u)}{du} \, du = k'(u) \, du \tag{6.42}$$

Durch Multiplikation dieser Gleichung mit $f(x) = g(u)$ und anschließender Integration erhält man die Substitutionsformel

$$\int f(x) \, dx = \int g(u) k'(u) \, du \quad \text{mit} \quad x = k(u) \quad \text{und} \quad dx = k'(u) \, du \tag{6.43}$$

Zweck der Substitution $u = h(x)$ ist es, aus dem Integranden $f(x)$ einen einfacheren Integranden zu erhalten; für gewisse Integranden $f(x)$ sind erfolgreiche Substitutionen bekannt. Vor Durchführung der Integration dürfen im gesamten Integranden nur noch die Veränderliche x (und dx) oder die Veränderliche u (und du) vorkommen!

Bei unbestimmten Integralen ist nach der Integration die Ausgangsvariable x wieder einzuführen (Beispiel 6.25).

Bei bestimmten Integralen ist es häufig zweckmäßig, auf diese Rücktransformation zu verzichten (Beispiel 6.26); dann sind jedoch die Grenzen mit der benutzten Substitutionsgleichung ebenfalls umzurechnen.

Im folgenden wird an einigen charakteristischen Beispielen gezeigt, wie mit der Substitutionsmethode bestimmte und unbestimmte Integrale gelöst werden können.

Es wird jedoch nochmals darauf hingewiesen, daß diese Methode nur gelegentlich zum Erfolg führt; nicht alle Integrale sind geschlossen lösbar.

Beispiel 6.25 Man bestimme eine Stammfunktion $I(t) = \int \sin(\omega t + \varphi)\,dt$.

Mit der Substitution $u = h(t) = \omega t + \varphi$ folgt $t = k(u) = (u - \varphi)/\omega$ und nach Gl. (6.42) $dt = du/\omega$. Hieraus erhält man nach Gl. (6.43)

$$I(t) = \int \sin(\omega t + \varphi)\,dt = \int \sin u\,\frac{du}{\omega} = -\frac{1}{\omega}\cos u = -\frac{1}{\omega}\cos(\omega t + \varphi)$$

Beispiel 6.26 Man berechne das bestimmte Integral

$$K = \int\limits_0^r \frac{x\,dx}{\sqrt{r^2 + x^2}}$$

Die Substitution $u = \sqrt{r^2 + x^2}$ führt zum Ziel. Es ist hier zweckmäßig, vor Bilden des Zuwachses u zu quadrieren, um das Differenzieren der Wurzel zu vermeiden

$$u^2 = r^2 + x^2 \qquad x^2 = u^2 - r^2$$

Die **implizite Differentiation** (Abschn. 5.2.3) ergibt $2x\,dx = 2u\,du$. Diese Substitution vereinfacht das Integral, da im Zähler des Integranden wie auch in der Zuwachsgleichung der Ausdruck $x\,dx$ auftritt. Aus der Grenze $x = 0$ wird $u = r$, und aus $x = r$ wird $u = r\sqrt{2}$. Damit erhält man

$$K = \int\limits_0^r \frac{x\,dx}{\sqrt{r^2 + x^2}} = \int\limits_r^{r\sqrt{2}} \frac{u\,du}{u} = \int\limits_r^{r\sqrt{2}} du = u\,\Big|_r^{r\sqrt{2}} = r(\sqrt{2} - 1) = 0{,}414\,r$$

Beispiel 6.27 Man berechne das Integral $I(x) = \int \dfrac{dx}{\sin x}$.

Bei Integralen, die rationale Funktionen von $\sin x$ und $\cos x$ sind, führt die Substitution $u = \tan(x/2)$ zum Ziel. Es ist

$$x = k(u) = 2\arctan u \qquad dx = \frac{2\,du}{1 + u^2}$$

Nun wird im Integrand $\sin x$ durch $\tan(x/2) = u$ ausgedrückt. Mit den Gleichungen (F 9)

$$\sin 2\alpha = 2\sin\alpha\cos\alpha \qquad \sin\alpha = \frac{\tan\alpha}{\sqrt{1 + \tan^2\alpha}} \qquad \cos\alpha = \frac{1}{\sqrt{1 + \tan^2\alpha}}$$

erhält man

$$\sin x = 2\sin\frac{x}{2}\cos\frac{x}{2} = 2\,\frac{\tan\dfrac{x}{2}}{\sqrt{1 + \tan^2\dfrac{x}{2}}}\,\frac{1}{\sqrt{1 + \tan^2\dfrac{x}{2}}} = \frac{2u}{1 + u^2}$$

$$I(x) = \int \frac{dx}{\sin x} = \int \frac{2\,du(1 + u^2)}{2u(1 + u^2)} = \int \frac{du}{u} = \ln|u| = \ln\left|\tan\frac{x}{2}\right| \tag{6.44}$$

Beispiel 6.28 Man bestimme $I(x) = \int \cos^5 x\,dx$.

Die im vorstehenden Beispiel genannte Substitution $\tan(x/2) = u$ führt zwar bei rationalen Funktionen von $\sin x$ und $\cos x$ immer zum Ziel, häufig jedoch gelingt es, mit einer anderen Substitution leichter eine Lösung zu finden, wie nachstehend gezeigt wird. Mit $u = \sin x$ sowie $du = \cos x\,dx$ wird

$$I(x) = \int \cos^5 x\,dx = \int \cos^4 x \cdot \cos x\,dx = \int (1 - \sin^2 x)^2 \cos x\,dx$$

$$= \int (1 - u^2)^2\,du = u - \frac{2}{3}u^3 + \frac{1}{5}u^5 = \sin x - \frac{2}{3}\sin^3 x + \frac{1}{5}\sin^5 x$$

Logarithmische Integration Ist der Integrand ein Bruch, bei dem der Zähler die erste Ableitung des Nenners ist, so führt man für den Nenner eine neue Veränderliche u ein. Mit $u = f(x)$ und $\mathrm{d}u = f'(x)\,\mathrm{d}x$ erhält man

$$I(x) = \int \frac{f'(x)}{f(x)}\,\mathrm{d}x = \int \frac{\mathrm{d}u}{u} = \ln u = \ln f(x) \tag{6.45}$$

Gl. (6.45) hat nur Sinn, wenn $f(x)$ positiv ist, da der Logarithmus nur für positive Zahlen erklärt ist. Es wird $f(x) \neq 0$ vorausgesetzt, da sonst das Integral keinen Sinn hat. Ist $f(x) < 0$, so ergibt die Substitution $u = -f(x)$ mit $\mathrm{d}u = -f'(x)\,\mathrm{d}x$

$$I(x) = \int \frac{f'(x)}{f(x)}\,\mathrm{d}x = \int \frac{-\mathrm{d}u}{-u} = \int \frac{\mathrm{d}u}{u} = \ln u = \ln[-f(x)] \tag{6.46}$$

Faßt man Gl. (6.45) und (6.46) zusammen, so erhält man die Formel für die **logarithmische Integration**

$$\int \frac{f'(x)}{f(x)}\,\mathrm{d}x = \ln|f(x)| \quad \text{mit} \quad f(x) \neq 0 \tag{6.47}$$

Wegen Gl. (6.47) gilt z. B.

$$\int \frac{2x - 3}{x^2 - 3x + 5}\,\mathrm{d}x = \ln|x^2 - 3x + 5|$$

und $\quad \int \cot x\,\mathrm{d}x = \ln|\sin x|$

Beispiel 6.29 Man bestimme $I(x) = \int \tan x\,\mathrm{d}x$.
Durch **Erweitern** mit (-1) erreicht man, daß der Zähler die erste Ableitung des Nenners wird

$$\int \tan x\,\mathrm{d}x = \int \frac{\sin x}{\cos x}\,\mathrm{d}x = -\int \frac{-\sin x}{\cos x}\,\mathrm{d}x = -\ln|\cos x|$$

Trigonometrische und hyperbolische Substitutionen Integrale, in denen Quadratwurzeln der Form

$$\sqrt{a^2 - x^2} \qquad \sqrt{a^2 + x^2} \qquad \sqrt{x^2 - a^2} \tag{6.48}$$

auftreten, werden durch die Substitutionen

$$x = a\sin u \qquad x = a\sinh u \qquad x = a\cosh u$$

vereinfacht. Allgemeine quadratische Funktionen im Radikanden bringt man durch eine **quadratische Ergänzung** auf eine der Formen in Gl. (6.48).

Beispiel 6.30 Man berechne das Integral $I(x) = \int \sqrt{2x - x^2 + 5}\,\mathrm{d}x$.
Die quadratische Funktion im Integranden wird durch eine quadratische Ergänzung auf eine **Normalform** Gl. (6.48) gebracht

$$\sqrt{2x - x^2 + 5} = \sqrt{-(x - 1)^2 + 6}$$

Die Substitution $x - 1 = \sqrt{6}\sin u$ ergibt mit $\mathrm{d}x = \sqrt{6}\cos u\,\mathrm{d}u$

$$I(x) = \int \sqrt{-6\sin^2 u + 6}\,\sqrt{6}\cos u\,\mathrm{d}u = 6\int \cos^2 u\,\mathrm{d}u$$

Nach den Additionstheoremen (F9) ist $\cos^2 u = (1 + \cos 2u)/2$. Damit wird

$$I(x) = 3 \int (1 + \cos 2u)\, du = 3u + 3 \int \cos 2u\, du$$

Das verbleibende Integral vereinfacht man durch die Substitution $2u = v$, also $du = dv/2$

$$I(x) = 3u + 1{,}5 \int \cos v\, dv = 3u + 1{,}5 \sin v = 3u + 1{,}5 \sin 2u = 3u + 3 \sin u \cos u$$

$$= 3 \arcsin \frac{x-1}{\sqrt{6}} + 3 \frac{x-1}{\sqrt{6}} \sqrt{1 - \frac{(x-1)^2}{6}} = 3 \arcsin \frac{x-1}{\sqrt{6}} + \frac{x-1}{2} \sqrt{2x - x^2 + 5}$$

Beispiel 6.31 Man bestimme den Flächeninhalt A eines Hyperbelsektors.
Für die schraffierte Fläche A in Bild 6.25 gilt

$$A = \frac{x}{2} \sqrt{x^2 - r^2} - \int_r^x \sqrt{\xi^2 - r^2}\, d\xi \equiv \frac{x}{2} \sqrt{x^2 - r^2} - A_1$$

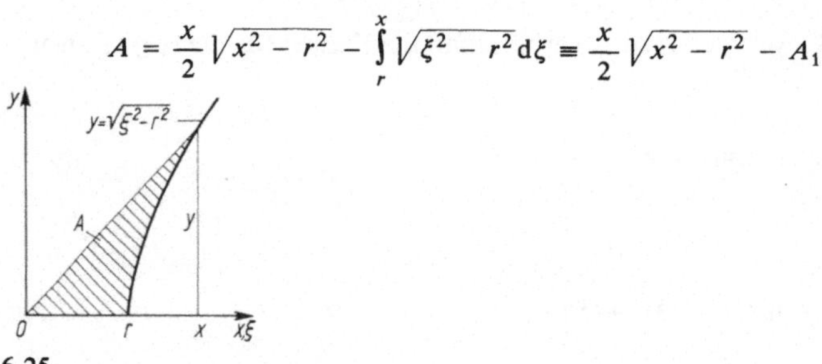

6.25

Man setzt als Integrationsveränderliche $\xi = k(u) = r \cosh u$ und $d\xi = r \sinh u\, du$. Die Grenzen sind durch die neue Veränderliche u auszudrücken. Aus $\xi = r$ folgt $u = \text{arcosh}\,(r/r) = 0$ und aus $\xi = x$ folgt $u = \text{arcosh}\,(x/r)$. Dann ist

$$A_1 = \int_0^{\text{arcosh}\,(x/r)} \sqrt{r^2 \cosh^2 u - r^2} \cdot r \sinh u\, du = r^2 \int_0^{\text{arcosh}\,(x/r)} \sinh^2 u\, du$$

Nach F18 gilt $\sinh^2 u = (\cosh 2u - 1)/2$. Damit wird

$$A_1 = \frac{r^2}{2} \int_0^{\text{arcosh}\,(x/r)} (\cosh 2u - 1)\, du = \frac{r^2}{2} \left[\int_0^{2\,\text{arcosh}\,(x/r)} \cosh v\, \frac{dv}{2} - \text{arcosh}\, \frac{x}{r} \right]$$

$$= \frac{r^2}{4} \left[\sinh v \Big|_0^{2\,\text{arcosh}\,(x/r)} - 2\,\text{arcosh}\, \frac{x}{r} \right] = \frac{r^2}{4} \left[2 \sinh u \cosh u \Big|_0^{\text{arcosh}\,(x/r)} - 2\,\text{arcosh}\, \frac{x}{r} \right]$$

Man drückt $\sinh u$ durch $\cosh u$ aus und erhält

$$A_1 = \frac{r^2}{4} \left[2 \sqrt{\frac{x^2}{r^2} - 1} \cdot \frac{x}{r} - 2\,\text{arcosh}\, \frac{x}{r} \right]$$

Damit gilt für den Hyperbelsektor

$$A = \frac{x}{2} \sqrt{x^2 - r^2} - \frac{x}{2} \sqrt{x^2 - r^2} + \frac{r^2}{2} \text{arcosh}\, \frac{x}{r} = \frac{r^2}{2} \text{arcosh}\, \frac{x}{r}$$

Die Umkehrfunktionen der hyperbolischen Funktionen heißen **Area-Funktionen**, denn Area bedeutet Fläche (Abschn. 3.6.4).

Gebrochene rationale Integranden Integrale von der Form

$$I(x) = \int \frac{ax + b}{Ax^2 + Bx + C}\, dx \tag{6.49}$$

lassen sich immer durch eine logarithmische Integration so umformen, daß das verbleibende Integral nach einer durch eine quadratische Ergänzung vorbereiteten Substitution ein Grundintegral (Abschn. 6.2.4) wird, wie das folgende Beispiel zeigt. Ist der Zähler von höherem als vom ersten Grade, so kann man durch Dividieren eine ganze rationale Funktion abspalten. Der verbleibende Bruch hat die Form von Gl. (6.49). Ist der Nenner von höherem als vom zweiten Grade, so kann man durch eine Zerlegung, Partialbruchzerlegung genannt, das Integral auf eine Summe von Integralen zurückführen, die entsprechend Gl. (6.49) lösbar sind. Auf die Partialbruchzerlegung kann in diesem Buche nicht eingegangen werden. Darstellungen über Partialbruchzerlegung findet man z. B. in [1].

Beispiel 6.32 Man berechne das Integral

$$I(x) = \int \frac{x\, dx}{x^2 - 4x + 1}$$

Zunächst wird der Zähler so umgeformt, daß ein Teil des Zählers gleich der ersten Ableitung des Nenners wird

$$I(x) = \int \frac{x\, dx}{x^2 - 4x + 1} = \frac{1}{2} \int \frac{(2x - 4) + 4}{x^2 - 4x + 1}\, dx$$

$$= \frac{1}{2} \ln |x^2 - 4x + 1| + 2 \int \frac{dx}{x^2 - 4x + 1}$$

Das verbleibende Integral $I_1(x)$ wird durch quadratische Ergänzung und Substitution auf eines der Grundintegrale (Abschn. 6.2.4)

$$\int \frac{dx}{1 + x^2} = \arctan x$$

$$\int \frac{dx}{1 - x^2} = \frac{1}{2} \ln \left| \frac{1 + x}{1 - x} \right|$$

zurückgeführt. Man erhält

$$I_1(x) = 2 \int \frac{dx}{x^2 - 4x + 1} = 2 \int \frac{dx}{(x - 2)^2 - 3} = -2 \int \frac{dx}{3 - (x - 2)^2}$$

Mit $x - 2 = \sqrt{3}\, u$ ist wegen $dx = \sqrt{3}\, du$

$$I_1(x) = -2 \int \frac{\sqrt{3}\, du}{3 - 3u^2} = -\frac{2\sqrt{3}}{3} \int \frac{du}{1 - u^2}$$

$$= -\frac{1}{\sqrt{3}} \ln \left| \frac{1 + u}{1 - u} \right| = -\frac{1}{\sqrt{3}} \ln \left| \frac{\sqrt{3} + x - 2}{\sqrt{3} - x + 2} \right|$$

Damit ergibt sich schließlich für das Integral $I(x)$

$$I(x) = \int \frac{x\, dx}{x^2 - 4x + 1} = \frac{1}{2} \ln |x^2 - 4x + 1| - \frac{1}{\sqrt{3}} \ln \left| \frac{\sqrt{3} - 2 + x}{\sqrt{3} + 2 - x} \right|$$

6.3.3 Aufgaben zu Abschnitt 6.3

1. Man berechne folgende Integrale:

a) $I(x) = \int \arctan x \, dx$

Hinweis: Produktintegration mit Faktor Eins

b) $I(x) = \int x\,e^{ax} dx$

c) $I = \int_0^2 e^{-0,4x} dx$

d) $I = \int_0^1 x^2 \sqrt{1 - x^2}\, dx$

e) $I(x) = \int \dfrac{x^2\, dx}{\sqrt{x + 2 - x^2}}$

Hinweis: Man substituiere zunächst $x = u + (1/2)$ und dann $u = (3/2)\sin v$.

f) $I(x) = \int \dfrac{x\, dx}{x^2 - 7x + 3}$

g) $I = \int_{\pi/4}^{\pi/2} \sin^3 x \, dx$

h) $I = \int_0^{\pi/2} x^3 \cos 2x\, dx$

i) $I(t) = \int e^{-\delta t} \cos \omega t \, dt$

Hinweis: zweimalige Produktintegration

j) $I(x) = \int \sqrt{x^2 - 1}\, dx$

k) $I(x) = \int \sqrt{r^2 - x^2}\, dx$

l) $I(x) = \int \dfrac{dx}{\sqrt{x^2 - 4x + 5}}$

m) $I(x) = \int \dfrac{dx}{\cos x}$

Hinweis: Beispiel 6.27

n) $I(x) = \int \sin^4 x \, dx$

o) $I(x) = \int x \arctan x \, dx$

Hinweis: Man differenziere den Arcustangens.

p) $I(x) = \int \ln x \, dx$

Hinweis: Produktintegration mit Faktor Eins.

2. Man berechne den Flächeninhalt der Ellipse $\dfrac{x^2}{a^2} + \dfrac{y^2}{b^2} = 1$.

6.4 Anwendungen der Integralrechnung

Bei technischen Aufgaben kann die Integralrechnung – Ermittlung bestimmter und unbestimmter Integrale – vielfältig angewandt werden.

6.4.1 Geometrische Größen

Flächen

Flächenberechnungen können mit der Gleichung

$$A = \lim_{n \to \infty} \sum_{i=1}^{n} \Delta A_i = \int_A dA \qquad (6.50)$$

durchgeführt werden (Abschn. 6.1.1). Diese Gleichung sagt aus: Wird eine Gesamtfläche A in die Teilflächen ΔA_i zerlegt und werden alle Teilflächen wieder aufsummiert, so erhält man als Summe die ursprüngliche Fläche A; aus der Summation der Teilflächen ΔA_i wird eine Integration über dA, wenn die Zerlegung der Gesamtfläche beliebig fein gemacht wird; das am Integralzeichen angehängte A bedeutet, daß die Integration über die Gesamtfläche zu erstrecken ist. Die folgenden Beispiele zeigen, daß bei der Anwendung der Gl. (6.50) das Flächenelement dA immer so gewählt werden sollte, daß die Integration möglichst einfach wird.

Häufig stellt die Fläche unter der Kurve einer Funktion $y = f(x)$ eine andere physikalische Größe dar (Beispiele 6.34, 6.35, 6.36).

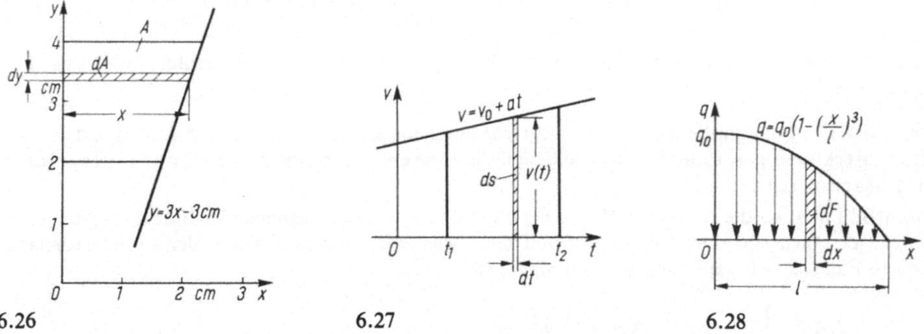

6.26   6.27   6.28

Beispiel 6.33 Man ermittle die Fläche zwischen der y-Achse und der Geraden mit der Funktionsgleichung $y = 3x - 3$ cm, begrenzt durch die Ordinaten $+2$ cm und $+4$ cm (Bild 6.26).

Es wird ein parallel zur x-Achse liegender Flächenstreifen $\Delta A = x\,dy$ gewählt. Die gegebene Geradengleichung wird nach x aufgelöst; man erhält mit Gl. (6.50) und $dA = (y/3 + 1\ \text{cm})\,dy$

$$A = \int_{2\,\text{cm}}^{4\,\text{cm}} \left(\frac{y}{3} + 1\ \text{cm} \right) dy = \frac{(4\ \text{cm})^2 - (2\ \text{cm})^2}{6} + 1\ \text{cm}\,(4\ \text{cm} - 2\ \text{cm}) = 4\ \text{cm}^2$$

Beispiel 6.34 Man ermittle die Fläche unter der Geschwindigkeit-Zeit-Kurve (v, t-Diagramm), die durch die Funktion $v(t) = v_0 + at$ gegeben ist (Bild 6.27).

Der im Bild dargestellte Flächenstreifen hat den Inhalt $v(t)\,dt$ und gibt damit den in der Zeit dt zurückgelegten Weg ds an. Aus $ds = v(t)\,dt = (v_0 + at)\,dt$ erhält man durch Integration den in der Zeit t_1 bis t_2 zurückgelegten Weg $s = s_2 - s_1$

$$s = \int_{t_1}^{t_2} (v_0 + at)\,dt = v_0(t_2 - t_1) + a\,\frac{t_2^2 - t_1^2}{2}$$

Beispiel 6.35 Die Resultierende F der nach Bild 6.28 gegebenen Streckenlast ist gesucht.

Auf der Strecke dx wirkt die Kraft $dF = q(x)\,dx = q_0(1 - (x/l)^3)\,dx$; somit wird

$$F = \int_0^l q_0 \left(1 - \left(\frac{x}{l} \right)^3 \right) dx = q_0 \left(l - \frac{l^4}{4l^3} \right) = \frac{3}{4}\,q_0 l$$

Beispiel 6.36 In Bild 6.29 sind der Verlauf der Querkraft und des Moments für einen Freiträger der Länge l, belastet durch eine Dreiecksstreckenlast mit dem Größtwert q_0 an der Einspannstelle, dargestellt. Man vergleiche den Inhalt der Querkraftfläche zwischen den Abszissen x_1 und x_2 mit dem Zuwachs des Moments auf derselben Länge.

Der schraffierte Streifen der Querkraftfläche hat den Inhalt

$$\mathrm{d}A_Q = Q(x)\,\mathrm{d}x = -q_0 \cdot \frac{x^2}{2l}\,\mathrm{d}x$$

Die Querkraftfläche hat auf der Strecke $(x_2 - x_1)$ den Inhalt

$$A_{Q1,2} = \int\limits_{x_1}^{x_2} Q(x)\,\mathrm{d}x = -\frac{q_0}{2l} \int\limits_{x_1}^{x_2} x^2\,\mathrm{d}x = -\frac{q_0}{6l}(x_2^3 - x_1^3)$$

Der Zuwachs des Moments auf der Strecke von x_1 bis x_2 ist

$$\Delta M = M(x_2) - M(x_1) = -q_0\,\frac{x_2^3}{6l} + q_0\,\frac{x_1^3}{6l} = -\frac{q_0}{6l}(x_2^3 - x_1^3)$$

Es ist $A_{Q1,2} = \Delta M$, d. h., der Inhalt der Querkraftfläche ist gleich dem Momentenzuwachs auf derselben Strecke.

Beispiel 6.37 Man ermittle die Fläche, begrenzt durch die Kurve der Funktion $r = f(\varphi)$ und den beiden Ortsvektoren $\varphi = \varphi_1$ und $\varphi = \varphi_2$ und außerdem die entsprechende Bogenlänge (Integrieren in Polarkoordinaten).

Nach Bild 6.30 ist die durch die Kurve der Funktion $r = f(\varphi)$ begrenzte Teilfläche ΔA ungefähr gleich der Fläche des Dreiecks OP_1P und diese wiederum ungefähr gleich der Kreissektorfläche OP_1B. Für $\Delta\varphi \to 0$ wird auch $\Delta r \to 0$; daher ist

$$\Delta A \approx \frac{1}{2}(r + \Delta r)\,r\Delta\varphi \approx \frac{1}{2}\,r^2\Delta\varphi$$

Durch Summation und $\Delta\varphi \to 0$ erhält man

$$A = \frac{1}{2} \int\limits_{\varphi_1}^{\varphi_2} r^2\,\mathrm{d}\varphi \tag{6.51}$$

Zur Berechnung der Bogenlänge benutzt man nach Bild 6.30 in dem annähernd rechtwinkligen Dreieck P_1PB das Kreisbogenelement $r\Delta\varphi$

$$\Delta s \approx \sqrt{(r\Delta\varphi)^2 + (\Delta r)^2} = \sqrt{r^2 + \left(\frac{\Delta r}{\Delta\varphi}\right)^2}\,\Delta\varphi$$

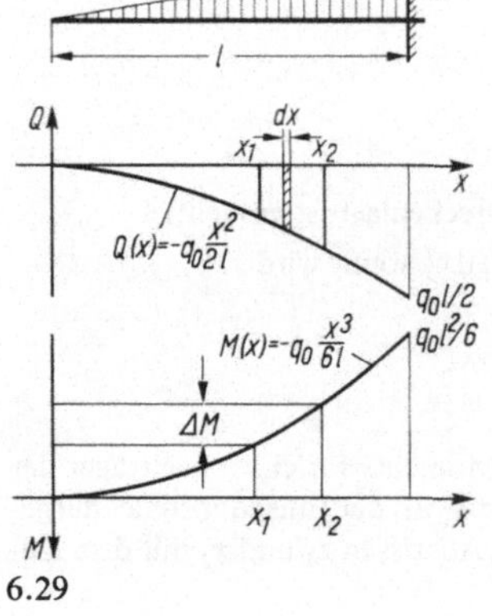

6.29

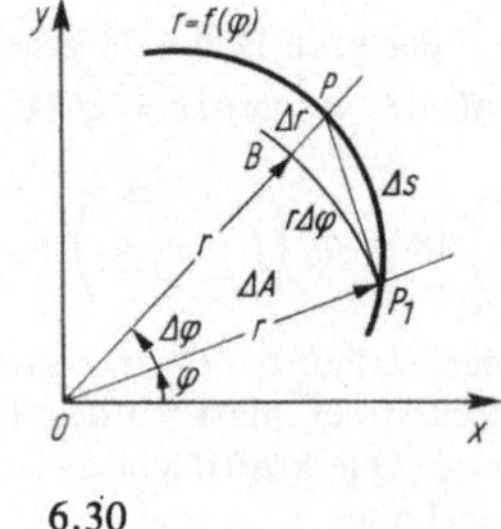

6.30

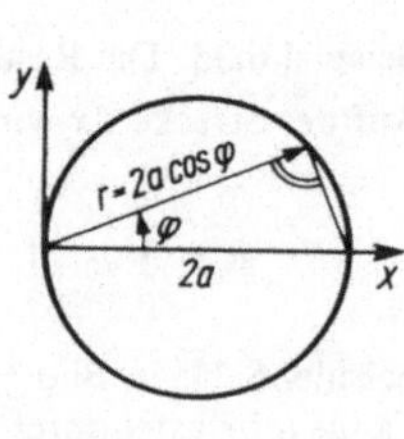

6.31

Durch Summation und $\Delta\varphi \to 0$ erhält man

$$s = \int\limits_{\varphi_1}^{\varphi_2} \sqrt{r^2 + r'^2}\,\mathrm{d}\varphi \quad \text{mit} \quad r' = \frac{\mathrm{d}r}{\mathrm{d}\varphi} \tag{6.52}$$

Beispiel 6.38 Der Kreis in Scheitellage (Bild 6.31) mit dem Radius a ist in Polarkoordinaten durch die Funktion $r = 2a\cos\varphi$ bestimmt. Man ermittle die Fläche A und die Bogenlänge s des Halbkreises. Mit Gl. (6.51) und (6.52) wird

$$A = \frac{1}{2} \int\limits_0^{\pi/2} 4a^2\cos^2\varphi\,\mathrm{d}\varphi = 2a^2 \left(\frac{1}{4}\sin 2\varphi + \frac{\varphi}{2}\right)\Big|_0^{\pi/2} = \frac{\pi a^2}{2}$$

$$s = \int\limits_0^{\pi/2} \sqrt{4a^2\cos^2\varphi + 4a^2\sin^2\varphi}\,\mathrm{d}\varphi = \int\limits_0^{\pi/2} 2a\,\mathrm{d}\varphi = \pi a$$

So wie sich in Polarkoordinaten gegebene Funktionen integrieren lassen, kann man auch in Parameterdarstellung gegebene Funktionen integrieren.

Volumen

Entsprechend Gl. (6.50) bestimmt sich das Volumen eines Körpers mit der Gleichung

$$V = \int\limits_V \mathrm{d}V \tag{6.53}$$

Hierin bedeutet $\mathrm{d}V$ ein Volumenelement; das am Integralzeichen angehängte V besagt, daß die Integration über das gesamte Volumen zu erstrecken ist.

Ein zur x-Achse rotationssymmetrischer Körper entsteht, wenn die durch die Abszissen a und $b > a$ und die Kurve der Funktion $y = f(x)$ bestimmte Fläche sich um die x-Achse dreht (Bild 6.32). Der Flächenstreifen $\mathrm{d}A = y\,\mathrm{d}x$ erzeugt bei der Drehung um die y-Achse einen flachen Zylinder mit dem Volumen $\mathrm{d}V = \pi y^2\mathrm{d}x$. Mit Gl. (6.53) wird das gesuchte Volumen

$$V_x = \pi \int\limits_a^b y^2\,\mathrm{d}x \tag{6.54}$$

Ein zur y-Achse rotationssymmetrischer Körper entsteht, wenn die durch die Ordinaten c und d und die Kurve der Funktion $y = f(x)$ bestimmte Fläche sich um die y-Achse dreht (Bild 6.33). Ist $x = g(y)$ die nach x aufgelöste Funktion von $y = f(x)$, so wird, da

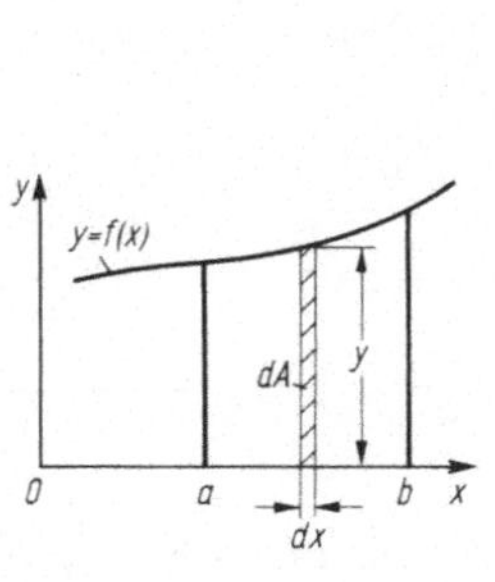

6.32

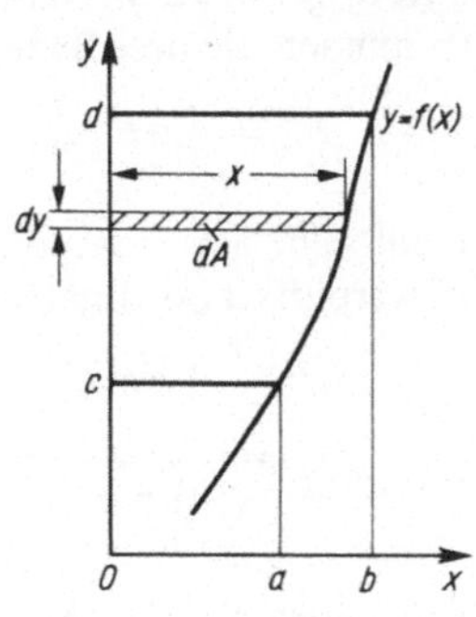

6.33

nach Gl. (5.19) $dy = y'dx$ ist, das Volumen

$$V_y = \pi \int_c^d x^2\,dy = \pi \int_a^b x^2 y'\,dx \tag{6.55}$$

Vor einer Lösung ist jedes Integral so zu schreiben, daß je nach der Integrationsveränderlichen (angegeben durch dx oder dy) im gesamten Integranden nur noch x oder y vorkommt. Auch die Grenzen müssen auf diese Veränderliche umgerechnet werden.

Beispiel 6.39 Man bestimme das Volumen einer konischen Welle (Bild 6.34).

Die das Volumen bei Rotation erzeugende Kurve erhält man aus der Punktrichtungsform der Geradengleichung $y = [(D - d)x/(2l)] + d/2$. Dann ist

$$V_x = \pi \int_0^l y^2\,dx = \pi \int_0^l \left[\frac{D-d}{2l}x + \frac{d}{2}\right]^2 dx = \pi \left[\left(\frac{D-d}{2l}\right)^2 \frac{l^3}{3} + d\frac{D-d}{2l}\frac{l^2}{2} + \frac{d^2}{4}l\right]$$

$$= \frac{\pi}{12}l(D^2 + Dd + d^2)$$

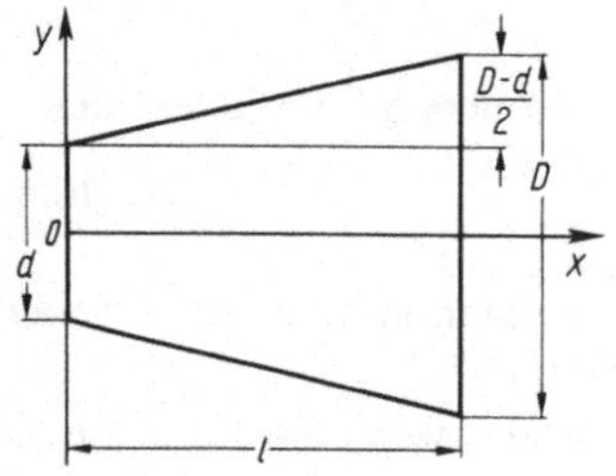

6.34

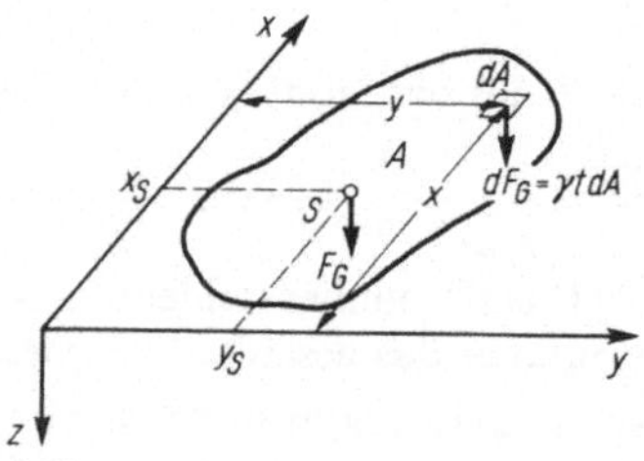

6.35

Schwerpunkt

Der Schwerpunkt eines Körpers ist derjenige Punkt $S(x_S; y_S; z_S)$, den man unterstützen muß, damit der Körper unter der Wirkung der Schwerkraft in jeder Lage im Gleichgewicht ist. Im folgenden wird der Schwerpunkt einer Fläche betrachtet.

Denkt man sich die in Bild 6.35 dargestellte ebene Fläche A mit Masse belegt, z. B. als Blech der Dicke t und der Wichte γ, so ist die auf das Flächenelement dA entfallende Teilkraft $dF_G = t\gamma dA$. Damit die Gesamtkraft F_G der Summe aller Teilkräfte dF_G äquivalent ist, müssen die drei Bedingungen

$$F_G = \int_A dF_G \qquad x_S F_G = \int_A x\,dF_G \qquad y_S F_G = \int_A y\,dF_G$$

erfüllt sein. Setzt man die Beziehung $dF_G = t\gamma dA$ ein, so erhält man zur Berechnung der Schwerpunktkoordinaten eine Fläche

$$x_S = \frac{\int_A x\,dA}{\int_A dA} = \frac{\int_A dS_y}{A} = \frac{S_y}{A} \qquad y_S = \frac{\int_A y\,dA}{\int_A dA} = \frac{\int_A dS_x}{A} = \frac{S_x}{A} \tag{6.56}$$

Die Größen S_x bzw. S_y nennt man die auf die x- bzw. y-Achse gezogenen Flächenmomente 1. Grades (statische Momente der Flächen).

Gl. (6.56) kann auch benutzt werden, um den Schwerpunkt eines Volumens oder eines Linienstücks zu bestimmen; statt A muß dann V oder s gesetzt werden, und es muß ggf. zusätzlich die entsprechende Gleichung für z_S benutzt werden.

Ist der Schwerpunkt der nach Bild 6.36 gegebenen Fläche A gesucht, so wählt man ein rechteckiges Flächenelement $dA = y\,dx$, dessen Schwerpunkt in der Höhe $y/2$ liegt; es ist

$$dS_y = x \cdot dA = xy\,dx \qquad dS_x = \frac{y}{2} \cdot dA = \frac{y^2}{2}\,dx$$

Diese Beziehungen werden in Gl. (6.56) eingesetzt; man erhält

$$x_S = \frac{1}{A}\int_a^b xy\,dx \qquad y_S = \frac{1}{2A}\int_a^b y^2\,dx \qquad\qquad (6.57)$$

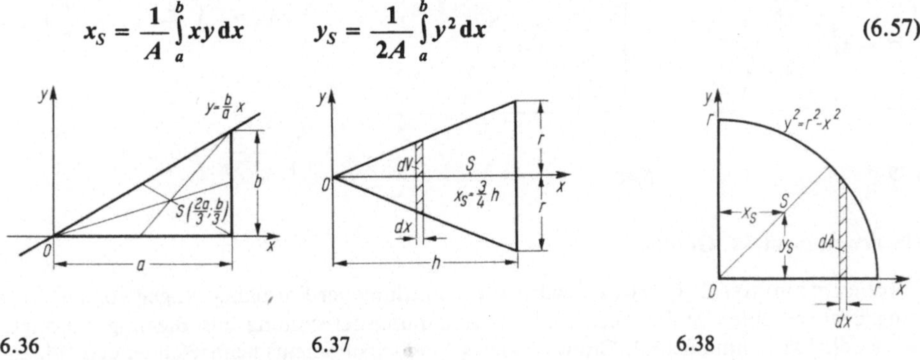

6.36   6.37   6.38

Beispiel 6.40 Man bestimme den Schwerpunkt eines rechtwinkligen Dreiecks (Bild 6.37). Die Gleichung der Begrenzungsgeraden ist $y = (b/a)x$, weiter ist $A = ab/2$. Aus Gl. (6.57) folgt

$$x_S = \frac{1}{A}\int_0^a x \cdot \frac{b}{a}x\,dx = \frac{2}{ab} \cdot \frac{b}{a}\int_0^a x^2\,dx = \frac{2}{a^2} \cdot \frac{a^3}{3} = \frac{2}{3}a$$

$$y_S = \frac{1}{2A}\int_0^a \frac{b^2}{a^2}x^2\,dx = \frac{1}{ab} \cdot \frac{b^2}{a^2} \cdot \frac{a^3}{3} = \frac{b}{3}$$

Beispiel 6.41 Man bestimme den Schwerpunkt eines geraden Kreiskegels (Bild 6.38). Das Kegelvolumen ist $V = \pi r^2 h/3$. Der Schwerpunkt liegt aus Gründen der Symmetrie auf der Kegelachse, die als x-Achse gewählt wurde. Es ist also $y_S = z_S = 0$. Als Volumenelement wird eine Kreisscheibe der Größe $dV = \pi y^2\,dx$ gewählt. Mit $y = (r/h)x$ erhält man

$$x_S = \frac{\displaystyle\int_V dS_y}{\displaystyle\int_V dV} = \frac{\displaystyle\int_V x\,dV}{\dfrac{\pi r^2 h}{3}} = \frac{3}{\pi r^2 h}\int_0^h x \cdot \pi\left(\frac{rx}{h}\right)^2 dx = \frac{3}{h^3}\frac{h^4}{4} = \frac{3}{4}h$$

Beispiel 6.42 Man bestimme den Schwerpunkt einer Viertelkreisfläche (Bild 6.39). Die Gleichung des Kreises ist $y^2 = r^2 - x^2$ und das statische Moment des gewählten Flächenelements $dA = y\,dx$ in bezug auf die x-Achse $dS_x = y/2 \cdot dA = y^2\,dx/2$. Man erhält mit Gl. (6.56)

$$y_S = \frac{\displaystyle\int_0^r \frac{y^2}{2}\,dx}{\displaystyle\int_A dA} = \frac{\dfrac{1}{2}\displaystyle\int_0^r (r^2 - x^2)\,dx}{\dfrac{\pi r^2}{4}} = \frac{2}{\pi r^2}\left(r^2 r - \frac{r^3}{3}\right) = \frac{4r}{3\pi} = 0{,}4244\,r$$

Das Nennerintegral $\int dA = \int\limits_{0}^{r} y\,dx = \int\limits_{0}^{r} \sqrt{r^2 - x^2}\,dx$ ist gleich der Viertelkreisfläche $\pi r^2/4$ (Abschn.

6.3.3, Aufgabe 1k). Bei der gegebenen Symmetrie ist $x_S = y_S$.

Durch eine entsprechende Wahl des Flächenelements kann die Rechnung u. U. vereinfacht werden. Wählt man nach Bild 6.40 ein Dreieck als Flächenelement dA, dessen Schwerpunkt bekannt ist, so erhält man mit den eingetragenen Beziehungen

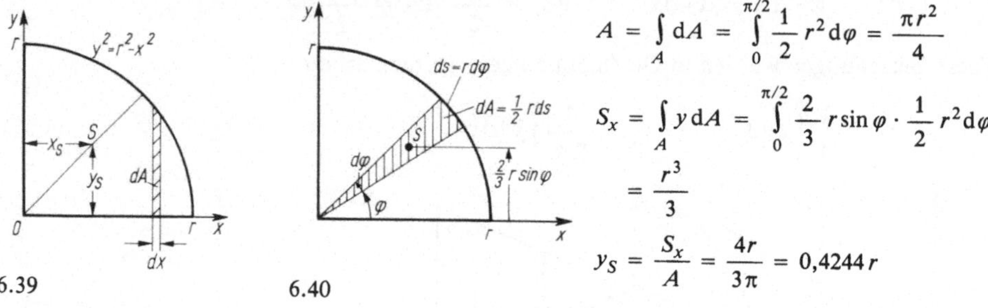

$$A = \int\limits_{A} dA = \int\limits_{0}^{\pi/2} \frac{1}{2}\,r^2 d\varphi = \frac{\pi r^2}{4}$$

$$S_x = \int\limits_{A} y\,dA = \int\limits_{0}^{\pi/2} \frac{2}{3}\,r\sin\varphi \cdot \frac{1}{2}\,r^2 d\varphi$$

$$= \frac{r^3}{3}$$

$$y_S = \frac{S_x}{A} = \frac{4r}{3\pi} = 0{,}4244\,r$$

6.39   6.40

Flächenmomente 2. Grades

Flächenmomente 2. Grades werden zur Ermittlung der Formänderungen von auf Biegung beanspruchten Stabwerken und zur Spannungsberechnung aus Biegung benötigt. Das axiale Flächenmoment 2. Grades (axiales Trägheitsmoment) kennzeichnet den Widerstand eines Stabquerschnitts gegen eine Verformung durch Biegemoment. Die Flächenmomente 2. Grades hat man aus Gründen der Zweckmäßigkeit folgendermaßen definiert (Bild 6.41):

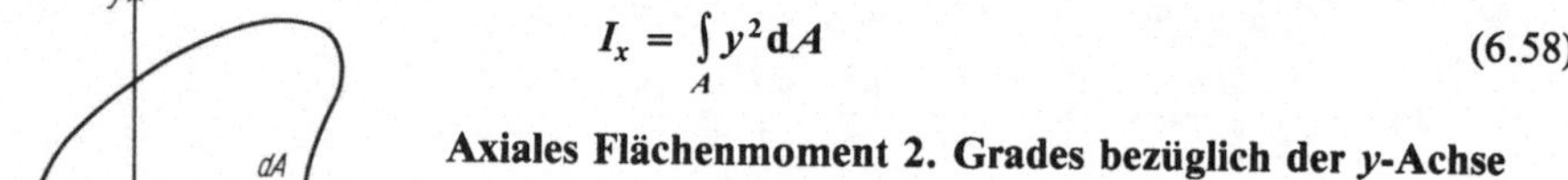

Axiales Flächenmoment 2. Grades bezüglich der x-Achse

$$I_x = \int\limits_{A} y^2\,dA \tag{6.58}$$

Axiales Flächenmoment 2. Grades bezüglich der y-Achse

$$I_y = \int\limits_{A} x^2\,dA \tag{6.59}$$

Gemischtes Flächenmoment 2. Grades bezüglich der x- und y-Achse

6.41

$$I_{xy} = \int\limits_{A} xy\,dA \tag{6.60}$$

Polares Flächenmoment 2. Grades bezüglich des Koordinatenursprungs

$$I_p = \int\limits_{A} r^2\,dA \tag{6.61}$$

Da $r^2 = x^2 + y^2$ ist (Bild 6.41), gilt

$$I_p = I_x + I_y \tag{6.62}$$

Das polare Flächenmoment benötigt man bei Torsionsuntersuchungen. Das gemischte Flächenmoment − auch Zentrifugal- oder auch Deviationsmoment genannt − benötigt man ebenfalls in der Biegelehre; es kann positiv oder negativ sein, während die anderen Flächenmomente nur positive Werte annehmen können; das gemischte Flächenmoment ist immer dann Null, wenn wenigstens eine der beiden Bezugsachsen Symmetrieachse ist.

Beispiel 6.43 Man bestimme die axialen Flächenmomente 2. Grades eines rechteckigen Querschnitts bezüglich der Rechteckseiten (Bild 6.42).

Wird ein Flächenstreifen $dA = b\,dy$ parallel zur x-Achse gewählt, so erhält man mit Gl. (6.58)

$$I_x = \int_A y^2\,dA = \int_0^h y^2 b\,dy = \frac{bh^3}{3} \tag{6.63a}$$

Entsprechend ergibt sich, wenn ein Flächenstreifen $dA = h\,dx$ parallel zur y-Achse gewählt wird, mit Gl. (6.59)

$$I_y = \int_A x^2\,dA = \int_0^b x^2 h\,dx = \frac{hb^3}{3} \tag{6.63b}$$

Wie im vorstehenden Beispiel gezeigt, ist bei der Anwendung von Gl. (6.58) bis (6.62) darauf zu achten, daß ein Flächenelement gewählt wird, das einen konstanten Abstand von der betreffenden Bezugsachse hat.

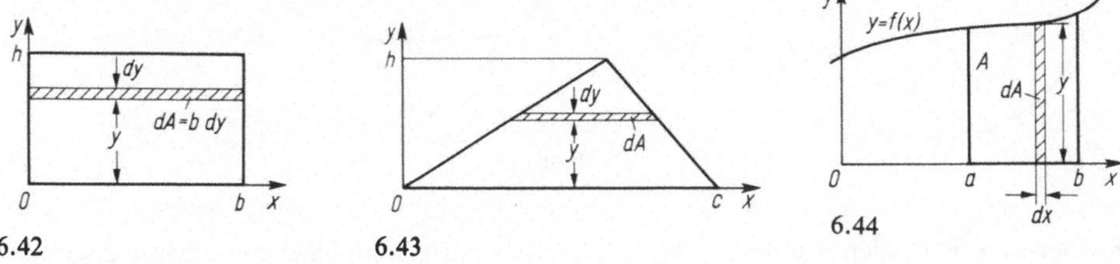

6.42 6.43 6.44

Beispiel 6.44 Man berechne das Flächenmoment 2. Grades eines dreieckigen Querschnitts bezüglich der mit der x-Achse zusammenfallenden Seite (Bild 6.43).

Das gewählte Flächenelement hat die Größe

$$dA = c\,\frac{h-y}{h}\,dy = c\left(1 - \frac{y}{h}\right)dy$$

Damit wird

$$I_x = \int_A y^2\,dA = \int_0^h c\left(y^2 - \frac{y^3}{h}\right)dy = c\left(\frac{h^3}{3} - \frac{h^3}{4}\right) = \frac{ch^3}{12}$$

Sind die Flächenmomente 2. Grades der nach Bild 6.44 gegebenen Fläche A zu ermitteln, so wählt man ein Flächenelement $dA = y\,dx$, dessen Flächenmomente nach Gl. (6.63), (6.59), (6.60) bekannt sind

$$dI_x = \frac{y^3}{3}\,dx \qquad dI_y = x^2 \cdot y\,dx \qquad dI_{xy} = x \cdot \frac{y}{2} \cdot y\,dx = \frac{xy^2}{2}\,dx$$

Durch Integration ergeben sich die Flächenmomente

$$I_x = \frac{1}{3}\int_a^b y^3\,dx \qquad I_y = \int_a^b x^2 y\,dx \qquad I_{xy} = \frac{1}{2}\int_a^b xy^2\,dx \tag{6.64}$$

Beispiel 6.45 Es ist das polare Flächenmoment 2. Grades eines Kreisquerschnitts mit dem Radius R zu bestimmen (Bild 6.45).

Als Flächenelement wird eine Kreisringfläche der Größe $\mathrm{d}A = 2\pi r\,\mathrm{d}r$ gewählt, die vom Bezugspunkt den Abstand r hat. Nach Gl. (6.61) wird

$$I_p = \int\limits_0^R r^2 2\pi r\,\mathrm{d}r = 2\pi\,\frac{R^4}{4} = \frac{\pi R^4}{2}$$

Es ist $I_x = I_y$, da der Querschnitt symmetrisch ist; nach Gl. (6.62) sind dann die axialen Flächenmomente

$$I_x = I_y = \frac{I_p}{2} = \frac{\pi R^4}{4}$$

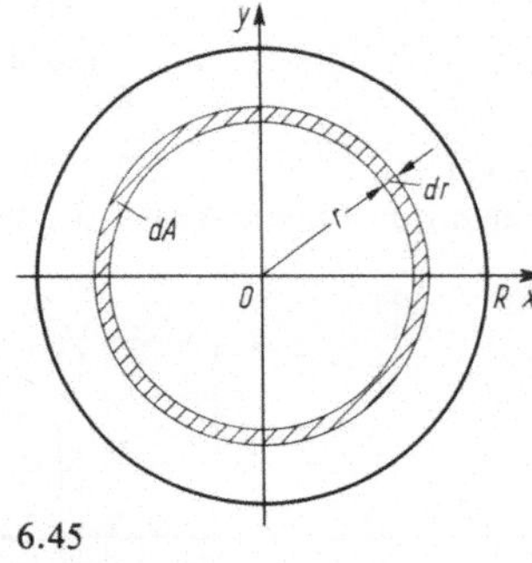
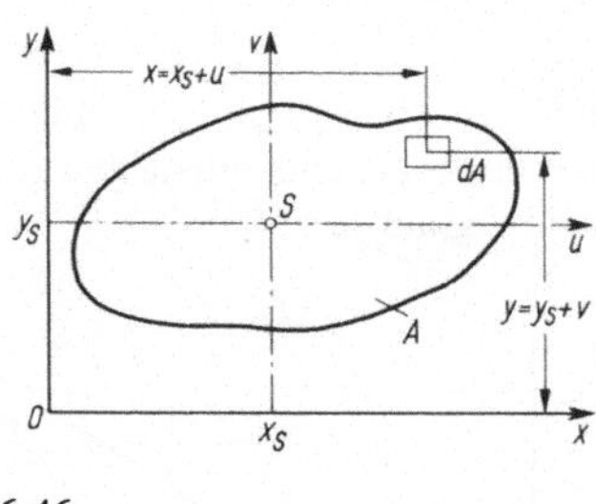

6.45   6.46

Steiner-Satz Bei vielen Problemen der Mechanik benötigt man Flächenmomente 2. Grades bezüglich einer Schwereachse. Mit dem Steiner-Satz, auch Verschiebungssatz genannt, können Flächenmomente bezüglich einer Achse auf eine dazu parallele Achse umgerechnet werden. Nach Bild 6.46 ist eine Fläche A in einem (x, y)-Koordinatensystem gegeben. Das (u, v)-Koordinatensystem ist ein dazu achsenparalleles System mit dem Ursprung im Flächenschwerpunkt. Aus Gl. (6.58) wird mit $y = y_S + v$

$$\begin{aligned}
I_x &= \int\limits_A y^2\,\mathrm{d}A = \int\limits_A (y_S + v)^2\,\mathrm{d}A \\[4pt]
&= \int\limits_A y_S^2\,\mathrm{d}A + \int\limits_A 2y_S v\,\mathrm{d}A + \int\limits_A v^2\,\mathrm{d}A \\[4pt]
&= y_S^2 \int\limits_A \mathrm{d}A + 2y_S \int\limits_A v\,\mathrm{d}A + \int\limits_A v^2\,\mathrm{d}A
\end{aligned}$$

erhalten. Hierin ist $\int\limits_A \mathrm{d}A$ die Fläche A, $\int\limits_A v\,\mathrm{d}A$ das auf die Schwereachse u bezogene Flächenmoment 1. Grades und daher Null sowie $\int\limits_A v^2\,\mathrm{d}A$ das Flächenmoment I_u. Somit ergibt sich der Steiner-Satz

$$I_x = I_u + y_S^2 A \qquad I_y = I_v + x_S^2 A \qquad I_{xy} = I_{uv} + x_S y_S A \tag{6.65}$$

Die beiden letzten Gleichungen erhält man entsprechend. Es ist zu beachten, daß der Steiner-Satz voraussetzt, daß eine Achse Schwereachse ist. Aus Gl. (6.65) ergibt sich die wichtige Feststellung, daß die axialen Flächenmomente, bezogen auf die Schwereachsen (Eigenflächenmomente), stets kleiner sind als die auf parallele Achsen bezogenen.

Beispiel 6.46 Man berechne die Eigenflächenmomente eines rechteckigen Querschnitts (Bild 6.47).

In Beispiel 6.43 wurden $I_x = bh^3/3$ und $I_y = hb^3/3$ ermittelt. Mit dem Schwerpunkt $S(b/2; h/2)$ ergibt sich aus Gl. (6.65)

$$I_u = I_x - \left(\frac{h}{2}\right)^2 bh = \frac{bh^3}{3} - \frac{bh^3}{4} = \frac{bh^3}{12} \qquad I_v = I_y - \left(\frac{b}{2}\right)^2 bh = \frac{hb^3}{3} - \frac{hb^3}{4} = \frac{hb^3}{12}$$

Beispiel 6.47 Man bestimme das Flächenmoment I_{xy} des nach Bild 6.47 gegebenen Rechteckquerschnitts.

Mit $I_{uv} = 0$ und den Schwerpunktskoordinaten $x_S = b/2$ und $y_S = h/2$ wird nach Gl. (6.65)

$$I_{xy} = \frac{b}{2} \cdot \frac{h}{2}\, bh = \frac{b^2 h^2}{4}$$

6.47   6.48

Bogenlänge. Oberfläche

Die Länge s eines Bogens, beschrieben durch die Funktion $y = f(x)$, wird durch die Summe der Δs_i eines Sehnenpolygons angenähert (Bild 6.48). Die Annäherung ist um so besser, je kleiner die Teilstücke Δs_i sind. Läßt man alle Δs_i gegen Null streben, so wird die Summe zum Integral und gleich der Länge des Bogens. Mit $l_x = l_y$ folgt aus Bild 6.48

$$(\Delta s_i)^2 = (\Delta x_i)^2 + (\Delta y_i)^2 \quad \text{oder} \quad \Delta s_i = \sqrt{1 + \left(\frac{\Delta y_i}{\Delta x_i}\right)^2}\, \Delta x_i$$

Geht man von den Differenzen zu den Differentialen über, so ergibt sich der **Zuwachs des Bogens** (Differential des Bogens)

$$ds = \sqrt{1 + y'^2}\, dx \tag{6.66}$$

Damit wird die **Bogenlänge** s zwischen den Abszissen a und b

$$s = \int_a^b \sqrt{1 + y'^2}\, dx \tag{6.67}$$

Die Gleichungen (6.66) und (6.67) lassen sich zur Umformung der Schwerpunktgleichungen (6.56) benutzen. Das Differential des auf die y-Achse bezogenen statischen Moments eines Bogenelementes ds ist $dS_y = x\,ds = x\sqrt{1 + y'^2}\, dx$ und bezogen auf die x-Achse $dS_x = y\,ds = y\sqrt{1 + y'^2}\, dx$. Hiermit erhält man die **Koordinaten des Bogenschwerpunkts**

$$x_S = \frac{1}{s}\int_a^b x\sqrt{1 + y'^2}\, dx \qquad y_S = \frac{1}{s}\int_a^b y\sqrt{1 + y'^2}\, dx \tag{6.68}$$

Dreht sich die in Bild 6.48 dargestellte Sehne der Kurve $y = f(x)$ der Länge Δs_i um die x-Achse, so wird dadurch der Mantel eines flachen Kegelstumpfes $\Delta M_i = \pi \Delta s_i(y_i + y_{i+1})$

aufgespannt (F7). Die gesamte Mantelfläche eines rotationssymmetrischen Körpers hat dann näherungsweise die Größe

$$\sum_{i=1}^{n} \Delta M_i = \sum_{i=1}^{n} \pi \Delta s_i (y_i + y_{i+1})$$

Geht man von der Summation der Differenzen zu der Integration über die Differentiale $\mathrm{d}M = \pi \mathrm{d}s\, 2y$ über, so erhält man die Mantelfläche eines zur x-Achse rotationssymmetrischen Körpers zwischen den Abszissen a und b mit Gl. (6.66)

$$M = 2\pi \int_{a}^{b} y \sqrt{1 + y'^2}\, \mathrm{d}x \qquad\qquad (6.69)$$

Das Differential des statischen Moments eines Mantelflächenelements, bezogen auf die y-Achse, ist $\mathrm{d}S_y = x\,\mathrm{d}M = x \cdot 2\pi y\,\mathrm{d}s = 2\pi xy \sqrt{1 + y'^2}\,\mathrm{d}x$. Mit dieser Beziehung und Gl. (6.56) ergibt sich der Schwerpunkt der Mantelfläche eines zur x-Achse symmetrischen Körpers

$$x_S = \frac{2\pi}{M} \int_{a}^{b} xy \sqrt{1 + y'^2}\, \mathrm{d}x \qquad y_S = z_S = 0 \qquad\qquad (6.70)$$

Die Oberfläche eines Körpers ist die Summe aus Mantelfläche und den beiden seitlichen kreisförmigen Deckflächen $\pi f^2(a)$ und $\pi f^2(b)$.

Beispiel 6.48 Man bestimme die Mantelfläche und den Schwerpunkt einer Halbkugelschale.

Die Gleichung der erzeugenden Kurve (Viertelkreis) einer Halbkugel ist die Nullpunktform der Kreisgleichung $y = \sqrt{r^2 - x^2}$.

Nach der Kettenregel ist $y' = \dfrac{-x}{\sqrt{r^2 - x^2}}$; weiter gilt $1 + y'^2 = \dfrac{r^2}{r^2 - x^2}$. Mit Gl. (6.69) und (6.70) erhält man

$$M = 2\pi \int_{0}^{r} \sqrt{r^2 - x^2}\, \frac{r}{\sqrt{r^2 - x^2}}\, \mathrm{d}x = 2\pi r \int_{0}^{r} \mathrm{d}x = 2\pi r^2$$

$$x_S = \frac{2\pi}{M} \int_{0}^{r} x \sqrt{r^2 - x^2}\, \frac{r}{\sqrt{r^2 - x^2}}\, \mathrm{d}x = \frac{2\pi r}{2\pi r^2} \int_{0}^{r} x\,\mathrm{d}x = \frac{1}{r}\,\frac{r^2}{2} = \frac{r}{2}$$

Guldin-Regeln

Das Volumen eines zur x-Achse rotationssymmetrischen Körpers ist nach Gl. (6.54)

$$V_x = \pi \int_{a}^{b} y^2\, \mathrm{d}x$$

Die y-Koordinate des Flächenschwerpunkts ist nach Gl. (6.57)

$$y_S = \frac{1}{2A} \int_{a}^{b} y^2\, \mathrm{d}x$$

Durch Vergleich dieser beiden Gleichungen erhält man die erste Guldin-Regel

$$V_x = 2\pi y_S A \qquad\qquad (6.71)$$

Das Volumen eines Rotationskörpers ist gleich dem Produkt der erzeugenden Fläche mit dem Weg des Schwerpunkts bei der Drehung.

Die Mantelfläche eines zur x-Achse rotationssymmetrischen Körpers ist nach Gl. (6.69)

$$M = 2\pi \int_a^b y\sqrt{1 + y'^2}\,dx$$

Die y-Koordinate des Bogenschwerpunkts ist nach Gl. (6.68)

$$y_S = \frac{1}{s} \int_a^b y\sqrt{1 + y'^2}\,dx$$

Durch Vergleich dieser beiden Gleichungen erhält man die zweite Guldin-Regel

$$M = 2\,\pi y_S s \tag{6.72}$$

Die Mantelfläche eines Rotationskörpers ist gleich dem Produkt des erzeugenden Bogens mit dem Weg des Schwerpunkts bei der Drehung.

Die beiden Guldin-Regeln gelten für beliebige erzeugende Flächen und Bogen und auch, wenn der Drehwinkel kleiner als der Vollwinkel 2π ist, also für einen Rotationssektor.

Beispiel 6.49 Der Schwerpunkt eines Halbkreisbogens mit dem Radius r ist zu bestimmen (Bild 6.49).

Aus Symmetriegründen ist $x_S = 0$. Die Kugeloberfläche beträgt $O = 4\pi r^2$ (F 7). Nach der zweiten Guldin-Regel ist $O = 4\pi r^2 = M = 2\pi y_S \cdot \pi r$. Daraus folgt $y_S = 2r/\pi$.

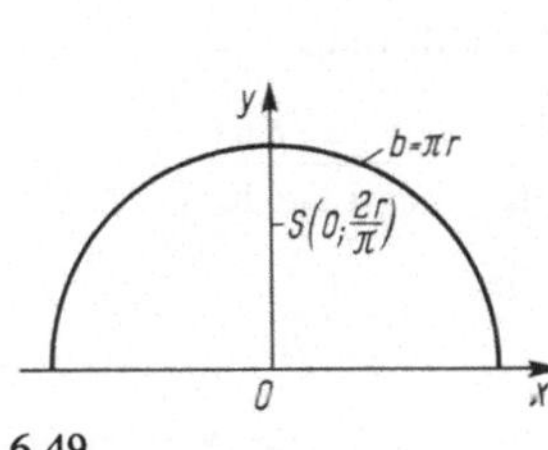

6.49

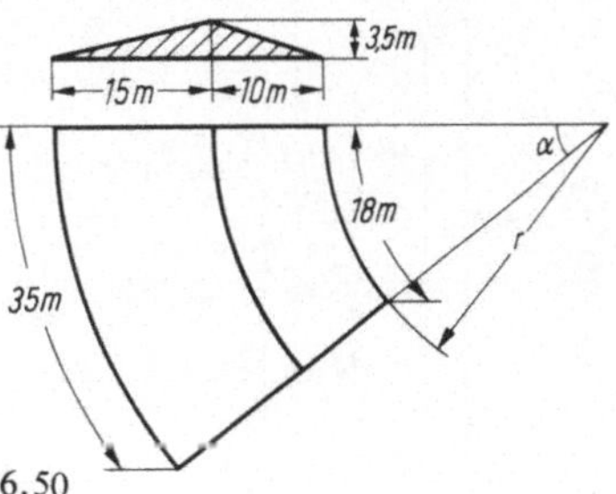

6.50

Beispiel 6.50 Man bestimme das Volumen V und die Dachfläche A_D des in Bild 6.50 im Grund- und Aufriß gegebenen Daches.

Der Winkel α und der Radius r ermitteln sich aus den Beziehungen $\alpha r = 18$ m und $\alpha(r + 25\,\text{m}) = 35$ m zu $\alpha = 17/25$ und $r = 26{,}47$ m. Mit Gl. (6.71) in der Form $V = \alpha \cdot y_S \cdot A$ wird

$$V = \frac{17}{25} \cdot (26{,}47 + 10 \cdot 2/3)\,\text{m} \cdot \frac{10 \cdot 3{,}5}{2}\,\text{m}^2 + \frac{17}{25} \cdot (26{,}47 + 10 + 15/3) \cdot \frac{15 \cdot 3{,}5}{2}\,\text{m}^2 = 1135\,\text{m}^3$$

Mit Gl. (6.72) in der Form $A_D = \alpha \cdot y_S \cdot s$ wird

$$A_D = \frac{17}{25} \cdot (26{,}47 + 5)\,\text{m} \cdot \sqrt{10^2 + 3{,}5^2}\,\text{m} + \frac{17}{25} \cdot (26{,}47 + 10 + 7{,}5)\,\text{m} \cdot \sqrt{15^2 + 3{,}5^2}\,\text{m} = 687\,\text{m}^2$$

6.4.2 Barometrische Höhenmessung

Der Luftdruck nimmt mit der Höhe ab, jedoch nicht linear wie der Wasserdruck. Die unteren Luftschichten werden durch das Gewicht der darüber befindlichen Luft zusammengedrückt; die Dichte der Luft ϱ ist somit nicht mit der Höhe gleichbleibend, sie ist am Erdboden am größten.

Es soll ein Zusammenhang zwischen der Höhendifferenz $\Delta h = h_2 - h_1$ und der Differenz der Luftdrücke in diesen Höhen hergeleitet werden. Dazu wird nach Bild 6.51 eine dünne Luftschicht der Dicke $\mathrm{d}h$ einer vertikalen Luftsäule mit der Grundfläche A betrachtet. Auf die Luftschicht wirkt von unten nach oben die Kraft $A p$ und von oben nach unten die Kraft $A(p + \mathrm{d}p) = Ap + A\,\mathrm{d}p$, wobei der Zuwachs des Luftdrucks $\mathrm{d}p$ selbst negativ ist, da ja der Luftdruck mit zunehmender Höhe abnimmt. Die Gewichtskraft der Luftschicht ist $\gamma A\,\mathrm{d}h = g\varrho A\,\mathrm{d}h$ (γ Wichte, g Fallbeschleunigung). Das Gleichgewicht der Kräfte in vertikaler Richtung fordert $Ap - (Ap + A\,\mathrm{d}p) - g\varrho A\,\mathrm{d}h = 0$. Daraus wird

$$\mathrm{d}p = -g\varrho\,\mathrm{d}h \tag{6.73}$$

Die Abhängigkeit der Luftdichte ϱ von der Lufttemperatur t (Celsiusgrad) und vom Luftdruck p läßt sich aus dem Gesetz von Boyle-Gay-Lussac herleiten. Wird eine bestimmte Luftmasse M betrachtet, so ist bei einer Änderung des Druckes p, der absoluten Temperatur T und des Volumens V der Quotient pV/T stets konstant. Kennzeichnet der Index 0 den bei $0\,°\mathrm{C}$ angenommenen Anfangszustand einer bestimmten Luftmasse, so gilt demnach

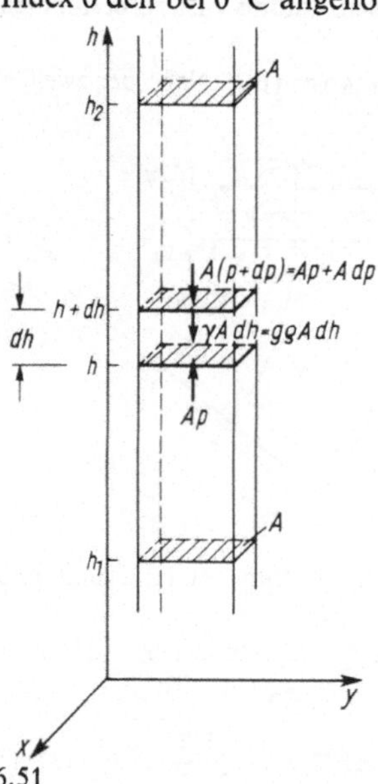

6.51

$$\frac{p_0 V_0}{T_0} = \frac{pV}{T}$$

Mit $V = M/\varrho$ bzw. $V_0 = M/\varrho_0$ und $T_0 = 273\ \mathrm{K}$ und $T = 273\ \mathrm{K} + t$ erhält man

$$\frac{p_0 M}{\varrho_0\,273\ \mathrm{K}} = \frac{pM}{\varrho(273\ \mathrm{K} + t)}$$

$$\frac{\varrho}{\varrho_0} = \frac{p}{p_0} \cdot \frac{1}{1 + \beta t} \tag{6.74}$$

wobei $\beta = (1/273)\ \mathrm{K}^{-1}$ die Raumausdehnungszahl der Luft ist.

Mit Gl. (6.74) und (6.73) erhält man

$$\frac{\mathrm{d}p}{p} = -\frac{\varrho_0}{p_0} \cdot \frac{g}{1 + \beta t} \cdot \mathrm{d}h \tag{6.75}$$

Werden die Fallbeschleunigung g und die Temperatur t als konstant angenommen, so erhält man durch beidseitige Integration

$$\int \frac{\mathrm{d}p}{p} = -\frac{\varrho_0 g}{p_0(1 + \beta t)} \int \mathrm{d}h$$

Es wird berücksichtigt, daß zum Ort der Höhe h_1 der Luftdruck p_1 und zum Ort der Höhe h_2 der Luftdruck p_2 gehört. Damit werden aus den unbestimmten Integralen bestimmte Integrale erhalten

$$\int_{p_1}^{p_2} \frac{\mathrm{d}p}{p} = -\frac{\varrho_0 g}{p_0(1 + \beta t)} \int_{h_1}^{h_2} \mathrm{d}h \qquad \ln p_1 - \ln p_2 = \frac{\varrho_0 g}{p_0(1 + \beta t)}(h_2 - h_1)$$

Mit $\ln p_1 - \ln p_2 = \ln(p_1/p_2) = 2{,}3026\,\lg(p_1/p_2)$ folgt die Grundgleichung der barometrischen Höhenbestimmung

$$\Delta h = h_2 - h_1 = \frac{2{,}3026\,p_0}{\varrho_0} \cdot \frac{1 + \beta t}{g}\,\lg\frac{p_1}{p_2} \tag{6.76}$$

Mit der Luftwichte am Boden $\varrho_0 g = \gamma_0 = 12{,}684\ \text{N/m}^3$ und dem Bodendruck $p_0 = 101\,337\ \text{N/m}^2$ wird

$$\Delta h = 18\,396\ \text{m} \cdot (1 + \beta t)\lg\frac{p_1}{p_2} \tag{6.77}$$

Als Temperatur t wird in der Praxis der Mittelwert der an den beiden Meßorten gemessenen Temperaturen t_1 und t_2 eingesetzt. Gl. (6.76) bzw. (6.77) gelten streng nur unter den Voraussetzungen, daß der Luftdruck an beiden Meßorten gleichzeitig gemessen wird und die Temperatur zwischen den beiden Meßorten sich linear mit der Höhe ändert. Bei Durchführung genauester Messungen, bei konstanten Luftdruckverhältnissen, und unter Berücksichtigung der Luftfeuchtigkeit und der mit der Höhe abnehmenden und der von der geographischen Breite abhängigen Fallbeschleunigung kann eine Höhendifferenz von 100 m auf etwa 0,5 m und eine von 1000 m auf etwa 3,7 m genau ermittelt werden.

6.4.3 Seilreibung

Im Coulombschen Reibungsgesetz $\max R = \mu N$ ist der Proportionalitätsfaktor μ der Reibungsbeiwert (Reibungskoeffizient), der insbesondere von der Oberflächenbeschaffenheit der Gleitflächen abhängt.

Ein vollkommen biegsames Seil ist nach Bild 6.52a um eine feststehende Welle gelegt. Es wird untersucht, wie groß die Kraft Z_2 werden kann, ohne daß Gleiten eintritt, wenn die Kraft Z_1, der Reibungswert μ zwischen Seil und Welle und der Umschlingungswinkel α gegeben sind.

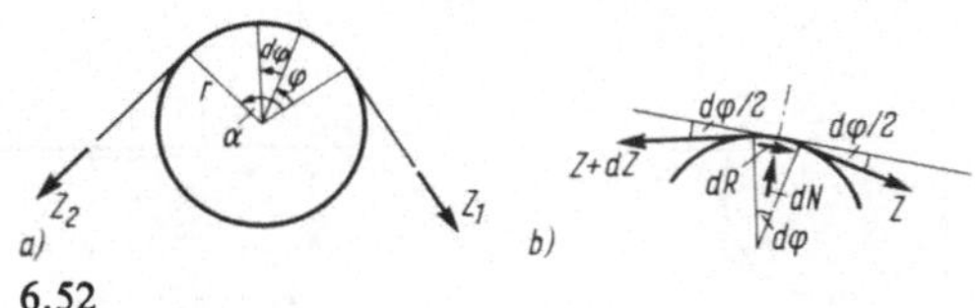

6.52

Betrachtet man nach Bild 6.52b ein Seilteilstückchen über dem Winkel $d\varphi$, so werden nach dem Schnittprinzip die Schnittkräfte angebracht. In den Schnittflächen wirken die Kräfte Z und $Z + dZ$, die den Winkel $d\varphi$ miteinander bilden. Von der Welle werden auf das Seilstückchen die Normalkraft dN und die Reibungskraft $dR = \mu\,dN$ ausgeübt. Die Gleichgewichtsbedingungen lauten

$$-Z\sin(d\varphi/2) - (Z + dZ)\sin(d\varphi/2) + dN = 0 \qquad (2Z + dZ)\sin(d\varphi/2) = dN$$

$$Z\cos(d\varphi/2) - (Z + dZ)\cos(d\varphi/2) + dR = 0 \qquad dZ\cos(d\varphi/2) = dR$$

Da $d\varphi$ genügend klein ist, kann man $\cos(d\varphi/2) \approx 1$ und $\sin(d\varphi/2) \approx d\varphi/2$ setzen. Da ferner dZ gegen $2Z$ vernachlässigt werden kann, vereinfachen sich die Gleichgewichtsbedingungen zu $Z\,\mathrm{d}\varphi = \mathrm{d}N$ und $\mathrm{d}Z = \mu\,\mathrm{d}N$. Aus diesen beiden Gleichungen ergibt sich die **Differentialgleichung der Seilreibung**

$$\frac{\mathrm{d}Z}{\mathrm{d}\varphi} = \mu Z \tag{6.78}$$

Gl. (6.78) wird umgestellt und anschließend auf beiden Seiten integriert

$$\frac{\mathrm{d}Z}{Z} = \mu\,\mathrm{d}\varphi \qquad \int \frac{\mathrm{d}Z}{Z} = \int \mu\,\mathrm{d}\varphi$$

Die Grenzen der unbestimmten Integrale werden so gewählt, daß die Integrationskonstante Null wird. Zum Umschlingungswinkel $\varphi = 0$ gehöre Z_1 und zu $\varphi = \alpha$ gehöre Z_2.

$$\int_{Z_1}^{Z_2} \frac{\mathrm{d}Z}{Z} = \mu \int_0^\alpha \mathrm{d}\varphi \qquad \ln \frac{Z_2}{Z_1} = \mu\alpha \qquad \frac{Z_2}{Z_1} = \mathrm{e}^{\mu\alpha}$$

$$Z_2 = Z_1 \mathrm{e}^{\mu\alpha} \tag{6.79}$$

Die gesamte Reibungskraft ist gleich der Differenz der Seilkräfte Z_2 und Z_1

$$R = Z_2 - Z_1 = Z_1(\mathrm{e}^{\mu\alpha} - 1) \tag{6.80}$$

Sie nimmt exponentiell mit dem Umschlingungswinkel zu und ist unabhängig von dem Wellendurchmesser!

Ist ein Treibriemen über eine kreisrunde Welle mit dem Radius r gelegt (Bild 6.52a), so kann auf die Welle ein Antriebsmoment gleich Reibungskraft mal Radius übertragen werden

$$M = Rr = Z_1 r(\mathrm{e}^{\mu\alpha} - 1)$$

Beispiel 6.51 Um eine Welle ist ein Seil gelegt, welches einen Körper mit der Gewichtskraft G trägt (Bild 6.53). Wie groß muß die haltende Kraft Z sein, damit der Körper nicht herabsinkt ($\mu = 0{,}2$)? Mit Gl. (6.79) erhält man mit

$$Z = \frac{G}{\mathrm{e}^{\mu\pi}} = G\mathrm{e}^{-0{,}2\pi} = G \cdot 0{,}533$$

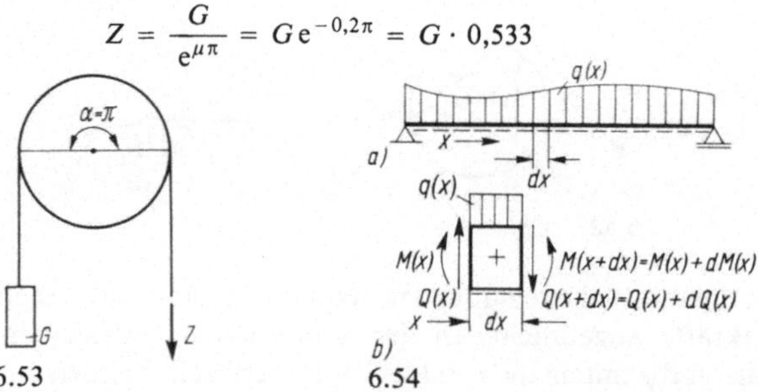

6.53   6.54

6.4.4 Schnittkräfte: Belastung − Querkraft − Biegemoment

Ist ein System, z. B. der im Bild 6.54a dargestellte Träger, im Gleichgewicht, so ist auch jedes Teil des Systems im Gleichgewicht (**Schnittprinzip**); in Bild 6.54b ist ein Balkenelement der Länge $\mathrm{d}x$ mit der Belastung $q(x)$, den Querkräften $Q(x)$ und $Q(x + \mathrm{d}x)$ und den Biegemomenten $M(x)$ und $M(x + \mathrm{d}x)$ dargestellt.

Aus dem Gleichgewicht der angreifenden Vertikalkräfte folgt

$$q(x) = -\frac{dQ(x)}{dx} \quad \text{und} \quad Q(x) = -\int q(x)\,dx \tag{6.81}$$

Aus dem Momentengleichgewicht der wirkenden Lasten folgt

$$Q(x) = \frac{dM(x)}{dx} \quad \text{und} \quad M(x) = \int Q(x)\,dx \tag{6.82}$$

Bei der Anwendung der vorstehenden Gleichungen muß beachtet werden, daß über Stellen, an denen sich die Belastung sprunghaft ändert, nicht hinwegintegriert werden darf. Die bei der Integration auftretenden additiven Konstanten bestimmen sich aus den gegebenen Randbedingungen.

Aus den Beziehungen Gl. (6.81) und (6.82) läßt sich der folgende Zusammenhang herleiten, den auch die Ergebnisse der Beispiele zeigen.

	Querkraft	Biegemoment
Im unbelasteten Bereich	konstant	linear
Unter der Angriffsstelle einer Einzellast	Sprung	Knick
Im Bereich konstanter Streckenlasten	linear	Parabel

Beispiel 6.52 Man bestimme für den nach Bild 6.55 gegebenen Einfeldbalken der Länge l, belastet durch eine dreieckförmig verteilte Belastung, die Querkräfte und Momente als Funktionen von x.

Die Auflagerkräfte ergeben sich aus der Gleichgewichtsbedingung $\sum M = 0$, angesetzt um die Auflagerpunkte A und B

$$\sum M_A = 0 = -F_B \cdot l + q \cdot \frac{l}{2} \cdot \frac{2l}{3} \qquad F_B = \frac{ql}{3}$$

$$\sum M_B = 0 = +F_A \cdot l - q \cdot \frac{l}{2} \cdot \frac{l}{3} \qquad F_A = \frac{ql}{6}$$

6.55

Die Belastungsgröße $q(x) = qx/l$ wird in Gl. (6.81) eingesetzt und anschließend integriert

$$Q(x) = -\int q(x)\,dx = -\int q\,\frac{x}{l}\,dx = -q\,\frac{x^2}{2l} + c_1$$

Die Integrationskonstante c_1 bestimmt sich aus der Bedingung, daß die Querkraft am linken Auflager gleich der Auflagerkraft F_A ist

$$Q(x = 0) = +c_1 = F_A = \frac{ql}{6} \quad \text{somit} \quad Q(x) = \frac{ql}{6} - \frac{qx^2}{2l} = q\left(\frac{l}{6} - \frac{x^2}{2l}\right)$$

Zur Kontrolle wird aus dieser Gleichung die Querkraft am Auflager B, d. h. bei $x = l$, ermittelt

$$Q(x = l) = q\left(\frac{l}{6} - \frac{l}{2}\right) = -\frac{ql}{3}$$

Die Funktion $Q(x)$ wird in Gl. (6.82) eingesetzt

$$M(x) = \int Q(x)\,\mathrm{d}x = \int q \left(\frac{l}{6} - \frac{x^2}{2l} \right) \mathrm{d}x = q \left(\frac{lx}{6} - \frac{x^3}{6l} \right) + c_2$$

Die Integrationskonstante c_2 bestimmt sich aus der Bedingung, daß das Biegemoment am linken Auflager verschwindet, da dort eine gelenkige Lagerung vorhanden ist.

$$M(x = 0) = +c_2 = 0 \quad \text{somit} \quad M(x) = \frac{q}{6} \left(lx - \frac{x^3}{l} \right)$$

Für $x = l$, d. h. am rechten Auflager, wird das Biegemoment Null.

Das Moment ist an der Stelle extremal, an der die Momentenfläche eine horizontale Tangente hat. Für diese Stelle gilt

$$\frac{\mathrm{d}M(x)}{\mathrm{d}x} = Q(x) = 0$$

An der Querkraftnullstelle ist also das Moment extremal. Damit wird

$$Q(x = x_0) = 0 = q \left(\frac{l}{6} - \frac{x_0^2}{2l} \right) \qquad x_0 = \frac{l}{\sqrt{3}}$$

$$M(x = x_0) = \max M = q \left(\frac{l^2}{6\sqrt{3}} - \frac{l^3}{6l \cdot 3\sqrt{3}} \right) = q\,\frac{l^2}{9\sqrt{3}} = \frac{ql^2}{15{,}6}$$

Die Querkraft- und Momentenflächen sind in Bild 6.55 dargestellt.

Bild 6.53 Man ermittle die Schnittkräfte für den in Bild 6.56 dargestellten Einfeldträger, der durch eine Einzellast F und eine konstante Gleichlast $q = 8F/(3l)$ belastet ist. Die Gleichgewichtsbedingungen liefern die Auflagerkräfte

$$\sum M_A = 0 = F \cdot \frac{l}{4} + \frac{8F}{3l} \cdot \frac{3l}{4} \cdot \frac{5l}{8} - F_B \cdot l \qquad F_B = \frac{3F}{2}$$

$$\sum M_B = 0 = F_A \cdot l - F \cdot \frac{3l}{4} - \frac{8F}{3l} \cdot \frac{3l}{4} \cdot \frac{3l}{8} \qquad F_A = \frac{3F}{2}$$

Es werden zwei Bereiche unterschieden

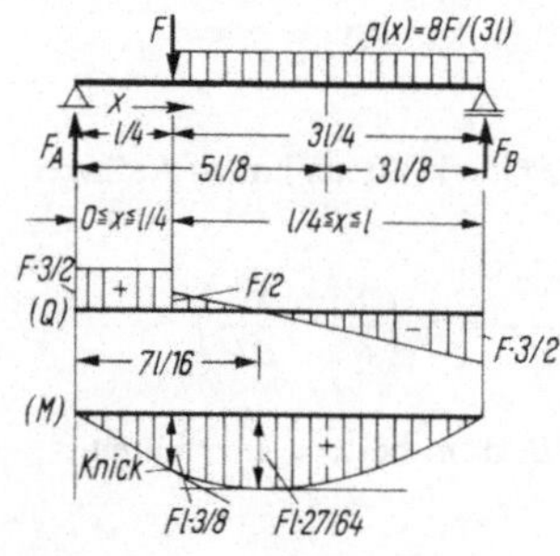

6.56

Bereich $0 \leqslant x \leqslant \dfrac{l}{4}$: Mit $q(x) = 0$ wird $Q(x) = -\int 0 \cdot \mathrm{d}x = c_1$.

Aus $Q(x = 0) = c_1 = F_A = 3F/2$ folgt $c_1 = 3F/2$; somit ist

$$Q(x) = \frac{3F}{2}$$

Hiermit wird $M(x) = \int \dfrac{3F}{2}\,\mathrm{d}x = \dfrac{3F}{2}\,x + c_2.$

Aus $M(x = 0) = 0$ (gelenkige Lagerung) folgt $c_2 = 0$; somit ist

$$M(x) = \frac{3F}{2}\,x$$

Bereich $\dfrac{l}{4} \leqslant x \leqslant l$: Mit $q(x) = \dfrac{8F}{3l}$ wird $Q(x) = -\int \dfrac{8F}{3l}\,\mathrm{d}x = -\dfrac{8F}{3l}\,x + c_3$. Rechts der Angriffs-
stelle von F ist $Q = (3F/2) - F = F/2$. Damit wird

$$Q\left(x = \frac{l}{4}\right) = -\frac{8F}{3l} \cdot \frac{l}{4} + c_3 = \frac{F}{2}$$

Daraus folgt $c_3 = 7F/6$; somit ist

$$Q(x) = F\left(\frac{7}{6} - \frac{8}{3l}\,x\right)$$

Hiermit wird $M(x) = \int \left(\dfrac{7F}{6} - \dfrac{8F}{3l}\,x\right)\mathrm{d}x = \dfrac{7F}{6}\,x - \dfrac{8F}{3l} \cdot \dfrac{x^2}{2} + c_4$. Da $M(x = l/4) =$

$\dfrac{3F}{2} \cdot \dfrac{l}{4} = \dfrac{3Fl}{8}$ ist, folgt $\dfrac{7F}{6} \cdot \dfrac{l}{4} - \dfrac{8F}{3l} \cdot \dfrac{l^2}{32} + c_4 = \dfrac{3Fl}{8}$. Daraus wird $c_4 = \dfrac{Fl}{6}$ und
schließlich

$$M(x) = F\left(\frac{l}{6} + \frac{7}{6}\,x - \frac{4}{3l}\,x^2\right)$$

In Bild 6.56 ist der Verlauf der Querkräfte und Momente skizziert. Von besonderem Interesse ist das Maximalmoment, das an der Querkraftnullstelle auftritt.
Es ist $Q = 0$, wenn $7/6 - 8x_0/(3l) = 0$ ist. Daraus erhält man $x_0 = 7 \cdot l/16$. An dieser Stelle wirkt

$$\max M = Fl\left(\frac{1}{6} + \frac{7}{6} \cdot \frac{7}{16} - \frac{4 \cdot 7^2}{3 \cdot 16^2}\right) = \frac{27}{64}\,Fl$$

6.4.5 Biegelinie

Die Gleichung der Biegelinie $w(x)$ eines auf Biegung beanspruchten Balkens (Bild 6.57) läßt sich mit der Differentialgleichung der Biegelinie (elastische Linie) ermitteln (Abschn. 5.3.4).

$$\frac{\mathrm{d}^2 w}{\mathrm{d}x^2} = \frac{\mathrm{d}w'}{\mathrm{d}x} = w'' = -\frac{M(x)}{EI(x)} \qquad (6.83)$$

Hierin ist $w(x)$ die Funktion der Biegelinie, $M(x)$ das durch die Belastung hervorgerufene Biegemoment (Abschn. 6.4.4), $I(x)$ das u. U. längs der Stabachse veränderliche, auf die Nullinie bezogene Flächenmoment 2. Grades des Stabquerschnitts (Abschn. 6.4.1) und E der Elastizitätsmodul. In der Elastizitätslehre ist es üblich, das (x, w)-Koordinatensystem, wie in Bild 6.57 dargestellt, einzuführen, d. h. die Ordinatenachse nach unten positiv zu

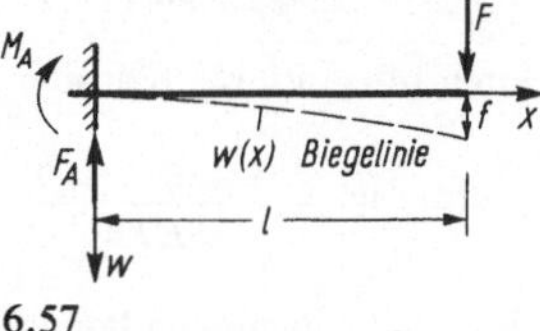

6.57

zählen. Nach Gl. (6.83) ist das Moment $M(x)$ proportional der zweiten Ableitung der Durchbiegung $w(x)$ nach der längs der Stabachse verlaufenden unabhängigen Veränderlichen x. Daher ergibt sich die Biegelinie $w(x)$ durch zweimaliges Integrieren von Gl. (6.83); es wird

$$w' = -\frac{1}{E}\left[\int \frac{M(x)}{I(x)}\,dx + c_1\right] \tag{6.84}$$

$$w = -\frac{1}{E}\left\{\int\left[\int \frac{M(x)}{I(x)}\,dx + c_1\right]dx + c_2\right\} \tag{6.85}$$

Es ist zu beachten, daß über Stellen, an denen der Ausdruck $M(x)/I(x)$ einen Sprung oder Knick aufweist, nicht hinwegintegriert werden kann. Die Integrationskonstanten müssen aus den Randbedingungen bestimmt werden. Häufig ist das axiale Flächenmoment $I(x)$ über die Stablänge konstant, in diesen Fällen vereinfacht sich Gl. (6.83)

$$w'' = -\frac{M(x)}{EI} \tag{6.86}$$

Zwischen Belastung und Biegelinie läßt sich ein Zusammenhang herleiten. Nach Differentiation von Gl. (6.86) erhält man unter Berücksichtigung von Gl. (6.82)

$$w''' = -\frac{Q(x)}{EI} \tag{6.87}$$

Nach erneuter Differentiation unter Berücksichtigung von Gl. (6.81) wird

$$w^{(4)} = \frac{q(x)}{EI} \tag{6.88}$$

Aus dieser Gleichung läßt sich durch viermalige Integration die Biegelinie ermitteln, wenn die Belastung gegeben ist; jedoch müssen dann vier Integrationskonstanten bestimmt werden.

Beispiel 6.54 Man ermittle für den in Bild 6.58 gegebenen Einfeldträger der Länge l, belastet durch eine Dreieckslast, die Gleichung der Biegelinie. Gesucht sind auch die Größe und der Ort der Maximaldurchbiegung.

Mit der Auflagerkraft $F_A = ql/6$ (Beispiel 6.52) wird das Biegemoment

$$M(x) = \frac{ql}{6}x - \frac{qx}{l}\cdot\frac{x}{2}\cdot\frac{x}{3} = \frac{q}{6}\left(lx - \frac{x^3}{l}\right)$$

Dieser Ausdruck wird in Gl. (6.86) eingesetzt. Es wird

$$w'' = -\frac{q}{6EI}\left(lx - \frac{x^3}{l}\right)$$

Durch Integration erhält man

$$w' = -\frac{q}{6EI}\left(\frac{lx^2}{2} - \frac{x^4}{4l} + c_1\right) \quad \text{und} \quad w = -\frac{q}{6EI}\left(\frac{lx^3}{6} - \frac{x^5}{20l} + c_1 x + c_2\right)$$

Die Randbedingungen lauten: Die Durchbiegungen an den Auflagern sind Null.

Aus $w(x = 0) = 0$ folgt $c_2 = 0$. Aus $w(x = l) = 0$ folgt $(l^4/6) - (l^4/20) + c_1 l = 0$ und daraus $c_1 = -7l^3/60$.

Damit wird die Gleichung der Biegelinie, wenn noch $\xi = x/l$ eingeführt wird,

$$w = -\frac{q}{6EI}\left(\frac{lx^3}{6} - \frac{x^5}{20l} - \frac{7l^3}{60}x\right) = \frac{ql^4}{360EI}(7\xi - 10\xi^3 + 3\xi^5)$$

An der Stelle der größten Durchbiegung muß die Biegelinie eine horizontale Tangente haben, d. h. dort muß die erste Ableitung Null sein. Die Gleichung der Biegelinie wird differenziert. Man erhält

$$w' = -\frac{q}{6EI}\left(\frac{lx^2}{2} - \frac{x^4}{4l} - \frac{7l^3}{60}\right) = \frac{ql^3}{360EI}(15\xi^4 - 30\xi^2 + 7)$$

Aus $w' = 0$ folgt $15\xi_0^4 - 30\xi_0^2 + 7 = 0$

Die Gleichung 4. Grades läßt sich auf eine Gleichung 2. Grades zurückführen. Setzt man $\xi_0^2 = u$, so wird

$$u^2 - 2u + \frac{7}{15} = 0; \quad u_{1,2} = +1 \pm \sqrt{1 - \frac{7}{15}} = +1 \pm 0{,}730; \quad u_1 = +1{,}730 \quad u_2 = +0{,}270$$

Mit $\xi_0^2 = u$ ergibt sich dann die eine brauchbare Lösung $\xi_0 = \sqrt{0{,}270} = 0{,}519$, da $\xi_0 = \sqrt{1{,}730}$ nicht im Balkenbereich $0 \leqslant \xi \leqslant 1$ liegt. Diesen Wert in die Gleichung der Biegelinie eingesetzt, liefert

$$w(x_0 = 0{,}519 l) = \max w = f = 0{,}00652\,\frac{ql^4}{EI}$$

Das Ergebnis zeigt, daß die Größtdurchbiegung etwa in Trägermitte auftritt.

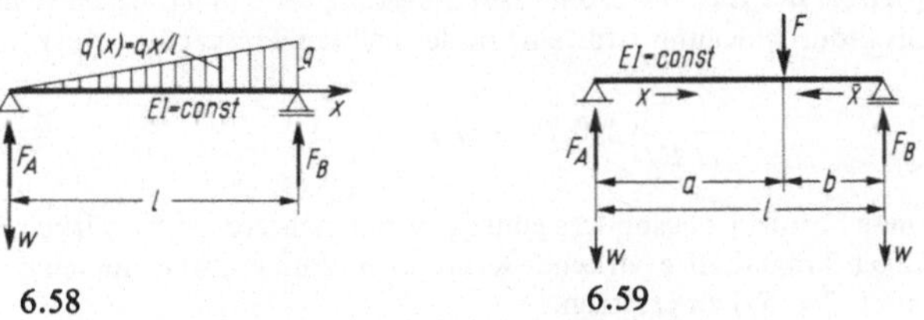

6.58   6.59

Beispiel 6.55 Man ermittle für das in Bild 6.59 dargestellte System die Gleichung der Biegelinie.

Mit $\alpha = a/l$ und $\beta = b/l$ erhält man für die Auflagerkräfte $F_A = \beta F$ und $F_B = \alpha F = (1 - \beta)F$ und für die Momente, da zwei Bereiche (links von F und rechts von F) unterschieden werden müssen

$$M(x) = \beta Fx \quad \text{für} \quad 0 \leqslant x \leqslant a \qquad\qquad M(\bar{x}) = \alpha F\bar{x} \quad \text{für} \quad 0 \leqslant \bar{x} \leqslant b$$

Damit lauten die beiden Differentialgleichungen der Biegelinie

$$w''(x) = -\frac{\beta F}{EI}x = \frac{\beta F}{EI}(-x) \qquad\qquad w''(\bar{x}) = -\frac{\alpha F}{EI}\bar{x} = \frac{\beta F}{EI}\left(-\frac{\alpha}{\beta}\bar{x}\right)$$

Durch Integration wird erhalten

$$w'(x) = \frac{\beta F}{EI}\left(-\frac{x^2}{2} + c_1\right) \qquad\qquad w'(\bar{x}) = \frac{\beta F}{EI}\left(-\frac{\alpha}{\beta}\cdot\frac{\bar{x}^2}{2} + \bar{c}_1\right)$$

$$w(x) = \frac{\beta F}{EI}\left(-\frac{x^3}{6} + c_1 x + c_2\right) \qquad\qquad w(\bar{x}) = \frac{\beta F}{EI}\left(-\frac{\alpha}{\beta}\cdot\frac{\bar{x}^3}{6} + \bar{c}_1\bar{x} + \bar{c}_2\right)$$

Aus $w(x = 0) = 0$ folgt $c_2 = 0$ und aus $w(\bar{x} = 0) = 0$ folgt $\bar{c}_2 = 0$. Unter der Lastangriffsstelle hat die Biegelinie keinen Sprung oder Knick; daher gilt

$$w(x = a) = w(\bar{x} = b) \qquad -\frac{a^3}{6} + c_1 a = -\frac{\alpha}{\beta} \cdot \frac{b^3}{6} + \bar{c}_1 b$$

$$w'(x = a) = -w'(\bar{x} = b) \qquad -\frac{a^2}{2} + c_1 = -\left(-\frac{\alpha}{\beta} \cdot \frac{b^2}{2} + \bar{c}_1\right)$$

Das Minuszeichen bei der letzten Bedingung muß mit Rücksicht auf die gewählten Koordinatenrichtungen eingeführt werden.

Aus den beiden Bestimmungsgleichungen für c_1 und $\bar{c}_1$ erhält man $c_1 = l^2(1 - \beta^2)/6$. Damit wird mit $\xi = x/l$ die Durchbiegung im linken Trägerbereich (links der Kraft)

$$w(\xi) = \frac{Fl^3}{6EI} \cdot \beta\xi(1 - \beta^2 - \xi^2)$$

An der Stelle der größten Durchbiegung ist die Tangente an die Biegelinie horizontal.
Aus $w'(\xi_0) = 0$ folgt

$$1 - \beta^2 - 3\xi_0^2 = 0 \quad \text{und} \quad \xi_0 = \sqrt{\frac{1 - \beta^2}{3}}$$

Ist $\beta = 1/2$, d. h. wirkt die Kraft in Trägermitte, so ist $\xi_0 = 1/2$, d. h. die größte Durchbiegung tritt in Trägermitte auf; sie ist dann $w(\xi = 1/2) = f = Fl^3/(48\,EI)$. Wirkt die Kraft nahe am Auflager B, so ist $\beta \approx 0$. Für $\beta = 0$ wird $\xi_0 = 0{,}577$ (auch $\approx 0{,}5$); daraus folgt, daß unabhängig von dem Angriffsort der Last die größte Durchbiegung etwa in Trägermitte auftritt. Mit $\xi_0 \approx 1/2$ wird somit die Größtdurchbiegung f für eine in der rechten Trägerhälfte wirkenden Kraft F

$$f \approx \frac{Fl^3}{12\,EI}\, \beta(0{,}75 - \beta^2)$$

Diese Formel ist besonders günstig, wenn mehrere Kräfte wirken. Ist die Durchbiegung für eine in der linken Trägerhälfte wirkende Kraft zu bestimmen, so ist in den angegebenen Formeln β durch α und ξ durch $\bar{\xi} = \bar{x}/l$ zu ersetzen.

6.4.6 Aufgaben zu Abschnitt 6.4

1. Man bestimme die durch die Abszissen a und $b > a$, durch die x-Achse und durch die Kurve der Funktion $y = x^3 \, \text{cm}^{-2} - x^2 \, \text{cm}^{-1} + 1 \, \text{cm}$ begrenzte Fläche.

2. Das Schnittbiegemoment eines durch eine konstante Streckenlast q belasteten Einfeldträgers (Bild 6.60) hat die Funktion $M(x) = ql^2/8 \cdot (4x/l - 4x^2/l^2)$. Man ermittle den Inhalt der Momentenfläche.

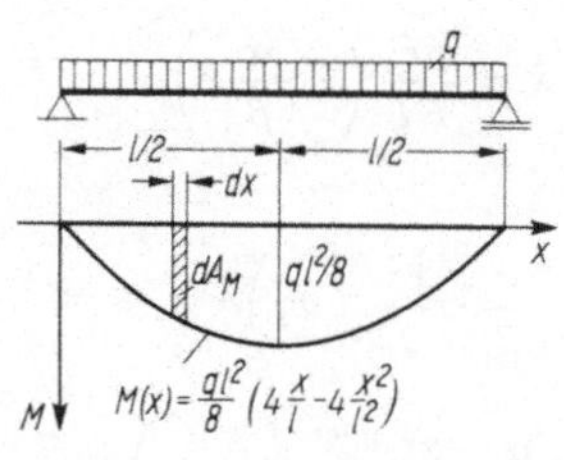

6.60

3. Man berechne die Gewichtskraft des in Bild 6.61 dargestellten Halbrundniets mit $d =$ 16 mm, $D = 28$ mm, $k = 11,5$ mm, $l = 80$ mm und $\gamma = 78,5$ N/dm^3.

4. Man berechne Fläche A und Bogenlänge s der logarithmischen Spirale $r = c\,e^{n\varphi}$ im ersten Quadranten (Bild 6.62).

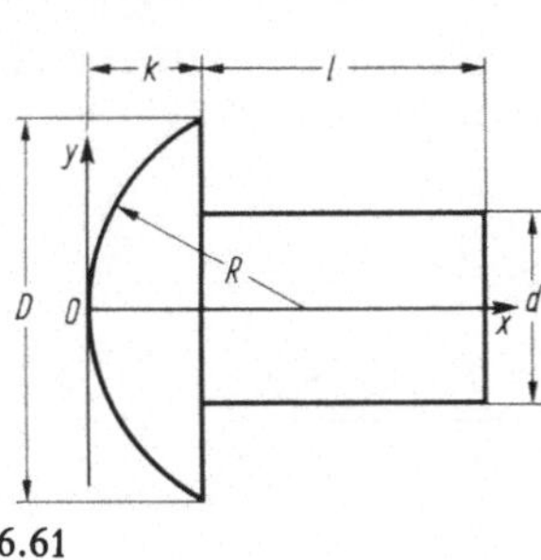
6.61

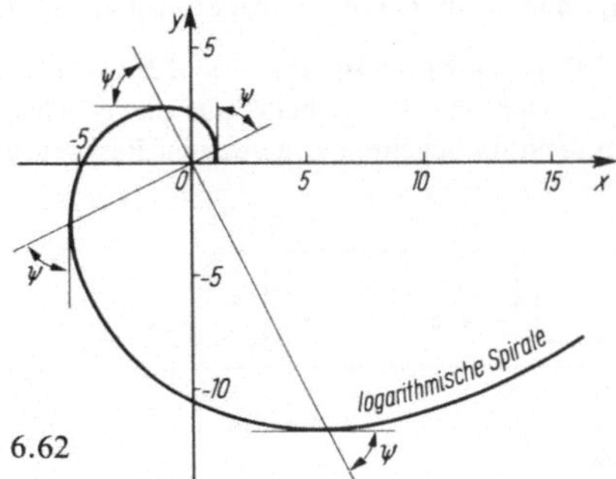

6.62

5. Die Parabeln $y = 3x^2/$cm und $y = [x^2/(2\text{ cm})] + 1$ cm bestimmen den Querschnitt einer Linse (Bild 6.63). Welches Volumen hat diese Linse? Hinweis: Man benutze den ersten Ausdruck in Gl. (6.55) und bilde die Differenz zweier Volumen.

6. Man ermittle die Resultierende R und die Lage der Resultierenden der im Bild 6.64 dargestellten dreieckförmigen Streckenlast.

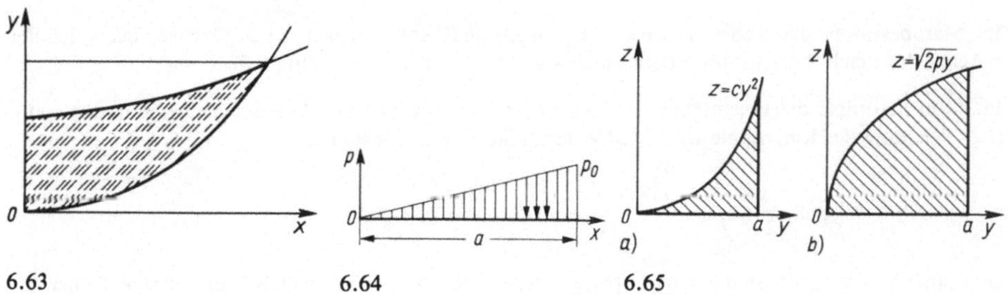

6.63   6.64   6.65

7. Wo liegen die Schwerpunkte der beiden in Bild 6.65 a und b dargestellten parabolischen Querschnitte, die durch die Funktionen $y = cx^2$ und $y = \sqrt{2px}$ sowie die Abszissen Null und a bestimmt sind?

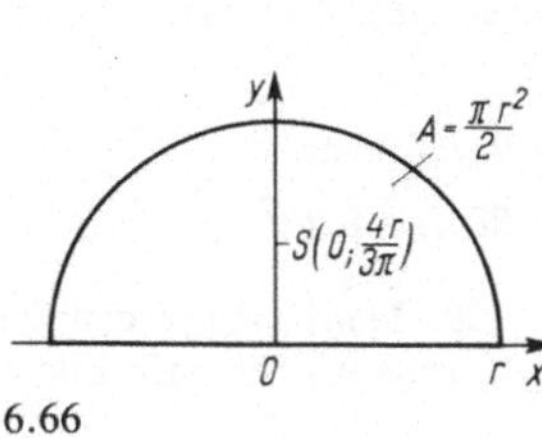

6.66

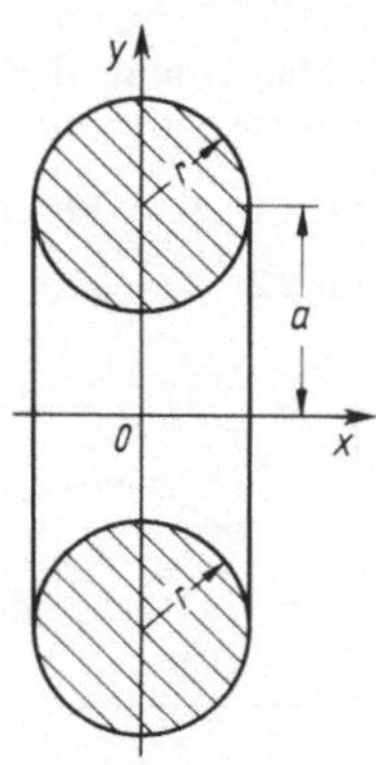

8. Das Volumen einer Kugel mit dem Radius r ist mit der Guldin-Regel zu bestimmen (Bild 6.66).

9. Man bestimme das Volumen und die Oberfläche eines Kreisringkörpers (Torus) (Bild 6.67).

6.67

10. Für den in Bild 6.68 dargestellten Ring aus Winkelstahl ist die Masse gesucht. Es sind $a = 600$ mm, $b = 140$ mm und $d = 15$ mm sowie $\varrho = 7,80$ kg/dm³. Hinweis: Der Ring kann aus zwei Hohlzylindern zusammengesetzt werden.

11. Man bestimme den Schwerpunkt des in Aufgabe 3 untersuchten Halbrundniets.

12. Gegeben ist die Parabel $y = 4$ cm $- x^2/(4$ cm$)$. Gesucht ist eine zweite Parabel mit den gleichen Nullstellen und dem Scheitel auf der y-Achse so, daß der Schwerpunkt der Fläche zwischen beiden Parabeln im Scheitel der gesuchten Parabel liegt.

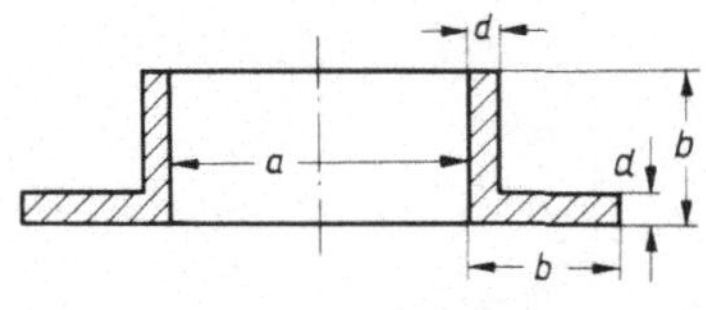

6.68

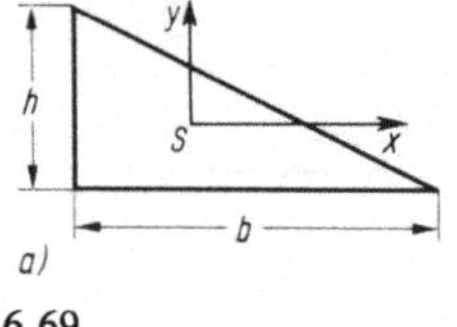
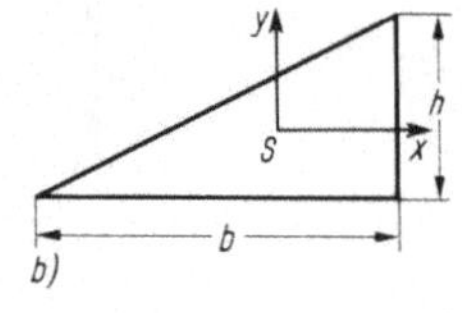

6.69

13. Man ermittle die Flächenmomente 2. Grades I_x, I_y und I_{xy} der in Bild 6.69a und b dargestellten Querschnitte.

14. Die Parabel $y^2 = 6x$ rotiert um die x-Achse. Man bestimme die Mantelfläche und den Schwerpunkt des entstandenen Rotationsparaboloids im Bereich $0 \leqslant x \leqslant 12$. Hinweis: Man substituiere $u = \sqrt{9 + 6x}$ oder $v = 9 + 6x$.

15. Man bestimme den Schwerpunkt und das axiale Flächenmoment 2. Grades bezüglich der x-Achse des Flächenstücks unter dem Sinusbogen $y = a \sin(x/a)$, s. Bild 6.70.

16. Man bestimme die Bogenlänge der Kettenlinie $y = a \cosh(x/a)$ zwischen $x = 0$ und $x = x_0$. Die Gleichung der Kettenlinie wird häufig durch die Parabelgleichung

$$y = a\left(1 + \frac{x^2}{2a^2}\right)$$

angenähert. Wie groß ist die Bogenlänge dieser Parabel? Wie groß ist der relative Fehler bei $x_0 = a$?

17. Wie groß ist die Fläche unter der Kurve $y = a\,e^{-\delta t}\sin(\omega t + \varphi)$ zwischen den Abszissen $t = -\varphi/\omega$ und $t = (-\varphi + \pi)/\omega$?

18. Man ermittle den Höhenunterschied Δh zwischen den Stationen 1 und 2, wenn folgende Meßwerte vorliegen:

Station 1 $t_1 = 10\,°$C $p_1 = 937,1$ mbar

Station 2 $t_2 = 17,3\,°$C $p_2 = 883,1$ mbar

19. Man ermittle den Verlauf der Querkraft und des Moments für den nach Bild 6.71 gegebenen Freiträger.

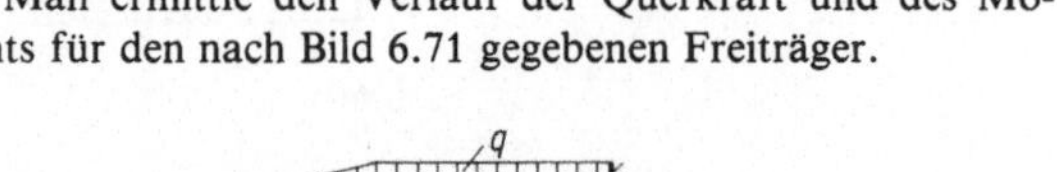

6.70

6.71

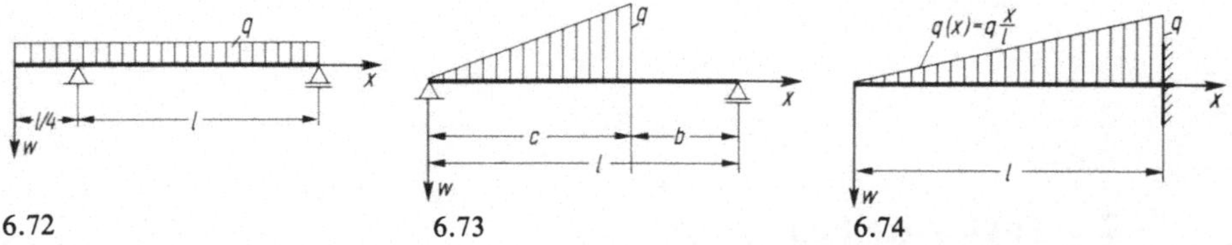

6.72   6.73   6.74

20. Man ermittle den Verlauf der Querkraft und des Moments für den nach Bild 6.72 gegebenen Einfeldträger mit einseitigem Kragarm. Man gebe die Querkraftnullstelle und das Maximalmoment an.

21. Man ermittle den Verlauf der Querkraft und des Moments für den nach Bild 6.73 gegebenen Einfeldträger und gebe die Querkraftnullstelle und das Maximalmoment an.

22. Für den in Bild 6.74 dargestellten Freiträger bestimme man die Gleichung der Biegelinie, die größte Durchbiegung f und die Neigung am Freiträgerende.

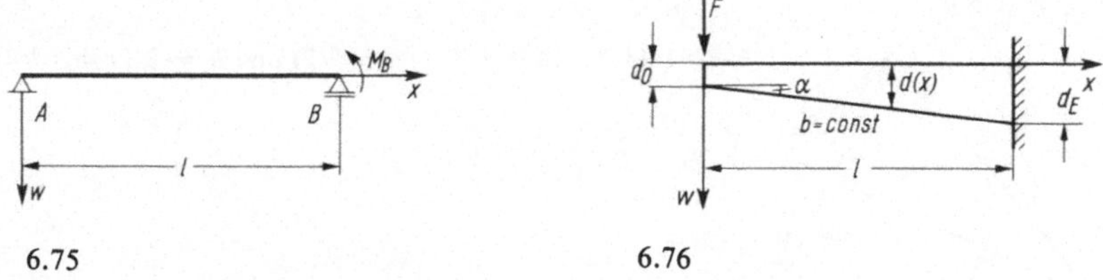

6.75   6.76

23. Man ermittle die Gleichung der Biegelinie und die Auflagerdrehwinkel für den in Bild 6.75 dargestellten Einfeldträger mit einem an der Stütze B angreifenden Biegemoment M_B.

24. Man ermittle die Biegelinie des in Bild 6.76 dargestellten Freiträgers mit über der Stablänge veränderlichem Flächenmoment zweiten Grades.

7 Taylor-Reihen

7.1 Approximation durch Ersatzfunktionen

Beispiel 7.1 Ist a die Länge der zu einem Kreisbogen vom Zentriwinkel ϑ und Radius r gehörigen Sehne (Bild 7.1), b die Länge der zum halben Kreisbogen gehörigen Sehne, so ist die Länge des ganzen Kreisbogens s nahezu gleich $(8b - a)/3$. Man schätze den Fehler für $r = 1$ m und $\vartheta = 1°$, $\vartheta = 30°$ und $\vartheta = 60°$.

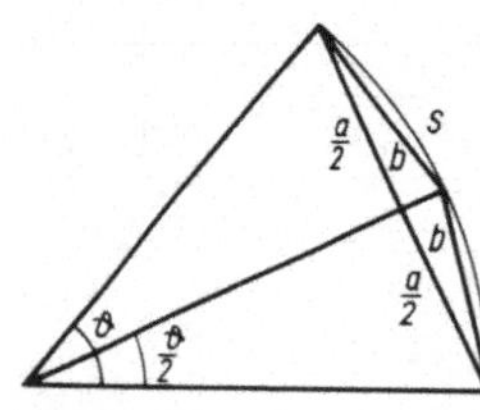

7.1

Nach Bild 7.1 ist $a = 2 \cdot r \sin(\vartheta/2)$ und $b = 2 \cdot r \sin(\vartheta/4)$. Damit wird

$$s \approx \frac{8b - a}{3} = \frac{r}{3}\left(16\sin\frac{\vartheta}{4} - 2\sin\frac{\vartheta}{2}\right) \tag{7.1}$$

Um den begangenen Fehler gegenüber dem exakten Wert $s = r\vartheta$ zu beurteilen, kann man die rechte Seite von Gl. (7.1) in eine Potenzreihe nach Potenzen von ϑ (Taylor-Reihe) entwickeln und damit Aussagen über den Fehler herleiten. Dies wird in Beispiel 7.2 erfolgen.

In diesem Beispiel wird die Funktion $f(\vartheta) = r\vartheta$ durch die Ersatzfunktion $g(\vartheta) = (8b - a)/3$ ersetzt, wobei sich ein Fehler $R(\vartheta)$ ergibt. Allgemein gilt

$$f(x) = g(x) + R(x) \tag{7.2}$$

Je nachdem, aus welcher Funktionsklasse die Ersatzfunktion $g(x)$ gewählt wird und nach welchem Kriterium die Approximation (Annäherung) möglichst gut sein soll, ergeben sich unterschiedliche Formen der Gl. (7.2).

Bei der Taylor-Approximation, die in diesem Abschnitt besprochen werden soll, gilt, daß in der Umgebung einer Stelle $x = x_0$, an der die Funktion $f(x)$ mehrfach differenzierbar ist, die Potenzreihe $g(x)$ die Funktion $f(x)$ möglichst gut annähern soll. Bevor der Taschenrechner selbstverständliches Arbeitsmittel der Ingenieure wurde, benutzte man die Taylor-Reihen häufig auch zur numerischen Berechnung und Tabellierung elementarer transzendenter Funktionen, wie z. B. e^x, $\sin x$, $\cos x$, $\tan x$, $\arctan x$ oder $\ln x$, den sogenannten Standardfunktionen. Dies kann heute durch einen Tastendruck auf einem Taschenrechner bewirkt werden. Daher wird auf diese Frage im folgenden nur kurz hingewiesen werden.

Bevor jedoch die Methode der Taylor-Reihen behandelt wird, sei auf andere Approximationsprinzipien hingewiesen, die heute in der Angewandten Mathematik, besonders in der Numerischen Mathematik große Bedeutung haben und Grundlage der Programme von

Rechenanlagen bzw. der Schaltkreise von Taschenrechnern zur Berechnung o. a. Funktionen sind.

Verlangt man, daß die Ersatzfunktion $g(x)$ in $(n + 1)$ vorgegebenen Punkten mit der gegebenen Funktion $f(x)$ übereinstimmt, erhält man eine Interpolationsaufgabe. Hierbei ist zu unterscheiden, ob $g(x)$ aus der Klasse der Polynome, der Klasse der gebrochenen rationalen Funktionen oder der stückweise aneinandergefügten Polynome (Spline-Funktionen) entnommen werden soll.

Gibt man eine Linearkombination von n Ersatzfunktionen $g(x) = \sum\limits_{k=1}^{n} c_k g_k(x)$ vor und wählt die Koeffizienten c_k so, daß $g(x)$ in einem vorgegebenen Intervall $a \leqslant x \leqslant b$ im quadratischen Mittel möglichst wenig von der vorgegebenen Funktion $f(x)$ abweichen soll, so erhält man die Approximationsaufgabe von Gauß, die in der Mathematischen Physik zur Lösung komplizierter Differentialgleichungen wie zur Approximation periodischer Funktionen (Fourier-Reihen) Bedeutung hat. Soll ein Ersatzpolynom vom Grade n im quadratischen Mittel möglichst wenig von $m > n + 1$ vorgegebenen Punkten abweichen, so liegt ein Problem der Ausgleichungsrechnung vor, die in Abschn. 10 angewandt wird. Für Ersatzfunktionen, die auf Taschenrechnern oder Rechenanlagen Funktionen $f(x)$ in einem vorgegebenen Intervall möglichst gut approximieren sollen, verlangt man nach Tschebyscheff, daß der Betrag der maximalen Abweichung möglichst klein wird.

Leider kann im Rahmen dieses Buches nicht weiter darauf eingegangen werden. Es sei besonders auf [12] verwiesen.

7.2 Taylor-Formel

Ist die gegebene Funktion $y = f(x)$ an der Stelle x_0 insgesamt $(n + 1)$-mal differenzierbar, so gilt die Taylor-Formel

$$\left.\begin{aligned}
f(x) = f(x_0) &+ f'(x_0)(x - x_0) + \frac{f''(x_0)}{2!}(x - x_0)^2 + \\
&+ \frac{f'''(x_0)}{3!}(x - x_0)^3 + \cdots + \frac{f^{(n)}(x_0)}{n!}(x - x_0)^n + R_{n+1}(x) \\
R_{n+1}(x) = {}&\frac{f^{(n+1)}(x_\mathrm{m})}{(n + 1)!}(x - x_0)^{n+1}
\end{aligned}\right\} \qquad (7.3)$$

Der erste Teil dieser Gleichung ist ein Polynom in $(x - x_0)$, dessen Koeffizienten aus den Ableitungen der gegebenen Funktion $f(x)$ berechenbar sind. Die Güte der Annäherung zwischen der Ersatzfunktion und der Ausgangsfunktion wird durch das Restglied $R_{n+1}(x)$ angegeben. Sein Wert kann im allgemeinen nur geschätzt werden. Dabei liegt x_m irgendwo im Intervall zwischen x und x_0. Der Beweis, auf den hier verzichtet wird, folgt aus dem Mittelwertsatz der Integralrechnung. Das Ersatzpolynom $g(x)$ hat, wie man durch Differenzieren bestätigen kann, die Eigenschaft, daß es an der Stelle x_0 einschließlich seiner ersten n Ableitungen mit $f(x)$ übereinstimmt. Dadurch wird eine besonders gute Annäherung in der Umgebung von $x = x_0$ erreicht, wie man auch an Bild 7.2 erkennt.

Wichtig ist der Spezialfall $x_0 = 0$. Aus Gl. (7.3) folgt dann die MacLaurin-Formel

$$\left.\begin{array}{c} f(x) = f(0) + f'(0)x + \dfrac{f''(0)}{2!}\,x^2 + \dfrac{f'''(0)}{3!}\,x^3 + \cdots + \\[2ex] + \dfrac{f^{(n)}(0)}{n!}\,x^n + R_{n+1}(x) \\[2ex] \text{mit}\qquad R_{n+1}(x) = \dfrac{f^{(n+1)}(x_m)}{(n+1)!}\,x^{n+1} \end{array}\right] \qquad (7.4)$$

Gilt

$$\lim_{n \to \infty} R_{n+1}(x) = 0 \qquad (7.5)$$

für alle x oder für alle x in einem Intervall, so geht die Taylor-Formel (7.3) in eine konvergente Taylor-Reihe

$$f(x) = \sum_{i=0}^{\infty} \frac{(x - x_0)^i}{i!}\,f^{(i)}(x_0) \qquad (7.6)$$

über. Der erste Summand für $i = 0$ lautet $f(x_0)$. Taylor-Reihen sind Potenzreihen. Im Inneren ihres Konvergenzintervalls dürfen sie differenziert und integriert sowie miteinander mutlipliziert werden, ohne ihre Konvergenz zu verlieren.

Numerische Berechnung von Reihen Wie bereits in Abschn. 7.1 gesagt, erfolgt die Programmierung der Standardfunktionen auf Taschenrechnern und Rechenanlagen nicht nach Taylor, sondern nach den Kriterien von Tschebyscheff. Der Aufwand zur Berechnung der Ersatzfunktionen ist zwar erheblich größer (s. [12]), die numerische Rechnung in jedem Einzelfall bei vorgegebenem zulässigem Fehler aber geringer. Letzteres ist entscheidend, da die Berechnung der Ersatzfunktion nur einmal erfolgen muß. Sucht man jedoch numerische Werte für Funktionen, die nicht programmiert vorliegen, ist die Verwendung von Taylor-Reihen zweckmäßig. Hierzu kann der Quotient zweier aufeinanderfolgender Glieder verwendet werden. Man schreibt

$$q(i) = \frac{a_i}{a_{i-1}}$$

dann ist

$$a_i = q(i)a_{i-1} \quad \text{mit} \quad a_i = \frac{(x - x_0)^i}{i!}\,f^{(i)}(x_0) \qquad (7.7)$$

Damit kann das folgende Glied a_i aus dem bekannten vorhergehenden a_{i-1} und dem Quotienten $q(i)$ berechnet werden.

7.3 Spezielle Reihen

7.3.1 Trigonometrische und hyperbolische Reihen

Da bei der Sinusfunktion der Funktionswert und sämtliche Ableitungen für $x_0 = 0$ berechenbar sind, kann Gl. (7.4) benutzt werden. Man erhält

$$
\begin{aligned}
f(x) &= \sin x & f(0) &= 0 \\
f'(x) &= \cos x & f'(0) &= 1 \\
f''(x) &= -\sin x & f''(0) &= 0 \\
f'''(x) &= -\cos x & f'''(0) &= -1 \\
f^{(4)}(x) &= \sin x & f^{(4)}(0) &= 0 \\
\cdots & & \cdots &
\end{aligned}
$$

Damit wird die Sinusreihe

$$
\sin x = x - \frac{x^3}{3!} + \frac{x^5}{5!} - \frac{x^7}{7!} + \cdots + R_{n+1}(x) = \sum_{i=0}^{\infty} (-1)^i \frac{x^{2i+1}}{(2i+1)!} \tag{7.8}
$$

$$
\text{mit} \qquad R_{n+1}(x) = \pm \frac{x^{2n+1}}{(2n+1)!} \cos x_m \tag{7.9}
$$

Alle geradzahligen Ableitungen werden für $x = 0$ gleich Null, daher kann das Restglied stets als Cosinusglied mit einem ungeradzahligen Exponenten gewählt werden. Da die Cosinuswerte für alle x_m zwischen ± 1 liegen, erhält man für das Restglied

$$
|R_{n+1}(x)| \leqslant \frac{|x^{2n+1}|}{(2n+1)!}
$$

Es gilt also Gl. (7.5).

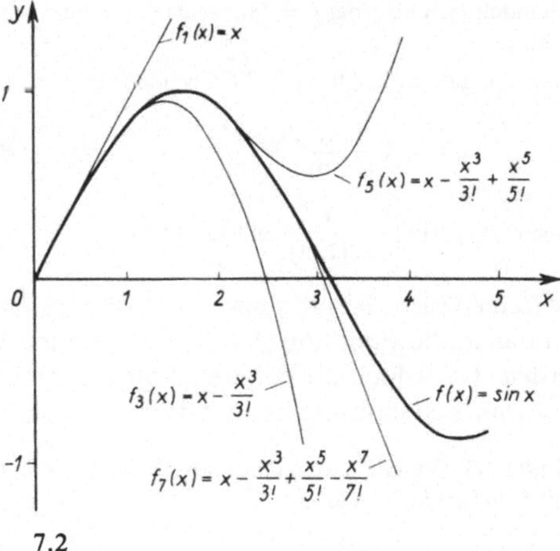

7.2

Bild 7.2 zeigt die Sinuskurve sowie die Ersatzfunktionen, die sich aus den ersten Gliedern der rechten Seite von Gl. (7.8) zusammensetzen. Die Kurven der Ersatzfunktionen schmiegen sich der Sinuskurve um so besser an, je mehr Glieder hinzugenommen werden. Ist x wesentlich kleiner als Eins, z. B. $x = 0{,}0175$ rad $= 1°$, so wird bereits das Glied $-x^3/(3!)$ so klein, daß es meist vernachlässigt werden kann. Dann erhält man die aus der Trigonometrie bekannte Näherungsformel $\sin x \approx x$ für kleine x.

Beispiel 7.2　Man beantworte die in Beispiel 7.1 gestellte Frage.

Aus Gl. (7.8) folgt

$$\sin\frac{\vartheta}{2} = \frac{\vartheta}{2} - \frac{1}{6}\frac{\vartheta^3}{8} + R_{31}\left(\frac{\vartheta}{2}\right) \qquad \sin\frac{\vartheta}{4} = \frac{\vartheta}{4} - \frac{1}{6}\frac{\vartheta^3}{64} + R_{32}\left(\frac{\vartheta}{4}\right)$$

Damit wird aus Gl. (7.1)

$$\frac{1}{3}(8b - a) = \frac{r}{3}\left[16\left(\frac{\vartheta}{4} - \frac{1}{6}\frac{\vartheta^3}{64} + R_{32}\left(\frac{\vartheta}{4}\right)\right) - 2\left(\frac{\vartheta}{2} - \frac{1}{6}\frac{\vartheta^3}{8} + R_{31}\left(\frac{\vartheta}{2}\right)\right)\right]$$

$$= r\vartheta + \frac{r}{3}\left[16R_{32}\left(\frac{\vartheta}{4}\right) - 2R_{31}\left(\frac{\vartheta}{2}\right)\right] = r\vartheta + R_3(\vartheta)$$

Mit Gl. (7.9) erhält man bei $n = 2$

$$R_3(\vartheta) = \frac{r}{3}\left(16\frac{\vartheta^5}{5!\,4^5}\cdot\cos\vartheta_{m2} - 2\frac{\vartheta^5}{5!\,2^5}\cos\vartheta_{m1}\right) = \frac{r\vartheta^5}{120\cdot48}\left(\frac{1}{4}\cos\vartheta_{m2} - \cos\vartheta_{m1}\right)$$

Für $0 \leqslant \vartheta \leqslant \pi$ ist $0 \leqslant \vartheta_{m1} \leqslant \pi/2$, also $0 \leqslant \cos\vartheta_{m1} \leqslant 1$ und $0 \leqslant \vartheta_{m2} \leqslant \pi/4$, also $1/\sqrt{2} \leqslant \cos\vartheta_{m2} \leqslant 1$; daher ist die Klammer dem Betrage nach kleiner oder gleich Eins, also

$$|R(\vartheta)| \leqslant \frac{r\vartheta^5}{120\cdot48}$$

Für $r = 1$ m ergibt sich

$$|R(1°)| \leqslant 2{,}8\cdot10^{-7}\,\mu\text{m}, \quad |R(30°)| \leqslant 6{,}8\,\mu\text{m}, \quad |R(60°)| \leqslant 0{,}22\,\text{mm}$$

Es handelt sich also bei $s = (8b - a)/3$ um eine sehr gute Annäherung für einen großen Winkelbereich.

Entsprechend erhält man für die Cosinusfunktion

$$\cos x = 1 - \frac{x^2}{2!} + \frac{x^4}{4!} - \frac{x^6}{6!} + \cdots + R_{n+1}(x) = \sum_{i=0}^{\infty}(-1)^i\frac{x^{2i}}{(2i)!} \tag{7.10}$$

Wegen $|R_{n+1}(x)| \leqslant \dfrac{x^{2n}}{(2n)!}$ gilt Gl. (7.5).

Die Reihen für $y = \sinh x$ und $y = \cosh x$ lassen sich analog bestimmen, s. F 31. Im Prinzip kann auch die Funktion $y = \tan x$ auf diese Weise in eine MacLaurin-Reihe entwickelt werden. Da jedoch die höheren Ableitungen der Funktion recht unübersichtlich werden, empfiehlt sich eine andere in Abschn. 7.4 entwickelte Methode.

Beispiel 7.3　Die Gleichung eines zwischen zwei Trägern aufgehängten Seiles, die Kettenlinie (Aufgabe 5, Abschn. 7.7) lautet

$$y = a\cosh\frac{x}{a}$$

Die Größe a ist aus der gegebenen halben Spannweite l und dem Durchhang h zu berechnen (Bild 7.3), s. auch Beispiel 7.8.

Da die Koordinaten von $P(l; a + h)$ die obige Gleichung erfüllen müssen, erhält man

$$a + h = a\cosh\frac{l}{a} \tag{7.11}$$

Dies ist eine transzendente Bestimmungsgleichung für a. Bei gegebenen Zahlenwerten von l und h kann sie z. B. mit dem Newton-Näherungsverfahren (Abschn. 5.3.1) gelöst werden. Eine allgemeine Näherungslösung erhält man durch eine Reihenentwicklung der rechten Seite der Gl. (7.11), s. F 31. Setzt man $z = l/a$ und bricht diese Reihe nach dem zweiten Glied ab, so erhält man aus Gl. (7.11)

$$1 + \frac{h}{l} z = 1 + \frac{z^2}{2}$$

und daraus

$$z = \frac{2h}{l} = \frac{l}{a} \qquad a = \frac{l^2}{2h}$$

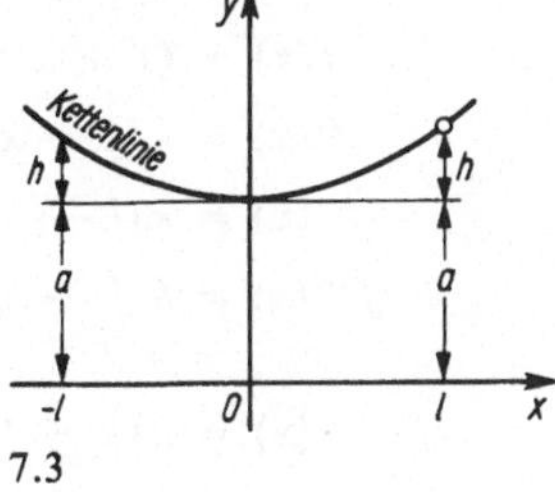

Das Abbrechen der Reihe nach dem zweiten Glied ist nur zulässig, wenn $z \ll 1$. Dies ist aber der Fall, wenn $h \ll l$. Setzt man diesen Wert für a in die Ausgangsgleichung ein, so erhält man

$$y = \frac{l^2}{2h} \cosh \frac{2h}{l^2} x$$

Auch diese Gleichung wird oft näherungsweise durch den Anfang der Reihe dargestellt und ergibt

$$y = \frac{l^2}{2h} + \frac{h}{l^2} x^2 = a \left(1 + \frac{x^2}{2a^2} \right)$$

Dies ist die Gleichung einer nach oben geöffneten Parabel mit dem Scheitel in der Höhe $l^2/(2h)$. Der Punkt $P(l;\ a + h)$ erfüllt diese Gleichung ebenfalls. Das maximale Restglied für $x_\mathrm{m} = l$ beträgt

$$R = \frac{1}{3} h \left(\frac{h}{l} \right)^2 \cosh \frac{2h}{l}$$

7.3.2 Reihe für die Exponentialfunktion

Auch hier kann Gl. (7.4) benutzt werden. Da alle Ableitungen von $y = e^x$ gleich der Funktion sind und $e^0 = 1$ ist, erhält man als **Reihe für die Exponentialfunktion**

$$e^x = 1 + x + \frac{x^2}{2!} + \frac{x^3}{3!} + \frac{x^4}{4!} + \cdots + \frac{x^{n+1}}{(n+1)!} e^{x_\mathrm{m}} = \sum_{i=0}^{\infty} \frac{x^i}{i!} \qquad (7.12)$$

da wiederum Gl. (7.5) gilt.

Beispiel 7.4 Man bestätige durch Rechnung mit dem Taschenrechner nach Gl. (7.12) für $x = 1$ den Wert der Zahl e = 2,71828.

Aus Gl. (7.12) und (7.7) folgt $q = 1/i$. Damit erhält man durch Aufsummieren (hier mit 6 Nachkommastellen geschrieben)

$$e = 1{,}000000 + 1{,}000000 + 0{,}500000 + 0{,}166667 + 0{,}041667 + 0{,}008333 + 0{,}001389$$
$$+ 0{,}000198 + 0{,}000025 + 0{,}000003 = 2{,}71828$$

Man erkennt, daß selbst für $x = 1$ die Summanden rasch klein werden.

7.3.3 Binomische Reihen

Eine Reihenentwicklung der Funktion $y = (1 + x)^k$ heißt binomische Reihe. Die Entwicklung an der Stelle $x_0 = 0$ ergibt

$$
\begin{aligned}
f(x) &= (1 + x)^k & f(0) &= 1 \\
f'(x) &= k(1 + x)^{k-1} & f'(0) &= k \\
f''(x) &= k(k - 1)(1 + x)^{k-2} & f''(0) &= k(k - 1) \\
f'''(x) &= k(k - 1)(k - 2)(1 + x)^{k-3} & f'''(0) &= k(k - 1)(k - 2) \\
&\quad\cdots & &\quad\cdots
\end{aligned}
$$

$$
f^{(n+1)}(x) = k(k - 1)(k - 2) \ldots (k - n)(1 + x)^{k-(n+1)}
$$

Nach Gl. (7.4) sind die Ableitungen durch die entsprechenden Fakultäten zu dividieren. Dadurch entstehen die folgenden Brüche. Sie heißen Binomialkoeffizienten (s. F 2)

$$
\frac{k}{1!} = \binom{k}{1} \qquad \frac{k(k - 1)}{2!} = \binom{k}{2} \qquad \frac{k(k - 1)(k - 2)}{3!} = \binom{k}{3}
$$

$$
\frac{k(k - 1)(k - 2) \ldots (k - (n - 2))(k - (n - 1))}{n!} = \binom{k}{n}
$$

$$
\frac{k(k - 1)(k - 2) \ldots (k - (n - 1))(k - n)}{(n + 1)!} = \binom{k}{n + 1}
$$

Diese Schreibweise soll nun für alle reellen Werte von k gelten. Für numerische Rechnungen kann man sich merken, daß beim Binomialkoeffizienten $\binom{k}{n}$ im Zähler und Nenner je n Faktoren stehen.

Beispiel 7.5 $\quad \binom{-2}{3} = \frac{(-2)(-3)(-4)}{1 \cdot 2 \cdot 3} = -4 \qquad \binom{0{,}5}{2} = \frac{(0{,}5)(-0{,}5)}{1 \cdot 2} = -0{,}125 = -\frac{1}{8}$

$$
\binom{1{,}5}{2} = \frac{1{,}5 \cdot 0{,}5}{1 \cdot 2} = 0{,}375 \qquad \binom{-1{,}5}{2} = \frac{(-1{,}5)(-2{,}5)}{1 \cdot 2} = 1{,}875
$$

Unter Benutzung der Binomialkoeffizienten lautet die binomische Reihe

$$
(1 + x)^k = 1 + kx + \binom{k}{2}x^2 + \binom{k}{3}x^3 + \cdots + R_{n+1}(x) = \sum_{i=0}^{\infty} \binom{k}{i}x^i \qquad (7.13)
$$

mit $\quad R_{n+1}(x) = \binom{k}{n + 1} x^{n+1}(1 + x_{\mathrm{m}})^{k-(n+1)}$

Die binomische Reihe konvergiert für $|x| < 1$ nach Gl. (7.5).

Für kleine Werte von $|kx|$ kann die Reihe häufig bereits nach dem zweiten Gliede abgebrochen werden, es entsteht die oft benutzte Näherungsformel

$$(1 + x)^k \approx 1 + kx \quad \text{für} \quad |kx| \ll 1 \tag{7.14}$$

die in Beispiel 1.1 bereits auf elementarem Wege für $k = 1/2$ hergeleitet wurde.

Beispiel 7.6 Man bestimme die ersten vier Summanden der binomischen Reihe für $y = \sqrt{1 - z^2} = (1 - z^2)^{1/2}$.

Es ist

$$y = 1 + \binom{\frac{1}{2}}{1}(-z^2) + \binom{\frac{1}{2}}{2}(-z^2)^2 + \binom{\frac{1}{2}}{3}(-z^2)^3 + \cdots$$

$$= 1 - \frac{z^2}{2} - \frac{z^4}{8} - \frac{z^6}{16} - \cdots$$

Beispiel 7.7 In Beispiel 1.1 wird

$$y = r\left[1 - \sqrt{1 - \frac{x^2}{r^2}}\right] \approx \frac{x^2}{2r} \tag{7.15}$$

für $x \ll r$ untersucht. Bis zu welchem Wert x darf bei $r \geqslant 1000$ m diese Annäherung benutzt werden, wenn das Restglied kleiner als 5 mm bleiben soll?

Nach Gl. (7.13) ist mit $0 \leqslant x_\mathrm{m} \leqslant x$ und $n = 1$

$$\sqrt{1 - \frac{x^2}{r^2}} = 1 - \frac{x^2}{2r^2} - \frac{1}{8}\frac{x^4}{r^4} \cdot \left(1 - \frac{x_\mathrm{m}^2}{r^2}\right)^{-3/2}$$

Damit ergibt Gl. (7.15)

$$y = \frac{x^2}{2r} + \frac{1}{8}\frac{x^4}{r^3} \cdot \left(1 - \frac{x_\mathrm{m}^2}{r^2}\right)^{-3/2}$$

Der zweite Summand, das Restglied, ist für $x_\mathrm{m} = x$ am größten, daher gilt

$$\frac{1}{8}\frac{x^4}{10^9\,\mathrm{m}^3} < 5 \cdot 10^{-3}\,\mathrm{m} \cdot \left(1 - \frac{x^2}{r^2}\right)^{3/2}.$$

Für $r = 1000$ m folgt $x \leqslant 79{,}3$ m.

Beispiel 7.8 In Bild 7.4a ist ein gekrümmter Stab der Länge s dargestellt, z. B. ein durchhängender Meßstab (Meßband), ein durchgebogener Träger oder ein ausweichender Knickstab. Die Stabachse ist durch die Funktion $y = f(x)$ festgelegt. Man ermittle einen Näherungsausdruck zur Berechnung der Verschiebung u, um welche sich das Stabende in x-Richtung bewegt.

In Bild 7.4b ist ein Stabelement der Länge ds dargestellt. Mit du wird die Differenz zwischen Schräglänge ds und Horizontalprojektion dx bezeichnet. Man erhält

$$\mathrm{d}u = \mathrm{d}s - \mathrm{d}x = \sqrt{\mathrm{d}x^2 + \mathrm{d}y^2} - \mathrm{d}x = \mathrm{d}x\left(\sqrt{1 + \left(\frac{\mathrm{d}y}{\mathrm{d}x}\right)^2} - 1\right)$$

$$= \mathrm{d}x[(1 + y'^2)^{1/2} - 1]$$

Da y' klein ist, kann unter Benutzung von Gl. (7.14)

$$\mathrm{d}u \approx \mathrm{d}x \left[1 + \frac{y'^2}{2} - 1 \right] = \frac{y'^2}{2}\,\mathrm{d}x$$

geschrieben werden. Die Gesamtverschiebung u ergibt sich dann durch Integration über die Stablänge s zu

$$u = \int_0^s \frac{y'^2}{2}\,\mathrm{d}x \tag{7.16}$$

Beispiel 7.9 Die Differenz u zwischen der Meßbandlänge s und der Sehnenlänge (zu messende Länge) ist zu bestimmen. Die Form des durchhängenden Meßbandes ist näherungsweise durch die Funktion $y = \dfrac{h}{(s/2)^2}\,x^2$ (Parabel) gegeben (Bild 7.5).

$$y' = \frac{4h}{s^2} \cdot 2x \qquad y'^2 = \frac{64h^2}{s^4}\,x^2$$

Mit Gl. (7.16) wird

7.5

$$\frac{u}{2} = \int_0^{s/2} \frac{32h^2}{s^4}\,x^2\mathrm{d}x = \frac{32h^2}{s^4} \cdot \frac{x^3}{3}\Big|_0^{s/2} = \frac{4h^2}{3s}$$

Somit ist [32] $u = \dfrac{8h^2}{3s}$

7.3.4 Logarithmische Reihen

Die Funktion $y = \ln x$ kann nicht an der Stelle $x_0 = 0$ in eine Reihe entwickelt werden, da hier der Funktionswert und die Ableitungen nicht existieren. Es ist daher zweckmäßig, statt dessen die Funktion $y = \ln(1 + x)$ an der Stelle $x_0 = 0$ zu entwickeln. Man erhält

$$f(x) = \ln(1 + x) \qquad\qquad f(0) = 0$$

$$f'(x) = \frac{1}{1 + x} \qquad\qquad f'(0) = 1$$

$$f''(x) = -\frac{1}{(1 + x)^2} \qquad\qquad f''(0) = -1$$

$$f'''(x) = \frac{2}{(1 + x)^3} \qquad\qquad f'''(0) = 2$$

$$\cdots \qquad\qquad\qquad \cdots$$

$$f^{(n+1)}(x) = \pm \frac{n!}{(1 + x)^{n+1}}$$

Damit ergibt Gl. (7.4)

$$\ln(1 + x) = x - \frac{x^2}{2} + \frac{x^3}{3} - \frac{x^4}{4} + \cdots \pm \frac{x^{n+1}}{n + 1}\frac{1}{(1 + x_\mathrm{m})^{n+1}}$$

$$= \sum_{i=1}^{\infty} (-1)^{i+1}\,\frac{x^i}{i} \tag{7.17}$$

Die logarithmische Reihe konvergiert für $-1 < x \leqslant +1$.

Beispiel 7.10 Gegeben ist die Funktion $y = \ln \dfrac{(x + 1)(x + a)}{x^2 + b}$. Gesucht ist eine Reihenentwicklung für große x nach Potenzen von $1/x$ bis zu Gliedern von x^{-3}.
Es gilt

$$y = \ln(x + 1) + \ln(x + a) - \ln(x^2 + b)$$

$$= \ln x + \ln\left(1 + \frac{1}{x}\right) + \ln x + \ln\left(1 + \frac{a}{x}\right) - 2\ln x - \ln\left(1 + \frac{b}{x^2}\right)$$

$$= \frac{1}{x} - \frac{1}{2x^2} + \frac{1}{3x^3} + \cdots + \frac{a}{x} - \frac{a^2}{2x^2} + \frac{a^3}{3x^3} + \cdots - \frac{b}{x^2} + \cdots$$

$$= \frac{1 + a}{x} - \frac{1 + a^2 + 2b}{2x^2} + \frac{1 + a^3}{3x^3} + \cdots$$

7.3.5 Reihe für die Arcustangensfunktion

Setzt man in der binomischen Reihe Gl. (7.13) $k = -1$ und anstatt x den Wert x^2 ein, so erhält man

$$\frac{1}{1 + x^2} = 1 - x^2 + x^4 - x^6 + \cdots$$

Diese Reihe konvergiert für $|x| < 1$. Innerhalb des Konvergenzbereiches darf integriert werden. Man erhält

$$\int \frac{1}{1 + x^2}\,dx = \mathbf{arctan}\,x = x - \frac{x^3}{3} + \frac{x^5}{5} - \frac{x^7}{7} + \cdots \tag{7.18}$$

Diese Reihe konvergiert für $|x| \leqslant 1$.

Beispiel 7.11 Die Bogenlänge s des Kreises ist durch eine Potenzreihe des Verhältnisses h/l der Pfeilhöhe h und der halben Sehne l darzustellen.
Nach Bild 7.6 ist $s = \alpha \cdot r$. Die Winkel $\beta = \pi - \alpha$ und $\beta/2 = \pi/2 - \alpha/2$ sind Mittelpunkts- und Umfangswinkel über der gleichen Sehne. Damit erhält man den eingezeichneten Winkel $\alpha/2$ und $\tan(\alpha/2) = h/l$. Deshalb ist $\alpha = 2\arctan(h/l)$. Nach Pythagoras ist

$$r^2 = l^2 + (r - h)^2 \quad \text{und daraus} \quad r = \frac{l}{2}\left(\frac{l}{h} + \frac{h}{l}\right)$$

Damit wird

$$s = l\left(\frac{l}{h} + \frac{h}{l}\right)\arctan\left(\frac{h}{l}\right)$$

Entwickelt man den Arcustangens nach Gl. (7.18) in eine Reihe und multipliziert die Klammern aus, so erhält man

$$s = l\left[1 + \frac{2}{3}\left(\frac{h}{l}\right)^2 - \frac{2}{15}\left(\frac{h}{l}\right)^4 + \frac{2}{35}\left(\frac{h}{l}\right)^6 - \cdots\right]$$

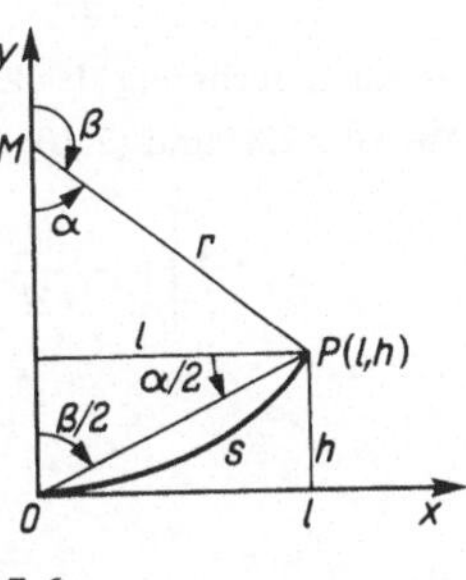

7.6

Diese Reihe konvergiert für $h/l < 1$. Für flache Bögen ($h \ll l$) wird diese Reihe oft nach dem zweiten Glied abgebrochen. Ohne Beweis sei vermerkt, daß die dann entstehende Näherungsformel nicht nur für Kreisbögen, sondern auch für flache Parabelbögen (Aufgabe 5, Abschn. 7.7) und die Bogenlänge der Kettenlinie (Aufgabe 16, Abschn. 6.4.6) gilt.

7.4 Rechnen mit Reihen

In Abschn. 7.3.5 wurde gezeigt, wie innerhalb des Konvergenzbereichs Potenzreihen durch Integrieren in neue Reihen entwickelt werden.

Soll eine Funktion $f(x) = g(x) \cdot h(x)$ oder $f(x) = \dfrac{g(x)}{h(x)}$ in eine Reihe entwickelt werden und sind die Reihenentwicklungen von $g(x)$ und $h(x)$ bereits bekannt, so kann man durch Ansatz mit noch unbekannten Koeffizienten ohne Benutzen der Formel von Taylor die Reihe für $f(x)$ durch Koeffizientenvergleich erhalten. Entsprechend berechnet man gewisse Integrale, deren Integranden in konvergente Potenzreihen entwickelt werden können. Ebenso kann man für Funktionen, die Differentialgleichungen genügen, aus der Differentialgleichung Reihenentwicklungen herleiten.

Beispiel 7.12 In der Statistik (Abschn. 10.1) tritt das Integral

$$I(u) = \int_0^u e^{-v^2/2} dv$$

auf. Man bestimme eine Reihenentwicklung des Integrals.

Der Integrand wird mit Gl. (7.12) entwickelt, indem dort für $x = -v^2/2$ gesetzt wird

$$I(u) = \int_0^u e^{-v^2/2} dv \approx \int_0^u \left(1 - \frac{v^2}{2} + \frac{v^4}{2^2 2!} - \frac{v^6}{2^3 3!} + \cdots + (-1)^n \frac{v^{2n}}{2^n n!}\right) dv$$

$$= u - \frac{u^3}{3 \cdot 2} + \frac{u^5}{5 \cdot 2^2 \cdot 2!} - \frac{u^7}{7 \cdot 2^3 \cdot 3!} + \cdots + (-1)^n \frac{u^{2n+1}}{(2n+1) 2^n n!}$$

Die Reihe konvergiert für alle Werte von u.

Beispiel 7.13 Man löse die Fresnelschen Integrale

$$x = \int_0^l \cos \frac{u^2}{2} du \qquad y = \int_0^l \sin \frac{u^2}{2} du \tag{7.19}$$

die zur Berechnung der Klotoide (Abschn. 7.5) benötigt werden.
Aus Gl. (7.8) und (7.10) folgt

$$x = \int_0^l \left[1 - \frac{1}{2!}\left(\frac{u^2}{2}\right)^2 + \frac{1}{4!}\left(\frac{u^2}{2}\right)^4 - \cdots\right] du$$

$$x = l - \frac{l^5}{5 \cdot 2^2 \cdot 2!} + \frac{l^9}{9 \cdot 2^4 \cdot 4!} - \frac{l^{13}}{13 \cdot 2^6 \cdot 6!} + \cdots \tag{7.20}$$

$$y = \frac{l^3}{3 \cdot 2} - \frac{l^7}{7 \cdot 2^3 \cdot 3!} + \frac{l^{11}}{11 \cdot 2^5 \cdot 5!} - \frac{l^{15}}{15 \cdot 2^7 \cdot 7!} + \cdots$$

Beispiel 7.14 Man bestimme die MacLaurin-Reihe für $y = \tan x$.

Es gilt $(\tan x)' = 1 + \tan^2 x$, also $y' = 1 + y^2$. Da der Tangens eine ungerade Funktion ist, wird ein Ansatz mit noch unbekannten Koeffizienten nur für ungerade Potenzen

$$y = a_1 x + a_3 x^3 + a_5 x^5 + \cdots$$

gemacht. Es ist

$$y' = a_1 + 3a_3 x^2 + 5a_5 x^4 + \cdots$$

In der aus $y' = 1 + y^2$ folgenden Gleichung

$$a_1 + 3a_3 x^2 + 5a_5 x^4 + \cdots = 1 + (a_1 x + a_3 x^3 + \cdots)^2$$

werden nun gleiche Potenzen von x verglichen. Man erhält für

$$x^0: \quad a_1 = 1$$

$$x^2: \quad 3a_3 = a_1^2 \qquad \text{also} \quad a_3 = \frac{1}{3}$$

$$x^4: \quad 5a_5 = 2a_1 a_3 \qquad \text{also} \quad a_5 = \frac{2}{15}$$

$$x^6: \quad 7a_7 = a_3^2 + 2a_1 a_5 \quad \text{also} \quad a_7 = \frac{17}{315}$$

Daher gilt

$$\mathbf{\tan} x = x + \frac{x^3}{3} + \frac{2}{15} x^5 + \frac{17}{315} x^7 + \cdots \qquad (7.21)$$

Weitere Reihen findet man in der Formelsammlung. Im allgemeinen kann man von den wenigen in Abschn. 7.3 hergeleiteten Reihen ausgehen und durch Methoden des Abschn. 7.4 die jeweils benötigten Reihen berechnen.

7.5 Klotoide

Die Trassen von Verkehrswegen bestehen zumeist aus Geraden und kreisförmigen Bögen, die durch Zwischenschaltung von Übergangsbögen verbunden werden. Die Gerade hat die Krümmung $1/R = 0$ und der Kreis eine konstante Krümmung $1/R$. Trägt man die Krümmung über die Bogenlänge L auf, so erhält man das Krümmungsbild. In Bild 7.7 ist das Krümmungsbild (Krümmung als Funktion der Länge) für ein Straßenstück, bestehend aus Geraden und Kreisen, dargestellt, für Linkskrümmungen ist $1/R > 0$, für Rechtskrümmungen $1/R < 0$ (s. Abschn. 5.3.4).

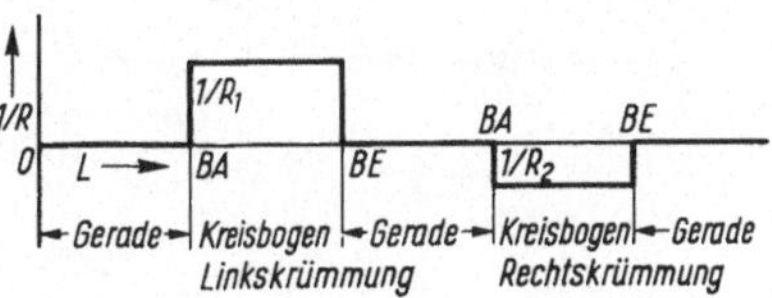

7.7

Beim Befahren der Straße muß der Kraftfahrer an der Übergangsstelle Gerade – Kreis (BA Bogenanfang) das Lenkrad plötzlich, d. h. ohne Zeitaufwand, einschlagen, die Kreiskurve mit konstant eingeschlagenem Lenkrad durchfahren und an der Übergangsstelle Kreis – Gerade (BE Bogenende) das Lenkrad plötzlich wieder zurückdrehen.

Um die Linienführung eines Verkehrsweges gefälliger zu gestalten und um das Befahren bequemer zu machen, fügt man zwischen Ende des Geradenstückes und Anfang des Kreisbogenstückes einen Übergangsbogen ein, z. B. in Form eines Klotoidenbogenstückes.

Definition Die **Klotoide** (Cornusche Spirale oder Spinnlinie) ist eine Kurve, deren Länge L proportional der jeweiligen Krümmung $1/R$ ist.

Damit ergibt sich die Gleichung der Klotoide

$$\frac{1}{R} = CL = \frac{1}{A^2}L \qquad RL = A^2 \qquad\qquad (7.22)$$

Die Größe $C = 1/A^2$ ist der Proportionalitätsfaktor, A wird Klotoidenparameter genannt. Bild 7.8 zeigt das Krümmungsbild für ein Straßenstück, bestehend aus Geraden und Kreis mit Übergangsbögen in Form von Klotoiden. Wird ein Klotoidenbogenstück mit konstanter Geschwindigkeit durchfahren, so muß der Lenkradeinschlag stetig zunehmen. Aus $RL = A^2$ erkennt man, daß A ein linearer Parameter (Vergrößerungsfaktor; hier: konstante Hilfsgröße) ist. Durch die Größe A ist eine Klotoide genauso eindeutig beschrieben wie ein Kreis durch die Angabe des Radius. Alle Klotoiden sind einander ähnlich, sie unterscheiden sich nur durch den Parameter A. Wird Gl. (7.22) durch A^2 dividiert, so erhält man mit $R/A = r$ und $L/A = l$ die Gleichung der Einheitsklotoide (natürliche Gleichung)

$$rl = 1 \qquad\qquad (7.23)$$

Aus den Werten der Einheitsklotoide (Kleinbuchstaben) erhält man die Größen einer beliebigen Klotoide (Großbuchstaben) durch Multiplikation mit dem Faktor A. Wegen der Ähnlichkeit bleiben die Winkel erhalten.

Aus Gl. (7.23) ist zu erkennen, daß das Produkt aus Krümmungsradius r und Bogenlänge l für die Klotoide konstant ist. Bild 7.9 zeigt die Einheitsklotoide.

Die Klotoide ist punktsymmetrisch (zentrischsymmetrisch) in bezug auf den Wendepunkt, d. h., sie kommt bei einer Drehung um 180° um das Symmetriezentrum mit sich selbst zur Deckung. Die x-Achse ist Wendetangente und der Koordinatenursprung Wendepunkt. In

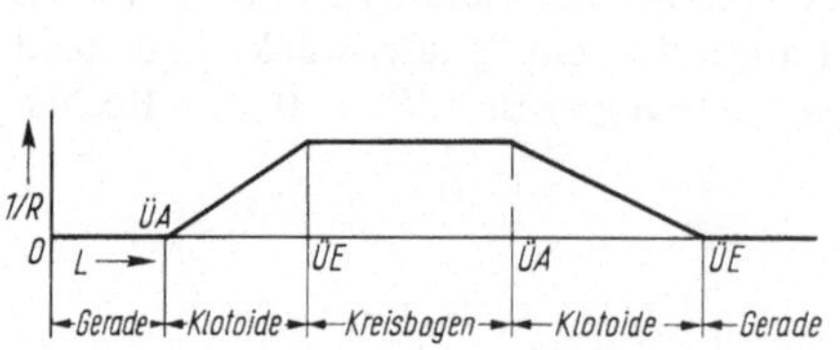

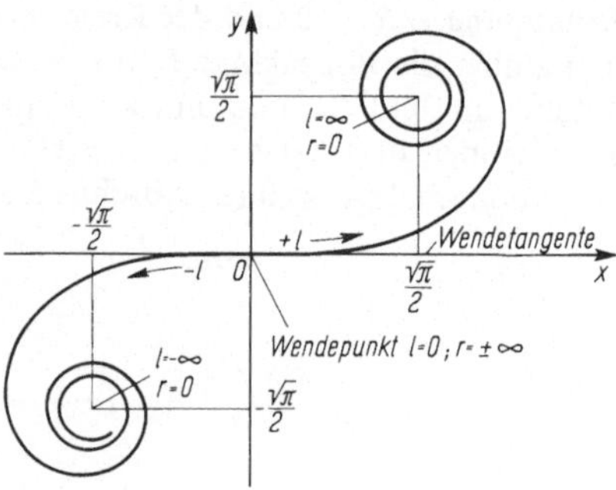

7.8   7.9

der Praxis ist die „natürliche Gleichung" der Einheitsklotoide nicht zu gebrauchen, deshalb wird hier die Gleichung der Klotoide in Parameterform hergeleitet. Hat die Klotoide (Bild 7.10) im Punkt P die Krümmung $1/r$ und den Tangentenwinkel τ und wird auf der Länge $\mathrm{d}l$ die Klotoide durch den Krümmungskreis ersetzt, so kann dem Bild 7.10 die Beziehung $\mathrm{d}l = r\,\mathrm{d}\tau$ entnommen werden. Mit Gl. (7.23) ergibt sich $l\,\mathrm{d}l = \mathrm{d}\tau$. Durch Integration erhält man

$$\tau = \frac{l^2}{2} \tag{7.24}$$

Bild 7.10 kann weiter entnommen werden

$$\mathrm{d}x = \cos\tau\,\mathrm{d}l \qquad \mathrm{d}y = \sin\tau\,\mathrm{d}l \tag{7.25}$$

Aus Gl. (7.24) folgt

$$l = \sqrt{2}\sqrt{\tau} \qquad \frac{\mathrm{d}l}{\mathrm{d}\tau} = \frac{1}{\sqrt{2}\sqrt{\tau}} \qquad \mathrm{d}l = \frac{\mathrm{d}\tau}{\sqrt{2}\sqrt{\tau}}$$

Gl. (7.25) können umgeformt werden; man erhält

$$\mathrm{d}x = \cos\frac{l^2}{2}\,\mathrm{d}l = \frac{1}{\sqrt{2}}\frac{\cos\tau}{\sqrt{\tau}}\,\mathrm{d}\tau \qquad \mathrm{d}y = \sin\frac{l^2}{2}\,\mathrm{d}l = \frac{1}{\sqrt{2}}\frac{\sin\tau}{\sqrt{\tau}}\,\mathrm{d}\tau$$

Aus diesen Gleichungen erhält man durch Integration die **Parameterdarstellung der Klotoide**. Da für $l = 0$ die Abszisse und die Ordinate ebenfalls Null sind, erhält man mit Gl. (7.20) die **Fresnelschen Integrale**

$$x = \int\limits_0^l \cos\frac{u^2}{2}\,\mathrm{d}u = l - \frac{l^5}{5\cdot 2^2\cdot 2!} + \frac{l^9}{9\cdot 2^4\cdot 4!} - + \cdots$$
$$y = \int\limits_0^l \sin\frac{u^2}{2}\,\mathrm{d}u = \frac{l^3}{3\cdot 2} - \frac{l^7}{7\cdot 2^3\cdot 3!} + \frac{l^{11}}{11\cdot 2^5\cdot 5!} - + \cdots \tag{7.26}$$

Diese Reihen zur Berechnung der x- und y-Werte der Klotoide konvergieren bei den im Straßenbau üblichen Längen (etwa $0 < |l| < 2{,}200$) sehr schnell. Alle bei Trassierungsaufgaben interessierenden Klotoidenmaße können Tafeln [39] entnommen werden.

Beispiel 7.15 Auf einer Länge $L = 50$ m soll eine Klotoide den Übergang von einer Geraden auf einen Kreis mit $R = 200$ m bringen. Man berechne die Absteckkoordinaten für das Übergangsbogenende $Ü_E$ (Bild 7.11).
Nach Gl. (7.22) folgt $A^2 = LR = 50\cdot 200$ m^2, also $A = 100$ m. Damit ist $l = L/A = 0{,}5$. Aus

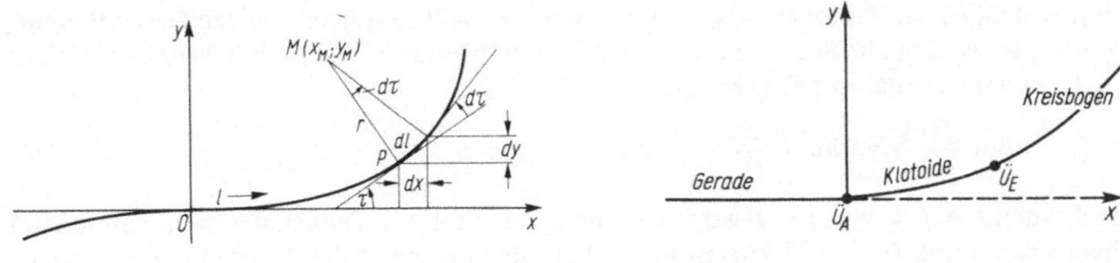

7.10   7.11

Gl. (7.26) folgt

$$x = 0{,}5 - 0{,}000781 + 0{,}000001 - \cdots = 0{,}499219$$

$$y = 0{,}020833 - 0{,}000023 + \cdots \qquad = 0{,}020810$$

Damit erhält man

$$X = Ax = 49{,}922 \text{ m} \qquad Y = Ay = 2{,}081 \text{ m}$$

7.6 Unbestimmte Ausdrücke

In Abschn. 4 werden spezielle Grenzwerte

$$\lim_{x \to 0} \frac{\sin x}{x} \qquad \lim_{x \to a} \frac{x^n - a^n}{x - a} \qquad \lim_{n \to \infty} \left(1 + \frac{1}{n}\right)^n$$

bestimmt. In diesem Abschnitt soll eine Methode entwickelt werden, die es systematisch gestattet, solche oder ähnliche Grenzwerte zu bestimmen. Zunächst soll ein Beispiel auf eine solche Fragestellung führen.

Beispiel 7.16 Gegeben ist ein Halbkreis vom Radius a und die y-Achse als Tangente (Bild 7.12). Ein Kreisbogen $\overset{\frown}{AB} = a\varphi$ werde auf der Tangente $\overline{AD}$ abgetragen. Die Verlängerung beider Endpunkte schneidet die x-Achse in r. Wo liegt dieser Schnittpunkt für $\varphi \to 0$?

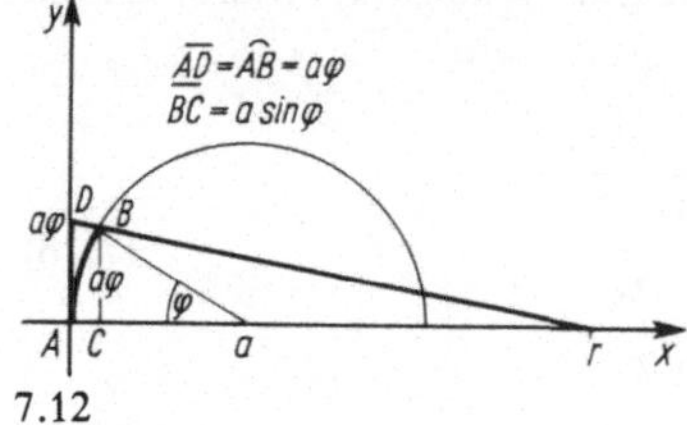

7.12

Nach dem Strahlensatz gilt

$$\frac{a\varphi}{a\sin\varphi} = \frac{r}{r - a + a\cos\varphi} \quad \text{oder} \quad r = \frac{a\varphi(1 - \cos\varphi)}{\varphi - \sin\varphi}$$

Für $\varphi \to 0$ erhält man formal $0/0$, einen unbestimmten Ausdruck, der zu bestimmen ist.

Verallgemeinert wird $F(x) = f(x)/g(x)$ mit $f(x_0) = 0$ und $g(x_0) = 0$ untersucht. Beide Funktionen werden nach Gl. (7.3) in eine Taylor-Reihe entwickelt

$$F(x) = \frac{f(x)}{g(x)} = \frac{f(x_0) + f'(x_0)(x - x_0) + \dfrac{f''(x_0)}{2!}(x - x_0)^2 + \cdots}{g(x_0) + g'(x_0)(x - x_0) + \dfrac{g''(x_0)}{2!}(x - x_0)^2 + \cdots} \tag{7.27}$$

Da $f(x_0) = g(x_0) = 0$ gilt, fällt der erste Summand im Zähler und Nenner weg. Nun kann in jedem Glied ein Faktor $(x - x_0)$ gekürzt werden. Vollzieht man nun den Grenzübergang $x \to x_0$, so werden alle Summanden im Zähler und Nenner bis auf den jeweils ersten gleich Null, und man erhält die Regel von de l'Hospital

$$\lim_{x \to x_0} \frac{f(x)}{g(x)} = \lim_{x \to x_0} \frac{f'(x)}{g'(x)} \tag{7.28}$$

Falls auch $f'(x_0) = g'(x_0) = 0$ wird, verschwindet in Gl. (7.27) auch der zweite Summand, man kann durch $(x - x_0)^2$ kürzen und erhält als Grenzwert den Quotienten der zweiten Ableitungen an der Stelle x_0.

Beispiel 7.17 Man bestimme den Grenzwert des unbestimmten Ausdrucks

$$r(0) = \lim_{\varphi \to 0} \frac{a\,\varphi(1 - \cos\varphi)}{\varphi - \sin\varphi}$$

des Beispiels 7.16.

Durch mehrmalige Anwendung der Regel von de l'Hospital findet man

$$r(0) = a\lim_{\varphi \to 0} \frac{1 - \cos\varphi + \varphi\sin\varphi}{1 - \cos\varphi} = a\lim_{\varphi \to 0} \frac{2\sin\varphi + \varphi\cos\varphi}{\sin\varphi}$$

$$= a\lim_{\varphi \to 0} \frac{3\cos\varphi - \varphi\sin\varphi}{\cos\varphi} = 3a$$

Die auf diesem Grenzwert beruhende Konstruktion der Rektifikation eines Kreisbogens hat selbst für $\varphi = 60°$ nur einen Fehler unter 1%. Wenn diese Konstruktion angewandt wird, einen Kreisbogen über die Tangente auf einen anderen Kreisbogen zu übertragen, ist der Fehler noch geringer. Ist t die Tangentenlänge, die mit Hilfe von $r = 3a$ konstruiert wird, gilt

$$\frac{t}{a\sin\varphi} = \frac{3a}{2a + a\cos\varphi} \quad \text{oder} \quad t = \frac{3a\sin\varphi}{2 + \cos\varphi}$$

Der relative Fehler ist

$$F = \frac{t - a\varphi}{a\varphi} = 3\,\frac{\sin\varphi}{\varphi(2 + \cos\varphi)} - 1$$

$$= 3\,\frac{1 - \dfrac{\varphi^2}{6} + \dfrac{\varphi^4}{120} - \cdots}{3 - \dfrac{\varphi^2}{2} + \dfrac{\varphi^4}{24} - \cdots} - 1$$

$$= \left(1 - \frac{\varphi^2}{6} + \frac{\varphi^4}{120} - \cdots\right)\left[1 - \left(\frac{\varphi^2}{6} - \frac{\varphi^4}{72} + \cdots\right)\right]^{-1} - 1$$

$$= \left(1 - \frac{\varphi^2}{6} + \frac{\varphi^4}{120} - \cdots\right)\left(1 + \frac{\varphi^2}{6} - \frac{\varphi^4}{72} + \frac{\varphi^4}{36} + \cdots\right) - 1 = -\frac{\varphi^4}{180} + \cdots$$

Für $\varphi = 30° = \dfrac{\pi}{6}$ rad wird $|F| \approx 4 \cdot 10^{-2}$ %.

Die Regel von de l'Hospital Gl. (7.28) darf auch angewandt werden, wenn x_0 über alle Grenzen wächst; ferner wenn $f(x_0)$ und $g(x_0)$ über alle Grenzen wachsen, d. h., wenn der unbestimmte Ausdruck ∞/∞ auftritt.

Beispiel 7.18 Man berechne $\displaystyle\lim_{x \to \infty} \frac{3x^3 + 2x}{e^{2x}}$.

Durch mehrfache Anwendung von Gl. (7.28) erhält man

$$\lim_{x \to \infty} \frac{3x^3 + 2x}{e^{2x}} = \lim_{x \to \infty} \frac{9x^2 + 2}{2e^{2x}} = \lim_{x \to \infty} \frac{18x}{4e^{2x}} = \lim_{x \to \infty} \frac{18}{8e^{2x}} = 0$$

Beispiel 7.19 Man berechne $\lim\limits_{x \to 0} \dfrac{\ln x}{\cot x}$.

Hier handelt es sich um einen unbestimmten Ausdruck von der Form ∞/∞.

$$f(x) = \ln x \qquad f'(x) = 1/x \qquad \frac{f'(x)}{g'(x)} = -\frac{\sin^2 x}{x}$$
$$g(x) = \cot x \qquad g'(x) = -1/\sin^2 x$$

Setzt man im letzten Ausdruck $x = 0$, so erhält man den unbestimmten Ausdruck $0/0$. Das Verfahren kann wiederholt werden, indem nochmals differenziert wird. Hier kommt man jedoch schneller mit folgender Umformung zum Ziel

$$\lim_{x \to 0} \left(-\frac{\sin^2 x}{x} \right) = \lim_{x \to 0} \frac{\sin x}{x} \cdot \lim_{x \to 0} (-\sin x) = 0$$

In Abschn. 4.3 ist gezeigt, daß der Grenzwert eines Produktes gleich dem Produkt der beiden Grenzwerte ist. Ferner gilt nach Gl. (4.15) $\lim\limits_{x \to 0}((\sin x)/x) = 1$. Das Ergebnis Null bedeutet, daß die Cotangensfunktion im Nenner schneller wächst als die logarithmische Funktion im Zähler.

Unbestimmte Ausdrücke, die nicht die formale Gestalt $0/0$ oder ∞/∞ haben, können stets durch geeignete Umformungen auf einen dieser beiden Ausdrücke zurückgeführt werden.

Beispiel 7.20 Man berechne $\lim\limits_{x \to 0} (x \cdot \ln x)$.

Folgende Umformung führt auf den Ausdruck ∞/∞, für den Gl. (7.28) anwendbar ist

$$x \ln x = \frac{\ln x}{1/x} \qquad f(x) = \ln x \qquad f'(x) = 1/x$$
$$g(x) = 1/x \qquad g'(x) = -1/x^2$$

$$\frac{f'(x)}{g'(x)} = -x \qquad \frac{f'(0)}{g'(0)} = 0$$

Beispiel 7.21 Man berechne $\lim\limits_{x \to 0} x^x$

Die Umformung $x^x = e^{x \ln x}$ führt auf die Berechnung eines unbestimmten Ausdruckes mit Produktform im Exponenten. Der Exponent wurde im vorstehenden Beispiel berechnet. Daher gilt

$$\lim_{x \to 0} x^x = e^0 = 1$$

7.7 Aufgaben zu Abschnitt 7

1. Man entwickle die nachstehenden Funktionen in Potenzreihen und bestimme die Restglieder an der Stelle $x_0 = 0$ für a) und b) sowie $x_0 = 1$ für c)

a) $y = \sinh x$ b) $y = \dfrac{1 + x}{1 - x}$ c) $y = \dfrac{1}{x}$

2. Man entwickle $y = 1/\sqrt{1 - x^2}$ mit der binomischen Reihe. Durch Integrieren erhält man die Reihe für $\arcsin x$. Man berechne π aus $\arcsin(1/2)$.

3. Man entwickle $y = 1/(1 + x)$ mit der binomischen Reihe. Durch Integrieren erhält man die Reihe für $\ln(1 + x)$.

4. Bei der Spiegelablesung einer Meßgröße mit Skala und Fernrohr soll nach Bild 7.13 der Drehwinkel φ des Spiegels nach Potenzen von x/l entwickelt werden.

5. Eine nach oben geöffnete Parabel mit dem Scheitel im Koordinatenursprung geht durch den Punkt $P(l; h)$, wobei $h \ll l$ ist. Man entwickle die Bogenlänge zwischen $x = 0$ und $x = l$ in eine Potenzreihe nach Potenzen von (h/l). Hinweis: Der Integrand in der Formel für die Bogenlänge ist in eine Potenzreihe zu entwickeln und dann zu integrieren.

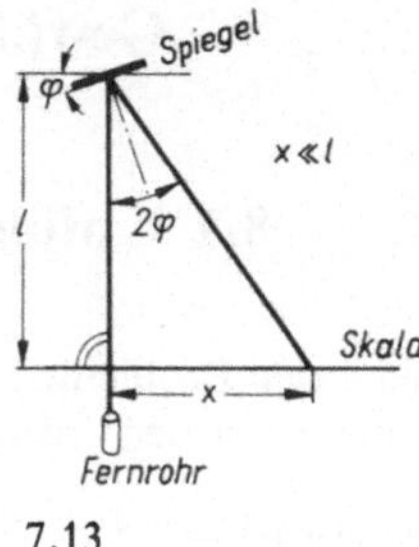

7.13

6. Man löse durch Reihenentwicklung die Integrale

a) $\displaystyle\int_0^x \frac{\sin \xi}{\xi}\, d\xi$
   b) $\displaystyle\int_0^x \sqrt{1 + \xi^3}\, d\xi$
   c) $\displaystyle\int_{1/(2\pi)}^{1/\pi} \sin\left(\frac{1}{x}\right) dx$
   d) $\displaystyle\int_0^x \cos\sqrt{\xi}\, d\xi$

7. Man berechne die unbestimmten Ausdrücke

a) $\displaystyle\lim_{x \to 5} \frac{3 - \sqrt{14 - x}}{x^2 - 25}$
   b) $\displaystyle\lim_{x \to \pi} \frac{\sin 4x}{\sin 2x}$
   c) $\displaystyle\lim_{x \to \infty} \sqrt[x]{x}$ Hinweis: s. Beispiel 7.21.

d) $\displaystyle\lim_{r \to 0} (r^2 \cdot \ln r)$

8. Wie groß ist der Tangentenwinkel τ an der Kennstelle einer Klotoide? Die Kennstelle ist die Stelle, an der $R = L = A$ ist.

9. Man ersetze in Gl. (7.26) l durch τ.

10. Man bestimme aus der impliziten Darstellung der Gl. (7.26) näherungsweise (für kleine l) eine explizite Gleichung $y = f(x)$. Damit bestimme man mit $A = 400$ m die Y-Werte für $X = 20$ m, 40 m und 80 m.

11. Welche Bogenlänge hat eine Klotoide von $A = 400$ m bis zum Radius $R = 600$ m? Welche Richtungsänderung τ und welche Absteckkoordinaten X und Y ergeben sich für das Übergangsbogenende?

8 Gewöhnliche Differentialgleichungen

8.1 Einführung

Bei vielen Problemen der Statik, z. B. der Biegung und der Knickung, muß sich der Bauingenieur mit der Lösung von Differentialgleichungen (DGl) befassen.

Beispiel 8.1 Gegeben sei ein beiderseits frei drehbar gelagerter Balken, belastet mit einer kontinuierlichen Last $q(x)$ (Bild 8.1). Zwischen dem Biegemoment $M(x)$ und der Belastung $q(x)$ gilt

$$\frac{\mathrm{d}^2 M(x)}{\mathrm{d}x^2} = -q(x)$$

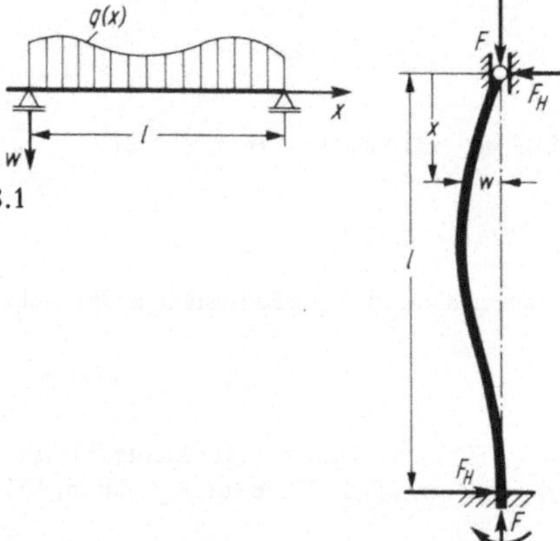

Dabei gelten die zwei Randbedingungen $M(0) = 0$ und $M(l) = 0$. Zwischen der Biegelinie $w(x)$ und dem Biegemoment $M(x)$ besteht die Gleichung

$$\frac{\mathrm{d}^2 w}{\mathrm{d}x^2} = -\frac{M(x)}{EI} \tag{8.1}$$

mit dem Elastizitätsmodul E und dem axialen Flächenmoment zweiten Grades I. Differenziert man Gl. (8.1) zweimal und setzt $q(x)$ ein, so erhält man mit $EI = $ const

$$\frac{\mathrm{d}^4 w}{\mathrm{d}x^4} = \frac{q(x)}{EI} \tag{8.2}$$

Dabei gilt $w(0) = w(l) = 0$ und wegen der verschwindenden Momente an den beiden Enden $w''(0) = w''(l) = 0$ (4 Randbedingungen).

Beispiel 8.2 Wird ein Stab zentrisch belastet, so knickt er bei einer bestimmten Kraft aus; bei kleinerer Kraft verändert er seine Lage nicht. Ist der Stab an einem Ende eingespannt, am anderen momentenfrei geführt (Bild 8.2), so ergibt sich das Moment $M(x) = F \cdot w - F_\mathrm{H} x$, wobei F die belastende Kraft und F_H die senkrecht zur Stabachse wirkende Reaktionskraft ist. Aus Gl. (8.1) folgt dann

$$\frac{\mathrm{d}^2 w}{\mathrm{d}x^2} + \frac{F}{EI}\, w = \frac{F_\mathrm{H}}{EI}\, x \tag{8.3}$$

Hierbei sind die Bedingungen $w(0) = 0$ sowie $w(l) = 0$ und $w'(l) = 0$ zu erfüllen.

Aus diesen Überlegungen folgt die

Definition Eine Gleichung, die außer den Variablen auch noch deren Ableitungen enthält, heißt **Differentialgleichung (DGl)**

Man unterscheidet gewöhnliche und partielle DGl. Ist die gesuchte Funktion y nur von einer Variablen x abhängig, so liegt eine gewöhnliche DGl vor, hängt y dagegen von mehreren Variablen ab und kommen die Differentialquotienten nach diesen Variablen in der DGl vor, so spricht man von einer partiellen DGl (s. auch Abschn. 9). Hier werden nur gewöhnliche DGl behandelt; diese haben die allgemeine Form

$$f(x, y, y', y'', \ldots, y^{(n)}) = 0 \tag{8.4}$$

Ist die n-te Ableitung die höchste in der DGl vorkommende Ableitung, so ist die DGl von n-ter Ordnung.

Beispiel 8.3 Darstellung einiger DGl

$$y^{(4)} + ay'' + by = cx^6 \qquad \text{DGl vierter Ordnung}$$

$$y'' + \omega_0^2 y = 0 \qquad \text{DGl zweiter Ordnung} \tag{8.5}$$

$$\frac{y''}{\sqrt{1 + y'^2}^3} = Cx \qquad \text{DGl zweiter Ordnung}$$

$$y' + 3x^2 y = 0 \qquad \text{DGl erster Ordnung}$$

Definition Als **Lösung** einer DGl bezeichnet man eine Funktion, die mit ihren Ableitungen die DGl zu einer identischen Gleichung in x macht.

Mit den in Abschn. 8.2 geschilderten Verfahren erhält man die gesuchte Funktion in Form einer Gleichung, mit den Verfahren von Abschn. 8.3 in Form einer Tafel und mit Hilfe des hier nicht beschriebenen elektronischen Analogrechners oder eines an eine Rechenanlage angeschlossenen Plotters in Form einer Kurve.

Da bei jeder Integration eine Integrationskonstante auftritt, enthält die allgemeine Lösung einer DGl n-ter Ordnung n Integrationskonstanten.

Definition Die **allgemeine Lösung** einer DGl n-ter Ordnung ist eine Funktion, die mit ihren Ableitungen die DGl für **jeden** Wert der Variablen x erfüllt und überdies n frei wählbare, voneinander unabhängige Integrationskonstanten enthält.

Haben eine oder mehrere der Konstanten bestimmte Werte, so entsteht aus der allgemeinen Lösung eine spezielle oder partikuläre Lösung.

So ist $y = -3 \cos \omega_0 x$ eine spezielle Lösung der DGl (8.5), während $y = C_1 \sin \omega_0 x + C_2 \cos \omega_0 x$ die allgemeine Lösung mit den Integrationskonstanten C_1 und C_2 ist, wie man durch zweimaliges Differenzieren und Einsetzen in DGl (8.5) bestätigt.

Die Integrationskonstanten werden bei technischen Problemen im allgemeinen durch bekannte Werte der Funktion und der Ableitungen bestimmt.

Definition Werden die Integrationskonstanten einer DGl durch Werte der Funktion und der Ableitungen nur zu Beginn des zu beschreibenden Vorgangs bestimmt, so spricht man von einer Anfangswertaufgabe, werden die Integrationskonstanten aus Funktionswerten und Ableitungen zu zwei Werten der unabhängigen Veränderlichen (zwei Orten bzw. zwei Zeitpunkten) ermittelt, so spricht man von einer Randwertaufgabe.

Eine Anfangswertaufgabe ist z. B. die Beschreibung eines Bewegungsvorganges, bei dem für $t = 0$ Anfangslage und Anfangsgeschwindigkeit gegeben ist. Die DGl-Beispiele 8.1 und 8.2 sind dagegen Randwertaufgaben.

8.2 Analytische Lösungen

8.2.1 Trennung der Veränderlichen

Hat die DGl (8.4) die spezielle Form

$$y' = \frac{\mathrm{d}y}{\mathrm{d}x} = f_1(x)f_2(y) \tag{8.6}$$

mit der Anfangsbedingung $y(x_0) = y_0$ (bei DGl 1. Ordnung können keine Randwertaufgaben auftreten), so lautet die Lösung, falls im betrachteten Intervall $f_1(x)$ und $f_2(y)$ stetig sind, sowie $f_2(y) \neq 0$ gilt

$$\int_{y_0}^{y} \frac{\mathrm{d}u}{f_2(u)} = \int_{x_0}^{x} f_1(v)\,\mathrm{d}v \tag{8.7}$$

Auf der linken Seite steht eine Funktion nur von y, auf der rechten Seite nur eine Funktion von x; die Anfangsbedingung ist erfüllt, durch Differenzieren nach x auf beiden Seiten bestätigt man, daß auch Gl. (8.6) erfüllt ist.

Beispiel 8.4 Wie lautet die allgemeine Lösung der DGl $y' = x^2\sqrt{y}$?
Nach Gl. (8.7) gilt

$$\int_{y_0}^{y} \frac{\mathrm{d}u}{\sqrt{u}} = \int_{x_0}^{x} v^2\,\mathrm{d}v \quad \text{oder} \quad 2\sqrt{u}\,\Big|_{y_0}^{y} = \frac{v^3}{3}\,\Big|_{x_0}^{x}$$

Hieraus folgt

$$2\sqrt{y} - 2\sqrt{y_0} = \frac{1}{3}x^3 - \frac{1}{3}x_0^3$$

und damit

$$y = \left[\frac{x^3 - x_0^3}{6} + \sqrt{y_0}\right]^2$$

Beispiel 8.5 Man löse die DGl $y'\sin x = y\cos x$.
Aus Gl. (8.7) ergibt sich mit logarithmischer Integration gemäß Gl. (6.47)

$$\int_{y_0}^{y} \frac{\mathrm{d}u}{u} = \int_{x_0}^{x} \frac{\cos v}{\sin v}\,\mathrm{d}v \quad \text{und damit} \quad \ln\left|\frac{y}{y_0}\right| = \ln\left|\frac{\sin x}{\sin x_0}\right|$$

Hiermit erhält man $y = \dfrac{y_0}{\sin x_0} \cdot \sin x$. Die Lösung läßt sich unter Verzicht von x_0 und y_0 in der einfacheren Form

$$y = C\sin x$$

schreiben. Sie erfüllt die DGl, denn durch Einsetzen von y und y' erhält man $C\cos x\sin x \equiv C\sin x\cos x$.

Diese einfachste Methode der Trennung der Veränderlichen beschränkt sich auf DGl 1. Ordnung der Gestalt Gl. (8.6). Häufig können andere DGl 1. Ordnung durch geeignete Substitutionen auf die Form Gl. (8.6) zurückgeführt werden [1], [3].

8.2.2 Lineare Differentialgleichungen

Definition Differentialgleichungen, in denen die Funktion y und deren Ableitungen nur in der ersten Potenz und nicht miteinander multipliziert vorkommen, heißen **lineare Differentialgleichungen**. Sie haben die allgemeine Form

$$\sum_{i=0}^{n} f_i(x) y^{(i)} = g(x) \tag{8.8}$$

Hierin bedeutet $y^{(i)}$ die i-te Ableitung der Funktion y nach x. Die Funktion $g(x)$ heißt Störfunktion. Ist $g(x) = 0$, also

$$\sum_{i=0}^{n} f_i(x) y^{(i)} = 0 \tag{8.9}$$

so spricht man von einer **homogenen** oder verkürzten DGl, während DGl. (8.8) **inhomogen** genannt wird.

Lineare DGl lassen sich i. allg. leichter als andere DGl lösen, sie treten häufig bei technischen Problemen auf. Die DGl (8.1), (8.2) und (8.3) sind inhomogene DGl, während DGl (8.5) sowie

$$y'' - 2y' + 8y = 0 \qquad y^{(4)} + 6y'' + a^2 y = 0$$

homogene DGl sind.

Für lineare DGl gelten folgende **Sätze:**

1. Sind $y_{(1)}(x), \ldots, y_{(n)}(x)$ n linear unabhängige Lösungen von DGl (8.9), so ist mit n beliebigen Konstanten C_i

$$y_{(h)}(x) = C_1 y_{(1)}(x) + \cdots + C_n y_{(n)}(x) \tag{8.10}$$

die allgemeine Lösung der homogenen DGl (8.9).

2. Ist $y_{(s)}(x)$ eine beliebige spezielle Lösung von DGl (8.8), so ist

$$y(x) = y_{(h)}(x) + y_{(s)}(x) \tag{8.11}$$

die allgemeine Lösung der inhomogenen DGl (8.8).

3. Sind in DGl (8.9) alle Koeffizienten $f_i(x) = a_i$ konstant, also

$$\sum_{i=0}^{n} a_i y^{(i)} = 0 \tag{8.12}$$

so erhält man durch den Ansatz $y = e^{px}$ aus DGl (8.12) zur Bestimmung von p die charakteristische Gleichung

$$a_n p^n + a_{n-1} p^{n-1} + \cdots + a_1 p + a_0 = 0 \tag{8.13}$$

4. Ist p_i eine Lösung von Gl. (8.13), so ist

$$y_{(i)}(x) = e^{p_i x}$$

eine Lösung von DGl (8.12).

5. Sind alle n Lösungen p_i $(i = 1, \ldots, n)$ der charakteristischen Gleichung (8.13) reell und verschieden, so ist

$$y(x) = \sum_{k=1}^{n} C_k e^{p_k x}$$

die allgemeine Lösung von DGl (8.12).

6. Ist $p = q + js$ eine komplexe Lösung von Gl. (8.13), so sind

$$e^{qx} \cos sx \qquad e^{qx} \sin sx \tag{8.14}$$

zwei linear unabhängige Lösungen von DGl (8.12).

7. Ist p_i eine l-fache reelle Lösung von Gl. (8.13), so sind

$$e^{p_i x} \qquad x e^{p_i x} \quad \ldots \quad x^{l-1} e^{p_i x} \tag{8.15}$$

l linear unabhängige Lösungen von DGl (8.12).

8. Hat die Störfunktion $g(x)$ der inhomogenen DGl mit konstanten Koeffizienten

$$\sum_{i=0}^{n} a_i y^{(i)} = g(x) \tag{8.16}$$

die in der linken Spalte von Tafel 8.3 stehende Form, dann führt i. allg. der in der rechten Spalte stehende Ansatz mit unbestimmten Koeffizienten zu einer speziellen Lösung der DGl (8.16).

Die Koeffizienten des Ansatzes bestimmt man nach Einsetzen in die DGl durch Koeffizientenvergleich entsprechender Funktionen.

Tafel 8.3

$g(x)$ (Störfunktion)	Ansatz $y_{(s)}$
$b_0 + b_1 x + \cdots + b_r x^r$	$c_0 + c_1 x + \cdots + c_r x^r$
$b\,e^{ax}$	$c\,e^{ax}$
$A \cos ax$ $A \sin ax$	$B_1 \sin ax + B_2 \cos ax$
$A\,e^{ax} \cos bx$ $A\,e^{ax} \sin bx$	$e^{ax}(B_1 \sin bx + B_2 \cos bx)$

Beispiel 8.6 Wie lautet die allgemeine Lösung der DGl $y'' - 9y = 4x$?

Die zur homogenen DGl $y'' - 9y = 0$ gehörige charakteristische Gleichung $p^2 - 9 = 0$ hat die reellen Wurzeln $p_1 = 3$ und $p_2 = -3$. Zur Bestimmung einer speziellen Lösung der inhomogenen Gleichung wird nach Tafel 8.3 der Ansatz $y_{(s)} = c_0 + c_1 x$ gewählt. Mit $y'_{(s)} = c_1$ und $y''_{(s)} = 0$ folgt

$$0 - 9(c_0 + c_1 x) = 4x$$

Ein Koeffizientenvergleich ergibt $c_0 = 0$ und $c_1 = -4/9$. Damit lautet die allgemeine Lösung

$$y = C_1 e^{3x} + C_2 e^{-3x} - \frac{4}{9} x$$

Beispiel 8.7 Man bestimme die durch die Anfangsbedingungen $y(0) = 2$ und $y'(0) = 0$ ausgezeichnete Lösung der DGl $y'' + y = 2e^{-x}$.

Die zur homogenen DGl $y'' + y = 0$ gehörige charakteristische Gleichung $p^2 + 1 = 0$ hat die komplexen Wurzeln $p = \pm j$, so daß sich nach Gl. (8.14) die linear unabhängigen Lösungen der homogenen DGl $\cos x$ und $\sin x$ ergeben. Nach Tafel 8.3 wird für die spezielle Lösung der inhomogenen DGl der Ansatz $y_{(s)} = c\,e^{-x}$ gewählt. Mit $y''_{(s)} = c\,e^{-x}$ erhält man

$$ce^{-x} + ce^{-x} = 2e^{-x}$$

also $c = 1$. Damit lautet die allgemeine Lösung dieser inhomogenen DGl

$$y = C_1 \cos x + C_2 \sin x + e^{-x} \tag{8.17}$$

Um die Integrationskonstanten C_1 und C_2 bestimmen zu können, benötigt man außer Gl. (8.17) noch die Ableitung

$$y' = -C_1 \sin x + C_2 \cos x - e^{-x}$$

Die Anfangsbedingungen liefern

$$2 = C_1 + 1 \qquad 0 = C_2 - 1$$

also $C_1 = C_2 = 1$. Damit lautet die gesuchte spezielle Lösung

$$y = \cos x + \sin x + e^{-x}$$

Beispiel 8.8 Man löse das Randwertproblem des Beispiels 8.1 für konstante Belastung $q(x) = q_0$, d. h. man bestimme die Biegelinie $w(x)$.

Die zur homogenen DGl $w^{(4)} = 0$ gehörige charakteristische Gleichung lautet $p^4 = 0$, es ist also $p = 0$ eine vierfache Lösung, daher ist nach Gl. (8.10) und (8.15) die allgemeine Lösung der homogenen Gleichung

$$w_{(h)} = C_1 + C_2 x + C_3 x^2 + C_4 x^3$$

Die Störfunktion lautet $g(x) = q_0/EI$. In diesem Falle versagt ein Ansatz $w_{(s)} = c_0$ gemäß Tafel 8.3, da dieser Ansatz bereits Anteil der Lösung der homogenen DGl ist. DGl (8.2) besagt, daß die vierte Ableitung der Lösung eine Konstante ist, daher erfolgt ein Ansatz $w_{(s)} = c_4 x^4$.

Aus $w^{(4)}_{(s)} = 24c_4 = q_0/EI$ ergibt sich $c_4 = q_0/24EI$ und damit

$$w = w_{(h)} + w_{(s)} = C_1 + C_2 x + C_3 x^2 + C_4 x^3 + \frac{q_0}{24EI} x^4$$

Die Randbedingungen lauten

$$w(0) = w(l) = 0 \qquad w''(0) = w''(l) = 0$$

Bildet man noch

$$w'' = 2C_3 + 6C_4 x + \frac{q_0}{2EI} x^2$$

so ergeben sich für die vier Integrationskonstanten die vier Bedingungen

$$w(0) = 0; \qquad C_1 = 0; \qquad w''(0) = 0; \qquad C_3 = 0$$

$$w(l) = 0 \qquad l \cdot C_2 + l^3 C_4 = -\frac{q_0 l^4}{24EI}$$

$$w''(l) = 0 \qquad 6l C_4 = -\frac{q_0 l^2}{2EI}$$

Damit wird

$$C_4 = -\frac{q_0 l}{12EI} \quad \text{und} \quad C_2 = \frac{q_0 l^3}{24EI}$$

Also erhält man

$$w(x) = \frac{q_0 l^3}{24EI} x - \frac{q_0 l}{12EI} x^3 + \frac{q_0}{24EI} x^4 = \frac{q_0 l^4}{24EI} \left[\frac{x}{l} - 2 \left(\frac{x}{l}\right)^3 + \left(\frac{x}{l}\right)^4 \right]$$

Beispiel 8.9 Man löse das Knickproblem des Beispiels 8.2, nämlich die Randwertaufgabe

$$\frac{\mathrm{d}^2 w}{\mathrm{d}x^2} + \frac{F}{EI} w = \frac{F_\mathrm{H}}{EI} x \tag{8.18}$$

$$w(0) = 0 \qquad w(l) = 0 \qquad w'(l) = 0$$

Diese DGl 2. Ordnung hat zwei Integrationskonstanten, die 3. Bedingung bestimmt die Reaktionskraft F_H. Außerdem ist noch die Knickkraft F unbekannt. Setzt man $\omega_0^2 = F/(EI)$, so ist $p^2 + \omega_0^2 = 0$ die zur homogenen Gleichung gehörige charakteristische Gleichung mit den Wurzeln $p_{1,2} = \pm\mathrm{j}\omega_0$, so daß sich nach Gl. (8.14)

$$w_{(h)} = C_1 \sin \omega_0 x + C_2 \cos \omega_0 x$$

ergibt. Die Störfunktion $g(x)$ ist ein Polynom ersten Grades, also wird gemäß Tafel 8.3

$$w_{(s)} = c_0 + c_1 x$$

gesetzt. Dieser Ansatz wird in DGl (8.18) eingesetzt; durch Koeffizientenvergleich folgt dann $c_0 = 0$ und $c_1 = F_\mathrm{H}/F$. Die allgemeine Lösung lautet also

$$w(x) = C_1 \sin \omega_0 x + C_2 \cos \omega_0 x + \frac{F_\mathrm{H}}{F} x$$

Für die drei Unbekannten C_1, C_2 und F_H/F erhält man aus den drei Randbedingungen

$$w(0) = 0 \qquad\qquad\qquad C_2 = 0$$

$$w(l) = 0 \qquad\qquad \sin \omega_0 l \cdot C_1 + l \frac{F_\mathrm{H}}{F} = 0$$

$$w'(l) = 0 \qquad\qquad \omega_0 \cos \omega_0 l \cdot C_1 + \frac{F_\mathrm{H}}{F} = 0$$

Die letzten beiden Gleichungen sind nur dann mit Werten ungleich Null lösbar, wenn die Koeffiziententendeterminante

$$\begin{vmatrix} \sin \omega_0 l & l \\ \omega_0 \cos \omega_0 l & 1 \end{vmatrix} = 0$$

ist. Daraus folgt $\tan \omega_0 l = \omega_0 l$. Diese Gleichung ist in Beispiel 5.36 gelöst. Es gilt $\omega_0 l = 4{,}493$ oder

$$F = \frac{4{,}493^2 EI}{l^2} = \frac{20{,}19 EI}{l^2} \tag{8.19}$$

Randwertaufgaben, die nur für spezielle Werte eines Parameters, hier der Knickkraft F, gelöst werden können, heißen Eigenwertaufgaben. ω_0 bzw. F in Gl. (8.19) heißt Eigenwert des Problems. I. allg. interessiert nur die Bedingung, wann das Ausknicken erfolgt, also der Eigenwert.

8.3 Numerische Lösungen

Die in Abschn. 8.2 dargestellten und weitere analytische Methoden [3] sind nur in einem kleinen Teil der technisch wichtigen Fälle anwendbar. Daher müssen häufig Näherungsverfahren angewandt werden. Eine ausführliche auf die Benutzung von Rechenanlagen zugeschnittene Darstellung findet man in [12]. Je nachdem, ob Anfangs- oder Randwertprobleme zu lösen sind, werden unterschiedliche numerische Verfahren verwandt. Hier können Verfahren zur Lösung von Anfangswertproblemen nicht dargestellt werden, außer auf [3], [12] sei auch auf F33 verwiesen.

8.3.1 Annäherung von Ableitungen durch Differenzen

Bei der Lösung von Randwertaufgaben ersetzt man die in der DGl auftretenden Ableitungen näherungsweise durch Differenzenquotienten (s. Abschn. 5.1.1).

Die erste Ableitung der Funktion $y = f(x)$ an der Stelle x_i kann sowohl durch die Steigung im rechts von x_i gelegenen Feld (Bild 8.4), also durch die Steigung (Ableitung) der Sekante durch die Punkte $(x_i; y_i)$ und $(x_{i+1}; y_{i+1})$

$$y'_{ir} = \frac{y_{i+1} - y_i}{\Delta x} \tag{8.20}$$

als auch durch die Steigung der Sekante im links von x_i gelegenen Feld

$$y'_{il} = \frac{y_i - y_{i-1}}{\Delta x} \tag{8.21}$$

ersetzt werden.

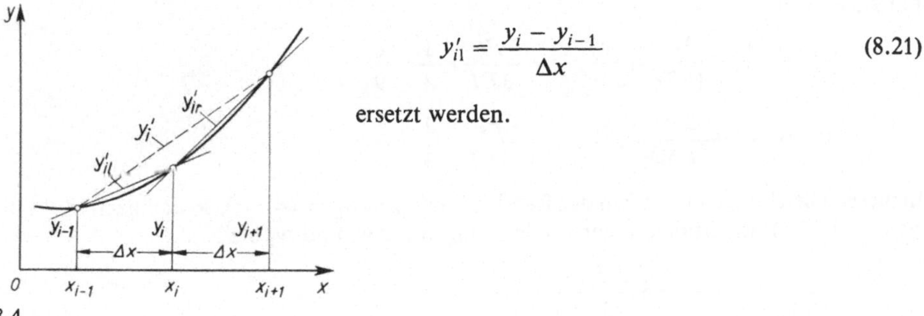

8.4

Eine bessere Annäherung ergibt sich jedoch durch Berücksichtigung beider Nachbarfelder

$$y'_i \approx \frac{y_{i+1} - y_{i-1}}{2\,\Delta x} \tag{8.22}$$

weil die Sekante durch die Punkte $(x_{i-1}; y_{i-1})$ und $(x_{i+1}; y_{i+1})$ der Tangente an die Funktionskurve im Punkt $(x_i; y_i)$ nahezu parallel ist.

Unter Beachtung, daß $y'' = (y')'$ ist, erhält man mit Gl. (8.20) und (8.22) entsprechend

$$y''_i \approx \frac{y'_{ir} - y'_{il}}{\Delta x} \approx \frac{y_{i+1} - 2y_i + y_{i-1}}{(\Delta x)^2} \tag{8.23}$$

Weitere Gleichungen findet man in F32.

8.3.2 Randwertaufgabe

Bei dem Balken auf zwei Stützen mit linear veränderlicher Belastung $q(x) = q_0 x/l$ (Bild 8.5) ist die Durchbiegung zu bestimmen.

Es gilt die Differentialgleichung $w'' = -M(x)/(EI)$ mit der Biegesteifigkeit EI und dem Biegemoment

$$M(x) = \frac{q_0 l x}{6}\left[1 - \left(\frac{x}{l}\right)^2\right] = \frac{Fx}{3}\left[1 - \left(\frac{x}{l}\right)^2\right]$$

8.5   also

$$w'' = -\frac{Fl}{3EI}\cdot\frac{x}{l}\cdot\left[1 - \left(\frac{x}{l}\right)^2\right] \tag{8.24}$$

Die Randbedingungen lauten $w(0) = w(l) = 0$, weil die Durchbiegung an den starren Lagern gleich Null ist. In der einfachsten Näherung teilt man die Balkenlänge wegen der unsymmetrischen Belastung in drei Intervalle der Breite $\Delta x = l/3$ und erhält folgende Zuordnung

$$x_0 = 0 \qquad x_1 = l/3 \qquad x_2 = 2l/3 \qquad x_3 = l$$
$$w_0 = 0 \qquad w_1 \qquad\quad w_2 \qquad\qquad w_3 = 0$$

Die Funktionswerte w_1 und w_2 sind zu bestimmen. Nun schreibt man die Differentialgleichung für jeden Zwischenpunkt und ersetzt die Ableitungen nach Gl. (8.23) durch die Funktionswerte

$$w_1'' \approx \frac{w_2 - 2w_1 + w_0}{(l/3)^2} = -\frac{Fl}{3EI}\cdot\frac{1}{3}\cdot\frac{8}{9}$$

$$w_2'' \approx \frac{w_3 - 2w_2 + w_1}{(l/3)^2} = -\frac{Fl}{3EI}\cdot\frac{2}{3}\cdot\frac{5}{9}$$

In diesen Gleichungen ist wegen der Randbedingungen $w_0 = w_3 = 0$, so daß nach Multiplizieren mit $(l/3)^2$ die beiden linearen Gleichungen für w_1 und w_2 bleiben

$$-2w_1 + w_2 = -8\,\frac{Fl^3}{729\,EI}$$

$$w_1 - 2w_2 = -10\,\frac{Fl^3}{729\,EI}$$

Die Lösung dieses Gleichungssystems lautet

$$w_1 = \frac{26}{3}\cdot\frac{Fl^3}{729\,EI} \qquad\qquad w_2 = \frac{28}{3}\cdot\frac{Fl^3}{729\,EI}$$

Die exakte Lösung ergibt (s. Aufgabe 6, Abschn. 8.4)

$$w_1 = 8\cdot\frac{Fl^3}{729\,EI} \qquad\qquad w_2 = \frac{17}{2}\cdot\frac{Fl^3}{729\,EI}$$

Der Vergleich zeigt, daß man mit dieser einfachen Methode die Lösung mit einem Fehler von nur 8% bis 10% gefunden hat.

8.3.3 Eigenwertaufgabe

Das in Beispiel 8.9 behandelte Eigenwertproblem soll nun numerisch angenähert gelöst werden. Da in DGl (8.18) die unbekannte, aber i. allg. nicht benötigte Kraft F_H enthalten ist, differenziert man die Gleichung zweimal nach x und erhält dann die homogene Differentialgleichung

$$w^{(4)} + \frac{F}{EI}\,w'' = 0 \tag{8.25}$$

Die Randbedingungen lauten $w(0) = w(l) = 0$, weil die Durchbiegung an beiden Lagern gleich Null ist, ferner $w'(l) = 0$ wegen der senkrechten Einspannung und $w''(0) = 0$, weil das Biegemoment im Gelenklager Null ist. Bei Einteilung der Balkenlänge in drei Intervalle $\Delta x = l/3$ (Bild 8.6) ist also $w_0 = w_3 = 0$.

Die beiden übrigen Randbedingungen führen auf Zusammenhänge zwischen den Koordinaten w innerhalb und den als Hilfsgrößen anzunehmenden Koordinaten w_{-1} und w_4 außerhalb des Balkens

$$w_3' = \frac{w_4 - w_2}{2\Delta x} = 0 \quad \text{also} \quad w_4 = w_2$$

$$w_0'' = \frac{w_1 - 2w_0 + w_{-1}}{(\Delta x)^2} = 0$$

also $w_{-1} = -w_1$ wegen $w_0 = 0$

Man schreibt nun die Differentialgleichung für die Punkte x_1 und x_2 nach F 32

$$\frac{w_3 - 4w_2 + 6w_1 - 4w_0 + w_{-1}}{(\Delta x)^4} + \frac{F}{EI}\,\frac{w_2 - 2w_1 + w_0}{(\Delta x)^2} = 0$$

$$\frac{w_4 - 4w_3 + 6w_2 - 4w_1 + w_0}{(\Delta x)^4} + \frac{F}{EI}\,\frac{w_3 - 2w_2 + w_1}{(\Delta x)^2} = 0 \qquad \text{8.6}$$

multipliziert mit $(\Delta x)^4 = (l/3)^4$ und setzt die Randwerte $w_0 = 0$ und $w_3 = 0$ sowie die über den Rand hinausgreifenden Werte $w_{-1} = -w_1$ und $w_4 = w_2$ ein

$$-4w_2 + 6w_1 - w_1 + \frac{Fl^2}{9EI}\,(w_2 - 2w_1) = 0$$

$$w_2 + 6w_2 - 4w_1 + \frac{Fl^2}{9EI}\,(-2w_2 + w_1) = 0$$

Nach dem Ordnen ergibt sich mit der Abkürzung $\lambda = Fl^2/(9EI)$ das homogene Gleichungssystem

$$(5 - 2\lambda)w_1 + (-4 + \lambda)w_2 = 0 \qquad (-4 + \lambda)w_1 + (7 - 2\lambda)w_2 = 0$$

Eine Lösung, bei der nicht $w_1 = w_2 = 0$ ist, bei der also der Stab nicht gerade bleibt, sondern ausknickt, erfordert das Nullwerden der Determinante

$$\begin{vmatrix} 5 - 2\lambda & -4 + \lambda \\ -4 + \lambda & 7 - 2\lambda \end{vmatrix} = 0$$

Man löst die Determinante auf und erhält die quadratische Bestimmungsgleichung für den Eigenwert λ

$$3\lambda^2 - 16\lambda + 19 = 0 \qquad \text{mit den Wurzeln } \lambda_1 = 1{,}785 \text{ und } \lambda_2 = 3{,}549$$

Der kleinste Eigenwert (die kleinste Knicklast) ist für das Versagen des Stabes maßgebend

$$\lambda = 1{,}785 = \frac{Fl^2}{9EI} \qquad F = \frac{1{,}785 \cdot 9EI}{l^2} = 16{,}1 \frac{EI}{l^2}$$

Die exakte Lösung ergibt (s. Beispiel 8.9, Gl. (8.19)) $F = 20{,}19\,EI/l^2$. Der Fehler der Differenzenrechnung beträgt wegen der sehr einfachen Methode und der geringen Anzahl von Funktionswerten 20%.

8.4 Aufgaben zu Abschnitt 8

1. Man bestimme für die folgenden Differentialgleichungen die allgemeinen Lösungen und diejenigen speziellen Lösungen, die die Anfangsbedingung $y = 1$ für $x = 0$ erfüllen

a) $y' + xy^3 = 0$ b) $y'(1 + x^2) - xy = 0$

c) $y' - y^2 \sin x = 0$ d) $y'^2 - 4y = 0$ e) $y' + 2y = x + 1$

2. Man gebe die allgemeinen Lösungen der folgenden Differentialgleichungen an. Wie lauten die speziellen Lösungen mit den Anfangsbedingungen $y = 0$ und $y' = 1$ für $x = 0$? Man skizziere die Lösungsfunktionen im Bereich $0 \leqslant x \leqslant 6$

a) $y'' + 4y = 0$ b) $y'' + 2y' + 4y = 0$

c) $y'' + 4y' + 4y = 0$ d) $y'' + 6y' + 4y = 0$

3. Man bestimme die allgemeinen Lösungen der folgenden Differentialgleichungen

a) $y'' + 9y = x^2 + 4x + 1$ b) $y'' + 2y' + 2y = \cos 3x$

c) $y^{(4)} - 3y''' + y'' + 3y' - 2y = 0$ d) $y''' + 4y'' + 6y' + 4y = 0$

4. Man löse die Differentialgleichung (8.24) mit dem Differenzenverfahren. Man wähle $\Delta x = l/4$ und die Randbedingungen $w(0) = w_0 = 0$ und $w(l) = w_4 = 0$.

Hinweis: Abkürzung $\lambda = \dfrac{2Fl^2}{EI}$ wählen.

5. Man bestimme numerisch die Lösung der Differentialgleichung $y'' - y = x$ mit den Randbedingungen $y(0) = 0$ und $y(2) = -1$ im Bereich $0 \leqslant x \leqslant 2$ und $\Delta x = 0{,}5$. Ferner bestimme man die analytische Lösung dieser Differentialgleichung und vergleiche die Funktionswerte für $x_1 = 0{,}5$, $x_2 = 1$ und $x_3 = 1{,}5$ mit der Lösung nach dem Differenzenverfahren.

6. Man löse die Randwertaufgabe Gl. (8.24) exakt.

7. Man löse das Biegeproblem des Beispiels 8.8 bei beiderseitiger Einspannung des Balkens.

8. Man bestimme die Euler-Knickkräfte für die 3 Fälle

a) Stab einseitig eingespannt, auf der anderen Seite frei. Hinweis: $EIw'' = -Fw$.

b) Stab beiderseits gelenkig geführt.

c) Stab beiderseits eingespannt. Hinweis: $EIw'' = -Fw + M_E$.

9 Funktionen von mehreren Veränderlichen

Vorbemerkungen Bei vielen physikalischen und technischen Gesetzen ist eine Größe nicht nur von einer, sondern von mehreren Größen abhängig. So ist z. B. die Tragfähigkeit einer unbewehrten Betonstütze abhängig von dem (frei veränderlichen) Querschnitt und der (frei veränderlichen) Betongüte. Wird die Betonstütze bewehrt, so hängt die Tragfähigkeit außerdem noch von dem Bewehrungsverhältnis und von der Stahlgüte ab. Die Koordinaten eines Vermessungspunktes lassen sich bei einem Rückwärtsschnitt (Abschn. 11.1.2) aus den Koordinaten von drei frei gewählten Zielen und zwei zwischen ihnen gemessenen Winkeln bestimmen. Mathematisch handelt es sich hier um Funktionen von mehreren Variablen. Ist ein funktionaler Zusammenhang durch eine Funktionsgleichung darstellbar, so kann dies in verschiedenen Formen geschehen, z. B.

$$\text{explizite Form} \qquad z = f(x, y, \ldots) \tag{9.1}$$

$$\text{implizite Form} \qquad F(x, y, z, \ldots) = 0 \tag{9.2}$$

Geometrisch können nur Funktionen bis zu drei Variablen anschaulich dargestellt werden. Deshalb beschränken sich die folgenden Ausführungen auf diesen Fall. Es wird aber betont, daß die hierfür hergeleiteten Regeln und Gesetze auch auf Funktionen mit einer beliebigen Anzahl von Variablen angewendet werden können.

Bei einem Zusammenhang zwischen drei Größen sind zwei von ihnen unabhängig veränderlich, sie werden im folgenden mit x und y bezeichnet. Die dritte Größe liegt bei vorgegebenen Werten der beiden anderen Größen auf Grund der Funktionsgleichung fest, sie wird mit z bezeichnet und heißt die abhängige Variable. Um diesen Sachverhalt geometrisch darzustellen, führt man ein rechtwinkliges, räumliches Koordinatensystem (Rechts-System) ein, dessen Achsen mit x, y und z bezeichnet werden (Bild 9.1). Die frei wählbaren Wertepaare $(x; y)$ entsprechen geometrisch den Punkten in der (x, y)-Ebene. Der auf Grund der Funktionsgleichung zu jedem Wertepaar $(x; y)$ gehörige z-Wert wird nun senkrecht auf der (x, y)-Ebene nach oben (positive z-Werte) oder nach unten (negative z-Werte) abgetragen. Man erhält so Punkte P_i mit den Koordinaten $(x_i; y_i; z_i)$, die die Funktionsgleichung erfüllen. Werden alle Punkte P_i miteinander verbunden, so ergibt sich als geometrisches Bild der Funktionsgleichung eine Fläche im Raum.

Vor der Behandlung allgemeiner Flächen werden einige Spezialfälle untersucht. Setzt man in der Funktionsgleichung $z = \text{const}$, so bedeutet dies, daß für alle Wertepaare $(x; y)$ stets der gleiche z-Wert vorhanden ist. Diese Bedingung ist geometrisch in einer Ebene erfüllt, die parallel zur (x, y)-Ebene liegt. Damit wird $z = \text{const}$ die Gleichung dieser Ebene. Ganz entsprechend bedeutet $y = \text{const}$, daß für alle Wertepaare $(x; z)$ stets der gleiche y-Wert vorhanden ist; dies ist in den Punkten einer Parallelebene zur (x, z)-Ebene der Fall. Wird speziell die Konstante gleich Null, so erhält man die Gleichung der betreffenden Koordinatenebene. Setzt man in der Funktionsgleichung eine der Variablen gleich Null, so erhält man eine Funktion von nur noch zwei Variablen. Diese kann geometrisch als Kurve in einer Ebene dargestellt werden.

Werden in einer Funktionsgleichung mit drei Variablen diese der Reihe nach gleich Null (oder gleich einer anderen Konstanten) gesetzt, so erhält man die drei Schnittkurven der Funktionsfläche (Bild 9.1) mit den Koordinatenebenen (oder Parallelebenen zu diesen).

Oft genügt dieses Verfahren bereits, um einen Überblick über den Verlauf der Funktionsfläche zu erlangen.

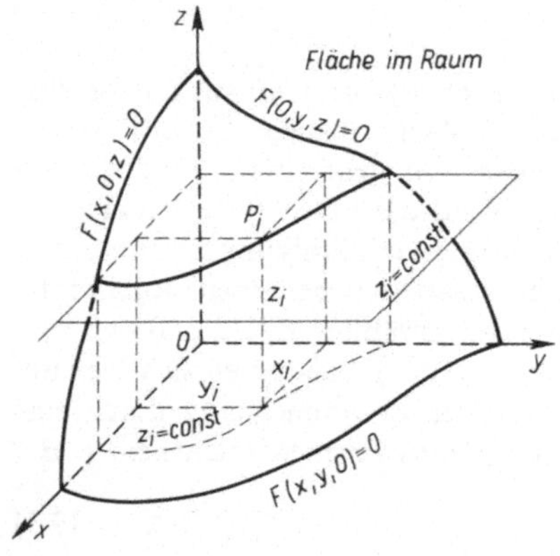

Beispiel 9.1 Welche Fläche entspricht der Gleichung

$$\frac{x}{4} + \frac{y}{5} + \frac{z}{6} = 1 \tag{9.3}$$

Setzt man in Gl. (9.3) $z = 0$, so ergibt sich die Achsenabschnitts-Form einer Geraden in der (x, y)-Ebene. Auch bei Nullsetzen der anderen Veränderlichen ergeben sich Geraden in den entsprechenden Ebenen, so daß die Funktionsfläche eine Ebene ist, die die drei Koordinatenebenen in den genannten Geraden schneidet (Bild 9.2).

Beispiel 9.2 Die Funktion $x^2 + y^2 + z^2 = r^2$ stellt eine Kugel mit dem Mittelpunkt im Koordinatenursprung und dem Radius r dar.

Die Funktion $x^2/a^2 + y^2/b^2 + z^2/c^2 = 1$ stellt ein Ellipsoid mit dem Mittelpunkt im Koordinatenursprung und den Halbachsen a, b und c dar.

Im räumlichen Koordinatensystem stellt die Funktion $x^2 + y^2 = r^2$ einen offenen Kreiszylinder dar.

Beispiel 9.3 Die Funktionen $x = r\cos\varphi$; $y = r\sin\varphi$; $z = c\varphi$ stellen die Parameterform einer Schraubenlinie dar (Bild 9.3). Die beiden ersten Gleichungen können mit $\sin^2\varphi + \cos^2\varphi = 1$ zur Kreisgleichung $x^2 + y^2 = r^2$ zusammengefaßt werden. Die dritte Gleichung sagt aus, daß die Höhe z proportional dem Winkel φ ist, d. h., der Steigungswinkel ist konstant.

Der Verlauf der Funktionsfläche kann auch noch in anderer Weise geometrisch veranschaulicht werden. Setzt man $z = \text{const} = z_1$, so erhält man die Schnittkurve der Funktionsfläche mit einer Parallel-Ebene in der Höhe z_1 zur (x, y)-Ebene. Diese Schnittkurve wird senkrecht auf die (x, y)-Ebene projiziert und der betreffende Wert z_1 darangeschrieben (Bild 9.1). Wird dieses Verfahren für mehrere z-Werte wiederholt, so erhält man in der (x, y)-Ebene eine Schar von Kurven, die nach z beschriftet sind (z. B. Höhenlinien einer topographischen Karte). In der Technik heißt ein derartiges Diagramm eine Netztafel und ist zur Ablesung von Funktionswerten besser geeignet als eine räumliche perspektivische Darstellung. Für die weiteren Überlegungen in diesem Abschnitt ist aber eine räumliche Vorstellung von der Funktionsfläche geeigneter.

9.1 Partielle Ableitungen

Definition Unter den **partiellen Ableitungen erster Ordnung** der Funktionsgleichung $z = f(x, y)$ versteht man folgende Grenzwerte

$$\lim_{\Delta x \to 0} \frac{f(x + \Delta x, y) - f(x, y)}{\Delta x} = \frac{\partial z}{\partial x} = \frac{\partial f(x, y)}{\partial x} = f_x \tag{9.4}$$

$$\lim_{\Delta y \to 0} \frac{f(x, y + \Delta y) - f(x, y)}{\Delta y} = \frac{\partial z}{\partial y} = \frac{\partial f(x, y)}{\partial y} = f_y \tag{9.5}$$

($\partial z / \partial x$ wird gesprochen: dz partiell nach dx).

Diese Gleichungen bedeuten, daß beim Bilden der ersten partiellen Ableitung $\partial z / \partial x$ die Größe y wie eine Konstante behandelt und die Funktionsgleichung nach den in Abschn. 5 entwickelten Regeln nach x differenziert wird. Entsprechend wird bei der Bildung von $\partial z / \partial y$ die Größe x wie eine Konstante behandelt und die Funktion $z = f(x, y)$ nach y differenziert.

Die geometrische Bedeutung der ersten Ableitungen ergibt sich aus Bild 9.4. Beim Bilden von f_x wird $y = $ const gesetzt. Mit $y = $ const erhält man eine Ebene parallel zur (x, z)-Ebene. Bei gleichen Einheitslängen auf den drei Koordinatenachsen ist die erste Ableitung

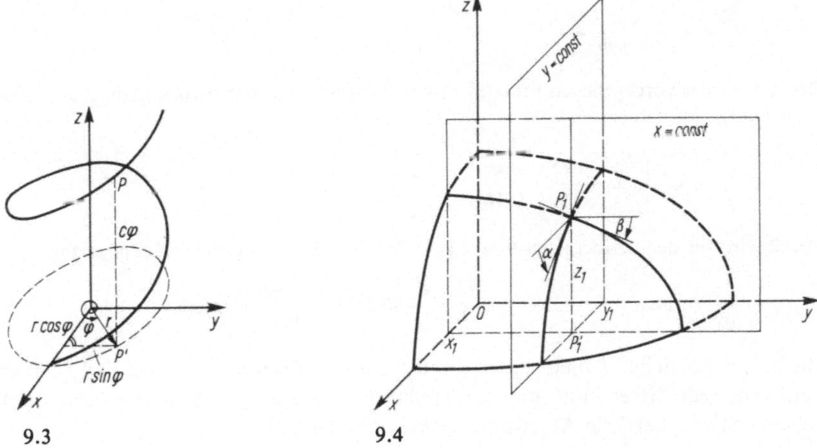

$f_x = \tan \alpha$ die Steigung der Schnittkurve der Funktionsfläche mit dieser Ebene gegenüber einer Raumparallelen zur positiven x-Achse. Entsprechend ist die Ableitung $f_y = \tan \beta$ die Steigung der Schnittkurve zwischen Funktionsfläche und einer Parallelebene zur (y, z)-Ebene gegenüber einer Raumparallelen zur positiven y-Achse.

Beispiel 9.4 Man differenziere die Funktion $z = x^2 y + x \sin y + \ln y$ partiell nach x und y.

$$f_x = 2xy + \sin y \qquad f_y = x^2 + x \cos y + \frac{1}{y}$$

Beispiel 9.5 Durch den Punkt $x = +1{,}5;\ y = +2{,}0$ der (x, y)-Ebene werden die Parallelebenen zu den beiden anderen Koordinatenebenen gelegt. Man berechne den Steigungswinkel der in diesen Ebenen liegenden Tangenten im Punkt $(1{,}5;\ 2{,}0;\ z_1 > 0)$ an eine Fläche mit der Gleichung

$$\frac{x^2}{9} + \frac{y^2}{16} + \frac{z^2}{6{,}25} = 1$$

Durch Nullsetzen der einzelnen Variablen erhält man als Schnittkurve mit den Koordinatenebenen jeweils eine Ellipse. Die Funktionsfläche ist also ein dreiachsiges Ellipsoid (Bild 9.4). Die Steigung der Tangente in der Parallelebene zur (x, z)-Ebene ergibt sich mit $y = $ const und durch partielles Differenzieren der Gleichung nach x unter Benutzung der Kettenregel für implizite Funktionen Gl. (5.27)

$$\frac{2x}{9} + \frac{2z}{6{,}25}\,\frac{\partial z}{\partial x} = 0$$

und daraus

$$\frac{\partial z}{\partial x} = -\frac{6{,}25}{9}\,\frac{x}{z}$$

Entsprechend erhält man für die Steigung in der Parallelebene $x = $ const durch partielles Differenzieren nach y

$$\frac{2y}{16} + \frac{2z}{6{,}25}\,\frac{\partial z}{\partial y} = 0$$

und daraus

$$\frac{\partial z}{\partial y} = -\frac{6{,}25}{16}\,\frac{y}{z}$$

Den z-Wert des vorgegebenen Punktes P_1 bestimmt man aus der Ausgangsgleichung, die (erst jetzt) nach z aufgelöst wird

$$z_1 = 2{,}5\,\sqrt{1 - \frac{x_1^2}{9} - \frac{y_1^2}{16}} = 1{,}768$$

Damit wird für den betrachteten Punkt $P_1(1{,}5;\ 2{,}0;\ 1{,}768)$ bei gleichen Einheitslängen $l_x = l_y = l_z$

$$\frac{\partial z}{\partial x} = \tan\alpha = -0{,}589 \qquad \alpha = -30{,}5° \qquad \frac{\partial z}{\partial y} = \tan\beta = -0{,}442 \qquad \beta = -23{,}8°$$

Die beiden partiellen Ableitungen f_x und f_y sind im allgemeinen von x und y abhängig. Deshalb kann jede dieser Funktionen nochmals nach x und nach y differenziert werden. Es ergeben sich vier partielle Ableitungen zweiter Ordnung

$$\frac{\partial f_x}{\partial x} = f_{xx} \qquad \frac{\partial f_x}{\partial y} = f_{xy} \qquad \frac{\partial f_y}{\partial x} = f_{yx} \qquad \frac{\partial f_y}{\partial y} = f_{yy}$$

Diese höheren Ableitungen sind nicht voneinander unabhängig. Wie hier nicht bewiesen werden kann, gilt der

Satz von Schwarz. Bei stetigen Funktionen und Ableitungen darf die Reihenfolge des Differenzierens vertauscht werden.

Bei den Ableitungen zweiter Ordnung ist also $f_{xy} = f_{yx}$.

Beispiel 9.6 Wie lauten die partiellen Ableitungen zweiter Ordnung der Funktion in Beispiel 9.4?

$$f_{xx} = 2y \qquad\qquad f_{yx} = 2x + \cos y$$

$$f_{xy} = 2x + \cos y \qquad f_{yy} = -\left(x \sin y + \frac{1}{y^2}\right)$$

Die partiellen Ableitungen können benutzt werden, um die Extremwerte einer Funktion zu bestimmen. Geometrisch ist der Extremwert ein Punkt der Fläche, der höher oder tiefer liegt als alle Punkte seiner unmittelbaren Umgebung. Dies bedeutet, daß dort eine waagerechte Tangentialebene vorhanden ist. Die analytische Bedingung hierfür ist $f_x = 0$ und $f_y = 0$. Diese Bedingung ist notwendig, aber nicht hinreichend. Wie bei Kurven in der Ebene gibt es auch hier Punkte, in denen eine waagerechte Tangentialebene vorhanden ist, die aber keine Extremwerte sind. Ein Beispiel ist der in Bild 9.5 gezeigte Sattelpunkt S. Wie hier nicht gezeigt werden kann, gelten für einen Extremwert folgende notwendige und hinreichende Bedingungen

$$f_x = 0 \quad \text{und} \quad f_y = 0 \quad \text{und} \quad \Delta = f_{xx} f_{yy} - f_{xy}^2 > 0$$

$$\textbf{Maximum, wenn } f_{xx} < 0 \qquad \textbf{Minimum, wenn } f_{xx} > 0$$

(9.6)

Ist $\Delta < 0$, so liegt ein Sattelpunkt vor, bei $\Delta = 0$ kann mit den Ableitungen zweiter Ordnung keine Entscheidung gefällt werden.

Die beiden ersten Beziehungen in Gl. (9.6) liefern zwei Bestimmungsgleichungen für die Extremwertsabszissen x_E und y_E. Diese Werte werden in die Gleichung für Δ eingesetzt, um zu prüfen, ob ein Extremwert vorliegt.

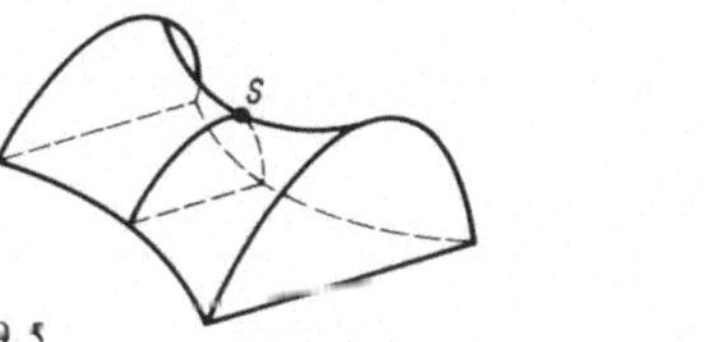
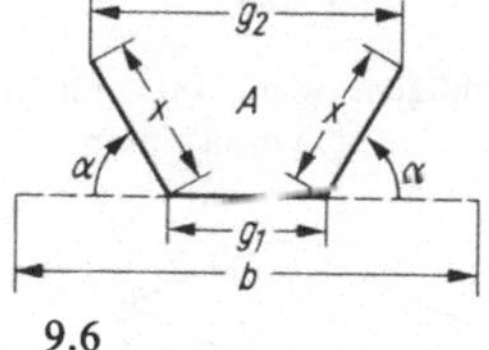

9.5   9.6

Beispiel 9.7 Die Wassergeschwindigkeit v in einem offenen Gerinne kann mit der Gleichung von Chezy $v = k\sqrt{RI}$ ermittelt werden; hierin ist k eine empirisch gefundene Konstante (sog. Geschwindigkeitsbeiwert), R der hydraulische Radius ($R = A/U$, durchströmte Querschnittsfläche durch benetzten Umfang) und I das Wasserspiegelgefälle. Soll aus einem Blech mit der Breite b durch Hochbiegen der seitlichen Enden eine trapezförmige Rinne (Bild 9.6) geschaffen werden, dann ist bei voll mit Wasser gefüllter Rinne die gegebene Breite b gleich dem benetzten Umfang U. Soll ein optimaler hydraulischer Radius erreicht werden, dann müssen Länge x und Winkel α so gewählt werden, daß der Querschnitt A möglichst groß wird.

Gesucht ist das Maximum der Funktion $A = f(x, \alpha)$. Dabei ist A die Fläche eines Trapezes mit der unteren Grundlinie $g_1 = b - 2x$, der oberen Grundlinie $g_2 = b - 2x + 2x\cos\alpha$ und der Höhe $h = x \sin\alpha$, also

$$A = h\,\frac{g_1 + g_2}{2} = bx\sin\alpha - 2x^2\sin\alpha + x^2\sin\alpha\cos\alpha$$

Die Extremwerte erhält man durch Nullsetzen der beiden ersten Ableitungen

$$A_x = b\sin\alpha - 4x\sin\alpha + 2x\cos\alpha\sin\alpha = 0 \tag{9.7}$$

$$A_\alpha = bx\cos\alpha - 2x^2\cos\alpha + x^2(\cos^2\alpha - \sin^2\alpha) = 0 \tag{9.8}$$

Eine Lösung ergibt sich für $x = 0$ und $\alpha = 0$, doch diese ist offensichtlich unbrauchbar. Mit den Ableitungen zweiter Ordnung

$$A_{xx} = -4\sin\alpha + \sin 2\alpha$$

$$A_{\alpha\alpha} = (-b + 2x)x\sin\alpha - 2x^2\sin 2\alpha$$

$$A_{x\alpha} = (b - 4x)\cos\alpha + 2x\cos 2\alpha$$

erhält man für diese Lösung $A_{xx} = A_{\alpha\alpha} = 0$ und $A_{x\alpha} = b$; damit ist $\Delta < 0$, und es handelt sich um einen Sattelpunkt. Wenn x und α nicht Null sind, darf Gl. (9.7) durch $\sin\alpha$ und Gl. (9.8) durch x geteilt werden. Anschließend wird Gl. (9.7) nach $\cos\alpha = (4x - b)/(2x)$ aufgelöst und in Gl. (9.8) eingesetzt. Mit der Umformung $\sin^2\alpha = 1 - \cos^2\alpha$ kann diese Gleichung dann nach x aufgelöst werden. Man erhält als weitere Lösung

$$x = \frac{b}{3} \qquad \alpha = 60°$$

Mit diesen Werten wird $A_{xx} = -2{,}598$, $A_{\alpha\alpha} = -0{,}289\,b^2$ und $A_{x\alpha} = -0{,}5b$; damit ist $\Delta > 0$, und wegen $A_{xx} < 0$ liegt das gesuchte Maximum vor.

Beispiel 9.8 Der Wärmeverlust eines Gebäudes hängt von der Größe seiner Oberfläche ab. Deshalb soll für ein Gebäude mit Flachdach (Bild 9.7) untersucht werden, für welche Relation $x:y:z$ die an Luft grenzende Oberfläche O bei einem gegebenen Volumen V ein Minimum wird.

Nach Bild 9.7 liest man für O ab

$$O = xy + 2xz + 2yz \tag{9.9}$$

Da die drei Variablen nicht unabhängig voneinander sind, sondern der Beziehung

$$V = xyz \tag{9.10}$$

genügen, wird eine von ihnen, z. B. z aus Gl. (9.10) ausgedrückt und in (9.9) eingesetzt. Mit $z = V/(xy)$ erhält man

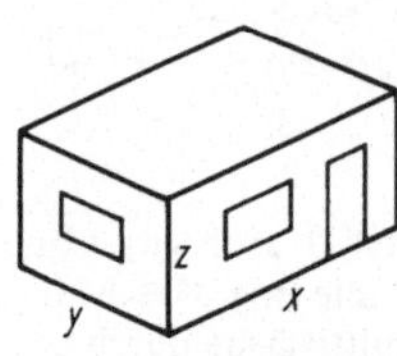

$$O = xy + \frac{2V}{y} + \frac{2V}{x}$$

Setzt man die partiellen Ableitungen nach x und y gleich Null, so folgt

$$O_x = y - \frac{2V}{x^2} = 0 \qquad O_y = x - \frac{2V}{y^2} = 0$$

9.7   Damit wird $x = y = \sqrt[3]{2}\,\sqrt[3]{V}$ und weiter $z = \dfrac{1}{2}\,\sqrt[3]{2}\,\sqrt[3]{V}$.

Es ergibt sich als optimales Verhältnis $x:y:z = 1:1:0{,}5$. Nach Gl. (9.6) liegt auch tatsächlich ein Minimum vor.

Auch bei Funktionen von drei (oder n) unabhängigen Variablen können Extremwerte entsprechend festgestellt werden. Setzt man die jeweiligen partiellen Ableitungen gleich Null, so erhält man ein System von drei (oder n) Gleichungen für die drei (oder n) Unbekannten. Die Lösung kann jedoch sehr schwierig werden; oft ist sie nur näherungsweise und wegen des großen Rechenaufwandes mit Hilfe von Rechenanlagen zu finden.

9.2 Totales Differential

In Bild 9.8 ist $P_1(x_1; y_1; z_1)$ ein Punkt auf der Fläche der Funktion $z = f(x, y)$. An der Stelle $[(x_1 + \Delta x); (y_1 + \Delta y)]$ geht die Funktionsfläche durch den Punkt Q_3 mit der z-Koordinate $(z_1 + \Delta z)$. Durch den Punkt P_1 wird die waagerechte Ebene $P_1 P_2 P_3 P_4$ mit der z-Koordinate z_1 gelegt. Die Strecke $\overline{P_3 Q_3} = \Delta z$ ist ein Bild der Funktionsdifferenz

$$\Delta z = f[(x_1 + \Delta x), (y_1 + \Delta y)] - f(x_1, y_1) \tag{9.11}$$

Definition Man bezeichnet die folgende Größe als **totales Differential dz** der Funktion $z = f(x, y)$

$$\mathrm{d}z = f_x \, \mathrm{d}x + f_y \, \mathrm{d}y \tag{9.12}$$

Entsprechend der Funktion einer Veränderlichen (Abschn. 5.1.5) bedeutet das totale Differential den linearen Anteil der Funktion

$$z(x, y) = z_1 + f_x(x_1, y_1)(x - x_1) + f_y(x_1, y_1)(y - y_1) + F(x_1, y_1, \Delta x, \Delta y)$$

Das totale Differential hat die geometrische Bedeutung der Strecke $\overline{P_3 T_3}$, wobei T_3 sich als Schnittpunkt der in P_1 an die Funktionsfläche angelegten Tangentialebene mit der Senkrechten $\overline{P_3 Q_3}$ ergibt. Es gilt nämlich bei $l_x = l_y = l_z$

$$\overline{P_2 T_2} = \mathrm{d}x \cdot \tan \alpha = f_x \, \mathrm{d}x \qquad \overline{P_4 T_4} = \mathrm{d}y \cdot \tan \beta = f_y \, \mathrm{d}y$$

Nach Bild 9.8 ist $\overline{P_3 T_3'} = \overline{P_2 T_2}$ und $\overline{T_3' T_3} = \overline{P_4 T_4}$. Damit wird $\overline{P_3 T_3} = \overline{P_3 T_3'} + \overline{T_3' T_3} = f_x \, \mathrm{d}x + f_y \, \mathrm{d}y$. Die Fehlerfunktion $F(x_1, y_1, \Delta x, \Delta y)$ wird in Bild 9.8 durch die Strecke $\overline{T_3 Q_3}$ abgebildet.

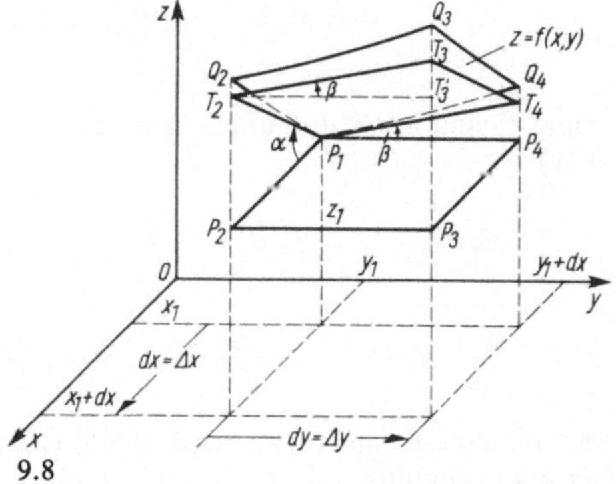

9.8

In den Fällen, in denen Δx und Δy nahe bei Null liegen, kann die exakte Funktionsdifferenz Δz durch das totale Differential dz angenähert werden. Variieren die Argumentwerte nur um kleine Beträge, so können die Funktionsänderungen mit Hilfe des totalen Differentials geschätzt werden.

Was bisher wegen der Anschaulichkeit nur für die Funktion $z = f(x, y)$ behandelt wurde, gilt entsprechend für mehrere Variable. Das totale Differential dz der Funktion $z = f(x, y, \ldots, u, w)$ lautet

$$\mathrm{d}z = f_x \, \mathrm{d}x + f_y \, \mathrm{d}y + \cdots + f_u \, \mathrm{d}u + f_w \, \mathrm{d}w \tag{9.13}$$

Anwendungen des totalen Differentials ergeben sich besonders bei der Fehlerrechnung in Abschnitt 10.

Implizite Funktionen Gl. (9.12) kann auch auf Funktionen mit nur einer unabhängigen Variablen angewendet werden. Betrachtet man die Funktion

$$z = f(x, y) = 0$$

so können die beiden rechten Glieder dieser Gleichungskette als implizite Form einer Funktion mit einer unabhängigen Variablen aufgefaßt werden.

Andererseits ist dies auch der Spezialfall einer Funktion mit zwei unabhängigen Variablen, bei der für alle x- und y-Werte stets $z = 0$ ist. Deshalb ist auch stets das totale Differential $dz = 0$

$$dz = f_x dx + f_y dy = 0$$

Löst man diese Gleichung nach dy/dx auf, so erhält man eine Regel zum Differenzieren einer impliziten Funktion mit einer unabhängigen Variablen

$$\frac{dy}{dx} = y' = -\frac{f_x}{f_y} \tag{9.14}$$

Gl. (9.14) liefert y' unmittelbar explizit. Eine andere Regel hierfür wird in Abschn. 5.2.3 hergeleitet. Diese andere Regel Gl. (5.27) ist oft vorteilhaft anzuwenden, wenn anschließend $y' = 0$ gesetzt wird.

Zur Berechnung der zweiten Ableitung wird Gl. (9.14) beiderseits nach x differenziert. Links erhält man unmittelbar y'', rechts wird zunächst die Quotientenregel angewandt

$$y'' = -\frac{(df_x/dx)f_y - f_x(df_y/dx)}{f_y^2} \tag{9.15}$$

f_x und f_y sind implizite Funktionen von x und y. Deshalb ist mit der Kettenregel und Gl. (9.14)

$$\frac{df_x}{dx} = f_{xx} + f_{xy}\frac{dy}{dx} = f_{xx} - f_{xy}\frac{f_x}{f_y}$$

$$\frac{df_y}{dx} = f_{yx} + f_{yy}\frac{dy}{dx} = f_{yx} - f_{yy}\frac{f_x}{f_y}$$

Setzt man diese Ausdrücke in Gl. (9.15) ein und wendet die Beziehung $f_{xy} = f_{yx}$ an, so erhält man endgültig

$$y'' = -\frac{f_{xx}f_y^2 - 2f_x f_y f_{xy} + f_{yy}f_x^2}{f_y^3} \tag{9.16}$$

Beispiel 9.9 Die Gleichung eines Kreises lautet in impliziter Form $x^2 + y^2 = r^2$. Man berechne y' und y'' mit Hilfe von Gl. (9.14) und Gl. (9.16).

$$f_x = 2x \qquad f_y = 2y \qquad f_{xx} = f_{yy} = 2 \qquad f_{xy} = 0$$

$$y' = -\frac{x}{y}$$

und $\quad y'' = -\dfrac{8y^2 + 8x^2}{8y^3} = -\dfrac{r^2}{y^3}$

9.3 Aufgaben zu Abschnitt 9

1. Man bilde die partiellen Ableitungen erster und zweiter Ordnung und prüfe, daß $f_{xy} = f_{yx}$ ist

a) $z = (x + y)\sin(x - y)$ b) $z = a\mathrm{e}^{x/y}$

2. Man berechne die Steigung der Tangenten in den Parallelebenen zu den Koordinatenebenen für die Funktion $z = 2x^2 - 8x + 2y^2 + 12y - 6$ im Punkt $(0;\ 0;\ z_1)$.

3. Bei der Funktion $z = mx + ny^2$ berechne und vergleiche man Δz und $\mathrm{d}z$.

4. Bei den folgenden Funktionsgleichungen berechne man das totale Differential $\mathrm{d}z$. Dabei sind sämtliche Größen der rechten Seite der Gleichung als Variable zu behandeln.

a) $u = u_{\mathrm{m}}\sin\omega t$ b) $\varphi = \arctan\dfrac{\omega L}{R}$

5. Von der nachstehenden allgemeinen Gleichung zweiten Grades bilde man y' und y''

$$Ax^2 + By^2 + Cxy + Dx + Ey + F = 0$$

6. Man bestimme das totale Differential der Funktionen

a) $c^2 = a^2 + b^2 - 2ab\cos\gamma$ (Cosinussatz)   b) $b = a\,\dfrac{\sin\beta}{\sin\alpha}$ (Sinussatz)

Alle Größen der rechten Seite sind als Variable zu betrachten.

7. Man bilde w_{xx}, w_{yy} und w_{xy} der Funktion $w = r^2\ln r$, wobei $r = \sqrt{x^2 + y^2}$ ist.

8. Die Verlängerung eines Stabes mit der Länge l und dem Querschnitt A, der durch die Kraft F gezogen wird, ist $\Delta l = Fl/(EA)$, wobei E der Elastizitätsmodul ist. Man ermittle das totale Differential von Δl, wenn F, l und A als Variable betrachtet werden.

9. Für eine gegebene Querschnittsfläche A sollen b, α und t nach Bild 9.9 so bestimmt werden, daß der hydraulische Radius $R = A/U$ optimal wird. (Anmerkung: R wird ein Maximum, wenn U ein Minimum wird; vgl. auch Beispiel 9.7).

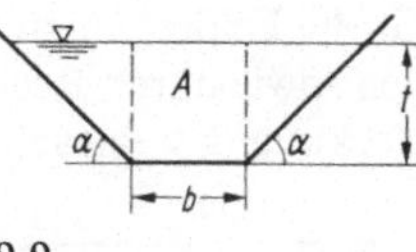

9.9

10. Man bestimme die günstigsten Relationen der Maße x, y und z eines Gebäudes mit Flachdach (Bild 9.7) im Hinblick auf einen minimalen Wärmeverlust (minimale Oberfläche) unter der Annahme, daß das besonders gut isolierte Dach und eine an eine Mauer angebaute Hauswand (mit x als Grundseite) nur das 0,5-fache der anderen Wände an Wärme abgeben; die Grundfläche gebe keine Wärme ab.

10 Fehler- und Ausgleichungsrechnung

Ist beim Bau einer Brücke der Abstand der beiden Widerlager zu bestimmen, dann wird man für das Messungsergebnis eine bestimmte Genauigkeit fordern; auf Grund von Erfahrungswerten und auf diesen beruhenden Genauigkeitsbetrachtungen kann man dann über den zweckmäßigen Einsatz von Meßgeräten und Beobachtungsverfahren und über die notwendige Anzahl der durchzuführenden Messungen entscheiden. Werden bei der Messung mehrere Meßwerte unter denselben Bedingungen gewonnen, so spricht man von Wiederholbedingungen, werden jedoch andere Geräte und Beobachter eingesetzt und die Messungen anders angeordnet, dann spricht man von Vergleichbedingungen. Liegen überschüssige Beobachtungen vor, dann wird mit Hilfe der Ausgleichungsrechnung der wahrscheinlichste Wert der gesuchten Größe und mit Hilfe der Fehlerrechnung die Genauigkeit der direkt beobachteten Größen oder einer aus diesen hergeleiteten Größe ermittelt. In der Fehler- und Ausgleichungsrechnung verbinden sich die Gedankengänge von Wahrscheinlichkeitsrechnung, Statistik, Differentialrechnung und Linearer Algebra. Die Grundbegriffe der Fehlerrechnung werden in DIN 1319, Blatt 3, Grundbegriffe der Meßtechnik, behandelt.

Fehlerarten

Nach ihrer Ursache unterscheidet man im wesentlichen drei Arten von Fehlern: grobe, systematische und zufällige Fehler.

Grobe Fehler entstehen durch falsche Ablesungen an Instrumenten, durch Verwechslungen sowie durch Rechenfehler. Ein grober Fehler liegt beispielsweise vor, wenn bei der Absteckung des einfachen rechtwinkligen Gebäudes in Bild 10.1 als Länge des Hauses durch

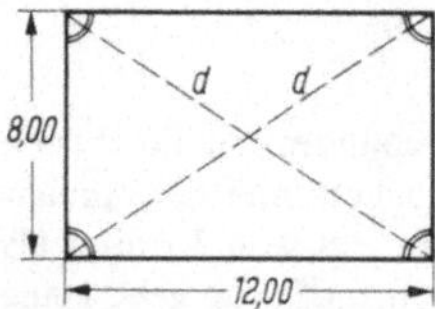

10.1

falsche Ablesung am Meßband an Stelle von 12 m eine Entfernung von 13 m abgesteckt wird. Gegen grobe Fehler kann man sich durch erhöhte Aufmerksamkeit, unabhängige Zweitmessung oder durch unabhängige Kontrollen schützen. So werden im vorliegenden Falle zur Kontrolle der abgesteckten Maße und der Rechtwinkligkeit des Gebäudes die beiden Diagonalen des Hauses nach der Absteckung gemessen und mit den Sollwerten verglichen.

Systematische oder regelmäßige Fehler entstehen durch nicht oder falsch geeichte Instrumente, durch die Art der Meßmethode, durch persönliche Fehler des Beobachters und durch Abweichung der physikalischen Meßbedingungen von den normalen Verhältnissen. Ist z. B. die Länge eines 20 m-Meßbandes um 1 cm zu kurz, dann ergibt sich bei Messung einer Strecke von 100 m ein entsprechend vergrößerter Fehler von 5 cm. Diese Fehler lassen sich durch die Berichtigung der Instrumente, durch besondere Beobachtungsverfahren oder durch rechnerische Korrekturen der Ergebnisse beseitigen.

Zufällige oder statistische Fehler haben ihre Ursache in der begrenzten Genauigkeit der Instrumente, der Unvollkommenheit der menschlichen Sinne und den besonderen Verhältnissen und nicht erfaßbaren Veränderungen des Meßraumes. Sie führen auf unvermeidbare Abweichungen, wenn z. B. eine Größe mit dem gleichen Instrument mehrfach gemessen wird. Diese Fehler gehorchen den Gesetzen der Statistik. Die Fehlerrechnung kann nur die statistischen Fehler erfassen und behandeln. Es ist deshalb notwendig, vor Anwendung der Fehlerrechnung die Meßergebnisse von groben und systematischen Fehlern zu befreien.

10.1 Grundlagen aus der mathematischen Statistik

Die mathematische Statistik wird im Bauwesen z. B. angewandt bei der Prüfung von Baustoffen, zur Bestimmung der Wahrscheinlichkeit von Hochwassern, zur Analyse von Abhängigkeiten und Entwicklungen der den Verkehr bestimmenden Faktoren (s. [29]) und bei allen meßtechnischen Aufgaben zur Beurteilung der Genauigkeit der Ergebnisse.

Beispiel 10.1 Der auf einer Großbaustelle eingebrachte Beton Bn 250 soll einer laufenden Qualitätskontrolle unterzogen werden. Dazu werden in regelmäßigen Zeitabständen Betonwürfel gefertigt und in einer Materialprüfungsanstalt nach 28 Tagen auf ihre Druckfestigkeit β_{w28} geprüft. Bei 40 untersuchten Würfeln ergaben sich die in Tafel 10.2 zusammengestellten Werte.

Tafel 10.2 Druckfestigkeit β_{w28} in MN/m^2

29,4	35,5	32,1	36,3	31,5	36,3	35,3	34,9	33,0	37,6
30,0	30,0	34,4	39,0	32,7	33,6	34,2	26,3	31,6	31,1
36,8	31,8	36,4	29,7	36,0	32,4	32,7	33,3	34,9	39,3
34,6	35,3	34,0	33,8	42,0	31,2	31,5	28,0	32,0	32,4

Bei der entnommenen Würfelserie handelt es sich um eine Stichprobe vom Umfang n = 40. Mit dieser Stichprobe wird das Merkmal Druckfestigkeit der 40 Elemente untersucht. Dieses Merkmal ist eine stetige Größe, d. h., es kann beliebige Werte annehmen. Im Gegensatz dazu stehen diskrete Größen, die nur endlich viele, meist ganzzahlige Werte annehmen können, wie z. B. die Anzahl der Autos bei einer Verkehrszählung. Hätte man in Beispiel 10.1 von jeder eingebrachten Betonmischung einen Würfel gefertigt, so würde alle diese Würfel zusammen die Grundgesamtheit bilden; so aber liegt nur eine Stichprobe aus dieser Grundgesamtheit vor. Es stellt sich die Aufgabe, aus den Ergebnissen dieser Stichprobe Rückschlüsse auf die Grundgesamtheit zu ziehen.

Auswertung der Stichprobe

Die Auswertung der in der sog. Urliste (Tafel 10.2) zusammengestellten Beobachtungswerte x_i kann graphisch und rechnerisch erfolgen. Es wird von der anschaulichen graphischen Auswertung ausgegangen. Dazu faßt man die innerhalb eines Intervalls liegenden Beobachtungswerte zu einer Klasse zusammen. Die Anzahl k der Klassen wählt man für $50 < n < 500$ zu $k \approx \sqrt{n}$; DIN 55302, Statistische Auswerteverfahren, gibt für verschiedene Stichprobenumfänge Mindestzahlen für die Anzahl k der Klassen an. Wählt man gleiche[1] Klassenbreiten Δx, so ergibt sich mit dem größten Beobachtungswert $\max x$ und dem kleinsten Beobachtungswert $\min x$ die Klassenbreite $\Delta x = (\max x - \min x)/k$. Die Klassen werden dabei vorteilhafterweise so abgegrenzt, daß die Beobachtungswerte eindeutig den verschiedenen Klassen zugeordnet werden können.

Die absolute Häufigkeit (Besetzungszahl) n_i ist die Anzahl der in eine Klasse fallenden Beobachtungswerte.

Die relative Häufigkeit (relative Besetzungszahl) h_i ergibt sich aus der absoluten Häufigkeit n_i und dem Umfang n der Stichprobe zu

$$h_i = \frac{n_i}{n} \tag{10.1}$$

Trägt man die absoluten oder relativen Häufigkeiten als Ordinaten über den zugehörigen Klassenmitten auf, so erhält man die Häufigkeitsverteilung der Stichprobe (Bild 10.3). Summiert man die absoluten und relativen Häufigkeiten, so erhält man die absoluten Häufigkeitssummen G_i mit

$$G_i = \sum_{j=1}^{i} n_j \tag{10.2}$$

und die relativen Häufigkeitssummen Φ_i mit

$$\Phi_i = \sum_{j=1}^{i} h_j \tag{10.3}$$

Aus der Definition der absoluten und relativen Häufigkeit folgt $\max G = n$ und $\max \Phi = 1 = 100\%$.

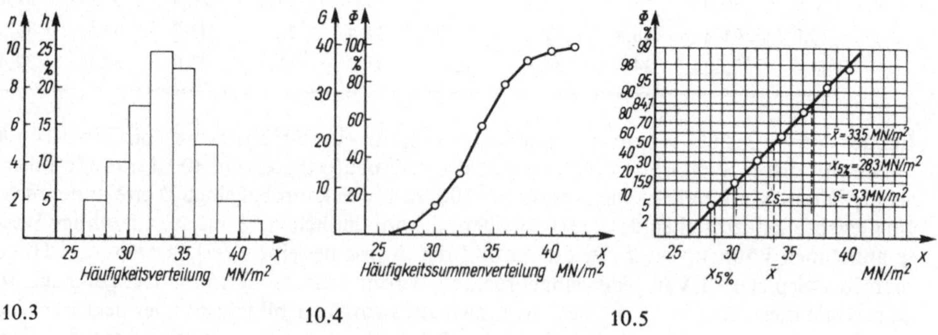

10.3   10.4   10.5

---

[1]) In gewissen Fällen werden auch ungleiche Klassenbreiten gewählt.

Trägt man die absoluten oder relativen Häufigkeitssummen als Ordinaten über den zugehörigen Klassenenden auf, so erhält man die Häufigkeitssummenverteilung der Stichprobe (Bild 10.4); bei der Grundgesamtheit spricht man von der Verteilungsfunktion.

Es ist üblich, die Häufigkeitsverteilung in der in Bild 10.3 gezeigten Säulenform, als Histogramm darzustellen und die Punkte der Häufigkeitssummenverteilung (Bild 10.4) durch einen Streckenzug miteinander zu verbinden. Werden die relativen Häufigkeitssummen auf einem im Handel erhältlichen Wahrscheinlichkeitspapier aufgetragen, so wird anstelle der Verbindung als Streckenzug eine vermittelnde Gerade zwischen den aufgetragenen Punkten hindurchgelegt (Bild 10.5); Näheres hierzu im Beispiel 10.7.

Beispiel 10.2 Man teile die Beobachtungswerte von Beispiel 10.1 in Klassen ein und stelle für diese Stichprobe die Häufigkeitsverteilung und die Häufigkeitssummenverteilung graphisch dar, letztere auch auf Wahrscheinlichkeitspapier.

Wählt man hier $k = 8$ Klassen, so ergibt sich aus Tafel 10.2 mit $\max x = 42{,}0\,\mathrm{MN/m^2}$ und $\min x = 26{,}3\,\mathrm{MN/m^2}$ eine gerundete Klassenbreite $\Delta x = 2\,\mathrm{MN/m^2}$. In Tafel 10.6 sind die daraus folgenden Häufigkeiten und Häufigkeitssummen zusammengestellt; ihre graphische Darstellung zeigen die Bilder 10.3, 10.4 und 10.5.

Tafel 10.6 Häufigkeitstafel

i	x in $\mathrm{MN/m^2}$	n_i	h_i in %	G_i	Φ_i in %
1	26,1 – 28,0	2	5,0	2	5,0
2	28,1 – 30,0	4	10,0	6	15,0
3	30,1 – 32,0	7	17,5	13	32,5
4	32,1 – 34,0	10	25,0	23	57,5
5	34,1 – 36,0	9	22,5	32	80,0
6	36,1 – 38,0	5	12,5	37	92,5
7	38,1 – 40,0	2	5,0	39	97,5
8	40,1 – 42,0	1	2,5	40	100,0

Eine Stichprobe ist durch die Häufigkeitsverteilung oder die Häufigkeitssummenverteilung eindeutig beschrieben; um sie aber kürzer und einfacher zu kennzeichnen, berechnet man Kennwerte der Stichprobe.

Definition Der **Mittelwert** $\bar{x}$ ist gleich der Summe aller Beobachtungswerte x_i dividiert durch die Anzahl n der Elemente[1])

$$\bar{x} = \frac{1}{n} \sum_{i=1}^{n} x_i = \frac{1}{n} \sum x_i \tag{10.4}$$

Verwendet man zur Berechnung von $\bar{x}$ die Häufigkeitstafel, so ist die Summe der Beobachtungswerte der i-ten Klasse mit der Klassenmitte $\bar{x}_i$ angenähert $n_i\bar{x}_i$. Damit erhält man den Mittelwert aus Klassenmitten

$$\bar{x} \approx \frac{1}{n} \sum n_i\bar{x}_i \tag{10.5}$$

---

[1]) Die Grenzen des Summenzeichens werden im folgenden weggelassen, da stets über alle Beobachtungswerte oder Klassen zu summieren ist.

Definition Die Streuung der Beobachtungswerte um den Mittelwert wird durch die **Standardabweichung** s oder deren Quadrat, die **Varianz** s^2 beschrieben

$$s = +\sqrt{\frac{\sum (x_i - \bar{x})^2}{n - 1}} \tag{10.6}$$

Quadriert man in Gl. (10.6) die Klammer aus, so folgt mit Gl. (10.4) unter Beachtung von $\sum \bar{x}^2 = n\bar{x}^2$

$$s = +\sqrt{\frac{\sum x_i^2 - \dfrac{1}{n}(\sum x_i)^2}{n - 1}} \tag{10.7}$$

Für die Berechnung der Standardabweichung aus Klassenmitten gilt

$$s \approx +\sqrt{\frac{\sum (\bar{x}_i - \bar{x})^2 n_i}{n - 1}} = +\sqrt{\frac{\sum \bar{x}_i^2 n_i - \dfrac{1}{n}(\sum \bar{x}_i n_i)^2}{n - 1}} \tag{10.8}$$

Mittelwert und Standardabweichung lassen sich mit dem Taschenrechner nach den angegebenen Gleichungen leicht berechnen. Ein Anschreiben der Differenzen $x_i - \bar{x}$ bzw. $\bar{x}_i - \bar{x}$ ist dabei nicht erforderlich, wenn die Differenz im Taschenrechner gebildet und unmittelbar für die Weiterrechnung verwendet wird. Höherwertige Taschenrechner haben eine spezielle Funktionstaste, die nach Eingabe aller x_i unmittelbar $\bar{x}$ und s liefert. Zur Berechnung von s wird dabei Gl. (10.7) verwendet; dies empfiehlt sich auch bei einer Programmierung, da für die Berechnung nach Gl. (10.6) eine Speicherung oder Neueingabe der x_i erforderlich wäre. Falls bei großen Zahlenwerten die ersten Stellen gleich bleiben, braucht man diese nicht in die Rechnung mit einzubeziehen. Wenn s nach Gl. (10.7) oder nach der zweiten Form von Gl. (10.8) berechnet werden soll, empfiehlt es sich von der Berechnung des Mittelwertes die Summen $\sum x_i$ bzw. $\sum \bar{x}_i n_i$ zwischenzuspeichern oder zu notieren.

Beispiel 10.3 Man berechne Mittelwert und Standardabweichung der Stichprobe $x_1 = 176{,}2$ cm, $x_2 = 175{,}9$ cm, $x_3 = 176{,}4$ cm, $x_4 = 175{,}8$ cm und $x_5 = 176{,}1$ cm.

Tafel 10.7

i	x_i in cm	x_i^2 in cm^2	$x_i - \bar{x}$ in cm	$(x_i - \bar{x})^2$ in cm^2
1	6,2	38,44	0,12	0,014
2	5,9	34,81	−0,18	0,032
3	6,4	40,96	0,32	0,102
4	5,8	33,64	−0,28	0,078
5	6,1	37,21	0,02	0,000
$\sum$	30,4	185,06	0,00	0,226

Da sich hier die ersten beiden Stellen der Zahlenwerte nicht ändern, vereinfacht man die Rechnung, indem man diese beiden Stellen zunächst wegläßt und erst am Schluß wieder bei $\bar{x}$ berücksichtigt. Die Zwischenergebnisse (Tafel 10.7) sind nur zur Kontrolle angegeben. Man erhält $\bar{x} = 176{,}08$ cm, $s = 0{,}24$ cm.

Beispiel 10.4 Für die Stichprobe von Tafel 10.2 berechne man Mittelwert $\bar{x}$ und Standardabweichung s aus den Beobachtungswerten x_i und den in Tafel 10.6 zusammengestellten Klassenmitten $\bar{x}_i$ (für Klasse 1 ist $\bar{x}_1 = 27,05$ MN/m^2).

Es ergibt sich nach Gl. (10.4) und (10.6) bzw. (10.7) $\bar{x} = 33,57$ MN/m^2, $s = 3,13$ MN/m^2 und nach Gl. (10.5) und (10.8) $\bar{x} \approx 33,45$ MN/m^2, $s \approx 3,24$ MN/m^2 (Zwischenergebnisse: $\sum \bar{x}_i n_i = 1338,0$ MN/m^2, $\sum (\bar{x}_i - \bar{x})^2 n_i = 409,60$ MN/m^2).

Verteilungen

Man versucht, die empirisch gefundenen Häufigkeitsverteilungen durch mathematische Modelle zu beschreiben. Es gibt eine größere Anzahl von Verteilungen, von denen hier nur die Normalverteilung und die t-Verteilung besprochen werden sollen.

Normalverteilung Gauß hat sie im Zusammenhang mit der Theorie der Meßfehler eingeführt. Er ging dabei von der Voraussetzung aus, daß die Anzahl der Elemente beliebig groß ist, daß die Ursachen für das Zustandekommen eines Beobachtungswertes zufällig und voneinander unabhängig sind und daß ihre Zahl beliebig groß ist. Praktische Erfahrungen haben gezeigt, daß sich sehr viele Vorgänge aus Naturwissenschaft und Technik zumindest annähernd durch diese Verteilung beschreiben lassen. Sie heißt deshalb Normalverteilung und genügt der Gleichung

$$f(x) = \frac{1}{\sigma\sqrt{2\pi}}\, \mathrm{e}^{-\frac{1}{2}\left(\frac{x-\mu}{\sigma}\right)^2} \tag{10.9}$$

μ und σ sind Mittelwert und Standardabweichung dieser Verteilung.

Um bei der Aufstellung von Tafeln unabhängig von bestimmten Werten für μ und σ zu sein, werden neue Variable $u = (x - \mu)/\sigma$ und $\sigma f(x) = \varphi(u)$ eingeführt. Für die neue Veränderliche u sind der Mittelwert 0 und die Standardabweichung 1. Dadurch erhält man die normierte Normalverteilung, die oft kurz als N(0; 1)-Verteilung bezeichnet wird. Sie genügt der Gleichung

$$\varphi(u) = \frac{1}{\sqrt{2\pi}}\, \mathrm{e}^{-u^2/2} \tag{10.10}$$

Bild 10.8a zeigt die Funktionskurve; Funktionswerte finden sich in Tafel 10.9. In Beispiel 5.44 ist eine Kurvendiskussion durchgeführt, aus der insbesondere folgt, daß die Kurve bei $u = \pm 1$ Wendepunkte hat.

Durch Integration von Gl. (10.10) erhält man die Verteilungsfunktion der N(0; 1)-Verteilung mit der Integrationsvariablen v

$$\Phi(u) = \frac{1}{\sqrt{2\pi}} \int_{-\infty}^{u} \mathrm{e}^{-v^2/2}\,\mathrm{d}v \tag{10.11}$$

Bild 10.8b zeigt die Funktionskurve. Wegen der Symmetrie der Kurve des Integranden $\varphi(u)$ zur Ordinatenachse ist $\Phi(0) = 0,5 = 50\%$. Um bei der Berechnung des Integrals Gl. (10.11) die untere Grenze minus Unendlich zu vermeiden, benutzt man statt $\Phi(u)$ die Funktion

$$\Psi(u) = \frac{1}{\sqrt{2\pi}} \int_{0}^{u} \mathrm{e}^{-v^2/2}\,\mathrm{d}v \tag{10.12}$$

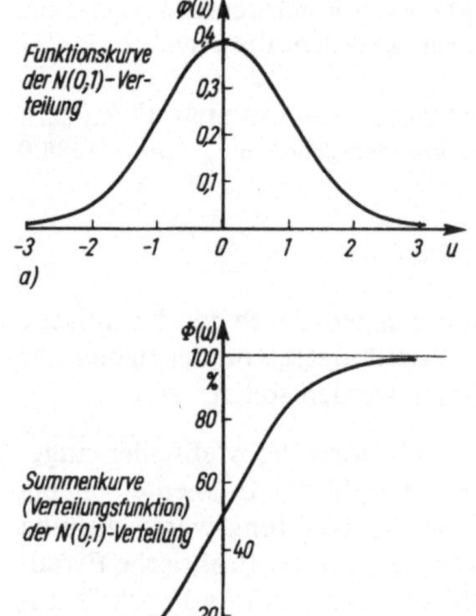

Tafel 10.9 Werte der normierten Normalverteilung

u	$\varphi(u)$	$\Psi(u)$ in %	$2\,\Psi(u) = S(u)$ in %
0,000	0,3989	0,00	0,00
0,500	0,3521	19,15	38,29
1,000	0,2420	34,13	68,27
1,500	0,1295	43,32	86,64
1,645	0,1031	45,00	90,00
1,960	0,0584	47,50	95,00
2,000	0,0540	47,72	95,45
2,500	0,0175	49,38	98,76
2,576	0,0145	49,50	99,00
3,000	0,0044	49,87	99,73

10.8 Normierte Normalverteilung, $\varphi(u) = \dfrac{1}{\sqrt{2\pi}}\,e^{-u^2/2}$

Dieses Integral wurde in Beispiel 7.12 durch Reihenentwicklung gelöst. Mit Hilfe der Funktion $\Psi(u)$ läßt sich angeben, wieviel Prozent der Werte unter- oder oberhalb einer vorgegebenen Grenze bzw. zwischen zwei Grenzen liegen. In Tafel 10.9 sind Funktionswerte $\Psi(u)$ wiedergegeben; sie geben den Prozentsatz der Elemente an, die sich zwischen dem Mittelwert ($u = 0$) und der oberen Grenze u befinden. Aus Gründen der Symmetrie gilt

$$\Phi(-u) = 50\% - \Psi(u) \qquad \Phi(u) = 50\% + \Psi(u) \tag{10.13}$$

Im Bau- und Vermessungswesen interessieren insbesondere die statistische Sicherheit und die 5%-Fraktile.

Definition Der prozentuale Anteil der Elemente, die sich innerhalb des Bereichs $\pm u_S$ beiderseits vom Mittelwert befinden (Bild 10.10a), heißt **statistische Sicherheit** $S(u_S)$

$$S(u_S) = \int\limits_{-u_S}^{u_S} \varphi(u)\,\mathrm{d}u = 2\,\Psi(u_S) \tag{10.14}$$

In Umkehrung von Gl. (10.14) kann man sagen, daß $S\%$ der Elemente x der Grundmenge zwischen der unteren Grenze $\mu - u_S\sigma$ und der oberen Grenze $\mu + u_S\sigma$ liegen.

Als **5%-Fraktile** bezeichnet man den Schrankenwert $x_{5\%}$ der nur mit einer Wahrscheinlichkeit von 5% unterschritten wird (Bild 10.10b). Es gilt nach Tafel 10.9

$$x_{5\%} = \mu - 1,645\,\sigma \tag{10.15}$$

Beispiel 10.5 Man gebe an, wieviel Prozent der Grundgesamtheit innerhalb der einfachen Standardabweichung, also zwischen $\mu - \sigma$ und $\mu + \sigma$ liegen.

Aus Tafel 10.9 entnimmt man für $u = 1$ den Wert $S = 68,27\%$.

Beispiel 10.6 Gegeben sind μ = 106,250 m und σ = 0,020 m. Man bestimme die Schrankenwerte für x, die bei einer statistischen Sicherheit von 90% zu erwarten sind.

Aus Tafel 10.9 entnimmt man für S = 90% u_S = 1,645. Damit folgt mit 1,645 · 0,020 m = 0,033 m

$$106,217 \text{ m} \leqslant x \leqslant 106,283 \text{ m}$$

Beispiel 10.7 Man gebe die Nennfestigkeit β_{wN} der Würfelserie von Beispiel 10.1 an. Unter Nennfestigkeit versteht man den Mindestwert für die Druckfestigkeit β_{w28} eines Würfels; ihr liegt die 5%-Fraktile der Grundgesamtheit zugrunde.

Die Kennwerte der Stichprobe können bei n = 40 als gute Schätzwerte für die Grundgesamtheit betrachtet werden. Mit den Ergebnissen von Beispiel 10.4 folgt $\mu \approx \bar{x}$ = 33,57 MN/m^2, $\sigma \approx s$ = 3,13 MN/m^2 und damit nach Gl. (10.15) $x_{5\%}$ = 28,42 MN/m^2.

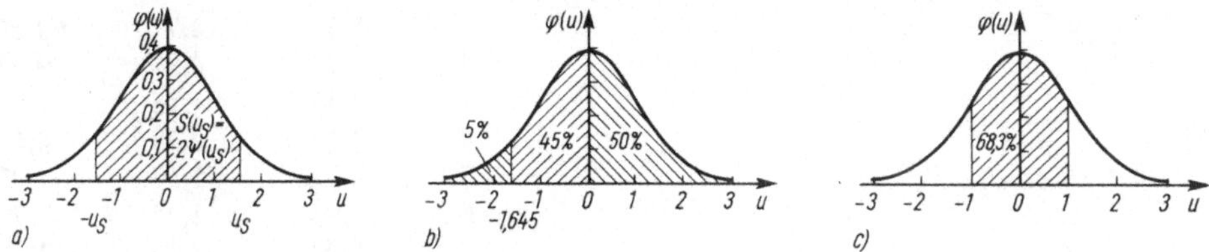

10.10

Im vorstehenden Beispiel wurde stillschweigend unterstellt, daß die Verteilung der Stichprobe dieser Würfelserie eine Normalverteilung ist. Dies trifft auf Grund der Erfahrung zu und läßt sich so erklären, daß entsprechend den Voraussetzungen der Normalverteilung hier eine Vielzahl von Einflüssen, wie z. B. Zementgüte, Eigenschaften der Zuschläge, Wasserzementfaktor, Durchmischung und Verdichtung zusammenwirken und die Streuung um einen Mittelwert verursachen. Wie gut die Verteilung der Stichprobe der Normalverteilung entspricht, ergibt sich aus der Darstellung der Häufigkeitssummen auf dem Wahrscheinlichkeitspapier (Bild 10.5), da sich bei einer Normalverteilung die Kurve der Häufigkeitssummen als Gerade abbildet. In Bild 10.5 ergibt sich genähert eine Gerade; außerdem können dort mit der graphischen Genauigkeit $\bar{x}$ = 33,5 MN/m^2, $x_{5\%}$ = 28,3 MN/m^2 und s = 3,3 MN/m^2 abgelesen werden. Mit der Darstellung auf Wahrscheinlichkeitspapier hat man eine qualitative Aussage über die Verteilung. Eine quantitative Aussage erhält man mit Hilfe des hier nicht besprochenen Chi-Quadratverfahrens [20].

***t*-Verteilung** Bei kleinen Stichproben sind Mittelwert $\bar{x}$ und Standardabweichung s nur genäherte Schätzwerte für Mittelwert μ und Standardabweichung σ der Grundgesamtheit. Um diesem Umstand Rechnung zu tragen, hat Gosset unter dem Pseudonym „Student" die t-Verteilung angegeben. Diese ist nicht nur von x, sondern auch vom Umfang n der Stichprobe abhängig. Die t-Verteilung selbst kann hier nicht angegeben werden, da in ihr die hier nicht behandelte Gamma-Funktion auftritt. Sie ist wie die Normalverteilung symmetrisch zum Mittelwert, jedoch flacher als diese und nähert sich mit wachsendem n der Normalverteilung an. Wählt man eine bestimmte statistische Sicherheit, so liegen die Schwellenwerte um so weiter vom Mittelwert entfernt, je kleiner die Anzahl der Freiheitsgrade f (hier gilt f = n − 1) ist. Bild 10.11 zeigt die t-Verteilung für f = 1 im Vergleich mit einer Normalverteilung.

Vertrauensbereich Mit Hilfe der t-Verteilung läßt sich aus den Stichprobendaten ein **Vertrauensbereich** angeben, in dem der Mitelwert μ der Grundgesamtheit mit der gewählten statistischen Sicherheit zu erwarten ist; es ist

$$\bar{x} - t_S \frac{s}{\sqrt{n}} \leqslant \mu \leqslant \bar{x} + t_S \frac{s}{\sqrt{n}} \tag{10.16}$$

Die Grenzen dieses Bereichs heißen Vertrauensgrenzen. Die Schwellenwerte t_S (Bild 10.12) sind für verschiedene statistische Sicherheiten und Freiheitsgrade in Tafel 10.13 angegeben.

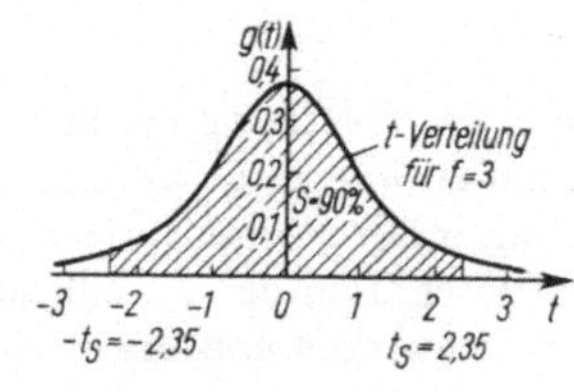

10.11

10.12

Tafel 10.13 Schwellenwerte der t-Verteilung t_S für $S =$

f	90%	95%	99%
1	6,31	12,71	63,66
2	2,92	4,30	9,92
3	2,35	3,18	5,84
4	2,13	2,78	4,60
5	2,02	2,57	4,03
6	1,94	2,45	3,71
7	1,90	2,36	3,50
8	1,86	2,31	3,36
9	1,83	2,26	3,25
10	1,81	2,23	3,17
15	1,75	2,13	2,95
20	1,72	2,09	2,84
30	1,70	2,04	2,75
50	1,68	2,01	2,68
∞	1,64	1,96	2,58

Ist dagegen – was seltener der Fall ist – die Standardabweichung σ der Grundgesamtheit als Erfahrungswert oder aus einer hinreichend großen früheren Stichprobe bekannt, so kann man den Vertrauensbereich für μ mit den Schwellenwerten u_S der vorher besprochenen Normalverteilung (Tafel 10.9) wie folgt angeben

$$\bar{x} - u_S \frac{\sigma}{\sqrt{n}} \leqslant \mu \leqslant \bar{x} + u_S \frac{\sigma}{\sqrt{n}} \tag{10.17}$$

Nachfolgend werden Mittelwert und Vertrauensbereich für μ kurz in der folgenden Form angegeben

$$\bar{x} \pm \Delta x \qquad S \text{ in } \%$$

Beispiel 10.8 Für die Strecke zwischen zwei Polygonpunkten liegen die 5 Meßergebnisse $x_1 = 120{,}67$ m, $x_2 = 120{,}65$ m, $x_3 = 120{,}68$ m, $x_4 = 120{,}67$ m, $x_5 = 120{,}68$ m vor. Mittelwert $\bar{x}$, Standardabweichung s und Vertrauensbereich für μ sind für eine statistische Sicherheit von 95% anzugeben.

Man erhält nach Gl. (10.4) und (10.7) $\bar{x} = 120{,}670$ m und $s = 0{,}012$ m. Aus Tafel 10.13 entnimmt man für $f = 4$ und $S = 95\%$ den Wert $t_S = 2{,}78$. Damit folgt $t_S s / \sqrt{n} = 0{,}015$ m und das Endergebnis $120{,}670$ m $\pm\ 0{,}015$ m, $S = 95\%$.

Ein Sicherheitsprozentsatz von 95% ist heute allgemein üblich; im Vermessungswesen wurden bisher mittlere Fehler mit einer statistischen Sicherheit von 68,3% angegeben.

10.2 Fehlerfortpflanzungsgesetz

Wie am Anfang des Abschnitts 10 ausgeführt treten bei allen Messungen Fehler auf, die in grobe, systematische und zufällige Fehler unterteilt werden. In der Meßtechnik wird gelehrt, wie es gelingt, grobe Fehler auszuschalten, systematische Fehler zu eliminieren und die letztlich unvermeidlichen zufälligen Fehler möglichst klein zu halten. Diese zufälligen Fehler entstehen aus einer Vielzahl von kleinen Fehlereinflüssen durch Beobachter, Meßverfahren, Meßgerät und Meßraum; sie sind deshalb in der Regel normalverteilt. Falls diese Normalverteilung nicht zutrifft, ist dies ein Hinweis, daß die systematischen Fehler nicht hinreichend eliminiert sind.

Der **wahre Wert** μ einer Größe ist im allgemeinen unbekannt; zu seiner Bestimmung wäre eine unendlich große Meßreihe, also die Grundgesamtheit erforderlich. Setzt man μ als bekannt voraus, so lassen sich für die einzelnen Meßwerte x_i die **wahren Verbesserungen** ε_i angeben[1]

$$\varepsilon_i = \mu - x_i \tag{10.18}$$

Für die **Standardabweichung der Grundgesamtheit** oder den **theoretischen mittleren Fehler** σ gilt

$$\sigma = \sqrt{\frac{\sum (\mu - x_i)^2}{n}} = \sqrt{\frac{\sum \varepsilon_i^2}{n}} \tag{10.19}$$

Die **Standardabweichung der Stichprobe** oder der **mittlere Fehler der Einzelmessung** s sind bereits in Gl. (10.6) definiert. Bezeichnet man

$$v_i = \bar{x} - x_i \tag{10.20}$$

als **Verbesserung** einer Beobachtung, so gilt

$$s = \sqrt{\frac{\sum (x_i - \bar{x})^2}{n - 1}} = \sqrt{\frac{\sum (\bar{x} - x_i)^2}{n - 1}} = \sqrt{\frac{\sum v_i^2}{n - 1}} \tag{10.21}$$

Daß in Gl. (10.21) im Nenner $n - 1$ steht und nicht n, wie in Gl. (10.19), läßt sich damit erklären, daß von n beobachteten Werten nur $n - 1$ überschüssig sind. Für den Beweis wird auf [20] verwiesen.

Fehlerfortpflanzung

In vielen Fällen ist eine Größe zu bestimmen, die nicht direkt gemessen werden kann, sondern aus anderen gemessenen Größen zu berechnen ist. Da alle Meßgrößen mit Fehlern behaftet sind, wird auch die berechnete Größe einen Fehler aufweisen. Den mathematischen Zusammenhang zwischen den Fehlern der unmittelbar gemessenen Größen und dem Fehler der daraus hergeleiteten Größe erhält man mit Hilfe der Statistik und der Differentialrechnung.

---

[1] Verbesserung = „Soll" minus „Ist", Fehler = „Ist" minus „Soll".

Zur Berechnung der wahren Größe Z sei die Funktion $Z = f(U, V, W)$ gegeben. Die wahren Ausgangsgrößen U, V, W sind nicht bekannt und müssen durch die fehlerhaften, gemessenen Größen u, v, w ersetzt werden; somit erhält man die fehlerhafte Größe $z = f(u, v, w)$. Sind die gemessenen Werte um ε_u, ε_v und ε_w zu verbessern, so ergibt sich für z die wahre Verbesserung ε_z. Es gilt

$$Z = z + \varepsilon_z \qquad U = u + \varepsilon_u \qquad V = v + \varepsilon_v \qquad W = w + \varepsilon_w$$

und weiter

$$z + \varepsilon_z = f(u + \varepsilon_u, v + \varepsilon_v, w + \varepsilon_w)$$

Faßt man ε_u, ε_v und ε_w als differentielle Änderungen der Größen u, v und w auf, dann kann die Änderung des Funktionswertes ε_z bei Beschränkung auf die partiellen Ableitungen erster Ordnung f_u, f_v und f_w der Funktion $f(u, v, w)$ nach Gl. (9.13) durch das totale Differential angenähert dargestellt werden

$$\varepsilon_z = f_u \varepsilon_u + f_v \varepsilon_v + f_w \varepsilon_w \tag{10.22}$$

Die wahren Verbesserungen ε_u, ε_v und ε_w sind nicht bekannt. Betrachtet man ein Kollektiv von n Funktionswerten z_i, die aus n Beobachtungseinheiten u_i, v_i, w_i bestimmt sind, so ergeben sich n Gleichungen der Form Gl. (10.22). Diese Gleichungen werden quadriert, aufsummiert und die Summe durch n geteilt; auf der linken Seite erscheint dann $(\sum \varepsilon_z^2)/n$, auf der rechten erscheinen zwei Teilsummen, eine mit stets positiven Quadraten, z. B. $(f_u^2 \sum \varepsilon_u^2)/n$, und eine mit gemischten Produkten, z. B. $(2f_u f_v \sum \varepsilon_u \varepsilon_v)/n$. Da die Beobachtungsfehler normalverteilt sind, werden die Summanden mit den gemischten Produkten mit wachsendem n wegen des etwa gleichen Anteils positiver und negativer Summanden verschwindend klein, und es ergibt sich unter Beachtung von Gl. (10.19) das Fehlerfortpflanzungsgesetz von Gauß, das für beliebig viele Beobachtungen gilt

$$\sigma_z = \sqrt{(f_u \sigma_u)^2 + (f_v \sigma_v)^2 + (f_w \sigma_w)^2 + \ldots} \tag{10.23}$$

In Gl. (10.23) kann man die meist unbekannten Standardabweichungen der Grundgesamtheit genähert durch die Standardabweichungen der Stichproben ersetzen. Liegen für die Meßgrößen u, v, w je n Beobachtungen vor, aus deren Mittelwerten $\bar{u}, \bar{v}, \bar{w}$ der Funktionswert $\bar{z}$ hergeleitet ist, dann läßt sich der Vertrauensbereich für Z nach Gl. (10.16) angeben. Es gilt

$$s_z = \sqrt{(f_u s_u)^2 + (f_v s_v)^2 + (f_w s_w)^2 + \ldots} \qquad \Delta z = \frac{t_S s_z}{\sqrt{n}} \tag{10.24}$$

Die Schwellenwerte t_S sind der Tafel 10.13 zu entnehmen.

In der Regel liegen jedoch für die einzelnen Ausgangsgrößen ungleich viele Beobachtungen vor. Dann werden für alle Ausgangsgrößen die Vertrauensbereiche mit derselben statistischen Sicherheit festgelegt. Setzt man die Vertrauensbereiche in Gl. (10.23) ein, so erhält man mit der gewählten statistischen Sicherheit eine gute Abschätzung für den Vertrauensbereich von Z

$$\Delta z = \sqrt{(f_u \Delta u)^2 + (f_v \Delta v)^2 + (f_w \Delta w)^2 + \ldots} \tag{10.25}$$

Mit dem Taschenrechner als Hilfsmittel kann es unter Umständen einfacher sein, den Einfluß einer mit einem Meßfehler behafteten Beobachtung nicht durch partielle Ableitung, sondern über die Differenz der Funktionswerte zu berechnen, z. B.

$$\Delta z_u = f(u + \Delta u, v, w, \ldots) - f(u, v, w, \ldots) = f(u + \Delta u, v, w, \ldots) - z$$

Man kann folglich Gl. (10.25) auch in der nachstehenden Form schreiben

$$\Delta z = \sqrt{(f(u + \Delta u, v, w, \ldots) - z)^2 + (f(u, v + \Delta v, w, \ldots) - z)^2 + (f(u, v, w + \Delta w, \ldots) - z)^2 + \ldots}$$

$$(10.26)$$

Man sei sich immer bewußt, daß es sich hier nur um eine Genauigkeitsabschätzung handelt und daß Standardabweichungen und Vertrauensgrenzen nur mit einer sinnvoll begrenzten Stellenzahl anzugeben sind, auch wenn der Taschenrechner z. B. 10 Stellen anzeigt.

Können die wahren Verbesserungen in Gl. (10.22) positive wie negative Vorzeichen annehmen, so ergibt sich der **Maximalfehler** durch Summieren der Absolutbeträge der Summanden.

In gewissen Fällen wird anstelle der Standardabweichung s die relative Standardabweichung s_r angegeben ($s_r = s/\bar{x}$). Ebenso kann der Vertrauensbereich relativ, im Verhältnis zum Mittelwert angegeben werden, also z. B. $\bar{x} = 120,5\,(1 \pm 5 \cdot 10^{-3})$ MN anstelle von $\bar{x} = 120,5$ MN $\pm$ 0,6 MN oder $\Delta x / \bar{x} = 0,5\%$.

Beispiel 10.9 Die Entfernung e zwischen zwei Punkten wird in zwei Teilstücken gemessen. Für die Teilstücke a und b liegen Mittelwerte und Vertrauensbereiche ($S = 95\%$) vor: $a = 120,12$ m $\pm$ 2 cm und $b = 80,44$ m $\pm$ 4 cm. Die Strecke $e = f(a, b) = a + b$ und der Vertrauensbereich sind anzugeben.

$$e = 200,56 \text{ m} \qquad f_a = 1 \qquad f_b = 1$$

Mit Gl. (10.25) wird

$$\Delta e = \sqrt{(f_a \Delta a)^2 + (f_b \Delta b)^2} = 4,5 \text{ cm} \qquad e = 200,56 \text{ m} \pm 4,5 \text{ cm}, \, S = 95\%$$

Beispiel 10.10 Die Kantenlängen eines Quaders wurden je viermal gemessen. Dabei ergaben sich nachstehende Mittelwerte und mittlere Fehler: $a = 10$ cm, $s_a = 1$ mm, $b = 15$ cm, $s_b = 1$ mm, $c = 20$ cm, $s_c = 2$ mm. Man gebe das Volumen $V = f(a, b, c)$ des Quaders, den mittleren Fehler s_V einer Volumenbestimmung, den relativen mittleren Fehler s_{rV} einer Volumenbestimmung und den Vertrauensbereich für V bei $S = 90\%$ an.

$$V = abc = 3 \text{ dm}^3 \qquad f_a = bc \qquad f_b = ac \qquad f_c = ab$$

Nach Gl. (10.24) wird

$$s_V = \sqrt{(bcs_a)^2 + (acs_b)^2 + (abs_c)^2} = 47 \text{ cm}^3$$

$$s_{rV} = s_V / V = 1,6\%$$

Mit $t_S = 2,35$ ist

$$\Delta V = t_S \frac{s_V}{\sqrt{n}} = 55 \text{ cm}^3 \qquad V = 3 \text{ dm}^3 \pm 55 \text{ cm}^3, \, S = 90\%$$

Beispiel 10.11 Die **Knicklast** F_K eines **runden Stabes** mit dem Durchmesser d, der Knicklänge l und dem Elastizitätsmodul E beträgt

$$F_K = \frac{\pi^3 E d^4}{64 l^2}$$

Die einzelnen Größen können mit folgenden relativen Vertrauensbereichen ($S = 95\%$) angegeben werden: $\Delta E/E = 2\%$, $\Delta d/d = 1\%$, $\Delta l/l = 0,5\%$. Man gebe den daraus resultierenden relativen Vertrauensbereich $\Delta F_K/F_K$ für die Knicklast F_K an.

Unter Verwendung von Gl. (10.26) findet man mit $E + \Delta E = E(1 + \Delta E/E) = 1,02E$, $d + \Delta d = 1,01d$ und $l + \Delta l = 1,005l$

$$\Delta F_K = \sqrt{(F_K \cdot 1,02 - F_K)^2 + (F_K \cdot 1,01^4 - F_K)^2 + \left(\frac{F_K}{1,005^2} - F_K\right)^2}$$

$$\frac{\Delta F_K}{F_K} = \sqrt{0,02^2 + (1,01^4 - 1)^2 + \left(\frac{1}{1,005^2} - 1\right)^2} = 4,6\%$$

Beispiel 10.12 Die Meereshöhe H_T der Turmspitze T und der Vertrauensbereich sind zu bestimmen (Bild 10.14). Es liegen folgende Ausgangswerte und Meßergebnisse ($S = 95\%$) vor: Höhe des Standpunkts $H_A = 420,460$ m (fehlerfrei), Instrumentenhöhe $i_A = 1,530$ m $\pm$ 5 mm, Horizontalentfernung $s = 90,12$ m $\pm$ 2 cm und Höhenwinkel $\alpha = 20,240$ gon $\pm$ 1 mgon.

Die Funktion zur Berechnung von H_T läßt sich aus Bild 10.14 ablesen

$$H_T = H_A + i_A + s\tan\alpha = 451,648 \text{ m}$$

$$f_{HA} = 0 \text{ (Konstante)} \qquad f_{iA} = 1 \qquad f_s = \tan\alpha \qquad f_\alpha = s\,\frac{1}{\cos^2\alpha}$$

Mit Gl. (10.25) wird

$$\Delta H_T = \sqrt{\Delta i_A^2 + (\tan\alpha\,\Delta s)^2 + \left(\frac{s}{\cos^2\alpha}\,\Delta\alpha\right)^2}$$

$$= \sqrt{5^2 + 6,58^2 + 1,57^2} \text{ mm} = 8,4\,\text{mm}$$

$$H_T = 451,648 \text{ m} \pm 8 \text{ mm}, \qquad S = 95\%$$

Anmerkung: Hier ist besonders darauf zu achten, daß alle Größen mit denselben Einheiten eingeführt werden; außerdem sei bemerkt, daß $\Delta\alpha$ im Bogenmaß einzusetzen ist, also $\Delta\alpha = 0,001$ gon $= \pi \cdot 0,001/200$ rad. Will man diese Umrechnung vermeiden, kann man für diese kleinen Winkeländerungen $\Delta\alpha \approx \sin\alpha$ setzen, was die Rechnung mit dem Taschenrechner noch vereinfacht.

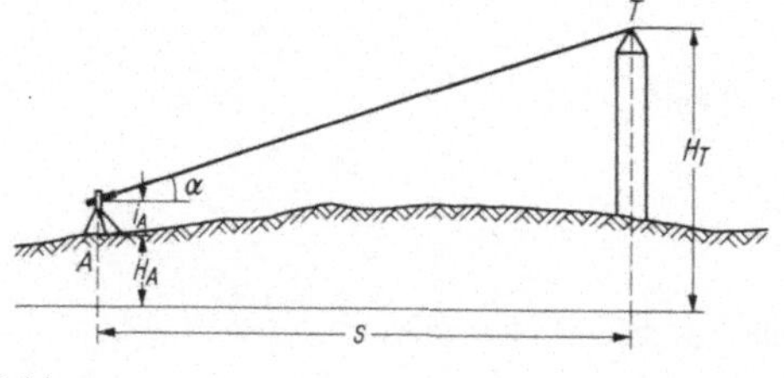

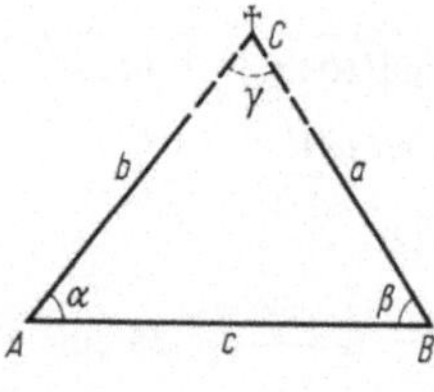

10.14   10.15

Beispiel 10.13 Zur Bestimmung der Horizontalentfernung vom Bodenpunkt A zum Hochpunkt C (Bild 10.15) wird die Horizontalentfernung von A nach B gemessen und in den Punkten A und B eine Horizontalwinkelmessung durchgeführt. Die Messung ergibt folgende Mittelwerte und Vertrauensbereiche ($S = 95\%$): $c = 500,44$ m $\pm$ 5 cm, $\alpha = 60,2430$ gon $\pm$ 3 mgon, $\beta = 81,9020$ gon $\pm$ 3 mgon.

Zur Bestimmung von b und Δb findet man

$$b = \frac{c\sin\beta}{\sin\gamma} = \frac{c\sin\beta}{\sin(200\,\text{gon} - \alpha - \beta)} = \frac{c\sin\beta}{\sin(\alpha + \beta)} = 609{,}00\ \text{m}$$

$$f_c = \frac{\sin\beta}{\sin(\alpha + \beta)} \qquad f_\alpha = -\frac{c\sin\beta\cos(\alpha + \beta)}{\sin^2(\alpha + \beta)}$$

$$f_\beta = \frac{c\cos\beta\sin(\alpha + \beta) - c\sin\beta\cos(\alpha + \beta)}{\sin^2(\alpha + \beta)} = \frac{c\sin\alpha}{\sin^2(\alpha + \beta)}$$

$$\Delta b = \sqrt{\left(\frac{\sin\beta}{\sin(\alpha + \beta)}\Delta c\right)^2 + \left(-\frac{c\sin\beta\cos(\alpha + \beta)}{\sin^2(\alpha + \beta)}\Delta\alpha\right)^2 + \left(\frac{c\sin\alpha}{\sin^2(\alpha + \beta)}\Delta\beta\right)^2}$$

$$= \sqrt{6{,}09^2 + 2{,}24^2 + 3{,}08^2}\ \text{cm} = 7{,}2\ \text{cm}$$

$$b = 609{,}00\ \text{m} \pm 7\ \text{cm}, \qquad S = 95\%$$

Anmerkung: Beim Aufstellen der Funktion muß man zunächst darauf achten, b allein als Funktion der beobachteten Größen c, α und β auszudrücken. Würden hier die Funktionsänderungen über die Differenzen der Funktionswerte berechnet, so wäre $\Delta\beta$ sowohl im Zähler wie im Nenner der Funktion zu berücksichtigen; dem Leser wird die Kontrolle der Durchrechnung dieses Beispiels über Funktionsdifferenzen empfohlen.

10.3 Ausgleichung direkter Beobachtungen

Gauß hat die Ausgleichungsrechnung begründet und ihr die **Methode der kleinsten Quadrate** zugrundegelegt. Danach wird das wahrscheinlichste Ergebnis erhalten, wenn die **Quadratsumme der Verbesserungen gleichgewichtiger Beobachtungen bzw. die gewogene Quadratsumme ungleichgewichtiger Beobachtungen (Gewicht p_i) zum Minimum gemacht wird.** Es gilt[1])

$$\sum v_i^2 = \textbf{Min} \quad \text{bzw.} \quad \sum p_i v_i^2 = \textbf{Min} \tag{10.27}$$

Beispiel 10.14 Für eine Größe x wurden die Meßwerte $x_1, x_2, x_3, x_4, \ldots, x_n$ ermittelt. Man bestimme den wahrscheinlichsten Wert dieser Größe nach der Methode der kleinsten Quadrate.

Bezeichnet man den wahrscheinlichsten Wert mit $\bar{x}$, so ergeben sich nach Gl. (10.20) die Verbesserungen $v_i = \bar{x} - x_i$. Damit folgt

$$\sum v_i^2 = \sum \bar{x}^2 - \sum 2\bar{x}x_i + \sum x_i^2 = n\bar{x}^2 - 2\bar{x}\sum x_i + \sum x_i^2$$

Die Quadratsumme der Verbesserungen ist eine Funktion der Variablen $\bar{x}$ und der Konstanten n und x_i. Um das Minimum der Funktion zu erhalten, setzt man die erste Ableitung Null

$$\frac{\mathrm{d}(\sum v_i^2)}{\mathrm{d}\bar{x}} = 2n\bar{x} - 2\sum x_i = 0 \qquad \text{Damit ist} \qquad \bar{x} = \frac{\sum x_i}{n}$$

Dies ist Gl. (10.4). Damit ist gezeigt, daß die Bildung des Mittelwertes eine Ausgleichung nach der Methode der kleinsten Quadrate darstellt.

---

[1]) In der geodätischen Fachliteratur wird überwiegend das Summenzeichen [ ] anstelle von $\sum$ benützt und $[vv] = $ Min bzw. $[pvv] = $ Min geschrieben.

Gewogener Mittelwert Liegen für eine Größe n Beobachtungen $x_1, x_2, \ldots, x_n$ mit den Gewichten $p_1, p_2, \ldots, p_n$ vor und sucht man den wahrscheinlichsten Wert $\bar{x}$ dieser Größe, so folgt aus dem Ausgleichungsprinzip $\sum p_i v_i^2 = \mathrm{Min}$ entsprechend Beispiel 10.14

$$v_i = \bar{x} - x_i \qquad p_i v_i^2 = p_i(\bar{x}^2 - 2\bar{x}x_i + x_i^2)$$

$$\sum p_i v_i^2 = \bar{x}^2 \sum p_i - 2\bar{x} \sum p_i x_i + \sum p_i x_i^2$$

$$\frac{\mathrm{d}(\sum p_i v_i^2)}{\mathrm{d}\bar{x}} = 2\bar{x} \sum p_i - 2 \sum p_i x_i = 0$$

Damit ist

$$\bar{x} = \frac{\sum p_i x_i}{\sum p_i} \qquad\qquad (10.28)$$

Das **Gewicht** p_i einer Beobachtung oder Größe wird wie folgt definiert

$$p_i = \frac{\sigma_0^2}{\sigma_i^2} \qquad\qquad (10.29)$$

Darin ist σ_0 der theoretische mittlere Fehler der Beobachtung oder Größe vom Gewicht 1 und σ_i der theoretische Fehler der Beobachtung oder Größe x_i (vom Gewicht p_i). Die theoretischen mittleren Fehler können als Erfahrungswerte bekannt oder nach dem Fehlerfortpflanzungsgesetz aus Gl. (10.23) hergeleitet sein.

Aus Gl. (10.29) folgt

$$p_1 : p_2 : p_3 : \ldots = (1/\sigma_1^2) : (1/\sigma_2^2) : (1/\sigma_3^2) : \ldots \qquad\qquad (10.30)$$

Die Gewichte verhalten sich umgekehrt proportional zu den Quadraten der theoretischen mittleren Fehler.

In vielen Fällen sind die theoretischen mittleren Fehler nicht bekannt, dagegen jedoch Vertrauensbereiche für dieselbe statistische Sicherheit aus einer Stichprobe oder nach dem Fehlerfortpflanzungsgesetz Gl. (10.25). Dann gilt entsprechend

$$p_i = \frac{\Delta x_0^2}{\Delta x_i^2} \qquad\qquad (10.31)$$

$$p_1 : p_2 : p_3 : \ldots = (1/(\Delta x_1)^2) : (1/(\Delta x_2)^2) : (1/(\Delta x_3)^2) : \ldots \qquad\qquad (10.32)$$

Die Gewichte sind Verhältniszahlen. Man kann deshalb σ_0 und Δx_0 in Gl. (10.29) bzw. (10.31) so wählen, daß sich z. B. für p_i ganzzahlige Werte oder solche in der Größenordnung von 1 ergeben.

Multipliziert man die Beobachtung x_i, ihren theoretischen mittleren Fehler σ_i und die Verbesserung v_i mit $\sqrt{p_i} = \sigma_0/\sigma_i$, so erhält man den theoretischen Fehler $\sigma_i\sigma_0/\sigma_i = \sigma_0$ und damit eine fingierte Beobachtung vom Gewicht 1 und die fingierte Verbesserung $\bar{v}_i = v_i\sqrt{p_i}$. Setzt man diese fingierte Verbesserung $\bar{v}_i$ in Gl. (10.21) für gleichgewichtige Beobachtungen ein, so erhält man den mittleren Gewichtseinheitsfehler

$$s_0 = \sqrt{\frac{\sum p_i v_i^2}{n - 1}} \qquad\qquad (10.33)$$

und mit Gl. (10.20) und (10.28)

$$s_0 = \sqrt{\dfrac{\sum p_i x_i^2 - \dfrac{(\sum p_i x_i)^2}{\sum p_i}}{n-1}} \qquad (10.34)$$

Als Kontrolle der richtigen Berechnung von Mittelwert bzw. gewogenem Mittelwert gilt $\sum v_i = 0$ bzw. $\sum p_i v_i = 0$; berücksichtigt man Rundungsfehler, so gilt mit E als Rundungseinheit $\sum v_i \leqslant E/2$ bzw. $\sum p_i v_i \leqslant (E \sum p_i)/2$.

Um den Vertrauensbereich für den wahren Wert der gesuchten Größe angeben zu können, bestimmt man zunächst mit Hilfe des Fehlerfortpflanzungsgesetzes Gl. (10.23) den theoretischen mittleren Fehler $\sigma_{\bar{x}}$ des gewogenen Mittels Gl. (10.28)

$$\sigma_{\bar{x}} = \sqrt{\left(\dfrac{p_1}{\sum p_i}\,\sigma_1\right)^2 + \left(\dfrac{p_2}{\sum p_i}\,\sigma_2\right)^2 + \cdots + \left(\dfrac{p_n}{\sum p_i}\,\sigma_n\right)^2}$$

Aus Gl. (10.29) folgt $\sigma_i = \sigma_0/\sqrt{p_i}$, also $\sigma_1 = \sigma_0/\sqrt{p_1}, \ldots$

Damit ist

$$\sigma_{\bar{x}} = \sqrt{\left(\dfrac{\sqrt{p_1}}{\sum p_i}\,\sigma_0\right)^2 + \left(\dfrac{\sqrt{p_2}}{\sum p_i}\,\sigma_0\right)^2 + \cdots + \left(\dfrac{\sqrt{p_n}}{\sum p_i}\,\sigma_0\right)^2}$$

$$= \sqrt{\dfrac{\sum p_i \cdot \sigma_0^2}{(\sum p_i)^2}} = \dfrac{\sigma_0}{\sqrt{\sum p_i}} \qquad (10.35)$$

Ist die Standardabweichung dieser hergeleiteten Grundgesamtheit bekannt, so erhält man den Vertrauensbereich aus der Normalverteilung

$$\Delta x = u_S\,\dfrac{\sigma_0}{\sqrt{\sum p_i}} \qquad (10.36)$$

Kennt man aber nur deren Schätzwert s_0 nach Gl. (10.33), so ist für den Vertrauensbereich die t-Verteilung mit den bei der Berechnung von s_0 gegebenen Freiheitsgraden f in Ansatz zu bringen

$$\Delta x = t_S\,\dfrac{s_0}{\sqrt{\sum p_i}} \qquad (10.37)$$

Beispiel 10.15 Die Länge einer Brückenachse wurde nach drei verschiedenen Verfahren bestimmt. Von jedem Verfahren liegt ein Mittelwert und ein Vertrauensbereich ($S = 95\%$) vor: $x_1 = 125{,}672$ m $\pm$ 8 mm, $x_2 = 125{,}674$ m $\pm$ 5 mm, $x_3 = 125{,}677$ m $\pm$ 10 mm. Man gebe den wahrscheinlichsten Wert für die Länge der Brückenachse und den Vertrauensbereich mit $S = 95\%$ an.

Zur Bestimmung der Gewichte wählt man z. B. $\Delta x_0 = 8$ mm; damit wird $p_1 = 8^2/8^2 = 1$, $p_2 = 8^2/5^2 = 2{,}56$ und $p_3 = 8^2/10^2 = 0{,}64$. Nach Gl. (10.28) erhält man mit $\sum p_i = 4{,}20$: $\bar{x} = 125{,}674$ m (dabei empfiehlt es sich, nur die mm zu berücksichtigen, da bis zum cm alle Stellen gleich bleiben). Nach Gl. (10.33) oder (10.34) erhält man $s_0 = \sqrt{9{,}76/2}$ mm $= 2{,}21$ mm und nach Gl. (10.37) mit $t_S = 4{,}30$ $\Delta x \doteq (4{,}30 \cdot 2{,}21/\sqrt{4{,}20})$ mm $= 4{,}6$ mm.

Damit lautet das Endergebnis 125,674 m $\pm$ 5 mm, $S = 95\%$.

Beispiel 10.16 Zur Ermittlung der Höhe von P_4, s. Bild 10.16, werden die Höhenunterschiede von den Höhenfestpunkten P_1, P_2 und P_3 nach P_4 durch Nivellement bestimmt. Damit liegen für P_4 drei Werte vor, die voneinander abweichen. Der wahrscheinlichste Wert für die Höhe von P_4, der mittlere Kilometerfehler des Nivellements und der Vertrauensbereich der Höhe von P_4 sind zu ermitteln.

Es wird in vorliegendem Beispiel angenommen, daß grobe Fehler durch Überprüfung der Ausgangspunkte und durch Meß- und Rechenkontrollen ausgeschlossen und eventuelle systematische Fehler durch die Messungsanordnung kompensiert sind. Auf Grund der Eichung der Nivellierlatten sei lediglich eine Korrektion von + 14 mm auf 100 m Höhenunterschied notwendig, um die Ergebnisse von systematischen Fehlern zu befreien. Für die Ausgleichung wird angenommen, daß die Ausgangshöhen fehlerfrei sind.

Nach Bild 10.16 haben die Nivellementsstrecken eine Länge von 0,8 bis 2,0 km. Die Genauigkeit eines gemessenen Höhenunterschieds ist abhängig von der Länge des Weges, so daß hier eine Ausgleichung von Beobachtungen unterschiedlicher Genauigkeit vorliegt. Für Nivellements setzt man auf Grund der Fehlerfortpflanzung die Gewichte wie folgt fest (l_i = Länge des Nivellementweges)

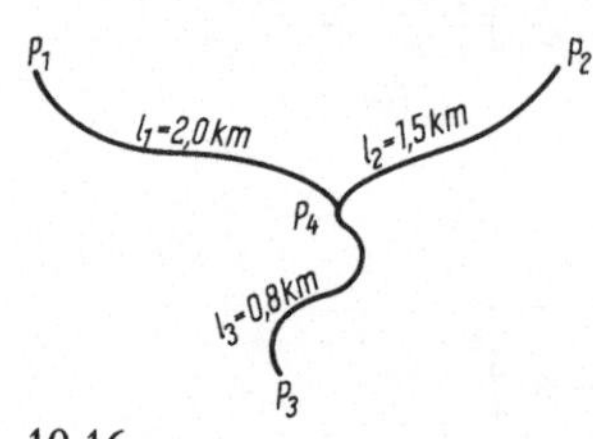

$$p_i = \frac{1}{l_i}$$

Ein auf einer Strecke von 1 km bestimmter Höhenunterschied erhält das Gewicht $p = 1/\mathrm{km}$; der mittlere Gewichtseinheitsfehler s_0 bezieht sich auf 1 km Nivellementweg (mittlerer Kilometerfehler).

10.16

Tafel 10.17

Punkt	Höhe in m	gemessener Höhenunterschied in m	Korrektion in mm	verbesserter Höhenunterschied in m	vorl. Höhe H_i in m	Gewicht $p_i = 1/l_i$ in 1/km
P_1	420,620	+ 35,202	+ 5	+ 35,207	455,8¦27	0,50
P_2	460,955	− 5,112	− 1	− 5,113	455,8¦42	0,67
P_3	433,206	+ 22,626	+ 3	+ 22,629	455,8¦35	1,25
						2,42

Höhe von Punkt P_4: $\qquad H_4 = \dfrac{\sum p_i H_i}{\sum p_i} = 455{,}8353 \text{ m}$

Kontrolle: $\qquad \sum p_i v_i = 0{,}0 \text{ mm/km}$

Mittlerer Kilometerfehler: $\qquad s_0 = \sqrt{\dfrac{\sum p_i v_i^2}{n-1}} = \sqrt{\dfrac{64{,}6}{2}} \text{ mm}/\sqrt{\text{km}} = 5{,}7 \text{ mm}/\sqrt{\text{km}}$

Vertrauensbereich: $\qquad \Delta x = t_S \dfrac{s_0}{\sqrt{\sum p_i}} = 4{,}30 \dfrac{5{,}7}{\sqrt{2{,}42}} \text{ mm} = 16 \text{ mm}$

Endergebnis: $\qquad 455{,}835 \text{ m} \pm 16 \text{ mm},\ S = 95\%$

Der interessierte Leser wird an dieser Stelle auf die weiterführende Spezialliteratur verwiesen [25], [26], [35].

10.4 Aufgaben zu Abschnitt 10

1. Zur Bestimmung der Druckfestigkeit von Beton liegt die nachfolgende Stichprobe von 8 Würfeln vor, je in MN/m^2: 36,5; 39,4; 40,0; 33,7; 38,4; 29,5; 31,6; 34,2. Man gebe Mittelwert $\bar{x}$ und Standardabweichung s an.

2. Wieviel Prozent der Grundgesamtheit liegen a) zwischen $\mu - \sigma$ und $\mu + 2\sigma$, b) zwischen $\mu - 3\sigma$ und $\mu + 3\sigma$?

3. Gegeben ist $\mu = 13{,}26$ mm, $\sigma = 0{,}08$ mm. Man gebe die Schrankenwerte für x bei $S = 90\%$ an.

4. Aus einer größeren Stichprobe mit $n = 75$ ist der Mittelwert $\bar{x} = 32{,}6$ MN/m^2 und die Standardabweichung $s = 2{,}3$ MN/m^2 bekannt. Man gebe die 5%-Fraktile an.

5. Der Durchmesser eines Rundstahls ist mit $S = 95\%$ zu $8{,}02$ mm $\pm$ $0{,}02$ mm bestimmt. Man gebe die Querschnittsfläche A, ihren Vertrauensbereich ΔA und den relativen Vertrauensbereich $\Delta A/A$ an.

6. Die Fläche eines Rechtecks soll mit einem relativen Vertrauensbereich von 1% ermittelt werden. Mit welchem relativem Vertrauensbereich $\Delta e/e$ sind die Seiten des Rechtecks zu messen?

7. Zur Bestimmung der Länge einer unzugänglichen Strecke wurde ein rechtwinkliges Dreieck angelegt und die Katheten mit $S = 95\%$ zu $40{,}00$ m $\pm$ 2 cm und $30{,}00$ m $\pm$ 1 cm gemessen; der rechte Winkel ist fehlerfrei. Die Länge c der Hypotenuse und ihr Vertrauensbereich sind zu berechnen.

8. Ein U-Eisen (Bild 10.18) hat die ungefähren Abmessungen $H = 300$ mm, $B = 100$ mm, $h = 268$ mm und $b = 90$ mm. Welcher Vertrauensbereich Δe (für alle Längen gleich) muß eingehalten werden, wenn der relative Vertrauensbereich des Flächenmoments 2. Grades I für $S = 95\%$ kleiner 1% sein soll?
Hinweis: $I = (BH^3 - bh^3)/12$.

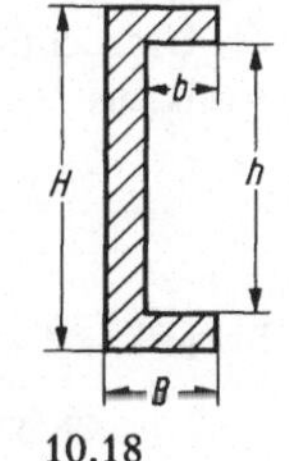

10.18

9. Die Entfernung zweier Punkte wurde, bedingt durch die Geländeverhältnisse, in drei Teilstrecken mit unterschiedlicher Genauigkeit gemessen. Es ergaben sich mit $S = 95\%$ folgende Werte: $e_1 = 81{,}20$ m $\pm$ 4 cm, $e_2 = 54{,}00$ m $\pm$ 0,5 cm, $e_3 = 96{,}99$ m $\pm$ 2 cm. Die Länge der Gesamtstrecke e und ihr Vertrauensbereich sind zu berechnen.

10. In einem Dreieck sind mit $S = 95\%$ die Seiten $a = 200{,}20$ m und $b = 160{,}84$ m mit einem relativen Vertrauensbereich von $1 \cdot 10^{-4}$ und der Winkel $\gamma = 146{,}6800$ gon $\pm$ 2 mgon gemessen. Man gebe die Seite c und ihren Vertrauensbereich an.

11. Zur Bestimmung der Länge eines Schwimmbades wurden mit verschiedenen Instrumenten Messungen durchgeführt. Als Ergebnis erhielt man mit $S = 95\%$: $l_1 = 50{,}002$ m $\pm$ 3 mm, $l_2 = 50{,}000$ m $\pm$ 2 mm, $l_3 = 49{,}998$ m $\pm$ 4 mm, $l_4 = 50{,}001$ m $\pm$ 3 mm, $l_5 = 50{,}004$ m $\pm$ 4 mm. Man berechne unter Berücksichtigung der unterschiedlichen Genauigkeit der fünf Werte den wahrscheinlichsten Wert von l und seinen Vertrauensbereich.

12. Für die Bestimmung der Höhe H_K eines Knotenpunktes K durch Nivellement (vgl. Beispiel 10.16) von 4 Höhenfestpunkten aus liegen nach Anbringen aller notwendigen Korrekturen folgende Höhen H_i für den Knotenpunkt vor: $H_1 = 320{,}750$ m, $H_2 = 320{,}760$ m, $H_3 = 320{,}753$ m, $H_4 = 320{,}762$ m. Die Nivellementstrecken von den als fehlerfrei anzunehmenden Ausgangspunkten zum Knotenpunkt betragen: $l_1 = 1{,}0$ km, $l_2 = 0{,}5$ km, $l_3 = 0{,}8$ km, $l_4 = 1{,}25$ km. Man berechne den wahrscheinlichsten Wert für H_K, den mittleren Kilometerfehler und den Vertrauensbereich von H_K für $S = 95\%$.

11 Anwendungen der ebenen und sphärischen Trigonometrie

Vorbemerkungen In Teilgebieten des Bauwesens und in der sphärischen Trigonometrie ist es üblich, die Winkel in Grad anzugeben. Dabei hat sich in letzter Zeit eine dezimale Winkelangabe eingebürgert, also z. B. 30,50° an Stelle von 30° 30′. Im Straßenbau und in der Vermessungstechnik werden die Winkel grundsätzlich in Gon angegeben; die Instrumente für Messung und Absteckung von Winkeln weisen alle Gonteilung auf. Bei den Beispielen dieses Abschnitts werden die Winkel jeweils so angegeben, wie dies in dem jeweiligen Bereich der Praxis üblich ist.

Die wissenschaftlichen Taschenrechner haben für die Ein- und Ausgabe von Winkeln die Wahlmöglichkeit von Radiant oder Grad, mehrere Fabrikate zusätzlich auch von Gon. Werden Taschenrechner eingesetzt, die weder eine Umschaltmöglichkeit noch eine Umwandlungsfunktion für die Winkelmaße besitzen, dann läßt sich für die Ein- und Ausgabe die Umrechnung der Winkel leicht durchführen, ausgehend von den Winkelmaßen für den Vollkreis

$$360° = 400 \text{ gon} = 2\pi \text{ rad}$$

Beispiel 11.1

$$86,4630° = 86,4630 \cdot \frac{1}{0,9} \text{ gon} = 96,0700 \text{ gon} = 86,4630 \cdot \frac{\pi}{180} \text{ rad} = 1,509064 \text{ rad}$$

$$115,6750 \text{ gon} = 115,6750 \cdot 0,9° = 104,1075° = 115,6750 \cdot \frac{\pi}{200} \text{ rad} = 1,817019 \text{ rad}$$

$$0,943273 \text{ rad} = 0,943273 \cdot \frac{200}{\pi} \text{ gon} = 60,0506 \text{ gon} = 0,943273 \cdot \frac{180°}{\pi} = 54,0456°$$

Sind ausnahmsweise Winkel in Grad, Minuten und Sekunden gegeben oder gesucht, dann ist eine schrittweise Umrechnung vom Sexagesimalsystem ins Dezimalsystem oder umgekehrt erforderlich.

Beispiel 11.2

$$62°05′45″ = \left(62 + \frac{1}{60} \left(5 + \frac{45}{60} \right) \right)° = 62,0958°$$

$$33,3375° = 33° + 0,3375 \cdot 60′ = 33°20,25′ = 30°20′ + 0,25 \cdot 60″ = 33°20′15″$$

Bei bautechnischen Vermessungen erfolgt je nach Genauigkeitsansprüchen die Messung und Absteckung von Winkeln auf 0,001 gon oder 0,0001 gon, die Angabe von Strecken auf cm oder mm; im Straßenbau werden Strecken grundsätzlich auf mm angegeben. Im allgemeinen ist die Durchführung der Berechnung und die Angabe der Ergebnisse der Genauigkeit der Ausgangswerte anzupassen.

11.1 Ebene Trigonometrie

11.1.1 Dreiecksberechnungen

Für die Berechnung von Seiten und Winkeln im schiefwinkligen Dreieck können der Sinussatz, der Cosinussatz, der Tangenssatz und der Halbwinkelsatz (F10) Anwendung finden. Nach der Reihenfolge der gegebenen Stücke (Seite = S, Winkel = W) unterscheidet man nachstehende Fälle der Dreiecksberechnung: **SSS, SWS, SSW, WSW, SWW.**

Aus der Summe der Dreieckswinkel von 180° bzw. 200 gon folgt, daß kein Dreieckswinkel größer als 180° bzw. 200 gon sein kann. Die zur Dreiecksberechnung notwendigen Kreisfunktionen sind im Bereich zwischen 0 und π eindeutig umkehrbar mit Ausnahme der Sinusfunktion, da $\sin \alpha = \sin (\pi - \alpha)$ ist. Dies ist bei der Berechnung von Winkeln nach dem Sinussatz zu beachten.

Sind für den Fall **SSW** der Dreiecksauflösung z. B. a, b und α gegeben, dann gilt für β nach dem Sinussatz

$$\sin \beta = \frac{b \sin \alpha}{a} \tag{11.1}$$

Dabei sind folgende Fälle zu unterscheiden:

Für $b < a$ folgt nach Gl. (11.1) immer $\sin \beta < 1$. Die Berechnung des Dreieckswinkels $\beta (0 < \beta < \pi)$ liefert zwei Lösungen $\beta_1 = \arcsin(b \sin \alpha / a)$ und $\beta_2 = \pi - \arcsin(b \sin \alpha / a)$; nach Bild 11.1 ist jedoch nur die Lösung β_1 brauchbar, da die Summe $\alpha + \beta_2 > 180°$ bzw. 200 gon wird.

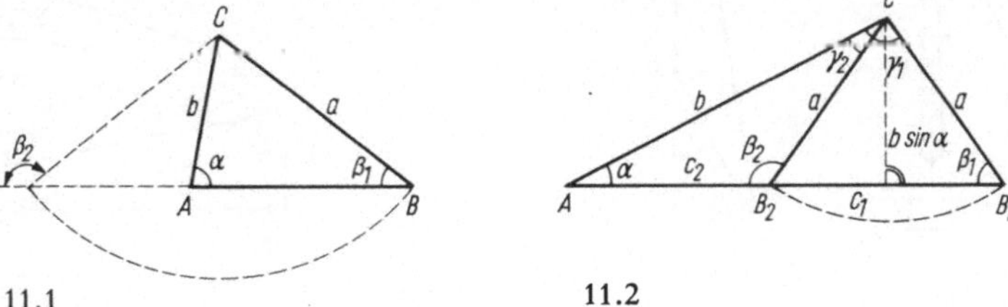

Für $b > a$ gibt es drei Möglichkeiten

$\sin \beta > 1,$ keine Lösung

$\sin \beta = 1,$ eine Lösung, $\beta = 90° = 100$ gon

$\sin \beta < 1,$ zwei Lösungen, β_1 und β_2 (Bild 11.2)

Der Winkel α muß immer kleiner $\pi/2$ sein, denn aus $\alpha \geqslant \pi/2$ folgt $a > b$. Für die numerischen Ergebnisse $\sin \beta \gtrless 1$ nach Gl. (11.1) erhält man die geometrische Deutung an Hand von Bild 11.2: $\sin \beta > 1$ ergibt sich, wenn $a < b \sin \alpha$, d. h., wenn der um C mit Radius a geschlagene Kreis den rechten Schenkel von α nicht erreicht; für $a = b \sin \alpha$ und damit $\sin \beta = 1$ berührt der Kreis den Schenkel, während er für $a > b \sin \alpha$ diesen zweimal schneidet; von diesen beiden Lösungen ist die in dem jeweiligen praktischen Fall zutreffende dann auszuwählen.

Berechnungen im Kräftedreieck

Kräfte, die in einer Ebene liegen und an einem Punkt angreifen, sind im Gleichgewicht, wenn sich das Krafteck schließt. Für d r e i im Gleichgewicht befindliche Kräfte erhält man ein K r ä f t e d r e i e c k, aus dem sich je nach Aufgabenstellung die Beträge der Kräfte oder die Winkel, unter denen sie angreifen, berechnen lassen. Entsprechend dem im Abschnitt 2.2.1 Gesagten werden die Kräfte als gerichtete Größen durch einen Pfeil graphisch dargestellt.

Beispiel 11.3 Eine Gewichtslast mit $G = 600$ N wird mit einem Flaschenzug gehoben (Bild 11.3a). Die Zugkraft $\vec{F}_Z$ wirkt unter einem Winkel von $\beta = 27°$ gegen die Senkrechte. Man berechne den Betrag F_A der im Aufhängepunkt wirkenden Kraft $\vec{F}_A$ und den Winkel α gegen die Senkrechte, unter dem die Kraft angreift.

Es ist $F_Z = 0,5\,G = 300$ N. F_A und α berechnet man aus dem Kräftedreieck (Bild 11.3b) mit Hilfe des Cosinussatzes und des Sinussatzes

$$F_A = \sqrt{G^2 + F_Z^2 - 2GF_Z\cos(180° - \beta)} = 877,9 \text{ N}$$

$$\alpha = \arcsin \frac{F_Z \sin(180° - \beta)}{F_A} = 8,92°$$

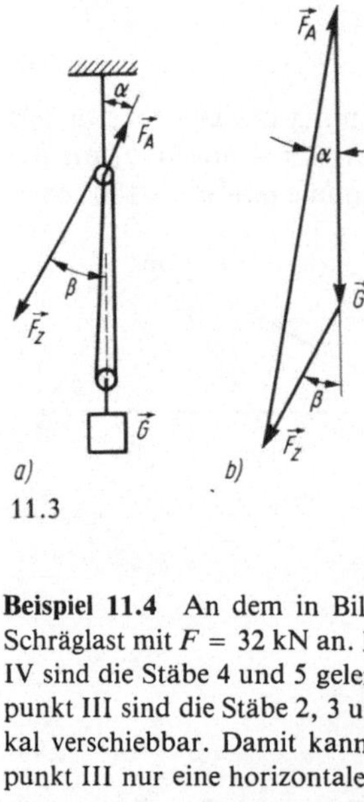

11.3

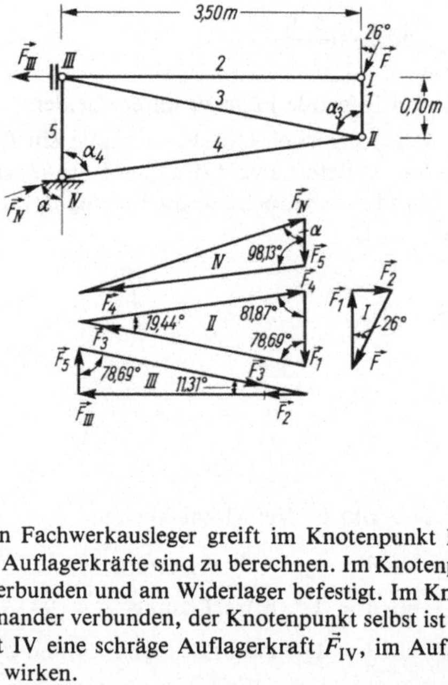

11.4

Beispiel 11.4 An dem in Bild 11.4 gezeichneten Fachwerkausleger greift im Knotenpunkt I eine Schräglast mit $F = 32$ kN an. Die Stabkräfte und Auflagerkräfte sind zu berechnen. Im Knotenpunkt IV sind die Stäbe 4 und 5 gelenkig miteinander verbunden und am Widerlager befestigt. Im Knotenpunkt III sind die Stäbe 2, 3 und 5 gelenkig miteinander verbunden, der Knotenpunkt selbst ist vertikal verschiebbar. Damit kann im Auflagerpunkt IV eine schräge Auflagerkraft $\vec{F}_{IV}$, im Auflagerpunkt III nur eine horizontale Auflagerkraft $\vec{F}_{III}$ wirken.

Mit den gegebenen Abmessungen berechnet man die Winkel der Stäbe 3 und 4 mit der Senkrechten. Aus $\tan\alpha_3 = 3,50$ m/0,70 m und $\tan\alpha_4 = 3,50$ m/(1,20 − 0,70) m folgt $\alpha_3 = 78,69°$ und $\alpha_4 = 81,87°$. Für jeden Knotenpunkt wird ein Kräftedreieck gezeichnet; die Kräfte (Seiten dieser Dreiecke) lassen sich dann mit Hilfe der Beziehungen im rechtwinkligen Dreieck, des Sinussatzes und des Cosinussatzes berechnen.

$$\text{Krafteck I:} \qquad F_1 = F\cos 26° = 28,76 \text{ kN}$$

$$F_2 = F\sin 26° = 14,03 \text{ kN}$$

Krafteck II: $F_3 = \dfrac{F_1 \sin 81{,}87°}{\sin 19{,}44°} = 85{,}55 \text{ kN}$

$$F_4 = \frac{F_1 \sin 78{,}69°}{\sin 19{,}44°} = 84{,}74 \text{ kN}$$

Krafteck III: $F_5 = F_3 \cos 78{,}69° = 16{,}78 \text{ kN}$

Die Auflagerkraft F_{III} ergibt sich als Differenz der Horizontalkomponente von F_3 und F_2 zu

$$F_{III} = F_3 \sin 78{,}69° - F_2 = 69{,}86 \text{ kN}$$

Krafteck IV: $F_{IV} = \sqrt{F_4^2 + F_5^2 - 2F_4 F_5 \cos 98{,}13°} = 88{,}68 \text{ kN}$

$$\sin \alpha = \frac{F_4 \sin 98{,}13°}{F_{IV}} \qquad \alpha = 71{,}07°$$

Den gezeichneten Kraftecken entnimmt man, daß die Stabkräfte $\vec{F}_1$, $\vec{F}_2$, $\vec{F}_4$ und $\vec{F}_5$ zu den Knoten hingerichtet sind, während $\vec{F}_3$ von den Knoten wegweist. Die Stäbe 1, 2, 4 und 5 sind auf Druck und der Stab 3 ist auf Zug beansprucht.

Kontrollrechnung: Die von außen angreifenden Kräfte $\vec{F}$, $\vec{F}_{III}$ und $\vec{F}_{IV}$ müssen im Gleichgewicht sein.

Summe der Horizontalkomponenten

$$R_x = F_{IV} \sin \alpha - F_{III} - F \sin 26° = 0{,}00 \text{ kN}$$

Summe der Vertikalkomponenten

$$R_y = F_{IV} \cos \alpha - F \cos 26° = 0{,}01 \text{ kN}$$

Summe der Momente um Knoten IV

$$M = F_{III} \cdot 1{,}20 \text{ m} - F \cos 26° \cdot 3{,}50 \text{ m} + F \sin 26° \cdot 1{,}20 \text{ m} = 0{,}00 \text{ kNm}$$

Indirekte Entfernungsmessung

Die Entfernung zwischen zwei Punkten kann oft infolge von Geländehindernissen oder Unzugänglichkeit eines Punktes nicht direkt gemessen werden. Über die Anlage von Hilfsdreiecken läßt sich diese Strecke jedoch immer indirekt bestimmen, wenn die entsprechenden Bestimmungsgrößen im Dreieck beobachtet werden.

Zur Bestimmung der Strecke $c = \overline{AB}$ in Bild 11.5 sind folgende Kombinationen von Meßgrößen möglich:

b, a und γ (Fall SWS) Man berechnet c nach den Cosinussatz.

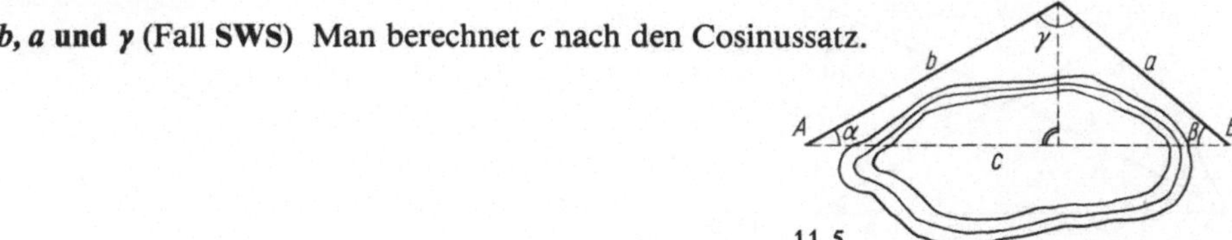

11.5

a, b und α oder β In diesem Fall **(SSW)** ist zunächst der andere Gegenwinkel über den Sinussatz zu bestimmen. Die Strecke c kann dann über den Sinussatz nach Ergänzung des Winkels γ oder über den Projektionssatz wie folgt berechnet werden

$$c = b \cos \alpha + a \cos \beta \tag{11.2}$$

Eine direkte Berechnung von c aus den drei Ausgangsgrößen, z. B. aus a, b und α erhält man, wenn in Gl. (11.2) der zweite Summand über den Satz des Pythagoras berechnet wird[1])

$$c = b\cos\alpha + \sqrt{a^2 - (b\sin\alpha)^2} \qquad\qquad (11.3)$$

a oder b und zwei Winkel[2]) Ist z. B. b, β und γ gemessen (**SWW**), dann kann c unmittelbar nach dem Sinussatz berechnet werden. Ist B unzugänglich und deshalb b, α und γ gemessen (**WSW**), dann muß vor Anwendung des Sinussatzes der dritte Winkel ergänzt werden.

Beispiel 11.5 Gegeben sind $a = 60,20$ m, $b = 55,35$ m und $\gamma = 170,1972$ gon. Gesucht ist c.

$$c = \sqrt{a^2 + b^2 - 2ab\cos\gamma} = 112,40 \text{ m}$$

Beispiel 11.6 Gegeben sind $a = 40,600$ m, $b = 50,955$ m und $\beta = 19,2142$ gon. Gesucht ist c.

$$\alpha = \arcsin\frac{a\sin\beta}{b} = 15,2228 \text{ gon} \qquad c = b\cos\alpha + a\cos\beta = 88,270 \text{ m}$$

oder ohne Berechnung von α

$$c = \sqrt{b^2 - (a\sin\beta)^2} + a\cos\beta = 88,270 \text{ m}$$

Beispiel 11.7 Gegeben sind die Strecke $a = 80,505$ m und die drei gemessenen Winkel $\alpha' = 34,3053$ gon, $\beta' = 24,3354$ gon, $\gamma' = 141,3605$ gon. Die Strecke c ist zu berechnen.

Die Winkelsumme der gemessenen Winkel ergibt 200,0012 gon. Nach Anbringen der Verbesserung von $-0,0004$ gon ergeben sich die abgeglichenen Winkel: $\alpha = 34,3049$ gon, $\beta = 24,3350$ gon, $\gamma = 141,3601$ gon.

Damit errechnet sich

$$c = \frac{a\sin\gamma}{\sin\alpha} = 124,921 \text{ m}$$

Die **Entfernung zwischen zwei unzugänglichen Punkten**, z. B. an im Bau befindlichen Brückenpfeilern oder an Fassaden, kann durch Anlage und Beobachtung von zwei Hilfsdreiecken berechnet werden. Zur Bestimmung der Entfernung d zwischen den Punkten C_1 und C_2 (Bild 11.6) müssen die Strecke c und die Winkel α_1, α_2, β_1 und β_2 gemessen sein. Nach Ergänzung der Winkel γ_1 und γ_2 auf die Winkelsumme im Dreieck berechnet man a_1, b_1 und a_2, b_2 nach dem Sinussatz, anschließend d nach dem Cosinussatz aus dem Dreieck AC_1C_2 mit den Größen b_1, $\alpha_1 - \alpha_2$ und b_2 und zur Kontrolle aus dem Dreieck BC_1C_2 mit a_1, $\beta_2 - \beta_1$ und a_2.

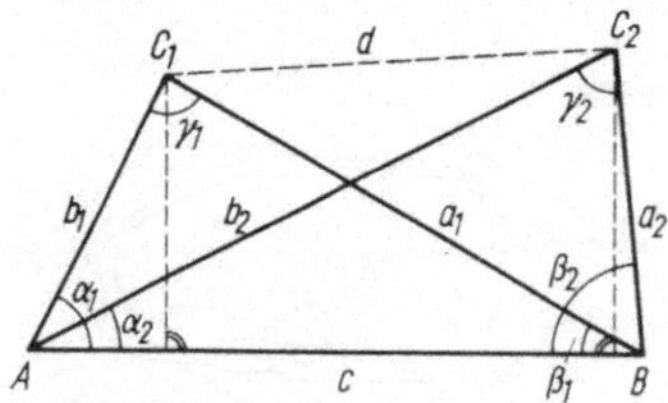

11.6

---

[1]) Für $b > a$ gilt $c = b\cos\alpha \pm \sqrt{a^2 - (b\sin\alpha)^2}$, s. Bild 11.2.

[2]) In der Vermessungspraxis werden, wenn möglich, zur Kontrolle der Beobachtung alle drei Winkel gemessen. Ergibt sich bei der Addition der drei Winkel ein Widerspruch gegenüber dem Sollwert von 200 gon, so wird dieser Widerspruch, soweit er innerhalb der Messungsgenauigkeit liegt, gleichmäßig auf die drei Winkel verteilt.

Beispiel 11.8 Der Abstand zweier Brückenwiderlager soll mit Kontrolle berechnet werden. Gegeben sind nach Bild 11.6 $c = 90{,}650$ m, $\alpha_1 = 82{,}2281$ gon, $\alpha_2 = 39{,}9923$ gon, $\beta_1 = 34{,}3050$ gon, $\beta_2 = 75{,}9120$ gon.

Man erhält

$$\gamma_1 = 200 \text{ gon} - \alpha_1 - \beta_1 = 83{,}4669 \text{ gon}$$

$$\gamma_2 = 200 \text{ gon} - \alpha_2 - \beta_2 = 84{,}0957 \text{ gon}$$

$$a_1 = \frac{c \sin \alpha_1}{\sin \gamma_1} = 90{,}164 \text{ m} \qquad b_1 = \frac{c \sin \beta_1}{\sin \gamma_1} = 48{,}132 \text{ m}$$

$$a_2 = \frac{c \sin \alpha_2}{\sin \gamma_2} = 54{,}981 \text{ m} \qquad b_2 = \frac{c \sin \beta_2}{\sin \gamma_2} = 86{,}937 \text{ m}$$

$$d = \sqrt{b_1^2 + b_2^2 - 2 b_1 b_2 \cos(\alpha_1 - \alpha_2)} = 57{,}280 \text{ m}$$

$$d = \sqrt{a_1^2 + a_2^2 - 2 a_1 a_2 \cos(\beta_2 - \beta_1)} = 57{,}280 \text{ m (Kontrolle)}$$

Die Strecke d kann auch über den Satz des Pythagoras aus rechtwinkligen Koordinaten berechnet werden, wenn die Punkte C_1 und C_2 auf die Achse $\overline{AB}$ koordiniert werden (Abschn. 11.1.2).

Turmhöhenbestimmung

Bei der Bestimmung von Turmhöhen kann die Entfernung zum Zielpunkt meist nicht direkt gemessen werden, so daß der Höhenübertragung die indirekte Bestimmung der Entfernung vom Standpunkt zum Zielpunkt vorausgehen muß.

Bei der Turmhöhenbestimmung aus einem horizontalen Dreieck[1]) werden entsprechend Bild 11.7 zwei Punkte A und B mit guten Sichtverhältnissen nach C so ausgewählt,

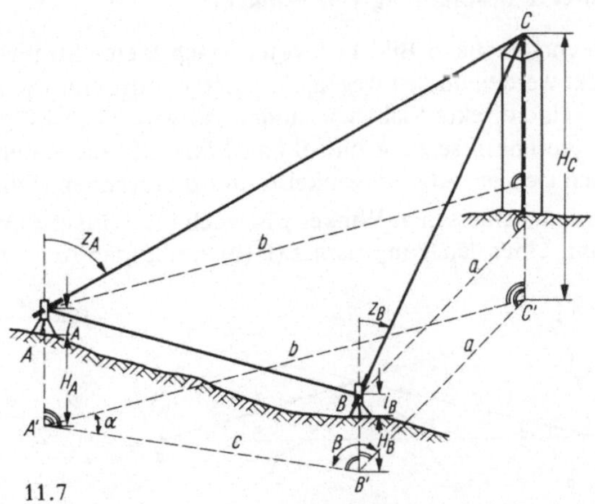

11.7

daß sich in C ein günstiger Schnittwinkel (zwischen 50 gon und 150 gon) ergibt. Die Horizontalentfernung c, die Horizontalwinkel α und β, die Zenitwinkel z_A und z_B und die Instrumentenhöhen i_A und i_B werden gemessen. Die Ausgangshöhen H_A und H_B über NN (Meereshöhe) werden durch Nivellement bestimmt.

---

[1]) Die Turmhöhe läßt sich auch aus einem vertikalen Dreieck bestimmen [32].

Aus Bild 11.7 läßt sich für die NN-Höhe H_C ablesen

$$a = \frac{c \sin \alpha}{\sin(\alpha + \beta)} \qquad\qquad b = \frac{c \sin \beta}{\sin(\alpha + \beta)}$$

$$H_C = H_A + i_A + b \cot z_A \qquad H_C = H_B + i_B + a \cot z_B \tag{11.4}$$

Die Berechnung von H_C über B dient als Kontrolle der Messung. Da hierfür neben α, β und c die weiteren Meßelemente H_B, i_B und z_B verwendet werden, wird sich in der Regel ein im Rahmen der Meßgenauigkeit abweichender Wert ergeben. Als Endergebnis wird der Mittelwert angegeben[1]). Die relative Höhe eines Turmes über dem Turmfuß ergibt sich als Differenz der NN-Höhen von Turmspitze und Turmfuß oder als Differenz der auf einen beliebigen Horizont bezogenen Höhen.

Beispiel 11.9 Gegeben sind $H_A = 420{,}650$ m, $i_A = 1{,}570$ m, $z_A = 59{,}3043$ gon, $H_B = 411{,}550$ m, $i_B = 1{,}605$ m, $z_B = 49{,}3508$ gon, $c = 65{,}690$ m, $\alpha = 47{,}8090$ gon, $\beta = 54{,}1009$ gon. Die Turmhöhe H_C über NN ist zu berechnen.

Man erhält

$$a = \frac{c \sin \alpha}{\sin(\alpha + \beta)} = 44{,}844 \text{ m} \qquad b = \frac{c \sin \beta}{\sin(\alpha + \beta)} = 49{,}366 \text{ m}$$

$$H_C = H_A + i_A + b \cot z_A = 458{,}917 \text{ m}$$

$$H_C = H_B + i_B + a \cot z_B = 458{,}923 \text{ m}$$

Mittel: $H_C = 458{,}920$ m

Indirekte Bestimmung von Winkeln

Soll entsprechend Bild 11.8 von A nach B eine Straßenachse oder eine Stollenachse abgesteckt werden und ist wegen eines Berges oder eines Waldes zwischen den beiden Endpunkten keine direkte Sicht vorhanden, so wird nach Möglichkeit ein Punkt C erkundet, der Sichtverhältnisse zu A und B hat. Man mißt die Seiten a und b und den Winkel γ. Damit lassen sich die Absteckwinkel α und β berechnen (Fall **SWS**).

Mit dem gemessenen Winkel γ ist auch die Winkelsumme $\alpha + \beta$ und damit $(\alpha + \beta)/2$ bekannt. Über den Tangenssatz (F10) erhält man $(\alpha - \beta)/2$

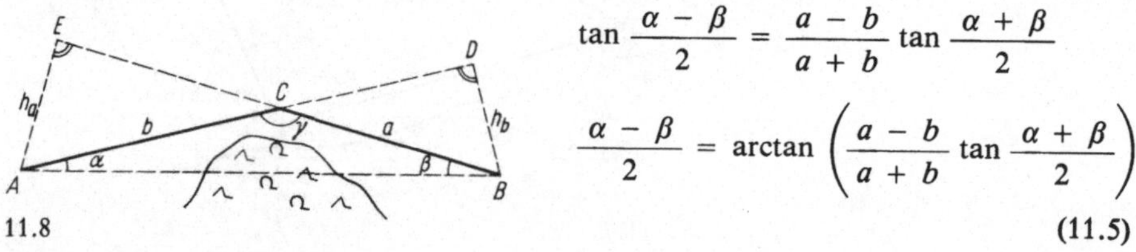

$$\tan \frac{\alpha - \beta}{2} = \frac{a - b}{a + b} \tan \frac{\alpha + \beta}{2}$$

$$\frac{\alpha - \beta}{2} = \arctan \left(\frac{a - b}{a + b} \tan \frac{\alpha + \beta}{2} \right)$$

11.8

$$\tag{11.5}$$

Durch Addition und Subtraktion von $(\alpha + \beta)/2$ und $(\alpha - \beta)/2$ ergeben sich die gesuchten Winkel α und β.

---

[1]) Wird die Höhenübertragung auf größere Entfernungen durchgeführt, dann müssen Erdkrümmung und Strahlenbrechung in Rechnung gestellt werden [32]. Strebt man cm-Genauigkeit an, dann trifft dies bei Entfernungen ab 270 m zu.

Eine andere Berechnungsmöglichkeit ergibt sich nach Bild 11.8 über Höhe und Höhenfußpunkt in den Dreiecken ABD und ABE

$$\tan \alpha = \frac{h_b}{\overline{AD}} = \frac{a \sin(\pi - \gamma)}{b + a \cos(\pi - \gamma)} = \frac{a \sin \gamma}{b - a \cos \gamma}$$

$$\alpha = \arctan \frac{a \sin \gamma}{b - a \cos \gamma}$$

$$\tan \beta = \frac{h_a}{\overline{BE}} = \frac{b \sin(\pi - \gamma)}{a + b \cos(\pi - \gamma)} = \frac{b \sin \gamma}{a - b \cos \gamma}$$

$$\beta = \arctan \frac{b \sin \gamma}{a - b \cos \gamma}$$

(11.6)

Beispiel 11.10 Die Achse einer geplanten Straße verläuft von A nach B durch ein Waldstück (Bild 11.8). Um die Richtung des Durchschlags angeben zu können, wurden über den Hilfspunkt C die Entfernungen $a = 186,06$ m, b = 145,94 m und der Brechungswinkel $\gamma = 175,6654$ gon gemessen. Die Absteckungswinkel α und β sind gesucht.

Man erhält

$$\frac{\alpha + \beta}{2} = \frac{200 \text{ gon} - \gamma}{2} = 12,1673 \text{ gon}$$

$$\frac{\alpha - \beta}{2} = \arctan \left(\frac{a - b}{a + b} \tan \frac{\alpha + \beta}{2} \right) = 1,4882 \text{ gon}$$

$$\alpha = 12,1673 \text{ gon} + 1,4882 \text{ gon} = 13,6555 \text{ gon}$$

$$\beta = 12,1673 \text{ gon} - 1,4882 \text{ gon} = 10,6791 \text{ gon}$$

oder $\qquad \alpha = \arctan \dfrac{a \sin \gamma}{b - a \cos \gamma} = 13,6555$ gon $\qquad\qquad \beta = \arctan \dfrac{b \sin \gamma}{a - b \cos \gamma} = 10,6791$ gon

Die zweite Berechnung nach Gl. (11.6) hat den Vorteil, daß α und β unabhängig berechnet sind; eine durchgreifende Kontrolle für die Berechnung ist hier die Bildung der Winkelsumme im Dreieck. Bei diesem Beispiel ergibt sich $\alpha + \beta + \gamma = 200,0000$ gon.

Sind in einem Dreieck die drei Seiten gegeben (**SSS**) und die Winkel gesucht, so berechnet man diese mit Hilfe des Cosinussatzes oder des Halbwinkelsatzes.

Aus dem Cosinussatz $a^2 = b^2 + c^2 - 2bc \cos \alpha$ folgt

$$\cos \alpha = \frac{b^2 + c^2 - a^2}{2bc} \qquad\qquad \alpha = \arccos \frac{b^2 + c^2 - a^2}{2bc} \qquad (11.7)$$

Mit $s = (a + b + c)/2$ erhält man nach dem Halbwinkelsatz (F 10)

$$\tan \frac{\alpha}{2} = \sqrt{\frac{(s - b)(s - c)}{s(s - a)}} \qquad\qquad \alpha = 2 \arctan \sqrt{\frac{(s - b)(s - c)}{s(s - a)}} \qquad (11.8)$$

Durch zyklische Vertauschung der Winkel und Seiten erhält man in beiden Fällen die Gleichungen zur Berechnung von β und γ.

Beispiel 11.11 Aus den Abmessungen eines Kranauslegers (Bild 11.9) sind die Winkel α, β und γ zu ermitteln.

Berechnet man α über den Cosinussatz, β und γ über den Halbwinkelsatz, so erhält man mit $s = (a + b + c)/2 = 5{,}70$ m

$$\alpha = \arccos \frac{b^2 + c^2 - a^2}{2bc} = 44{,}33°$$

$$\beta = 2\arctan \sqrt{\frac{(s - c)(s - a)}{s(s - b)}} = 14{,}72°$$

$$\gamma = 2\arctan \sqrt{\frac{(s - a)(s - b)}{s(s - c)}} = 120{,}94°$$

11.9

Kontrolle: $\alpha + \beta + \gamma = 179{,}99°$ (Abweichung von $0{,}01°$ infolge Rundung)

11.1.2 Koordinatenberechnungen

Rechtwinklige geodätische Koordinaten. Richtungswinkel und polare Punkte

Bei den geodätischen Koordinatensystemen[1]) (Bild 11.10) weist im Gegensatz zum mathematischen Koordinatensystem die positive x-Achse nach oben und die positive y-Achse nach rechts. Die Richtung einer Strecke wird rechtsläufig von der Parallelen zur x-Achse durch den Anfangspunkt der Strecke über alle vier Quadranten gezählt. Da sowohl die Koordinatenachsen als auch der Drehsinn gegenüber dem mathematischen Koordinatensystem vertauscht sind, gelten in beiden Systemen die gleichen Formeln.

Der Winkel t_A^E wird als Richtungswinkel der Strecke $\overline{AE}$ bezeichnet. Aus Bild 11.10 liest man die nachstehenden Beziehungen zwischen den rechtwinkligen Koordinaten y und x der Punkt A und E und den auf A bezogenen Polarkoordinaten t_A^E und s ab

$$\tan t_A^E = \frac{\Delta y}{\Delta x} = \frac{y_E - y_A}{x_E - x_A} \tag{11.9}$$

$$s = \sqrt{\Delta x^2 + \Delta y^2}$$

$$y_E = y_A + \Delta y = y_A + s\sin t_A^E$$

$$x_E = x_A + \Delta x = x_A + s\cos t_A^E \tag{11.10}$$

11.10

Bei der Berechnung des Richtungswinkels nach Gl. (11.9) ist besondere Sorgfalt auf die richtige Wahl des Quadranten zu legen. Die Vorzeichen von Δy und Δx bestimmen, in welchem Quadranten der Richtungswinkel liegt (Bild 11.11 und Tafel 11.12).

Der Taschenrechner liefert beim Aufruf der Arcustangens-Funktion für positive Funktionswerte (1. und 3. Quadrant) Winkel zwischen 0 und 100 gon und für negative Funktionswerte (2. und 4. Quadrant) negative Winkel zwischen 0 und -100 gon. Wie sich aus

---

[1]) Örtliche Koordinaten, Soldner- und Gauß-Krüger-Koordinaten.

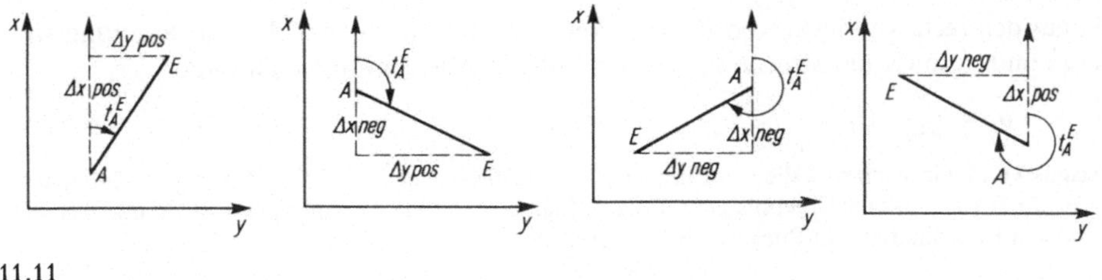

11.11

Tafel 11.12

Quadrant	1.	2.	3.	4.
$\Delta y = y_E - y_A$	+	+	−	−
$\Delta x = x_E - x_A$	+	−	−	+
$t_A^E = \arctan \dfrac{\Delta y}{\Delta x} + \cdots$	0 gon	200 gon	200 gon	400 gon

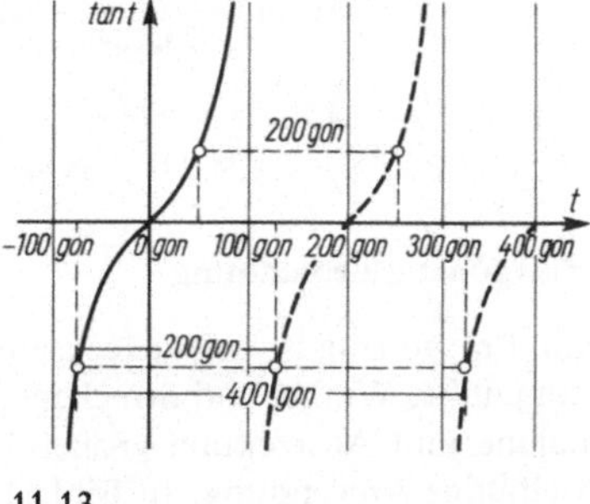

11.13

Bild 11.13 ablesen läßt, sind entsprechend der Periodizität der Tangensfunktion zu dem im Taschenrechner angezeigten Wert ggf. 200 gon oder 400 gon zu addieren, um den Richtungswinkel im richtigen Quadranten zu erhalten (Tafel 11.12).

Beispiel 11.12 Gegeben sind $y_A = 3439{,}64$ m, $x_A = 53356{,}79$ m, $y_E = 3525{,}69$ m, $x_E = 52689{,}48$ m. Gesucht sind der Richtungswinkel t_A^E und die Strecke s.

$$t_A^E = \arctan \frac{86{,}05}{-667{,}31} + 200 \text{ gon} = 191{,}8358 \text{ gon}$$

$$s = \sqrt{86{,}05^2 + 667{,}31^2} \text{ m} = 672{,}84 \text{ m}$$

In der Vermessungspraxis werden häufig Punkte nach der Polarmethode aufgenommen oder abgesteckt. Nach Bild 11.14 wird der Punkt I vom koordinatenmäßig bekannten Punkt A aus und in Bezugnahme auf den ebenfalls bekannten Punkt E durch Messung des Winkels α_I und der Strecke s_I aufgenommen.

Man berechnet zunächst den Richtungswinkel t_A^E nach Gl. (11.9) und damit den Richtungswinkel t_A^I und die Koordinaten von I nach Gl. (11.10)

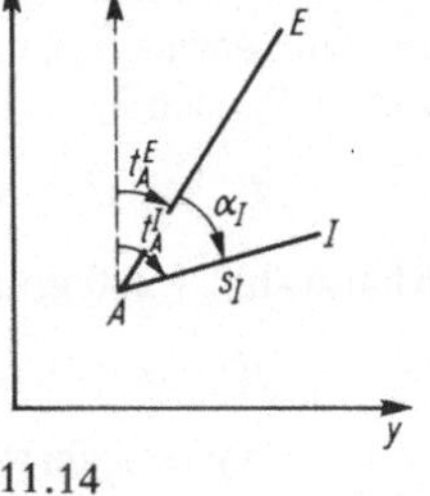

$$t_A^I = t_A^E + \alpha_I$$

$$y_I = y_A + s_I \sin t_A^I$$

$$x_I = x_A + s_I \cos t_A^I$$

11.14

Zur Absteckung von Projekten müssen oft koordinatenmäßig bekannte Punkte ins Gelände übertragen werden. Soll der Projektpunkt I polar abgesteckt werden, so kann dies mit Hilfe zweier in der Örtlichkeit vorhandener Punkte A und E geschehen. Man berechnet aus den rechtwinkligen Koordinaten von A, E und I nach Gl. (11.9) die Richtungswinkel t_A^E und t_A^I sowie die Strecke s_I. Für den polaren Absteckwinkel gilt dann

$$\alpha_I = t_A^I - t_A^E$$

Beispiel 11.13 Gegeben sind die Koordinaten $y_A = 43620{,}04$ m, $x_A = 27732{,}14$ m, $y_E = 43400{,}20$ m, $x_E = 27500{,}10$ m und die Ergebnisse der Polaraufnahme $\alpha_I = 112{,}6950$ gon, $s_I = 40{,}26$ m. Die rechtwinkligen Koordinaten von Punkt I sind zu berechnen.

$$t_A^E = \arctan \frac{-219{,}84}{-232{,}04} + 200 \text{ gon} = 248{,}2817 \text{ gon}$$

$$t_A^I = t_A^E + \alpha_I = 360{,}9767 \text{ gon}$$

$$y_I = y_A + s_I \sin t_A^I = 43596{,}88 \text{ m} \qquad x_I = x_A + s_I \cos t_A^I = 27765{,}07 \text{ m}$$

Polygonzugsberechnung

Ein Polygonzug ist ein Vieleckszug, in dem zur koordinatenmäßigen Festlegung der Polygonpunkte Winkel und Strecken gemessen werden. Er findet im Straßenbau, bei der Aufnahme und Absteckung großer Bauobjekte und bei katastertechnischen Vermessungen vielfältige Anwendung. In Bild 11.15 sind die Punkte P_0 und P_1 gegeben und zur Festlegung der Punkte P_2, P_3 und P_4 die Polygonwinkel β_1, β_2, β_3 und die Polygonseiten s_1, s_2 und s_3 gemessen. Die Polygonzugsberechnung besteht praktisch in einem fortgesetzten polaren Absetzen. Die Koordinaten von P_2 werden von P_1 aus mit t_1^2 und s_1 berechnet, die von P_3 dann von P_2 aus mit t_2^3 und s_2, wobei der Richtungswinkel t_1^2 aus dem bekannten Richtungswinkel t_0^1 und β_1, der Richtungswinkel t_2^3 aus t_1^2 und β_2 hergeleitet wird.

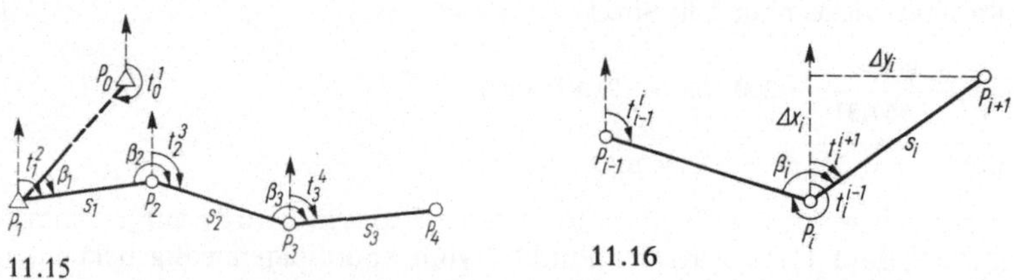

11.15   11.16

Mit den allgemeinen Bezeichnungen von Bild 11.16 ergeben sich für die Herleitung des Richtungswinkels t_i^{i+1} aus dem Richtungswinkel t_{i-1}^i der zurückliegenden Seite und dem Brechungswinkel β_i und für die Berechnung der Koordinatenunterschiede Δy_i und Δx_i von Punkt P_i nach P_{i+1} die nachstehenden Beziehungen

$$t_i^{i-1} = t_{i-1}^i \pm 200 \text{ gon} \quad \text{(Richtungswinkel und Gegenrichtungswinkel)}$$

Man wählt $+200$ gon für $t_{i-1}^i < 200$ gon, -200 gon für $t_{i-1}^i \geqslant 200$ gon

$$t_i^{i+1} = t_i^{i-1} + \beta_i = t_{i-1}^i \pm 200 \textbf{ gon} + \beta_i \text{ }^{[1]} \tag{11.11}$$

$$\Delta y_i = s_i \sin t_i^{i+1} \qquad \Delta x_i = s_i \cos t_i^{i+1} \tag{11.12}$$

Durch Addition der Koordinatenunterschiede von Punkt zu Punkt erhält man die Koordinaten der Polygonpunkte.

---

[1] Wird der Richtungswinkel größer als 400 gon, dann sind 400 gon zu subtrahieren.

Beispiel 11.14 Nach Bild 11.15 ist ein Polygonzug von P_1 nach P_4 gemessen; Anschlußrichtung des Zuges in P_1 ist die Richtung nach P_0. Die Koordinaten der Punkte P_2 bis P_4 sind zu berechnen. Ausgangswerte: $y_0 = 4360{,}20$ m, $x_0 = 8436{,}34$ m, $y_1 = 3670{,}24$ m, $x_1 = 7734{,}99$ m. Meßergebnisse: $\beta_1 = 34{,}6790$ gon, $s_1 = 124{,}205$ m, $\beta_2 = 230{,}3705$ gon, $s_2 = 156{,}980$ m, $\beta_3 = 180{,}4705$ gon, $s_3 = 133{,}265$ m.

Man erhält

$$t_0^1 = \arctan \frac{-689{,}96}{-701{,}35} + 200 \text{ gon} = 249{,}4788 \text{ gon}$$

$$t_1^2 = 249{,}4788 \text{ gon} - 200 \text{ gon} + 34{,}6790 \text{ gon} = 84{,}1578 \text{ gon}$$

$$t_2^3 = 84{,}1578 \text{ gon} + 200 \text{ gon} + 230{,}3705 \text{ gon} - 400 \text{ gon}^1) = 114{,}5283 \text{ gon}$$

$$t_3^2 = 114{,}5283 \text{ gon} + 200 \text{ gon} + 180{,}4705 \text{ gon} - 400 \text{ gon} = 94{,}9988 \text{ gon}$$

Bei Zusammenstellung der Weiterrechnung in tabellarischer Form erhält man nachstehende Ergebnisse

P_i	t_i^{i+1} in gon	s_i in m	Δy_i in m	Δx_i in m	y_i in m	x_i in m
P_1	84,1578	124,205	120,379	30,590	3670,240	7734,990
P_2	114,5283	156,980	152,910	−35,514	3790,619	7765,580
P_3	94,9988	133,265	132,854	10,458	3943,529	7730,066
P_4					4076,383	7740,524

Um die Messung und Berechnung eines Polygonzugs durchgreifend zu kontrollieren, wird in der Vermessungspraxis nach Möglichkeit der Polygonzug bis zu einem anderen koordinatenmäßig bekannten Punkt geführt und dort die Abschlußrichtung zu einem weiteren Festpunkt beobachtet (Bild 11.17). Damit ergibt sich eine zweifache Kontrolle: Der aus den Koordinaten von P_5 und P_6 berechnete Richtungswinkel müßte gleich dem über die Brechungswinkel hergeleiteten Richtungswinkel t_5^6 sein und die fortlaufende Berechnung der Koordinaten im Polygonzug müßte für P_6 die bekannten Koordinaten ergeben. Auf Grund von Messungsungenauigkeiten werden Abschlußdifferenzen beim Richtungswinkel und in den Koordinaten auftreten, die im amtlichen Vermessungswesen bestimmte Fehlergrenzen nicht überschreiten dürfen. Eine Abgleichung auf die Sollwerte erfolgt dadurch, daß alle Brechungswinkel die gleiche Winkelverbesserung und die Koordinatenunterschiede eine Verbesserung proportional den Seitenlängen erhalten.

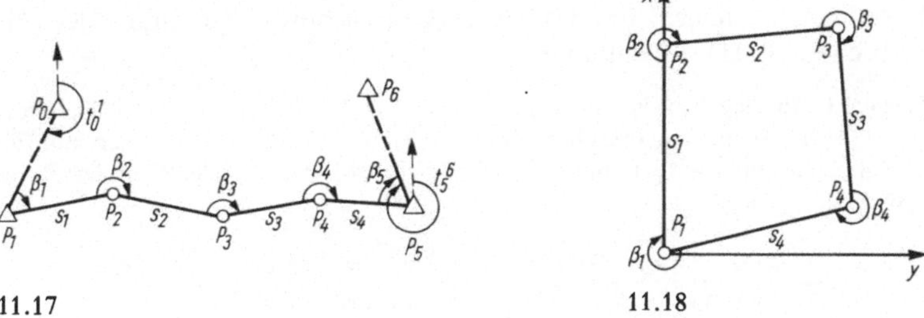

11.17   11.18

Bei manchen Aufnahme- und Absteckungsarbeiten bietet sich die Anlage eines geschlossenen Polygonzugs an (Bild 11.18). Hier legt man das lokale Koordinatensystem möglichst so, daß die Aus-

---

^{1}) Siehe Fußnote 1 auf S. 292.

gangspolygonseite mit einer Koordinatenachse zusammenfällt oder zu dieser parallel ist und daß alle Koordinaten positiv werden. Für die Summe der Außenwinkel im n-Eck gilt

$$\sum_{i=1}^{n} \beta_i = (n + 2) \cdot 200 \text{ gon}$$

Auf diese Winkelsumme werden die Brechungswinkel abgeglichen. Die Summe der Koordinatenunterschiede Δy_i und Δx_i müßte Null ergeben. Eine Abgleichung der Koordinatendifferenzen erfolgt proportional zu den Seitenlängen. Beispiele finden sich in der Fachliteratur [32].

Kleinpunktberechnung

Die Punkte A und E in Bild 11.19 sind im (x, y)-Koordinatensystem (z. B. Soldner-System) gegeben. Punkt I wird in der Örtlichkeit auf die Linie $\overline{AE}$ im (ξ, η)-Koordinatensystem aufgemessen. Punkt I hat die Abszisse ξ_I und die Ordinate η_I. Zur Berechnung der (x, y)-Koordinaten des Kleinpunktes I lassen sich aus den ähnlichen Dreiecken ACE, ABD und DEI die Beziehungen ablesen

$$dy' = \frac{\Delta y \cdot \xi_I}{\xi_E} \qquad dy'' = \frac{\Delta x \cdot \eta_I}{\xi_E} \qquad dx' = \frac{\Delta x \cdot \xi_I}{\xi_E} \qquad dx'' = \frac{\Delta y \cdot \eta_I}{\xi_E}$$

Damit folgt

$$y_I = y_A + \xi_I \frac{\Delta y}{\xi_E} + \eta_I \frac{\Delta x}{\xi_E}$$

$$x_I = x_A + \xi_I \frac{\Delta x}{\xi_E} - \eta_I \frac{\Delta y}{\xi_E}$$

(11.13)

11.19

In dem Sonderfall, daß Punkt I auf der Linie $\overline{AE}$ liegt, spricht man von einem Linienpunkt; mit $\eta_I = 0$ entfällt dann im Gleichungspaar (11.13) der letzte Summand.

Bei der Durchführung der Berechnung wird zunächst aus Koordinaten die Strecke $\overline{AE}$ berechnet und mit der gemessenen Strecke ξ_E verglichen; die Übereinstimmung der beiden Werte gibt Aufschluß über einen etwaigen Maßstabsunterschied zwischen den beiden Koordinatensystemen. Ein Maßstabsfaktor ist durch den Ansatz der Proportionen automatisch in Gl. (11.13) enthalten.

Beispiel 11.15 Gegeben sind die Koordinaten $y_A = 36200{,}16$ m, $x_A = 15390{,}36$ m, $y_E = 36250{,}99$ m, $x_E = 15324{,}77$ m; die örtlichen Koordinaten des Punktes I bezogen auf die Linie $\overline{AE}$ sind $\xi_I = 43{,}20$ m, $\eta_I = -16{,}10$ m und das Endmaß der Linie $\xi_E = 82{,}97$ m. Die Koordinaten y_I, x_I sind gesucht.

$$\Delta y = y_E - y_A = 50{,}83 \text{ m} \qquad \Delta x = x_E - x_A = -65{,}59 \text{ m}$$

$$\overline{AE} = \sqrt{\Delta y^2 + \Delta x^2} = 82{,}98 \text{ m} \quad \text{(Kontrolle für } \xi_E\text{)}$$

$$\frac{\Delta y}{\xi_E} = 0{,}61263 \qquad \frac{\Delta x}{\xi_E} = -0{,}79053$$

$$y_I = 36200{,}16 \text{ m} + 43{,}20 \cdot 0{,}61263 \text{ m} + 16{,}10 \cdot 0{,}79053 \text{ m} = 36239{,}35 \text{ m}$$

$$x_I = 15390{,}36 \text{ m} - 43{,}20 \cdot 0{,}79053 \text{ m} + 16{,}10 \cdot 0{,}61263 \text{ m} = 15366{,}07 \text{ m}$$

Transformation

Für die Absteckung von Punkten mit Rechtwinkelinstrumenten (Rechtwinkelprisma, Kreuzscheibe) sollten die Ordinaten möglichst nicht über 30 m liegen. Um dies zu erreichen, wählt man vielfach zwei in der Örtlichkeit und im (x, y)-Koordinatensystem bekannte Punkte als Messungslinie (ξ-Achse) für die Absteckung aus. In Umkehrung der vorstehend behandelten Kleinpunktberechnung kann man die (x, y)-Koordinaten in das örtliche (ξ, η)-System transformieren. Nach Bild 11.20 ist A der Nullpunkt des (ξ, η)-Systems; die ξ-Achse verläuft durch Punkt E. Die Linie $\overline{AE}$ stellt die Messungslinie für die orthogonale Absteckung dar; man spricht von einer Transformation auf eine Linie. Als Endmaß der Linie führt man die aus Koordinaten hergeleitete Strecke s ein

$$s = \sqrt{\Delta y^2 + \Delta x^2} = \sqrt{(y_E - y_A)^2 + (x_E - x_A)^2}$$

Ersetzt man nun in Gl. (11.13) ξ_E durch s, dann kann man schreiben

$$y_I - y_A = \mathrm{d}y_I = \xi_I \frac{\Delta y}{s} + \eta_I \frac{\Delta x}{s} \qquad x_I - x_A = \mathrm{d}x_I = \xi_I \frac{\Delta x}{s} - \eta_I \frac{\Delta y}{s} \qquad (11.14)$$

Erweitert man Gl. (11.14) mit Δx und Δy bzw. Δy und Δx, so erhält man durch Subtraktion bzw. Addition dieser Gleichungen

$$\mathrm{d}y_I \Delta x - \mathrm{d}x_I \Delta y = \eta_I \frac{\Delta x^2 + \Delta y^2}{s} = \eta_I s$$

$$\mathrm{d}y_I \Delta y + \mathrm{d}x_I \Delta x = \xi_I \frac{\Delta x^2 + \Delta y^2}{s} = \xi_I s$$

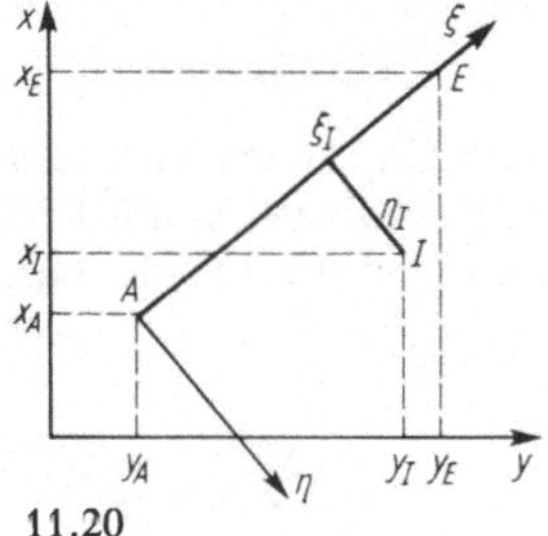

11.20

Daraus folgen die Gleichungen für die Transformation auf eine Linie

$$\eta_I = \mathrm{d}y_I \frac{\Delta x}{s} - \mathrm{d}x_I \frac{\Delta y}{s} \qquad \xi_I = \mathrm{d}y_I \frac{\Delta y}{s} + \mathrm{d}x_I \frac{\Delta x}{s} \qquad (11.15)$$

Neben der Transformation auf eine Linie gibt es die allgemeine Transformation, bei der die beiden identischen Punkte A und E nicht die Bezugsachse darstellen, sondern beliebige Koordinaten im (ξ, η)-System haben. Sollen für die Koordinatentransformation ferner mehr als nur zwei identische Punkte verwendet werden, so kann dieser Übergang mit Hilfe der affinen Transformation oder mit Hilfe der Helmert-Transformation geschehen [27].

Beispiel 11.16 Die Punkte P_1 und P_2 sollen von der Linie $\overline{AE}$ aus mit Nullpunkt in A abgesteckt werden. Gegeben sind die Koordinaten $y_A = 48920{,}66$ m, $x_A = 12410{,}09$ m, $y_E = 49040{,}75$ m, $x_E = 12380{,}17$ m, $y_1 = 48980{,}20$ m, $x_1 = 12412{,}33$ m, $y_2 = 49005{,}14$ m, $x_2 = 12377{,}88$ m. Die lokalen Koordinaten η_1, ξ_1, η_2, ξ_2 sind zu berechnen.

$\Delta y = 120{,}09$ m	$\Delta x = -29{,}92$ m	$s = 123{,}76$ m	
$\Delta y/s = 0{,}97034$	$\Delta x/s = -0{,}24176$		
$\mathrm{d}y_1 = 59{,}54$ m	$\mathrm{d}x_1 = 2{,}24$ m	$\mathrm{d}y_2 = 84{,}48$ m	$\mathrm{d}x_2 = -32{,}21$ m
$\eta_1 = -16{,}57$ m	$\xi_1 = 57{,}23$ m	$\eta_2 = 10{,}83$ m	$\xi_2 = 89{,}76$ m

Vorwärtsschnitt

Die Bestimmung der Koordinaten eines Punktes über größere Entfernungen kann mit Hilfe eines Vorwärtsschnittes vorgenommen werden. Nach Bild 11.21 werden auf den koordinatenmäßig bekannten Punkten A und B die Winkel zum Neupunkt N gemessen. Der Neupunkt braucht nicht zugänglich zu sein; es kann sich bei ihm z. B. um eine Zielmarke an einer Staumauer handeln. Für die Richtungswinkel von A und B nach N liest man aus Bild 11.21 ab

$$t_A^N = t_A^B + \alpha \qquad t_B^N = t_A^B + 200 \text{ gon} - \beta \,{}^1)$$

Man kann aus den Koordinaten von A und B die Seite c und den Richtungswinkel t_A^B berechnen, anschließend nach dem Sinussatz a und b und dann die Koordinaten von N durch polares Absetzen von A und zur Kontrolle von B aus.

Vorteilhaft ist die Berechnung als Vorwärtsschritt über Richtungswinkel. Der Neupunkt N ergibt sich als Schnitt der Geraden $\overline{AN}$ und $\overline{BN}$ mit den Steigungen $\tan t_A^N$ und $\tan t_B^N$. Nach den Gleichungen für den Geradenschnitt (F 15) folgt damit hier

$$x_N = x_A + \frac{y_B - y_A - (x_B - x_A)\tan t_B^N}{\tan t_A^N - \tan t_B^N}$$

$$y_N = y_A + (x_N - x_A)\tan t_A^N = y_B + (x_N - x_B)\tan t_B^N \tag{11.16}$$

Nach Gl. (11.16) wird zunächst x_N berechnet und mit dem ungerundeten Wert von x_N die Koordinate y_N mit Kontrolle; dabei sollte die Erstberechnung über A erfolgen, wenn $|\tan t_A^N| < |\tan t_B^N|$ ist, sonst über B.

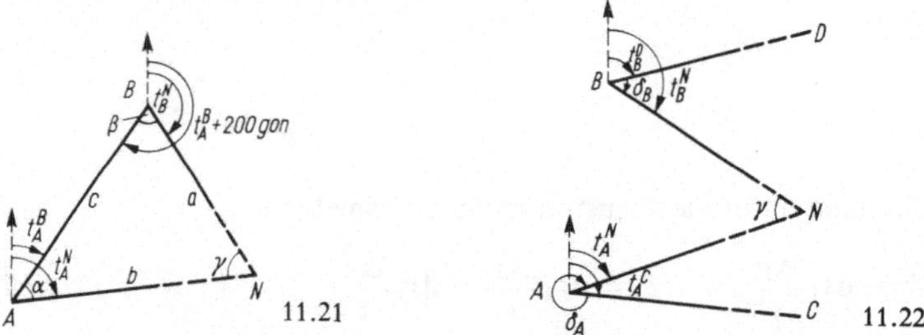

11.21   11.22

Für den Fall, daß die gegenseitige Sicht zwischen A und B nicht vorhanden ist, können die Richtungswinkel, wie in Bild 11.22 veranschaulicht, über die Hilfsziele C und D hergeleitet werden. Dazu werden die Winkel δ_A und δ_B rechtsläufig vom Hilfsziel zum Neupunkt gemessen. Damit gilt

$$t_A^N = t_A^C + \delta_A \qquad t_B^N = t_B^D + \delta_B$$

Wäre weiter einer der Festpunkte, z. B. der Punkt B nicht zugänglich, aber der Winkel γ in N meßbar (sog. Seitwärtsschnitt), dann könnte t_B^N wie folgt hergeleitet werden

$$t_B^N = t_A^N + \gamma$$

Mit den so ermittelten Richtungswinkeln berechnet man die Koordinaten von N nach Gl. (11.16).

${}^1)$ Sollte ein Richtungswinkel größer als 400 gon oder kleiner als 0 gon werden, dann sind 400 gon zu subtrahieren oder zu addieren.

Beispiel 11.17 Gegeben sind nach Bild 11.22 die Koordinaten y_A = 13439,64 m, x_A = 53356,79 m, y_B = 13030,15 m, x_B = 54071,35 m, y_C = 14510,06 m, x_C = 53500,70 m, y_D = 14520,06 m, x_D = 54820,60 m und die Winkel δ_A = 332,6408 gon und δ_B = 8,3915 gon. Gesucht sind die Koordinaten des Neupunkts N.

$$t_A^C = \arctan \frac{1070,42}{143,91} = 91,4921 \text{ gon} \qquad t_B^D = \arctan \frac{1489,91}{749,25} = 70,3366 \text{ gon}$$

$$t_A^N = 91,4921 \text{ gon} + 332,6408 \text{ gon} - 400 \text{ gon} = 24,1329 \text{ gon}$$

$$t_B^N = 70,3366 \text{ gon} + 8,3915 \text{ gon} = 78,7281 \text{ gon}$$

$$x_N = 54350,99 \text{ m (ungerundetes Ergebnis für Weiterrechnung 54350,9923)}$$

$$y_N = 13835,68 \text{ m (berechnet über } A \text{ und zur Kontrolle über } B)$$

Geradenschnitt

Ist der Schnitt zweier Geraden gesucht, die durch je zwei Punkte (Bild 11.23) gegeben sind, so läßt sich zur Berechnung der Koordinaten des Schnittpunktes N Gl. (11.16) verwenden, denn aus Bild 11.23 liest man ab

$$\tan t_A^N = \tan t_A^C = \frac{y_C - y_A}{x_C - x_A}$$

$$\tan t_B^N = \tan t_B^D = \frac{y_D - y_B}{x_D - x_B}$$

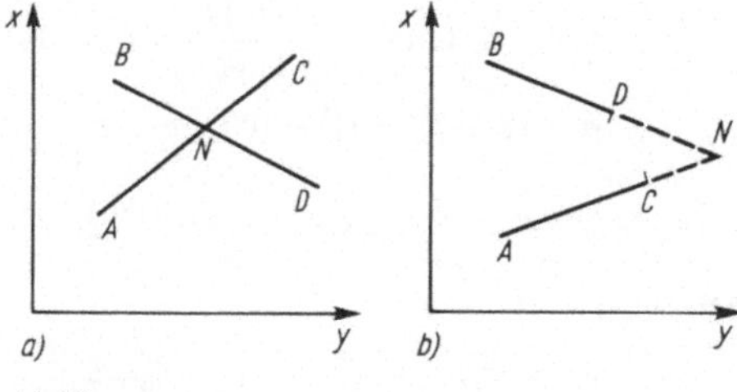

11.23

Der Schnitt der beiden Geraden kann direkt (Bild 11.23a) oder erst in der Verlängerung (Bild 11.23b) erfolgen. Für die Absteckung derartiger Schnittpunkte oder für die Kontrolle der Absteckung sind meist die Entfernungen AN und BN notwendig, die sich bei Vorliegen der Koordinaten von N aus den Koordinatenunterschieden nach Pythagoras berechnen lassen.

Sollen nach Bild 11.24a die Koordinaten des Schnittpunktes N der Geraden AC mit einer Parallelen zu DE im Abstand b berechnet werden, dann ist zunächst B als Kleinpunkt nach Gl. (11.13) zu koordinieren. Hierbei wird DE als ξ-Achse und D als Nullpunkt des (ξ, η)-Systems betrachtet. Punkt B hat in diesem System die Koordinaten ξ_B = 0 und η_B = b. Sind die Koordinaten $(x_B; y_B)$ des Kleinpunktes B ermittelt, dann können nach

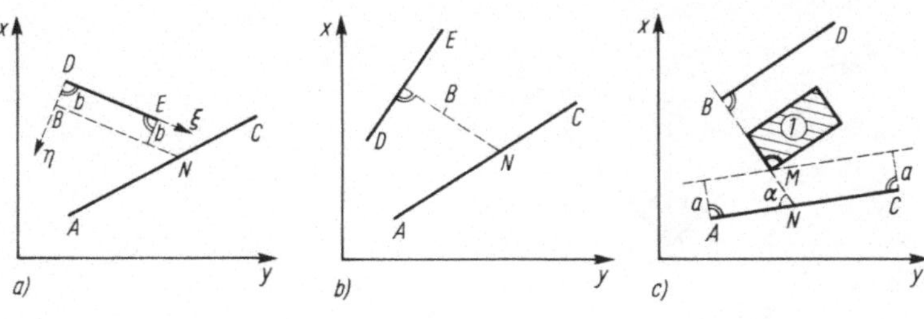

11.24

Gl. (11.16) die Koordinaten $(x_N; y_N)$ des Schnittpunktes N berechnet werden

$$\tan t_A^N = \tan t_A^C \qquad \tan t_B^N = \tan t_D^E$$

In Bild 11.24b ist der Schnitt der Geraden $\overline{AC}$ mit der Senkrechten zu $\overline{DE}$ durch B dargestellt. Die Schnittpunktkoordinaten lassen sich gleichfalls mit Gl. (11.16) berechnen, denn unter Beachtung der Beziehungen zwischen den Winkelfunktionen ergibt sich aus Bild 11.24b

$$\tan t_B^N = \tan(t_D^E + 100\ \text{gon}) = -\cot t_D^E = -\frac{1}{\tan t_D^E}$$

Beispiel 11.18 Die Achse eines größeren Baukomplexes ist festgelegt durch die koordinatenmäßig bekannten Punkte B und D (Bild 11.24c). Das Gebäude Nr. 1 soll so abgesteckt werden, daß M auf der Parallelen zu $\overline{AC}$ im Abstand $a = 8{,}00$ m und auf der Senkrechten zu $\overline{BD}$ durch B zu liegen kommt. Gegeben sind die Koordinaten $y_A = 5240{,}06$ m, $x_A = 8630{,}00$ m, $y_B = 5270{,}88$ m, $x_B = 8690{,}20$ m, $y_C = 5400{,}20$ m, $x_C = 8655{,}66$ m, $y_D = 5450{,}89$ m, $x_D = 8780{,}54$ m. Die Koordinaten von N, der Absteckwinkel α und die Absteckmaße $\overline{AN}$ und $\overline{NM}$ sind zu berechnen.

$$\tan t_A^N = \tan t_A^C = \frac{160{,}14}{25{,}66} = 6{,}240842 \qquad \tan t_B^D = \frac{180{,}01}{90{,}34} = 1{,}992584$$

$$\alpha = t_B^N - t_A^N = t_B^D + 100\ \text{gon} - t_A^N = 70{,}3886\ \text{gon} + 100\ \text{gon} - 89{,}8851\ \text{gon} = 80{,}5035\ \text{gon}$$

$$\tan t_B^N = -\frac{1}{\tan t_B^D} = -0{,}501861$$

Mit Gl. (11.16)

$$y_N = 5296{,}55\ \text{m} \qquad x_N = 8639{,}05\ \text{m (mit Kontrolle)}$$

$$\overline{AN} = \sqrt{9{,}05^2 + 56{,}49^2}\ \text{m} = 57{,}21\ \text{m} \qquad \overline{NM} = 8{,}00\ \text{m}/\sin\alpha = 8{,}39\ \text{m}$$

Rückwärtsschritt

Zur Koordinierung des Neupunktes N mit Hilfe eines Rückwärtsschnittes nach Bild 11.25 müssen auf N die beiden Winkel α und β nach den drei koordinatenmäßig bekannten Punkten A, B und M gemessen werden. Die Messung ist vor allem dann sehr einfach, wenn die Punkte A, B und M Hochpunkte, z. B. Kirchtürme, darstellen.

Geometrisch gesehen findet man N als Schnittpunkt zweier Kreise und zwar der Kreise mit α als Peripheriewinkel über der Sehne $\overline{AM}$ und mit β als Peripheriewinkel über der Sehne $\overline{BM}$. Die Auswahl der Punkte A, B und M muß so erfolgen, daß die vier Punkte A, B, M und N nicht auf einem Kreis liegen. In diesem Falle würden die beiden Kreise in einen

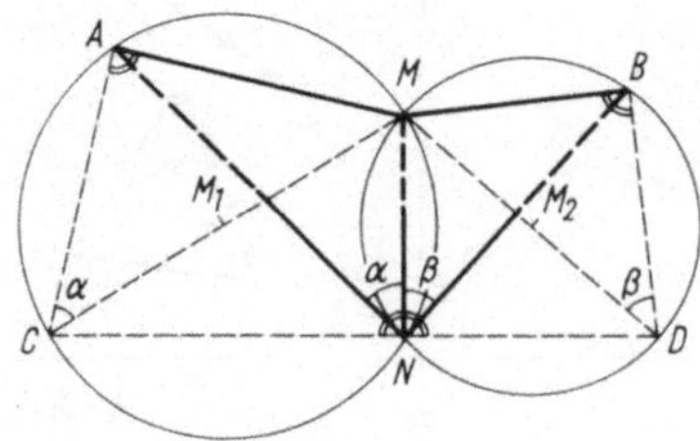

11.25

Kreis verschmelzen, so daß kein Schnitt stattfindet. Je näher die vier Punkte auf einem Kreis liegen, desto schleifender wird der Schnitt und desto ungenauer das Ergebnis. Man spricht vom „gefährlichen Kreis".

Bei der Lösung des Rückwärtsschnittes nach Cassini geht man folgenden Weg:

Verschiebt man den Scheitelpunkt C des Winkels α auf seinem Peripheriekreis so weit, daß der rechte Schenkel des Winkels durch den Kreismittelpunkt M_1 geht, dann erscheint in den Dreiecken ACM und CMN in A und in N ein rechter Winkel. Verfährt man entsprechend mit dem Peripheriewinkel β, so erhält man in den Dreiecken BDM und DMN rechte Winkel in B und N. Da in N zwei rechte Winkel erscheinen, liegt N auf der Geraden $\overline{CD}$. Die Koordinaten von C und D können aus den rechtwinkligen Dreiecken ACM und BDM berechnet werden. Die Koordinaten von N findet man schließlich als Schnitt der aufeinander senkrecht stehenden Geraden $\overline{CD}$ und $\overline{MN}$.

Entsprechend diesem Rechengang lassen sich nachstehende Gleichungen angeben:

$$\overline{AC} = \overline{AM}\cot\alpha \qquad\qquad \overline{BD} = \overline{BM}\cot\beta \qquad\qquad (11.17)$$

$$y_C = y_A + \overline{AC}\sin\left(t_A^M + \frac{\pi}{2}\right) \qquad y_D = y_B + \overline{BD}\sin\left(t_B^M - \frac{\pi}{2}\right)$$

$$x_C = x_A + \overline{AC}\cos\left(t_A^M + \frac{\pi}{2}\right) \qquad x_D = x_B + \overline{BD}\cos\left(t_B^M - \frac{\pi}{2}\right) \qquad (11.18)$$

Setzt man Gl. (11.17) in Gl. (11.18), dann folgt unter Beachtung von F 8

$$y_C = y_A + \overline{AM}\cot\alpha\cos t_A^M \qquad y_D = y_B - \overline{BM}\cot\beta\cdot\cos t_B^M$$

$$x_C = x_A - \overline{AM}\cot\alpha\sin t_A^M \qquad x_D = x_B + \overline{BM}\cot\beta\cdot\sin t_B^M \qquad (11.19)$$

Mit $\overline{AM}\sin t_A^M = y_M - y_A$, $\overline{AM}\cos t_A^M = x_M - x_A$; $\overline{BM}\sin t_B^M = y_M - y_B$; $\overline{BM}\cos t_B^M = x_M - x_B$ folgt aus Gl. (11.19)

$$y_C = y_A + (x_M - x_A)\cot\alpha \qquad y_D = y_B - (x_M - x_B)\cot\beta$$

$$x_C = x_A - (y_M - y_A)\cot\alpha \qquad x_D = x_B + (y_M - y_B)\cot\beta \qquad (11.20)$$

Aus den Koordinaten von C und D berechnet man

$$\tan t_C^D = \frac{y_D - y_C}{x_D - x_C} \qquad \tan t_M^N = -\frac{1}{\tan t_C^D} \qquad (11.21)$$

Die Berechnung der Koordinaten von N erfolgt entsprechend Gl. (11.16)

$$x_N = x_C + \frac{y_M - y_C - (x_M - x_C)\tan t_M^N}{\tan t_C^D - \tan t_M^N}$$

$$y_N = y_C + (x_N - x_C)\tan t_C^D = y_M + (x_N - x_M)\tan t_M^N \qquad (11.22)$$

die Zweitberechnung von y_N nach Gl. (11.22) kontrolliert nur die Berechnung des Schnittes; eine durchgreifende Probe für die Gesamtberechnung ergibt sich, wenn aus Koordinaten die Richtungswinkel t_N^A, t_N^M und t_N^B berechnet und durch Differenzbildung die Winkel α und β ermittelt und mit den Ausgangswerten verglichen werden.

Beispiel 11.19 Gegeben sind die Koordinaten $y_A = 6734{,}90$ m, $x_A = 2517{,}44$ m, $y_B = 3919{,}45$ m, $x_B = 2066{,}32$ m, $y_M = 6193{,}17$ m, $x_M = 1221{,}84$ m und die in N gemessenen Winkel $\alpha = 47{,}9663$ gon, $\beta = 89{,}6038$ gon. Die Koordinaten von N sind zu berechnen.

Nach Gl. (11.20) bis (11.22) erhält man

$$y_C = 5353{,}762 \text{ m} \qquad x_C = 3094{,}936 \text{ m}$$

$$y_D = 4058{,}595 \text{ m} \qquad x_D = 2440{,}962 \text{ m}$$

$$\tan t_C^D = 1{,}980456 \qquad \tan t_M^N = -0{,}504934$$

$$x_N = 3052{,}133 \text{ m} \qquad y_N = 5268{,}993 \text{ m}$$

Kontrolle der Gesamtberechnung

$$t_N^A = 122{,}2662 \text{ gon} \qquad t_N^M = 170{,}2325 \text{ gon} \qquad t_N^B = 259{,}8363 \text{ gon}$$

$$\alpha = t_N^M - t_N^A = 47{,}9663 \text{ gon} \qquad \beta = t_N^B - t_N^M = 89{,}6038 \text{ gon}$$

Anmerkung. Die meisten der in Abschn. 11.1 behandelten Aufgaben lassen sich unter Zuhilfenahme von Formularen übersichtlicher und weniger fehleranfällig durchführen. Für die in der Praxis erforderlichen Berechnungen seien deshalb Formulare empfohlen.

11.1.3 Aufgaben zu Abschnitt 11.1

1. Im schiefwinkligen Dreieck (Bild 11.26) ist jeweils eine Größe aus drei gegebenen zu berechnen.

a) Gegeben sind $a = 20{,}140$ m, $b = 30{,}290$ m, $\gamma = 82{,}2281$ gon; gesucht ist β.

b) Gegeben sind $a = 33{,}000$ m, $c = 29{,}990$ m, $\gamma = 65{,}4025$ gon; gesucht ist β.

c) Gegeben sind $b = 24{,}000$ m, $c = 34{,}050$ m, $\gamma = 95{,}0000$ gon; gesucht ist β.

d) Gegeben sind $a = 14{,}000$ m, $\beta = 107{,}1951$ gon, $\gamma = 39{,}9923$ gon; gesucht ist c.

e) Gegeben sind $a = 19{,}340$ m, $b = 16{,}640$ m, $\beta = 43{,}3210$ gon; gesucht ist c.

f) Gegeben sind $a = 29{,}800$ m, $c = 40{,}050$ m, $\beta = 61{,}5068$ gon; gesucht ist b.

g) Gegeben sind $a = 17{,}370$ m, $b = 15{,}550$ m, $c = 27{,}050$ m; gesucht ist γ.

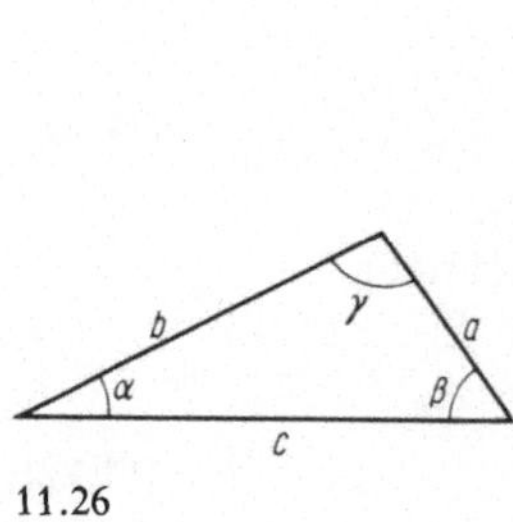

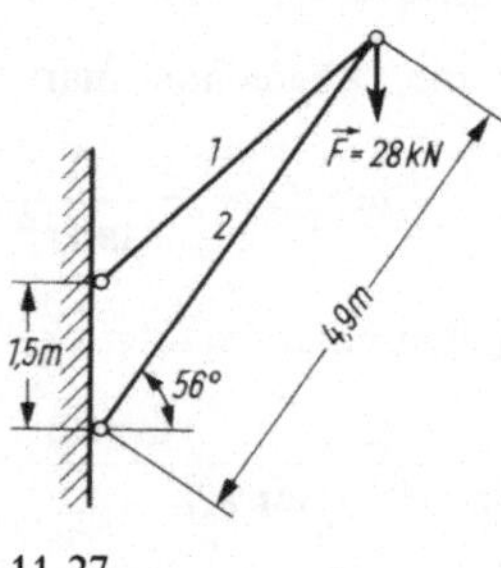

11.26   11.27

2. Man bestimme die Stabkräfte $\vec{F}_1$ und $\vec{F}_2$ des Kranauslegers (Bild 11.27) mit Hilfe des Kräftedreiecks.

3. Man bestimme sämtliche Stabkräfte, die Auflagerkräfte $\vec{F}_A$ und $\vec{F}_B$ und den Winkel α für den Fachwerkausleger nach Bild 11.28, infolge der im Knotenpunkt I angreifenden Kraft mit $F = 15{,}0$ kN.

4. In einem Waldgebiet soll von A nach D (Bild 11.29) eine Schneise geschlagen werden. Entlang eines Weges konnten über die Punkte B und C die Strecken $a = 200,16$ m, $b = 300,60$ m, $c = 120,00$ m und die Winkel $\beta = 175,9120$ gon und $\gamma = 171,8969$ gon gemessen werden. Die Entfernung d und der für den Durchschlag notwendige Winkel α sind zu berechnen.

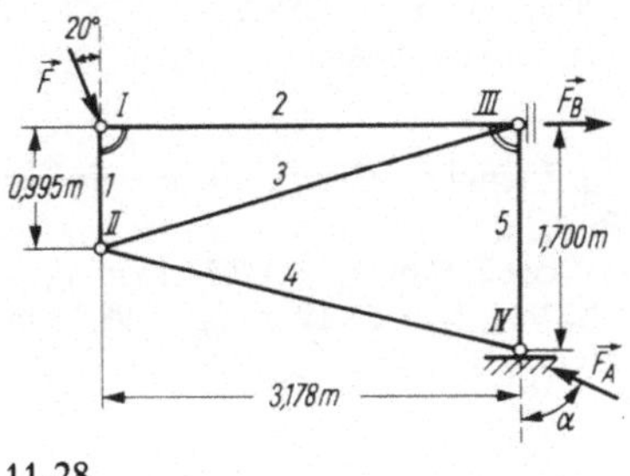

11.28

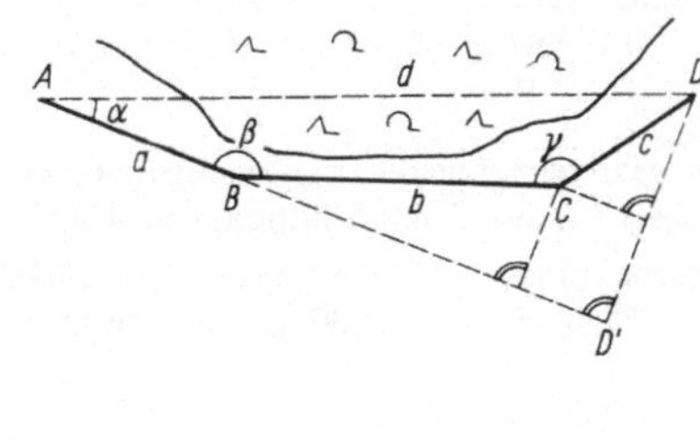

11.29

5. Die Entfernung d der Brückenwiderlager C_1 und C_2 (Bild 11.30) ist aus den nachstehenden Beobachtungen zu berechnen: $b = 200,510$ m, $\alpha = 101,0003$ gon, $\beta = 45,5052$ gon, $\gamma = 53,4954$ gon, $\alpha_1 = 54,9049$ gon, $\alpha_2 = 36,2719$ gon, $\beta_1 = 35,6500$ gon, $\beta_2 = 54,6071$ gon. Anmerkung: Die Winkel im Dreieck ABC sind auf die Winkelsumme im Dreieck abzugleichen.

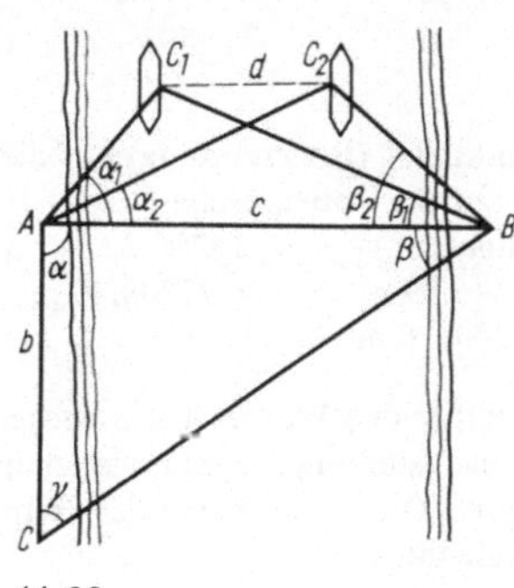

11.30

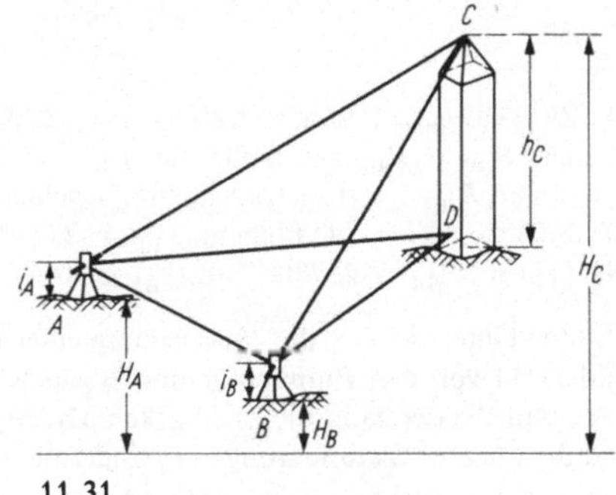

11.31

6. Aus einem horizontalen Dreieck (Bild 11.31) sollen die Meereshöhe H_C der Turmspitze C und die Turmhöhe h_C, gemessen vom Turmfuß bis zur Spitze, bestimmt werden. Zur Ermittlung von h_C wurde ein Punkt D an der Mauer 1,00 m über dem Turmfuß markiert und von A und B aus angezielt. Messungsergebnisse: $H_A = 420,206$ m, $i_A = 1,680$ m, $H_B = 426,801$ m, $i_B = 1,705$ m, $c = 80,450$ m; für Punkt C: $\alpha = 34,3049$ gon, $\beta = 61,5068$ gon, $z_A = 56,6790$ gon, $z_B = 45,8991$ gon und für Punkt D: $\alpha = 34,8059$ gon, $\beta = 62,5074$ gon, $z_A = 97,9991$ gon, $z_B = 106,8444$ gon.

7. Richtungswinkel und Strecke sind für nachstehende Koordinatenpaare zu berechnen:

a) $y_A = 13525,69$ m, $x_A = 52689,48$ m,
$y_B = 13439,64$ m, $x_B = 53356,79$ m.

b) $y_A = 23911,20$ m, $x_A = 16962,42$ m,
$y_B = 24790,64$ m, $x_B = 17460,50$ m.

c) $y_A = 5842,40$ m, $x_A = 3496,61$ m,
$y_B = 5439,64$ m, $x_B = 3356,79$ m.

d) $y_A = 65517,68$ m, $x_A = 58346,97$ m,
$y_B = 66403,68$ m, $x_B = 57963,76$ m.

8. Man berechne die Koordinaten der Punkte P_1, P_2 und P_3, die vom Standpunkt A aus mit Ausgangsrichtung nach E polar aufgenommen sind.

Gegeben sind: $y_A = 26068,12$ m, $x_A = 16255,95$ m, $y_E = 25961,35$ m, $x_E = 16449,66$ m, $s_1 = 26,30$ m, $\alpha_1 = 62,954$ gon, $s_2 = 9,82$ m, $\alpha_2 = 150,384$ gon, $s_3 = 34,16$ m, $\alpha_3 = 267,001$ gon.

9. Der in Bild 11.32 dargestellte Polygonzug dient der Angabe der Richtung des Stollenvortriebs und der Kontrolle der Bauarbeiten. Bis zum derzeitigen Stollenende bei P_3 ist ein Polygonzug gemessen. Der Polygonzug ist zu berechnen; weiter gebe man den Absteckungswinkel α auf P_3 an, wenn der Stollenvortrieb auf den projektierten Punkt P_4 weitergehen soll.

Gegeben sind: y_0 = 9523,35 m, x_0 = 5127,98 m, y_1 = 9376,75 m, x_1 = 4255,23 m, β_1 = 85,2886 gon, s_1 = 133,860 m, β_2 = 230,5632 gon, s_2 = 142,675 m; Sollkoordinaten von P_4: y_4 = 9756,29 m, x_4 = 4126,93 m.

10. Man berechne die $(x; y)$-Koordinaten der Punkte P_1, P_2 und P_3, die als orthogonale Kleinpunkte auf der Linie $\overline{AE}$ mit Nullpunkt in A aufgemessen sind.

Gegeben sind y_A = 25564,60 m, x_A = 17665,22 m, y_E = 25662,97 m, x_E = 17674,13 m, η_1 = 7,20 m, ξ_1 = 24,10 m, η_2 = 0,00 m, ξ_2 = 46,05 m, η_3 = $-$13,27 m, ξ_3 = 53,19 m, ξ_E = 98,78 m.

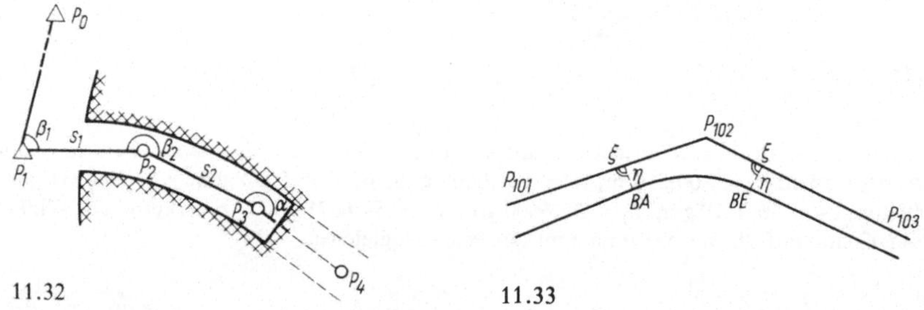

11.32   11.33

11. Zur Absteckung einer Straßenachse (Bild 11.33) ist der Punkt BA (Bogenanfang) auf die Polygonseite $P_{101} - P_{102}$ mit Nullpunkt P_{101} und BE (Bogenende) auf die Polygonseite $P_{102} - P_{103}$ mit Nullpunkt P_{102} zu transformieren. Gegeben sind die Koordinaten y_{101} = 14206,20 m, x_{101} = 23720,00 m, y_{102} = 14350,66 m, x_{102} = 23780,05 m, y_{103} = 14546,09 m, x_{103} = 23708,40 m, y_{BA} = 14270,14 m, x_{BA} = 23730,77 m, y_{BE} = 14402,50 m, x_{BE} = 23754,16 m.

12. Zur Untersuchung der Verformung einer Bogenstaumauer durch den Wasserdruck wurden nach Bild 11.34 von den Punkten A und B aus unmittelbar nach Fertigstellung der Staumauer und bei höchstem Wasserstand die Zielmarken M_1, M_2 und M_3 beobachtet. Die Koordinaten der Zielmarken und die linearen Veränderungen e_i sind zu berechnen (mit mm-Genauigkeit).

Ausgangskoordinaten: y_A = 100,000 m, x_A = 100,000 m, y_B = 190,658 m, x_B = 100,000 m.

Messung nach Fertigstellung: α_1 = 107,1951 gon, α_2 = 65,4025 gon, α_3 = 43,3210 gon, β_1 = 39,9923 gon, β_2 = 70,6827 gon, β_3 = 95,0003 gon.

Messung bei höchstem Wasserstand: α_1 = 107,1948 gon, α_2 = 65,3994 gon, α_3 = 43,3194 gon, β_1 = 39,9904 gon, β_2 = 70,6799 gon, β_3 = 95,0003 gon.

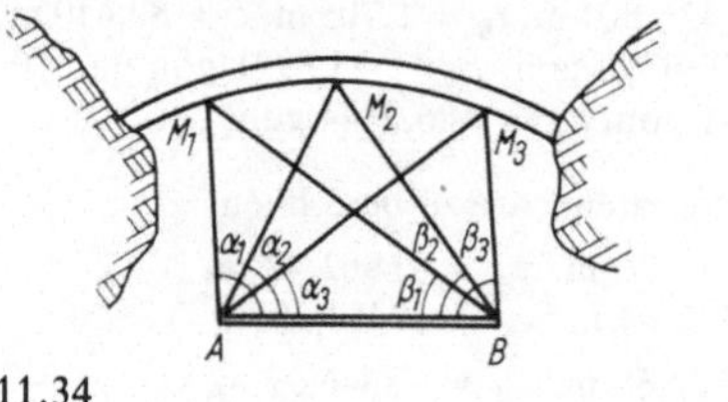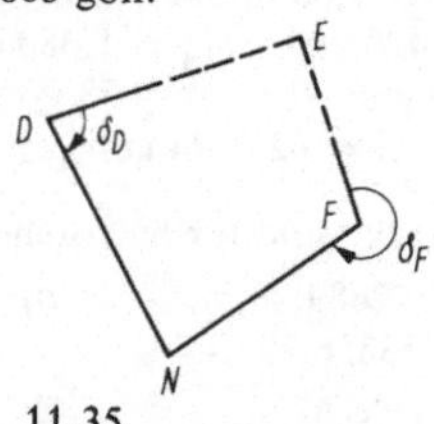

11.34   11.35

13. Die Koordinaten des Neupunktes N sind über einen Vorwärtsschnitt mit Richtungswinkel (Bild 11.35) zu berechnen.

Gegeben sind y_D = 18150,44 m, x_D = 34959,60 m, y_E = 19368,15 m, x_E = 35206,05 m, y_F = 19401,03 m, x_F = 33839,39 m, δ_D = 95,9753 gon, δ_F = 248,5278 gon.

14. Gegeben sind die Straßenachsen $\overline{AC}$ und $\overline{BD}$ (Bild 11.36) durch die Koordinaten

$y_A = 57203{,}02$ m, $x_A = 71650{,}84$ m, $y_B = 57435{,}00$ m, $x_B = 71575{,}71$ m, $y_C = 57336{,}42$ m, $x_C = 71987{,}59$ m, $y_D = 57759{,}09$ m, $x_D = 71405{,}59$ m.

Gesucht sind die Koordinaten des Schnittpunktes N und die Strecke $\overline{AN}$, wenn $\overline{BD}$ bis $\overline{AC}$ verlängert wird.

15. Die Koordinaten des Neupunkts N sind über einen Rückwärtsschnitt zu berechnen.

Gegeben sind nach Bild 11.25: $y_A = 46734{,}90$ m, $x_A = 52517{,}44$ m, $y_M = 46193{,}17$ m, $x_M = 51221{,}84$ m, $y_B = 43919{,}45$ m, $x_B = 52066{,}32$ m, $\alpha = 67{,}5992$ gon, $\beta = 139{,}7964$ gon.

16. Von A nach B soll ein geradlinig verlaufender Stollen gebaut werden (Bild 11.37). Der Stollenanfangspunkt A wird über einen Vorwärtsschnitt, der Stollenendpunkt B über einen Rückwärtsschnitt koordiniert. Gesucht sind die Absteckungswinkel ω_C und ω_G.

Gegeben sind $y_C = 64413{,}06$ m, $x_C = 56996{,}48$ m, $y_D = 66153{,}04$ m, $x_D = 56734{,}68$ m, $y_E = 65517{,}68$ m, $x_E = 58346{,}97$ m, $y_F = 66589{,}56$ m, $x_F = 59296{,}36$ m, $y_G = 67141{,}89$ m, $x_G = 57807{,}84$ m, $\alpha = 82{,}8343$ gon, $\beta = 104{,}4265$ gon, $\gamma = 16{,}9951$ gon, $\delta = 35{,}9673$ gon.

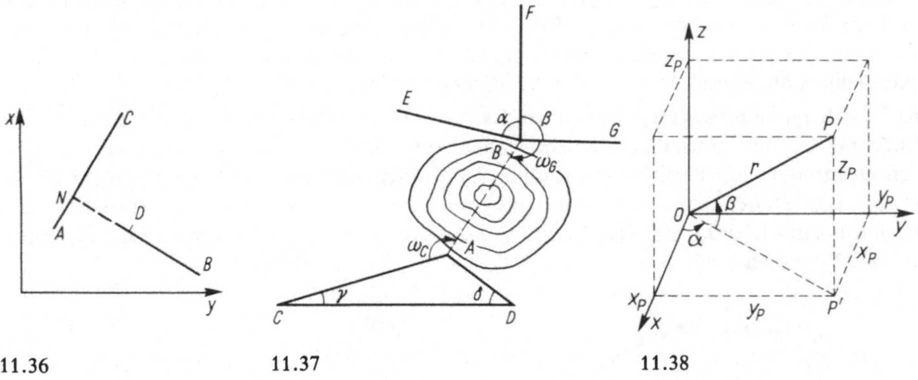

11.36   11.37   11.38

11.2 Sphärische Trigonometrie

11.2.1 Räumliche Koordinatensysteme. Sphärischer Exzeß

Zur Festlegung von Punkten im Raum bedient man sich räumlicher Koordinatensysteme. Nach Bild 11.38 kann man den Punkt P in dem rechtwinkligen rechtshändigen Koordinatensystem mit den Achsen x, y und z durch rechtwinklige Koordinaten oder durch Polarkoordinaten festlegen.

Die rechtwinkligen Koordinaten x_P, y_P und z_P des Punktes P stellen die senkrechten Abstände von den (y, z)-, (x, z)- und (x, y)-Koordinatenebenen dar. Ihre Vorzeichen geben an, in welchem der acht Oktanten der Punkt P liegt.

Die Festlegung von P in Polarkoordinaten erfolgt durch die Angabe von r, α und β. Dabei ist r (Radiusvektor) der Abstand des Punktes P vom Nullpunkt O, α der Winkel zwischen der x-Achse und der Projektion von $\overrightarrow{OP}$ in die (x, y)-Ebene und β der Winkel zwischen $\overrightarrow{OP}$ und seiner Projektion in die (x, y)-Ebene (Bild 11.38).

Das geographische Koordinatensystem (Bild 11.39) dient zur Festlegung von Punkten auf der Erdoberfläche. Die Erde hat annähernd die Form eines an den Polen abgeplatteten Ellipsoids. In der Nautik, Geographie und Kartographie kann die Erde jedoch mit ausreichender Genauigkeit als Kugel mit Radius $R = 6370$ km betrachtet werden. Damit ist das geographische Koordinatensystem auf der Kugel[1]) ein System räumlicher Polarkoordinaten (auch Kugelkoordinaten genannt). Nord- und Südpol sind die Durchstoßpunkte der Drehachse durch die Kugeloberfläche. Man denkt sich die Erdkugel mit einem System von Längenkreisen (Meridianen) und Breitenkreisen (Parallelkreisen) überzogen. Die Längenkreise entstehen durch Schnitt der Kugel mit Ebenen, die die Erdachse enthalten, die Breitenkreise durch Schnitt der Kugel mit Ebenen, die auf der Erdachse senkrecht stehen. Die Festlegung eines beliebigen Punktes auf der Erdoberfläche erfolgt durch seine geographischen Koordinaten φ und λ. Unter geographischer Breite φ versteht man den Winkel, den der Radiusvektor $\overrightarrow{MP}$ mit seiner Projektion in die Äquatorebene einschließt. Sie wird von $0° \cdots 90°$ (nördlicher Breite) und von $0° \cdots -90°$ (südlicher Breite) gezählt. Die geographische Länge λ ist der Winkel zwischen der Meridianebene durch den Punkt P und einer beliebig gewählten Nullmeridianebene. Der Winkel λ erscheint in Bild 11.39 in der Äquatorebene und am Pol. Als Nullmeridian ist der Meridian durch die Sternwarte von Greenwich festgelegt. Von ihm aus wird die geographische Länge von $0° \cdots 180°$ (westlicher Länge) und $0° \cdots -180°$ (östlicher Länge) gezählt.

Auf der Kugel gibt es Großkreise und Kleinkreise. Sie entstehen durch Schnitte der Kugel mit Ebenen. Enthalten die Schnittebenen den Kugelmittelpunkt, dann hat der Kreis den größtmöglichen Radius (den Radius der Kugel), und man spricht von einem Großkreis. Alle Breitenkreise des geographischen Koordinatensystems mit Ausnahme des Äquators sind Kleinkreise. Der Radius ϱ eines Breitenkreises läßt sich in Bild 11.39 aus $\triangle MPP'$ ablesen

$$\varrho = R \cos \varphi \qquad (11.23)$$

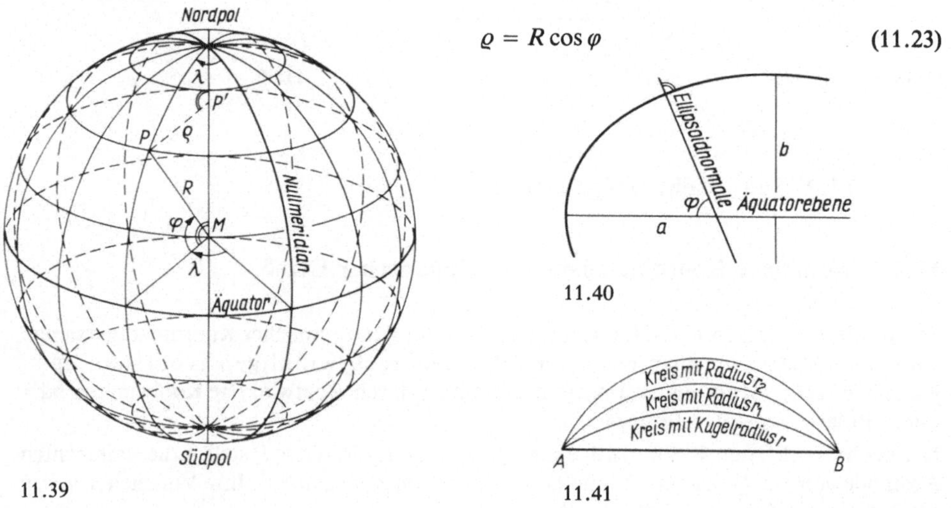

11.39

11.40

11.41

---

[1]) Das geographische Koordinatensystem auf dem Ellipsoid ist kein System von Polarkoordinaten, denn die geographische Breite φ ist dort als Winkel zwischen Ellipsoidnormale und Äquatorebene (Bild 11.40) definiert. Die große Halbachse a des internationalen Erdellipsoids von 1967 beträgt $6\,378\,160$ m und die Abplattung $(a - b)/a = 1:298{,}25$.

Klappt man Kugelkreise, die durch zwei beliebige Punkte A und B auf einer Kugel vom Radius r gehen, um die Sehne $\overline{AB}$ in die Großkreisebene (Bild 11.41), dann wird deutlich, daß der Kreis mit dem größten Radius (Kugelradius r) die kleinste Bogenlänge $\overset{\frown}{AB}$ hat. Das bedeutet, daß ein Großkreisbogenstück die kürzeste Verbindung zweier Punkte auf der Kugel ist.

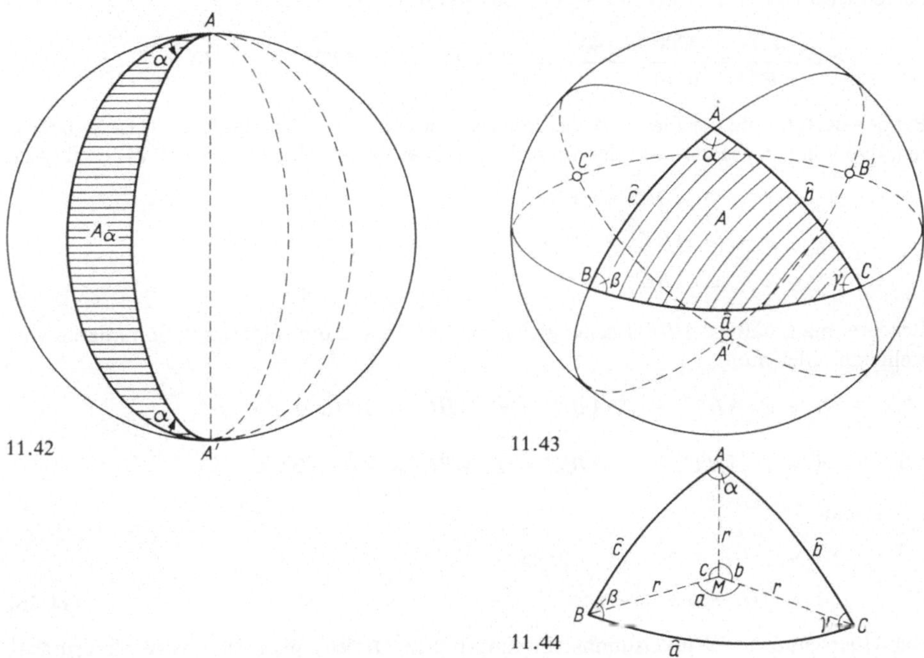

11.42

11.43

11.44

Zwei Großkreise schneiden auf der Kugel vier Kugelzweiecke aus (Bild 11.42). Die Strecke $\overline{AA'}$ des schraffiert gezeichneten Kugelzweiecks AA' stellt einen Durchmesser der Kugel dar. Der Winkel α, den die beiden Großkreisebenen einschließen, erscheint in den Punkten A und A'. Die Fläche A_α des Kugelzweiecks läßt sich aus der Oberfläche ($O = 4\pi r^2$) der Kugel herleiten

$$A_\alpha = O\,\frac{\alpha}{2\pi} = \frac{4\pi r^2\,\alpha}{2\pi} = 2r^2\,\alpha \tag{11.24}$$

Durch drei Großkreise auf der Kugel werden nach Bild 11.43 acht Kugeldreiecke oder sphärische Dreiecke gebildet. Das schraffierte Kugeldreieck ABC hat die Winkel α, β, γ und die Seiten $\hat{a}$, $\hat{b}$, $\hat{c}$. Zwischen den Zentriwinkeln a, b, c und ihren Bogenlängen auf der Kugel vom Radius r bestehen die Beziehungen (Bild 11.44)

$$a = \frac{\hat{a}}{r} \qquad b = \frac{\hat{b}}{r} \qquad c = \frac{\hat{c}}{r} \tag{11.25}$$

Es ist zu beachten, daß in der sphärischen Trigonometrie die mit kleinen Buchstaben bezeichneten Größen a, b und c keine Strecken, sondern Winkel, und zwar Zentriwinkel sind.

In den nachstehend hergeleiteten Gleichungen der sphärischen Trigonometrie kommen ausschließlich Winkelgrößen vor. Sind Längen auf einer Kugel von bekanntem Radius als Ausgangsgrößen gegeben, dann muß erst eine Berechnung der Zentriwinkel zu diesen Längen erfolgen.

Ist z. B. die sphärische Entfernung zweier Punkte auf der Erdkugel $\overset{\frown}{AB} = \hat{c} = 2000$ km, so berechnet man mit dem Erdradius $R = 6370$ km

$$c = \frac{\overset{\frown}{AB}}{R} = \frac{2000}{6370} \cdot \frac{180°}{\pi} = 17{,}9893° = 17°\,59'21''$$

Bei der Berechnung der Fläche A des sphärischen Dreiecks ABC (Bild 11.43) ist zu beachten, daß von jedem Eckpunkt des Dreiecks ein Zweieck ausgeht. Mit Gl. (11.24) ergibt sich

$$A_\alpha = A + \triangle A'BC = 2r^2\alpha$$
$$A_\beta = A + \triangle AB'C = 2r^2\beta$$
$$A_\gamma = A + \triangle ABC' = 2r^2\gamma$$

Beachtet man, daß $\triangle A'BC$ flächengleich $\triangle AB'C'$ ist, dann folgt durch Summieren vorstehender Gleichungen

$$3A + \triangle AB'C' + \triangle AB'C + \triangle ABC' = 2r^2(\alpha + \beta + \gamma)$$

Mit $\qquad A + \triangle AB'C' + \triangle AB'C + \triangle ABC' = \dfrac{O}{2} = 2r^2\pi$

erhält man

$$2A = 2r^2(\alpha + \beta + \gamma) - 2r^2\pi$$
$$A = r^2(\alpha + \beta + \gamma - \pi) \tag{11.26}$$

Der Überschuß der Winkelsumme im sphärischen Dreieck über 180° wird als sphärischer Exzeß ε bezeichnet.

$$\varepsilon = \alpha + \beta + \gamma - \pi \tag{11.27}$$

Somit gelten zwischen Fläche und sphärischem Exzeß die Gleichungen

$$A = r^2\varepsilon \qquad \varepsilon = \frac{A}{r^2} \tag{11.28}$$

Als sphärische Dreiecke werden im folgenden nur die Dreiecke angesprochen, die ganz auf einer Kugelhalbfläche liegen. Das bedeutet

1. kein Zentriwinkel und kein Winkel darf größer als 180° sein

2. die Summe der Zentriwinkel liegt zwischen 0° und 360°

3. die Summe der Winkel liegt zwischen 180° und 540°

4. der sphärische Exzeß liegt zwischen 0° und 360°.

Die angegebenen Grenzfälle liegen vor, wenn die Dreiecksfläche gegen Null strebt und damit nahezu eben wird oder wenn das Dreieck zu einer Halbkugelfläche entartet. (A, B und C liegen dann auf einem Großkreis.)

11.2.2 Rechtwinkliges sphärisches Dreieck

In Bild 11.45 ist ein rechtwinkliges sphärisches Dreieck dargestellt. Der rechte Winkel ist willkürlich nach C gelegt. Entsprechend dem ebenen Dreieck werden die Seiten $\hat{a}$ und $\hat{b}$ die Katheten und die Seite $\hat{c}$ die Hypotenuse genannt. Das Dreikant $M(ABC)$

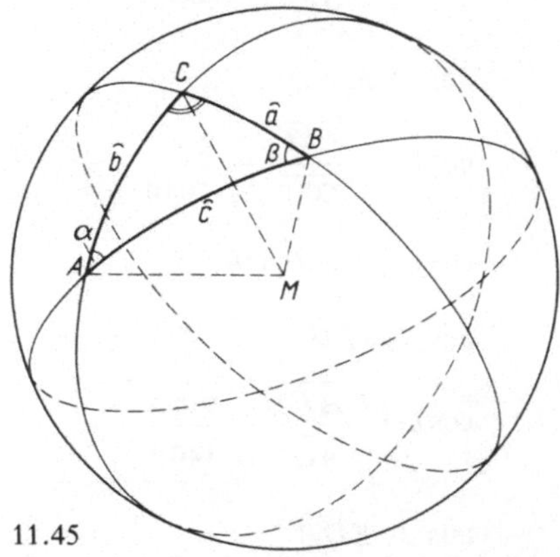

11.45

wird in Bild 11.46 und 11.47 so dargestellt, daß die Ebene von BMC in die Zeichenebene fällt. Da die Tangenten an $\overset{\frown}{CB}$ und $\overset{\frown}{CA}$ in C einen rechten Winkel einschließen, steht die Ebene ACM senkrecht auf der Ebene BMC. Die Entfernungen AM, BM und CM sind Radien des Kreises und somit alle gleich r. In M erscheinen die Zentriwinkel a, b und c.

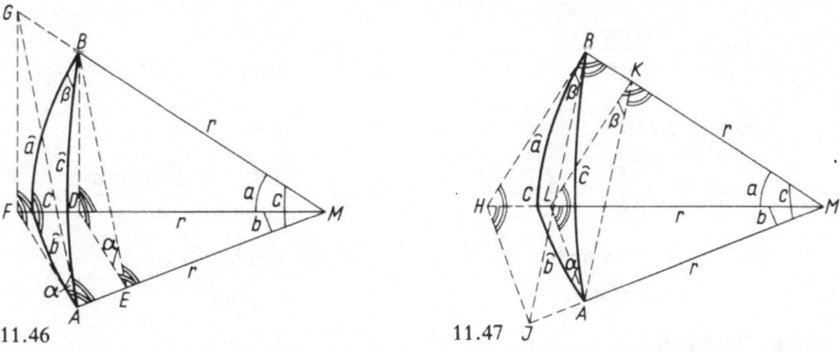

11.46   11.47

Die Tangentialebene an A (Bild 11.46) schneidet $\overline{CM}$ in F und $\overline{BM}$ in G. Eine zu ihr parallele Ebene durch B ergibt als Schnitt mit $\overline{CM}$ Punkt D und als Schnitt mit $\overline{AM}$ Punkt E. Entsprechend findet man die Punkte H, J, K, L in Bild 11.47, indem eine Tangentialebene an B und eine zu ihr parallele Ebene durch A gelegt wird. Da jeweils zwei Ebenen aufeinander senkrecht stehen, finden sich in jeder Figur acht rechtwinklige Dreiecke

in Bild 11.46:
$\triangle MAF$, $\triangle MED$, $\triangle MFG$, $\triangle MDB$, $\triangle MAG$, $\triangle MEB$, $\triangle AFG$ und $\triangle EDB$

in Bild 11.47:
$\triangle MJH$, $\triangle MAL$, $\triangle MHB$, $\triangle MLK$, $\triangle MJB$, $\triangle MAK$, $\triangle JHB$ und $\triangle ALK$

Sind außer dem rechten Winkel zwei weitere Stücke des rechtwinkligen Dreiecks bekannt, so läßt sich jede der fehlenden drei Größen direkt berechnen. Man findet

aus $\triangle EDB$

aus $\triangle ALK$

$$\sin\alpha = \frac{\overline{BD}}{\overline{BE}} = \frac{\sin a}{\sin c} \qquad\qquad \sin\beta = \frac{\overline{AL}}{\overline{AK}} = \frac{\sin b}{\sin c} \tag{11.29}$$

aus $\triangle MED$

aus $\triangle MLK$

$$\cos b = \frac{\overline{EM}}{\overline{DM}} = \frac{\cos c}{\cos a} \qquad\qquad \cos a = \frac{\overline{KM}}{\overline{LM}} = \frac{\cos c}{\cos b}$$

$$\cos c = \cos a \cos b \tag{11.30}$$

aus $\triangle AFG$

aus $\triangle JHB$

$$\cos\alpha = \frac{\overline{AF}}{\overline{AG}} = \frac{\tan b}{\tan c} \qquad\qquad \cos\beta = \frac{\overline{BH}}{\overline{BJ}} = \frac{\tan a}{\tan c} \tag{11.31}$$

aus $\triangle EDB$

aus $\triangle ALK$

$$\tan\alpha = \frac{\overline{BD}}{\overline{DE}} = \frac{r\sin a}{\overline{DM}\sin b} \qquad\qquad \tan\beta = \frac{\overline{AL}}{\overline{KL}} = \frac{r\sin b}{\overline{LM}\sin a}$$

$$= \frac{\sin a}{\cos a \sin b} \qquad\qquad\qquad = \frac{\sin b}{\cos b \sin a}$$

$$\tan\alpha = \frac{\tan a}{\sin b} \qquad\qquad\qquad \tan\beta = \frac{\tan b}{\sin a} \tag{11.32}$$

aus $\triangle EDB$

aus $\triangle ALK$

$$\cos\alpha = \frac{\overline{DE}}{\overline{BE}} = \frac{\overline{DM}\sin b}{r\sin c} \qquad\qquad \cos\beta = \frac{\overline{KL}}{\overline{AK}} = \frac{\overline{LM}\sin a}{r\sin c}$$

$$= \frac{\cos a \sin b}{\sin c} \qquad\qquad\qquad = \frac{\cos b \sin a}{\sin c}$$

Mit Gl. (11.29) folgt

$$\cos\alpha = \sin\beta\,\cos a \qquad\qquad \cos\beta = \sin\alpha\,\cos b \tag{11.33}$$

Aus Gl. (11.32) folgt

$$\cos a = \frac{\sin a \cot\alpha}{\sin b} \qquad \text{und} \qquad \cos b = \frac{\sin b \cot\beta}{\sin a}$$

In Gl. (11.30) eingesetzt ergibt sich

$$\cos c = \cot\alpha \cot\beta \tag{11.34}$$

Nepersche Regel Sie gibt ein einfaches Merkschema für Gl. (11.29) bis (11.34) und stellt eine wertvolle Hilfe für die Berechnungen im rechtwinkligen sphärischen Dreieck dar. Nach Bild 11.48 sind die Winkel und die Zentriwinkel der Seiten des rechtwinkligen Dreiecks zyklisch anzuschreiben, wobei jedoch der rechte Winkel entfällt und bei den Zentriwinkeln der Katheten die Ergänzung auf 90° zu nehmen ist. Es gilt dann:

Der Cosinus jedes Stückes ist gleich dem Produkt der Sinus der nichtanliegenden und gleich dem Produkt der Cotangenten der anliegenden Stücke.

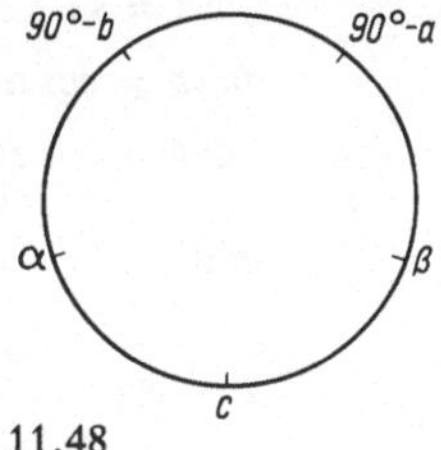

11.48

Es ergeben sich insgesamt 6 Fälle, deren Berechnung nachstehend angegeben wird. Wie im vorhergehenden wird dabei der rechte Winkel im Punkt C angenommen.

Fall 1 Gegeben die Hypotenuse und eine Kathete, z. B. c und a[1]), gesucht α, β und b. Nach der Neperschen Regel findet man

$$\cos(90° - a) = \sin a = \sin \alpha \sin c \qquad \cos \beta = \cot c \cot(90° - a) = \cot c \tan a$$

$$\cos c = \cos a \cos b$$

Bei der Berechnung von α aus $\sin \alpha$ ergeben sich zwei Möglichkeiten, die Lösung ist jedoch eindeutig; für $a \gtrless 90°$ ist $\alpha \gtrless 90°$.

Beispiel 11.20 Gegeben $c = 116°23'28''$ und $a = 36°17'38''$. Man bestimme α, β und b.

$$\sin \alpha = \frac{\sin a}{\sin c} \qquad \alpha = 41,3605° = 41°21'38''$$

$$\cos \beta = \cot c \tan a \qquad \beta = 111,3720° = 111°22'19''$$

$$\cos b = \frac{\cos c}{\cos a} \qquad b = 123,4693° = 123°28'09''$$

Fall 2 Gegeben sind die beiden Katheten a und b, gesucht α, β und c.

$$\sin b = \cot \alpha \tan a \qquad \sin a = \cot \beta \tan b \qquad \cos c = \cos a \cos b$$

Sind die Größen a und b gleichartig (beide größer oder kleiner 90°), wird $\cos c$ positiv und damit c kleiner 90°. Sind a und b ungleichartig, wird c größer 90°.

Fall 3 Gegeben die Hypotenuse und ein Winkel, z. B. c und α, gesucht β, a und b.

$$\cos c = \cot \alpha \cot \beta \qquad \sin a = \sin \alpha \sin c \qquad \cos \alpha = \tan b \cot c$$

Mit $\quad \alpha \gtrless 90° \quad$ folgt $\quad a \gtrless 90°$

---

[1]) Sind die Bogenlängen $\hat{c}$ und $\hat{a}$ gegeben, dann muß der Radius r noch bekannt sein.

Beispiel 11.21 Rio de Janeiro ($\lambda = 43°10'$) und Windhuk ($\lambda = -16°40'$) liegen auf demselben Breitenkreis ($\varphi = -23°10'$). Die Entfernung der beiden Punkte auf dem Großkreis, der kürzeste Abstand dieses Großkreises vom Südpol und der von Großkreis und Meridian eingeschlossene Winkel sind zu berechnen.

Das Dreieck RWP (Bild 11.49) läßt sich in zwei kongruente rechtwinklige Dreiecke zerlegen. In diesen rechtwinkligen Dreiecken ($\gamma = 90°$) sind die Größen α und c bekannt

$$\alpha = \Delta\lambda/2 = (43°10' + 16°40')/2 = 29°55' \qquad c = 90° - 23°10' = 66°50'$$

$$\sin a = \sin\alpha\sin c \qquad a = 27{,}2919° = 27°17'31''$$

$$\tan b = \cos\alpha\tan c \qquad b = 63{,}7246° = 63°43'29''$$

$$\cot\beta = \cos c\tan\alpha \qquad \beta = 77{,}2448° = 77°14'41''$$

$$\overset{\frown}{RW} = 2\hat{a} = 2Ra = \frac{2 \cdot 6370 \cdot 27{,}2919 \cdot \pi}{180}\ \text{km} = 6068\ \text{km}$$

$$\hat{b} = Rb = \frac{6370 \cdot 63{,}7246 \cdot \pi}{180}\ \text{km} = 7085\ \text{km}$$

Fall 4 Gegeben eine Kathete und der anliegende Winkel, z. B. a und β, gesucht α, b und c.

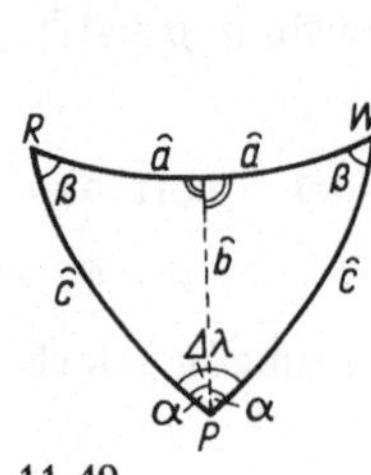

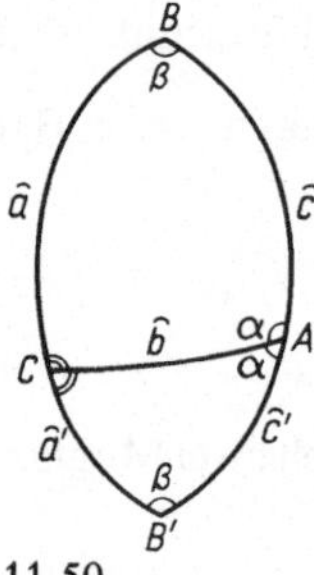

$$\cos\alpha = \sin\beta\cos a$$

$$\sin a = \cot\beta\tan b$$

$$\cos\beta = \tan a\cot c$$

11.49   11.50

Fall 5 Gegeben eine Kathete und ihr Gegenwinkel, z. B. b und β, gesucht α, a und c.

$$\cos\beta = \sin\alpha\cos b \qquad \sin a = \cot\beta\tan b \qquad \sin b = \sin\beta\sin c$$

Wie Bild 11.50 veranschaulicht, gibt es zwei Lösungen

für a und $\alpha > 90°$ ergibt sich $c \gtreqless 90°$ für $b \lesseqgtr 90°$

für a' und $\alpha' < 90°$ ergibt sich $c' \gtreqless 90°$ für $b \gtreqless 90°$

Beispiel 11.22 Gegeben $b = 128°16'40''$ und $\beta = 115°24'20''$

$$\sin\alpha = \frac{\cos\beta}{\cos b} \qquad \alpha_1 = 43{,}8330° = 43°49'59'' \qquad \alpha_2 = 136{,}1670° = 136°10'01''$$

$$\sin a = \cot\beta\tan b \qquad a_1 = 37{,}0043° = 37°00'16'' \qquad a_2 = 142{,}9957° = 142°59'44''$$

$$\sin c = \frac{\sin b}{\sin\beta} \qquad c_1 = 119{,}6504° = 119°39'01'' \qquad c_2 = 60{,}3496° = 60°20'59''$$

Fall 6 Gegeben die beiden Gegenwinkel der Katheten α und β, gesucht a, b und c.

$$\cos\alpha = \sin\beta\cos a \qquad \cos\beta = \sin\alpha\cos b \qquad \cos c = \cot\alpha\cot\beta$$

11.2.3 Schiefwinkliges sphärisches Dreieck

Zur Herleitung der Formeln für das schiefwinklige sphärische Dreieck in allgemein gültiger Form geht man nach Bild 11.51 von den beiden rechtwinkligen räumlichen Koordinatensystemen (x, y, z) und (u, v, w) aus. Ursprung der beiden Koordinatensysteme, die x- und die u-Achse, sowie die (y, z)- und die (v, w)-Ebene sollen zusammenfallen. Mißt man vom Ursprung O in Richtung der z- und w-Achse, sowie in einer beliebigen Richtung den Radius r der Kugel ab, so erhält man die Punkte A, B und C. Die Verbindung dieser drei Punkte durch Großkreise ergibt das sphärische Dreieck mit den Seiten $\hat{a}$, $\hat{b}$ und $\hat{c}$ und den Winkeln α, β und γ. Der Zentriwinkel c ist gleich dem Drehwinkel der y-Achse in die v-Achse. Der Winkel α zwischen den Großkreisen $\overset{\frown}{AB}$ und $\overset{\frown}{AC}$ erscheint in der (u, v)-Ebene zwischen der Projektion des Großkreises $\overset{\frown}{AC}$ in diese und der v-Achse. Entsprechend ergibt sich der Winkel $180° - \beta$ zwischen der Projektion des Großkreises $\overset{\frown}{BC}$ in die (x, y)-Ebene und der y-Achse.

Damit lassen sich die Koordinaten von C im (x, y, z)- und (u, v, w)-System durch die Größen des sphärischen Dreiecks wie folgt ausdrücken:

$$x_C = r\cos(90° - a)\sin(180° - \beta) = r\sin a \sin \beta$$
$$y_C = r\cos(90° - a)\cos(180° - \beta) = -r\sin a \cos \beta$$
$$z_C = r\sin(90° - a) = r\cos a$$
$$u_C = r\cos(90° - b)\sin \alpha = r\sin b \sin \alpha$$
$$v_C = r\cos(90° - b)\cos \alpha = r\sin b \cos \alpha$$
$$w_C = r\sin(90° - b) = r\cos b$$

$$(11.35)$$

Zwischen den Koordinaten von C im (x, y, z)- und (u, v, w)-System können aus Bild 11.51 und 11.52 folgende Beziehungen abgelesen werden (vgl. Projektionssatz der ebenen Trigonometrie)

$$x_C = u_C \qquad y_C = v_C\cos c - w_C\sin c \qquad z_C = v_C\sin c + w_C\cos c \qquad (11.36)$$

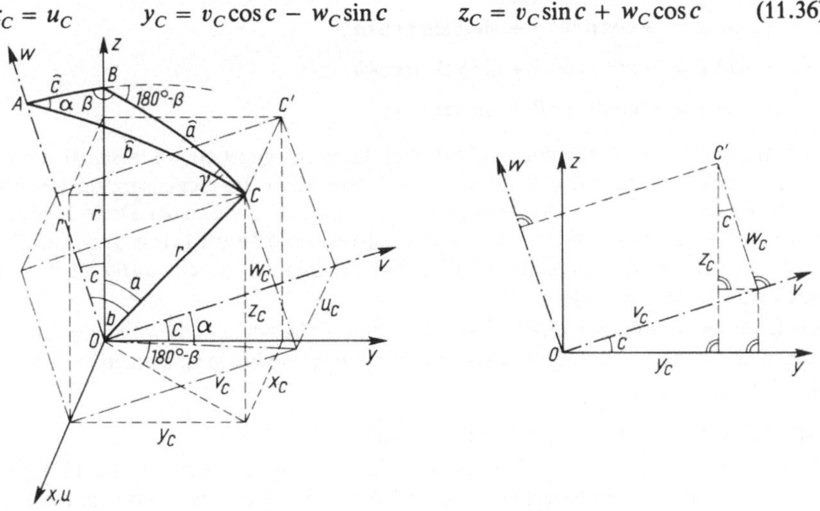

11.51   11.52

Damit folgt durch Einsetzen von Gl. (11.35) in (11.36)

$$\sin a \sin \beta = \sin b \sin \alpha$$
$$-\sin a \cos \beta = \sin b \cos \alpha \cos c - \cos b \sin c \qquad (11.37)$$
$$\cos a = \sin b \cos \alpha \sin c + \cos b \cos c$$

Die Bezeichnungen der Zentriwinkel und Winkel des schiefwinkligen Dreiecks mit a, b, c, α, β und γ wurden beliebig gewählt. Man kann deshalb diese Größen in zyklischer Folge in b, c, a, β, γ und α umbenennen. Mit dieser zyklischen Vertauschung lassen sich dann nachstehende Gleichungen aufstellen.

Sphärischer Sinussatz

$$\sin a \sin \beta = \sin b \sin \alpha \qquad (11.38)$$
$$\sin b \sin \gamma = \sin c \sin \beta \qquad (11.39)$$
$$\sin c \sin \alpha = \sin a \sin \gamma \qquad (11.40)$$

Aus Gl. (11.38) bis (11.40) folgt

$$\frac{\sin a}{\sin \alpha} = \frac{\sin b}{\sin \beta} = \frac{\sin c}{\sin \gamma} \qquad (11.41)$$

Seitencosinussatz

$$\cos a = \cos b \cos c + \sin b \sin c \cos \alpha \qquad (11.42)$$
$$\cos b = \cos c \cos a + \sin c \sin a \cos \beta \qquad (11.43)$$
$$\cos c = \cos a \cos b + \sin a \sin b \cos \gamma \qquad (11.44)$$

Winkelcosinussatz

Durch mehrfache Umformung kann dieser aus Gl. (11.37) bis (11.44) entwickelt werden.

$$\cos \alpha = -\cos \beta \cos \gamma + \sin \beta \sin \gamma \cos a \qquad (11.45)$$
$$\cos \beta = -\cos \gamma \cos \alpha + \sin \gamma \sin \alpha \cos b \qquad (11.46)$$
$$\cos \gamma = -\cos \alpha \cos \beta + \sin \alpha \sin \beta \cos c \qquad (11.47)$$

Sind drei beliebige Stücke eines sphärischen Dreiecks gegeben, so lassen sich die drei fehlenden Stücke mit den Gl. (11.38) bis (11.47) berechnen. Im Gegensatz zur Berechnung des rechtwinklig-sphärischen Dreiecks läßt sich beim schiefwinkligen Dreieck meist keine direkte Beziehung zwischen der gesuchten Größe und den drei gegebenen angeben. Es sind sechs verschiedene Fälle möglich, die nachfolgend aufgeführt werden. Von ihnen sind je zwei analog zu lösen.

Wie beim rechtwinkligen Dreieck ist zu beachten, daß der Sinus im allgemeinen zwei Lösungen ergibt. Es ist deshalb jeweils zu entscheiden, ob beide Lösungen in Frage kommen, nur eine oder keine.

Fall SSS Gegeben die drei Seiten a, b und c.

Die Winkel α, β und γ lassen sich unabhängig voneinander nach den Gl. (11.42) bis (11.44) des Seitencosinussatzes berechnen. Ist ein Winkel ermittelt, dann können die anderen beiden auch nach dem Sinussatz berechnet werden.

Beispiel 11.23 Gegeben $a = 43°53'55''$, $b = 74°45'15''$, $c = 112°39'44''$.
Durch Auflösen von Gl. (11.42) nach $\cos\alpha$ erhält man

$$\cos\alpha = \frac{\cos a - \cos b \cos c}{\sin b \sin c} \qquad \alpha = 22{,}6105° = 22°36'38''$$

nach Gl. (11.38) und (11.40) folgt

$$\sin\beta = \frac{\sin\alpha \sin b}{\sin a} \qquad\qquad \sin\gamma = \frac{\sin\alpha \sin c}{\sin a}$$

$$\beta = 32{,}3413° = 32°20'29'' \qquad\qquad \gamma = 149{,}2252° = 149°13'31''$$

Der Winkel γ liegt im 2. Quadranten, da der größten Seite der größte Winkel gegenüber liegen muß.

Fall WWW Gegeben die drei Winkel α, β und γ.
Die Zentriwinkel a, b, c lassen sich unabhängig voneinander nach den Gl. (11.45) bis (11.47) des Winkelcosinussatzes berechnen. Ist der Zentriwinkel einer Seite ermittelt, dann können die beiden anderen auch nach dem Sinussatz berechnet werden.

Fall SWS Gegeben zwei Seiten und der eingeschlossene Winkel, z. B. a, c und β.
Der Zentriwinkel b läßt sich nach Gl. (11.43) des Seitencosinussatzes berechnen. Mit Hilfe des Sinussatzes findet man dann die beiden Winkel α und γ.

Beispiel 11.24 Gegeben $a = 128°17'30''$, $c = 68°09'30''$, $\beta = 78°16'00''$.

$$\cos b = \cos a \cos c + \sin a \sin c \cos\beta \qquad b = 94{,}7260° = 94°43'34''$$

$$\sin\alpha = \frac{\sin\beta \sin a}{\sin b} \qquad\qquad \sin\gamma = \frac{\sin\beta \sin c}{\sin b}$$

$$\alpha = 129{,}5483° = 129°32'54'' \qquad\qquad \gamma = 65{,}7721° = 65°46'20''$$

Fall WSW Gegeben zwei Winkel und die eingeschlossene Seite, z. B. β, γ und a.
Der dritte Winkel α läßt sich nach Gl. (11.45) des Winkelcosinussatzes berechnen. Mit Hilfe des Sinussatzes findet man dann die Zentriwinkel b und c.

Fall SSW Gegeben zwei Seiten und der Gegenwinkel der einen, z. B. a, b und α.
Der zweite Gegenwinkel kann nach dem Sinussatz berechnet werden. Die Berechnung des Zentriwinkels c und des Winkels γ erfolgt nach Bild 11.53 mit Hilfe zweier rechtwinkliger Dreiecke (s. Beispiel 11.25).
Die Lösung dieses Falles ist nicht immer eindeutig. Ohne Nachweis wird die folgende Regel zur Einschränkung der Mehrdeutigkeit angegeben:

$|90° - a| < |90° - b|$ Lösung eindeutig, $\beta \lesseqgtr 90°$ für $b \lesseqgtr 90°$

$|90° - a| > |90° - b|$ Lösung eindeutig, wenn $\beta = 90°$

oder zwei Lösungen, wenn a und $\alpha \lessgtr 90°$

oder Lösung unbrauchbar, wenn $a \lessgtr 90°$ und $\alpha \gtrless 90°$

11.53

Beispiel 11.25 Gegeben sind $a = 42°36'10''$, $b = 127°19'30''$ und $\alpha = 37°18'40''$. Gesucht β, c und γ.

$$\sin\beta = \frac{\sin\alpha \sin b}{\sin a} \qquad \beta_1 = 45{,}4038° = 45°24'14'' \qquad \beta_2 = 134{,}5962° = 134°35'46''$$

$\triangle B_1 B_2 C$ in Bild 11.53 ist gleichschenklig und kann in zwei kongruente rechtwinklige Dreiecke zerlegt werden. Damit gilt $v_1 = v_2 = v$.

Die Berechnung der Hilfsgrößen u, v, γ' und γ'' erfolgt aus den rechtwinkligen Dreiecken $\triangle ACH$ und $\triangle B_1 HC$. Für die gesuchten Größen c_1, c_2, γ_1 und γ_2 können schließlich die Gleichungen

$$c_1 = u + v \qquad\qquad c_2 = u - v$$
$$\gamma_1 = \gamma' + \gamma'' \qquad\qquad \gamma_2 = \gamma' - \gamma''$$

angegeben werden.

Nach der Neperschen Regel gilt

$$\cos\alpha = \cot b \tan u \qquad\qquad \cos b = \cot\alpha \cot\gamma'$$
$$\cos\beta_1 = \cot a \tan v \qquad\qquad \cos a = \cot\beta_1 \cot\gamma''$$
$$\tan u = \cos\alpha \tan b \qquad\qquad u = 133{,}7912°$$
$$\cot\gamma' = \cos b \tan\alpha \qquad\qquad \gamma' = 114{,}8012°$$
$$\tan v = \cos\beta_1 \tan a \qquad\qquad v = 32{,}8496°$$
$$\cot\gamma'' = \cos a \tan\beta_1 \qquad\qquad \gamma'' = 53{,}2582°$$
$$c_1 = 166{,}6408° = 166°38'27'' \qquad c_2 = 100{,}9416° = 100°56'30''$$
$$\gamma_1 = 168{,}0594° = 168°03'34'' \qquad \gamma_2 = 61{,}5430° = 61°32'35''$$

Fall SWW Gegeben zwei Winkel und die Gegenseite des einen, z. B. β, γ und c. Der Zentriwinkel b läßt sich nach dem Sinussatz berechnen. Mit Hilfe zweier rechtwinkliger Dreiecke (vgl. Beispiel 11.25) kann dann der Zentriwinkel a und der Winkel α berechnet werden.

Entsprechend Fall SSW kann es bei der Berechnung des Zentriwinkels b nach Gl. (11.39)

$$\sin b = \frac{\sin\beta \sin c}{\sin\gamma}$$

keine, eine oder zwei Lösungen geben.

Zur Einschränkung der Mehrdeutigkeit gilt die Regel:

$$|90° - \gamma| < |90° - \beta| \;\text{Lösung eindeutig } b \lessgtr 90° \text{ für } \beta \lessgtr 90°$$

$$|90° - \gamma| > |90° - \beta| \;\text{Lösung eindeutig } (b = 90°) \text{ oder zweideutig, wenn } b \text{ und}$$
$$\beta \gtrless 90°$$

$$\text{oder Lösung unbrauchbar, wenn } b \lessgtr 90° \text{ und } \beta \gtrless 90°$$

Zur Berechnung des sphärischen Dreiecks gibt es weitere Sätze, die z. B. in [31] ausführlich behandelt sind. Von den in die Formelsammlung aufgenommenen Sätzen können der Halbwinkelsatz für den Fall SSS, der Halbseitensatz für den Fall WWW, die Neperschen Gleichungen für die Fälle SWS und WSW und der Cotangenssatz (Beziehung zwischen vier aufeinanderfolgenden Stücken) für die Fälle SSW und SWW angewandt werden; Halbwinkel- und Halbseitensatz und die Neperschen Gleichungen hatten insbesondere für die logarithmische Berechnung große Bedeutung.

Anwendungen

Beispiel 11.26 Ein Kugelbehälter mit dem Radius r besteht aus regelmäßigen, kongruenten Kugelfünfecken (Bild 11.54). Man bestimme die Anzahl der Fünfecke.

In jeder Ecke stoßen 3 Flächen zusammen. Der Eckenwinkel beträgt daher 120°. Wird das Fünfeck in fünf gleiche Dreiecke mit den Eckenwinkeln 60°, 60° und 72° zerlegt, so kann die Fläche des Fünfecks nach Gl. (11.28) bestimmt werden

$$A = 5\,\frac{r^2\pi(60 + 60 + 72 - 180)°}{180°} = \frac{r^2\pi}{3}$$

Die Anzahl der Kugelfünfecke ergibt sich durch Vergleich mit der Gesamtkugeloberfläche $O = 4r^2\pi$ zu 12.

Die **Kartographie** beschäftigt sich vor allem mit der Darstellung von Teilen der Erdoberfläche in maßstäblichen Karten mit entsprechender Gestaltung durch Grundriß- und Höhendarstellung, Signaturen, Beschriftung und farbiger Wiedergabe. Da die Erde näherungsweise eine Kugelgestalt hat, sind bei dem Entwurf von Karten sphärische Berechnungen durchzuführen. Grundlage aller Abbildungen in topographischen und geographischen Karten ist das geographische Koordinatensystem. Die Übertragung von Punkten der Kugel in die Ebene oder auf abwickelbare Flächen wie Zylinder und Kegel erfolgt durch mathematische Abbildungsgleichungen. Die Abbildung kann durch echte und unechte Projektionen erfolgen. Bei den echten Kartenprojektionen kann man sich die Abbildung der Kugelpunkte durch Projektion von einem Projektionszentrum auf eine Projektionsfläche vorstellen; den unechten Projektionen liegen rein mathematische Abbildungsgleichungen zugrunde.

Die **gnomonische Projektion** z. B. ist eine echte Projektion. Das Projektionszentrum ist der Kugelmittelpunkt, von dem aus die Punkte der Kugeloberfläche auf eine Tangentialebene projiziert werden. Da das Projektionszentrum im Mittelpunkt der Kugel liegt, erscheinen alle Großkreise in der Abbildungsebene als Geraden. Die Breitenkreise werden bei der normalen oder polaren gnomonischen Projektion (Bild 11.55a) als Kreise, bei der

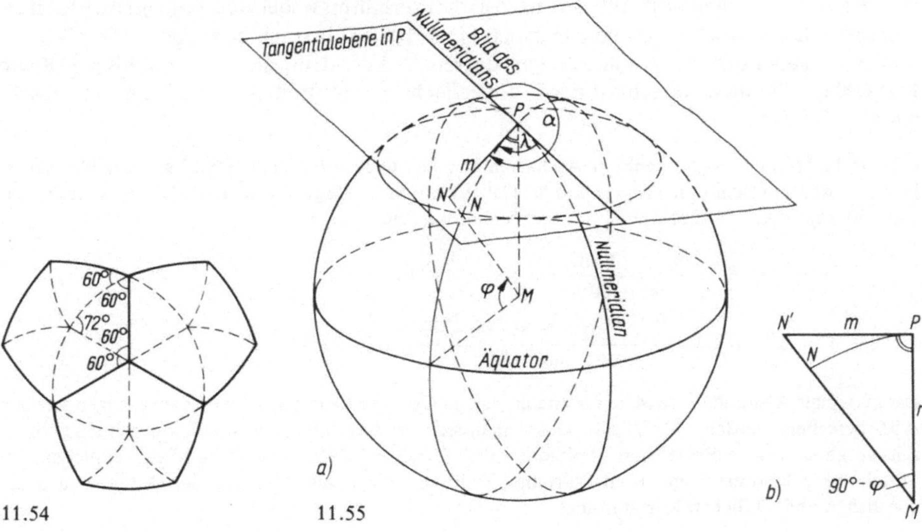

11.54   11.55

querachsigen oder äquatorialen gnomonischen Projektion (Bild 11.56a) als Hyperbeln und bei der schiefachsigen gnomonischen Projektion (Bild 11.57a) als Ellipsen, Parabeln oder Hyperbeln abgebildet.

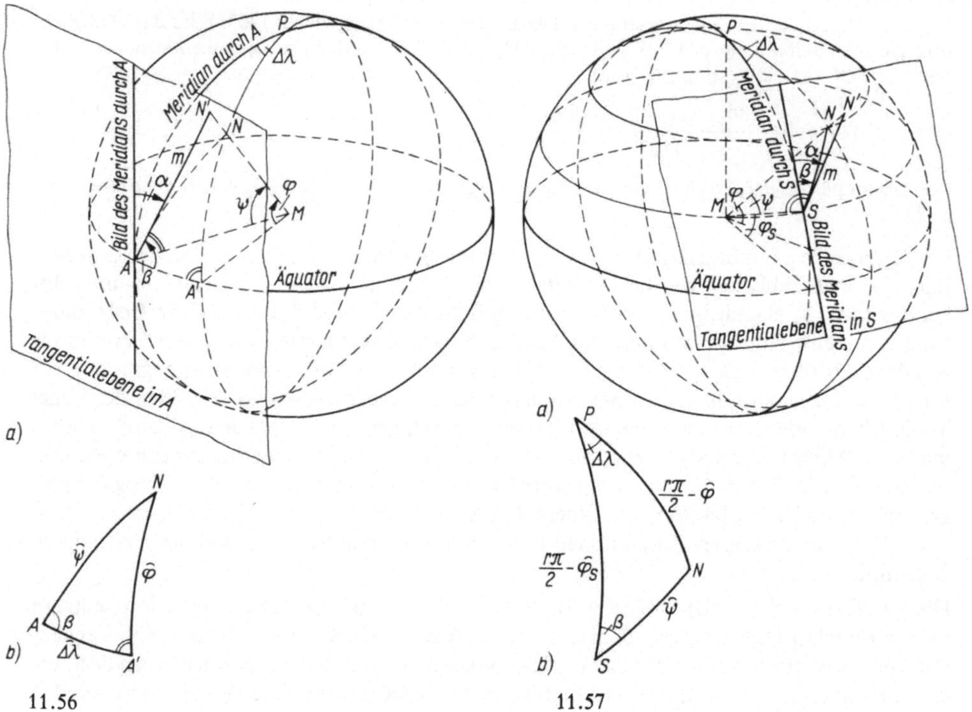

In diesem Zusammenhang sollen zunächst die Verhältnisse bei den topographischen Karten mit den Maßstäben von 1 : 25 000 bis 1 : 100 000 betrachtet werden. Diese Karten sind von geographischen Gitterlinien begrenzt. Die deutsche topographische Karte 1 : 25 000 erfaßt einen Ausschnitt der Erdoberfläche von 6′ Breiten- und 10′ Längenausdehnung.

Beispiel 11.27 Für das Kartenblatt Aschaffenburg Nr. 6020, $M = 1 : 25\,000$, kann die Nord-Süd-Erstreckung $\hat{x}$ auf dem Längenkreis und die Ost-West-Erstreckung $\hat{y}$ auf dem nördlichen Breitenkreis ($\varphi = 50°$) nach Gl. (11.25) und (11.23) berechnet werden.

$$\hat{x} = \Delta\varphi \cdot R = \frac{6 \cdot \pi \cdot 6370}{60 \cdot 180}\,\text{km} = 11{,}118\ \text{km}$$

$$\hat{y} = \Delta\lambda \cdot R\cos\varphi = \frac{10 \cdot \pi \cdot 6370 \cdot 0{,}64279}{60 \cdot 180}\,\text{km} = 11{,}911\ \text{km}$$

Der maximale Abstand $d\hat{c}$ zwischen Breitenkreis und Großkreis kann aus dem rechtwinkligen Dreieck ABC berechnet werden (Bild 11.58). Denkt man sich das Kartenblatt entstanden durch eine schiefachsige gnomonische Projektion (Abbildung des Großkreises als Gerade) mit Tangentialebene im Mittelpunkt, dann erscheint $d\hat{c}$ im Kartenmaßstab verkleinert als Pfeilhöhe der Durchbiegung des nördlichen und südlichen Kartenrandes.

Nach der Neperschen Regel gilt $\cos\beta = \cot c \tan a$, damit

$$\tan a = \tan c \cos\beta \tag{11.48}$$

Mit $c = 90° - \varphi = 40°$ und $\beta = \Delta\lambda/2 = 5'$ errechnet man

$$a = 39{,}999970° \qquad dc = c - a = 0{,}000030°$$

Steht kein wissenschaftlicher Taschenrechner mit 8-stelliger Genauigkeit zur Verfügung, dann wird a und damit die Differenz der fast gleich großen Werte c und a zu ungenau. Entwickelt man in Gl. (11.48) $\tan a = \tan(c - dc)$ nach Taylor mit Gl. (7.21) und $\cos\beta$ in eine Reihe und bricht jeweils nach dem zweiten Glied ab, so erhält man

$$\tan c - \frac{1}{\cos^2 c}\, dc + \cdots = \tan c \left(1 - \frac{\beta^2}{2!} + \cdots\right)$$

$$dc \approx \sin c \cos c\, \frac{\beta^2}{2} = \frac{0{,}643 \cdot 0{,}766}{2} \left(\frac{5 \cdot \pi}{60 \cdot 180}\right)^2$$

$$= 0{,}52 \cdot 10^{-6}\ \text{rad} = 0{,}000030°$$

$$d\hat{c} = dc \cdot R = 0{,}52 \cdot 10^{-6} \cdot 6370\ \text{km} = 3{,}3\ \text{m}$$

11.58

Im Maßstab $1:25000$ entspricht dies $0{,}13$ mm. Da dies innerhalb der Zeichengenauigkeit liegt, kann die nördliche und südliche Begrenzungslinie (Breitenkreis) als Gerade gezeichnet werden. Die westliche und östliche Begrenzungslinie (Längenkreis = Großkreis) wird streng als Gerade abgebildet.

Die Karten kleineren Maßstabs, als Übersichtskarten von Ländern oder als Abbildung von ganzen Kontinenten, haben im allgemeinen einen rechteckigen Blattschnitt. Diese Karten enthalten die Gitterlinien des geographischen Koordinatennetzes, das mit Hilfe der Abbildungsgleichungen in die Ebene übertragen wird.

Normale gnomonische Projektion. Die Abbildungsgleichungen der normalen gnomonischen Projektion lassen sich aus Bild 11.55 ablesen. Im Berührpunkt P ist $\overline{PN'}$ eine Tangente an den Kreisbogen $\overset{\frown}{PN}$. Damit folgt

$$\alpha = 180° + \lambda \qquad m = r\tan(90° - \varphi) \tag{11.49}$$

Damit lassen sich aus den sphärischen Polarkoordinaten φ und λ die ebenen Polarkoordinaten α und m errechnen.

Die normale gnomonische Projektion eignet sich nur zur Abbildung von polaren Gebieten. Je größer die Ausdehnung des Gebietes wird, desto größer werden die Verzerrungen. Der Äquator wird erst im Unendlichen abgebildet.

Querachsige gnomonische Projektion. Zur Abbildung äquatorialer Gebiete wird die Tangentialebene an einen Punkt des Äquators mit den geographischen Koordinaten $\varphi_A = 0$ und λ_A gelegt. Die Abbildungsgleichungen lassen sich aus Bild 11.56a ablesen

$$\alpha = 90° - \beta \qquad m = r\tan\psi \tag{11.50}$$

Die Winkel β und ψ in Gl. (11.50) sind zunächst nicht bekannt; sie lassen sich aber aus der Breite φ und der Längendifferenz $\Delta\lambda = \lambda - \lambda_A$ in dem rechtwinkligen sphärischen Dreieck $A'AN$ (Bild 11.56b) berechnen (Fall 2).

Schiefachsige gnomonische Projektion. Für die Abbildung von Gebieten in mittleren Breiten wird als Berührpunkt der Tangentialebene nach Bild 11.57 ein in der Mitte des abzubildenden Gebietes gelegener Punkt S mit den Koordinaten φ_S und λ_S gewählt. Als Abbildungsgleichung erhält man nach Bild 11.57a

$$\alpha = \beta \qquad m = r\tan\psi \tag{11.51}$$

Mit φ, φ_S und $\Delta\lambda = \lambda - \lambda_S$ sind drei Stücke im sphärischen Dreieck SPN (Bild 11.57b) gegeben, und die Größen β und ψ lassen sich nach Fall SWS des schiefwinkligen sphärischen Dreiecks berechnen.

In der Schiffahrt und in der Luftfahrt wird nach Möglichkeit die kürzeste Verbindung zweier Punkte (der Großkreis) als Reiseroute gewählt. Mit Hilfe des Kurswinkels kann das Schiff oder das Flugzeug auf dieser Ideallinie gehalten werden. Unter Kurswinkel versteht man den Winkel zwischen der Nordrichtung (Meridian) und der Großkreisverbindung zweier Punkte. Er ist, wie Bild 11.59 veranschaulicht, von der Position abhängig. Für den betrachteten Fall gilt

$$\alpha_1 < 90° \qquad \alpha_2 = 90° \qquad \alpha_3 > 90°$$

In der Geodäsie werden heute die grundlegenden Berechnungen auf dem Ellipsoid durchgeführt und die Folgeberechnungen in ebenen Gauß-Krüger-Koordinaten nach einer winkeltreuen Abbildung des Ellipsoids in die Ebene. Die älteren Soldnerkoordinaten sind Kugelkoordinaten; die sphärischen Berechnungen wurden jedoch dadurch umgangen, daß die Berechnungen eben durchgeführt und dann sphärische Korrektionsglieder angebracht wurden [27].

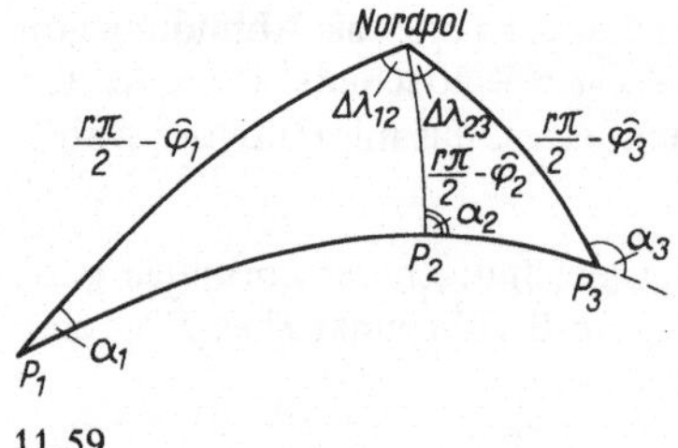

11.59

Zur Kontrolle der Winkelbeobachtung in den geodätischen Hauptdreiecksnetzen wird in jedem Dreieck (Seitenlängen von 20 bis 40 km) die Summe der sphärischen Winkel gebildet und mit dem Sollwert 180° + ε verglichen. Zur Berechnung des sphärischen Exzesses ε nach Gl. (11.28) wird dabei — mit einer für diesen Zweck ausreichenden Genauigkeit — die Fläche A des sphärischen Dreiecks durch die Fläche eines ebenen Dreiecks ersetzt, dessen Seiten und Winkel denen des sphärischen Dreiecks gleichgesetzt werden, und ein vom Ellipsoid hergeleiteter mittlerer Krümmungshalbmesser R in Ansatz gebracht.

Ein breites Anwendungsgebiet der sphärischen Trigonometrie ist die Astronomie und die astronomisch-geodätische Ortsbestimmung. Da hier jedoch erst weitere Grundlagen erarbeitet werden müßten, wird der interessierte Leser auf die einschlägige Spezialliteratur verwiesen.

11.2.4 Aufgaben zu Abschnitt 11.2

1. Gegeben $\hat{a} = 10$ cm, $\hat{b} = 15$ cm, $r = 20$ cm und $\beta = 90°$; gesucht $\hat{c}$, α und γ.

2. Gegeben $\alpha = 90°$, $\beta = 46°50'$, $\gamma = 74°30'$; gesucht a, b und c.

3. Gegeben $a = 85°11'55''$, $b = 101°13'36''$, $\alpha = 90°$; gesucht c, β und γ.

4. Gegeben $c = 128°16'40''$, $\gamma = 115°24'20''$, $\beta = 90°$; gesucht a, b und α.

5. Gegeben $\hat{a} = 30$ cm, $\hat{b} = 25$ cm, $\hat{c} = 20$ cm, $r = 30$ cm; gesucht α, β und γ.

6. Gegeben $a = 74°45'15''$, $\beta = 149°13'29''$, $\gamma = 22°36'40''$; gesucht b, c und α.

7. Gegeben $a = 112°17'17''$, $b = 96°18'22''$, $\alpha = 142°53'26''$; gesucht c, β und γ.

8. Gegeben $a = 40°53'24''$, $\alpha = 46°37'36''$, $\beta = 109°29'18''$; gesucht b, c und γ.

9. New York ($\lambda = 74°00'$) und Neapel ($\lambda = -14°13'$) liegen etwa auf demselben Breitenkreis ($\varphi = 40°42'$). Wie groß ist die kürzeste Entfernung $\hat{s}$ der beiden Punkte? Wie groß ist ihre Entfernung $\hat{e}$ auf dem Breitenkreis? ($R = 6370$ km)

10. Die gesamte Schweißnahtlänge $\hat{s}$ des aus regelmäßigen sphärischen Fünfecken bestehenden Kugelbehälters ist für einen Kugelradius von $r = 1$ m zu berechnen (vgl. Beispiel 11.26).

Anleitung: Jedes Fünfeck hat fünf Seiten von der Länge $\hat{a}$. Da jede Seite 2 Fünfecken angehört, gilt

$$\hat{s} = 12 \cdot 5\hat{a}/2 = 30\hat{a}$$

11. Die Ost-West-Erstreckung $\hat{y}$ eines Kartenblattes 1:25000 (Bild 11.58) ist abhängig von der geographischen Breite.

Wie groß ist der Unterschied $d\hat{y}$ der Ost-West-Erstreckung bei den südlichsten ($\varphi = 47°30'$) und den nördlichsten ($\varphi = 55°06'$) topographischen Karten 1:25000 in Deutschland?

12. Für eine Abbildung von Neuguinea in einer querachsigen gnomonischen Projektion im Maßstab 1:5000000 mit dem Berührpunkt A ($\varphi_A = 0°$, $\lambda_A = -140°$) sollen die ebenen Polarkoordinaten für folgende Wertepaare berechnet werden ($R = 6370$ km).

$$\varphi_1 = 0°, \lambda_1 = -145°; \quad \varphi_2 = -5°, \lambda_2 = -145°; \quad \varphi_3 = -10°, \lambda_3 = -145°.$$

13. Eine Übersichtskarte von Deutschland im Maßstab 1:500000 soll in schiefachsiger gnomonischer Projektion erstellt werden (Berührpunkt S mit $\varphi_S = 50°$ und $\lambda_S = -10°$).

Für folgende Wertepaare sollen die ebenen Polarkoordinaten berechnet werden:

$$\varphi_1 = 52°, \lambda_1 = -12°; \quad \varphi_2 = 50°, \lambda_2 = -12°; \quad \varphi_3 = 48°, \lambda_3 = -12°$$

14. In einem geodätischen Dreieck sind die sphärischen Winkel $\alpha = 60°36'21{,}9''$, $\beta = 35°57'16{,}6''$ und $\gamma = 83°26'24{,}3''$ und die sphärische Seite $\hat{a} = 36166{,}57$ m gemessen ($R = 6383$ km).

Wie groß ist der Dreieckswiderspruch w ($w = \alpha + \beta + \gamma - 180° - \varepsilon$)?

15. Ein Schiff fährt von New York ($\lambda = 74°00'$, $\varphi = 40°42'$) nach Lissabon ($\lambda = 9°11'$, $\varphi = 38°43'$). Es soll dabei die kürzeste Route wählen ($R = 6370$ km).

Wie groß ist die kürzeste Entfernung $\hat{s}$ der beiden Punkte? Mit welchem Kurswinkel α muß das Schiff in New York auslaufen? Welchen Kurswinkel α_1 hat das Schiff beim Überqueren des Längenkreises $\lambda = 30°$? Bei welchem Längenkreis λ hat das Schiff den größten Äquatorabstand?

16. Welcher Bogenlänge $\hat{b}$ entspricht der Zentriwinkel von $1''$ auf der Erdkugel? Mit wieviel Nachkommastellen müßte bei den Sekunden gerechnet werden, damit die Rechenungenauigkeit unter 0,5 cm bleibt?

Anhang

Ergebnisse zu den Aufgaben

Abschnitt 1

1. $-\dfrac{1}{2} < x \leqslant -\dfrac{3}{8}$ **2.** $-4 < x < -\dfrac{2}{3}$ und $x \geqslant 1$ **3.** $-1 \leqslant x \leqslant 5$

4. Folgt aus der Aufgabenstellung nach Quadrieren beider Seiten.   **5.** $n \geqslant 2$

6. a) Folgt aus $\dbinom{n}{k} = \dfrac{n!}{k!\,(n-k)!}$

b) Identität erhält man, indem man auf beiden Seiten die Definition einträgt.

7. $V = (8181 \pm 10)\ \text{mm}^3$. Das Volumen kann nicht genauer als $V = 8{,}18 \cdot 10^3\ \text{mm}^3$ angegeben werden.

8. $x = (0{,}1^2/(2 \cdot 12))\ \text{m} = 0{,}042\ \text{cm}$ **9.** $\log_2 0{,}8 = \dfrac{\lg 0{,}8}{\lg 2} = \dfrac{\ln 0{,}8}{\ln 2} = -0{,}322$

10. $(\lg 2)^{-1} = 3{,}32$ **11.** $s = \dfrac{n(n+1)}{2}$

12. $r^{8/3} = \dfrac{Q(\pi + 2)^{2/3}}{\sqrt{I} \cdot k_S \left(\dfrac{\pi}{2} + 2\right)^{5/3}} = 1{,}142\ \text{m}^{8/3}$, also $r = 1{,}05\ \text{m}$

13. $s = a^{n-1} + a^{n-2}b + \cdots + a^2 b^{n-3} + a b^{n-2} + b^{n-1}$

14. $A_u = 10\ \text{m} \cdot 14\ \text{m} = 140\ \text{m}^2$; $A_m = 13\ \text{m} \cdot 17\ \text{m} = 221\ \text{m}^2$

$A_o = 16\ \text{m} \cdot 20\ \text{m} = 320\ \text{m}^2$; $V = 1{,}20 \cdot \dfrac{3\ \text{m}}{6}\,(140 + 4 \cdot 221 + 320)\ \text{m}^2 = 806{,}4\ \text{m}^3$

15. $A = 6 \cdot \dfrac{1}{2} \cdot a\,\dfrac{a}{2}\sqrt{3} = \dfrac{3}{2}\sqrt{3}\,a^2$ $s = \sqrt{h^2 + \left(\dfrac{a}{2}\sqrt{3}\right)^2} = \dfrac{1}{2}\sqrt{4h^2 + 3a^2}$

$V = \dfrac{1}{3}A \cdot h = \dfrac{1}{2}\sqrt{3}\,a^2 h = 22{,}4\ \text{m}^3$ $M = 6 \cdot \dfrac{1}{2} \cdot a \cdot s = \dfrac{3}{2}a\sqrt{4h^2 + 3a^2} = 44{,}0\ \text{m}^2$

16. $\cos^3 \alpha = \dfrac{1}{4}(\cos 3\alpha + 3\cos \alpha)$

17. a) $c = 34,1$ cm; $\alpha = 30,47°$ b) $b = 510$ mm; $\alpha = 58,88°$

c) $a = 175,3$ mm; $b = 117,4$ mm   d) $a = 1,58$ cm; $b = 18,83$ cm

e) $b = 250,0$ m; $c = 255,7$ m   f) $a = 1,3$ mm; $c = 116,0$ mm

18. a) $\beta = 17,67$ gon; $\gamma = 154,13$ gon; $c = 93,9$ cm

b) $\beta_1 = 36,89°$; $\alpha_1 = 122,71°$; $a_1 = 130,4$ mm
$\quad \beta_2 = 143,11°$; $\alpha_2 = 16,49°$; $a_2 = 44,0$ mm

c) $\alpha = 25,60°$; $\beta = 120,29°$; $\gamma = 34,11°$

d) $c = 396,7$ mm; $\alpha = 77,30°$; $\beta = 28,40°$

e) $b = 47,61$ km; $\alpha = 12,19$ gon; $\gamma = 18,91$ gon

f) $b_1 = 8,53$ m; $\alpha_1 = 87,21°$; $\beta_1 = 70,99°$
$\quad b_2 = 8,20$ m; $\alpha_2 = 92,79°$; $\beta_2 = 65,41°$

19. $a = 15,82$ m; $x = 177$ cm   **20.** $d = 4,272$; $\beta = 47,12°$; $A = 8,75$; $T = (1,2; 3,2)$

Abschnitt 2.1

1. a) $D = 38$;   b) $D = \cos^2\beta + \sin^2\beta = 1$;   c) $D = 348$;   d) $D = -101,44$

2. a) $x = 1$; $y = 2$;   b) $x = 0,5$; $y = 10$;
c) keine Lösung;   d) $x = 2$; $y = 4$; $z = 3$;   e) $x = -2,15$; $y = 3,60$; $z = 4,26$

3. $x_T = 313,17$ m; $y_T = 99,78$ m   **4.** $A = 22$ cm^2

5. $D = 0$, die Punkte liegen auf einer Geraden   **6.** a) $D = -40$;   b) $D = a_{11}a_{22}a_{33} \ldots a_{nn}$

Abschnitt 2.2

1. a) $R = 11,0$ MN; $u = 51°$ (s. Bild A1);
b) $R_x = 6,963$ MN; $R_y = 8,564$ MN; $R = 11,038$ MN; $\alpha = 50,89°$

2. $\vec{d} = (6; -2; 9)$; $d = 11$; $\alpha = 56,94°$; $\beta = 100,48°$; $\gamma = 35,10°$

3. $\gamma = 54,52°$; $F_x = 75$ kN; $F_y = -96,42$ kN; $F_z = 87,05$ kN

4. $\vec{F}_3 = (-103,92; 27,36; -135,18)$ kN; $F_3 = 172,69$ kN;
$\alpha = 127,00°$; $\beta = 80,88°$; $\gamma = 141,52°$

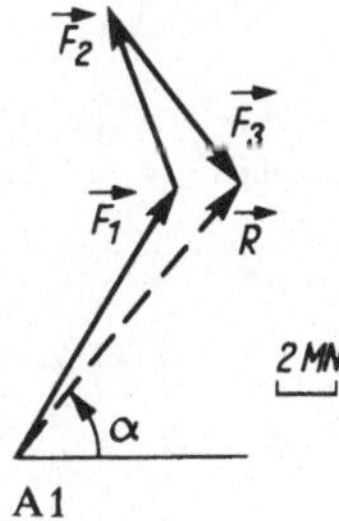

5. $\sphericalangle(\vec{a}, \vec{b}) = 69,30°$ **6.** $W = 163,3$ kNm   **7.** $\sphericalangle(\vec{F}_1, \vec{F}_2) = 60,07°$

8. $F_H = +106,7$ kN (Zug); $F_S = -133,3$ kN (Druck)   **9.** $D = 0$; $\vec{a} = (2; 3; 6)$; $\vec{b} = (3; 6; 6)$

10. $F_1 = -3,872$ kN (Druck); $F_2 = +0,128$ kN (Zug); $F_3 = -3,604$ kN (Druck)

11. $F_1 = F_2 = +37,50$ kN (Zug); $F_3 = -84,85$ kN (Druck)

12. a) $\vec{a} \cdot (\vec{b} + \vec{c}) = \vec{a} \cdot \vec{b} + \vec{a} \cdot \vec{c} = -35$
b) $\vec{a} \times (\vec{b} + \vec{c}) = \vec{a} \times \vec{b} + \vec{a} \times \vec{c} = -10\vec{i} - 7\vec{j} + 2\vec{k}$

13. Die skalaren Produkte des vektoriellen Produkts mit den Faktoren ergeben
$$a_x a_y b_z - a_x a_z b_y + a_y a_z b_x - a_x a_y b_z + a_x a_z b_y - a_y a_z b_x = 0$$
$$a_y b_x b_z - a_z b_x b_y + a_z b_x b_y - a_x b_y b_z + a_x b_y b_z - a_y b_x b_z = 0$$

14. $\dot{M} = (9\vec{i} + 8\vec{j} - 36\vec{k})$ MNm $= (9;\ 8;\ -36)$ MNm **15.** $A = 24,5$ cm^2

16. Mit A als Koordinatenursprung erhält man $\vec{AB} = (-1;\ 3;\ 3);\ \vec{AC} = (0;\ 4;\ 2);\ \vec{AD} = (3;\ 1;\ -4)$. Die Berechnung der Determinante nach Gl. (2.45) ergibt $D = 0$; also liegen die Punkte in einer Ebene.

17. Entsprechend Bild 2.16 erhält man für die Eckpunkte die räumlichen Koordinaten $A\,(3\sqrt{3};\ 0;\ 0)$ m; $B(3\sqrt{3};\ 6;\ 0)$ m; $C(0;\ 3;\ 0)$ m; $D(2\sqrt{3};\ 3;\ 2\sqrt{6})$ m; $V = \dfrac{1}{6}(\vec{AB} \times \vec{AC}) \cdot \vec{AD} = 25,46$ m^3

Abschnitt 2.3

1. $AD = \begin{pmatrix} d_1 a_{11} & d_2 a_{12} & d_3 a_{13} \\ d_1 a_{21} & d_2 a_{22} & d_3 a_{23} \\ d_1 a_{31} & d_2 a_{32} & d_3 a_{33} \end{pmatrix};\quad DA = \begin{pmatrix} d_1 a_{11} & d_1 a_{12} & d_1 a_{13} \\ d_2 a_{21} & d_2 a_{22} & d_2 a_{23} \\ d_3 a_{31} & d_3 a_{32} & d_3 a_{33} \end{pmatrix}$

2. $A + 2AA + 3AAA = \begin{pmatrix} 268 & 372 \\ 372 & 516 \end{pmatrix}$

3. a) $A(b + c) = Ab + Ac = \begin{pmatrix} a_{11}(b_{11} + c_{11}) + a_{12}(b_{21} + c_{21}) + a_{13}(b_{31} + c_{31}) \\ a_{21}(b_{11} + c_{11}) + a_{22}(b_{21} + c_{21}) + a_{23}(b_{31} + c_{31}) \end{pmatrix}$

b) $(AB)' = B'A' = \begin{bmatrix} -7 & 3 & -2 \\ 4 & 2 & 16 \\ -4 & 0 & -8 \end{bmatrix};$ c) $(A')^{-1} = (A^{-1})' = \begin{bmatrix} 0,18 & 0,06 & -0,20 \\ 0,12 & 0,04 & 0,20 \\ 0,22 & -0,26 & 0,20 \end{bmatrix}$

4. $AB = \begin{pmatrix} 1 & 0 \\ 0 & -1 \end{pmatrix};\ BA = \begin{pmatrix} \cos 2\alpha & \sin 2\alpha \\ \sin 2\alpha & -\cos 2\alpha \end{pmatrix};\ AB = BA$ wenn $\alpha = n\pi,\ n = 0, 1, 2, 3, \cdots$

5. $ABC = \begin{bmatrix} 33 & -42 & -14 & -33 \\ 12 & -40 & -44 & -8 \\ -45 & 6 & -31 & 38 \end{bmatrix}$ **6.** $N = \begin{bmatrix} 55 & 19 & -14 \\ 19 & 14 & -12 \\ -14 & -12 & 31 \end{bmatrix}$

7. $A = \begin{bmatrix} 1 & 2 & 3 \\ -\sqrt{2} & -\sqrt{2} & -\sqrt{2} \\ 0 & -1 & -2 \\ 0 & \sqrt{2} & \sqrt{2} \\ 0 & 0 & -\sqrt{2} \\ 0 & 0 & 1 \end{bmatrix}$

a) $S_1 = 41$ kN; $S_2 = -26,87$ kN; $S_3 = -22$ kN; $S_4 = 19,80$ kN; $S_5 = -11,31$ kN; $S_6 = 8$ kN

b) $S_1 = 55$ kN; $S_2 = -42,43$ kN; $S_3 = -25$ kN; $S_4 = 28,28$ kN; $S_5 = -7,07$ kN; $S_6 = 5$ kN

8. $f = 381\,G l^3/(384\,EI)$

Abschnitt 2.4

1. a) $x_1 = 1,788;\ x_2 = -0,845$ $A^{-1} = \begin{pmatrix} 0,2615 & 0,0819 \\ 0,0689 & -0,1248 \end{pmatrix}$

b) $x_1 = -1;\ x_2 = 3;\ x_3 = -5$ $A^{-1} = \begin{bmatrix} 1 & 0,5 & -0,5 \\ -11 & -7 & 3 \\ 9 & 5,5 & -2,5 \end{bmatrix}$

2. $x_1 = 0,719;\ x_2 = 0,328;\ x_3 = -0,091;\ x_4 = 0,868$

3. $M_1 = 0,705;\ M_2 = 0,812;\ M_3 = 0,536$ $A^{-1} = \begin{pmatrix} 0,6981 & -0,2051 & 0,0515 \\ -0,2051 & 1,2035 & -0,3021 \\ 0,0515 & -0,3021 & 0,8701 \end{pmatrix}$

4. $x_1 = 0,2732;\ x_2 = 0,4174;\ x_3 = -0,5386;\ x_4 = -0,1657$

$A^{-1} = \begin{pmatrix} 0,3816 & 0,1686 & 0,0480 & 0,1104 \\ 0,1686 & 0,7048 & 0,1381 & 0,3174 \\ 0,0480 & 0,1381 & 0,4437 & 0,1621 \\ 0,1104 & 0,3174 & 0,1621 & 0,5759 \end{pmatrix}$

5. $x_1 = 0,550;\ x_2 = 0,356;\ x_3 = 0,450$

$A^{-1} = \begin{pmatrix} 0,1995 & -0,0138 & -0,0491 \\ -0,0401 & 0,1760 & -0,0989 \\ -0,0095 & -0,0775 & 0,3078 \end{pmatrix}$

6. a) $x_1 = 0,337;\ x_2 = 0,994;\ x_3 = 1,100;$ b) $x_1 = -0,05304;\ x_2 = 0,07520;\ x_3 = 0,05624$

7. $x_1 = \dfrac{a_{22}}{a_{11}a_{22} - a_{12}a_{21}}\,y_1 + \dfrac{-a_{12}}{a_{11}a_{22} - a_{12}a_{21}}\,y_2$

$x_2 = \dfrac{-a_{21}}{a_{11}a_{22} - a_{12}a_{21}}\,y_1 + \dfrac{a_{11}}{a_{11}a_{22} - a_{12}a_{21}}\,y_2$

Abschnitt 3.1

1. Bild A2 (verkleinert 1:4) $l_x = 11,46$ cm; $l_y = 10$ cm   **2.** $l_\varepsilon = 5000$ cm; $l_\sigma = 2,38 \cdot 10^{-4}$ cm^3/N

3.

x	0,2	0,4	0,6	0,8	1,0	1,2	1,5	2,0	2,5	3,0
$\ln x$	$-1,609$	$-0,916$	$-0,511$	$-0,223$	0	0,182	0,405	0,693	0,916	1,099

Bild A3 (verkleinert 1:3)

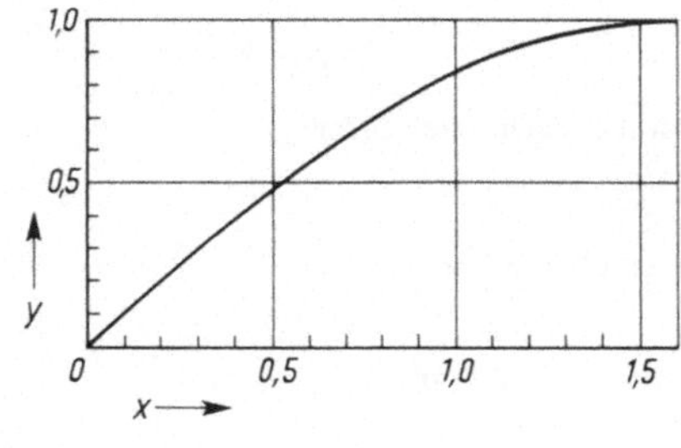

A2   A3

4. a) $y = \sqrt[4]{x/3};$ b) $y = 0,5\sqrt{x-1};$ c) $y = 0,5(x^3 - 1)$
d) $y = \sqrt{4 - x^2};$ e) $y = \log_2 x = \operatorname{lb} x;$ f) $y = 1/(2 - x)$

5. a) $\bar{y} = 5 \pm \sqrt{2 - 1,5(\bar{x} + 6)^2};$ $3\bar{x}^2 + 36\bar{x} + 2\bar{y}^2 - 20\bar{y} + 154 = 0$
b) $2,75\bar{x}^2 - 0,866\bar{x}\bar{y} + 2,25\bar{y}^2 - 4 = 0$

6. a) $x^2 - 2Rx + y^2 = 0;$ b) $r = 2R\cos\varphi;$ c) $x = R(1 + \cos 2\varphi),\ y = R\sin 2\varphi$

Abschnitt 3.2

1. $y = \dfrac{x}{3} + \dfrac{17}{3}$ **2.** $y = 1{,}4x + 4{,}6$

3. $e = -5{,}37$ (Der Nullpunkt und der Punkt P liegen auf derselben Seite der Geraden.)

4. Normalform: $y = -\dfrac{x}{3} + \dfrac{4}{3}$; Achsenabschnittsform: $\dfrac{x}{4} + \dfrac{y}{4/3} = 1$

Hessesche Normalform: $x \cdot \dfrac{1}{\sqrt{10}} + y \cdot \dfrac{3}{\sqrt{10}} - \dfrac{4}{\sqrt{10}} = 0$

5. $P_1(2;\ 4)$; $P_2(0{,}75;\ 1{,}5)$; $P_3(2;\ -1)$

6. Schnittpunkt der Höhen (1,6 m; 0,8 m); Schnittpunkt der Seitenhalbierenden $(-1\ \text{m}/3;\ 1\ \text{m}/3)$; Schnittpunkt der Mittelsenkrechten $(-1,3\ \text{m};\ 0,1\ \text{m})$. Die drei Schnittpunkte erfüllen die Gleichung der Geraden $y = 0{,}241x + 0{,}414$ m.

7. Bild A4

8. Bild A5; $l_W = 0{,}1$ cm/kWh; $l_K = 0{,}26$ cm/DM (Lösungsbild ist 1:4 verkleinert) $W = 58{,}8$ kWh

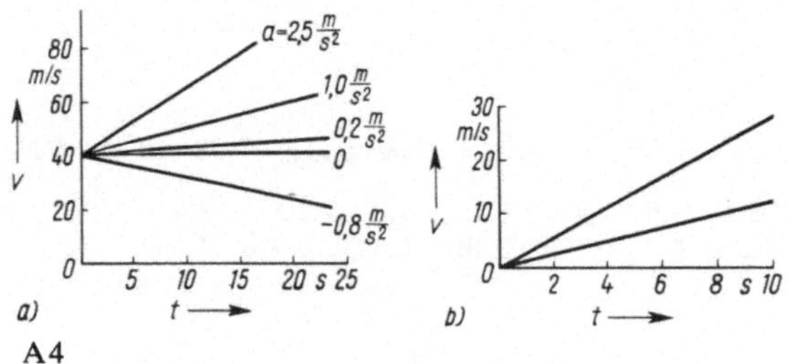

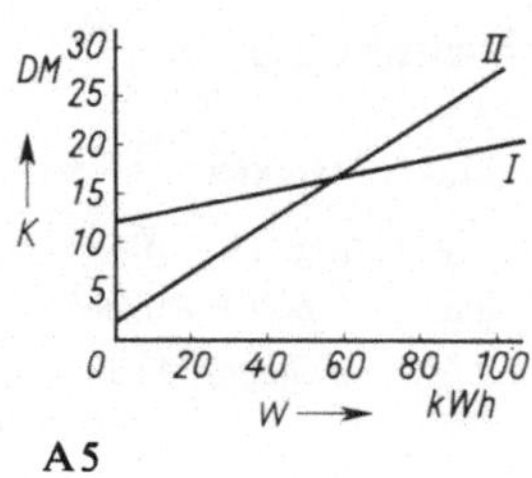

9. a) Scheitel: $A\left(-\dfrac{2}{3};\ \dfrac{8}{3}\right)$; Parameter: $p = -\dfrac{1}{3}$; Parabel nach unten offen

b) Scheitel: $A\left(\dfrac{2}{3};\ \dfrac{4}{3}\right)$; Parameter: $p = \dfrac{1}{3}$; Parabel nach oben offen

10. $(x - 2)^2 = 4(y - 1)$ **11.** $P_1(0;\ 2{,}5)$; $P_2(6{,}9;\ 0)$; $P_3(-2{,}9;\ 0)$

12. $P_1(0;\ -5)$; $P_2(2{,}25;\ -0{,}5)$ **13.** $n = 2{,}25$

14. a) Scheitel $(2\ \text{m}/3;\ -1\ \text{m}^2/3)$; $x_{01} = 1$ m; $x_{02} = 1\ \text{m}/3$
b) Scheitel $(0{,}875\ \text{m};\ 3{,}112\ \text{m}^2)$; $x_{01} = 2{,}847$ m; $x_{02} = -1{,}097$ m
c) Scheitel $(0{,}601\ \text{m};\ 0{,}890\ \text{N})$; keine Nullstellen
d) Scheitel $(-0{,}49\ \text{m};\ -0{,}00025\ \text{Nm})$; $x_{01} = -0{,}48$ m; $x_{02} = -0{,}50$ m

15. $y = -\dfrac{3}{16\ \text{m}} x^2$

16. Scheitel $[(v_0^2/2g)\sin 2\alpha;\ (v_0^2/2g)\sin^2\alpha]$;   Wurfweite $x_W = (v_0^2/g)\sin 2\alpha$

17. $y = x^2/(150 \text{ m}) - 0,4x$; $y = -x^2/(150 \text{ m}) + 0,4x$;

Stablängen (Zählung von links) $l_1 = 6,67$ m; $l_2 = 13,23$ m; $l_3 = 10,67$ m; $l_4 = 15,11$ m; $l_5 = 12,00$ m

Schnittpunkte der Fahrbahn $x_1 = 42,25$ m; $x_2 = 17,75$ m

18. $x_0 = \dfrac{l}{\sqrt{3}} = 0,577\, l = 2,887$ m

19. a) $y = (x - 2)(x + 3)(x + 6)$;   b) $y = (x - 2)(x + 1)(x - 1)^2$

Abschnitt 3.3

1. Nullstellen 1; -1; -3;   Unendlichkeitsstellen -2; $+1,5$;
Asymptoten $y = x + 2,5$; $x = -2$; $x = +1,5$;   Bild A6

2. $p = c/V$;   Bild A7   **3.** $h = 5,32$ km;   Bild A8

4. $\lambda_p = 103,9$; $\sigma_K = -0,114\,\dfrac{\text{kN}}{\text{cm}^2} \cdot \lambda + 31,0\,\dfrac{\text{kN}}{\text{cm}^2}$

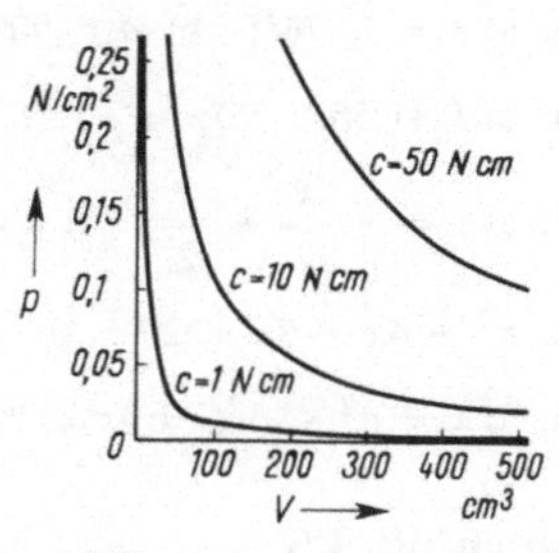

A7

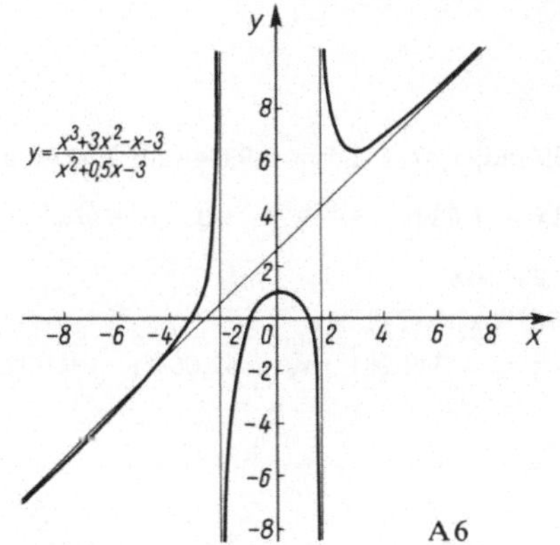

A6

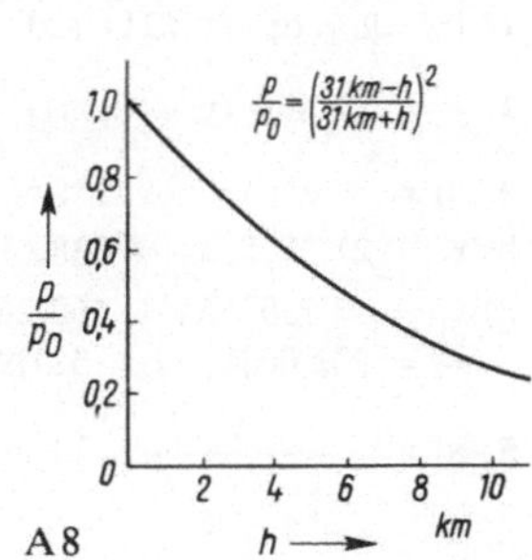

A8

Abschnitt 3.4

1. $v/\bar{v} = 1,0283$

2. a) $(x - 2,82)^2 + (y - 5,28)^2 = 3,9^2$;   b) kein Kreis, da Punkte auf einer Geraden liegen.

3. $(x + 10)^2 + (y - 4)^2 = 25$

4. $P_1(1;\, 0)$; $P_2(9;\, 0)$; $P_3(0;\, 3)$; $P_4(0;\, 3)$. Der Kreis berührt die y-Achse.

5. $n_1 = +5,59$; $n_2 = -5,59$

6. $(x - 15,32)^2 + (y - 15,32)^2 = 15,32^2$; $(x - 2,68)^2 + (y - 2,68)^2 = 2,68^2$

7. $P_1(0;\, 5)$; $P_2(5;\, 0)$ **8.** $x_1 = 13$; $y_1 = 2$; $x_2 = -3$; $y_2 = -6$

9. $x_1 = 3$; $y_1 = -4$; $x_2 = 4,8$; $y_2 = 1,4$ **10.** $\dfrac{(x - 10)^2}{196} + \dfrac{(y + 7)^2}{49} = 1$

11. $\dfrac{x^2}{220/3} + \dfrac{y^2}{220/7} = 1$ **12.** $P_1(0;\, 5)$; $P_2(-3,6;\, -2,19)$

13. $y = 0{,}339x - 5{,}53$ **14.** $x = +12;\;\; x = -2;\;\; y = +3;\;\; y = -9$

15. $y = 0{,}612x + 4{,}29;\;\; y = -0{,}612x - 4{,}29$ **16.** 2 Doppelpunkte: $P_1(7;\,0);\;\; P_2(-7;\,0)$

17. $\dfrac{x^2}{100} + \dfrac{y^2}{100/3} = 1$ **18.** $\dfrac{(x-7)^2}{49} - \dfrac{(y-10)^2}{196} = 1$

19. $\dfrac{(x-10)^2}{9} - \dfrac{(y-4)^2}{27} = 1$ **20.** $P_1(22{,}6;\,19);\;\; P_2(-18{,}6;\,19)$

21. $x = 9$ und $x = -3$ **22.** $y = +0{,}8x - 1$ und $y = -0{,}8x + 7$

23. a) $\delta = 73{,}74°$; b) $\delta = 90°$; c) $\delta = 102{,}68°$

24. a) $P_1(1{,}56;\,1{,}25);\;\; P_2(1{,}56;\,-1{,}25)$; b) keine Schnittpunkte

25. a) $y = -\dfrac{x}{2} + \dfrac{9}{2}$; b) $y = 3x - 10$; c) $y = \dfrac{3}{2}x - 5$

26. $x^2 + 4x - 8y + 20 = 0$ **27.** $(x-11)^2 + y^2 = 100;\;\; (x+9)^2 + y^2 = 100$

28. a) $x = a^2 + b^2$; b) $x = 7/6$; c) $x = 0$

Abschnitt 3.5

1. 0,5908 rad; $-0{,}2311$ rad; 0,1614 rad; 1,6539 rad; 1,4711 rad; $-0{,}9354$ rad; 2,6779 rad

2. $y = 0{,}8\sin(3x + 0{,}351);\;\; y = 2{,}4\cos(0{,}2x + 1{,}839)$ **3.** $x = 0{,}266 + n\pi$

4. a) $x_1 = 0°;\; x_2 = 180°;\; x_3 = 77{,}012°;\; x_4 = 282{,}988°$

b) $x_1 = 21{,}390°;\; x_2 = 338{,}610°$; c) $x_1 = 27{,}969°;\; x_2 = 242{,}031°$

d) $x_1 = 17{,}739°;\; x_2 = 162{,}261°;\; x_3 = 197{,}739°;\; x_4 = 342{,}261°;\; x_5 = 42{,}063°;\; x_6 = 137{,}937°$;
  $x_7 = 222{,}063°;\; x_8 = 317{,}937°$

5. a) $y = \dfrac{x}{\sqrt{1 + x^2}}$; b) $y = \arctan\dfrac{x_1 + x_2}{1 - x_1 x_2}$

6. Mit $\varphi = \arcsin x$ ist $x = \sin\varphi$, $z = \tan 2\varphi = \dfrac{2\tan\varphi}{1 - \tan^2\varphi}$, daraus folgt $z = \dfrac{2x\sqrt{1 - x^2}}{1 - 2x^2}$

7. $F_3 = 2{,}572$ kN; $\beta = 41{,}4°$

Abschnitt 3.6

1. $y = 0{,}775\,e^{0{,}1277x}$ **2.** 1,443   **3.** 40,2; 69,3; 97,2; 100,0   **4.** $a = 106{,}1$ m

5. $x = \dfrac{\text{zul}\,\sigma_D}{\gamma}\ln\dfrac{A}{A_0} = \dfrac{\text{zul}\,\sigma_D}{\gamma}\ln\dfrac{A\,\text{zul}\,\sigma_D}{F}$

6. a) $x = -0{,}086744$; b) $x = \pm2{,}30575$; c) $x_1 = 1{,}61803;\; x_2 = -0{,}61803$ **7.** $n = 21$

Abschnitt 4

1. a) 1; b) 1/3; c) 0; d) divergent; e) $-1/3$; f) 1; g) $(2 - \sqrt{2})/(\sqrt{3} - 1) = 0{,}800$;
h) $1/(2\sqrt{3}) = 0{,}289$; i) $-6/7$; j) 1

2. a) $-3/2$; b) 4; c) 3/5; d) 0 für $a \neq 0$; 1 für $a = 0$

3. a) $1/e$; b) $1/e$; c) 1   **4.** a) 2; b) 1; c) 1/2; d) $-\sin\alpha$ **5.** $1/(7\cdot x^{6/7})$

6. $s = 2^{m+1} - 1$ **7.** $s = (a^n - b^n)/(a - b)$ **8.** 5 Glieder

9. $s = 7$ **10.** $s = 2,5$ (Bild A9)

$$\underset{\substack{\\ s_1 \qquad\quad s_2 \quad\; s_3\ s_4\ s_5\ s}}{\overset{\substack{0 \qquad\qquad 1 \qquad\qquad 2\\ }}{\rule{8cm}{0.4pt}}}$$

A9

11. $n = 10,24$ Jahre   **12.** Ansatz: $0 = 35\,000$ DM $\cdot\, 1,055^{10} - R\,\dfrac{1,055^{10} - 1}{0,055}$; $R = 4643,-$ DM

13. $K_{10} = 10\,888,-$ DM   **14.** Zinsen für 1987: $333,-$ DM

15. Ansatz: $0 = 60\,000\cdot 1,04^n - 4000\cdot\dfrac{1,04^n - 1}{0,04}$; $n = 23,4$ Jahre

Abschnitt 5.1

1. a) $y' = 20x^4 - \dfrac{7}{3\sqrt[3]{x^2}} - \dfrac{4}{3\sqrt[3]{x^4}} - \dfrac{1}{5\sqrt[5]{x^4}}$; b) $y' = \dfrac{10}{x\ln 7}$

c) $y' = 3\cos x + 5\sin x$; $y'(\pi/4) = 5,66$

2. $x_1 = 0,762$; $y_1 = -0,830$; $x_2 = 1$; $y_2 = -1$; $\alpha_3 = 96,34° = 107,04$ gon

3. $x_0 = -4$; $y_0 = -64$ **4.** $\delta = 6,91° = 7,68$ gon

5. a) $y'' = -3\sin x$; b) $y'' = -\dfrac{4}{9\sqrt[3]{x^5}}$; c) $y'' = \dfrac{24}{25\sqrt[5]{x^{11}}}$

6. $v = 40$ m/s $- 3\,(\text{m/s}^2)\,t$; $a = -3$ m/s^2; $v(0) = 40$ m/s $= 144$ km/h
Stillstand für $t_1 = 13,3$ s; $s(t_1) = 267$ m.

7. $f = w(l) = ql^4/(8EI)$; $\tan\alpha = w'(l) = ql^3/(6EI) = f/(0,75\,l)$

8. $v'(s_0) = \sqrt{2g}/(2\sqrt{s_0}) = v_0/(2s_0) = (v_0 - v_1)/s_0$; also $v_1 = v_0/2$

9. $y_1 = -(n - 1)y_0$ **10.** $V = (1,848 \pm 0,023)\,\text{m}^3$; $\dfrac{dV}{V} = 1,24\%$.

Abschnitt 5.2

1. a) $y' = -\dfrac{2\sin x}{(1 - \cos x)^2}$; b) $y' = \dfrac{1}{x\ln x}$; c) $y' = \dfrac{1}{\sin x}$; d) $y' = \dfrac{1}{\sqrt{x^2 + 1}}$;

e) $y' = \dfrac{1}{\sqrt{(ax + b)(x + d)}}$; f) $y' = -12(x - 1)\dfrac{(2x - 1)^{1/2}}{(6x - 1)^{7/2}}$; g) $y' = \dfrac{1}{\sqrt{x^2 + ax}}$;

h) $y' = \arcsin x$; i) $y' = \dfrac{2}{x} + \dfrac{1}{1 + e^{-2x}} + 3$; j) $y' = x\sqrt{8x - x^2}$;

k) $y' = \sin(\ln x)$; l) $y' = \dfrac{\sqrt{a^2 - b^2}}{2(a + b\cos x)}$; m) $y' = \sqrt{ax + b}\,(2,5ax + b)$; n) $y' = \dfrac{2x + 1}{x^2 + x + 2}$

2. $y' = \dfrac{x(x-2)}{(x^2 - x + 1)^2}$; $y' = 0$ für $x = 0$ und $x = 2$; $y(0) = 1$; $y(2) = -1/3$

3. Schnittwinkel mit y-Achse $\alpha = 0°$;
Schnittwinkel mit x-Achse $\alpha = \pm 62{,}06° = \pm 68{,}96$ gon bei $x_0 = \pm 0{,}707$

4. $37{,}25° = 41{,}39$ gon   **5.** $73{,}78° = 81{,}98$ gon

6. $v = A\omega\cos(\omega t + \varphi)$; $a = -A\omega^2\sin(\omega t + \varphi)$

7. Aus $w' = 0$ folgt $x_0 = l/\sqrt{3} = 0{,}577\,l$

8. a) $\Delta\varphi_1/\varphi_1 = 1°/5° = 0{,}20 = 20\%$;
$\Delta\cos\varphi_1/\cos\varphi_1 \approx -\tan\varphi_1 \cdot \Delta\varphi_1 = -0{,}087 \cdot (\pm 0{,}01745) = \mp 0{,}15\%$
b) $\Delta\varphi_2/\varphi_2 = 1°/85° = 0{,}0118 = 1{,}18\%$;
$\Delta\cos\varphi_2/\cos\varphi_2 \approx -\tan\varphi_2 \cdot \Delta\varphi_2 = -11{,}430 \cdot (\pm 0{,}01745) = \mp 19{,}95\%$

9. a) $c = (10{,}198 \pm 0{,}020)$ m;   b) $c = (12{,}806 \pm 0{,}062)$ m

10. $\mathrm{d}l = \pm 0{,}006$ m   **11.** $\dfrac{\mathrm{d}\alpha}{\mathrm{d}\gamma} = \dfrac{ab\cos\gamma - a^2}{a^2 + b^2 - 2ab\cos\gamma}$; $\Delta\alpha = 2{,}50$ mgon

Abschnitt 5.3

1. $x_1 = 0{,}37089$; $x_2 = -1{,}19608$ **2.** $x_1 = 0{,}60527$

3. $x_1 = -3{,}8284$; $x_2 = -0{,}4317$; $x_3 = +0{,}2317$; $x_4 = +1{,}8284$

4. $h_0 = 19{,}102$ cm (Mit $u = h/(15$ cm$)$ erhält man die Bestimmungsgleichung $u^3 - 3u^2 + 2{,}8 = 0$)

5. a) $b = d/\sqrt{3}$; $h = \sqrt{2/3}\,d$; $W = d^3/(9\sqrt{3})$;   b) $b = d/2$; $h = \sqrt{3}\,d/2$; $I = \sqrt{3}\,d^4/64$

6. $\tan 2\varphi_0 = -\dfrac{2I_{xy}}{I_x - I_y}$, daraus die beiden Lösungen φ_{01} und φ_{02}. Die zugehörigen Flächenmomente
sind extremal, eines ist minimal und eines ist maximal.

7. $b/h = (d/\sqrt{2})/(d/\sqrt{2})$ (Quadrat)   **8.** $x = l/4$

9. $a = \sqrt{2} \cdot 15$ m$/2 = 10{,}61$ m; $b = \sqrt{2} \cdot 4{,}80$ m$/2 = 3{,}39$ m

10. a) $a = l/\sqrt{3}$ b) $a = l \cdot (\sqrt{3} - 1)/2$

11. $\max M = M(0{,}375\,l) = ql^2 \cdot 9/128 = 0{,}0703\,ql^2$; $\max y = y(0{,}4215\,l) = ql^4/(184{,}6\,EI)$

12. $a = 11\,l/24$

13. a) $y = (x + 2)^2(x - 2)^2$;   Nullstellen: $x_1 = x_2 = -2$; $x_3 = x_4 = +2$;
Maximum: $x_5 = 0$; $y_5 = 16$;   Minimum: $x_6 = -2$; $y_6 = 0$; $x_7 = 2$; $y_7 = 0$;
Wendepunkte: $x_8 = -1{,}1547$; $y_8 = 7{,}1111$; $x_9 = 1{,}1547$; $y_9 = 7{,}1111$

b) Keine Nullstellen, Unendlichkeitsstelle: $x = 1{,}5$;   Asymptote: $y = x/2 - 3/4$;
Extremwerte: $x_1 = 2{,}823$; $y_1 = 1{,}323$; $x_2 = 0{,}1771$; $y_2 = -1{,}323$;   Bild A10

c) $y = \dfrac{(x + 1)(x + 3)}{(x + 4)^2}$;   Asymptote: $y = 1$;   Nullstellen: $x_1 = -1$; $x_2 = -3$;
Unendlichkeitsstelle: $x = -4$;   Extremwerte: $x_3 = -2{,}5$; $y_3 = -1/3$;
Wendepunkt: $x_4 = -1{,}75$; $y_4 = -0{,}1852$;   Bild A11

d) $y = \dfrac{2x\sqrt{(x-3)(x-1)}}{(x-4)(x+5)}$ für $1 < x < 3$ nicht definiert;   Asymptoten: $y = 2$ für $x > 0$; $y = -2$

für $x < 0$;   Unendlichkeitsstellen: $x_1 = 4$; $x_2 = -5$;   Nullstellen: $x_3 = 0$; $x_4 = 1$; $x_5 = 3$;

Extremwerte: $x_6 = 0{,}653$; $y_6 = -0{,}0623$; $x_7 = 11{,}74$; $y_7 = 1{,}756$;   Bild A12

e) $y = \dfrac{\sqrt[3]{x^2-1}}{\sqrt[6]{x+2}}$ für $x \leqslant -2$ nicht definiert;   Unendlichkeitsstelle: $x = -2$;   Nullstelle: $x_1 = -1$;

$x_2 = 1$ (in diesen Punkten senkrechte Tangenten);   Extremwert: $x_3 = -0{,}1315$; $y_3 = -0{,}896$;

$y(0) = -0{,}891$;   Wendepunkte: $x_1 = -1$; $y_1 = 0$; $x_2 = 1$; $y_2 = 0$; $x_4 = -1{,}415$;

$y_4 = 1{,}095$;   für $x \to \infty$ strebt die Kurve gegen $y = \sqrt[6]{(x^2+2)(x-2)}$;   Bild A13

14. $|\varrho| = p$ **15.** $\varrho = 6{,}51$ m   **16.** $\varrho_1 = -1$; $\varrho_2 = \infty$; $\varrho_3 = +1$

17. $\varrho = -\dfrac{(a^4 - a^2x^2 + b^2x^2)^{3/2}}{a^4 b}$; für die Hauptscheitel $A_1(+a;\,0)$ und $A_2(-a;\,0)$ erhält man

$\varrho_1 = -b^2/a$ und für den Nebenscheitel $B_1(0;\,+b)$ entsprechend $\varrho_2 = -a^2/b$. Die Krümmungsradien sind negativ, da die obere Ellipsenhälfte, die eine negative Krümmung aufweist, betrachtet wurde.

18. $\varrho = 285$m   **19.** $\dfrac{dh}{d\alpha} = \dfrac{l}{\cos^2\alpha} = \dfrac{2h}{\sin 2\alpha}$; Minimum von dh für $\alpha = 45°$.

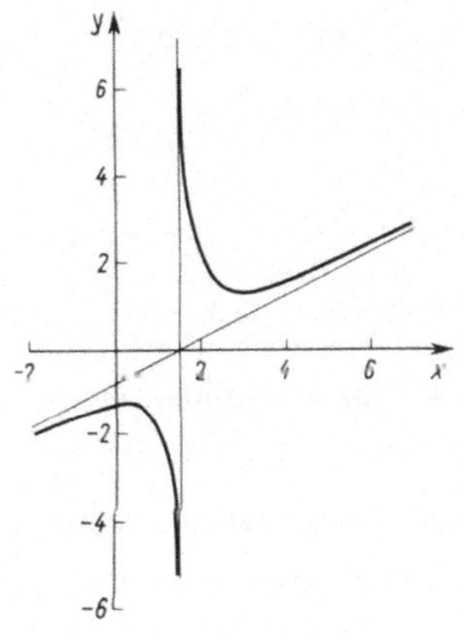

A10

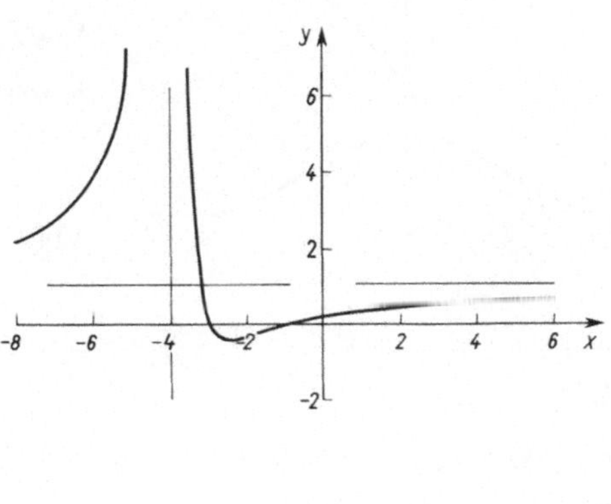

A11

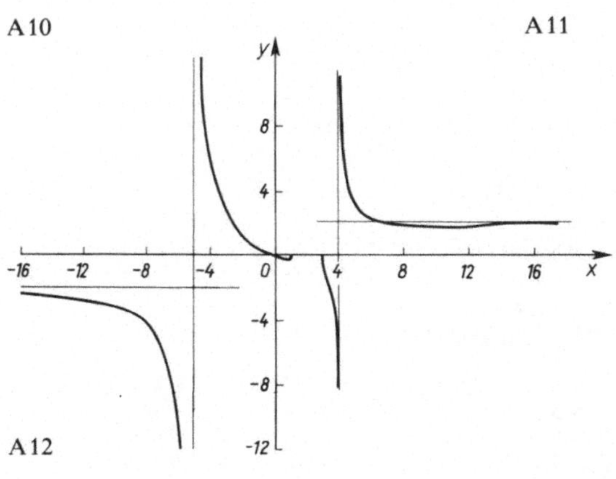

A12

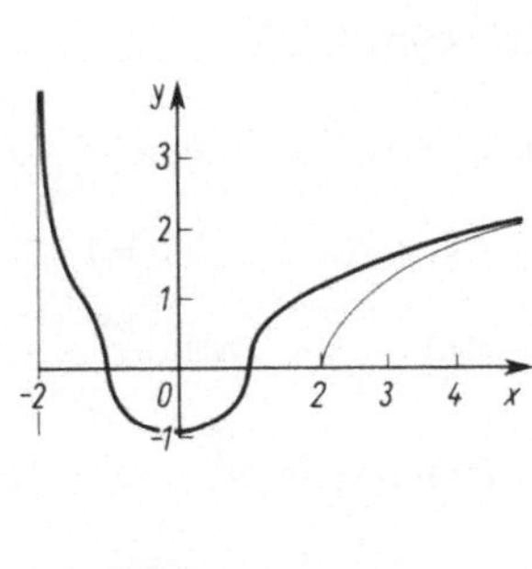

A13

Abschnitt 6.1

1. $I = 70\ \text{cm}^3$ **2.** $A = 9\ \text{cm}^2$ **3.** $y = -10x^3 + 69x^2 - 155x + 114$

4. $a = 1/[(2m + m^2)\,\text{cm}]$ **5.** $W_i = F^2 l^3/(6\,EI)$

6. Auf beiden Wegen erhält man $2a_0 h + 2a_1 h^2 + 8a_2 h^3/3 + 4a_3 h^4$

7. $I = 0{,}2866559$ **8.** $V = \dfrac{h}{3}\,[A(0) + 4A(h) + A(2h)]$

9. 10 gleichbreite Streifen: $x = 0{,}9753$; $y = 0{,}1637$; genaue Ergebnisse: $x = 0{,}9752877$; $y = 0{,}1637141$

10. $\dot{V} = \sqrt{2g} \displaystyle\int_h^H \sqrt{x}\left[b + \dfrac{B - b}{H - h}\,(x - h)\right] dx = 913\ \text{l/s}$

Abschnitt 6.2

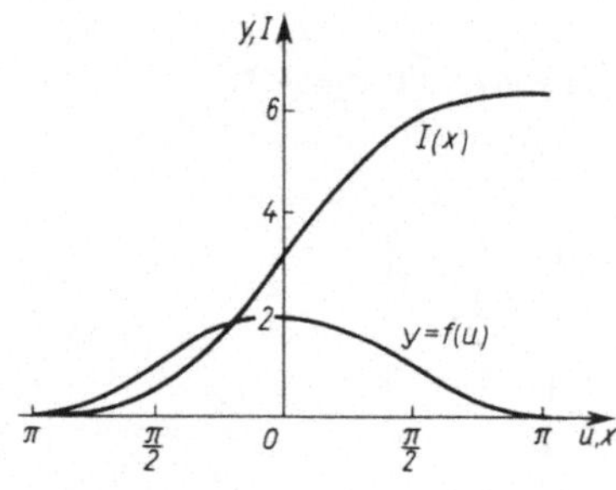

A14

1. $y = 4{,}5x^4 - 4x^3 + 1{,}5x^2 - 6x - 33$

2. Bild A14; $I(\pi) = 2\pi$

3. a) $I = -0{,}347$;   b) $I = 0{,}755$;   c) $I = 2{,}325$

4. $x_0/\text{cm} = 1{,}1105$; $A = 0{,}1041\ \text{cm}^2$

5. $\displaystyle\int \tan^2 x\,dx = \tan x - x$; $\displaystyle\int \frac{dx}{\cos^2 x} = \tan x$ **6.** $\displaystyle\int \cos(\omega t + \varphi)\,dt = \frac{1}{\omega}\sin(\omega t + \varphi)$

7. $A = 2\ \text{cm}^2$

8. $F_1'(x) = F_2'(x) = \sinh 2x + e^x = f(x)$; d. h. $F_1(x)$ und $F_2(x)$ sind Stammfunktionen von $f(x)$

9. $f(x_\text{m}) = 2/\pi = 0{,}637$

Abschnitt 6.3

1. a) $I(x) = x\arctan x - \dfrac{1}{2}\ln|1 + x^2|$;   b) $I(x) = \dfrac{e^{ax}}{a^2}\,(ax - 1)$

c) $I = 2{,}5\,(1 - e^{-0{,}8}) = 1{,}377$;   d) $I = \pi/16$;

e) $I(x) = \dfrac{11}{8}\cdot\arcsin\dfrac{2x - 1}{3} - \dfrac{1}{4}\,(2x + 3)\sqrt{x + 2 - x^2}$;

f) $I(x) = \dfrac{1}{2}\ln|x^2 - 7x + 3| + 0{,}575\ln\left|\dfrac{6{,}54 - x}{x - 0{,}459}\right|$;

g) $I = \left[u - \dfrac{u^3}{3}\right]_0^{1/\sqrt{2}} = 0{,}589$ bei $u = \cos x$;

h) $I = \left[\dfrac{2x^3 - 3x}{4}\sin 2x + \dfrac{6x^2 - 3}{8}\cos 2x\right]_0^{\pi/2} = \dfrac{3}{4}\left(1 - \dfrac{\pi^2}{4}\right) = -1{,}101$

i) $I(t) = \dfrac{1}{\omega^2 + \delta^2}\,e^{-\delta t}(\omega\sin\omega t - \delta\cos\omega t);$

j) $I(x) = \dfrac{x}{2}\sqrt{x^2 - 1} - \dfrac{1}{2}\ln\left(x + \sqrt{x^2 - 1}\right);$

k) $I(x) = \dfrac{r^2}{2}\arcsin\dfrac{x}{r} + \dfrac{x}{2}\sqrt{r^2 - x^2};$

l) $I(x) = \operatorname{arsinh}(x - 2) = \ln(x - 2 + \sqrt{x^2 - 4x + 5});$

m) $I(x) = \ln\left|\dfrac{\cos x}{1 - \sin x}\right|;$ n) $I(x) = \dfrac{3}{8}x - \dfrac{1}{4}\sin 2x + \dfrac{1}{32}\sin 4x;$

o) $I(x) = \dfrac{x^2 + 1}{2}\cdot\arctan x - \dfrac{x}{2};$ p) $I(x) = x(\ln x - 1)$

2. $A = \pi a b$

Abschnitt 6.4

1. $A = \dfrac{b^4 - a^4}{4}\,\mathrm{cm}^{-2} - \dfrac{b^3 - a^3}{3}\,\mathrm{cm}^{-1} + (b - a)\,\mathrm{cm}$

2. $A_M = \dfrac{ql^3}{12} = \dfrac{2}{3}\cdot\dfrac{ql^2}{8}\,l = \dfrac{2}{3}\,l\cdot\max M$ **3.** $G = 1{,}603\ \mathrm{N}$

4. $A = \dfrac{c^2}{4n}(e^{n\pi} - 1);\quad s = \dfrac{c}{n}\sqrt{1 + n^2}\left(e^{n\frac{\pi}{2}} - 1\right)$

5. $V_y = 0{,}628\ \mathrm{cm}^3$ **6.** $R = \dfrac{p_0 a}{2};\quad x_R = \dfrac{2}{3}\,a$

7. Bild 6.65a: $\ A = ca^3/3;\ \ x_S = 3a/4;\ \ y_S = 3ca^2/10$
Bild 6.65b: $\ A = 2a\sqrt{2pa}/3;\ \ x_S = 3a/5;\ \ y_S = 3\sqrt{2pa}/8$

8. $V = 2\pi\,\dfrac{4r}{3\pi}\cdot\dfrac{\pi r^2}{2} = \dfrac{4}{3}\,\pi r^3$

9. $V = 2\pi\cdot a\cdot\pi r^2 = 2\pi^2 r^2 a;\quad O = 2\pi\cdot a\cdot 2\pi r = 4\pi^2 a r$ **10.** $m = 66{,}34\ \mathrm{kg}$

11. $x_S = 4{,}21\ \mathrm{cm}$ **12.** $y = y_S\left(1 - \dfrac{x^2}{16\ \mathrm{cm}^2}\right)$ mit $y_S = 2{,}67\ \mathrm{cm}$

13. a) $I_x = \dfrac{bh^3}{36};\quad I_y = \dfrac{hb^3}{36};\quad I_{xy} = -\dfrac{h^2 b^2}{72}$

b) $I_x = \dfrac{bh^3}{36};\quad I_y = \dfrac{hb^3}{36};\quad I_{xy} = +\dfrac{h^2 b^2}{72}$

14. $M = 156\pi = 490{,}1;\quad x_s = 6{,}877$ **15.** $x_S = \dfrac{\pi}{2}\,a;\quad y_S = \dfrac{\pi}{8}\,a;\quad I_x = \dfrac{4}{9}\,a^4$

16. Kettenlinie $s_K(x_0) = a \sinh(x_0/a)$; $s_K(a) = 1{,}175\,a$;

Parabel: $s_P(x_0) = a \left\{ \dfrac{x_0}{2a} \sqrt{1 + \dfrac{x_0^2}{a^2}} + \dfrac{1}{2} \ln \left[\dfrac{x_0}{a} + \sqrt{1 + \dfrac{x_0^2}{a^2}} \right] \right\}$

$\qquad s_P(a) = 1{,}148\,a$; $(s_K - s_P)/s_K = 2{,}3\%$

17. $A = \dfrac{a\omega}{\delta^2 + \omega^2} \, \mathrm{e}^{\frac{\delta\varphi}{\omega}} \left(1 + \mathrm{e}^{-\frac{\delta\pi}{\omega}} \right)$ **18.** $\Delta h = 497{,}9$ m

19. Für $0 \leqslant x \leqslant \dfrac{l}{2}$ ist $q(x) = \dfrac{2q}{l}\,x$; $Q(x) = -\dfrac{q}{l}\,x^2$; $M(x) = -\dfrac{q}{l} \cdot \dfrac{x^3}{3}$

für $\dfrac{l}{2} \leqslant x \leqslant l$ ist $q(x) = q$; $Q(x) = -q\left(x - \dfrac{l}{4}\right)$; $M(x) = -q\left(\dfrac{x^2}{2} - \dfrac{l}{4}x + \dfrac{l^2}{24}\right)$

20. Für $0 \leqslant x \leqslant \dfrac{l}{4}$ ist $q(x) = q$; $Q(x) = -qx$; $M(x) = -q\dfrac{x^2}{2}$

für $\dfrac{l}{4} \leqslant x \leqslant \dfrac{5l}{4}$ ist $q(x) = q$; $Q(x) = -q\left(x - \dfrac{25}{32}l\right)$; $M(x) = -q\left(\dfrac{x^2}{2} - \dfrac{25}{32}lx + \dfrac{25}{128}l^2\right)$

Querkraftnullstelle: $x_0 = \dfrac{25}{32}l$; $\max M = M(x_0) = ql^2 \dfrac{225}{2048} \approx \dfrac{ql^2}{9{,}10}$

21. Für $0 \leqslant x \leqslant c$ ist $q(x) = \dfrac{qx}{c}$; $Q(x) = q\left(\dfrac{c(3l - 2c)}{6l} - \dfrac{x^2}{2c}\right)$;

$M(x) = q\left(\dfrac{c(3l - 2c)x}{6l} - \dfrac{x^3}{6c}\right)$

für $c \leqslant x \leqslant l$ ist $q(x) = 0$; $Q(x) = -q\dfrac{c^2}{3l}$; $M(x) = q\dfrac{c^2}{3l}(l - x)$

Querkraftnullstelle: $x_0 = c\sqrt{1 - \dfrac{2c}{3l}}$; $\max M = M_0 = \dfrac{qc^2}{3}\sqrt{\left(1 - \dfrac{2c}{3l}\right)^3}$

22. $w(x) = \dfrac{ql^4}{120EI}\left[4 - 5\dfrac{x}{l} + \left(\dfrac{x}{l}\right)^5\right]$; $w(0) = f = \dfrac{ql^4}{30EI}$; $w'(0) = \tan\alpha = -\dfrac{ql^3}{24EI}$

23. $w(x) = \dfrac{M_B l^2}{6EI}\left[\dfrac{x}{l} - \left(\dfrac{x}{l}\right)^3\right]$; $w'(0) = \dfrac{M_B l}{6EI}$; $w'(l) = -\dfrac{M_B l}{3EI}$

24. $w'' = -\dfrac{M(x)}{EI(x)} = \dfrac{12F}{Eb}\dfrac{x}{(d_0 + x\tan\alpha)^3}$

$w' = \dfrac{12F}{Eb\tan^2\alpha}\left[\dfrac{d_0}{2(d_0 + x\tan\alpha)^2} - \dfrac{1}{d_0 + x\tan\alpha} - \dfrac{d_0}{2d_E^2} + \dfrac{1}{d_E}\right]$

$w = \dfrac{12F}{Eb\tan^2\alpha}\left[\dfrac{1}{\tan\alpha}\ln\dfrac{d_E}{d_0 + x\tan\alpha} - \dfrac{d_0}{2\tan\alpha(d_0 + x\tan\alpha)} + \dfrac{2d_E - d_0}{2d_E^2}x + \dfrac{d_0^2 - 2(d_E - d_0)^2}{2d_E^2\tan\alpha}\right]$

$w(0) = f = \dfrac{12F}{Eb\tan^3 d}\left[\ln\dfrac{d_E}{d_0} - \dfrac{1}{2} + \dfrac{d_0^2 - 2(d_E - d_0)^2}{2d_E^2}\right]$

Abschnitt 7

1. a) $\sinh x = x + \dfrac{x^3}{3!} + \dfrac{x^5}{5!} + \cdots + \dfrac{x^{2n+1}}{(2n+1)!}\cosh x_{\mathrm{m}}$

b) $\dfrac{1+x}{1-x} = 2\left[\dfrac{1}{2} + x + x^2 + x^3 + \cdots + \dfrac{x^{n+1}}{(1-x_{\mathrm{m}})^{n+2}}\right]$

c) $\dfrac{1}{x} = 1 - (x-1) + (x-1)^2 - (x-1)^3 + \cdots + (-1)^n\dfrac{(x-1)^{n+1}}{x_{\mathrm{m}}^{n+2}}$

die Reihe konvergiert für $0 < x < 2$

2. $\arcsin x = x + \dfrac{1}{2}\dfrac{x^3}{3} + \dfrac{3\cdot x^5}{2\cdot 4\cdot 5} + \dfrac{3\cdot 5\cdot x^7}{2\cdot 4\cdot 6\cdot 7} + \cdots$ **3.** Gl. (7.17)

4. $\varphi = \dfrac{1}{2}\left[\dfrac{x}{l} - \dfrac{1}{3}\left(\dfrac{x}{l}\right)^3 + \dfrac{1}{5}\left(\dfrac{x}{l}\right)^5 - \cdots\right]$

5. $s = l\left[1 + \dfrac{2}{3}\left(\dfrac{h}{l}\right)^2 - \dfrac{2}{5}\left(\dfrac{h}{l}\right)^4 + \dfrac{4}{7}\left(\dfrac{h}{l}\right)^6 - \cdots\right]$

6. a) $\displaystyle\int_0^x \dfrac{\sin\xi}{\xi}\,\mathrm{d}\xi = x - \dfrac{x^3}{3\cdot 3!} + \dfrac{x^5}{5\cdot 5!} - \dfrac{x^7}{7\cdot 7!} + \cdots$

b) $\displaystyle\int_0^x \sqrt{1+\xi^3}\,\mathrm{d}\xi = x + \dfrac{x^4}{8} - \dfrac{x^7}{56} + \dfrac{x^{10}}{160} - \cdots$

c) $\displaystyle\int_{1/2\pi}^{1/\pi} \sin\left(\dfrac{1}{x}\right)\mathrm{d}x = \ln x + \dfrac{1}{3!\,2x^2} - \dfrac{1}{5!\,4x^4} + \dfrac{1}{7!\,6x^6} - \cdots\,\Big|_{0,1592}^{0,3183} = -0{,}49645 + 0{,}40022$

$\qquad = -0{,}09623$

d) $\displaystyle\int_0^x \cos\sqrt{\xi}\,\mathrm{d}\xi = x - \dfrac{x^2}{2\cdot 2!} + \dfrac{x^3}{3\cdot 4!} - \dfrac{x^4}{4\cdot 6!} + \cdots = \sum_{i=1}^{\infty}(-1)^{i+1}\dfrac{x^i}{i(2i-2)!}$

7. a) $\dfrac{f'(5)}{g'(5)} = \dfrac{1}{2\cdot\sqrt{14-5}(2\cdot 5)} = \dfrac{1}{60}$;   b) $\dfrac{f'(\pi)}{g'(\pi)} = \dfrac{4\cdot\cos 4\pi}{2\cdot\cos 2\pi} = 2$

c) $\sqrt[x]{x} = \mathrm{e}^{(1/x)\ln x}$; $f(x) = \ln x$; $g(x) = x$; $\displaystyle\lim_{x\to\infty}\dfrac{f'(x)}{g'(x)} = \lim_{x\to\infty}\dfrac{1}{x} = 0$; $\mathrm{e}^0 = 1$

d) $r^2\cdot\ln r = \dfrac{\ln r}{\dfrac{1}{r^2}}$; $\dfrac{f'(0)}{g'(0)} = -\dfrac{1}{2}\displaystyle\lim_{r\to 0} r^2 = 0$

8. $\tau = 0{,}5\ \mathrm{rad} = 28{,}648°$

9. $x = \dfrac{1}{\sqrt{2}}\displaystyle\int_0^\tau \dfrac{\cos v}{\sqrt{v}}\,\mathrm{d}v = \sqrt{2\tau}\left[1 - \dfrac{\tau^2}{5\cdot 2!} + \dfrac{\tau^4}{9\cdot 4!} - \cdots\right]$

$y = \dfrac{1}{\sqrt{2}}\displaystyle\int_0^\tau \dfrac{\sin v}{\sqrt{v}}\,\mathrm{d}v = \sqrt{2\tau}\left[\dfrac{\tau}{3} - \dfrac{\tau^3}{7\cdot 3!} + \dfrac{\tau^5}{11\cdot 5!} - \cdots\right]$

10. Mit $x = l - \dfrac{l^5}{40} + \cdots \approx l$ erhält man $y \approx \dfrac{x^3}{6}$ und dann $Y \approx \dfrac{X^3}{6A^2}$. Dann wird $Y(20\text{ m}) \approx 0{,}008$ m, $Y(40\text{ m}) \approx 0{,}067$ m und $Y(80\text{ m}) \approx 0{,}533$ m.

11. $L = 266{,}667$ m; $\tau = 2/9$ rad $= 12{,}732°$; $X = 265{,}353$ m; $Y = 19{,}683$ m

Abschnitt 8

1. a) $y = \pm\sqrt{\dfrac{1}{x^2 - 2C}}$; $y = \dfrac{1}{\sqrt{x^2 + 1}}$;   b) $y = C\sqrt{1 + x^2}$; $y = \sqrt{1 + x^2}$

c) $y = \dfrac{1}{\cos x - C}$; $y = \dfrac{1}{\cos x}$;   d) $y = (x + C)^2$; $y = (x \pm 1)^2$

e) $y = Ce^{-2x} + 0{,}25 + 0{,}5x$; $y = \dfrac{1}{4}(3e^{-2x} + 1 + 2x)$

2. a) $y = C_1\cos 2x + C_2\sin 2x$; $y = 0{,}5\sin 2x$
b) $y = e^{-x}(C_1\cos 1{,}732x + C_2\sin 1{,}732x)$; $y = 0{,}577 e^{-x}\sin 1{,}732x$
c) $y = (C_1 + C_2 x)e^{-2x}$; $y = xe^{-2x}$
d) $y = C_1 e^{-0{,}764x} + C_2 e^{-5{,}236x}$; $y = 0{,}2236(e^{-0{,}764x} - e^{-5{,}236x})$, s. Bild A15

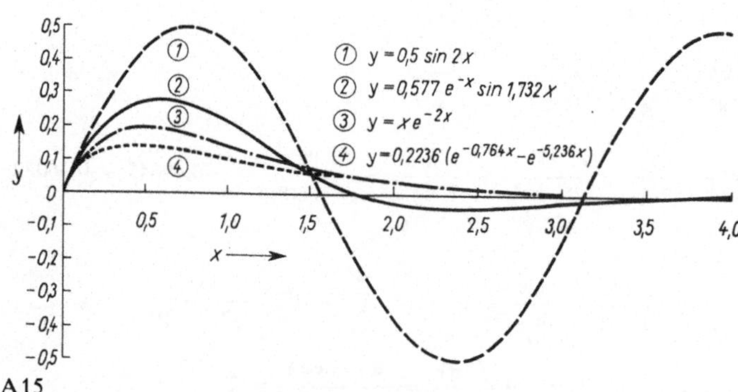

A15

3. a) $y = C_1\cos 3x + C_2\sin 3x + (9x^2 + 36x + 7)/81$
b) $y = e^{-x}(C_1\cos x + C_2\sin x) + (6\sin 3x - 7\cos 3x)/85$
c) $y = (C_1 + C_2 x)e^x + C_3 e^{-x} + C_4 e^{2x}$
d) $y = C_1 e^{-2x} + e^{-x}(C_2\cos x + C_3\sin x)$

4. $w_1 = \dfrac{19 F l^3}{2048 EI}$; $w_2 = \dfrac{28 F l^3}{2048 EI}$; $w_3 = \dfrac{21 F l^3}{2048 EI}$

5. Numerische Lösung: $y_1 = -0{,}355$; $y_2 = -0{,}673$; $y_3 = -0{,}910$

Analytische Lösung: $y = \dfrac{\sinh x}{\sinh 2} - x$; $y_1 = -0{,}356$; $y_2 = -0{,}676$; $y_3 = -0{,}913$

Fehler der Näherungslösung ungefähr 0,3%.

6. $w = \dfrac{Fl^3}{180\,EI}\left[3\left(\dfrac{x}{l}\right)^5 - 10\left(\dfrac{x}{l}\right)^3 + 7\,\dfrac{x}{l}\right];\quad w\left(\dfrac{l}{3}\right) = 8\,\dfrac{Fl^3}{729\,EI};\quad w\left(\dfrac{2}{3}l\right) = \dfrac{17}{2}\,\dfrac{Fl^3}{729\,EI}$

7. $w = \dfrac{Fl^3}{24\,EI}\left[\left(\dfrac{x}{l}\right)^4 - 2\left(\dfrac{x}{l}\right)^3 + \left(\dfrac{x}{l}\right)^2\right]$

8. a) $F = \pi^2 EI/(4l^2)$; b) $F = \pi^2 EI/l^2$; c) $F = 4\pi^2 EI/l^2$

Abschnitt 9

1. a) $f_x = \sin(x-y) + (x+y)\cos(x-y);\quad f_y = \sin(x-y) - (x+y)\cos(x-y)$

$f_{xx} = 2\cos(x-y) - (x+y)\sin(x-y);\quad f_{xy} = f_{yx} = (x+y)\sin(x-y)$

$f_{yy} = -2\cos(x-y) - (x+y)\sin(x-y)$

b) $f_x = \dfrac{a}{y}\,e^{x/y};\quad f_y = -\dfrac{ax}{y^2}\,e^{x/y};\quad f_{xy} = f_{yx} = -\dfrac{a}{y^2}\left(1+\dfrac{x}{y}\right)e^{x/y}$

$f_{xx} = \dfrac{a}{y^2}\,e^{x/y};\quad f_{yy} = \dfrac{ax}{y^3}\left(2+\dfrac{x}{y}\right)e^{x/y}$

2. $\tan\alpha = -8;\quad \tan\beta = +12$

3. $\Delta z = m\,dx + 2ny\,dy + n(dy)^2;\quad dz = m\,dx + 2ny\,dy$

4. a) $du = (\sin\omega t)\,du_m + u_m\cos\omega t\,(t\,d\omega + \omega\,dt)$

b) $d\varphi = \dfrac{R}{R^2 + (\omega L)^2}\left(L\,d\omega + \omega\,dL - \dfrac{\omega L}{R}\,dR\right)$

5. $y' = -\dfrac{2Ax + Cy + D}{2By + Cx + E}$

$y'' = -2\dfrac{A(2By + Cx + E)^2 - C(2Ax + Cy + D)(2By + Cx + E) + B(2Ax + Cy + D)^2}{(2By + Cx + E)^3}$

6. a) $dc = \dfrac{(2a - 2b\cos\gamma)\,da + (2b - 2a\cos\gamma)\,db + 2ab\sin\gamma\,d\gamma}{2\sqrt{a^2 + b^2 - 2ab\cos\gamma}}$

b) $db = \dfrac{\sin\beta}{\sin\alpha}\,da - \dfrac{a\sin\beta\cos\alpha}{\sin^2\alpha}\,d\alpha + \dfrac{a\cos\beta}{\sin\alpha}\,d\beta$

7. $w_{xx} = \ln r^2 + \dfrac{2x^2}{r^2} + 1;\quad w_{yy} = \ln r^2 + \dfrac{2y^2}{r^2} + 1;\quad w_{xy} = \dfrac{2xy}{r^2}$

8. $d(\Delta l) = \dfrac{F}{AE}\,dl + \dfrac{l}{AE}\,dF - \dfrac{lF}{A^2 E}\,dA$

9. $\alpha = 60°;\quad t = 0{,}760\,\sqrt{A};\quad b = 0{,}877\,\sqrt{A}$

10. $x = 1{,}747\,\sqrt[3]{V};\quad y = 1{,}310\,\sqrt[3]{V};\quad z = 0{,}437\,\sqrt[3]{V};\quad x:y:z = 1:0{,}75:0{,}25$

Abschnitt 10

1. $35,4 \text{ MN/m}^2$; $s = 3,8 \text{ MN/m}^2$ **2.** a) $81,85\%$; b) $99,73\%$

3. $13,13 \text{ mm} \leqslant x \leqslant 13,39 \text{ mm}$ **4.** $x_{5\%} = 28,8 \text{ MN/m}^2$

5. $A = 50,52 \text{ mm}^2 \pm 0,25 \text{ mm}^2$, $S = 95\%$, $\Delta A/A = 0,5\%$ **6.** $\Delta e/e = 0,7\%$

7. $c = 50,00 \text{ m} \pm 1,7 \text{ cm}$, $S = 95\%$ - **8.** $\Delta e = 0,21 \text{ mm}$, $S = 95\%$

9. $e = 232,19 \text{ m} \pm 4,5 \text{ cm}$, $S = 95\%$ **10.** $c = 330,23 \text{ m} \pm 2,4 \text{ cm}$, $S = 95\%$

11. $l = 50,0008 \text{ m} \pm 2,0 \text{ mm}$, $S = 95\%$

12. $H_K = 320,757 \text{ m} \pm 8 \text{ mm}$, $S = 95\%$; $s_0 = 6 \text{ mm}/\sqrt{\text{km}}$

Abschnitt 11.1

1. a) $\beta = 75,5002$ gon; b) $\beta_1 = 56,4178$ gon; $\beta_2 = 12,7772$ gon; c) $\beta = 49,6021$ gon;
d) $c = 11,154 \text{ m}$; e) $c_1 = 26,383 \text{ m}$; $c_2 = 3,682 \text{ m}$; f) $b = 33,691 \text{ m}$; g) $\gamma = 122,6518$ gon

2. $F_1 = 70,0 \text{ kN}$ (Zug); $F_2 = 91,5 \text{ kN}$ (Druck)

3. $F_1 = 14,10 \text{ kN}$ (Druck); $F_2 = 5,13 \text{ kN}$ (Druck); $F_3 = 27,61 \text{ kN}$ (Zug); $F_4 = 26,99 \text{ kN}$
(Druck); $F_5 = 8,25 \text{ kN}$ (Druck); $F_A = 29,88 \text{ kN}$; $F_B = 21,22 \text{ kN}$; $\alpha = 61,86°$

4. $d = 595,53 \text{ m}$; $\alpha = 21,6638$ gon **5.** $d = 67,014 \text{ m}$; Zwischenergebnis $c = 227,853 \text{ m}$

6. $H_C = 475,58 \text{ m}$; $h_C = 52,59 \text{ m}$ $(H_D = 423,99 \text{ m})$

7. a) $t = 391,8358$ gon; $s = 672,84 \text{ m}$; b) $t = 67,1939$ gon; $s = 1010,69 \text{ m}$
c) $t = 278,7281$ gon; $s = 426,34 \text{ m}$; d) $t = 125,9881$ gon; $s = 965,32 \text{ m}$

8. $y_1 = 26080,38 \text{ m}$; $x_1 = 16279,22 \text{ m}$; $y_2 = 26077,54 \text{ m}$; $x_2 = 16253,16 \text{ m}$;
$y_3 = 26050,30 \text{ m}$; $x_3 = 16226,80 \text{ m}$

9. $y_2 = 9510,330 \text{ m}$; $x_2 = 4263,880 \text{ m}$; $y_3 = 9640,870 \text{ m}$; $x_3 = 4206,300 \text{ m}$;
$\alpha = 211,9033$ gon

10. $y_1 = 25589,25 \text{ m}$; $x_1 = 17660,22 \text{ m}$; $y_2 = 25610,46 \text{ m}$; $x_2 = 17669,37 \text{ m}$;
$y_3 = 25616,37 \text{ m}$; $x_3 = 17683,23 \text{ m}$

11. $\eta_{BA} = 14,60 \text{ m}$; $\xi_{BA} = 63,18 \text{ m}$; $\eta_{BE} = 6,46 \text{ m}$; $\xi_{BE} = 57,58 \text{ m}$

12. Koordinaten nach Fertigstellung: $y_1 = 91,854 \text{ m}$; $x_1 = 171,767 \text{ m}$; $y_2 = 149,781 \text{ m}$;
$x_2 = 182,399 \text{ m}$; $y_3 = 185,229 \text{ m}$; $x_3 = 168,990 \text{ m}$
Koordinaten bei höchstem Wasserstand: $y_1 = 91,855 \text{ m}$; $x_1 = 171,762 \text{ m}$; $y_2 = 149,781 \text{ m}$;
$x_2 = 182,390 \text{ m}$; $y_3 = 185,229 \text{ m}$; $x_3 = 168,986 \text{ m}$
Lineare Veränderungen: $e_1 = 5 \text{ mm}$; $e_2 = 9 \text{ mm}$; $e_3 = 4 \text{ mm}$

13. $y_N = 18668,60 \text{ m}$; $x_N = 33034,37 \text{ m}$

14. $y_N = 57218,32 \text{ m}$; $x_N = 71689,45 \text{ m}$; $\overline{AN} = 41,53 \text{ m}$

15. $y_N = 45320,34 \text{ m}$; $x_N = 52206,84 \text{ m}$

16. $y_A = 65678,63 \text{ m}$; $x_A = 57146,02 \text{ m}$; $y_B = 66403,67 \text{ m}$; $x_B = 57963,75 \text{ m}$;
$\omega_C = 153,6674$ gon; $\omega_G = 132,9293$ gon

Abschnitt 11.2

1. $\hat{c} = 11,70$ cm; $\alpha = 44°41'45'' = 44,6958°$; $\gamma = 54°5'49'' = 54,0970°$

2. $a = 74°55'22'' = 74,9227°$; $b = 44°46'11'' = 44,7697°$; $c = 68°30'23'' = 68,5064°$

3. $c = 115°27'46'' = 115,4626°$; $\beta = 100°9'36'' = 100,1601°$; $\gamma = 115°2'8'' = 115,0356°$

4. $a_1 = 142°59'44'' = 142,9957°$; $b_1 = 60°20'59'' = 60,3496°$; $\alpha_1 = 136°10'1'' = 136,1670°$
$a_2 = 37°0'16'' = 37,0043°$; $b_2 = 119°39'1'' = 119,6504°$; $\alpha_2 = 43°49'59'' = 43,8330°$

5. $\alpha = 88°30'54'' = 88,5149°$; $\beta = 61°33'41'' = 61,5613°$; $\gamma = 47°16'31'' = 47,2752°$

6. $b = 112°39'45'' = 112,6625°$; $c = 43°53'57'' = 43,8992°$; $\alpha = 32°20'31'' = 32,3418°$

7. $c_1 = 20°24'4'' = 20,4011°$; $\beta_1 = 40°23'57'' = 40,3992°$; $\gamma_1 = 13°8'17'' = 13,1381°$
$c_2 = 143°49'13'' = 143,8202°$; $\beta_2 = 139°36'3'' = 139,6008°$; $\gamma_2 = 157°21'40'' = 157,3611°$

8. $b_1 = 58°5'56'' = 58,0990°$; $c_1 = 31°41'52'' = 31,6977°$; $\gamma_1 = 35°41'39'' = 35,6942°$
$b_2 = 121°54'4'' = 121,9010°$; $c_2 = 116°4'34'' = 116,0760°$; $\gamma_2 = 94°8'5'' = 94,1347°$

9. $\hat{s} = 7081,7$ km; $\hat{e} = 7435,6$ km   **10.** $\hat{s} = 21,89$ m

11. $d\hat{y} = 7,67$ cm (im Maßstab 1 : 25000)

12. $\alpha_1 = 90°$, $m_1 = 11,15$ cm; $\alpha_2 = 135,11°$, $m_2 = 15,79$ cm; $\alpha_3 = 153,70°$, $m_3 = 25,15$ cm

13. $\alpha_1 = 31,41°$, $m_1 = 52,57$ cm; $\alpha_2 = 89,24°$, $m_2 = 28,59$ cm; $\alpha_3 = 145,97°$, $m_3 = 53,21$ cm

14. $w = +0,58''$

15. $\hat{s} = 5418,0$ km; $\alpha = 69°57'1'' = 69,9503°$; $\alpha_1 = 100°18'24'' = 100,3067°$; $\lambda = 44°45'58''$
$= 44,7660°$

16. $\hat{b} = 30,88$m; 4 Nachkommastellen (Zentriwinkel $0,0001''$ entspricht einem Bogen von 3 mm)

Weiterführende Literatur

Allgemeine höhere Mathematik

[1] Brauch, W.; Dreyer, H.-J.; Haacke, W.: Mathematik für Ingenieure des Maschinenbaus und der Elektrotechnik. 5. Aufl. Stuttgart 1977

[2] Bronstein, I. N.; Semendjajew, K. A.: Taschenbuch der Mathematik. 17. Aufl. Frankfurt 1977

[3] Collatz, L.: Differentialgleichungen. 5. Aufl. Stuttgart 1973

[4] Courant, R.: Vorlesungen über Differential- und Integralrechnung I. 4. Aufl. Berlin-Heidelberg-New York 1971

[5] Kamke, E.: Differentialgleichungen. Lösungsmethoden und Lösungen. 1. Gewöhnliche Differentialgleichungen. 9. Aufl. Stuttgart 1977

[6] Kochendörfer, R.: Determinanten und Matrizen. Stuttgart 1970

[7] Laugwitz, D.: Ingenieurmathematik Teil I bis V. Mannheim 1964 bis 1967

[8] Manteuffel, K.; Seiffert, E.: Einführung in die lineare Algebra und lineare Optimierung. Weinheim 1970

[9] Sauer, R.: Ingenieurmathematik. Teil I, 4. Aufl., Teil II, 3. Aufl. Berlin-Heidelberg-New York 1969 und 1968

[10] Zurmühl, R.: Matrizen und ihre technischen Anwendungen. 4. Aufl. Berlin-Heidelberg-New York 1964

Angewandte Mathematik und Informatik

[11] Bauknecht, K.; Zehnder, C. A.: Grundzüge der Datenverarbeitung. Stuttgart 1980

[12] Becker, J.; Dreyer, H.-J.; Haacke, W.; Nabert, R.: Numerische Mathematik für Ingenieure. Stuttgart 1977

[13] Bliefert, C.; Dehms, G.; Morawietz, G.: Praktische Nomographie. Weinheim-New York 1977

[14] Brauch, W.: Programmierung in FORTRAN. 4. Aufl. Stuttgart 1979

[15] Dotzauer, E.: Praktikum zur angewandten Informatik. München 1973

[16] Dworatschek, S.: Grundlagen der Datenverarbeitung. 6. Aufl. Berlin 1977

[17] Haacke, W. u. a.: Datenverarbeitung für Bauingenieure. Stuttgart 1973

[18] Heinhold, J.; Gaede, K. W.: Ingenieur-Statistik. 3. Aufl. München 1972

[19] Herschel, R.: Anleitung zum praktischen Gebrauch von ALGOL 60. 6. Aufl. München 1976

[20] Kreyszig, E.: Statistische Methoden und ihre Anwendungen. 6. Aufl. Göttingen 1977

[21] Stiefel, E.: Einführung in die numerische Mathematik. 5. Aufl. Stuttgart 1976

[22] Walter, G.: Strukturierte Programmierung in ALGOL 60. München-Wien 1977

[23] Wirth, N.: Systematisches Programmieren. 3. Aufl. Stuttgart 1978

[24] Zurmühl, R.: Praktische Mathematik für Ingenieure und Physiker. 5. Aufl. Berlin-Heidelberg-New York 1965

Bau- und Vermessungswesen

[25] Gotthardt, E.: Einführung in die Ausgleichungsrechnung. 2. Aufl. Karlsruhe 1978
[26] Großmann, W.: Grundzüge der Ausgleichungsrechnung nach der Methode der kleinsten Quadrate nebst Anwendung in der Geodäsie. 3. Aufl. Berlin-Heidelberg-New York 1969
[27] Großmann, W.: Geodätische Rechnungen und Abbildungen in der Landesvermessung. 3. Aufl. Stuttgart 1977
[28] Hake, G.: Kartographie, Teil 1, 5. Aufl. Berlin 1975
[29] Herz, R.; Schlichter, G.; Siegener, W.: Angewandte Statistik für Verkehrs- und Regionalplaner. Düsseldorf 1976
[30] Kersten, R.: Das Reduktionsverfahren der Baustatik. Nachdr. Berlin-Göttingen-Heidelberg 1974
[31] Sigl, R.: Ebene und sphärische Trigonometrie. Frankfurt 1969
[32] Volquardts, K.; Matthews, K.: Vermessungskunde. Teil 1, 24. Aufl. Teil 2, 13. Aufl. Stuttgart 1975
[33] Wagner, W.; Erlhof, G.: Praktische Baustatik. Teil 1, 16. Aufl. Teil 2, 12. Aufl. Teil 3, 6. Aufl. Stuttgart 1975 bis 1977
[34] Wetzell, O. W.: Technische Mechanik für Bauingenieure. 4 Bde. Stuttgart 1972 bis 1975
[35] Wolf, H.: Ausgleichungsrechnung. 2 Bde. Bonn 1975 und 1979

Tafeln

[36] Abramowitz, M.; Stegun, I.: Handbook of Mathematical Functions. New York 1965
[37] Graf, U.; Henning, H.; Stange, K.: Formeln und Tabellen der mathematischen Statistik. 2. Aufl. Berlin-Göttingen-New York 1966
[38] Gröbner, W.; Hofreiter, N.: Integraltafeln. I. Unbestimmte Integrale. 5. Aufl. Wien 1975
[39] Kasper, H.; Schürba, W.; Lorenz, H.: Die Klotoide als Trassierungselement. 5. Aufl. Bonn 1968
[40] Schülkes Tafeln. Funktionswerte, Zahlenwerte, Formeln. 55. Aufl. Stuttgart 1980
[41] Wendehorst, R.; Muth, H.: Bautechnische Zahlentafeln. 19. Aufl. Stuttgart 1979

Sachverzeichnis

Abbildung 67
Abhängigkeit, lineare 24, 36
Ableitung 137 ff.
–, Annäherung durch Differenzen 251
–, Arcusfunktion 157
–, Areafunktion 158
–, Cosinusfunktion 143
–, Cotangensfunktion 152
– einer Differenz 141
– – Stammfunktion 191
– – Summe 141
–, Ellipsengleichung 155
–, Exponentialfunktion 156
–, geometrische Deutung bei
  mehreren Veränderlichen
  257
–, höhere 148
–, – partielle 258 f.
–, hyperbolische Funktion
  158
–, implizit gegebene Funktion
  154 f., 262
–, Kettenregel 152 f.
–, Konstante 141
–, konstanter Faktor 141
–, logarithmische 155
–, – Funktion 144
– mit Hilfe der aufgelösten
  Funktion 156
–, partielle 257 f.
–, Polarkoordinaten 169
–, Potenzfunktion 141
–, Produktregel 150
–, Quotientenregel 152
–, Sinusfunktion 143
–, Tangensfunktion 152
Absetzen, polares 292
absoluter Fehler 12
Absteckmaße 18
Absteckwinkel, polarer 292
Abszisse 70

Abszissenachse 70
Achsenabschnittsform der
  Geraden 83
Additionstheoreme 15
Adjunkte 26
Algebra, lineare 22 ff.
algebraische Funktion 97 ff.
Amplitude 111
Anfangswert 78
Anfangswertaufgabe 245
Approximation 226 f.
–, Gauß- 227
– im quadratischen Mittel 227
– periodischer Funktionen
  227
–, Taylor- 226
–, Tschebyscheff- 227
Arcusfunktion 114 f.
–, Ableitung 157
Arcustangensreihe 235
Areafunktion 121 f., 200
–, Ableitung 158
Argument 67
Asymptote 95, 168
aufgelöste Funktion 73
– –, Ableitung 156
Aufzinsungsfaktor 134
Ausflußgeschwindigkeit 188
Ausgleichung direkter
  Beobachtungen 277 ff.
Ausgleichungsrechnung 227,
  264 ff.
äußeres Produkt 38
Austauschverfahren 58 f.
–, verkürztes 63 f.

barometrische Höhenmessung
  213
Belastung 216
Beobachtungswert 266
Beschränktheit 125
Besetzungszahl 266

Bestimmungsgleichung 78
Bewegung, gleichmäßig
  beschleunigte 86
Biegelinie 150, 160, 219, 249
–, Differentialgleichung
  172 ff.
Biegemoment 216
Bildmenge 67
Bildungsgesetz 125
Binomialkoeffizient 232
binomische Formel,
  Näherungen 10
– Reihe 232 f.
Bogenlänge 204, 211
Boyle-Gay-Lussac 214
Brechungsgesetz 157, 167
Breite, geographische 304
Breitenkreis 304
Brennpunkt 87
Briggssche Logarithmen 119
Brinell-Härte 98

Cassini, Rückwärtsschnitt 299
charakteristische Gleichung 247
Chezy-Gleichung 259
Cornusche Spirale 238
Cosinusfunktion 110
–, Ableitung 143
Cosinus-Reihe 230
Cosinussatz 283 f.
Cotangensfunktion 111
–, Ableitung 152
Cotangenssatz 314
Cramersche Regel 23, 51

Darstellung von Funktionen
  67 ff.
Definitionsbereich 67, 167
de l'Hospital, Regel von 240
Determinante 22 ff.
–, dreireihige 25 f.
–, Entwicklungssatz 26

Determinante, Hauptdiagonale 22
–, n-reihige 26 f.
–, Rechenregeln 24
–, Reihe 22
–, Spalte 22
–, Zeile 22
–, zweireihige 22 f.
Deviationsmoment 208
Differential 139, 148
–, totales 261 f., 274
Differentialgleichung, Anfangswertaufgabe 245
–, Biegelinie 172 ff., 219
–, Eigenwertaufgabe 250, 253
–, gewöhnliche 244 ff.
–, homogene 247
–, inhomogene 247
–, Integrationskonstante 245
–, lineare 247 ff.
–, Lösung, allgemeine 245
–, –, spezielle 245
–, numerische Lösung 251 ff.
–, Ordnung 245
–, Randwertaufgabe 245, 252
–, Seilreibung 216
–, Trennung der Veränderlichen 246
Differentialquotient 137 ff.
Differentialrechnung 137 ff.
Differenzenquotient 137 ff.
Differenzieren bei impliziten Funktionen 262
– des unbestimmten Integrals 191
–, Grundregeln 141 f.
–, implizites 198
–, Rechenregeln 150 ff.
Divergenz 126
Drehung des Koordinatensystems 76 f.
Dreieck, rechtwinklig sphärisches 307 f.
–, schiefwinklig sphärisches 311 f.
–, schiefwinkliges 283 f.
–, sphärisches 305
Dreiecksberechnungen 283 ff.
Dreiecksfläche 25
Dreikant 307

Ebene 256
e-Funktion 118

Eigenflächenmoment 210
Eigenwertaufgabe 250, 253
Einheitslänge 71, 140
Einheitsvektor 32
elastische Linie 219
Elemente einer Stichprobe 265
Eliminationsverfahren 52 f.
Ellipsoid 256
Entfernungsmessung, indirekte 285
Entwicklungssatz von Laplace 26
Ersatzfunktion 226
Euler-Hyperbel 96
Eulersche Zahl 131
Exponentialfunktion 117 ff.
–, Ableitung 156
Extremwert 78, 162 f., 168
– bei Funktionen mehrerer Veränderlicher 259
–, Rand- 164
Extremwertaufgabe 165
Exzentrizität, lineare 103
–, numerische 101
Exzeß, sphärischer 306

Fachwerk 36, 46, 284, 300
Fall, freier 123, 158
Fallgesetz 156
Fallhöhe 150
Fehler, absoluter 12
–, grober 264
–, mittlerer 273 f.
–, regelmäßiger 265
–, relativer 12
–, statistischer 265
–, systematischer 265
–, zufälliger 265
Fehlerarten 264 f.
Fehlerfortpflanzungsgesetz 273 ff.
– von Gauß 274
Fehlerfunktion 148
Fehlergleichungsmatrix 46
Fehlerrechnung 264 ff.
Flächenberechnung 176, 202 ff.
Flächenmoment 1. Grades 206 ff.
– 2. Grades 208 ff.
Flächenvektor 40
Flächenzuteilung 14
Flaschenzug 284
Formänderungsarbeit 188

Fourier-Reihe 227
Fraktile 270
freier Fall 123, 158
Freiheitsgrad 271
Frequenz 111
Fresnelsches Integral 188, 236, 239
Funktion 67 ff.
–, algebraische 97 ff.
–, Arcus- 157
–, Area- 121 f., 158, 200
–, Asymptote 168
–, aufgelöste 73, 197
–, charakteristische Merkmale 78 ff.
–, Cosinus- 143
–, Cotangens- 152
–, Darstellung 67 ff.
–, Definitionsbereich 167
–, e- 118
–, Exponential- 117 ff., 156
–, Extremwert 168, 259
–, Fehler- 148
–, ganze rationale 80 ff.
–, gebrochene rationale 93 f.
–, gerade 79
–, Grenzwert 128 ff.
–, Hyperbel- 119 f., 158
–, implizit gegebene 154 f.
–, implizite Ableitung 154 f., 262
–, integrierbare 177
–, inverse 74
–, lineare 82 ff.
–, logarithmische 118 f., 144
–, monotone 75
–, Nullstelle 160, 167
–, periodische 227
–, Potenz- 141 f., 180
–, quadratische 87 ff.
–, Sinus- 143
–, Spline- 227
–, Stetigkeit 78 f., 129
–, Stör- 247
–, Symmetrie 167
–, Tangens- 152
–, trigonometrische 109 ff.
–, Umkehr- 73 f.
–, ungerade 80
–, Unstetigkeit 79, 168
–, Verteilungs- 269
– von mehreren Veränderlichen 255 ff.

Funktion von mehreren Veränderlichen, explizite Form
  255
− − − −, implizite Form
  255
−, Wendepunkt 168
Funktionsdifferenz bei mehreren Veränderlichen 261
Funktionsgleichung 69 f.
− einer Fläche 256
− − Kugel 256
− eines Ellipsoids 256
Funktionskurve 70 f.
Funktionstafel 68 f.

ganze rationale Funktion 80 ff.
Gauß-Algorithmus, verketteter
  55 f.
−-Approximation 227
−-Eliminationsverfahren 52 f.
−-Krüger-Koordinaten 318
−-Verteilung 169, 269
gebrochene rationale Funktion
  93 f.
− − −, Nullstellen 94
− − −, Unendlichkeitsstellen
  95
gefährlicher Kreis 299
geodätisches Koordinaten-
  system 290
geographische Breite 304
− Länge 304
geometrische Größen 202 ff.
Gerade, Achsenabschnittsform
  83
−, Hesse-Form 83
gerade Funktion 79
Geradenschnitt 297
Geschwindigkeit 137
Gewicht 278
Gewichtseinheitsfehler,
  mittlerer 278
gewogener Mittelwert 278
Gleichung, charakteristische
  247
−, goniometrische 112
Gleichungssystem, homogen 51
−, inhomogen 51
−, linear 50 ff.
gnomonische Projektion 315
− −, normale 317
− −, querachsige 317
− −, schiefachsige 318

Gon 282
−, Umrechnung 282
goniometrische Gleichung 112
Grad 282
− einer ganzen rationalen
  Funktion 81
−, Umrechnung 282
Graph 68, 70
Grenzwert 124 ff.
− einer Folge 126 ff.
−, Funktionen 128 ff.
−, Rechnen mit 127 ff.
Größengleichung 70
Großkreis 304
Grundgesamtheit 265
Grundintegrale 193
Grundmenge 67
Guldin-Regeln 212

Halbparameter 102
Halbseitensatz 314
Halbwinkelsatz 283, 289, 314
harmonische Schwingung
  111, 159
Häufigkeit, absolute 266
−, relative 266
Häufigkeitssumme 266
Häufigkeitssummenverteilung
  267
Häufigkeitsverteilung 266
Hauptdiagonale 22
Hauptsatz der Differential-
  und Integralrechnung 192 ff.
Hauptwert 114
Helmert-Transformation 295
Hesse-Form der Geraden 83
Histogramm 267
Höhenbestimmung 289
Höhenfußpunkt 289
Horner-Schema 81
Hyperbel 71
−, Euler- 96
−, gleichseitige 94
Hyperbelfunktion 119 f.
Hyperbelsektor 200
hyperbolische Funktion 119 f.
− −, Ableitung 158
− Reihe 230

implizit gegebene Funktion,
  Ableitung 154 f.
indirekte Bestimmung von
  Winkeln 288

indirekte Entfernungs-
  messung 285
inneres Produkt 37
Integral, bestimmtes
  176 ff., 190
−, Differentiation des 191
−, geschlossen lösbar 195
−, Grenzwertbildung 180
− mit veränderlicher Grenze
  189 ff.
−, Rechenmethoden 195 ff.
−, Rechenregeln 178 f.
−, unbestimmtes 189 ff.
−, Vorzeichen des bestimmten
  178
Integralrechnung 176 ff.
Integrand 177
Integration, Bogenlänge 211
− durch Reihenentwicklung
  195
−, Fläche 202
−, Flächenmoment 1. Grades
  206
−, − 2. Grades 208
−, graphische 195
− in Polarkoordinaten 204
−, Integrand, gebrochen
  rational 201
−, konstanter Faktor 179
−, logarithmische 199
−, numerische 184 ff., 195
−, Oberfläche 211
−, Partialbruchzerlegung 201
−, partielle 196
−, Potenzfunktion 180
−, Produkt- 196
−, Schwerpunkt 206
−, Substitution 197
−, −, hyperbolische 199
−, −, trigonometrische 199
−, Summe 179
−, Volumen 205
−, Zerlegen des Weges 179
Integrationsgrenzen 177
Integrationskonstante 189,
  245
Integrationsveränderliche 177
Integrationsweg 177
−, Umkehrung 178
Integrierbarkeit 177
Interpolation, lineare 81, 84
Interpolationsaufgabe 227
Intervall 129

inverse Funktion 74
– Matrix 48

Karten, topographische 316
Kegelschnitt 101 ff.
Kegelstumpf 12
Kehrmatrix 48
Kennwerte einer Stichprobe 267
Kepler-Faßregel 14, 188
Kettenlinie 121, 230, 236
Kettenregel 152 f., 197
Kilometerfehler, mittlerer 280
Klasse 266
Klassenbreite 266
Klassenmitte 267
Kleinkreis 304
Kleinpunktberechnung 294 f.
Klotoide 188, 236, 237 ff.
–, Einheits- 238
–, Parameter 238
–, Parameterform 239
Knickproblem 250
Koeffizient 81
Koeffizientendeterminante 24
Konvergenz 126 f.
Koordinatenberechnung 290 ff.
Koordinatensystem 70
–, Drehung 76 f.
–, Gauß-Krüger- 290, 318
–, geodätisches 290
–, geographisches 304
–, räumliches 303
–, rechtshändiges 303
–, Soldner- 290
Koordinatentransformation 75 f.
Krafteck 31
Kräftedreieck 284
Kräftegleichgewicht 35
Kraftvektor 30
Kreis, gefährlicher 299
Kreisbogen, Rektifikation 241
Kreisfrequenz 111
Krümmung 170 ff., 237
Krümmungskreis 171 ff.
Krümmungsmittelpunkt 172
Krümmungsradius 171 ff.
Kugel 256, 304
– dreieck 305
– zweieck 305
Kurswinkel 318
Kurvendiskussion 167 ff.

Länge, geographische 304
Längenkreis 304
Laplace-Entwicklungssatz 26
Leitlinie 87
lineare Abhängigkeit 24, 36
– Algebra 22 ff.
– Funktion 82 ff.
– Gleichungssysteme 50 ff.
– Interpolation 81, 84
Linearfaktor 81
Linkskrümmung 163, 171
logarithmische Ableitung 155
– Funktion 118 f.
– –, Ableitung 144
– Integration 199
– Reihe 234 f.
Logarithmus, Briggsscher 119
–, natürlicher 119
–, Zehner- 119

MacLaurin-Formel 228
Maßstab 70
Maßstabsfaktor 70, 294
Matrix 43 ff.
–, Diagonal- 44
–, Eins- 44
–, inverse 48
–, Kehr- 48
–, Ordnung 44
–, quadratische 44
–, Rang 45
–, reguläre 45
–, singuläre 45
–, symmetrische 44
–, transponierte 44
–, Typ einer 45
Maximalfehler 275
Maximum bei Funktionen mehrerer Veränderlicher 259
–, relatives 78, 163
Menge 67
Meridian 304
Merkmal 265
Methode der kleinsten Quadrate 277
Minimum bei Funktionen mehrerer Veränderlicher 259
–, relatives 78, 163
Mittelwert 267
– aus Klassenmitten 267
– einer Stichprobe 267
–, gewogener 278

Mittelwertsatz der Differentialrechnung 147
– der Integralrechnung 184
mittlere Ordinate 183
mittlerer Fehler 273 f.
– Gewichtseinheitsfehler 278
– Kilometerfehler beim Nivellement 280
Mohrscher Spannungskreis 105
Momentenvektor 30, 40
monotone Funktion 75
Monotonie 125

Näherungsformeln 10
natürliche Logarithmen 119
Nennfestigkeit 271
Nepersche Gleichungen 314
– Regel 309
Netztafel 256
Newton-Drei-Achtel-Regel 186
– -Regel 186
– -Verfahren 147, 160 ff.
Normalengleichung 145
Normalgleichungsmatrix 46
Normalparabel 88
Normalverteilung 269 f.
Nullfolge 126
Nullphasenwinkel 111
Nullstelle 78, 160
Nullvektor 29
numerische Integration 184 ff.

Oberfläche 212
Ordinate 70
–, mittlere 183
Ordinatenachse 70
Ortslinie, geometrische 87
Ortsvektor 29, 71

Parabel 87 ff., 100
– durch drei Punkte 90
–, Normal- 88
–, Polare 90
–, Scheitel 87
–, Tangente 89
Parallelkreis 304
Parallelogramm 39
Parallelverschiebung 76
Parallelzuteilung von Flächen 16
Parameter 70
– darstellung einer Raumkurve 256

Partialbruchzerlegung 201
partielle Ableitung 257 f.
Periode 111
Pivot 59
Pol 79, 103
Polare 103
polarer Absteckwinkel 292
polares Absetzen 292
– Absteckmaß 18
Polarkoordinaten 70 f., 290
–, Ableitung in 169
–, räumliche 303
Polarmethode 291
Polygonzugsberechnung 292
Polynom 80 f.
Potenzfunktion 99 f.
–, Ableitung 141 f.
–, Integration 180
Potenzpapier 99
Potenzreihe 236
Produktintegration 196
Produktregel 150
–, mehrfache 151
Projektion, echte 315
–, gnomonische 315 f.
–, normale 317
–, querachsige 317
–, schiefachsige 318
–, unechte 315
Projektionssatz 285
Pyramidenstumpf 12

quadratische Funktion 87 ff.
– Gleichung 88
Querkraft 216
Quotientenregel 152

Radiant 282
–, Umrechnung 282
Radiusvektor 29, 71, 303
Randextremwert 164
Randwertaufgabe 245, 252
Rang 45
Rate 134
Raumausdehnungszahl der
  Luft 214
Rechenschieber 11
Rechtecksumme 176, 180
Rechtskrümmung 163, 171
rechtwinkliges Absteckmaß 18
Regula falsi 81, 84
Reihe 22
–, Arcustangens- 235

Reihe, arithmetische 179
–, binomische 232 f.
–, Cosinus- 230
–, divergente 132
–, Exponentialfunktion 231
–, Fourier- 227
–, geometrische 132 ff., 180
–, hyperbolische 230
–, konvergente 132
–, logarithmische 234 f.
–, numerische Berechnung 227
–, Rechnen mit 236 f.
–, Sinus- 229
–, Tangens- 237
–, Taylor- 226 ff.
–, trigonometrische 229 f.
–, unendliche 132 ff.
Relation 69
relativer Fehler 12, 155, 160
relatives Maximum 78, 163
– Minimum 78, 163
Renten 134 ff.
Richtungscosinus 34
Richtungswinkel 290
Rotationskörper 212
Rückwärtsschnitt 298
– nach Cassini 299

Sarrus-Regel 25
Sattelpunkt 164
– bei Funktionen mehrerer
  Veränderlicher 259
Scheitel einer Kurve 172
schiefer Wurf 142
Schmiegkreis 172
– im Ellipsenscheitel 105
Schmiegkurve 11
Schnittkurve 256
Schnittprinzip 216
Schraubenlinie 256
Schwarz, Satz von 258
Schwellenwert 272
Schwerpunkt 206
–, Fläche 206
–, Halbkreisbogen 124
–, Halbkreisfläche 124
–, Halbkreisringfläche 124
–, Körper 206
–, Linienstück 207
–, Volumen 206
Schwingung, harmonische 111,
  159
Schwingungszeit 111

Seilreibung 215
Seitencosinussatz 312
Seitwärtsschnitt 296
Sicherheit, statistische 270
Simpson-Regel 185
Sinusfunktion 109 f.
–, Ableitung 143
Sinusreihe 229
Sinussatz, ebener 283 f.
–, sphärischer 312 f.
Skalar 29
skalares Produkt 37
Spalte 22
Spaltenvektor 44
Spatprodukt 41
Spatvolumen 41
sphärischer Exzeß 306
– Sinussatz 312
sphärisches Dreieck 305 f.
– –, rechtwinkliges 307 f.
– –, schiefwinkliges 311 f.
Spinnlinie 238
Spline-Funktion 227
Sprungstelle 79
Stammfunktion 189
–, Ableitung 191
Standardabweichung der
  Grundgesamtheit 273
– – Stichprobe 268, 273
stationärer Zustand 95
Statistik 236, 265 ff.
statistische Sicherheit 270 f.
Steigung 83, 137 ff., 170
Steiner-Satz 210
Stetigkeit 78, 129
Stichprobe 265
–, Auswertung 266
–, Kennwerte 267
Stiefel-Verfahren 58 f.
Störfunktion 247
Strahlensatz 13
Substitution 197
Summenzeichen 277
Symmetrie 167

Tangensfunktion 110 f.
–, Ableitung 152
Tangensreihe 237
Tangenssatz 283 f.
Tangentengleichung 145
Tangentialebene 261
Taschenrechner 11, 121, 226 f.,
  268, 282, 290

Taylor-Approximation 226
--Formel 227 f.
--Reihe 226 ff.
Teilsumme 132
Tetmajer-Gerade 97
topographische Karten 316
totales Differential 261 f., 274
Trägheitsmomente 208
Trägheitsradius 99
Transformation 295 f.
−, affine 295
−, allgemeine 295
− auf eine Linie 295
−, Helmert- 295
Trapez-Regel 185
Trassen von Verkehrswegen
    9, 23
Trigonometrie, ebene 282 ff.
−, sphärische 303 ff.
trigonometrische Funktion
    109 ff.
− Reihe 229 f.
Tschebyscheff-Approximation
    227 f.
Turmhöhenbestimmung 287
t-Verteilung 271 f.

Übergangsbogen 9, 237 f.
Umkehrfunktion 73 f.
unbestimmter Ausdruck 124,
    128, 138, 240 f.
Unendlichkeitsstelle 79
ungerade Funktion 80
Unstetigkeit 79
Unstetigkeitsstelle 79,
    168
Unterdeterminante 26
Urliste 266

Variable 67
−, abhängige 255
−, unabhängige 255
Varianz 268
Vektor 28 ff.
−, äußeres Produkt 38
−, Betrag 29
−, freier 30
−, gebundener 30
−, inneres Produkt 37
−, Komponenten 33
−, Koordinaten 33
−, linienflüchtiger 30
−, Rechenregeln 34 f.
−, Richtungswinkel 33
−, skalares Produkt 37
−, Spatprodukt 41
−, Winkel zwischen 38
Vektoreck 31
vektorielles Produkt 38
Veränderliche 67
Verbesserung, fingierte 278
−, wahre 273
Vergleichsbedingungen 264
verketteter Gauß-Algorithmus
    55 f.
verkürztes Austauschverfahren
    63 f.
Verschiebungssatz 210
Verteilung, N (0; 1)- 269
−, Normal- 269 f.
−, normierte Normal- 269
−, t- 271 f.
Verteilungsfunktion 267,
    269
Vertrauensbereich 271 f.
Vertrauensgrenzen 272
Volumenberechnung 205

Vorwärtsschnitt 296
− über Richtungswinkel 296

wahrer Wert 273
Wahrscheinlichkeitspapier 267
Wärmestrahlung 162
Wendepunkt 164 f., 168, 171
Wendetangente 164
Wert, wahrer 273
−, wahrscheinlichster 277
Wertebereich 67
Wiederholbedingungen 264
Winkel, indirekte Bestimmung
    288
Winkelcosinussatz 312
Winkeleinheiten 15, 19
Winkelfunktion 109 ff.
Winkelmaße 282
Winkelpythagoras 34
Wurf, schiefer 142
Wurfparabel 70, 92, 142
Wurzelfunktion 97

Zahl, Eulersche 131
Zahlenfolge, alternierende 126
−, beschränkte 125 ff.
−, divergente 125
−, endliche 124
−, konvergente 126 ff.
−, monotone 125 ff.
−, stochastische 125
−, unendliche 124
Zehnerlogarithmen 119
Zeile 22
Zeilenvektor 44
Zentrifugalmoment 208
Zinsen 133 ff.
Zustand, stationärer 95

Formelsammlung

1 Arithmetik F1
2 Geometrie F4
3 Trigonometrie F8
4 Lineare Algebra F11
5 Funktionen F14
6 Folgen. Grenzwerte. Stetigkeit F19
7 Differentialrechnung F20
8 Integralrechnung F22
9 Anwendungen der Differential- und Integralrechnung F27
10 Reihen F29
11 Differentialgleichungen F32
12 Funktionen von mehreren Variablen F33
13 Fehler- und Ausgleichungsrechnung F34

1 Arithmetik

Potenzen. Wurzeln. Logarithmen

Definitionen

$$a \cdot a \cdot a \cdot \ldots \cdot a = a^n \qquad n \text{ Faktoren}$$

$$a^1 = a \qquad a^0 = 1 \qquad (a \neq 0) \qquad a^{-n} = \frac{1}{a^n}$$

Rechenregeln

$$a^m \cdot a^n = a^{m+n} \qquad \frac{a^m}{a^n} = a^{m-n} \qquad (a^m)^n = a^{nm} \qquad m, n, a \text{ reell}$$

Definitionen

$$b = \sqrt[m]{a} = a^{1/m} \quad \text{wenn} \quad b^m = a \quad \text{und} \quad a > 0,\, m \text{ positiv ganz}, \quad \sqrt[2]{a} = \sqrt{a}$$

Rechenregeln

$$\sqrt[m]{ab} = \sqrt[m]{a} \cdot \sqrt[m]{b} \qquad \sqrt[m]{\frac{a}{b}} = \frac{\sqrt[m]{a}}{\sqrt[m]{b}}$$

$$\sqrt[m]{a^n} = (\sqrt[m]{a})^n = a^{n/m} \qquad \sqrt[m]{\sqrt[n]{a}} = \sqrt[mn]{a} = \sqrt[n]{\sqrt[m]{a}} = a^{1/mn}$$

$$a \cdot \sqrt[n]{b} = \sqrt[n]{a^n b} \qquad \sqrt[2n+1]{-a} = -\sqrt[2n+1]{a}$$

mit a, b reell, n, m positiv ganz, $a > 0$

F2 Formelsammlung

Definition

$$r = \log_a b \qquad \text{wenn } a^r = b \quad \text{und} \quad a, b > 0, a \neq 1$$

mit a Basis, r Exponent $=$ Logarithmus, b Numerus und a, b, r reell

Rechenregeln

$$\log_a 1 = 0 \qquad \log_a a = 1 \qquad \log_a(bc) = \log_a b + \log_a c$$

$$\log_a \frac{b}{c} = \log_a b - \log_a c \qquad \log_a b^n = n \log_a b \qquad \log_a \sqrt[m]{b} = \frac{1}{m} \log_a b$$

$$a^{\log_a b} = a^r = b \qquad e^{\ln a} = a$$

Umrechnung der Logarithmen zweier verschiedener Basen a und s

$$\log_a b = \frac{\log_s b}{\log_s a} \qquad \log_a b = \frac{1}{\log_b a}$$

Spezielle Basen 10, 2 und e $= 2{,}7182818285$

$$\log_{10} b = \lg b \qquad \log_2 b = \operatorname{lb} b \qquad \log_e b = \ln b$$

$$\lg b = \frac{\ln b}{\ln 10} = \frac{\ln b}{2{,}3025850930} = 0{,}434294482 \ln b$$

$$\lg(b \cdot 10^n) = \lg b + \log 10^n = \lg b + n \qquad \lg(b \cdot 10^{-m}) = \lg b + \lg 10^{-m} = \lg b - m$$

Binomialkoeffizient. Binomischer Satz

Fakultät $k! = 1 \cdot 2 \cdot 3 \cdot \ldots \cdot k \qquad k$ positiv ganz

Binomialkoeffizient

$$\frac{n(n-1)(n-2) \cdot \ldots \cdot (n-k+1)}{k!} = \binom{n}{k}, \qquad \begin{array}{l} \text{gelesen „}n\text{ über }k\text{“,} \\ \text{mit } k \text{ positiv ganz,} \quad n \text{ reell} \end{array}$$

$$\binom{n}{0} = 1 \qquad \binom{n}{n} = 1 \qquad \binom{n}{k} = 0 \text{ für } k > n, \quad k, n \text{ positiv ganz}$$

$$\binom{n}{1} = \binom{n}{n-1} = n \qquad \binom{n}{k} = \binom{n}{n-k} = \frac{n!}{(n-k)!\,k!}$$

$$\binom{n}{k+1} = \binom{n}{k} \frac{n-k}{k+1} \qquad \binom{n+1}{k} = \binom{n}{k} + \binom{n}{k-1} = \binom{n}{k} \frac{n+1}{n+1-k}$$

Binomischer Satz

$$(a+b)^n = \binom{n}{0} a^n + \binom{n}{1} a^{n-1} b + \binom{n}{2} a^{n-2} b^2 + \binom{n}{3} a^{n-3} b^3 +$$

$$+ \cdots + \binom{n}{n-1} a b^{n-1} + \binom{n}{n} b^n = \sum_{i=0}^{n} \binom{n}{i} a^{n-i} b^i$$

$$(a+b)^3 = a^3 + 3a^2 b + 3ab^2 + b^3 \qquad (a-b)^3 = a^3 - 3a^2 b + 3ab^2 - b^3$$

Bernoullische Ungleichung

$$(1 + x)^n > 1 + nx \qquad \text{für} \quad x > -1, \neq 0$$

Näherungsformeln

$$(1 + x)^n \approx 1 + nx \qquad \text{wenn } |nx| \ll 1$$

$$\left.\begin{array}{l} \sqrt{1 + x} \approx 1 + x/2 \\[2ex] \dfrac{1}{\sqrt{1 + x}} \approx 1 - x/2 \\[2ex] \dfrac{1}{1 + x} \approx 1 - x \end{array}\right\} \qquad \text{wenn } \ |x| \ll 1$$

$$(a + b)^n \approx a^n \left(1 + n\,\frac{b}{a}\right) \qquad \text{wenn } |nb| \ll |a|$$

Teilbarkeit

$$\frac{a^n - b^n}{a - b} = a^{n-1} + a^{n-2}b + a^{n-3}b^2 + \cdots + ab^{n-2} + b^{n-1} \qquad n \quad \text{positiv ganz}$$

$$\frac{a^2 - b^2}{a - b} = a + b \qquad\qquad \frac{a^3 - b^3}{a - b} = a^2 + ab + b^2$$

Beziehung zwischen arithmetischem und geometrischem Mittel

$$\frac{a + b}{2} > \sqrt{ab} \qquad a \neq b, \quad a, b > 0$$

Dreiecksungleichung

$$|a + b| \leqq |a| + |b|$$

Arithmetische Reihe

$$a_{i+1} - a_i = d$$

$$s = \sum_{i=1}^{n} a_i = a_1 + (a_1 + d) + (a_1 + 2d) + \cdots + [a_1 + (n - 1)d] = \frac{n}{2}(a_1 + a_n)$$

Geometrische Reihe

$$a_{i+1}/a_i = q$$

Endliche geometrische Reihe

$$s_n = \sum_{i=0}^{n-1} aq^i = a + aq + aq^2 + \cdots + aq^{n-1} = a\,\frac{1 - q^n}{1 - q}$$

Unendliche geometrische Reihe. Für $|q| < 1$ ist

$$s = \sum_{i=0}^{\infty} aq^i = a + aq + aq^2 + \cdots + aq^n + \cdots = a\,\frac{1}{1 - q}$$

F4 Formelsammlung

Zinsen

$$K_n = K_0(1 + np)$$

Zinseszins- und Rentenrechnung

$$q = 1 + p$$

nachschüssige Zahlungsweise $\qquad K_n = K_0 q^n + R \dfrac{q^n - 1}{q - 1}$

vorschüssige Zahlungsweise $\qquad K_n = K_0 q^n + Rq \dfrac{q^n - 1}{q - 1}$

Komplexe Zahlen

$$\mathrm{j}^2 = -1 \qquad \frac{1}{\mathrm{j}} = -\mathrm{j} = \mathrm{j}^3 \qquad z = a + \mathrm{j}b = r\mathrm{e}^{\mathrm{j}\varphi} = r(\cos\varphi + \mathrm{j}\sin\varphi)$$

mit $\qquad a = r\cos\varphi \qquad b = r\sin\varphi \qquad r = \sqrt{a^2 + b^2} \qquad \varphi = \arctan\dfrac{b}{a}$

$\bar{z} = a - \mathrm{j}b = r\mathrm{e}^{-\mathrm{j}\varphi}$ ist zu z konjugiert komplex. Es gilt $z\bar{z} = r^2 = a^2 + b^2$.
Es sei $z_i = a_i + \mathrm{j}b_i$, $i = 1, 2$. Dann gilt

$$z_1 \pm z_2 = (a_1 \pm a_2) + \mathrm{j}(b_1 \pm b_2)$$

$$z_1 z_2 = (a_1 a_2 - b_1 b_2) + \mathrm{j}(a_2 b_1 + a_1 b_2) = r_1 r_2 \mathrm{e}^{\mathrm{j}(\varphi_1 + \varphi_2)}$$

$$\frac{z_1}{z_2} = \frac{a_1 a_2 + b_1 b_2}{a_2^2 + b_2^2} + \mathrm{j}\frac{a_2 b_1 - a_1 b_2}{a_2^2 + b_2^2} = \frac{r_1}{r_2} \mathrm{e}^{\mathrm{j}(\varphi_1 - \varphi_2)}$$

$$\mathrm{e}^{\mathrm{j}\frac{\pi}{2}} = \mathrm{j} \qquad \mathrm{e}^{\mathrm{j}\pi} = -1 \qquad \mathrm{e}^{\mathrm{j}\frac{3\pi}{2}} = -\mathrm{j}$$

$$\mathrm{e}^{\mathrm{j}\varphi} = \mathrm{e}^{\mathrm{j}(\varphi + 2\pi k)} \quad k \text{ ganz}$$

2 Geometrie

Geometrie der Ebene

Abstand zwischen $P_1(x_1; y_1)$ und $P_2(x_2; y_2)$, (Bild F1)

$$e = \sqrt{(x_2 - x_1)^2 + (y_2 - y_1)^2}$$

Steigung der Strecke $\overline{P_1 P_2}$

$$\tan\alpha = \frac{y_2 - y_1}{x_2 - x_1}$$

Teilung einer Strecke $\overline{P_1 P_2}$ im Verhältnis $m : n = \lambda$

$$x_T = \frac{x_1 + \lambda x_2}{1 + \lambda} \qquad y_T = \frac{y_1 + \lambda y_2}{1 + \lambda}$$

Fläche eines Dreiecks $OP_1 P_2$

$$A = \frac{1}{2}(x_1 y_2 - x_2 y_1)$$

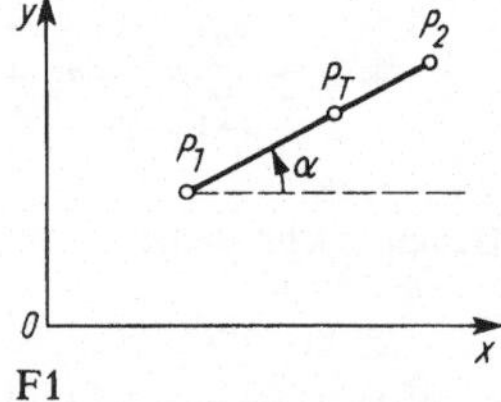

F1

Fläche eines Dreiecks $P_1 P_2 P_3$

$$A = \frac{1}{2} [x_1(y_2 - y_3) + x_2(y_3 - y_1) + x_3(y_1 - y_2)]$$

Schwerpunkt eines Dreiecks $P_1 P_2 P_3$

$$x_S = \frac{x_1 + x_2 + x_3}{3} \qquad y_S = \frac{y_1 + y_2 + y_3}{3}$$

Dreieck (Bild F2)

Fläche $A = \dfrac{1}{2} a h_a = \dfrac{1}{2} b h_b = \dfrac{1}{2} c h_c = \dfrac{1}{2} a b \sin \gamma$

Heronische Formel

$$A = \sqrt{s(s - a)(s - b)(s - c)}$$

mit $s = \dfrac{1}{2}(a + b + c)$

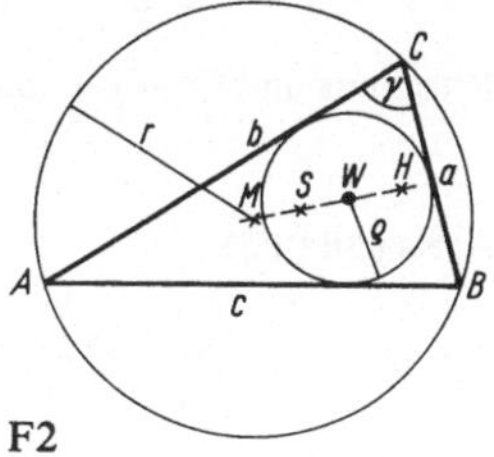

F2

Die drei **Höhen** schneiden sich in einem Punkt H. Die Höhen verhalten sich wie die Kehrwerte der entsprechenden Seiten.

Die drei **Seitenhalbierenden** schneiden sich in einem Punkt S. Er ist der Schwerpunkt des Dreiecks und teilt jede Seitenhalbierende im Verhältnis $2:1$.

Die drei **Mittelsenkrechten** schneiden sich in einem Punkt M. Er ist der Mittelpunkt des Umkreises mit dem Radius

$$r = \frac{abc}{4A}$$

Die drei Punkte H, S und M liegen auf einer Geraden: $\overline{HS}:\overline{SM} = 2:1$.

Die drei **Winkelhalbierenden** schneiden sich in einem Punkt W. Er ist der Mittelpunkt des Inkreises mit dem Radius

$$\varrho = \frac{2A}{a + b + c}$$

Jede Winkelhalbierende teilt die Gegenseite im Verhältnis der anliegenden Seiten.

Rechtwinkliges Dreieck (Bild F3)

Fläche $A = \dfrac{1}{2} a b = \dfrac{1}{2} c h_c$

Pythagoras $c^2 = a^2 + b^2$

Euklid $a^2 = cp \qquad b^2 = cq$

Höhensatz $h_c^2 = pq$

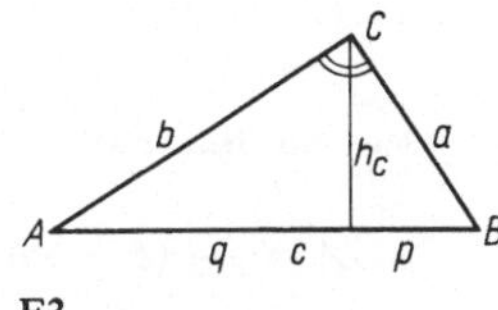

F3

Viereck (Bild F4)

Fläche $A = \dfrac{1}{2} e(h_1 + h_2)$

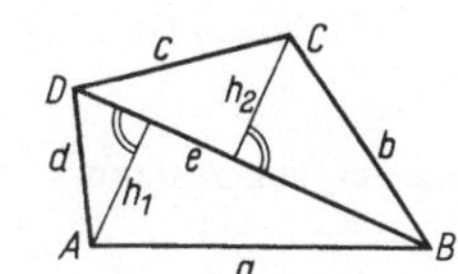

F4

F6 Formelsammlung

Ein Sehnenviereck hat einen Umkreis. Dann gilt

$$\alpha + \gamma = \beta + \delta = 180°$$

Rechteck und Quadrat sind stets Sehnenvierecke.
Ein Tangentenviereck hat einen Inkreis. Dann gilt

$$a + c = b + d = \varrho\pi$$

Rhombus und Quadrat sind stets Tangentenvierecke.

Kreis (Bild F5) $\qquad\qquad \pi = 3{,}141592654\ldots$

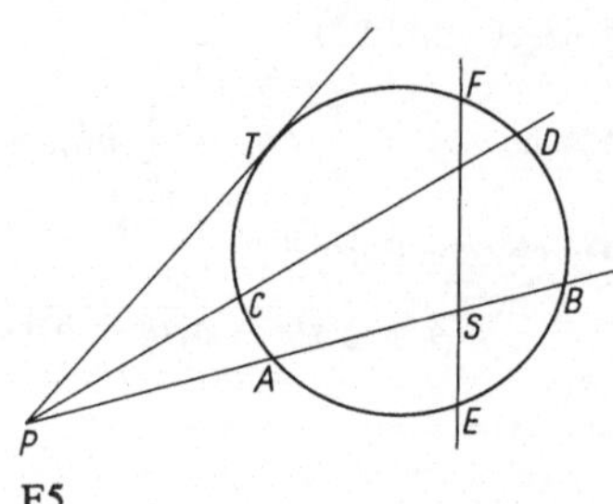

F5

Fläche $\qquad A = r^2\pi = \dfrac{\pi}{4}\,d^2$

Umfang $\qquad u = 2r\pi = d\pi$

Sekantensatz $\quad \overline{PA}\cdot\overline{PB} = \overline{PC}\cdot\overline{PD} = (\overline{PT})^2$

Sehnensatz $\quad \overline{AS}\cdot\overline{SB} = \overline{ES}\cdot\overline{SF}$

Kreisring (Bild F6)

$$A = (r_2^2 - r_1^2)\pi = \frac{\pi}{4}\,(d_2^2 - d_1^2) = 2\pi r_{\mathrm{m}}s$$

$$d_2 = 2r_2 \qquad d_1 = 2r_1 \qquad r_{\mathrm{m}} = \frac{1}{2}\,(r_2 + r_1)$$

$$s = r_2 - r_1$$

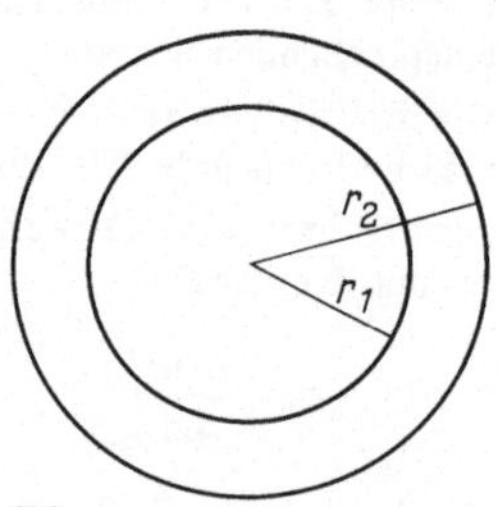

F6

Kreissektor (Bild F7)

$$A = \frac{1}{2}\,r^2\alpha = \frac{1}{2}\,br \qquad b = r\alpha \qquad s = 2r\sin\frac{\alpha}{2}$$

Schwerpunktabstand

$$\overline{MS} = \frac{4r}{3\alpha}\sin\frac{\alpha}{2} = \frac{2rs}{3b}$$

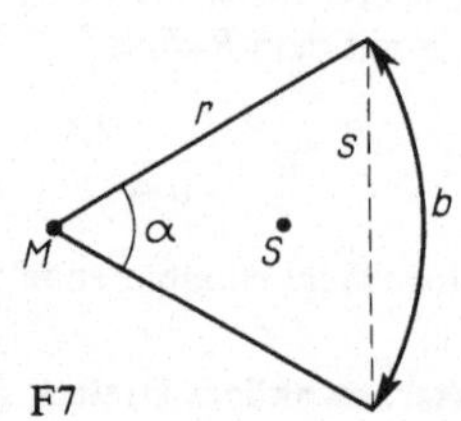

F7

Kreissegment (Bild F8)

$$A = \frac{r^2}{2}\,(\alpha - \sin\alpha) \approx \frac{2}{3}\,sh + \frac{h^3}{2s}$$

$$h = r\left(1 - \cos\frac{\alpha}{2}\right) = \frac{s}{2}\,\tan\frac{\alpha}{4}$$

Schwerpunktabstand

$$\overline{MS} = \frac{s^3}{12A}$$

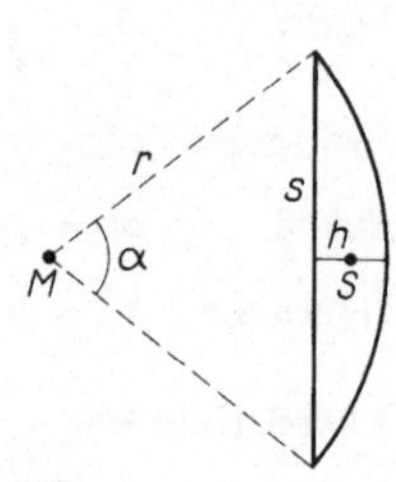

F8

Geometrie des Raumes

A Grundfläche, O Oberfläche, M Mantelfläche, V Volumen, h Höhe senkrecht auf der Grundfläche.

Prismatoid (Bild F9)
$$V = \frac{h}{6}\,(A_u + 4A_m + A_o)$$

Prisma (Bild F10) Grund- und Deckfläche sind zwei parallele und kongruente n-Ecke. Die Seitenflächen sind n Rechtecke.

$$V = A\,h \qquad M = u\,h$$

$$O = M + 2A$$

(u = Umfang der Grundfläche)

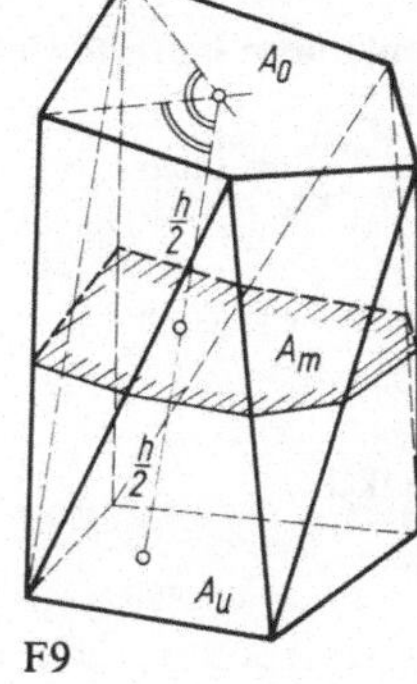

F9

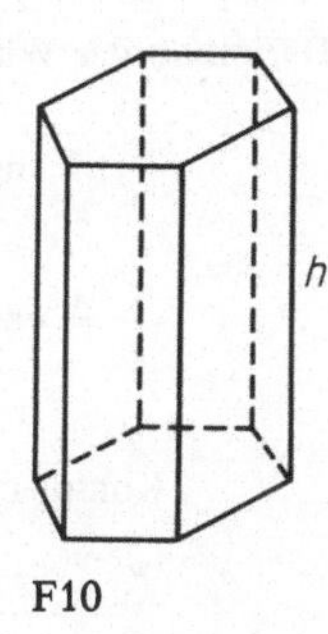

F10

Pyramide (Bild F11) Grundfläche ist ein n-Eck, die Seitenflächen Dreiecke mit gemeinsamer Spitze.

$$V = \frac{1}{3}\,A\,h$$

Pyramidenstumpf
$$V = \frac{h}{3}\,(A_u + \sqrt{A_u A_o} + A_o)$$

Kreiszylinder (Bild F12)
$$V = r^2\pi h \qquad M = 2r\pi h \qquad O = 2r\pi(h + r)$$

Kreiskegel (Bild F13)
$$V = \frac{\pi}{3}\,r^2 h \qquad M = r\pi s \qquad O = r\pi(s + r) \qquad s = \sqrt{r^2 + h^2}$$

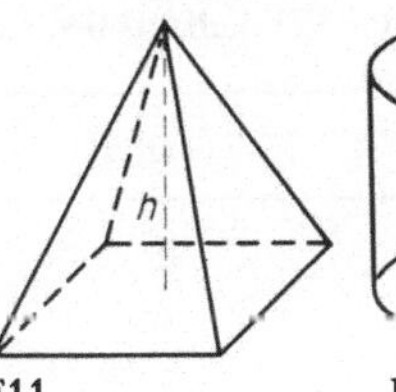

F11

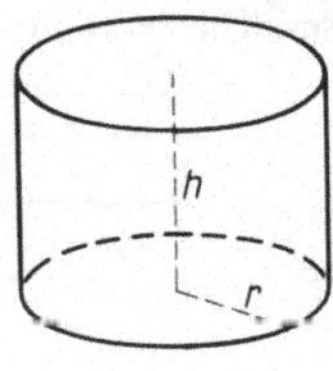

F12

Schwerpunktabstand von der Grundfläche $h/4$

Kegelstumpf (Bild F14)

$$V = \frac{\pi}{3}\,h(r_1^2 + r_1 r_2 + r_2^2)$$

$$M = \pi(r_1 + r_2)s$$

$$s = \sqrt{(r_2 - r_1)^2 + h^2}$$

Kugel $\quad V = \frac{4}{3}\,\pi r^3 \qquad O = 4r^2\pi$

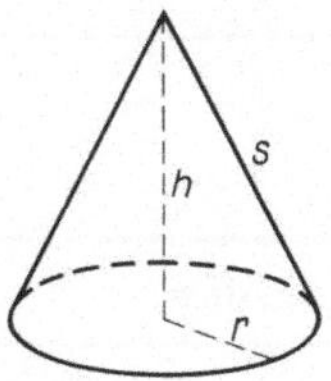

F13

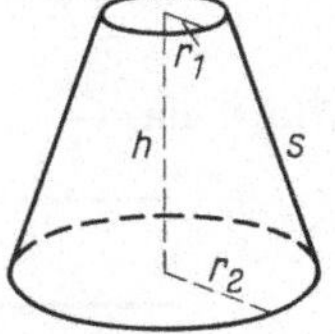

F14

Kugelsektor (Bild F15)

$$V = \frac{2}{3}\,\pi r^2 h \qquad O = r\pi(2h + \varrho) \qquad \varrho = \sqrt{h(2r - h)}$$

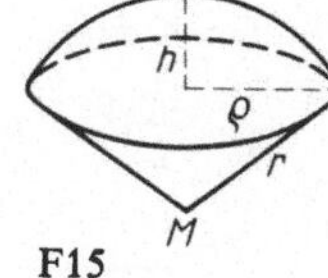

F15

Kugelsegment

$$V = \frac{\pi}{6} h(3\varrho^2 + h^2) = \frac{\pi}{3} h^2(3r - h) \qquad O = \pi(2rh + \varrho^2) = \pi(2\varrho^2 + h^2)$$

3 Trigonometrie

Definition der Winkelfunktionen im rechtwinkligen Dreieck (Bild F16)

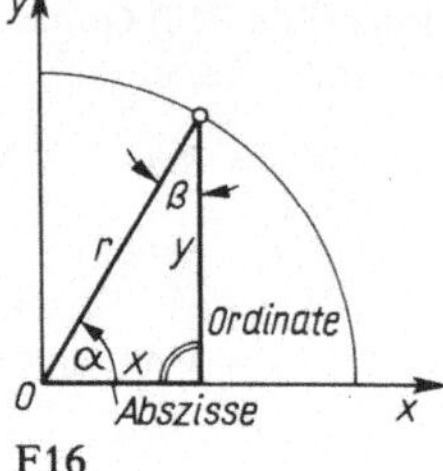

$$\frac{y}{r} = \sin\alpha \qquad \frac{y}{x} = \tan\alpha$$

$$\frac{x}{r} = \cos\alpha \qquad \frac{x}{y} = \cot\alpha$$

Komplementwinkel

$$\frac{y}{r} = \sin\alpha = \cos\beta = \cos(90° - \alpha) \qquad \frac{x}{r} = \cos\alpha = \sin\beta = \sin(90° - \alpha)$$

$$\frac{y}{x} = \tan\alpha = \cot\beta = \cot(90° - \alpha) \qquad \frac{x}{y} = \cot\alpha = \tan\beta = \tan(90° - \alpha)$$

Spezielle Werte der Winkelfunktionen

α	$\sin\alpha$	$\cos\alpha$	$\tan\alpha$	$\cot\alpha$
0°	0	1	0	–
30°	$\frac{1}{2}$	$\frac{1}{2}\sqrt{3}$	$\frac{1}{3}\sqrt{3}$	$\sqrt{3}$
45°	$\frac{1}{2}\sqrt{2}$	$\frac{1}{2}\sqrt{2}$	1	1
60°	$\frac{1}{2}\sqrt{3}$	$\frac{1}{2}$	$\sqrt{3}$	$\frac{1}{3}\sqrt{3}$
90°	1	0	–	0

Winkel über $\dfrac{\pi}{2}$

φ	$\sin\varphi$	$\cos\varphi$	$\tan\varphi$	$\cot\varphi$
$\dfrac{\pi}{2} \pm \alpha$	$\cos\alpha$	$\mp \sin\alpha$	$\mp \cot\alpha$	$\mp \tan\alpha$
$\pi \pm \alpha$	$\mp \sin\alpha$	$- \cos\alpha$	$\pm \tan\alpha$	$\pm \cot\alpha$
$\dfrac{3}{2}\pi \pm \alpha$	$- \cos\alpha$	$\pm \sin\alpha$	$\mp \cot\alpha$	$\mp \tan\alpha$
$2\pi \pm \alpha$	$\pm \sin\alpha$	$\cos\alpha$	$\pm \tan\alpha$	$\pm \cot\alpha$

Beziehungen zwischen den Winkelfunktionen

$$\sin^2\alpha + \cos^2\alpha = 1 \qquad \tan\alpha = \frac{\sin\alpha}{\cos\alpha} = \frac{1}{\cot\alpha}$$

$$1 + \tan^2\alpha = \frac{1}{\cos^2\alpha} \qquad 1 + \cot^2\alpha = \frac{1}{\sin^2\alpha}$$

	$\sin\alpha$	$\cos\alpha$	$\tan\alpha$	$\cot\alpha$
$\sin\alpha =$	$\sin\alpha$	$\sqrt{1-\cos^2\alpha}$	$\dfrac{\tan\alpha}{\sqrt{1+\tan^2\alpha}}$	$\dfrac{1}{\sqrt{1+\cot^2\alpha}}$
$\cos\alpha =$	$\sqrt{1-\sin^2\alpha}$	$\cos\alpha$	$\dfrac{1}{\sqrt{1+\tan^2\alpha}}$	$\dfrac{\cot\alpha}{\sqrt{1+\cot^2\alpha}}$
$\tan\alpha =$	$\dfrac{\sin\alpha}{\sqrt{1-\sin^2\alpha}}$	$\dfrac{\sqrt{1-\cos^2\alpha}}{\cos\alpha}$	$\tan\alpha$	$\dfrac{1}{\cot\alpha}$
$\cot\alpha =$	$\dfrac{\sqrt{1-\sin^2\alpha}}{\sin\alpha}$	$\dfrac{\cos\alpha}{\sqrt{1-\cos^2\alpha}}$	$\dfrac{1}{\tan\alpha}$	$\cot\alpha$

Additionstheoreme

$$\sin(\alpha \pm \beta) = \sin\alpha\cos\beta \pm \cos\alpha\sin\beta \qquad \cos(\alpha \pm \beta) = \cos\alpha\cos\beta \mp \sin\alpha\sin\beta$$

$$\tan(\alpha \pm \beta) = \frac{\tan\alpha \pm \tan\beta}{1 \mp \tan\alpha\tan\beta} \qquad \cot(\alpha \pm \beta) = \frac{\cot\alpha\cot\beta \mp 1}{\cot\beta \pm \cot\alpha}$$

$$\sin 2\alpha = 2\sin\alpha\cos\alpha \qquad \cos 2\alpha = \cos^2\alpha - \sin^2\alpha = 2\cos^2\alpha - 1$$

$$\tan 2\alpha = \frac{2\tan\alpha}{1 - \tan^2\alpha} \qquad \cot 2\alpha = \frac{\cot^2\alpha - 1}{2\cot\alpha}$$

$$\sin 3\alpha = 3\sin\alpha - 4\sin^3\alpha \qquad \cos 3\alpha = 4\cos^3\alpha - 3\cos\alpha$$

$$\tan 3\alpha = \frac{3\tan\alpha - \tan^3\alpha}{1 - 3\tan^2\alpha} \qquad \cot 3\alpha = \frac{\cot^3\alpha - 3\cot\alpha}{3\cot^2\alpha - 1}$$

$$\sin\alpha = \frac{2\tan(\alpha/2)}{1 + \tan^2(\alpha/2)} \qquad \cos\alpha = \frac{1 - \tan^2(\alpha/2)}{1 + \tan^2(\alpha/2)}$$

$$\sin\frac{\alpha}{2} = \sqrt{\frac{1 - \cos\alpha}{2}} \qquad \cos\frac{\alpha}{2} = \sqrt{\frac{1 + \cos\alpha}{2}}$$

$$\sin\alpha + \sin\beta = 2\sin\frac{\alpha + \beta}{2}\cos\frac{\alpha - \beta}{2} \qquad \cos\alpha + \cos\beta = 2\cos\frac{\alpha + \beta}{2}\cos\frac{\alpha - \beta}{2}$$

$$\sin\alpha - \sin\beta = 2\cos\frac{\alpha + \beta}{2}\sin\frac{\alpha - \beta}{2} \qquad \cos\alpha - \cos\beta = -2\sin\frac{\alpha + \beta}{2}\sin\frac{\alpha - \beta}{2}$$

$$\cos\alpha + \sin\alpha = \sqrt{2}\sin\left(\frac{\pi}{4} + \alpha\right) \qquad \cos\alpha - \sin\alpha = \sqrt{2}\cos\left(\frac{\pi}{4} + \alpha\right)$$

Berechnung schiefwinkliger Dreiecke (Bild F 17)

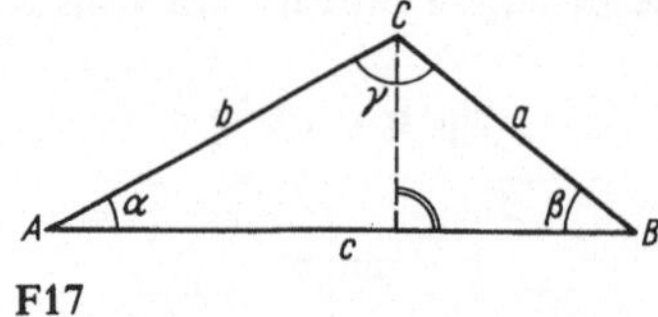

F17

Sinussatz

$$\frac{a}{\sin\alpha} = \frac{b}{\sin\beta} = \frac{c}{\sin\gamma}$$

Cosinussatz

$$a^2 = b^2 + c^2 - 2bc\cos\alpha$$

Tangenssatz

$$\frac{a + b}{a - b} = \frac{\tan\dfrac{\alpha + \beta}{2}}{\tan\dfrac{\alpha - \beta}{2}}$$

Halbwinkelsatz

$$\tan\frac{\alpha}{2} = \sqrt{\frac{(s - b)(s - c)}{s(s - a)}} \qquad s = \frac{a + b + c}{2}$$

Projektionssatz

$$c = b\cos\alpha + a\cos\beta$$

Winkel über Höhe und Höhenfußpunkt

$$\tan\alpha = \frac{a\sin\beta}{c - a\cos\beta} = \frac{a\sin\gamma}{b - a\cos\gamma}$$

a, b, c und α, β, γ können zyklisch vertauscht werden.

Sphärische Trigonometrie

Sphärischer Exzeß

$$\varepsilon = \alpha + \beta + \gamma - \pi = \frac{A}{r^2}$$

Beziehung zwischen Zentriwinkel a und sphärischer Seite $\hat{a}$ bei Radius r

$$a = \frac{\hat{a}}{r}$$

Berechnung rechtwinkliger sphärischer Dreiecke (Bild F 18, $\gamma = 90°$)

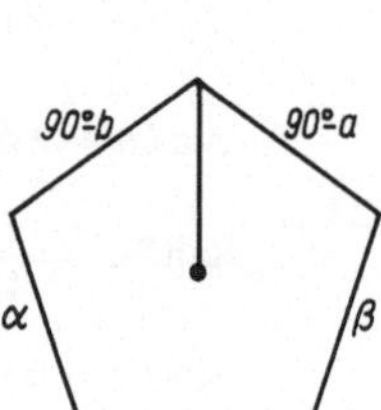

F18

Nepersche Regel. Der Cosinus eines Stückes ist gleich
a) dem Produkt der Cotangenten der benachbarten Stücke,
b) dem Produkt der Sinus der gegenüberliegenden Stücke,
wenn man die Katheten a, b durch $90° - a$, $90° - b$ ersetzt.

$$\gamma = 90° \qquad \cos c = \cot\alpha\cot\beta = \cos a\cos b \qquad \cos\alpha = \tan b\cot c = \cos a\sin\beta$$
$$\sin b = \cot\alpha\tan a = \sin\beta\sin c$$
$$\sin a = \cot\beta\tan b = \sin\alpha\sin c$$
$$\cos\beta = \tan a\cot c = \sin\alpha\cos b$$

Berechnung schiefwinkliger sphärischer Dreiecke (Bild F 19)

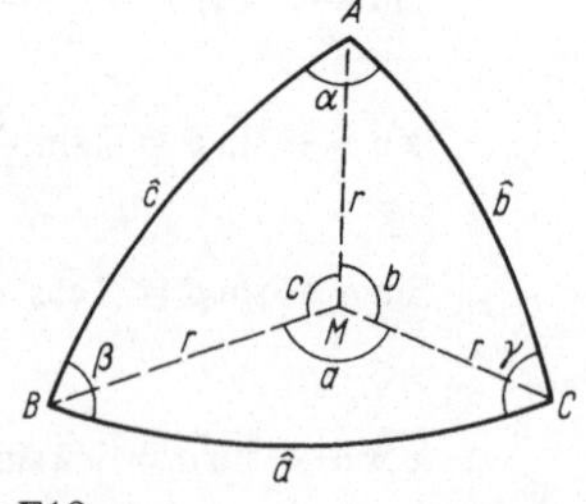

F19

Sinussatz

$$\frac{\sin a}{\sin\alpha} = \frac{\sin b}{\sin\beta} = \frac{\sin c}{\sin\gamma}$$

Seitencosinussatz

$$\cos a = \cos b\cos c + \sin b\sin c\cos\alpha$$

Winkelcosinussatz

$$\cos\alpha = -\cos\beta\cos\gamma + \sin\beta\sin\gamma\cos a$$

Cotangenssatz (Beziehung zwischen vier aufeinanderfolgenden Stücken)

$$\sin\alpha\cot\beta = \cot b\sin c - \cos c\cos\alpha \qquad \sin\alpha\cot\gamma = \cot c\sin b - \cos b\cos\alpha$$

Halbwinkelsatz

$$\tan\frac{\alpha}{2} = \sqrt{\frac{\sin(s-b)\sin(s-c)}{\sin s\sin(s-a)}} \qquad s = \frac{a+b+c}{2}$$

Halbseitensatz

$$\tan\frac{a}{2} = \sqrt{\frac{-\cos\sigma\cos(\sigma-\alpha)}{\cos(\sigma-\beta)\cos(\sigma-\gamma)}} \qquad \sigma = \frac{\alpha+\beta+\gamma}{2}$$

Nepersche Gleichungen

$$\tan\frac{a+b}{2} = \frac{\cos\dfrac{\alpha-\beta}{2}}{\cos\dfrac{\alpha+\beta}{2}}\tan\frac{c}{2} \qquad \tan\frac{a-b}{2} = \frac{\sin\dfrac{\alpha-\beta}{2}}{\sin\dfrac{\alpha+\beta}{2}}\tan\frac{c}{2}$$

$$\tan\frac{\alpha+\beta}{2} = \frac{\cos\dfrac{a-b}{2}}{\cos\dfrac{a+b}{2}}\cot\frac{\gamma}{2} \qquad \tan\frac{\alpha-\beta}{2} = \frac{\sin\dfrac{a-b}{2}}{\sin\dfrac{a+b}{2}}\cot\frac{\gamma}{2}$$

a, b, c und α, β, γ können zyklisch vertauscht werden.

4 Lineare Algebra

Determinanten

Satz von Laplace Der Wert einer n-reihigen Determinante ist gleich der Summe der Produkte aus den Elementen einer beliebigen Reihe und den zugehörigen Adjunkten

$$D = \sum_{\substack{i=1\\k=\text{const}}}^{n} a_{ik}A_{ik} = \sum_{\substack{k=1\\i=\text{const}}}^{n} a_{ik}A_{ik}$$

Spezialfälle: zweireihig:

$$D = \begin{vmatrix} a_{11} & a_{12} \\ a_{21} & a_{22} \end{vmatrix} = a_{11}a_{22} - a_{12}a_{21}$$

dreireihig: Sarrusregel. Die 1. und 2. Spalte werden neben die 3. Spalte geschrieben. In Richtung der Pfeile des folgenden Schemas werden 6 Produkte zu je drei Faktoren gebildet und addiert bzw. subtrahiert.

$$\begin{array}{ccccc} a_{11} & a_{12} & a_{13} & a_{11} & a_{12} \\ a_{21} & a_{22} & a_{23} & a_{21} & a_{22} \\ a_{31} & a_{32} & a_{33} & a_{31} & a_{32} \end{array}$$

$$D = a_{11}a_{22}a_{33} + a_{12}a_{23}a_{31} + a_{13}a_{21}a_{32} - a_{31}a_{22}a_{13} - a_{32}a_{23}a_{11} - a_{33}a_{21}a_{12}$$

F12   Formelsammlung

Vektoren

Betrag $|\vec{v}| = v = +\sqrt{v_x^2 + v_y^2 + v_x^2}$

Richtungscosinus

$$\cos\alpha = \frac{v_x}{v} \qquad \cos\beta = \frac{v_y}{v} \qquad \cos\gamma = \frac{v_z}{v}$$

Addition

$$\vec{v}_3 = \vec{v}_1 + \vec{v}_2$$
$$v_{3x} = v_{1x} + v_{2x} \qquad v_{3y} = v_{1y} + v_{2y} \qquad v_{3z} = v_{1z} + v_{2z}$$

Skalares Produkt

$$\vec{v}_1 \cdot \vec{v}_2 = v_1 v_2 \cos(\vec{v}_1, \vec{v}_2) = v_{1x}v_{2x} + v_{1y}v_{2y} + v_{1z}v_{2z}$$

Es gilt das kommutative Gesetz $\vec{v}_1 \cdot \vec{v}_2 = \vec{v}_2 \cdot \vec{v}_1$

Es gilt das distributive Gesetz $\vec{v}_1 \cdot (\vec{v}_2 + \vec{v}_3) = \vec{v}_1 \cdot \vec{v}_2 + \vec{v}_1 \cdot \vec{v}_3$

Winkel zwischen zwei Vektoren $\cos(\vec{v}_1, \vec{v}_2) = \dfrac{\vec{v}_1 \cdot \vec{v}_2}{v_1 v_2}$

Projektion von $\vec{v}_1$ auf $\vec{v}_2$ $\vec{v}_{1(\vec{v}_2)} = \dfrac{\vec{v}_1 \cdot \vec{v}_2}{v_2^2}\, \vec{v}_2$

Vektorielles Produkt

$$\vec{v}_1 \times \vec{v}_2 = \begin{vmatrix} \vec{i} & \vec{j} & \vec{k} \\ v_{1x} & v_{1y} & v_{1z} \\ v_{2x} & v_{2y} & v_{2z} \end{vmatrix} \qquad |\vec{v}_1 \times \vec{v}_2| = v_1 v_2 \sin(\vec{v}_1, \vec{v}_2)$$

Das kommutative Gesetz gilt nicht $\vec{v}_1 \times \vec{v}_2 = -(\vec{v}_2 \times \vec{v}_1)$

Es gilt das distributive Gesetz $\vec{v}_1 \times (\vec{v}_2 + \vec{v}_3) = \vec{v}_1 \times \vec{v}_2 + \vec{v}_1 \times \vec{v}_3$

Mehrfache Produkte

$$\vec{v}_1 \cdot (\vec{v}_2 \times \vec{v}_3) = \begin{vmatrix} v_{1x} & v_{1y} & v_{1z} \\ v_{2x} & v_{2y} & v_{2z} \\ v_{3x} & v_{3y} & v_{3z} \end{vmatrix}$$

$$\vec{v}_1 \times (\vec{v}_2 \times \vec{v}_3) = (\vec{v}_1 \cdot \vec{v}_3)\vec{v}_2 - (\vec{v}_1 \cdot \vec{v}_2)\vec{v}_3$$

$$(\vec{v}_1 \times \vec{v}_2) \cdot (\vec{v}_3 \times \vec{v}_4) = (\vec{v}_1 \cdot \vec{v}_3)(\vec{v}_2 \cdot \vec{v}_4) - (\vec{v}_2 \cdot \vec{v}_3)(\vec{v}_1 \cdot \vec{v}_4)$$

$$(\vec{v}_1 \times \vec{v}_2) \times (\vec{v}_3 \times \vec{v}_4) = (\vec{v}_1 \cdot (\vec{v}_2 \times \vec{v}_4))\vec{v}_3 - (\vec{v}_1 \cdot (\vec{v}_2 \times \vec{v}_3))\vec{v}_4$$

Hinweis: Der Multiplikationspunkt bedeutet das skalare Produkt zweier Vektoren. Kein Operationszeichen bedeutet das Produkt zweier Skalare bzw. eines Vektors mit einem Skalar.

Matrizen

Gleichheit. Zwei Matrizen A und B sind gleich, wenn sie vom gleichen Typ sind und $a_{ik} = b_{ik}$ für alle i und k gilt.

Addition. A und B müssen vom gleichen Typ sein.

$$C = A + B \qquad c_{ik} = a_{ik} + b_{ik} \text{ für alle } i, k$$

Multiplikation einer Matrix A mit einem konstanten Faktor k. Jedes Element von A wird mit k multipliziert.

Multiplikation zweier Matrizen. Es muß die Spaltenanzahl n_A gleich der Zeilenanzahl m_B sein

$$C = AB \qquad c_{ik} = \sum_{j=1}^{n} a_{ij}b_{jk}$$

Im allgemeinen gilt

$$AB \neq BA \qquad A(B + C) = AB + AC \qquad (AB)C = A(BC)$$

Kehrmatrix (inverse Matrix) A^{-1}

$$AA^{-1} = A^{-1}A = E$$

Transponierte Matrix A'

$$(AB)' = B'A' \qquad (A')^{-1} = (A^{-1})'$$

Determinante einer Matrix $\det(A)$

$$\det(AB) = \det(A)\det(B)$$

Lineare Gleichungssysteme In der Gleichung $Ax = b$ sind die Matrix A und der Spaltenvektor b gegeben. Der Spaltenvektor x ist gesucht.

Lösung mit Determinanten Cramersche Regel zur Berechnung der Unbekannten x_k mit $D = \det A$

$$x_k = \frac{D_k}{D} \quad \text{mit} \quad D_k = \begin{vmatrix} a_{11} \cdots a_{1,k-1} & b_1 & a_{1,k+1} \cdots a_{1n} \\ \vdots & & \\ a_{n1} \cdots a_{n,k-1} & b_n & a_{n,k+1} \cdots a_{nn} \end{vmatrix}$$

Verketteter Gauß-Algorithmus Mit Hilfe der Multiplikationsfaktoren m_{ik} wird $Ax = b$ zeilenweise in ein System mit oberer Dreiecksmatrix transformiert: $Ux = c$ und dieses zeilenweise von unten nach oben aufgelöst.

Es gilt folgende Rechenanweisung

für $k = 1, 2, \ldots, n$
$$u_{1k} = a_{1k}$$
Für $i = 2, 3, \ldots, n$

$$m_{ik} = -\left[a_{ik} + \sum_{j=1}^{k-1} m_{ij}u_{jk}\right]/u_{kk} \qquad k = 1, 2, \ldots, i-1$$

$$u_{ik} = a_{ik} + \sum_{j=1}^{i-1} m_{ij}u_{jk} \qquad k = i, i+1, \ldots, n$$

$$c_i = b_i + \sum_{j=1}^{i-1} m_{ij}c_j$$

$$x_n = \frac{c_n}{u_{nn}}$$

$$x_i = \left[c_i - \sum_{j=i+1}^{n} u_{ij}x_j\right]/u_{ii} \qquad i = n-1, n-2, \ldots, 1$$

Austauschverfahren von Stiefel   Die Gleichung $y = Ax - b$ wird als Rechenschema geschrieben

	x_1	$\ldots$	x_n	1
y_1	a_{11}	$\ldots$	a_{1n}	$-b_1$
$\vdots$	$\vdots$		$\vdots$	$\vdots$
y_n	a_{n1}	$\ldots$	a_{nn}	$-b_n$

Kellerzeile

In n Schritten werden alle y_i mit den x_k vertauscht.

Dadurch wird $x = A^{-1}(y + b) = A^{-1}y + c$. Mit $y = 0$ erhält man $x = c$. Oft interessiert nur die inverse Matrix A^{-1}. Die i-te Zeile heißt Pivotzeile, die k-te Spalte Pivotspalte, das Element a_{ik} der Pivot. Man wähle als Pivot jeweils denjenigen mit dem größten Absolutwert.

5 Funktionen

Umrechnung zwischen rechtwinkligen und Polarkoordinaten (Bild F20)

$$x = r\cos\varphi \qquad\qquad y = r\sin\varphi$$

$$r = \sqrt{x^2 + y^2} \qquad\qquad \varphi = \arctan\frac{y}{x}$$

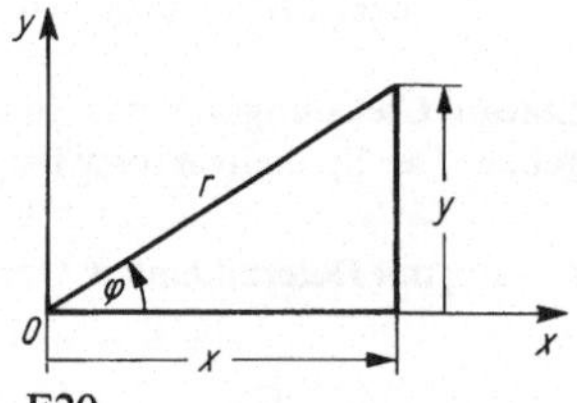

F20

Parallelverscheibung des Koordinatensystems (Bild F21)

$$\bar{x} = x - a \qquad\qquad \bar{y} = y - b$$

$$x = \bar{x} + a \qquad\qquad y = \bar{y} + b$$

Drehung des Koordinatensystems (Bild F22)

$$\bar{x} = y\sin\varphi + x\cos\varphi \qquad\qquad \bar{y} = y\cos\varphi - x\sin\varphi$$

$$x = \bar{x}\cos\varphi - \bar{y}\sin\varphi \qquad\qquad y = \bar{x}\sin\varphi + \bar{y}\cos\varphi$$

Einheitslänge

$$l_x = \frac{\Delta\xi}{\Delta x} = \frac{\text{Streckendifferenz des Bildes}}{\text{Größendifferenz}}$$

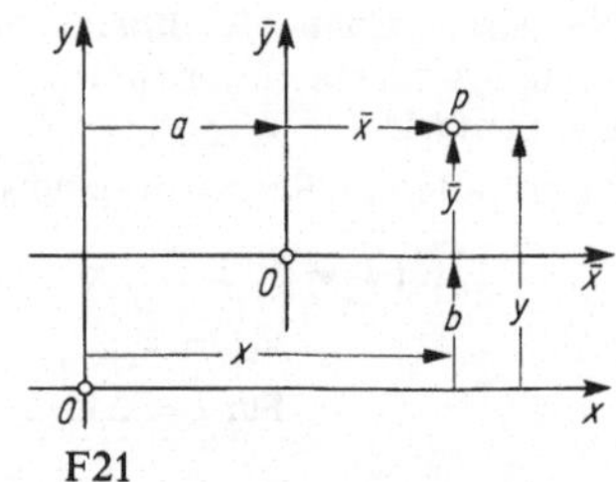

F21

Maßstabfaktor

$$m_x = \frac{\Delta x}{\Delta\xi} = \frac{\text{Größendifferenz}}{\text{Streckendifferenz des Bildes}}$$

Symmetrieeigenschaften der Kurve einer Funktion

Spiegelsymmetrie zur Ordinatenachse
$$F_2(x, y) = F_1(-x, y) \quad \text{oder} \quad f(x) = f(-x)$$

Spiegelsymmetrie zur Abszissenachse
$$F_2(x, y) = F_1(x, -y)$$

Punktspiegelung am Achsenschnittpunkt
$$F_2(x, y) = F_1(-x, -y) \quad \text{oder} \quad f(x) = -f(-x)$$

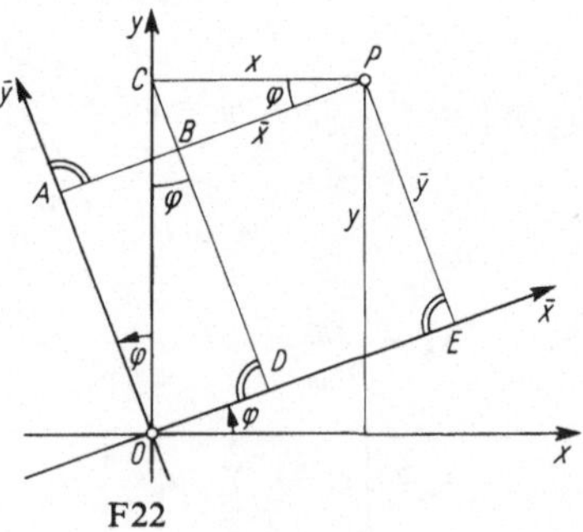

F22

Ganze rationale Funktion

$$y = a_0 + a_1 x + a_2 x^2 + \cdots + a_n x^n = \sum_{i=0}^{n} a_i x^i$$

$$\sum_{i=0}^{n} a_i x^i = a_n (x - x_{01})(x - x_{02}) \ldots (x - x_{0n})$$

wenn $x_{01}, x_{02}, \ldots, x_{0n}$ Nullstellen der Funktion sind.

Hornerschema zur Berechnung des Funktionswertes an der Stelle $x = x_0$ (für $n = 3$)

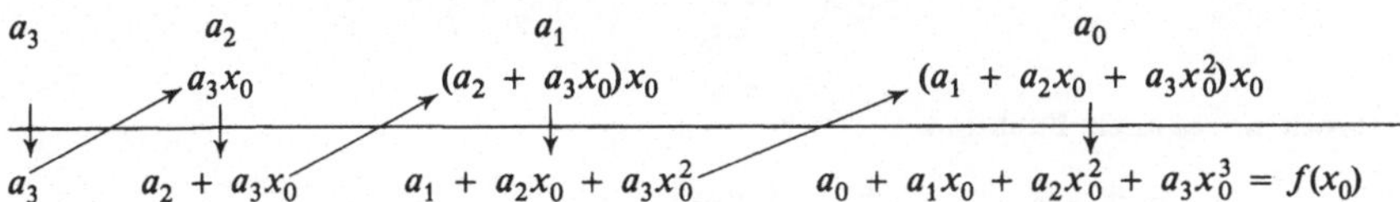

Geradengleichungen

allgemeine Form $\qquad\qquad y = a_0 + a_1 x$

Punktrichtungsform
für Punkt $(x_1; y_1)$ $\qquad\qquad \dfrac{y - y_1}{x - x_1} = a_1$

Zweipunkteform $\qquad\qquad \dfrac{y - y_1}{x - x_1} = \dfrac{y_2 - y_1}{x_2 - x_1}$

Achsenabschnittform $\qquad\qquad \dfrac{x}{a} + \dfrac{y}{b} = 1$

implizite Form $\qquad\qquad \alpha x + \beta y + \gamma = 0$

Hessesche Normalform (Bild F23) $\quad x \cos \varphi + y \sin \varphi - d = 0$

$$\frac{\alpha x + \beta y + \gamma}{\pm \sqrt{\alpha^2 + \beta^2}} = 0$$

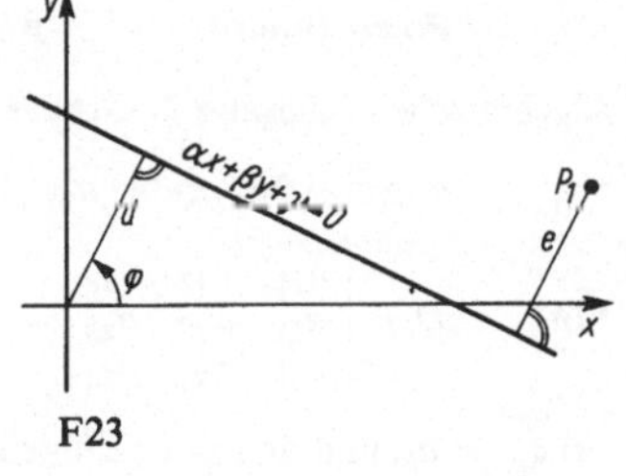

F23

Das Vorzeichen vor der Wurzel ist so zu wählen, daß $\pm y / \sqrt{\alpha^2 + \beta^2} < 0$ wird.

Abstand des Punktes P_1 von einer Geraden

$$e = x_1 \cos \varphi + y_1 \sin \varphi - d$$

Schnittpunkt und Schnittwinkel (Bild F24) zweier Geraden $y = a_0 + a_1 x$ und $y = a_0' + a_1' x$

$$x_0 = \frac{a_0' - a_0}{a_1 - a_1'}$$

$$y_0 = \frac{a_0' a_1 - a_0 a_1'}{a_1 - a_1'}$$

$$\tan \delta = \tan(\alpha - \alpha') = \frac{a_1 - a_1'}{1 + a_1 a_1'}$$

Orthogonalitätsbedingung $\quad a_1 = - \dfrac{1}{a_1'}$

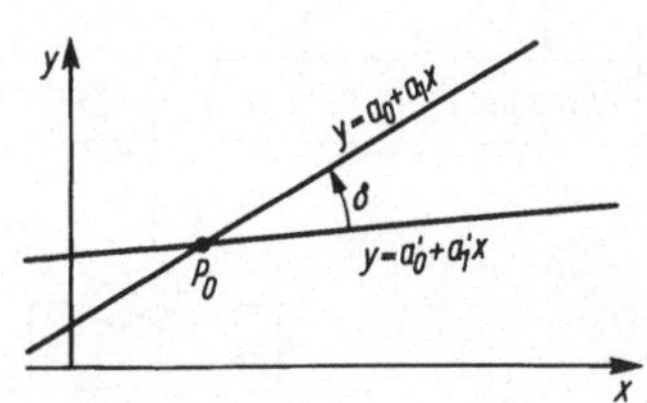

F24

F16 Formelsammlung

Parabel mit vertikaler Achse

allgemeine Form

$$y = a_0 + a_1 x + a_2 x^2$$

Scheitel

$$x_{\text{Sch}} = -\frac{a_1}{2a_2} \qquad y_{\text{Sch}} = a_0 - \frac{a_1^2}{4a_2}$$

Nullstellen

$$x_{01} = -\frac{a_1}{2a_2} + \sqrt{\left(\frac{a_1}{2a_2}\right)^2 - \frac{a_0}{a_2}}$$

$$x_{02} = -\frac{a_1}{2a_2} - \sqrt{\left(\frac{a_1}{2a_2}\right)^2 - \frac{a_0}{a_2}}$$

Gebrochene rationale Funktion

$$y = \frac{a_0 + a_1 x + a_2 x^2 + \cdots + a_n x^n}{b_0 + b_1 x + b_2 x^2 + \cdots + b_m x^m}$$

Nullstellen: Nullstellen des Zählers, Nenner $\neq$ 0; Unstetigkeitsstellen: Nullstellen des Nenners, Zähler $\neq$ 0

Algebraische Funktion

$$P_0(x) + P_1(x)y + P_2(x)y^2 + \cdots + P_n(x)y^n = 0$$

$P_i(x)$ sind ganze rationale Funktionen

Potenzfunktion $\qquad y = Cx^{m/n} \qquad m, n$ ganz

Algebraische Gleichung 2. Grades

$$a_{11}x^2 + 2a_{12}xy + a_{22}y^2 + 2a_{13}x + 2a_{23}y + a_{33} = 0$$

$$\text{Mit} \qquad D = \begin{vmatrix} a_{11} & a_{12} & a_{13} \\ a_{21} & a_{22} & a_{23} \\ a_{31} & a_{32} & a_{33} \end{vmatrix}$$

bei $a_{ik} = a_{ki}$ und den zweireihigen Determinanten D_{ik}, die sich aus D durch Streichen der i-ten Zeile und k-ten Spalte ergeben, gilt (Bild F25)

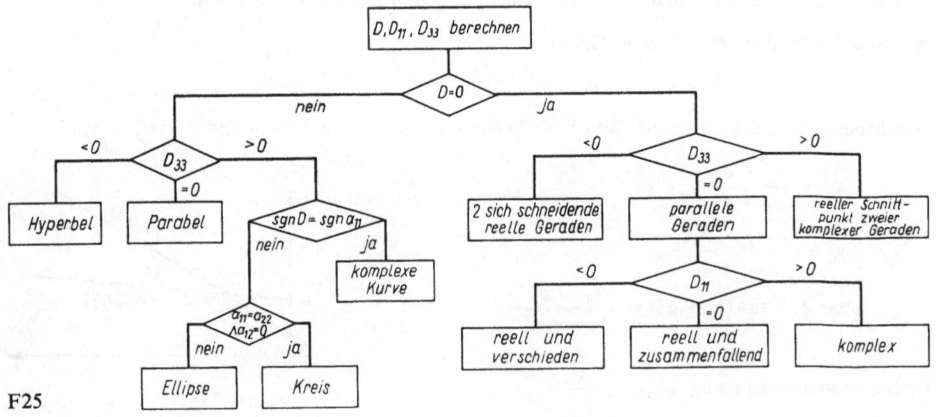

F25

Kreis mit Radius r um $(x_M; y_M)$

$$(x - x_M)^2 + (y - y_M)^2 = r^2 \qquad y = y_M \pm \sqrt{r^2 - (x - x_M)^2}$$

Kreistangente mit Berührungspunkt $(x_T; y_T)$ $\quad (x - x_M)(x_T - x_M) + (y - y_M)(y_T - y_M) = r^2$

Anstieg im Berührungspunkt

$$m_T = -\frac{x_T - x_M}{y_T - y_M}$$

Kreispolare mit Pol $(x_0; y_0)$

$$(x - x_M)(x_0 - x_M) + (y - y_M)(y_0 - y_M) = r^2$$

Ellipse mit Achsen parallel zu Koordinatenachsen

$$\frac{(x - x_M)^2}{a^2} + \frac{(y - y_M)^2}{b^2} = 1$$

Tangente

$$\frac{(x - x_M)(x_T - x_M)}{a^2} + \frac{(y - y_M)(y_T - y_M)}{b^2} = 1$$

Anstieg im Berührungspunkt

$$m_T = -\frac{b^2(x_T - x_M)}{a^2(y_T - y_M)}$$

Polare mit Pol $(x_0; y_0)$

$$\frac{(x - x_M)(x_0 - x_M)}{a^2} + \frac{(y - y_M)(y_0 - y_M)}{b^2} = 1$$

Radien der Scheitelschmiegkreise

$$r_1 = \frac{b^2}{a} \qquad r_2 = \frac{a^2}{b}$$

Hyperbel mit Achsen parallel zu Koordinatenachsen

$$\frac{(x - x_M)^2}{a^2} - \frac{(y - y_M)^2}{b^2} = 1$$

konjugierte Hyperbel

$$-\frac{(x - x_M)^2}{a^2} + \frac{(y - y_M)^2}{b^2} = 1$$

Asymptoten

$$y = y_M \pm \frac{b}{a}(x - x_M)$$

Tangente

$$\frac{(x - x_M)(x_T - x_M)}{a^2} - \frac{(y - y_M)(y_T - y_M)}{b^2} = 1$$

Anstieg im Berührungspunkt

$$m_T = \frac{b^2(x_T - x_M)}{a^2(y_T - y_M)}$$

Polare mit Pol $(x_0; y_0)$

$$\frac{(x - x_M)(x_0 - x_M)}{a^2} - \frac{(y - y_M)(y_0 - y_M)}{b^2} = 1$$

Radien der Scheitelschmiegkreise

$$r = \frac{b^2}{a}$$

Parabel mit Scheitel $(x_A; y_A)$ und horizontaler Achse

$$(y - y_A)^2 = 2p(x - x_A)$$

Tangente $\hspace{4cm} (y - y_A)(y_T - y_A) = p[(x - x_A) + (x_T - x_A)]$

Anstieg im Berührungspunkt $\hspace{2cm} m_T = \dfrac{p}{y_T - y_A}$

Polare mit Pol $(x_0; y_0)$ $\hspace{3cm} (y - y_A)(y_0 - y_A) = p[(x - x_A) + (x_0 - x_A)]$

Scheitelgleichungen der Kegelschnitte mit $p = b^2/a$

Ellipse $\hspace{1.5cm} y^2 = 2px - \dfrac{p}{a}x^2$

Hyperbel $\hspace{1.3cm} y^2 = 2px + \dfrac{p}{a}x^2$

Parabel $\hspace{1.6cm} y^2 = 2px$

Umkehrfunktionen der trigonometrischen Funktionen

$$\arcsin x + \arccos x = \pi/2 \hspace{2cm} \arctan x + \text{arccot}\, x = \pi/2$$
$$\arcsin x = \arccos \sqrt{1 - x^2} \hspace{2cm} \arccos x = \arctan(\sqrt{1 - x^2}/x)$$
$$\arccos x = \arcsin \sqrt{1 - x^2} \hspace{2cm} \arctan x = \arcsin(x/\sqrt{1 + x^2})$$

Hyperbelfunktionen

$$\sinh x = \frac{e^x - e^{-x}}{2} \hspace{3cm} \cosh x = \frac{e^x + e^{-x}}{2}$$

$$\tanh x = \frac{\sinh x}{\cosh x} = \frac{e^x - e^{-x}}{e^x + e^{-x}} \hspace{2cm} \coth x = \frac{1}{\tanh x} = \frac{e^x + e^{-x}}{e^x - e^{-x}}$$

$$\sinh(-x) = -\sinh x \hspace{3cm} \cosh(-x) = \cosh x$$

$$\tanh(-x) = -\tanh x \hspace{3cm} \coth(-x) = -\coth x$$

$$\cosh^2 x - \sinh^2 x = 1 \hspace{2.5cm} \sinh x \approx \cosh x \approx 0{,}5\, e^x \hspace{1cm} \text{für große } x$$

$$\sinh(x \pm y) = \sinh x \cosh y \pm \cosh x \sinh y$$

$$\cosh(x \pm y) = \cosh x \cosh y \pm \sinh x \sinh y$$

$$\tanh(x \pm y) = \frac{\tanh x \pm \tanh y}{1 \pm \tanh x \tanh y}$$

$$\sinh 2x = 2 \sinh x \cosh x$$

$$\cosh 2x = \cosh^2 x + \sinh^2 x = 2\cosh^2 x - 1 = 2\sinh^2 x + 1$$

Umkehrfunktionen der Hyperbelfunktionen

$$\text{arsinh}\, x = \ln(x + \sqrt{x^2 + 1}) \hspace{2cm} \text{arcosh}\, x = \ln(x + \sqrt{x^2 - 1}) \hspace{0.5cm} \text{für } x \geq 1$$

$$\text{artanh}\, x = \frac{1}{2} \ln \frac{1 + x}{1 - x} \hspace{0.5cm} \text{für } |x| < 1 \hspace{1.5cm} \text{arcoth}\, x = \frac{1}{2} \ln \frac{x + 1}{x - 1} \hspace{0.5cm} \text{für } |x| > 1$$

6 Folgen. Grenzwerte. Stetigkeit

Eine Folge ist beschränkt, wenn a_i aus $[c, d]$ für alle i positiv ganz, c und d reell

monoton steigend, wenn $a_{i+1} \geqslant a_i$, fallend, wenn $a_{i+1} \leqslant a_i$,

alternierend, wenn $\operatorname{sgn} a_i = -\operatorname{sgn} a_{i+1}$.

Konvergenz: $\lim\limits_{i \to \infty} a_i = a$ $\qquad$ Nullfolge: $\lim\limits_{i \to \infty} a_i = 0$

Rechenregeln Existiert $\lim\limits_{i \to \infty} a_i = a$ und $\lim\limits_{i \to \infty} b_i = b$, dann gilt

$$\lim_{i \to \infty} (c\,a_i) = c \lim_{i \to \infty} a_i$$

$$\lim_{i \to \infty} (a_i \pm b_i) = \lim_{i \to \infty} a_i \pm \lim_{i \to \infty} b_i$$

$$\lim_{i \to \infty} (a_i b_i) = \lim_{i \to \infty} a_i \cdot \lim_{i \to \infty} b_i$$

$$\lim_{i \to \infty} \left(\frac{a_i}{b_i} \right) = \frac{\lim\limits_{i \to \infty} a_i}{\lim\limits_{i \to \infty} b_i} = \frac{a}{b} \qquad b \neq 0,\ b_i \neq 0$$

Spezielle Grenzwerte

$$\lim_{i \to \infty} \sqrt[i]{r} = 1 \qquad\qquad \lim_{\alpha \to 0} \frac{\sin \alpha}{\alpha} = 1$$

$$\lim_{i \to \infty} \sqrt[i]{i} = 1 \qquad\qquad \lim_{\alpha \to 0} \frac{\tan \alpha}{\alpha} = 1$$

$$\lim_{i \to \infty} \frac{1}{\sqrt[i]{i!}} = 0 \qquad\qquad \lim_{\alpha \to 0} \frac{1 - \cos \alpha}{\alpha^2} = \frac{1}{2}$$

$$\lim_{i \to \infty} \left(1 + \frac{1}{i} \right)^i = e \qquad\qquad \lim_{x \to \infty} \frac{x^r}{e^x} = 0$$

$$\lim_{i \to \infty} \left(\frac{i}{i+1} \right)^i = \frac{1}{e} \qquad\qquad \lim_{x \to \infty} \frac{\ln x}{x^r} = 0 \qquad\Bigg\} \ r \text{ reell, } r > 0$$

$$\lim_{x \to r} \frac{x^n - r^n}{x - r} = nr^{n-1} \quad n \text{ rational} \qquad \lim_{x \to 0} (x^r \cdot \ln x) = 0$$

Regel von de l'Hospital Sind f und g in $x = a$ differenzierbar und $f(a) = g(a) = 0$ oder $f(a) \to \infty$, $g(a) \to \infty$, so gilt

$$\lim_{x \to a} \frac{f(x)}{g(x)} = \lim_{x \to a} \frac{f'(x)}{g'(x)}$$

Stetigkeit f ist in x_0 stetig, falls für alle Nullfolgen $(x - x_0)$

$$\lim_{x \to x_0} f(x) = f(x_0)$$

7 Differentialrechnung

f ist in x_0 differenzierbar, wenn für alle Nullfolgen $(x - x_0)$ der Grenzwert

$$\lim_{x \to x_0} \frac{f(x) - f(x_0)}{x - x_0} = f'(x_0)$$

existiert.

Rechenregeln

$$c' = 0 \qquad (cf)' = cf' \qquad (f_1 \pm f_2)' = f_1' \pm f_2'$$

Produktregel
$$(f_1 f_2)' = f_1' f_2 + f_1 f_2' = f_1 f_2 \left(\frac{f_1'}{f_1} + \frac{f_2'}{f_2} \right)$$

Quotientenregel
$$\left(\frac{f_1}{f_2} \right)' = \frac{f_1' f_2 - f_1 f_2'}{f_2^2}$$

Kettenregel
$$\frac{dy}{dx} = \frac{dy}{du} \frac{du}{dx} \qquad \text{wenn } y = f(x) = g(h(x)) \text{ mit } u = h(x)$$

allgemeiner auch
$$\frac{dy}{dx} = \frac{dy}{du} \frac{du}{dv} \cdots \frac{dw}{dx}$$

Implizit gegebene Funktion
$$\frac{dh(y)}{dx} = \frac{dh}{dy} \cdot y'$$

Logarithmische Differentiation

Ist $f_1(x) > 0$ und $y = f_1(x)^{f_2(x)}$, so folgt $y' = f_1(x)^{f_2(x)} \left[\dfrac{f_1'(x)}{f_1(x)} f_2(x) + f_2'(x) \ln f_1(x) \right]$

Aufgelöste Funktion

Ist $x = g(y)$ gleichwertig mit $y = f(x)$, so gilt $\dfrac{df(x)}{dx} = \dfrac{1}{\dfrac{dg(y)}{dy}}$

Tangente im Punkt $(x_0; y_0)$

$$y = y_0 + f'(x_0) \cdot (x - x_0)$$

Normale im Punkt $(x_0; y_0)$

$$y = y_0 - \frac{x - x_0}{f'(x_0)}$$

Mittelwertsatz

$$\frac{f(b) - f(a)}{b - a} = f'(x_m) \qquad x_m \text{ aus } [a, b]$$

Eigenschaften der Kurven von Funktionen

Maximum: $y' = 0$ und $y'' < 0$ \qquad Minimum: $y' = 0$ und $y'' > 0$

Rechtskrümmung: $y'' < 0$ \qquad Linkskrümmung: $y'' > 0$

Wendepunkt: y'' ändert das Vorzeichen

Nullstellen einer Funktion $y = f(x)$: Ist $f(x) = \varphi(x) - x = 0$, so konvergiert das Iterationsverfahren

$$x_{k+1} = \varphi(x_k) \qquad k = 1, 2, \ldots$$

falls $|\varphi'(x)| < 1$ für die Anfangswerte x_1, x_2 und die Nullstelle x_0 gilt.

Newton-Verfahren: $x_{k+1} = x_k - \dfrac{f(x_k)}{f'(x_k)}$ konvergiert für $\left| \dfrac{ff''}{f'^2} \right| < 1$.

Regula falsi: Ist $\operatorname{sgn} f(x_1) = -\operatorname{sgn} f(x_2)$, so ergibt

$$x_3 = x_1 - \frac{x_2 - x_1}{f(x_2) - f(x_1)} f(x_1)$$

eine verbesserte Näherung.

Ableitungen elementarer Funktionen

$(x^n)' = nx^{n-1} \qquad n$ reell

$\displaystyle (\arccos x)' = \frac{-1}{\sqrt{1 - x^2}}$

$(e^x)' = e^x$

$\displaystyle (\arctan x)' = \frac{1}{1 + x^2}$

$(a^x)' = a^x \cdot \ln a \qquad a > 0$

$\displaystyle (\operatorname{arccot} x)' = \frac{-1}{1 + x^2}$

$(x^x)' = x^x(1 + \ln x)$

$(\sinh x)' = \cosh x$

$\displaystyle (\ln x)' = \frac{1}{x}$

$(\cosh x)' = \sinh x$

$\displaystyle (\log_a x)' = \frac{1}{x \ln a}$

$\displaystyle (\tanh x)' = 1 - \tanh^2 x = \frac{1}{\cosh^2 x}$

$(\sin x)' = \cos x$

$\displaystyle (\coth x)' = 1 - \coth^2 x = -\frac{1}{\sinh^2 x}$

$(\cos x)' = -\sin x$

$\displaystyle (\operatorname{arsinh} x)' = \frac{1}{\sqrt{x^2 + 1}}$

$\displaystyle (\tan x)' = 1 + \tan^2 x = \frac{1}{\cos^2 x}$

$\displaystyle (\operatorname{arcosh} x)' = \frac{1}{\sqrt{x^2 - 1}}$

$\displaystyle (\cot x)' = -(1 + \cot^2 x) = -\frac{1}{\sin^2 x}$

$\displaystyle (\operatorname{artanh} x)' = \frac{1}{1 - x^2} \qquad |x| < 1$

$\displaystyle (\arcsin x)' = \frac{1}{\sqrt{1 - x^2}}$

$\displaystyle (\operatorname{arcoth} x)' = \frac{-1}{x^2 - 1} \qquad |x| > 1$

$(\ln \sin x)' = \cot x$

$(\ln \cos x)' = -\tan x$

$\displaystyle (\ln \tan x)' = \frac{2}{\sin 2x}$

$\displaystyle (\ln \cot x)' = \frac{-2}{\sin 2x}$

8 Integralrechnung

Bestimmtes Integral

$$\int_a^b f(x)\,\mathrm{d}x = \lim_{n\to\infty} \sum_{i=1}^{n} y_i\,\Delta x_i$$

Rechenregeln

$$\int_a^b f(x)\,\mathrm{d}x = -\int_b^a f(x)\,\mathrm{d}x \qquad \int_a^b f(x)\,\mathrm{d}x = \int_a^c f(x)\,\mathrm{d}x + \int_c^b f(x)\,\mathrm{d}x$$

Mittelwertsatz

$$\int_a^b f(x)p(x)\,\mathrm{d}x = f(x_\mathrm{m}) \int_a^b p(x)\,\mathrm{d}x$$

falls $p(x)$ stetig, $p(x) \neq 0$ in $[a, b]$, x_m aus $[a, b]$. Ist $p(x) = 1$, so gilt

$$\int_a^b f(x)\,\mathrm{d}x = (b - a)f(x_\mathrm{m})$$

Unbestimmtes Integral

$$I(x) = \int_a^x f(u)\,\mathrm{d}u + C = \int f(x)\,\mathrm{d}x$$

ist die Menge aller Stammfunktionen $F(x)$ mit $F'(x) = f(x)$.
Hauptsatz der Differential- und Integralrechnung

$$\frac{\mathrm{d}I(x)}{\mathrm{d}x} = f(x) \Leftrightarrow I(x) = \int f(x)\,\mathrm{d}x$$

Ist $F(x) = \int f(x)\,\mathrm{d}x$ eine Stammfunktion, so gilt

$$\int_a^b f(x)\,\mathrm{d}x = F(b) - F(a)$$

Rechenregeln

$$\int cf(x)\,\mathrm{d}x = c \int f(x)\,\mathrm{d}x \qquad \int [f_1(x) \pm f_2(x)]\,\mathrm{d}x = \int f_1(x)\,\mathrm{d}x \pm \int f_2(x)\,\mathrm{d}x$$

Produktintegration

$$\int f_1 f_2'\,\mathrm{d}x = f_1 f_2 - \int f_1' f_2\,\mathrm{d}x$$

Logarithmische Integration

$$\int \frac{f'}{f}\,\mathrm{d}x = \ln |f|$$

Substitution: Mit $f(x) = g(h(x)) = g(u)$ und $u = h(x) \Leftrightarrow x = k(u)$ gilt

$$\int f(x)\,\mathrm{d}x = \int g(u)\,\frac{\mathrm{d}k(u)}{\mathrm{d}u}\,\mathrm{d}u = \int g(u)\,\frac{\mathrm{d}x}{\mathrm{d}u}\,\mathrm{d}u$$

Grundintegrale

$$\int x^m\,\mathrm{d}x = \frac{x^{m+1}}{m+1} \quad m \neq -1$$

$$\int \frac{\mathrm{d}x}{x} = \ln x \qquad x > 0$$

$$\int e^x\,\mathrm{d}x = e^x$$

$$\int a^x\,\mathrm{d}x = \frac{a^x}{\ln a} \qquad a \neq 1, a > 0$$

$$\int \sin x\,\mathrm{d}x = -\cos x$$

$$\int \cos x\,\mathrm{d}x = \sin x$$

$$\int \sinh x\,\mathrm{d}x = \cosh x$$

$$\int \cosh x\,\mathrm{d}x = \sinh x$$

$$\int \frac{\mathrm{d}x}{1+x^2} = \arctan x$$

$$\int \frac{\mathrm{d}x}{1-x^2} = \frac{1}{2}\ln\left|\frac{1+x}{1-x}\right| = \operatorname{artanh} x$$

$$\int \frac{\mathrm{d}x}{\sqrt{1-x^2}} = \arcsin x \qquad |x| < 1$$

$$\int \frac{\mathrm{d}x}{\sqrt{x^2-1}} = \ln(x + \sqrt{x^2-1})$$

$$= \operatorname{arcosh} x \qquad |x| > 1$$

$$\int \frac{\mathrm{d}x}{\sqrt{x^2+1}} = \ln(x + \sqrt{x^2+1})$$

$$= \operatorname{arsinh} x$$

Rationale Integranden

$$\int (ax+b)^n\,\mathrm{d}x = \frac{(ax+b)^{n+1}}{a(n+1)} \quad \text{für } n \neq -1$$

$$\int \frac{\mathrm{d}x}{ax+b} = \frac{1}{a}\ln|ax+b|$$

$$\int \frac{\mathrm{d}x}{(ax+b)^2} = -\frac{1}{a(ax+b)}$$

$$\int \frac{\mathrm{d}x}{ax^2+b} = \frac{1}{\sqrt{ab}}\arctan\left(\sqrt{\frac{a}{b}}\,x\right) \qquad \text{für } ab > 0$$

$$\int \frac{\mathrm{d}x}{ax^2-b} = \frac{1}{\sqrt{ab}}\ln\left|\frac{\sqrt{ab}-ax}{\sqrt{ab}+ax}\right| \qquad \text{für } ab > 0$$

Im weiteren sei $D = ac - b^2$

$$\int \frac{\mathrm{d}x}{ax^2+2bx+c} = \begin{cases} \dfrac{1}{\sqrt{D}}\arctan\dfrac{ax+b}{\sqrt{D}} & D > 0 \\[2ex] \dfrac{1}{2\sqrt{-D}}\ln\left|\dfrac{\sqrt{-D}-b-ax}{\sqrt{-D}+b+ax}\right| & D < 0 \\[2ex] -\dfrac{1}{ax+b} & D = 0 \end{cases}$$

$$\int \frac{\alpha x + \beta}{ax^2+2bx+c}\,\mathrm{d}x = \frac{\alpha}{2a}\ln|ax^2+2bx+c| + \frac{\beta a - \alpha b}{a}\int \frac{\mathrm{d}x}{ax^2+2bx+c}$$

$$\int \frac{dx}{(ax^2 + 2bx + c)^n} = \frac{1}{2D(n-1)} \frac{ax + b}{(ax^2 + 2bx + c)^{n-1}} +$$

$$+ \frac{(2n-3)a}{2D(n-1)} \int \frac{dx}{(ax^2 + 2bx + c)^{n-1}}$$

$$\int \frac{\alpha x + \beta}{(ax^2 + 2bx + c)^n} \, dx = \frac{-\alpha}{2a(n-1)} \frac{1}{(ax^2 + 2bx + c)^{n-1}} +$$

$$+ \frac{\beta a - \alpha b}{a} \int \frac{dx}{(ax^2 + 2bx + c)^n}$$

Irrationale Integranden

$$\int \sqrt{ax + b} \, dx = \frac{2}{3a} (ax + b)^{3/2} \qquad \int \frac{dx}{\sqrt{ax + b}} = \frac{2}{a} \sqrt{ax + b}$$

$$\int \sqrt{x^2 + a^2} \, dx = \frac{x}{2} \sqrt{x^2 + a^2} + \frac{a^2}{2} \ln|x + \sqrt{x^2 + a^2}|$$

$$\int \sqrt{a^2 - x^2} \, dx = \frac{x}{2} \sqrt{a^2 - x^2} + \frac{a^2}{2} \arcsin \frac{x}{|a|}$$

$$\int \sqrt{x^2 - a^2} \, dx = \frac{x}{2} \sqrt{x^2 - a^2} - \frac{a^2}{2} \ln|x + \sqrt{x^2 - a^2}|$$

$$\int \frac{dx}{(\alpha x + \beta) \sqrt{ax + b}} \qquad \text{Substitution } u = \sqrt{ax + b}$$

Sind $P(x, \sqrt[n]{ax + b})$ sowie $Q(x, \sqrt[n]{ax + b})$ Polynome in x und $\sqrt[n]{ax + b}$, so führt

$$u = \sqrt[n]{ax + b} \qquad \text{in} \qquad \int \frac{P(x, \sqrt[n]{ax + b})}{Q(x, \sqrt[n]{ax + b})} \, dx$$

auf rationale Integranden.

Ist $\quad \int P\left(x, \sqrt[n]{\frac{ax + b}{cx + d}}\right) dx, \quad$ so führt $\quad u = \sqrt[n]{\frac{ax + b}{cx + d}}$

auf rationale Integranden.

Mit $W = \sqrt{ax^2 + 2bx + c}$ und $D = ac - b^2$ ist

$$\int \frac{dx}{W} = \begin{cases} \dfrac{1}{\sqrt{a}} \ln|ax + b + \sqrt{a}\, W| & a > 0 \\[2ex] -\dfrac{1}{\sqrt{-a}} \arcsin \dfrac{ax + b}{\sqrt{-D}} & a < 0 \\[2ex] \dfrac{1}{\sqrt{a}} \ln|ax + b| & a > 0, D = 0 \end{cases}$$

$$\int \frac{\alpha x + \beta}{W} \, dx = \frac{\alpha}{a} W + \frac{\beta a - \alpha b}{a} \int \frac{dx}{W} \qquad \int W \, dx = \frac{ax + b}{2a} W + \frac{D}{2a} \int \frac{dx}{W}$$

Ist $\int P(x, W)\,dx$ zu bestimmen, so führen folgende Substitutionen auf rationale Integranden

$$a > 0, D > 0 \qquad x + \frac{b}{a} = \frac{\sqrt{D}}{a}\,\sinh u$$

$$a > 0, D < 0 \qquad x + \frac{b}{a} = \frac{\sqrt{-D}}{a}\,\cosh u$$

$$a < 0 \qquad x + \frac{b}{a} = \frac{\sqrt{-D}}{-a}\,\sin u$$

Für $a < 0$ und $D > 0$ ist die Wurzel nicht reell.

Transzendente Integranden

$$\int x^n e^x\,dx = e^x[x^n - nx^{n-1} + n(n-1)x^{n-2} - + \cdots + (-1)^n n!]$$

Ist der Integrand eine rationale Funktion von x und e^x, so führt die Substitution $u = e^x$ auf einen rationalen Integranden.

$$\int \ln x\,dx = x\ln x - x$$

$$\int (\ln x)^n\,dx = \int u^n e^u\,du \qquad \text{mit } u = \ln x$$

$$\int x^n \ln x\,dx = \frac{x^{n+1}}{n+1}\ln x - \frac{x^{n+1}}{(n+1)^2} \qquad n \neq -1$$

$$\int \frac{\ln x}{x}\,dx = \frac{1}{2}(\ln x)^2 \qquad\qquad \int \frac{dx}{x\ln x} = \ln|\ln x|$$

$$\int \tan x\,dx = -\ln|\cos x| \qquad\qquad \int \cot x\,dx = \ln|\sin x|$$

$$\int \sin^2 x\,dx = -\frac{1}{4}\sin 2x + \frac{x}{2} \qquad\qquad \int \cos^2 x\,dx = \frac{1}{4}\sin 2x + \frac{x}{2}$$

$$\int \tan^2 x\,dx = \tan x - x$$

$$\int \sin^n x\,dx = -\frac{\sin^{n-1} x \cos x}{n} + \frac{n-1}{n}\int \sin^{n-2} x\,dx$$

$$\int \cos^n x\,dx = \frac{\cos^{n-1} x \sin x}{n} + \frac{n-1}{n}\int \cos^{n-2} x\,dx$$

$$\int \sin(ax + b)\,dx = -\frac{1}{a}\cos(ax + b) \qquad \int \cos(ax + b)\,dx = \frac{1}{a}\sin(ax + b)$$

$$\int \sin ax \cos bx\,dx = -\frac{\cos(a+b)\,x}{2(a+b)} - \frac{\cos(a-b)x}{2(a-b)}$$

$$\int \cos ax \cos bx\,dx = \frac{\sin(a-b)x}{2(a-b)} + \frac{\sin(a+b)x}{2(a+b)} \qquad\qquad a^2 \neq b^2$$

$$\int \sin ax \sin bx\,dx = \frac{\sin(a-b)x}{2(a-b)} - \frac{\sin(a+b)x}{2(a+b)}$$

$$\int \frac{dx}{\sin x} = \ln\left|\tan\frac{x}{2}\right| \qquad\qquad \int \frac{dx}{\cos x} = \ln\left|\tan\left(\frac{x}{2} + \frac{\pi}{4}\right)\right|$$

$$\int \frac{dx}{1 + \cos x} = \tan\frac{x}{2} \qquad\qquad \int \frac{dx}{1 - \cos x} = -\cot\frac{x}{2}$$

$$\int \sin x \cos x\, dx = \frac{1}{2}\sin^2 x \qquad\qquad \int \frac{dx}{\sin x \cos x} = \ln|\tan x|$$

$$\int x^n \sin x\, dx = -x^n \cos x + n \int x^{n-1} \cos x\, dx$$

$$\int x^n \cos x\, dx = x^n \sin x - n \int x^{n-1} \sin x\, dx$$

$$\int \frac{dx}{a + b\cos x} = \begin{cases} \dfrac{2}{\sqrt{a^2 - b^2}}\arctan\left(\sqrt{\dfrac{a-b}{a+b}}\,\tan\dfrac{x}{2}\right) & \text{für } a^2 > b^2 \\[3ex] \dfrac{1}{\sqrt{b^2 - a^2}}\ln\left|\dfrac{b + a\cos x + \sqrt{b^2 - a^2}\,\sin x}{a + b\cos x}\right| & \text{für } b^2 > a^2 \end{cases}$$

$$\int \frac{dx}{a + b\sin x} = \begin{cases} \dfrac{2}{\sqrt{a^2 - b^2}}\arctan\dfrac{a\tan\dfrac{x}{2} + b}{\sqrt{a^2 - b^2}} & \text{für } a^2 > b^2 \\[3ex] \dfrac{1}{\sqrt{b^2 - a^2}}\ln\left|\dfrac{b + a\sin x + \sqrt{b^2 - a^2}\,\cos x}{a + b\sin x}\right| & \text{für } b^2 > a^2 \end{cases}$$

Ist der Integrand eine rationale Funktion von $\sin x$ und $\cos x$, so führt die Substitution $u = \tan(x/2)$ auf einen rationalen Integranden.

$$\int e^{ax}\cos bx\, dx = \frac{e^{ax}}{a^2 + b^2}(a\cos bx + b\sin bx)$$

$$\int e^{ax}\sin bx\, dx = \frac{e^{ax}}{a^2 + b^2}(a\sin bx - b\cos bx)$$

$$\int e^{ax}\cos^2 bx\, dx = \frac{e^{ax}}{2a} + \frac{e^{ax}}{a^2 + 4b^2}\left(\frac{a}{2}\cos 2bx + b\sin 2bx\right)$$

$$\int e^{ax}\sin^2 bx\, dx = \frac{e^{ax}}{2a} - \frac{e^{ax}}{a^2 + 4b^2}\left(\frac{a}{2}\cos 2bx + b\sin 2bx\right)$$

$$\int \arcsin x\, dx = x\arcsin x + \sqrt{1 - x^2} \qquad \int \arccos x\, dx = x\arccos x - \sqrt{1 - x^2}$$

$$\int \arctan x\, dx = x\arctan x - \frac{1}{2}\ln(1 + x^2) \qquad \int \text{arccot}\, x\, dx = x\,\text{arccot}\, x + \frac{1}{2}\ln(1 + x^2)$$

$$\int \text{arsinh}\, x\, dx = x\,\text{arsinh}\, x - \sqrt{1 + x^2} \qquad \int \text{arcosh}\, x\, dx = x\,\text{arcosh}\, x - \sqrt{x^2 - 1}$$

$$\int \text{artanh}\, x\, dx = x\,\text{artanh}\, x + \frac{1}{2}\ln(1 - x^2) \qquad \int \text{arcoth}\, x\, dx = x\,\text{arcoth}\, x + \frac{1}{2}\ln(x^2 - 1)$$

9 Anwendungen der Differential- und Integralrechnung

$$r = f(\varphi) \qquad r' = \frac{dr}{d\varphi} \qquad r'' = \frac{dr'}{d\varphi}$$

$\tan \psi = r/r'$ (Bild F26)

$$y' = \frac{r'\sin\varphi + r\cos\varphi}{r'\cos\varphi - r\sin\varphi} \qquad y'' = \frac{r^2 + 2r'^2 - rr''}{(r'\cos\varphi - r\sin\varphi)^3}$$

Krümmung

$$\varkappa = \frac{y''}{+(1 + y'^2)^{3/2}} \qquad \varkappa = [\operatorname{sgn}(r'\cos\varphi - r\sin\varphi)]\frac{r^2 + 2r'^2 - rr''}{+(r^2 + r'^2)^{3/2}}$$

Krümmungsradius $\qquad \varrho = 1/\varkappa$

Fläche (Bild F27)

$$A = \int_A dA = \int_a^b y\,dy \qquad A = \frac{1}{2}\int_{\varphi_1}^{\varphi_2} r^2\,d\varphi$$

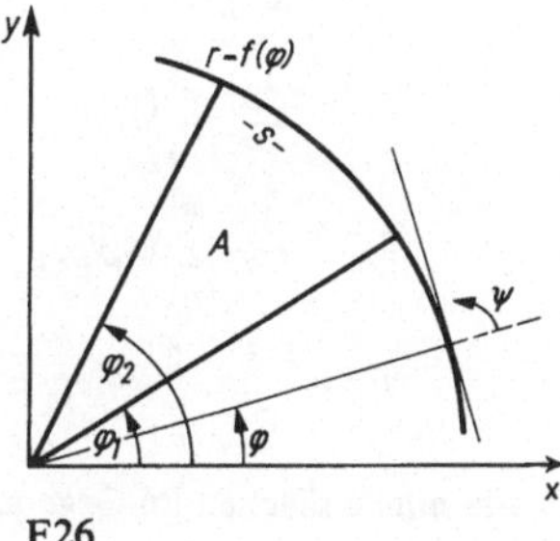

Bogenlänge

$$s = \int_s ds = \int_a^b \sqrt{1 + y'^2}\,dx \qquad s = \int_{\varphi_1}^{\varphi_2}\sqrt{r^2 + r'^2}\,d\varphi$$

Volumen

$$V = \int_V dV$$

Rotationskörper

$$V_x = \pi\int_a^b y^2\,dx \qquad V_y = \pi\int_c^d x^2\,dy = \pi\int_a^b x^2 y'\,dx$$

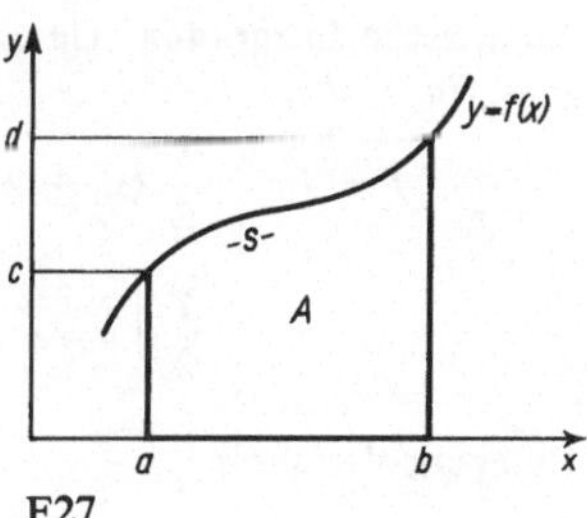

Flächenmomente 1. Grades (Statisches Moment einer Fläche)

$$S_x = \int_A y\,dA = \frac{1}{2}\int_a^b y^2\,dy \qquad S_y = \int_A x\,dA = \int_a^b xy\,dx$$

Schwerpunkt einer Fläche

$$x_S = S_y/A \qquad y_S = S_x/A$$

Flächenmomente 2. Grades

$$I_x = \int_A y^2\,dA \qquad I_y = \int_A x^2\,dA \qquad I_{xy} = \int_A xy\,dA$$

$$I_p = \int_A r^2\,dA = \int_A (x^2 + y^2)\,dA = I_x + I_y$$

Steiner-Satz (Das (u, v)-Koordinatensystem ist ein Schwereachsensystem)

$$I_x = I_u + y_S^2 A \qquad I_y = I_v + x_S^2 A \qquad I_{xy} = I_{uv} + x_S y_S A$$

Guldin-Regeln

$$V_x = 2\pi y_S A \qquad (y_S = \text{Schwerpunktkoordinate der Fläche } A \text{ in der } (x, y)\text{-Ebene})$$

$$M = 2\pi y_S s \qquad (y_S = \text{Schwerpunktkoordinate des Bogens } s \text{ in der } (x, y)\text{-Ebene})$$

Querschnittswerte polygonal begrenzter Flächen (n-Eck)

$$A = \frac{1}{2} \sum_{i=1}^{n} (x_i y_{i+1} - x_{i+1} y_i)$$

$$S_x = \frac{1}{6} \sum_{i=1}^{n} (x_i y_{i+1} - x_{i+1} y_i)(y_i + y_{i+1})$$

$$S_y = \frac{1}{6} \sum_{i=1}^{n} (x_i y_{i+1} - x_{i+1} y_i)(x_i + x_{i+1})$$

$$I_x = \frac{1}{12} \sum_{i=1}^{n} (x_i y_{i+1} - x_{i+1} y_i)(y_i^2 + y_i y_{i+1} + y_{i+1}^2)$$

$$I_y = \frac{1}{12} \sum_{i=1}^{n} (x_i y_{i+1} - x_{i+1} y_i)(x_i^2 + x_i x_{i+1} + x_{i+1}^2)$$

$$I_{xy} = \frac{1}{24} \sum_{i=1}^{n} (x_i y_{i+1} - x_{i+1} y_i)(2 x_i y_i + x_i y_{i+1} + x_{i+1} y_i + 2 x_{i+1} y_{i+1})$$

Vorhandene Flächen im Gegenuhrzeigersinn, nicht vorhandene Flächen im Uhrzeigersinn umfahren.
Dabei ist $x_{n+1} = x_1$, $y_{n+1} = y_1$.

Numerische Integration Gesucht ist $I = \int_a^b f(x)\,\mathrm{d}x$. Es sei $l = b - a$, $2n = 2^k$, $h = l/2^k$ und $y_i = f(a + ih)$.

$$I \approx T_k = \frac{h}{2}(y_0 + 2y_1 + 2y_2 + \cdots + 2y_{2n-1} + y_{2n})$$

$$= \frac{1}{2}\left[T_{k-1} + \frac{l}{2^{k-1}} \sum_{i=1}^{2^{k-1}} f\left(a + \frac{2i-1}{2^k} l\right)\right]$$

Romberg-Verfahren

$$M_0 = R_{0,1} = T_0 = \frac{l}{2}[f(a) + f(b)]$$

$$M_k = \frac{l}{2^{k-1}} \sum_{i=1}^{2^{k-1}} f\left(a + \frac{2i-1}{2^k} l\right) \qquad\qquad k = 1, 2, \ldots$$

$$R_{k,1} = T_k = \frac{1}{2}(T_{k-1} + M_k) \qquad\qquad k = 1, 2, \ldots$$

$$I \approx R_{k,r} = \frac{4^{r-1} R_{k+1, r-1} - R_{k, r-1}}{4^{r-1} - 1} \qquad\qquad \begin{matrix} k = 0, 1, \ldots \\ r = 2, 3, \ldots \end{matrix}$$

Simpson-Regel

$$I \approx S_k = R_{k,2} = \frac{h}{3}(y_0 + 4y_1 + 2y_2 + 4y_3 + \cdots + 2y_{2n-2} + 4y_{2n-1} + y_{2n})$$

Kepler-Faßregel

$$I \approx S_0 = \frac{l}{6}\left[f(a) + 4f\left(a + \frac{l}{2}\right) + f(b)\right]$$

10 Reihen

Allgemeine Reihe

$$s = \sum_{i=1}^{\infty} a_i$$

Notwendige Bedingung für Konvergenz ist $\lim\limits_{i \to \infty} a_i = 0$.

Quotientenkriterium:

$\sum\limits_{i=1}^{\infty} a_i$ ist konvergent, wenn für fast alle i gilt

$$\left|\frac{a_{i+1}}{a_i}\right| \leqq q < 1$$

Divergenz: Für fast alle i gilt

$$\left|\frac{a_{i+1}}{a_i}\right| \geqq 1$$

Wurzelkriterium:

$\sum\limits_{i=1}^{\infty} a_i$ ist konvergent, wenn für fast alle i gilt

$$\sqrt[i]{|a_i|} \leqq q < 1$$

Divergenz: Für fast alle i gilt

$$\sqrt[i]{|a_i|} \geqq 1$$

Potenzreihen

Ist $\quad p(x) = \sum\limits_{i=0}^{\infty} c_i(x - x_0)^i \quad$ und $\quad \varrho = \dfrac{1}{\overline{\lim} \sqrt[i]{|c_i|}}$

der Konvergenzradius, so ist die Potenzreihe für alle $|x - x_0| < \varrho$ konvergent.
Ist $\overline{\lim} \sqrt[i]{|c_i|} = 0$, dann ist $\varrho = \infty$. Existiert $\overline{\lim} \sqrt[i]{|c_i|}$ nicht, dann ist $\varrho = 0$.

Taylor-Formel

$$f(x) = f(x_0) + \frac{x - x_0}{1!} f'(x_0) + \frac{(x - x_0)^2}{2!} f''(x_0) + \cdots + \frac{(x - x_0)^n}{n!} f^{(n)}(x_0) +$$

$$+ \frac{(x - x_0)^{n+1}}{(n + 1)!} f^{(n+1)}(x_m) \qquad \text{mit } x_m \text{ aus } [x, x_0]$$

MacLaurin-Formel ($x_0 = 0$)

$$f(x) = f(0) + \frac{x}{1!} f'(0) + \frac{x^2}{2!} f''(0) +$$

$$+ \cdots + \frac{x^n}{n!} f^{(n)}(0) + \frac{x^{n+1}}{(n + 1)!} f^{(n+1)}(x_m) \qquad \text{mit } x_m \text{ aus } [0, x]$$

Binomische Funktionen

$$(1 + x)^n = \sum_{i=0}^{n} \binom{n}{i} x^i \qquad (1 - x)^n = \sum_{i=0}^{n} \binom{n}{i} (-x)^i \qquad m, n \text{ positiv ganz}$$

Konvergenz-
bereich

$$(1 + x)^{\frac{m}{n}} = \sum_{i=0}^{\infty} (-1)^{i+1} \frac{n(m - n) \cdots [(i - 1)m - n]}{i!\, m^i} x^i \qquad |x| < 1$$

$$\sqrt{1 + x} = 1 + \frac{x}{2} - \frac{1 \cdot 1}{2 \cdot 4} x^2 + \frac{1 \cdot 1 \cdot 3}{2 \cdot 4 \cdot 6} x^3 - \frac{1 \cdot 1 \cdot 3 \cdot 5}{2 \cdot 4 \cdot 6 \cdot 8} x^4 + \cdots \qquad |x| < 1$$

$$\frac{1}{\sqrt{1 + x}} = 1 - \frac{x}{2} + \frac{1 \cdot 3}{2 \cdot 4} x^2 - \frac{1 \cdot 3 \cdot 5}{2 \cdot 4 \cdot 6} x^3 + \frac{1 \cdot 3 \cdot 5 \cdot 7}{2 \cdot 4 \cdot 6 \cdot 8} x^4 - \cdots \qquad |x| < 1$$

$$\sqrt[3]{1 + x} = 1 + \frac{x}{3} - \frac{1 \cdot 2}{3 \cdot 6} x^2 + \frac{1 \cdot 2 \cdot 5}{3 \cdot 6 \cdot 9} x^3 - \frac{1 \cdot 2 \cdot 5 \cdot 8}{3 \cdot 6 \cdot 9 \cdot 12} x^4 + \cdots \qquad |x| < 1$$

$$\frac{1}{\sqrt[3]{1 + x}} = 1 - \frac{x}{3} + \frac{1 \cdot 4}{3 \cdot 6} x^2 - \frac{1 \cdot 4 \cdot 7}{3 \cdot 6 \cdot 9} x^3 + \frac{1 \cdot 4 \cdot 7 \cdot 10}{3 \cdot 6 \cdot 9 \cdot 12} x^4 - \cdots \qquad |x| < 1$$

Exponentialfunktionen

$$e^x = 1 + \frac{x}{1!} + \frac{x^2}{2!} + \cdots = \sum_{i=0}^{\infty} \frac{x^i}{i!} \qquad a^x = \sum_{i=0}^{\infty} \frac{(x \cdot \ln a)^i}{i!} \qquad x \text{ reell}$$

$$e^x \cos x = 1 + x - \frac{x^3}{3} - \frac{x^4}{6} - \cdots \qquad e^x \sin x = x + x^2 + \frac{x^3}{3} - \frac{x^5}{30} - \cdots \qquad x \text{ reell}$$

Bernoullische Zahlen   Die Bernoullischen Zahlen werden definiert durch die Entwicklung

$$\frac{x}{e^x - 1} = \sum_{i=0}^{\infty} \frac{B_i}{i!} x^i = 1 - \frac{x}{2} + \frac{1}{6} \frac{x^2}{2!} - \frac{1}{30} \frac{x^4}{4!} + \frac{1}{42} \frac{x^6}{6!} - \frac{1}{30} \frac{x^8}{8!} + \frac{5}{66} \frac{x^{10}}{10!} -$$

$$- \frac{691}{2730} \frac{x^{12}}{12!} + \frac{7}{6} \frac{x^{14}}{14!} - \cdots$$

Sie lassen sich durch folgende Rekursionsformel bestimmen: Für $n \geqslant 2$ bilde man $B_n = (B + 1)^n$ als Binom und ersetze darin die Exponenten durch Indizes. Es ist $B_{2n+1} = 0$.

Logarithmische Funktionen

$$\ln(1 + x) = \sum_{i=1}^{\infty} (-1)^{i+1} \frac{x^i}{i} \qquad -1 < x \leqslant +1$$

$$\ln(1 - x) = -\sum_{i=1}^{\infty} \frac{x^i}{i} \qquad -1 \leqslant x < +1$$

$$\ln \frac{1 + x}{1 - x} = 2 \left(x + \frac{x^3}{3} + \frac{x^5}{5} + \cdots \right)$$

$$\ln(a + x) = \ln a + 2 \left[\frac{x}{2a + x} + \frac{1}{3} \left(\frac{x}{2a + x} \right)^3 + \cdots \right] \qquad x + a > 0, a > 0$$

Trigonometrische Funktionen

$$\sin x = \sum_{i=0}^{\infty} (-1)^i \frac{x^{2i+1}}{(2i+1)!} = x - \frac{x^3}{3!} + \frac{x^5}{5!} - \cdots \qquad\qquad x \text{ reell}$$

$$\cos x = \sum_{i=0}^{\infty} (-1)^i \frac{x^{2i}}{(2i)!} = 1 - \frac{x^2}{2!} + \frac{x^4}{4!} - \cdots \qquad\qquad x \text{ reell}$$

$$\tan x = x + \frac{x^3}{3} + \frac{2}{15} x^5 + \frac{17}{315} x^7 +$$

$$+ \cdots + (-1)^{i-1} \frac{2^{2i}}{(2i)!} (2^{2i} - 1) B_{2i} x^{2i-1} + \cdots \qquad\qquad |x| < \frac{\pi}{2}$$

$$\cot x = \frac{1}{x} - \frac{x}{3} - \frac{x^3}{45} - \frac{2}{945} x^5 -$$

$$- \cdots - (-1)^{i-1} \frac{2^{2i}}{(2i)!} B_{2i} x^{2i-1} + \cdots \qquad\qquad 0 < |x| < \pi$$

$$\arcsin x = x + \frac{1}{2} \frac{x^3}{3} + \frac{1 \cdot 3}{2 \cdot 4} \frac{x^5}{5} + \frac{1 \cdot 3 \cdot 5}{2 \cdot 4 \cdot 6} \frac{x^7}{7} + \cdots \qquad\qquad |x| < 1$$

$$\arccos x = \frac{\pi}{2} - \arcsin x \qquad\qquad \arctan x = x - \frac{x^3}{3} + \frac{x^5}{5} - \cdots \qquad\qquad |x| < 1$$

Hyperbolische Funktionen

$$\sinh x = \sum_{i=0}^{\infty} \frac{x^{2i+1}}{(2i+1)!} = x + \frac{x^3}{3!} + \frac{x^5}{5!} + \frac{x^7}{7!} + \cdots \qquad\qquad x \text{ reell}$$

$$\cosh x = \sum_{i=0}^{\infty} \frac{x^{2i}}{(2i)!} = 1 + \frac{x^2}{2!} + \frac{x^4}{4!} + \frac{x^6}{6!} + \cdots \qquad\qquad x \text{ reell}$$

$$\tanh x = x - \frac{x^3}{3} + \frac{2}{15} x^5 - \frac{17}{315} x^7 +$$

$$+ \cdots + \frac{2^{2i}}{(2i)!} B_{2i} (2^{2i} - 1) x^{2i-1} + \cdots \qquad\qquad |x| < \frac{\pi}{2}$$

$$\coth x = \frac{1}{x} + \frac{x}{3} - \frac{x^3}{45} + \frac{2}{945} x^5 -$$

$$- \cdots + \frac{2^{2i}}{(2i)!} B_{2i} x^{2i-1} + \cdots \qquad\qquad 0 < |x| < \pi$$

$$\operatorname{arsinh} x = x - \frac{1}{2} \frac{x^3}{3} + \frac{1 \cdot 3}{2 \cdot 4} \frac{x^5}{5} - \frac{1 \cdot 3 \cdot 5}{2 \cdot 4 \cdot 6} \frac{x^7}{7} + \cdots \qquad\qquad |x| < 1$$

$$\operatorname{arcosh} (1 + x^2) = \sqrt{2} \left(x - \frac{x^3}{12} + \frac{3}{160} x^5 - \cdots \right) \qquad\qquad |x| < 1$$

$$\operatorname{artanh} x = \sum_{i=0}^{\infty} \frac{x^{2i+1}}{2i+1} = x + \frac{x^3}{3} + \frac{x^5}{5} + \frac{x^7}{7} + \cdots \qquad\qquad |x| < 1$$

11 Differentialgleichungen

Lineare Differentialgleichung (Dgl.) erster Ordnung

$$f_1(x)y' + f_0(x)y = g(x)$$

$$\frac{f_0(x)}{f_1(x)} = s(x) \qquad \frac{g(x)}{f_1(x)} = r(x)$$

Lösung $y = \left[\int r(x) \cdot e^{\int s(x)\,dx}\,dx + C \right] e^{-\int s(x)\,dx}$

Lineare Dgl. mit konstanten Koeffizienten

$$\sum_{i=0}^{n} a_i y^{(i)} = g(x)$$

Lösung $y = y_{(h)} + y_{(s)}$

Homogene Dgl.

$$\sum_{i=0}^{n} a_i y^{(i)} = 0$$

Lösung $y_{(h)} = \sum_{i=1}^{n} C_i e^{p_i x}$

p_i sind die Nullstellen der charakteristischen Gleichung

$$\sum_{i=0}^{n} a_i p^i = 0 \qquad \text{wobei } p_1 \neq p_2 \neq \cdots \neq p_n$$

Mehrfache Nullstelle: $p_1 = p_2 = p_3 = \cdots = p_k$

$$y_{(h)} = (B_0 + B_1 x + B_2 x^2 + \cdots + B_{k-1} x^{k-1})e^{p_1 x} + \sum_{i=k+1}^{n} C_i e^{p_i x}$$

Spezielle (partielle) Lösung der inhomogenen Dgl.: Der Ansatz wird in der allgemeinen Form der Störfunktion gemacht

Störfunktion	Ansatz
$g(x) = b\,e^{ax}$	$y_{(s)} = c\,e^{ax}$
$g(x) = b_0 + b_1 x + \cdots + b_r x^r$	$y_{(s)} = c_0 + c_1 x + \cdots + c_r x^r$
$g(x) = A \sin ax$ oder $g(x) = A \cos ax$	$y_{(s)} = B_1 \sin ax + B_2 \cos ax$
$g(x) = A\,e^{ax} \sin bx$ oder $g(x) = A\,e^{ax} \cos bx$	$y_{(s)} = e^{ax}(B_1 \sin bx + B_2 \cos bx)$

Numerische Verfahren

Randwertaufgabe

$$y_i' \approx \frac{y_{i+1} - y_{i-1}}{2(\Delta x)}$$

$$y_i''' \approx \frac{y_{i+2} - 2y_{i+1} + 2y_{i-1} - y_{i-2}}{2(\Delta x)^3}$$

$$y_i'' \approx \frac{y_{i+1} - 2y_i + y_{i-1}}{(\Delta x)^2}$$

$$y_i^{(4)} \approx \frac{y_{i+2} - 4y_{i+1} + 6y_i - 4y_{i-1} + y_{i-2}}{(\Delta x)^4}$$

Anfangswertaufgabe

$$y' = f(x, y) \qquad y(x_0) = y_0$$

Polygonzugverfahren (Euler)

$$y_1 = y_0 + hf(x_0, y_0)$$

Runge-Kutta-Verfahren

$$k_1 = hf(x_0, y_0) \qquad\qquad k_3 = hf\left(x_0 + \frac{h}{2}, y_0 + \frac{k_2}{2}\right)$$

$$k_2 = hf\left(x_0 + \frac{h}{2}, y_0 + \frac{k_1}{2}\right) \qquad k_4 = hf(x_0 + h, y_0 + k_3)$$

$$h = \Delta x$$

$$\text{Dann ist } y_1 = y(x_0 + h) = y_0 + \frac{1}{6}(k_1 + 2k_2 + 2k_3 + k_4)$$

12 Funktionen von mehreren Variablen

Differentialrechnung Die partielle Ableitung 1. Ordnung nach der Variablen x_j ist der Grenzwert

$$\lim_{\Delta x_j \to 0} \frac{f(x_1, x_2, \ldots, (x_j + \Delta x_j), \ldots, x_n) - f(x_1, x_2, \ldots, x_j, \ldots, x_n)}{\Delta x_j}$$

$$= \frac{\partial u}{\partial x_j} = \frac{\partial f}{\partial x_j} = f_{x_j}$$

Extremwerte der Funktion $z = f(x, y)$: $f_x = 0$ und $f_y = 0$. Dann liegt mit $\Delta = f_{xx}f_{yy} - f_{xy}^2 > 0$ ein Maximum vor, wenn $f_{xx} < 0$, ein Minimum, wenn $f_{xx} > 0$

Kettenregel

$$\frac{du}{dt} = \sum_{j=1}^{n} f_{x_j} \frac{dx_j}{dt}$$

Taylor-Reihe

$$f(x) = f(x_0) + \sum_{j=1}^{n} (x_j - x_{j0}) \frac{\partial f(x_0)}{\partial x_j} + \frac{1}{2!}\left[\sum_{j=1}^{n} (x_j - x_{j0}) \frac{\partial}{\partial x_j}\right]^2 f(x_0) +$$

$$+ \cdots + \frac{1}{(r+1)!}\left[\sum_{j=1}^{n} (x_j - x_{j0}) \frac{\partial}{\partial x_j}\right]^{r+1} f(x_m)$$

Die eckigen Klammern werden nach dem binomischen Satz entwickelt. Die Produkte des Differentialoperators $\partial/\partial x_j$ mit $f(x_0)$ sind Ableitungen. Gemischte Produkte bedeuten gemischte Ableitungen, höhere Potenzen die entsprechenden Ableitungen höherer Ordnung.

Totales Differential

$$du = \sum_{j=1}^{n} f_{x_j}(x_0)\, dx_j$$

Richtungsableitung einer Funktion $z = f(x, y)$ nach einer Richtung φ bzgl. der positiven x-Achse

$$z'_\varphi = f_x \cos \varphi + f_y \sin \varphi$$

Differenzieren impliziter Funktionen $f(x, y) = 0$ mittels partieller Ableitungen

$$y' = -\frac{f_x}{f_y} \qquad y'' = -\frac{f_{xx} f_y^2 - 2 f_x f_y f_{xy} + f_{yy} f_x^2}{f_y^3}$$

Differenzieren eines Integrals nach einem Parameter

$$F(x) = \int\limits_{y_1}^{y_2} f(x, y) \, \mathrm{d}y \qquad \frac{\mathrm{d}F(x)}{\mathrm{d}x} = \int\limits_{y_1}^{y_2} \frac{\partial f(x, y)}{\partial x} \, \mathrm{d}y$$

13 Fehler- und Ausgleichsrechnung

Stichprobe Die Ordinate der Häufigkeitsverteilung ist eine der folgenden Größen

absolute Häufigkeit   relative Häufigkeit

$$n_i \qquad\qquad h_i = \frac{n_i}{n}$$

Die Ordinate der Häufigkeitssummenverteilung ist eine der folgenden Größen

absolute Häufigkeitssumme   relative Häufigkeitssumme

$$G_i = \sum_{j=1}^{i} n_j \qquad\qquad \Phi_i = \sum_{j=1}^{i} h_j$$

Mittelwert $\bar{x}$ und Standardabweichung s aus Beobachtungswerten x_i und Klassenmitteln $\bar{x}_i$. Im folgenden ist stets über alle Beobachtungswerte zu summieren, deshalb werden die Grenzen des Summenzeichens weggelassen.

$$\bar{x} = \frac{1}{n} \sum x_i \approx \frac{1}{n} \sum n_i \bar{x}_i$$

$$s = +\sqrt{\frac{\sum (x_i - \bar{x})^2}{n-1}} = +\sqrt{\frac{\sum x_i^2 - \frac{1}{n} (\sum x_i)^2}{n-1}}$$

$$\approx +\sqrt{\frac{\sum (\bar{x}_i - \bar{x})^2 n_i}{n-1}} \approx +\sqrt{\frac{\sum \bar{x}_i^2 n_i - \frac{1}{n} (\sum \bar{x}_i n_i)^2}{n-1}}$$

Normierte Normalverteilung

Wahrscheinlichkeitsdichte   Verteilungsfunktion

$$\varphi(u) = \frac{1}{\sqrt{2\pi}} \, e^{-\frac{u^2}{2}} \qquad\qquad \Phi(u) = \frac{1}{2} + \frac{1}{\sqrt{2\pi}} \int\limits_0^u e^{-\frac{v^2}{2}} \, \mathrm{d}v = \frac{1}{2} + \Psi(u)$$

Vertrauensbereich Der Erwartungswert μ der Grundgesamtheit liegt mit der angegebenen Sicherheit S irgendwo in dem nachstehend angegebenen Intervall; zur Angabe des Vertrauensbereichs sind bei bekannter Standardabweichung σ der Grundgesamtheit die Schwellenwerte u_S der Normalverteilung (Tafel F28) in Ansatz zu bringen, bei unbekanntem σ, wenn der Schätzwert s aus der Stichprobe bestimmt ist, die Schwellenwerte t_S der t-Verteilung (Tafel F29)

$$\sigma \text{ bekannt:} \qquad \bar{x} - u_S\sigma/\sqrt{n} \leqslant \mu \leqslant \bar{x} + u_S\sigma/\sqrt{n}$$

$$s \text{ bekannt:} \qquad \bar{x} - t_S s/\sqrt{n} \leqslant \mu \leqslant \bar{x} + t_S s/\sqrt{n}$$

Kurzform für Angabe des Vertrauensbereichs

$$\bar{x} \pm \Delta x, \, S = \ldots \%$$

Tafel F28 Werte der normierten Normalverteilung

u	$\varphi(u)$	$\Psi(u)$ in %	$2\Psi(u) = S(u)$ in %
0,000	0,3989	0,00	0,00
0,500	0,3521	19,15	38,29
1,000	0,2420	34,13	68,27
1,500	0,1295	43,32	86,64
1,645	0,1031	45,00	90,00
1,960	0,0584	47,50	95,00
2,000	0,0540	47,72	95,45
2,500	0,0175	49,38	98,76
2,576	0,0145	49,50	99,00
3,000	0,0044	49,87	99,73

Tafel F29 Schwellenwerte der t-Verteilung t_S für $S =$

f	90%	95%	99%
1	6,31	12,71	63,66
2	2,92	4,30	9,92
3	2,35	3,18	5,84
4	2,13	2,78	4,60
5	2,02	2,57	4,03
6	1,94	2,45	3,71
7	1,90	2,36	3,50
8	1,86	2,31	3,36
9	1,83	2,26	3,25
10	1,81	2,23	3,17
15	1,75	2,13	2,95
20	1,72	2,09	2,84
30	1,70	2,04	2,75
50	1,68	2,01	2,68
∞	1,64	1,96	2,58

Fehlerrechnung. Fehlerfortpflanzung

Standardabweichung der Grundgesamtheit oder theoretischer mittlerer Fehler σ, berechnet aus wahren Fehlern ε_i $(\varepsilon_i = \mu - x_i)$

$$\sigma = \sqrt{\frac{\sum(\mu - x_i)^2}{n}} = \sqrt{\frac{\sum \varepsilon_i^2}{n}}$$

Standardabweichung der Stichprobe oder mittlerer Fehler der Einzelmessung s aus Verbesserungen v_i $(v_i = \bar{x} - x_i)$

$$s = \sqrt{\frac{\sum(x_i - \bar{x})^2}{n-1}} = \sqrt{\frac{\sum(\bar{x} - x_i)^2}{n-1}} = \sqrt{\frac{\sum v_i^2}{n-1}}$$

Fehlerfortpflanzungsgesetz und Vertrauensbereich für die Funktion $z = f(u, v, w, \ldots)$

F36 Formelsammlung

Standardabweichungen der Grundgesamtheiten $\sigma_u,\ \sigma_v,\ \sigma_w,\ \ldots$ bekannt:

$$\sigma_z = \sqrt{(f_u \sigma_u)^2 + (f_v \sigma_v)^2 + (f_w \sigma_w)^2 + \ldots}$$

$$\Delta z = \frac{u_S \sigma_z}{\sqrt{n}}$$

Schätzwerte $s_u,\ s_v,\ s_w,\ \ldots$ aus Stichproben, alle vom gleichen Umfang n, bekannt:

$$s_z = \sqrt{(f_u s_u)^2 + (f_v s_v)^2 + (f_w s_w)^2 + \ldots}$$

$$\Delta z = \frac{t_S s_z}{\sqrt{n}}$$

Vertrauensbereiche $\Delta u,\ \Delta v,\ \Delta w,\ \ldots$ (i. allg. aus Stichproben unterschiedlichen Umfangs) bekannt

$$\Delta z = \sqrt{(f_u \Delta u)^2 + (f_v \Delta v)^2 + (f_w \Delta w)^2 + \ldots}$$

$$= \sqrt{(f(u + \Delta u, v, w, \ldots) - z)^2 + (f(u, v + \Delta v, w, \ldots) - z)^2 + (f(u, v, w + \Delta w, \ldots) - z)^2 + \ldots}$$

Ausgleichungsprinzip

gleichgewichtige Beobachtungen	ungleichgewichtige Beobachtungen
$\sum v_i^2 = \text{Min}$	$\sum p_i v_i^2 = \text{Min}$

Gewichtsfestsetzung Die Gewichte sind Verhältniszahlen; meist wird ei n er Beobachtung das Gewicht 1 gegeben.

σ_i bekannt: $\qquad p_1 : p_2 : p_3 : \ldots = \dfrac{1}{\sigma_1^2} : \dfrac{1}{\sigma_2^2} : \dfrac{1}{\sigma_3^2} : \ldots$

Δx_i bekannt: $\qquad p_1 : p_2 : p_3 : \ldots = \dfrac{1}{\Delta x_1^2} : \dfrac{1}{\Delta x_2^2} : \dfrac{1}{\Delta x_3^2} : \ldots$

Gewogenes arithmetisches Mittel $\bar{x}$ und mittlerer Gewichtseinheitsfehler s_0

$$\bar{x} = \frac{\sum p_i x_i}{\sum p_i} \qquad s_0 = \sqrt{\frac{\sum p_i v_i^2}{n-1}} = \sqrt{\frac{\sum p_i x_i^2 - \dfrac{(\sum p_i x_i)^2}{\sum p_i}}{n-1}}$$

Vertrauensbereich des gewogenen arithmetischen Mittels

σ_0 bekannt: $\quad \Delta x = \dfrac{u_S \sigma_0}{\sqrt{\sum p_i}}$

s_0 bekannt: $\quad \Delta x = \dfrac{t_S s_0}{\sqrt{\sum p_i}}$

Teubner-Fachbücher für den Bauingenieur

Hoffmann/Kremer
Zahlentafeln für den Baubetrieb
Organisation, Kosten, Verfahren
432 Seiten. Sichtregister. Geb. DM 39, –
ISBN 3-519-05220-2

Wendehorst/Muth
Bautechnische Zahlentafeln
19. Auflage. 448 Seiten. Sichtregister. Geb. DM 42, –
ISBN 3-519-35219-2

Becker/Dreyer/Haacke/Nabert
Numerische Mathematik für Ingenieure
349 Seiten mit 112 Bildern, 108 Beispielen
und 52 Aufgaben. Kart. DM 38, –
ISBN 3-519-02950-2

Haacke u. a.
Datenverarbeitung für Bauingenieure
VII, 317 Seiten mit 238 Bildern, Tafeln
und zahlreichen Beispielen. Kart. DM 34, –
ISBN 3-519-05229-6

Schwarz
Methode der finiten Elemente
Eine Einführung unter besonderer Berücksichtigung
der Rechenpraxis
320 Seiten mit 155 Bildern, 49 Tabellen
und zahlreichen Beispielen. Kart. DM 29,80
(Teubner Studienbücher) ISBN 3-519-02349-0

Volquardts/Matthews
**Vermessungskunde
für die Fachgebiete Hochbau, Bauingenieurwesen
und Vermessungswesen**
Teil 1: 24. Auflage. VI, 137 Seiten mit 210 Bildern
und 18 Tafeln im Text und Anhang. Kart. DM 29, –
ISBN 3-519-25213-9

Teil 2: 13. Auflage. VIII, 188 Seiten mit 275 Bildern
und 30 Tafeln im Text und Anhang. Kart. DM 29,80
ISBN 3-519-25214-7

Teubner-Fachbücher für den Bauingenieur (Fortsetzung)

Buchenau/Thiele
Stahlhochbau

Teil 1: 19. Auflage. VIII, 215 Seiten mit 273 Bildern
und 30 Tafeln. Kart. DM 38, –
ISBN 3-519-25207-4

Teil 2: 16. Auflage. VIII, 240 Seiten mit 375 Bildern
und 22 Tafeln. Kart. DM 39, –
ISBN 3-519-25208-2

Lehmann/Stolze
Ingenieurholzbau

6. Auflage. VII, 204 Seiten mit 244 Bildern,
13 Tafeln und 72 Beispielen. Kart. DM 36, –
ISBN 3-519-25223-6

Lufsky
Bauwerksabdichtung

Bitumen und Kunststoffe in der Abdichtungstechnik

3. Auflage. VIII, 216 Seiten mit 266 Bildern
und 7 Tafeln. Kart. DM 44, –
ISBN 3-519-15226-6

Schulze/Simmer
Grundbau

Teil 1: Bodenmechanik und erdstatische Berechnungen
16. Auflage. IX, 270 Seiten mit 219 Bildern
und 53 Tafeln. Kart. DM 39, –
ISBN 3-519-15231-2

Teil 2: Baugruben und Gründungen
15. Auflage. X, 478 Seiten mit 445 Bildern,
52 Tafeln und 41 Berechnungsbeispielen. Kart. DM 48, –
ISBN 3-519-05232-6

Wagner/Erlhof
Praktische Baustatik

Teil 1: 16. Auflage. VII, 316 Seiten mit 558 Bildern
und 17 Tafeln. Kart. DM 39, –
ISBN 3-519-25201-5

Teil 2: 12. Auflage. VII, 427 Seiten mit 587 Bildern
und 39 Tafeln. Kart. DM 44, –
ISBN 3-519-25202-3

Teil 3: 6. Auflage. VIII, 376 Seiten mit 446 Bildern
und 26 Tafeln. Kart. DM 48, –
ISBN 3-519-15203-7

Preisänderungen vorbehalten

B. G. Teubner Stuttgart